엄청난 범위와 전망을 담은 중요하면서 독창적인 책이다. 매우 많은 분야에 걸쳐 독자를 확보할 만큼 흥미진진하다. _마틴 리스, 영국 왕립천문대장·《여섯 개의 수 Just Six Numbers》 저자

과학의 역사에서 원대하고 대담하고 아름답고 경악할 만큼 단순한 새로운 개념이 옳은 것으로 드러나기까지 하는 경우는 흔치 않다. 제프리 웨스트는 바로 그런 개념을 내놓았다. 이 책에는 그 이야기가 담겨 있다. _스티븐 스트로가츠, 코넬대학교 수학 교수·《X의 즐거움 The Joy of X》 저자

명석한 이론물리학자 제프리 웨스트는 연구 방향을 수명, 생물학적 계, 도시로 돌려, 성장과 지속 가능성에 관한 기존 개념을 뒤엎는 보편적인 깨달음을 얻었다. 이 책은 놀라우면서 도발적이며, 웨스트가 대단히 매혹적이고 재미있는 저술가라는 것도 증명한다. 오랫동안 회자될 책이다. _에이브러햄 버기즈, 스탠퍼드대학교 의과대학 교수·《눈물의 아이들 Cutting the Stone》 저자

이 책은 하나의 계시다. CEO, 기술 전문가, 시장, 도시 지도자 등 우리가 사는 복잡하면서 자기 조직화하는 세계를 빚어내는 단순한 법칙을 이해하고자 하는 사람이라면 반드시 읽어야 한다. _리처드 플로리다, 토론토대학교 마틴번영연구소 교수·《신창조 계급 The Rise of the Creative Class》 저자

도저히 눈을 뗄 수 없는 책이다. 웨스트는 최고의 탐정소설처럼, 동물, 도시, 기업의 규모가 모두 그토록 동일한 양상으로 증가하는 이유를 이해하는 경이로운 도전 과제를 제시하면서, 자신의 탐정 활동을 통해 밝혀낸 비밀들을 하나하나 드러낸다. 물리학과 생물학만이 아니라 사회와 삶까지 깊이 연결되어 있음을 보여줌으로써 21세기 과학의 정신을 포착한 책이다. _마커스 드 사토이, 옥스퍼드대학교 교수·《대칭 Symmetry》 저자

이렇게 거대한 생각을 담은 책은 몇 년에 한 번밖에 ⋯⋯
쥐게 하는 흥미진진한 아이디어로 가득하다. _〈선데⋯

KB015035

스케일

SCALE

생물·도시·기업의 성장과 죽음에 관한 보편 법칙

스케일

제프리 웨스트 | 이한음 옮김
GEOFFREY WEST

김영사

스케일

1판 1쇄 발행 2018. 7. 30.
1판 8쇄 발행 2020. 7. 26.

지은이 제프리 웨스트
옮긴이 이한음

발행인 고세규
편집 강영특 | 디자인 지은혜
발행처 김영사
등록 1979년 5월 17일 (제406-2003-036호)
주소 경기도 파주시 문발로 197(문발동) 우편번호 10881
전화 마케팅부 031)955-3100, 편집부 031)955-3200 | 팩스 031)955-3111

값은 뒤표지에 있습니다. ISBN 978-89-349-8176-3 03400

홈페이지 www.gimmyoung.com   블로그 blog.naver.com/gybook
페이스북 facebook.com/gybooks   이메일 bestbook@gimmyoung.com

좋은 독자가 좋은 책을 만듭니다.
김영사는 독자 여러분의 의견에 항상 귀 기울이고 있습니다.

이 도서의 국립중앙도서관 출판시도서목록(CIP)은 서지정보유통지원시스템 홈페이지
(http://seoji.nl.go.kr)와 국가자료공동목록시스템(http://www.nl.go.kr/kolisnet)에서
이용하실 수 있습니다.(CIP제어번호 : CIP2018021914)

재클린, 조슈아, 데보라,
도라와 앨프에게
감사와 사랑을 담아

차례

1 큰 그림 · 11

2 만물의 척도: 스케일링이란 무엇인가 · 57

3 생명의 단순성, 통일성, 복잡성 · 119

맺는말 · 589

1

큰 그림

1 서문, 개요, 요약

생명은 엄청나게 넓은 규모의 범위에 걸쳐서 놀랍도록 다양한 형태, 기능, 행동을 보여주는, 우주에서 가장 복잡하고도 다양한 현상일 것이다. 한 예로 이 지구에는 무게가 1조분의 1그램도 안 되는 세균에서부터 수억 그램이 나가기도 하는 대왕고래에 이르기까지, 800만 종이 넘는 생물이 살고 있다고 추정된다.[1] 브라질의 열대림에 가면, 축구장만 한 면적에 100종이 넘는 나무와 수천 종 수백만 마리에 달하는 곤충이 살고 있음을 알게 된다. 이 종 하나하나가 얼마나 다른 삶을 살아가는지, 각각 수정되고 태어나고 번식하고 죽는 방식이 얼마나 다양한지를 생각해보라. 많은 세균은 고작 1시간 동안 살고, 10조분의 1와트에 불과한 에너지만을 쓴다. 반면에 고래는 한 세기 넘게 살면서 수백 와트씩 에너지를 대사할 수 있다.[2] 생명의 이 놀라운 태피스트리에 우리 인류가 이 지구에 도입한 경이로울 만치 복잡하고 다양한 사회생활까지 더해보라. 특히 도시라는 모습을 취하고 있는 것, 그리고 상업과 건축에서 문화의 다양성, 시민 각각의 마음속에 숨어 있는 헤아릴 수 없이 많은 기쁨과 슬픔에 이르기까지 그 도시 안에서 벌어지는 놀라운 현상들을 떠올려 보라.

이 복잡하기 이를 데 없는 것들을 태양을 도는 행성들의 놀라운 단순성과 질서 또는 시계나 아이폰의 정확한 규칙성과 비교해보면, 이 모든 복잡성과 다양성의 밑에도 그와 비슷한 어떤 질서가 숨어 있지 않을까 하는 생각이 자연스럽게 떠오른다. 모든 생물이 따르는, 아니 동식물에서 도시와 기업에 이르기까지 모든 복잡한 체계를 지배하는 몇 가지 단순한 규칙이 있지 않을까? 아니면 전 세계의 숲, 사바나, 도시에서 펼쳐지는 모든 드라마는 그저 우연한 사건들이 잇달아 일어났을 뿐인, 임의적이고 변덕스러운 일에 불과할까? 이 모든 다양성을 낳은 진화 과정의 무작위적 특성을 생각하면, 거기에서 어떤 규칙성과 체계적인 행동이 출현한다는 것 자체가 있을 법하지 않고 직관에 반하는 듯이 여겨질 수도 있다. 생물권, 그 각각의 하위 체계, 신체 기관, 세포, 유전체를 이루는 무수한 생물 하나하나도 자연선택 과정을 통해 나름의 독특한 생태적 지위에서 자기만의 역사적 경로를 따라서 진화했으니까.

이제 다음의 그래프들을 보자. 각 그래프는 우리의 삶에서 중요한 역할을 하는 잘 알려진 양들을 크기별로 나타낸 것이다. 첫째 그래프(그림 1)는 대사율(살아가기 위해 매일 먹어야 하는 먹이의 양)을 동물들의 체중에 따라 나타낸 것이다. 둘째 그래프(그림 2)는 평생 동안 뛰는 심장 박동 수를 마찬가지로 동물의 체중별로 표시한 것이다. 셋째 그래프(그림 3)는 한 도시에서 나오는 특허 건수를 인구별로 표시한 것이다. 마지막 그래프(그림 4)는 상장기업들의 순자산과 이익을 직원 수에 따라 나타낸 것이다.

수학자나 과학자 혹은 이 중 어느 한 분야의 전문가가 아니라고 해도, 우리가 살면서 마주치는 대단히 복잡하면서 다양한 과정들의 일부인 이런 것들 밑에 어떤 놀랍도록 단순하면서 체계적이고 규칙적인 무언가가 있음을 금방 알아차릴 수 있다. 마치 기적처럼, 이 자료들은 각 그래프에서 멋대로 분포하지 않고 거의 직선을 이루고 있다. 각 동물, 도시, 기업의 역사적·지리적 우연성을 떠올릴 때 예상할 수 있는 양상과 전혀 다르게 말이다. 아마 가장 놀라운 그래프는 그림 2일 것이다. 어느 포유동물이든 심장이 평생 뛰는 평균 횟수는 거의 같다. 생쥐처럼 작은 동물은 겨우 몇 년을 사는 반면, 고래 같은 거대한 포유동물은 100년 이상을 살 수 있음에도 심장이 뛰는 횟수는 거의 같다.

위의 사례들은 동물, 식물, 생태계, 도시, 기업의 크기에 따라, 측정 가능한 거의 모든 특징이 정량적인 관계를 이루면서 규모가 변하는 무수한 사례 중 일부에 불과하다. 이 책에는 이런 사례들이 많이 실려 있다. 이런 놀라운 규칙성은 서로 전혀 다르고 고도로 복잡한 이 모든 현상의 밑바탕에 공통된 개념 구조가 있으며, 동물, 식물, 인간의 사회적 행동, 도시, 기업의 동역학, 성장, 조직 체계가 사실상 비슷한 일반 '법칙law'을 따름을 강하게 시사한다.

규모 곡선의 사례들. 크기가 변함에 따라 측정하는 양의 규모가 어떻게 변하는지를 보여준다. (1) 동물의 체중별 대사율[3] (2) 평생 동안의 심장 박동 수.[4] (3) 인구별 도시의 특허 건수,[5] (4) 직원 수별 기업의 자산과 이익.[6] 이 그래프들이 다루는 규모의 범위가 대단히 넓다는 점에 주목하자. 한 예로, 동물의 체중과 직원 수는 규모가 100만 배에 걸쳐 있다(생쥐에서 코끼리까지, 1인 기업에서 월마트와 엑손까지). 이 모든 동물, 기업, 도시를 한 그래프에 담기 위해서, 각 축의 눈금이 10배씩 증가하도록 설정했다.

그림 1 동물들의 대사율

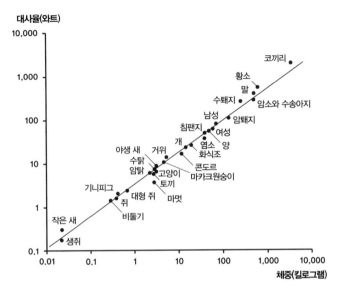

그림 2 동물들의 평생 심장 박동 수

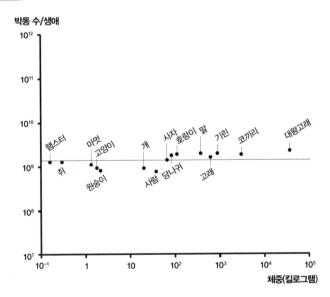

그림 3 특허 건수

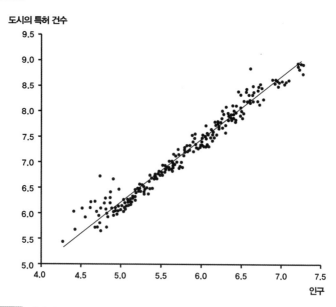

도시의 특허 건수

인구

그림 4 기업의 이익과 자산

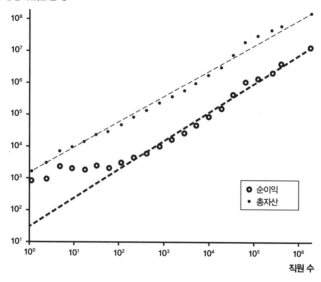

순이익, 총자산(천 달러)

○ 순이익
• 총자산

직원 수

스 케 일

이 책은 바로 그 점에 초점을 맞춘다. 나는 이런 체계적인 규모변화scaling 법칙의 특성과 기원을 설명하고자 한다. 그것들이 어떻게 상호 연관되어 있고, 어떻게 삶의 수많은 측면과 궁극적으로 지구의 지속 가능성이라는 과제를 깊고 넓게 이해하는 데 기여하는지를 말이다. 종합하자면, 이 규모 증가 법칙들은 과학과 사회 양쪽에서 제기되는 수많은 중요한 질문을 규명하는 정량적인 예측 틀로 이어질 수 있는 기본 원리와 개념을 살펴볼 창을 제공한다.

이 책에서 다루고자 하는 것은 하나의 사고방식, 즉 원대한 질문을 제기하고, 그 원대한 질문 중 일부에 원대한 답을 제시하는 방식이다. 이 책에서 나는 급속한 도시화, 성장, 세계의 지속 가능성에서 암, 대사, 노화와 죽음의 근원을 이해하는 일에 이르기까지, 오늘날 우리가 씨름하고 있는 주요 도전 과제와 현안 중 일부를 어떻게 하면 통합된 단일 개념 틀로 파악할 수 있는지를 살펴보고자 한다. 도시, 기업, 종양, 우리 몸이 서로 대단히 비슷한 방식으로 작동하며, 각각이 조직화, 구조, 동역학 측면에서 놀라울 만치 체계적인 규칙성과 유사성을 보여주는 보편적인 주제의 변주곡임을 보여주고자 한다. 이 모든 것들이 공유하는 한 가지 특성은 고도로 복잡하며, 분자든 세포든 사람이든 매우 넓은 범위의 시간 및 공간 규모에 걸쳐 연결되고 상호작용하고 연결망 구조를 통해 진화하는, 엄청나게 많은 개별 요소로 이루어져 있다는 점이다. 이 연결망 중에는 우리의 순환계나 도시의 도로망처럼 눈에 빤히 보이는 지극히 물질적인 것도 있는 반면, 사회 관계망, 생태계, 인터넷처럼 더 개념적이거나 가상적인 것도 있다.

이 큰 그림 틀을 이용하면 다양하고 흥미로운 질문을 규명할 수 있다. 그중에는 내 흥미를 자극하여 연구 대상이 된 것도 있는데, 그것들은 이 책의 각 장에서 다룰 예정이다(좀 사변적인 것도 있다).

몇 가지 예시를 들면 이렇다.

- 우리는 왜 천년만년 살지 못하고 기껏해야 120년밖에 살지 못할까? 우리는 왜 죽는 것일까? 그리고 이 수명의 한계를 정하는 것은 무엇일까? 우리 몸을 이루는 세포와 복잡한 분자의 특성을 토대로 수명을 계산할 수 있을까? 그것들의 특성을 바꿀 수 있을까? 수명을 연장할 수 있을까?

- 우리와 거의 동일한 재료로 이루어진 생쥐는 겨우 2~3년밖에 못 사는 반면, 코끼리는 왜 75년까지 사는 것일까? 이렇게 차이가 나는데도, 평생 동안의 심장 박동 수는 코끼리와 생쥐를 비롯한 모든 포유동물에서 거의 동일하게 약 15억 번인 이유가 무엇일까?[7]

- 세포와 고래에서 숲에 이르기까지 생물과 생태계가 놀라울 만치 보편적이고 체계적이고 예측 가능한 방식으로 크기에 따른 규모 증가 양상을 보이는 이유는 무엇일까? 성장에서 죽음에 이르기까지, 생물의 생리와 생활사의 상당 부분을 통제하는 듯한 4라는 마법의 수는 어디서 기원한 것일까?

- 우리는 왜 성장을 멈추는 것일까? 우리는 왜 매일 8시간을 자야 하는 것일까? 우리는 왜 쥐보다 종양에 훨씬 덜 걸리는 것일까? 그리고 코끼리에게는 왜 거의 종양이 생기지 않는 것일까?

- 기업은 대부분 존속 기간이 비교적 짧은 반면, 도시는 가장 강력하면서도 취약점이라고는 없어 보이는 기업조차도 필연적

으로 맞이하는 몰락이라는 운명을 어떻게 회피하면서 성장을 계속하는 것일까?

- 도시와 기업의 과학을, 즉 그것들의 동역학, 성장, 진화를 예측 가능한 정량적인 방식으로 이해할 개념 틀을 개발할 수 있을까?

- 도시의 최대 크기가 있을까? 최적 크기는? 동식물의 최대 크기는 있을까? 거대 곤충과 아주 넓은 거대도시megacity가 존재할 수 있을까?

- 삶의 속도는 왜 계속 증가할까? 사회경제적 삶을 지탱하기 위해 혁신의 속도가 계속 가속되어야 하는 이유는 무엇일까?

- 인류가 만들어낸, 겨우 지난 1만 년에 걸쳐 진화한 체계들이 수십억 년에 걸쳐 진화한 자연 세계와 어떻게 하면 계속 공존할 수 있을까? 착상idea과 부의 창조를 통해 약동하는 혁신적인 사회를 계속 유지할 수 있을까? 아니면 지구는 슬럼가, 갈등, 황폐함으로 가득한 운명을 맞이할까?

나는 비록 이론물리학자의 관점과 눈을 통해서이긴 하지만, 이런 질문들을 연구하려면 학제간 정신으로 무장하고서 생물학의 근본 문제들과 사회과학과 경제학의 문제들을 통합하는 등 모든 학문 분야에서 나온 개념을 통합하는 일과 개념적 틀이 중요함을 역설할 것이다. 그러면서 규모 증가라는 동일한 기본 틀이 빅뱅으로 시작된 우주의 진화에 관여한 소립자들과 자연의 근본적인 힘들을 아우르는 통일된 그림을 그리는 데 선구적인 역할을 했다는 점도 이야기할 것이다. 이런 맥락에서, 나는 도발적이면서 사변적이긴 해도, 이 책에서 전반적으로 확정된 과학적 연구 결과를 토대로 한 것들만을 제시하고자 애썼다.

설령 대부분까지는 아니라 해도, 이 책에 실린 결과와 설명 중 상당수는 수학이라는 언어를 통해 논증과 유도를 거쳐 나온 것이지만, 이 책은 전문용어를 쓰지 않고 교육적인 측면에 초점을 맞추어서 이른바 '교양 있는 일반인'이 쉽게 이해할 수 있도록 썼다. 내게는 매우 힘겨운 도전이었는데, 그런 설명을 하려면 시인다운 기질도 좀 갖추어야 한다는 의미이긴 하다. 동료 과학자들이라면 내가 수학 언어와 전문용어를 평이한 언어로 번역하는 과정에서 지나치게 단순화했다는 것을 알아차릴 수도 있겠지만, 지나치게 비판적으로 보지 말기를 바란다. 수학에 더 관심이 많은 독자를 위해서는 관련된 학술 문헌도 후주에 실어놓았다.

2 우리는 기하급수적으로 팽창하는 사회경제적 도시화 세계에 살고 있다

이 책의 핵심 주제 중 하나는 도시와 지구 도시화가 지구의 미래를 결정하는 데 중요한 역할을 한다는 것이다. 도시는 인류가 사회를 이룬 이래로 지구에 가장 큰 숙제를 안겨주는 근원이 되어왔다. 인류의 미래와 지구의 장기적인 지속 가능성은 우리 도시의 운명과 떼려야 뗄 수 없이 얽혀 있다. 도시는 문명의 용광로, 혁신의 중심지, 부 창조의 엔진, 권력의 중심, 창의적인 사람을 끌어들이는 자석, 착상과 성장과 혁신의 자극제다. 하지만 도시에는 어두운 측면도 있다. 도시는 범죄, 오염, 가난, 질병, 에너지와 자원 소비의 중심지이기도 하다. 급속한 도시화와 가속되는 사회경제적 발전은 기후 변화와 환경 파괴에서 식량과 에너지와 물의 부족, 공중 보건, 금융 시장, 세계 경제의 임박한 위기들에 이르기까지 많은 세계적인 문제도 낳아왔다. 한편으로는 우리가 직면한 주요 도전 과제 중 상당 수의 근원이고, 다른 한편으로는 창의성과 착상의 보고로서 그런 과제를 해결하는 방법의 원천이기도 한 도시의 이 이중성을 생각할 때, 시급한 문제로 대두되는 것이 있다. 바로 '도시의 과학'과 그 연장선상에 놓일 '기업의 과학'을, 다시 말해 그것들의 동역학, 성장, 진화를 정량적으로 예측 가능한 차원에서 이해할 개념 틀을 구축할 수 있는가 하는 문제다. 그리고 장기적인 지속 가능성을 이룰 진지한 전략을 고안하는 것도 대단히 중요하다. 금세기 후반에는 인류의 대다수가 도시 주민이 될 것이고, 그 도시 중 상당수는 유례 없는 규모의 거대도시일 것이기 때문에 더욱 그렇다.

우리가 직면한 문제, 도전 과제, 위협 중에 새로운 것은 거의 없다. 모두 적어도 산업혁명이 시작된 이래로 우리 곁에 있어왔으며, 현재 그것들이 우리를 뒤덮을 잠재력을 지닌 거대한 지진해일처럼 느껴지기 시작한 것은 오로지 도시화가 지수적인 속도로 이루어지고 있기 때문이다('exponential'의 번역어로 '기하급수적'이라는 말이 더 익숙하긴 하지만, 이 책에는 지수라는 개념이 계속 쓰이므로 용어를 통일하기 위해 '지수적'이라고 옮기고자 한다. '지수적'이라는 말이 원래 의미에 더 맞기도 하다—옮긴이). 지수적 팽창이라는 바로 이 특성 때문에, 가까운 미래에 유례없는 도전 과제들이 점점 더 빠르고 강력하게 들이닥칠 것이고, 우리는 너무 뒤늦게야 그 위협을 알아차리곤 할 것이다. 우리가 비교적 최근에야 지구 온난화, 장기적인 환경 변화, 에너지와 물을 비롯한 자원의 한계, 건강과 오염 문제, 금융 시장의 안정성 등을 의식하게 된 것도 바로 그 때문이다. 지금까지 우리는 한편으로는 우려하면서도, 이런 문제들이 그저 일시적인 일탈에 불과하고 결국은 해결되어 사라질 것이라고 암묵적으로 가정해왔다. 대다수의 정치가, 경제학자, 정책 결정자가 우리의 혁신과 창의성이 결국은 이길 것이라는 꽤 낙관적인 견해를 오랫동안 취해온 것도 놀랄 일은 아니다. 실제로 과거에 죽 그래왔기 때문이다. 하지만 뒤에서 자세히 설명할 텐데, 나는 그다지 확신이 서지 않는다.

인류가 존속한 거의 대부분의 기간 동안, 사람들은 대부분 도시가 아닌 환경에서 거주했다. 200년 전만 해도 미국인은 대부분 농사를 지었고, 인구의 겨우 4퍼센트만 도시에 살고 있었다. 그에 비해 지금은 도시 인구가 80퍼센트를 넘는다. 프랑스, 호주, 노르웨이 등 다른 선진국도 거의 다 비슷하며, 아르헨티나, 레바논, 리비아 같은 이른바 '개발도상국' 중 상당수도 그렇다. 지금 도시 인구가 거의 4퍼센트에 불과한 나라는 이 지구에 없다. 가장 가난하면서 가장 개발이 덜 된 브룬디조차 도시화율이 10퍼센트를 넘는다. 2006년에 세계는 도시 거주민의 수가 절반을 넘어섬으로써 하나의 놀라운 역사적 문턱을 넘었다. 그에 비해 100년 전에는 겨우 15퍼센트, 1950년에는 겨우 30퍼센트였다. 2050년에는 20억 명 이상이 더 도시로 이주하면서 도시화율이 75퍼센트를 넘어설 것으로 예상된다. 주로 중국, 인도, 동남아시아, 아프리카에서 그런 현상이 벌어질 것이다.[8]

엄청난 숫자다. 앞으로 35년 동안 매주 평균 약 150만 명이 도시로 간다는 뜻이다. 다음과 같이 생각해보면, 어떤 의미인지 감을 잡기가 쉬울 것이다. 오늘이 8월 22이라면, 10월 22일에 지구에 대도시 뉴욕만 한 곳이 하나 더 생길 것이고, 크리스마스 무렵에는 하나가 더 생기고, 2월 22일이 되면 다시 하나가 더 늘어난다. 지금부터 금세기 중반까지 지구에 뉴욕만 한 대도시가 두 달마다 하나씩 늘어난다. 그리고 인구가 겨우 800만 명인 뉴욕시를 말하는 것이 아니라 1,500만 명인 뉴욕 대도시권을 이야기하고 있다는 점도 유념하자.

지구에서 가장 놀라우면서 야심적인 도시화 사업이 진행되는 곳은 중국일 것이다. 중국 정부는 앞으로 20~25년에 걸쳐 인구 100만 명이 넘는 신도시 300개를 건설하려고 박차를 가하고 있다. 역사적으로 보면 중국은 도시화와 산업화가 느린 나라였지만, 지금은 그 뒤처진 시간을 따라잡고 있다. 1950년에 중국의 도시화율은 10퍼센트가 채 안 되었지만, 올해에는 50퍼센트를 넘어설 가능성이 높다. 현재 속도라면 미국 인구 전체에 해당하는 인구(3억 5,000만 명 이상)가 20~25년 안에 도시로 유입될 것이다. 인도와 아프리카도 그리 뒤처져 있지 않다. 이는 지구에서 지금까지 일어난 가장 큰 규모의 인구 이동이 될 것이고, 이런 규모의 이동은 미래에도 두 번 다시 일어나지 않을 가능성이 높다. 그 결과 지구 전역이 얼마나 큰 에너지와 자원 부족 문제에 시달릴지, 사회 조직에는 얼마나 큰 스트레스가 가해질지 생각만 해도 아찔하다. 게다가 그 일은 아주 짧은 기간에 걸쳐 일어난다. 지구의 모두가 영향을 받을 것이다. 숨을 곳 따위는 결코 없다.

3   삶과 죽음의 문제

도시의 열린open-ended 지수 성장은 우리가 생물학에서 접하는 현상들과 극명하게 대비된다. 우리를 비롯한 대부분의 생물은 어릴 때 빠르게 성장하다가 점점 성장 속도가 느려지며, 더 지나면 성장이 멈추고, 이윽고 죽는다. 기업도 대부분 비슷한 양상을 따르며, 거의 대부분은 결국 사라진다. 하지만 도시는 대개 그렇지 않다. 그런데도 사람들은 도시와 기업을 이야기할 때면 으레 생물에 비유하곤 한다. '기업의 DNA', '도시의 대사 활동', '시장의 생태' 등 흔히 쓰는 말들을 보라. 이런 말들이 그저 비유에 불과할까, 아니면 그 안에 진정으로 과학적인 내용이 담겨 있을까? 담겨 있다고 한다면, 도시와 기업은 어느 정도까지 거대한 생물인 것일까? 아무튼 도시와 기업은 생물로부터 생겨났으므로, 많은 특징을 공유하고 있다.

　도시에는 생물학적이지 않은 특징들도 분명히 있으며, 그 점은 뒤에서 상세히 논의할 것이다. 하지만 도시가 정말로 일종의 초유기체라면, 죽어서 사라지는 도시가 거의 없는 이유는 무엇일까? 물론 죽어 사라진 도시의 고전적인 사례들이 있으며, 특히 고대 도시들이 그러하지만, 그런 도시들은 대체로 주변 환경의 과다 이용과 갈등 때문에 몰락한 특수한 사례들이다. 전체적으로, 그런 도시는 지금까지 존재한 모든 도시 중 극히 일부일 뿐이다. 도시는 놀라울 만치 회복력을 지니며, 대다수는 존속해왔다. 70년 전 원자폭탄이 두 도시에 떨어졌지만, 그 도시들이 다시 번창하기까지 30년밖에 안 걸렸다는 놀라운 사례를 생각해보라. 도시를 죽이기란 극도로 어렵다! 반면에 동물과 기업은 비교적 쉽게 죽일 수 있다. 그리고 거의 다 결국은 죽는다. 가장 강력하면서 거의 불사신처럼 보이는 것들조차 그렇다. 지난 200년 동안 인간의 평균 수명은 계속 늘어났지만, 우리의 최대 수명은 여전히 변함이 없다. 지금까지 123년을 넘겨 산 사람은 아무도 없었고, 그보다 훨씬 오래 생존한 기업도 아주 적다. 기업은 대부분 10년이 지나면 사라졌다. 이렇게 기업과 생물의 대다수는 죽어 사라지는데, 도시는 왜 거의 다 살아남는 것일까?

죽음은 모든 생물학적 및 사회경제적 삶의 일부다. 살아가는 것들은 거의 다 태어나서 살다가 결국은 죽는다. 하지만 진지한 연구나 고찰의 대상이라는 측면에서 보면, 죽음은 출생이나 삶에 비해 사회적으로나 과학적으로나 외면당하고 억제되는 경향이 있다. 개인적으로 나는 50대에 들어서야 노화와 죽음을 진지하게 고민하기 시작했다. 나는 자신의 죽음에 거의 관심을 두지 않은 채 20대, 30대, 40대, 50대에 이르렀다. 자신을 불멸하는 존재인 양 여기는 '젊은이' 특유의 신화를 무의식적으로 고수하면서 말이다. 하지만 나는 남성들의 수명이 짧은 집안의 후손이었고, 50대의 어느 시점부터 내가 앞으로 5~10년 사이에 죽을지 모른다는 생각을 하기 시작했다. 죽음의 의미를 진지하게 생각하기 시작한 것은 아마 필연적인 일이었을 것이다.

나는 불가피하게 도래하는 죽음을 일상생활에 어떻게 통합할 것인가가 모든 종교와 철학적 성찰의 기원이라고 볼 수 있지 않을까 생각한다. 그래서 노화와 죽음을 살펴보고 관련 문헌을 읽기 시작했다. 처음에는 개인적이고 심리적이고 종교적이고 철학적인 관점을 취했다. 그런데 파고들면 파고들수록 해답보다는 의문이 더 늘어났다. 그러다가 이 책의 뒷부분에서 말할 여러 사건들을 겪으면서, 나는 노화와 죽음을 과학적인 관점에서 생각하기 시작했고, 우연한 일들이 이어지면서 결국 내 개인적인 삶과 전공까지도 바뀌게 되었다.

물리학자의 관점에서 노화와 죽음을 생각했기에, 우리에게 노화와 죽음을 가져오는 원리를 조사하는 것뿐 아니라, 그에 못지않게 중요한 질문인 인간의 수명 규모가 어디에서 기원하는지를 묻는 것도 내게는 자연스러운 일이었다. 123년 넘게 사는 사람은 왜 없을까? 구약성경에 인간의 수명이 70세라고 적혀 있는 수수께끼 같은 말은 어디에서 기원했을까? 신화 속의 므두셀라처럼 1,000년 동안 살 수는 없을까? 반면에 대부분의 기업은 겨우 몇 년을 살 뿐이다. 미국에서 상장기업 중 절반은 주식시장에 진입한 지 10년 이내에 사라진다. 소수는 상당히 더 오래 살지만, 거의 모두 몽고메리워드Montgomery Ward, TWA, 스튜드베이커Studebaker, 리먼브라더스Lehman Brothers 같은 기업의 전철을 밟는 듯하다. 왜 그럴까? 우리 자신의 죽음뿐 아니라 기업의 죽음까지 이해할 진지한 기계론을 구축할 수 있을까? 기업의 노화와 죽음의 과정을 정량적으로 이해하고, 그럼으로써 대략적인 수명을 '예측할' 수는 없을까? 그리고 도시는 어떻게 이 불가피해 보이는 운명에서 벗어나는 것일까?

4 에너지, 대사, 엔트로피

이런 의문들을 파고들다보면, 자연히 생명의 다른 모든 규모들은 어디에서 기원했을지를 묻게 된다. 예를 들어, 생쥐는 15시간을 자고 코끼리는 겨우 4시간을 자는데, 우리는 왜 약 8시간을 자는 것일까? 가장 큰 나무는 왜 1킬로미터 넘게 자라는 것이 아니라 수십 미터를 자랄 뿐일까? 가장 큰 기업은 왜 자산이 500억 달러에 이르면 성장을 멈추는 것일까? 그리고 우리 세포 하나에는 왜 약 500개의 미토콘드리아가 들어 있는 것일까?

이런 질문들에 답하고, 노화와 죽음 같은 과정을 정량적이고 기계론적으로 이해하려면, 인간이든 코끼리든 도시든 기업이든 이 각각의 체계가 어떻게 성장하고 어떻게 삶을 유지하는지를 먼저 이해해야 한다. 생물에서는 그런 것들이 대사 과정을 통해 통제되고 유지된다. 그것을 정량적으로 표현한 것이 대사율이다. 대사율은 생물이 살아 있기 위해 1초당 필요로 하는 에너지의 양이다. 우리는 하루에 약 2,000칼로리의 열량을 쓰며, 이를 환산하면 놀랍게도 일반 백열전구 하나를 켜는 것과 비슷한 약 90와트에 불과하다. 그림 1에서 볼 수 있듯이, 우리의 대사율은 우리만 한 크기의 포유동물에게 '딱 맞는' 값이다. 이는 자연적으로 진화한 동물로 살아가는 우리의 생물학적 대사율이다. 현재 도시에 사는 사회적 동물인 우리는 생명을 유지하기 위해 여전히 전구 하나 분량의 열량을 식품을 통해 얻어야 하지만, 거기에 덧붙여서 집, 난방, 조명, 자동차, 도로, 항공기, 컴퓨터 등에 쓸 에너지도 필요하다. 그 결과 미국에 사는 평균적인 사람이 살아가는 데 필요한 에너지의 양은 무려 1만 1,000와트까지 치솟았다. 이 사회적 대사율은 코끼리 약 12마리에게 필요한 열량에 해당한다. 게다가 생물학적인 삶에서 사회적 삶으로의 이 같은 전환을 이루면서, 세계 인구는 겨우 수백만 명에서 70억 명으로 불어났다. 에너지와 자원의 위기가 눈앞에 어른거리는 것도 놀랄 일이 아니다. '자연적인' 것이든 인위적인 것이든 간에, 이 체계들 중에 '유용한' 무언가로 변형되어야 하는 에너지와 자원의 지속적인 공급 없이 작동될 수 있는 것은 없다. 생물학에서 나온 개념들을 빌려서, 나는 이런 에너지 전환 과정을 모두 대사라고 부를 것이다. 체계가 얼마나 정교한지에 따라서 전환되어 나온 유용한 에너지는 신체 활동에 쓰이기도 하고 유지 관리와 성장과 번식에 쓰이기도 한다. 사회적 존재이자 다른 모든 생물들과 확연히 대비되는 존재답게, 우리 대사 에너지의 상당 부분은 도시, 마을, 기업, 집단생활 시설 같은 공동체와 제도를 만들고, 온갖 기발한 인공물을 만들고, 항공기, 휴대전화, 대성당에서 교향곡, 수학, 문학 등등에 이르기까지 경이로운 착상의 산물들을 만드는 데 쓰여왔다. 에너지와 자원이 지속적으로 공급되지 않는다면, 그런 것들을 아예 만들 수 없을 뿐 아니라, 아마 더 중요한 측면일 착상도 혁신도 성장도 진화도 없을 것이다. 하지만 의아하게도 그 점은 제대로 인정을 받지 못할 때가 많다. 근원적인 쪽은 에너지다. 에너지는 우리가 하는 모든 일과 우리 주변에서 일어나는 모든 일의 토대를 이룬다. 그렇기에, 에너지는 이 책에서 다루는 모든 의문을 꿰는 실 역할을 한다. 이 점이 자명해 보임에도, 놀랍게도 에너지라는 일반 개념은 경제학자와 사회과학자의 개념적 사고에서 아주 미미한 역할밖에 못하고 있다. 그나마 어떤 역할을 맡고 있다고 할 때 말이다.

에너지는 가공될 때 언제나 대가를 지불한다. 공짜 점심 같은 것은 없다. 에너지가 말 그대로 모든 것의 변형과 조작의 토대이므로, 어떤 계界든 작동을 하면 결과를 낳기 마련이다. 사실 자연에는 결코 어길 수 없는 근본 법칙이 하나 있다. 바로 열역학 제2법칙이라는 것이다. 이 법칙은 에너지가 유용한 형태로 전환될 때마다 퇴락한 부산물로서 '쓸모없는' 에너지도 생산된다고 말한다. 얻을 수 없는 무질서한 열이나 이용 불가능한 산물이라는 형태로, '의도하지 않은 결과'가 불가피하게 일어난다. 영구 운동 기관 같은 것은 없다. 우리는 살아 있는 동안 심신의 기능을 고도로 조직된 형태로 유지하고 이용하기 위해 무언가를 먹어야 한다. 하지만 먹고 나면, 빠르든 늦든 간에 화장실로 가야 할 것이다. 엔트로피 생성의 신체적 표현이다.

만물이 에너지와 자원을 교환하는 상호작용에서 나오는 이 근본적이면서 보편적인 특성을 1855년 독일 물리학자 루돌프 클라우지우스Rudolf Clausius는 '엔트로피entropy'라고 했다. 닫힌 계 내에서 질서를 생성하거나 유지하기 위해 에너지를 쓰거나 처리할 때마다 무질서가 얼마간 생성되는 것은 불가피한 일이다. 그 결과 엔트로피는 언제나 증가한다. 덧붙이자면, '엔트로피'라는 단어는 '변형'이나 '진화'를 뜻하는 그리스어를 그대로 쓴 것이다. 이 법칙에 어떤 빠져나갈 구멍이 있지 않을까 생각할지도 모르므로, 쐐기를 박는 차원에서 아인슈타인이 한 말을 인용하기로 하자. "나는 그것이야말로 결코 뒤집히는 일이 없을 보편적인 내용을 담은 유일한 물리법칙이라고 확신한다." 고쳐 말하면, 그는 자신의 상대성 이론들도 뒤집힐 가능성이 있는 범주에 포함시킨 것이다.

죽음, 세금, 다모클레스의 칼처럼, 열역학 제2법칙은 우리 모두와 우리 주변의 모든 것에 적용된다. 마찰로 무질서한 열이 생성되는 것과 비슷하게, 흩어놓는 힘들은 끊임없이, 가차 없이 작용하면서 모든 계를 붕괴시킨다. 가장 탁월하게 설계된 기계, 가장 창의적으로 조직된 기업, 가장 아름답게 진화한 생물도 이 가장 암울한 해체자의 손길을 피할 수 없다. 진화하는 계가 질서와 구조를 유지하려면 에너지를 지속적으로 공급받으면서 이용해야 하며, 그 과정에서 무질서가 부산물로 나올 수밖에 없다. 그것이 바로 우리가 살아가기 위해 끊임없이 먹어야 하는 이유다. 엔트로피 생성이라는 불가피하고 파괴적인 힘에 맞서기 위해서다. 엔트로피는 모든 것을 죽인다. 우리 모두는 엔트로피의 화신인 다양한 형태의 힘에 '닳고 해진' 끝에 궁극적으로 굴복하고 만다. 엔트로피에 맞서 싸우려면 성장, 혁신, 유지, 수선에 필요한 에너지를 계속 공급받아야 한다. 그리고 그 일은 계가 나이를 먹을수록 점점 더 힘겨워진다. 이 이야기는 생물이나 기업 사회의 노화, 사망, 회복, 지속 가능성을 논의할 때 토대가 된다.

5 크기가 대단히 중요하다: 규모 증가와 비선형 행동

이런 서로 무관해 보이는 다양한 질문을 살펴보기 위해 내가 주로 쓸 렌즈는 '규모Scale' 그리고 '과학Science'의 개념 틀이다. 스케일링 scaling(규모 변화)과 규모성scalability, 즉 만물이 크기에 따라 변하는 양상 및 만물이 따르는 근본 법칙과 원리는 이 책 전체를 관통하는 핵심 주제이며, 이 책에 제시된 거의 모든 논증을 전개하는 출발점으로 쓰인다. 이 렌즈를 통해 보면, 기업, 식물, 동물, 우리 몸, 심지어 종양도 조직되고 기능하는 방식이 놀라울 만치 유사하다. 각각은 조직, 구조, 동역학 측면에서 놀랍도록 체계적인 수학적 규칙성과 유사성을 통해 표현되는 한 가지 보편적인 주제의 흥미로운 변주라고 할 수 있다. 각각은 그런 서로 다른 계들을 종합적이고 통일된 방식으로 이해할 폭넓은 큰 그림에 해당하는 개념 틀 아래서 이루어지는 변주임이 드러날 것이며, 따라서 그 개념 틀에 비추어보면 크나큰 문제들 중 상당수를 규명하고 분석하고 이해할 수도 있을 것이다.

가장 기본적인 형태의 스케일링은 단순히 말해서, 크기가 변할 때 계가 어떻게 반응하느냐를 가리킨다. 도시나 기업의 크기가 2배로 커지면 어떻게 될까? 건물, 항공기, 경제, 동물의 크기가 반으로 줄어든다면? 도시의 인구가 2배로 는다면, 그에 따라 도시의 도로, 범죄 건수, 특허 건수도 약 2배 늘어날까? 매출이 2배로 늘면 기업의 이익도 2배로 늘까? 동물의 몸무게가 반으로 줄면, 먹이를 먹는 양도 절반으로 줄어들까?

크기 변화에 계가 어떻게 반응하는가라는 이런 천진난만해 보이는 질문들을 규명하는 일은 과학, 공학, 기술의 전 영역에 걸쳐서 놀랍도록 심오한 결과들을 낳았고, 우리 삶의 거의 모든 측면에 영향을 미쳐왔다. 스케일링 논증은 전환점tipping point과 상전이(액체가 얼어서 고체로 되거나 기화하여 기체가 되는 과정), 카오스 현상(브라질에 있는 나비의 날갯짓이 플로리다에 허리케인을 불러올 수 있다는 '나비 효과'), 쿼크(물질의 기본 소립자)의 발견, 자연의 기본 힘들의 통일, 빅뱅 이후 우주 진화의 동역학을 깊이 이해하는 데 기여해왔다. 이것들은 스케일링 논증이 중요하고 보편적인 원리나 구조를 밝히는 데 도움

이 된 많은 놀라운 사례들 중 극히 일부에 불과하다.[9]

더 현실적인 맥락에서 스케일링은 건물, 다리, 배, 항공기, 컴퓨터 등 인간의 공학적 산물들과 기계들을 설계하는 데 중요한 역할을 한다. 그런 분야에서는 효율적이고 비용효과적인 방식으로 작은 것을 토대로 큰 것을 확대 추정하는 일이 언제나 크나큰 도전 과제다. 더욱 힘겨우면서 아마도 더욱 시급할 도전 과제는 기업, 법인, 도시, 정부 같은 점점 더 크고 복잡해져가는 사회 조직들의 구조가 규모에 따라 어떻게 변하는지를 이해할 필요성이다. 이런 조직들은 계속해서 진화하는 복잡 적응계이기 때문에 기본 원리들이 대개 잘 이해되어 있지 않다.

대단히 과소평가된 사례가 하나 있는데, 바로 스케일링이 의학의 숨은 주역이라는 것이다. 질병, 신약, 치료법의 연구 개발 중 상당수는 생쥐를 '모형model' 계로 삼아서 진행된다. 여기서 생쥐를 대상으로 한 실험 결과와 발견을 인간에게로 어떻게 규모를 확대하여 적용할 것인가 하는 중요한 질문이 곧바로 제기된다. 한 예로, 해마다 생쥐의 암을 연구하는 데 엄청난 자원이 투자되고 있지만, 대개 생쥐는 조직 1그램을 기준으로 할 때 한 해 동안 생기는 종양의 수가 우리보다 훨씬 더 많다. 반면에 고래는 거의 종양이 생기지 않는다. 이 점은 생쥐의 종양 연구가 과연 인간과 관련이 있을까 하는 의문을 불러일으킨다. 조금 달리 표현하면 이렇다. 그런 연구를 통해 인간의 암이라는 도전 과제를 깊이 이해하고 해결하고자 한다면, 생쥐로부터 인간에게로 믿을 만하게 규모를 키우는 방법과 거꾸로 고래로부터 인간에게로 규모를 줄이는 방법을 알아야 한다. 이런 난제는 4장에서 생명의학과 건강 분야에 내재된 스케일링 문제를 다룰 때 논의할 것이다.

이 책 전체에서 쓰일 용어를 일부 소개하고 우리 모두가 동일한 출발점에 서서 이 탐험을 시작하기 위해, 나는 몇 가지 흔히 쓰이는 개념과 용어를 검토하고자 한다. 일상적으로 쓰기 때문에 누구나 어느 정도 익숙하다고 느낄 테지만, 때로 오해를 불러일으키곤 하는 것들이다.

앞에서 제기한 단순한 질문으로 돌아가보자. 동물의 체중이 절반으로 줄면, 먹이도 반만 필요할까? 이 질문에 대한 답이 '예'라고 예상하는 독자도 있을 것이다. 체중이 절반으로 줄면, 먹일 세포의 수도 절반으로 줄어드니까 말이다. 다시 말해, "크기가 절반이면 먹는 것도 절반"이고, 거꾸로 "크기가 2배면 먹는 것도 2배"가 필요하다는 의미가 될 것이다. 이는 고전적인 선형linear 사고방식의 단순한 사례다. 놀랍게도 선형 사고방식임을 알아차리기가 반드시 쉬운 것은 아니다. 그런 사고방식은 분명히 단순하긴 해도, 겉으로 드러나기보다는 암묵적으로 전제되곤 하기 때문이다.

예를 들어, 1인당 척도가 국가, 도시, 기업, 경제의 순위를 매기는 방법으로 널리 쓰인다는 사실이 이 사고방식을 미묘하게 표현한 것임을 사람들은 대개 알아차리지 못한다. 간단한 예를 들어보자. 미국의 1인당 국내총생산GDP은 2013년에 약 5만 달러로 추정되었다. 즉, 미국 경제 전체에 걸쳐 평균을 내면, 한 사람이 사실상 5만 달러 가치의 '상품'을 생산했다고 볼 수 있다는 뜻이다. 인구 약 120만 명의 대도시인 오클라호마시티는 GDP가 약 600억 달러이므로, 1인당 GDP(600억 달러/120만 명)는 실제로 미국 평균인 5만 달러에 가깝다. 이 결과를 인구가 10배 더 많은 1,200만 명의 도시에 확대 추정한다면, 그 도시의 GDP는 오클라호마시티보다 10배 더 많은 6,000억 달러(1인당 GDP 5만 달러에 1,200만 명을 곱한 값)가 될 것이다. 그러나 실제로 오클라호마시티보다 10배 더 큰, 인구 1,200만 명의 대도시인 로스앤젤레스는 GDP가 사실상 7,000억 달러를 넘는다. 즉 1인당 척도를 쓸 때 암묵적으로 전제한 선형 확대 추정법을 통해 얻은 '예측값'보다 15퍼센트 남짓 더 많다.

물론 사례가 단 하나이니, 특수한 사례라고 여길 수도 있다. 그저 로스앤젤레스가 오클라호마시티보다 더 부유한 곳이라고 여길 수도 있다. 물론 더 부유하다는 점은 맞지만, 로스앤젤레스와 비교했을 때 GDP가 더 낮게 나오는 오클라호마시티는 사실 특수한 사례가 아니다. 정반대로 이 사례는 1인당 척도를 사용할 때 암묵적으로 전제하는 단순한 선형 비례 관계가 거의 언제나 결코 타당하지 않다는, 지구 전체의 모든 도시들에서 나타나는 보편적인 추세를 보여준다. 도시, 아니 사실 거의 모든 복잡계의 정량화할 수 있는 특징들이 거의 다 그렇듯이, GDP도 대개 비선형nonlinear으로 규모가 증가한다. 이 말이 무슨 의미인지 그리고 무엇을 의미하는지는 뒤에서 더 명확히 논의하기로 하자. 당분간은 비선형 행동을 그저 크기가 2배로 될 때 대체로 단순히 2배로 증가하지 않는 계의 측정 가능한 특징을 뜻하는 것이라고 생각하자. 이 사례에서는 비선형 행동을 도시의 크기가 증가할 때, 1인당 GDP뿐 아니라, 평균 임금, 범죄 건수 등 다른 많은 척도들도 체계적으로 규모가 증가한다는 식으로 바꿔 말할 수 있다. 이는 사회적 활동과 경제 생산성이 인구 증가에 따라 체계적으로systematically 증가한다는, 모든 도시의 본질적인 특성을 반영한다. 크기 증가에 따라붙는 이 체계적인 '부가가치'

를 경제학자와 사회학자는 수확 체증의 법칙이라고 하고, 물리학자는 초선형 스케일링superlinear scaling이라는 더 멋진 용어를 선호한다.

비선형 스케일링의 한 가지 중요한 사례는 생물 세계에서 찾을 수 있다. 동물(우리를 포함하여)이 살아 있기 위해 매일 소비하는 먹이와 에너지의 양이 그렇다. 놀랍게도 다른 동물보다 몸집이 2배 큰, 따라서 세포 수가 약 2배 더 많은 동물은 매일 추가로 소비해야 하는 먹이와 에너지의 양이 고지식하게 선형 확대 추정을 할 때 예상할 수 있는 100퍼센트가 아니라, 겨우 약 75퍼센트에 불과하다. 예를 들어, 체중이 55킬로그램인 여성은 아무 활동도, 어떤 일도 하지 않은 채 그저 생명을 유지하려 해도 매일 약 1,300칼로리의 열량이 필요하다. 생물학자와 의사는 이를 기초대사율이라고 하며, 생활하면서 추가로 하는 모든 일상 활동까지 포함한 것을 활동대사율이라고 한다. 한편 그녀의 커다란 양치기 개는 체중이 그녀의 절반밖에 안 되며(약 22킬로그램), 따라서 세포 수도 거의 절반이므로, 매일 그저 생명을 유지하기 위해 필요한 열량이 그녀의 절반인 약 650칼로리에 불과할 것이라고 예상할지도 모른다. 그런데 사실, 그녀의 개에게는 매일 약 880칼로리의 열량이 필요하다.

비록 개가 작은 여성인 것은 아니지만, 이는 대사율이 계의 크기에 따라 어떻게 변하는지를 보여주는 일반적인 스케일링 법칙의 한 사례다. 이 법칙은 체중이 몇 그램에 불과한 작은 땃쥐부터 그보다 1,000만 배 더 무거운 거대한 대왕고래에 이르기까지, 모든 포유동물에 적용된다. 이 법칙에서 도출되는 한 가지 심오한 결과는 그램당 기준으로 볼 때, 몸집이 큰 동물(이 사례에서는 여성)이 더 작은 동물(그녀의 개)보다 사실상 더 효율적이라는 것이다. 조직 1그램을 유지하는 데 필요한 에너지가 더 적기(약 25퍼센트) 때문이다. 그렇게 따지면, 그녀의 말은 그녀보다 더 효율적일 것이다. 계의 크기가 증가함에 따라 이렇게 체계적으로 에너지가 절약되는 현상을 규모의 경제economy of scale라고 부른다. 짧게 요약하자면, 이 말은 몸집이 더 클수록 살아가는 데 필요한 단위당(동물의 사례에서는 세포 한 개당 또는 조직 1그램당) 에너지의 양이 더 적다는 뜻이다. 이것이 도시의 GDP에서 나타나는 수확 체증, 즉 초선형 스케일링의 정반대 행동임을 주목하자. 그 사례에서는 몸집이 클수록 1인당 소비량이 더욱 늘어났지만, 규모의 경제에서는 몸집이 클수록 1인당 소비량은 덜 늘어난다. 이런 유형의 스케일링을 저선형 스케일링sublinear scaling 이라고 한다.

크기와 규모는 고도로 복잡한, 진화하는 계의 일반적인 행동을 결정하는 주요 인자이며, 이 책은 그런 비선형 행동의 기원과 그 행동이 과학, 기술, 경제, 경영뿐 아니라 일상생활, 과학소설, 스포츠에 이르기까지 다양한 분야들에서 이끌어낸 사례로 이루어진 폭넓은 범위에 걸쳐 있는 의문들을 규명하는 데 어떤 식으로 쓰일 수 있는지를 이해하고 설명하는 데 많은 지면을 할애한다.

6 스케일링과 복잡성: 창발성, 자기 조직화, 탄력성

나는 지금까지 짧은 지면에서 이미 복잡성이라는 용어를 몇 번 썼는데, 마치 이 용어가 잘 이해되어 있는 동시에 잘 정의되어 있는 양 '계가 복잡하다'는 말을 거침없이 해왔다. 하지만 사실 양쪽 다 아니다. 그러니 잠시 짬을 내어서, 이 혹사당한 개념을 살펴볼 필요가 있겠다. 앞으로 이야기할 계들이 거의 다 '복잡하다'고 여겨지는 것들이기 때문이다.

그 용어나 거기에서 파생된 여러 용어를 정의하지도 않은 채 무심결에 쓰는 사람이 나만은 아니다. 지난 25년 동안, 복잡 적응계, 복잡성 과학, 창발적 행동, 자기 조직화, 탄력성(복원성, 회복성), 적응적 비선형 동역학 같은 용어는 과학 문헌뿐 아니라 경영과 기업 분야와 대중 매체에까지 스며들었다.

분위기 조성 차원에서, 두 저명한 사상가의 말을 인용해보자. 한 명은 과학자이고, 다른 한 명은 법률가다. 전자는 저명한 물리학자인 스티븐 호킹Stephen Hawking이다. 그는 새천년에 들어설 무렵 어느 회견에서 이런 질문을 받았다.[10]

20세기는 물리학의 세기였고, 이제 우리가 생물학의 세기로 접어들고 있다고 말하는 이들이 있습니다. 어떻게 생각하시나요?

그는 이렇게 답했다.

내 생각에 다음 세기는 복잡성complexity의 세기가 될 겁니다.

나도 진심으로 동의한다. 내 의도가 이미 명확히 드러났기를 바라지만, 우리가 현재 직면한 수많은 유례없이 힘겨운 도전 과제에 대처하려면 복잡 적응계의 과학이 시급하게 필요하다.

둘째 인물은 저명한 미국 연방대법원 판사인 포터 스튜어트Potter Stewart다. 그는 1964년 포르노그래피pornography 개념 및 그것과 자유 언론의 관계를 논의할 때 다음과 같은 놀라운 명언을 남겼다.

오늘은 그 간결한 묘사['하드코어 포르노그래피']에 포함된다고 내가 이해한 종류의 것들을 더 이상 정의하려 시도하지 않으렵니다. 그리고 아마 결코 이해하기 쉽게 정의를 내릴 수도 없겠지요. 하지만 나는 보면 압니다.

'하드코어 포르노그래피'를 '복잡성'이라는 단어로 바꾸기만 하면, 우리 중 상당수가 말하려는 것과 꽤 흡사하다. 우리는 그것을 정의할 수 없을지 몰라도, 보면 안다!

그러나 미국 연방대법원은 "보면 안다"라는 말에 수긍할지 몰라도, 불행히도 과학은 수긍하지 못한다. 과학은 자신이 연구하는 대상과 제시하는 개념에 간결하면서 명확한 태도를 고수함으로써 발전해왔다. 우리 과학자들은 그것들이 정확하고, 명백하고, 현실적으로 측정 가능해야 한다고 말한다. 운동량, 에너지, 온도는 물리학에서 정확히 정의가 된 양의 고전적인 사례지만, 일상 언어에서 대화나 비유에도 널리 쓰인다. 말이 난 김에 덧붙이자면, 정말로 중요한 개념 중에서 정확한 정의를 둘러싸고 상당한 논쟁이 벌어지는 사례도 여전히 꽤 많다. 생명, 혁신, 의식, 사랑, 지속 가능성, 도시, 게다가 복잡성 개념도 그렇다. 그렇기에 여기서 나는 복잡성의 과학적 정의를 제시하려고 하기보다는 중간 입장을 취하여, 전형적인 복잡계의 핵심 특징이라고 보는 것을 기술하고자 한다. 보면 알아차릴 수 있고, 단순하거나 '단지' 매우 복합적이긴 하지만 반드시 복잡하다고는 할 수 없는 계라고 기술할 수 있는 것과 구분할 수 있도록 말이다. 이 논의는 완성을 의미하는 것이 아니라, 어떤 계를 복잡하다고 말할 때 우리가 의미하는 것에 담긴 더 두드러진 특징을 명확히 하는 데 도움을 주려는 것이다.[11]

전형적인 복잡계는 일단 수많은 개별 구성 요소나 행위자가 모이면, 대개 그 개별 구성 요소나 행위자의 특성에서는 드러나지 않고, 그 특성으로부터 쉽게 예측할 수도 없는 집합적 특징들이 드러나는 체계를 가리킨다. 예를 들어, 당신은 단지 세포 집합이라는 차원을 훨씬 넘어서는 존재이며, 마찬가지로 당신의 세포는 그것을 구성하는 모든 분자의 집합이라는 차원을 훨씬 넘어선다. 당신이 자신이라고 생각하는 것—자신의 의식, 자신의 성격, 자신의 개성—은 뇌에 있는 신경세포와 시냅스 사이의 복잡한 상호작용의 집단적인 표현 형태다. 그리고 신경세포와 시냅스 자체는 몸의 다른 세포들과 끊임없이 상호작용을 한다. 그중에는 심장이나 간 같은 준자율적인 기관을 구성하는 세포들도 있다. 게다가 이 모든 세포는 정도의 차이가 있긴 하지만, 외부 환경과 끊임없이 상호작용을 한다. 또 다소 역설적이게도, 당신의 몸을 구성하는 약 100조 개의 세포 중에서 당신이 자기 자신이라고 인정하거나 동일시할 특성을 지닌 것은 전혀 없다. 게다가 그중 어느 세포에도 당신의 일부인 의식이나 지식은 없다. 말하자면, 각 세포는 자신의 개별 특징들을 지니고, 자신의 국소적인 행동과 상호작용 규칙을 따르면서도, 거의 기적처럼 당신 몸의 다른 모든 세포와 통합되어 당신을 이룬다. 공간적·시간적으로 규모의 폭이 엄청나게 넓긴 해도, 미세한 분자 수준에서부터 거시적인 규모에 이르기까지 당신의 몸 안에서 작동하는 이런 상호작용들은 길게는 100년 동안, 당신의 일상생활과 관련을 맺고 있다. 당신은 탁월한 복잡계다.

마찬가지로 도시도 건물, 도로, 사람의 집합이라는 차원을 훨씬 넘어서며, 기업도 직원과 제품의 집합이라는 차원을 훨씬 넘어선다. 생태계도 그 안에 사는 동식물의 집합이라는 차원을 훨씬 넘어선다. 도시나 기업의 경제적 생산량, 혼잡, 창의성, 문화는 모두 주민, 기반시설, 환경 사이의 상호작용 속에 구현된 수많은 되먹임 양상의 비선형적 특성에서 나온다.

이를 보여주는 놀라운 사례로 우리 모두에게 친숙한 것을 하나 꼽자면, 개미 군체가 그렇다. 개미 군체는 한 번에 흙 알갱이를 하나씩 옮기는 식으로 단 며칠 만에 말 그대로 맨땅에서 도시를 건설한다. 이런 놀라운 건축물은 여러 층으로 이루어진 그물처럼 연결된 통로와 방, 환기 장치, 식량 창고와 육아실, 복잡한 수송망을 갖추고 있다. 이런 건축물의 효율성, 탄력성, 기능성은 인류 최고의 공학자, 건축가, 도시계획자가 설계하고 지은 최고의 성과물에 상응한다고 볼 수 있다. 하지만 개미 군체에는 탁월한(아니, 평범한 수준에서조차도) 공학자, 건축가, 도시 설계자에 해당하는 녀석이 아예 없으며, 지금까지 존재한 적도 없다. 담당자 같은 것은 아예 없다.

개미 군체는 앞일을 내다보지도 않고, 누군가의 생각을 참조하거나 집단 토의를 거치거나 자문도 받지 않은 채로 일을 한다. 청사진도 기본 계획도 없다. 그저 개미 수천 마리가 어둠 속에서 본능이 시키는 대로 수백만 개의 흙 알갱이와 모래알을 움직임으로써 인상적인 구조를 빚어낸다. 각각의 개미가 화학적 단서를 비롯한 신호를 매개로 몇 가지 단순한 규칙을 따름으로써 놀라울 만치 통합된 집단 성과물을 구축한다. 수많은 사소한 작업이 하나의 거대한 컴퓨터 알고리듬으로 짜인 것과 거의 비슷하다.

알고리듬 이야기가 나왔으니 말인데, 그런 과정들을 담은 컴퓨터 시뮬레이션은 개별 행위자 사이에 작동하는 아주 단순한 규칙들이 계속 되풀이됨으로써 복잡한 행동이 출현하는 이런 유형의 산출을 모형화하는 데 성공을 거두어왔다. 이런 시뮬레이션은 고도로 복잡한 계의 혼란스러운 동역학과 조직이 개별 구성 요소 사이의 상호작용을 지배하는 아주 단순한 규칙에서 기원한다는 생각을 뒷받침해왔다. 이 같은 발견은 약 30년 전에 그런 대규모 계산을 할 수 있을 만큼 컴퓨터 성능이 좋아지면서 가능해지기 시작했다. 지금은 개인 노트북으로도 쉽게 이런 계산을 할 수 있다. 이런 컴퓨터 연구는 우리가 그런 많은 계들에서 보는 복잡성의 밑바닥에 사실상 단순성이 있을지도 모르며, 따라서 과학적 분석이 가능할 수 있다는 생각을 강력하게 뒷받침하는 아주 중요한 역할을 했다. 그 결과 진지한 정량적 복잡성 과학을 개발할 수 있지 않을까 하는 생각이 도출되었다. 그 문제는 좀 더 뒤에서 다루기로 하자.

따라서 일반적으로 복잡계는 전체가 부분들의 단순한 선형의 합보다 더 크며, 때로 상당히 다르기까지 하다는 보편적 특징을 지닌다. 전체가 개별 구성 단위들의 구체적 특징과 거의 동떨어져서, 나름의 생명을 지닌 것처럼 보이는 사례도 많다. 게다가 세포든 개미든 사람이든 개별 구성 요소가 상호작용하는 방식을 설령 이해한다고 해도, 그 결과로 나온 전체 계 수준의 행동을 예측하기란 대개 불가능하다. 이 집단적인 결과, 즉 계가 개별 구성 요소들의 기여분을 단순히 모두 더한 것과 상당히 다른 특징을 지니게 되는 현상을 창발적 행동emergent behavior이라고 한다. 우리는 경제, 금융 시장, 도시 사회, 기업, 생물에게서 이런 특징을 쉽게 알아볼 수 있다.

이런 연구들로부터 얻은 한 가지 중요한 교훈은 그런 계 중 상당수가 중앙의 통제를 받지 않는다는 것이다. 예를 들어, 개미 군체를 구축하고 있는 개미들 중 어느 누구도 자신이 어떤 장엄한 일에 참여하고 있는지 전혀 알지 못한다. 심지어 자신의 몸을 건축 재료로 써서 정교한 구조를 만드는 개미 종도 있다. 군대개미와 불개미는 먹이를 찾으러 돌아다니다가 스스로 모여서 다리와 뗏목이 되어 물을 건너거나 장애물을 넘어간다. 이것이 자기 조직화라고 부르는 것의 사례들이다. 구성 요소들 자체가 모여서 창발적인 전체를 형성하는 창발적 행동이다. 독서 모임이나 정당 같은 인류의 사회 집단 형성도 마찬가지이며, 우리 신체 기관의 형성도 구성 세포들의 자기 조직화로 볼 수 있다. 도시도 주민들의 자기 조직화의 표현 형태라고 볼 수 있다.

많은 복잡계에는 창발성 및 자기 조직화 개념과 밀접한 관련이 있는 중요한 특징이 또 하나 있다. 외부 조건의 변화에 반응하여 적응하고 진화하는 능력이다. 물론 이런 복잡 적응계의 대표적인 사례는 세포에서 도시에 이르기까지 온갖 놀라운 표현 양상을 보이는 생명 그 자체다. 찰스 다윈Charles Darwin의 자연선택 이론은 생명과 생태계가 변화하는 조건에 맞추어서 끊임없이 진화하고 적응하는 양상을 이해하고 기술하기 위해 개발된 과학적 서사다.

복잡계 연구는 계를 독립적으로 행동하는 개별 구성 요소들로 고지식하게 분해하는 일을 경계하라고 말해왔다. 더 나아가 복잡계에서는 계의 한 부분에서 일어나는 작은 교란이 다른 부분들에 엄청난 영향을 미칠 수도 있다. 복잡계는 갑작스러우면서 예측 불가능해 보이는 방식으로 변할 수도 있다. 시장 붕괴가 대표적인 사례다. 하나 이상의 추세들이 양의 되먹임 고리를 이루어서 서로 보강함으로써, 결국에는 계가 통제 불능 상태에 빠지고 전환점을 돌면서 행동이 근본적으로 바뀔 수 있다. 2008년에 지방 차원에서 이루어지던 비교적 국지적인 미국 주택담보대출 산업의 왜곡된 동태를 계기로 전 세계의 금융 시장이 붕괴하면서 사회적·상업적으로 엄청난 파급 효과가 빚어진 것이 이를 보여주는 인상적인 사례다.

과학자들이 복잡 적응계 자체를 이해하는 일에 진지하게 달려들고 그것을 규명할 새로운 방법들을 추구하기 시작한 것은 겨우 30여 년 전부터였다. 그 뒤로 생물학, 경제학, 물리학에서 컴퓨터과학, 공학, 사회경제 분야의 학문들에 이르기까지 다양한 분야에서 나온 다양한 기법과 개념을 포괄하는 학제간 통합 접근법이 자연스럽게 출현해왔다. 이런 연구들로부터 나온 한 가지 중요한 교훈은 그런 계를 상세히 예측하기란 대개 불가능하지만, 계의 평균적인 두드러진 특징들을 대강 정량적으로 기술하는 일은 때때로 가능하다는 것이다. 예를 들어, 비록 우리는 특정한 개인이 언제 사망할지를 정확히 예측할 수 없지만, 인간의 수명이 100년 안팎에 놓일 것이라고는 예측할 수 있다. 그런 정량적 관점을 우리 행성의 지속 가능성과 장기 생존이라는 과제에 적용하는 일은 대단히 중요하다. 지금의 접근법들이 종종 무시해온 유형의 상호 연결성과 상호 의존성을 그 관점은 본질적으로 인정하기 때문이다. 작은 것에서 큰 것으로 규모 확대를 할 때, 계의 기본 요소나 구성 단위는 그대로 유지되면서 단순성에서 복잡성으로 진화가 일어나는 사례가 종종 있다. 우리는 공학, 경제, 기업, 도시, 생물에서 그런 사례들을 흔히 접하며, 아마 가장 극적인 양상을 띠는 사례는 진화 과정일 것이다. 예를 들어, 대도시의 고층 건물은 소도시에 자리한 더 조촐한 주택보다 훨씬 더 복잡한 대상이지만, 역학, 에너지와 정보의 분배, 전기 콘센트의 크기, 수도꼭지, 전화기, 노트북, 문 등을 비롯하여 건축과 설계의 기본 원리는 건물의 크기에 상관없이 거의 동일하다. 이런 기본 건축 요소들은 주택에서 엠파이어스테이트빌딩에 이르기까지 규모가 확대되어도 거의 변함이 없다. 그것들은 우리 모두가 공유하는 것들이다. 생물도 마찬가지다. 생물은 대단히 다양한 크기와 엄청나게 다양한 형태와 상호작용을 갖추는 쪽으로 진화해왔다. 그러면서 종종 복잡성이 증가해왔지만, 세포, 미토콘드리아, 모세혈관, 심지어 잎 같은 기본 구성 단위는 몸집 변화나 생물이 구현한 계의 복잡성 증가에도 별 변화가 없었다.

7 우리는 연결망 자체다: 세포에서 고래로의 성장

나는 진화 동역학에 본래 변덕과 우연이 들어 있음에도, 생물의 가장 근본적이면서 복잡한 측정 가능한 특징들이 거의 다 몹시 단순하면서 규칙적인 양상으로 계의 크기에 따라 변한다는, 매우 놀라우면서 직관에 반하는 사실을 지적하는 것으로 이 장을 시작했다. 동물의 체중과 대사율을 비교한 그림 1은 이 점을 잘 보여준다.

이 체계적인 규칙성은 정확한 수학 공식을 따른다. 전문 용어를 쓰자면, "대사율은 지수exponent가 4분의 3에 아주 가까운 거듭제곱 법칙power law(멱 법칙)에 따라 증가한다"가 된다. 뒤에서 더 상세히 설명하기로 하고, 여기서는 이 말이 무슨 뜻인지를 보여주는 단순한 사례를 하나 짚고 넘어가기로 하자. 예를 들어, 코끼리는 쥐보다 약 1만 배 더 무겁다(차수로 따지면 4차, 즉 10^4). 따라서 세포 수가 약 1만 배 더 많다. 4분의 3제곱이라는 스케일링 법칙은 세포 수가 1만 배 더 많음에도, 코끼리가 쥐보다 대사율(즉, 살아 있기 위해 필요한 에너지의 양)이 고작 1,000배(3차, 10^3) 더 높을 뿐이라고 말한다. 즉, 10의 거듭제곱 비가 3:4다. 이는 계의 크기가 증가함에 따라 엄청난 규모의 경제가 이루어짐을 뜻한다. 코끼리의 세포가 쥐의 세포보다 에너지를 약 10분의 1만큼만 쓰면서 활동한다는 뜻이다. 여기에 덧붙여서, 그에 따라 대사 과정에 따른 세포 손상률도 줄어드는 것이 코끼리의 수명이 더 긴 근본 이유이며, 노화와 사망을 이해할 기본 틀을 제공한다는 점도 언급해둘 가치가 있다. 스케일링 법칙은 앞서 말한 것과 좀 다른 방식으로 표현할 수도 있다. 어떤 동물의 몸집이 다른 동물의 2배라면(10킬로그램 대 5킬로그램이든, 1,000킬로그램 대 500킬로그램이든) 우리는 고전적인 선형 사고방식에 따라, 대사율도 2배일 것이라고 소박하게 예상할 것이다. 하지만 스케일링 법칙은 비선형이며, 사실 대사율이 2배가 아니라 약 75퍼센트만 증가한다고 말한다. 크기가 2배로 늘 때마다 무려 25퍼센트가 절약된다는 뜻이다.[12]

4분의 3이라는 비율은 그림 1에서 그래프의 기울기에 해당한다. 이 그래프는 대사율과 체중이라는 두 양을 로그 좌표에 표시했다.

즉, 양쪽 축의 눈금이 10배씩 증가한다는 뜻이다. 이렇게 표시하면, 그래프의 기울기는 거듭제곱 법칙의 지수가 된다.

처음 이 양상을 규명한 생물학자 막스 클라이버Max Kleiber의 이름을 따서 클라이버 법칙Kleiber's law이라고 하는 이 대사율의 스케일링 법칙은 포유류, 조류, 어류, 갑각류, 세균, 식물, 세포까지 포함한 거의 모든 분류군에 들어맞는다. 하지만 더욱 인상적인 점은 비슷한 스케일링 법칙이 성장률, 심장 박동 수, 진화 속도, 유전체 길이, 미토콘드리아 밀도, 뇌의 회색질, 수명, 나무의 키, 심지어 잎의 수에 이르기까지, 본질적으로 모든 생리학적인 양과 생활사의 사건에 들어맞는다는 것이다. 게다가 로그 단위로 나타내면, 이 모든 현기증 나는 스케일링 법칙은 모두 그림 1처럼 보이며, 따라서 동일한 수학적 구조를 지닌다. 그것들은 모두 '거듭제곱 법칙'을 따르며, 대개 지수(그래프의 기울기)에 좌우된다. 그 지수는 4분의 1에 단순한 수를 곱한 값이며, 4분의 3이라는 대사율은 고전적인 사례. 예를 들어, 어떤 포유동물의 크기가 2배가 되면, 심장 박동 수는 약 25퍼센트가 줄어든다. 따라서 숫자 4는 모든 생명에서 기본적이면서 거의 마법 같은 보편적인 역할을 한다.[13]

자연선택에 내재된 통계적 과정과 역사적 우연성으로부터 어떻게 그처럼 놀라운 규칙성들이 출현하는 것일까? 4분의 1제곱 스케일링이 보편적이고 널리 퍼져 있다는 것은 자연선택이 개별 생물의 설계를 초월하는 일반적인 물리학적 원리들에 제약을 받아왔음을 강력하게 시사한다. 세포든 생물이든 생태계든 도시든 기업이든, 고도로 복잡하면서 자족적인 구조는 모든 규모에서 효율적으로 작동할 수 있게 엄청나게 많은 수의 구성 단위를 세밀하게 통합해야 한다. 살아 있는 계에서는 자연선택에 내재된 끊임없이 서로 '경쟁하는' 되먹임 과정들을 통해 최적화되었다고 여겨지는, 프랙털 fractal 형태의 계층적 분기 망 체계가 진화함으로써 그 통합이 이루어졌다. 널리 퍼져 있는 4분의 1 지수를 포함하여, 이 스케일링 법칙들은 이 망 체계의 전반적인 물리적·기하학적·수학적 특성에서 기원한다. 한 예로, 클라이버 법칙은 번식을 최대화하는 데 에너지를 쓸 수 있도록 우리를 비롯한 포유동물의 순환계로 혈액을 뿜어내는 일에 필요한 에너지를 최소화하라는 요구 조건을 따른다. 호흡계, 배뇨계, 신경계, 식물의 관다발계도 그런 망에 속한다. 이 책에서는 이런 개념들과 함께 공간 채움 space filling(체내의 모든 세포를 먹일 필요성) 및 프랙털(망의 기하학) 개념도 상세히 다룰 것이다.

동일한 기본 원리와 특성이 포유류, 어류, 조류, 식물, 세포, 생태계의 망 전체에 걸쳐 작동한다. 설령 서로 다른 형태로 진화했다고 할지라도 말이다. 수학의 언어로 표현하면, 그것들은 보편적인 4분의 1 거듭제곱 법칙의 기원을 설명하는 동시에, 가장 작은 포유동물과 가장 큰 포유동물(땃쥐와 고래)의 크기, 어느 포유동물의 순환계에 속한 어느 혈관에서의 혈액 흐름과 맥박, 미국 어딘가에 있는 가장 큰 나무의 키, 코끼리와 생쥐의 수면 시간, 종양의 혈관 구조를 비롯하여, 그런 계들의 핵심 특징을 포착하는 많은 정량적인 결과도 예측한다.[14]

그것들은 성장의 이론으로도 이어진다. 성장은 스케일링 현상의 특수한 사례라고 볼 수 있다. 성숙한 생물은 본질적으로 어린 개체의 규모가 비선형적으로 확대된 것과 같다. 당신 몸과 아기의 여러 신체 부위의 비율을 비교하기만 하면 알 수 있다. 발달의 어느 단계에서든 성장은 망들을 통해 전달되는 대사 에너지를 기존 세포에 배분하여 새 조직을 만들 새 세포를 생산함으로써 이루어진다. 이 과정은 종양을 포함하여 모든 생명에 적용할 수 있는 보편적인 정량적 성장 곡선 이론이 있다고 예측하는 망 이론을 써서 분석할 수 있다. 성장 곡선이란 단순히 생물의 크기를 나이의 함수로 나타낸 그래프다. 자녀가 있는 독자라면, 소아과에서 으레 자녀의 발달 양상이 평균적인 아기의 예상 발달 과정과 얼마나 들어맞는지를 알 수 있도록 부모에게 보여주기 때문에, 아마 성장 곡선에 친숙할 것이다. 또 성장 이론은 우리가 계속 먹는데도 결국은 성장을 멈추는 이유처럼, 한 번쯤 생각해보았을 신기하고 역설적인 현상들도 설명한다. 그런 현상들은 망 설계에 구현된 대사율의 비선형 스케일링과 규모의 경제로부터 나오는 결과임이 드러난다. 뒤에서는 같은 패러다임을 도시, 기업, 경제의 성장에 적용하여 열린 성장의 기원과 그 지속 가능성 여부라는 근본적인 문제를 이해하고자 시도할 것이다.

망은 에너지와 자원이 세포로 전달되는 속도를 결정하므로, 모든 생리적 과정의 속도도 설정한다. 세포는 더 작은 생물에 비해 더 큰 생물에서 체계적으로 더 느리게 작동하도록 제약을 받으므로, 삶의 속도는 크기 증가에 따라 체계적으로 감소한다. 따라서 커다란 포유동물은 작은 포유동물보다 동일한 예측 가능한 양상으로 더 오래 살고, 성숙하는 데 더 오래 걸리며, 심장 박동이 더 느리고, 세포가 덜 열심히 일한다. 작은 생물은 빠른 차선에서 살아가는 반면, 큰 생물은 평생을 비록 더 효율적이긴 하지만 더 답답하게 움직인다. 쪼르르 움직이는 생쥐와 느릿느릿 걷는 코끼리를 비교해보라.

이 책에서는 이 사고방식을 정립한 뒤, 생물학 분야에 자리를 잡는 데 성공한 망과 스케일링 패러다임을 어떻게 하면 도시와 기업의 동태, 성장, 구조에 관해 비슷한 질문을 하는 쪽으로 생산적으로 적용할 수 있을지를 물을 것이다. 도시와 기업에 관한 비슷한 기계론적 학문을 발전시킨다는 전망을 안고서 말이다. 이어서 거기에서부터 다시 세계의 지속 가능성과 지속적 혁신과 삶의 속도 증가라는 크나큰 문제들을 규명하는 쪽으로 나아갈 것이다.

8 도시와 세계의 지속 가능성: 혁신과 특이점의 주기

기본 망 이론의 한 표현 형태인 스케일링은, 생물들의 겉모습과 서식지가 다르긴 해도, 측정 가능한 특징과 형질이라는 관점에서 보면 고래가 규모를 확대한 코끼리나 거의 다름없고, 코끼리는 규모를 확대한 개, 개는 규모를 확대한 생쥐와 거의 다르지 않음을 시사한다. 80~90퍼센트 수준에서 그들은 예측 가능한 비선형 수학 규칙을 따르는 서로의 규모 확대판이다. 조금 달리 말하면, 당신과 나를 포함하여 지금까지 존재한 모든 포유동물은 평균적으로 어느 이상적인 포유동물의 꽤 근사적인 규모 증감 판본approximately scaled version들이다. 이 말이 도시와 기업에도 들어맞을 수 있을까? 뉴욕이 샌프란시스코의 규모 확대판이고, 샌프란시스코는 보이시, 보이시는 샌타페이의 규모 확대판일까? 도쿄는 오사카, 오사카는 교토, 교토는 스쿠바의 규모 확대판일까? 각 나라의 도시 체계 내에서도 이 모든 도시들은 서로 달라 보이고, 각자 역사, 지리, 문화가 다르다. 하지만 고래, 말, 개, 생쥐에게도 같은 말을 할 수 있었다. 이런 질문들에 진지하게 대답하려면 자료를 살펴보는 수밖에 없다.

놀랍게도 그런 자료를 분석한 결과들은 인구 크기의 함수로 나타냈을 때, 도시 기반시설―도로 길이, 전선, 수도관, 주유소 수 같은―의 규모가 미국, 중국, 일본, 유럽, 라틴아메리카 할 것 없이 같은 방식으로 증가함을 보여준다. 생물의 사례에서처럼, 이 양들도 크기에 따라 비선형적으로 증가한다. 따라서 여기서도 체계적인 규모의 경제가 일어남을 시사하지만, 여기서는 지수가 0.75가 아니라 약 0.85다. 따라서 지구 전체를 보면, 도시가 클수록 1인당 필요한 도로와 전선은 더 적다. 생물과 마찬가지로, 도시도 저마다 역사, 지리, 문화가 다르긴 해도 적어도 물리적 기반시설에서는 사실상 서로의 근접한 규모 증감 판본이다.

아마 더욱 인상적인 부분은 도시들이 서로의 사회경제적 규모 증감판이기도 하다는 것이 아닐까? 임금, 부, 특허 건수, 에이즈 환자 수, 범죄 건수, 교육 기관의 수처럼 생물학에 상응하는 것을 전혀 찾을 수 없는, 인류가 1만 년 전 도시를 발명하기 전에는 지구에 존재한 적이 없는 사회경제적 양들도 인구 크기에 따라 규모가 증가하는데, 지수가 약 1.15인 초선형(즉, 1보다 더 크다는 뜻이다)으로 증가한다. 그림 3의 도시 특허 건수가 한 예다. 따라서 1인당 기준으로, 이 모든 양은 도시 크기가 증가할 때 동일한 양상을 따라 체계적으로 증가하며, 동시에 모든 기반시설의 양에서 규모의 경제를 통해 동일하게 절약이 이루어진다. 전 세계의 도시가 놀라운 다양성과 복잡성을 지님에도, 그리고 저마다 도시계획이 다름에도, 도시들은

대체로 놀라운 단순성, 규칙성, 예측 가능성을 드러낸다.[15]

단순하게 표현하면, 스케일링은 한 나라에서 어떤 도시가 다른 도시보다 2배 크다면(인구가 4만 명 대 2만 명이든, 400만 명 대 200만 명이든), 임금, 부, 특허 건수, 에이즈 환자 수, 강력 범죄 건수, 교육 기관의 수는 모두 거의 같은 수준으로(인구가 2배 증가할 때 약 15퍼센트씩 추가로) 증가하며, 모든 기반시설도 비슷한 비율로 절약된다는 것을 의미한다. 도시가 더 클수록, 평균적인 개인은 상품이든 자원이든 착상이든, 체계적으로 더 많이 소유하고 생산하고 소비한다. 좋은 것, 나쁜 것, 추한 것이 모두 대략적으로 예측 가능한 한 묶음으로 증가한다. 사람은 더 많은 혁신, 더 큰 '생동감', 더 높은 임금에 이끌려서 더 큰 도시로 향할 수도 있지만, 그에 상응하는 정도로 증가하는 범죄와 질병에도 직면할 것이라고 예상할 수 있다.

동일한 스케일링 법칙들이 지구 전역에서 독자적으로 진화한 도시와 도시 체계의 다양한 측정값에서 관찰된다는 사실은 생물학에서처럼 역사, 지리, 문화를 초월한 도시의 기본적인 일반 원리가 있고, 도시의 개괄적인 근본 이론을 내놓는 것이 가능함을 강하게 시사한다. 8장에서 나는 사회 관계망과 기반시설망의 혜택과 비용 사이의 해소할 수 없는 긴장이 그 바탕에 놓인 사회 관계망 구조와 인간 상호작용 집합의 보편적인 동역학에서 어떻게 기원하는지를 논의할 것이다. 도시는 다양한 방식으로 문제를 파악하고 해결하는 서로 전혀 다른 사람들 사이의 고도로 사회적인 연결성에서 나오는 혜택을 수확할 자연적인 메커니즘을 제공한다. 나는 이 사회 관계망 구조의 특성과 동태를 논의하고, 좋든 나쁘든 모든 사회경제적 활동의 15퍼센트 증가와 이에 상응하는 물리적 기반시설의 15퍼센트 절약 사이에 있는 흥미로운 연관관계를 비롯한 스케일링 법칙들이 어떻게 출현하는지를 보여주고자 한다.

인류는 상당한 규모의 공동체를 형성하기 시작했을 때, 지구에 근본적으로 새로운 동역학을 들여놓았다. 인류는 언어의 발명과 그에 따른 사회 관계망 공간에서의 정보 교환을 통해 부와 생각을 혁신하고 창안하는 법을 발견했고, 그런 변화는 궁극적으로 초선형 스케일링을 통해 표현되었다. 생물학에서 망 동역학은 생물의 크기가 증가함에 따라 삶의 속도가 4분의 1제곱 스케일링 법칙에 따라서 체계적으로 감소하도록 제약을 가한다. 대조적으로 부의 창조와 혁신의 토대를 이루는 사회 관계망의 동역학은 정반대 행동으로 이어진다. 즉, 도시의 크기가 증가할수록 삶의 속도도 체계적으로 규모가 증가한다. 질병이 더 빨리 퍼지고, 기업도 더 자주 생겨나고 사라지며, 상거래도 더 빠르게 이루어지고, 심지어 걷는 속도도 더 빨라진다. 이 모든 것은 약 15퍼센트 증가 규칙을 따른다. 우리 모두는 소도시보다 대도시에서 삶이 더 빠르게 흐르며, 도시와 그 경제 규모가 커짐에 따라 어디에서나 가속되어왔음을 살아가는 내내 경험하고 있다.

자원과 에너지는 성장에 필요한 연료다. 생물학에서 성장은 물질대사를 통해 추진되며, 저선형 스케일링을 따르므로, 결국에는 예측 가능한 거의 안정된 크기의 성숙 상태에 다다른다. 그런 행동은 도시든 국가든, 건강한 경제가 적어도 연간 몇 퍼센트씩 계속해서 끝없이 기하급수적으로 팽창해야 한다고 여기는 것이 특징인 전통적인 경제적 사고방식에서는 재앙이라고 여겨질 것이다. 생물학에서 제약된 성장이 대사율의 저선형 스케일링을 따르는 반면, 부의 창조와 혁신(이를테면, 특허 건수로 측정되는)의 초선형 스케일링은 열린 경제에 부합되는 억제되지 않은, 때로는 지수적 차원도 넘어서는 성장으로 이어진다. 이는 흡족할 만치 일관적인 양상을 띠지만, 여기에는 한 가지 커다란 문제가 있다. 이 문제에는 유한 시간 특이점finite time singularity이라는 범접하기 어려운 전문 용어가 붙어 있다. 요약하자면, 자원이 무한정 제공되는 것이 아니거나, 붕괴 가능성이 실현되기 전에 시계를 '재설정하는' 주된 패러다임 전환이 일어나지 않는다면, 무제한적인 성장이 계속 유지될 수 없다고 스케일링 이론이 예측한다는 것이다. 우리는 철, 증기, 석탄, 컴퓨터, 더 최근의 디지털 정보 기술 등 패러다임을 전환하는 혁신을 주기적으로 되풀이함으로써 열린 성장을 유지하고 붕괴를 피해왔다. 사실 크고 작은 그런 발견을 이루어냈다는 점은 인류가 비범한 창의성을 지니고 있음을 증언한다.

불행히도, 설령 그렇다고 해도 심각한 문제가 하나 있다. 이론상 그런 발견이 일어나는 속도가 점점 빨라져야 한다는 것이다. 즉, 성공적인 혁신 간의 시간 간격은 체계적이고 필연적으로 점점 더 짧아져야 한다. 예를 들어, '컴퓨터 시대'와 '정보와 디지털 시대'의 간격은 아마 20년일 것이다. 대조적으로 석기 시대, 청동기 시대, 철기 시대의 간격은 수천 년이다. 따라서 열린 성장이 지속되어야 한다고 고집한다면, 삶의 속도가 불가피하게 더 빨라질 뿐 아니라, 점점 더 빠르게 혁신을 일으켜야 한다. 우리는 새로운 기기와 모델이 출현하는 속도가 점점 빨라지는, 그 단기적인 표현 형태에 너무나 익숙해져 있다. 마치 점점 더 빠른 속도로 뛰어 건너서 더 빨리 움직이는 트레드밀로 차례로 옮겨 가는 듯하다. 이런 행태가 지속 가능하지 않다는 점은 분명하다. 도시화한 사회경제 전체의 붕괴로 이어질 가능성이 높다. 사회 체계를 추진하는 혁신과 부의 창조는 마냥 날뛰도록 그냥 방치한다면, 필연적으로 붕괴로 이어질 가능성이 높다. 그 붕괴를 피할 수 있을까? 아니면 우리는 자연선택이 펼치는, 실패할 운명의 환상적인 실험에 갇혀 있는 것일까?

9 기업과 사업

이런 개념들을 확장시켜서, 이것들이 기업과는 어떤 관련이 있을지를 묻는 것은 자연스러운 일이다. 정량적이면서 예측 가능한 기업의 과학이 가능할까? 기업이 크기와 사업 특성을 초월하는 체계적인 규칙성을 드러낼까? 예를 들어, 매출과 자산 측면에서 볼 때, 연간 이익이 500억 달러를 넘는 월마트와 구글은 1,000만 달러에 못 미치는 더 작은 기업들의 근사적인 규모 증감 판본에 해당할까? 놀랍게도, 그렇다. 그림 4를 보면 알 수 있다. 생물과 도시처럼, 기업도 단순한 거듭제곱 법칙에 따라 규모가 증가한다. 마찬가지로 놀라운 점은 그 규모 증감이 도시의 사회경제적 척도들 같은 초선형이 아니라, 크기에 따른 저선형 함수라는 것이다. 이런 의미에서 기업은 도시보다는 생물과 훨씬 더 비슷하다. 기업의 규모 확대 지수는 약 0.9로, 도시 기반시설의 0.85와 생물의 0.75에 가깝다. 하지만 생물이나 도시보다 기업의 정확한 스케일링 값은 편차가 상당히 더 크다. 초기 단계에 시장의 한 자리를 차지하기 위해 아귀다툼을 벌일 때 특히 그렇다. 그렇긴 해도 기업들의 평균 행동에서 드러나는 놀라운 규칙성은 다양성의 폭이 넓고 개성이 뚜렷하다고 해도 기업들이 크기와 사업 분야를 초월하는 일반적인 제약 조건들과 원리 아래서 성장하고 행동한다는 것을 시사한다.

대사율의 저선형 스케일링 때문에, 생물은 성숙하고 나면 성장과 크기 증가가 멈춘 뒤 사망할 때까지 대략 안정된 수준에서 머문다. 기업의 한살이도 거의 비슷한 궤적을 그린다. 초기에는 빠르게 성장하다가 성숙함에 따라 서서히 성장 속도가 느려지고, 살아남는다면 이윽고 GDP에 비례하여 성장이 멈춘다. 젊을 때 많은 기업은 시장에서 최적의 자리를 찾느라 애쓰면서 온갖 혁신적인 착상을 내놓는다. 하지만 성장하면서 점점 자리를 잡음에 따라, 제품의 스펙트럼은 필연적으로 좁아지게 마련이며, 동시에 상당한 수준의 관료제적 성격의 경영 관리 체계를 구축하는 일도 필요해진다. 크고 복잡한 조직을 효율적으로 관리해야 하는 도전 과제를 반영하는 규모의 경제와 저선형 스케일링이 초선형 스케일링을 보이는 혁신과 착상을 비교적 빠르게 대체한다. 그리하여 궁극적으로 정체와 사망으로 이어진다. 미국에서 같은 시기에 상장된 기업들 중 절반은 10년 이내에 사라지며, 100년은커녕 50년까지 가는 기업도 극소수다.[16]

성장함에 따라, 기업은 어느 정도는 시장의 힘에 따라, 그리고 현대의 기업을 운영하는 데 전통적으로 필요하다고 여겨진 관료적이고 행적적인 요구, 즉 하향식 경영의 필연적 경직화에 따라 점점 더 일차원적으로 되어가는 경향이 있다. 변화, 적응, 혁신은 효과를 발휘하기가 점점 더 어려워진다. 외부의 사회경제적 시계가 계속하여 빨라지고, 조건들이 점점 더 빠르게 변하는 환경에서는 더욱더 그렇다. 반면에 도시는 크기가 커짐에 따라, 점점 다차원적으로 된다. 사실 경제적 경관을 구성하는 직업과 사업 부문들의 종류로 측정할 때, 도시의 다양성은 거의 모든 기업과 극명하게 대비된다. 도시는 크기가 증가함에 따라, 예측 가능한 방식으로 지속적이고 체계적으로 증가한다. 이런 관점에서 보면, 기업의 성장 및 사망 곡선이 생물의 성장 및 사망 곡선과 매우 흡사한 것도 놀랄 일이 아니다. 둘 다 체계적인 저선형 스케일링, 규모의 경제, 제약된 성장, 유한한 수명을 보여준다. 게다가 흔히 사망률이라고 말하는, 즉 아직 살아 있는 개체에 대한 사망하는 개체의 비율인 죽을 확률은 동물이나 기업의 나이에 상관없이 동일하다. 상장 기업들은 얼마나 탄탄하게 자리를 잡았는지, 실제로 어떤 일을 하는지에 상관없이, 동일한 비율로 매각, 합병, 파산을 통해 사망한다. 9장에서는 기업의 성장, 사망, 조직 동역학을 이해할 기계론적 토대를 생물의 성장과 죽음 그리고 도시의 구속받지 않은 성장 및 확연한 '불멸성'과 비교하고 대비하면서 상세히 논의할 것이다.

2

만물의 척도

스케일링이란 무엇인가

앞 장에서 제기한 많은 현안과 문제를 자세히 논의하기 전에, 이 장에서는 이 책 전체에서 쓰일 기본 개념 중 몇 가지를 개괄적으로 살펴볼 것이다. 비록 그중 일부에 익숙한 독자도 있겠지만, 나는 우리 모두가 같은 출발선상에 서 있기를 바란다.

개괄적인 설명은 주로 역사적 관점을 취할 것이다. 거대한 곤충이 존재할 수 없는 이유를 설명한 갈릴레오부터 시작하여 하늘이 왜 파란지를 설명하는 레일리에게서 끝난다. 그 과정에서 슈퍼맨, LSD, 약물 투여량, 체질량지수, 대형 선박 사고, 모델링 이론의 기원도 다룰 것이고, 이 모든 것이 혁신의 기원과 특성 및 성장의 한계와 어떤 관련이 있는지도 살펴볼 것이다. 무엇보다 나는 이 사례들을 통해, 규모라는 관점에서 개념적 사고의 힘을 정량적으로 전달하고자 한다.

1 고질라에서 갈릴레오까지

많은 과학자들처럼 나도 때때로 기자의 인터뷰 요청을 받곤 하는 데, 질문은 대개 도시, 도시화, 환경, 지속 가능성, 복잡성, 샌타페이 연구소에 관한 것이며, 아주 가끔은 힉스 입자에 관한 것도 있다. 그러니 〈파퓰러메커닉스Popular Mechanics〉의 한 기자가 할리우드에서 일본 고전 영화 〈고질라〉의 새로운 블록버스터 판을 내놓을 예정이라고 알려주면서, 어떻게 생각하는지 물었을 때 내가 얼마나 놀랐을지 상상해보라. 고질라가 주로 도시(1954년 원작에서는 도쿄)를 돌아다니면서 쑥대밭으로 만들고 사람들을 공포에 빠뜨린 거대한 괴물임을 떠올릴 독자도 있을 것이다.

그 기자는 내가 스케일링에 관해 좀 알고 있다는 말을 들었다고 하면서, "재미있고, 기발하고, 괴짜다운 방식으로 고질라의 생물학을(신작 개봉에 맞추어서)" 알려달라고 했다. "그런 거대한 동물이 얼마나 빨리 걸을지, 대사 활동으로 얼마나 많은 에너지가 생산될지, 몸무게는 얼마나 나갈지 등등." 자연히 이 새로운 21세기 미국판 고질라는 역대 고질라 중 가장 컸다. 키가 무려 106미터로, 일본 원작에 나온 고질라의 2배가 넘었다. 당시 고질라의 키는 '겨우' 50미터였다. 나는 기자에게 어느 과학자에게 묻든 고질라 같은 짐승은 실제로 존재할 수 없다고 말할 것이라고 곧바로 대답했다. 우리(즉, 모든 생명)와 거의 같은 기본 성분으로 이루어져 있다면, 그런 괴물은 자체 무게로 붕괴할 것이기 때문에 제 기능을 할 수 없다.

이를 뒷받침하는 과학적 논증은 400여 년 전 근대 과학의 여명기에 갈릴레오 갈릴레이Galileo Galilei가 상세히 전개했다. 그것은 본질적으로 우아한 스케일링 논증이다. 갈릴레오는 동물이나 나무, 건물의 크기를 무한정 키우려 한다면 어떤 일이 일어날지 물었고, 성장에는 한계가 있음을 밝혔다. 그의 논증은 오늘날에 이르기까지 그 뒤의 모든 스케일링 논증의 기본 틀을 설정했다. 갈릴레오는 '근대 과학의 아버지'라고 불리곤 하는데, 거기에는 그럴 만한 이유가 있다. 그는 물리학, 수학, 천문학, 철학에 많은 선구적인 기여를 했다. 아마 그는 모든 물체가 동시에 땅에 떨어진다는 것을 보여주기 위해 피사의 사탑 꼭대기에서 크기와 재료가 서로 다른 물체를 떨어뜨렸다는 전설 같은 이야기를 통해 가장 잘 알려져 있을 것이다. 이 직관적이지 않은 관찰 결과는 갈릴레오가 실제로 검증을 하기 전까지 거의 2,000년 동안 널리 믿고 있던 근본적으로 잘못된 개념, 즉 무게에 비례하여 무거운 물체가 가벼운 물체보다 더 빨리 떨어진다는 아리스토텔레스의 교리와 모순되었다. 돌이켜보면, 갈릴레오가 검증을 하기 전까지 이 '자명한 사실'을 조사하겠다고 나서기는커녕 생각한 사람조차 없었다는 점이 놀랍다.

갈릴레오의 실험은 운동과 역학의 이해에 근본적인 혁신을 일으켰고, 그 토대 덕분에 훗날 뉴턴은 유명한 운동 법칙을 내놓을 수 있었다. 뉴턴 운동 법칙은 이곳 지구에서든 우주에서든, 모든 운동을 이해하는 데 필요한 수학적으로 정확한 정량적이고 예측 가능한 기본 틀을 제공함으로써, 천체와 지구를 동일한 자연법칙으로 통합시켰다. 그리하여 우주에서의 인간의 지위를 재정의했을 뿐 아니라, 모든 후속 과학의 기준이 되었다. 계몽의 시대가 도래하고 지난 200년 동안 기술 혁신이 이어질 무대를 마련한 것도 포함해서다.

갈릴레오는 망원경을 완성하고 목성의 달을 발견한 사람으로도 잘 알려져 있다. 그런 발견을 토대로 그는 코페르니쿠스식 태양계의 관점이 옳다고 확신하게 되었다. 자신의 관측으로부터 이끌어낸 태양 중심 관점이 옳다고 계속 고집하다가 결국 갈릴레오는 심

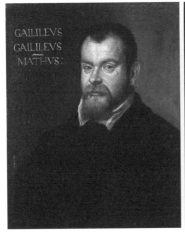

35세와 69세 때의 갈릴레오. 오른쪽 초상화를 그리고 10년이 안 되어 세상을 떠났다. 두 초상화를 비교할 때 생생하게 드러나는 노화와 임박한 죽음의 징후는 4장에서 상세히 다루기로 하자.

각한 대가를 치르게 되었다. 69세의 나이에 건강도 나쁜 상태에서 그는 종교재판소로 끌려나왔고, 이단이라는 판결을 받았다. 결국 그는 자신의 견해를 철회할 수밖에 없었고, 잠시 투옥된 뒤 여생을 가택 연금 상태로 보내야 했다(9년 남짓이었고, 그 사이에 시력을 완전히 잃었다). 그의 책들은 금서가 되었고, 바티칸의 악명 높은 금서목록Index Librorum Prohibitorum에 올랐다. 그의 책들은 200여 년이 지난 1835년에야 금서목록에서 제외되었고, 거의 400년이 흐른 뒤인 1992년에야 교황 요한 바오로 2세가 갈릴레오가 잘못된 처우를 받았다고 공개적으로 유감을 표명했다. 과학적인 관찰 증거 및 수학의 논리와 언어보다 오래전에 견해, 직관, 편견을 토대로 히브리어, 그리스어, 라틴어로 쓴 글에 그렇게 압도적으로 더 높은 가치를 부여할 수 있었다니, 생각만 해도 오싹하다. 안타깝게도 지금도 우리는 그런 잘못된 사고방식에서 거의 자유롭지 못하다.

갈릴레오는 끔찍한 비극을 겪었지만, 인류는 그 덕에 놀라운 혜택을 보았다. 상황이 어찌 되었더라도 썼겠지만, 가택 연금 시절 그는 자신의 최고 걸작이라고 할 책을 썼다. 과학 분야에서 진정으로 위대한 저서의 반열에 오른 《새로운 두 과학에 대한 논의와 수학적 논증Discorsi e Dimostrazioni Matematiche Intorno a Due Nuove Scienze》(《새로운 두 과학》)이었다.[1] 이 책은 기본적으로 논리적이고 합리적인 틀 안에서 우리 주변의 자연 세계를 체계적으로 이해하는 방법을 40년 동안 고심한 결과물이었다. 그렇기에 그 책은 아이작 뉴턴Isaac Newton이 이룬 마찬가지로 기념비적인 공헌과 그 뒤의 모든 과학적 성취를 위한 든든한 토대가 되었다. 사실 아인슈타인이 그 책을 찬미하면서 갈릴레오를 '근대 과학의 아버지'라고 부른 것은 결코 과장이 아니었다.[2]

위대한 책이다. 펼치기 겁날 만큼 제목이 무겁고 용어와 문체가 다소 고풍스러운 감이 있긴 하지만, 놀라울 만치 쉽게 읽히고 재미있는 책이다. 이 책은 세 사람(심플리치오Simplicio, 사그레도Sagredo, 살비아티Salviati)이 만나서 나흘 동안 크고 작은 다양한 문제를 논의하는 '토론' 형식으로 서술되어 있다. 모두 갈릴레오가 해답을 추구하던 문제들이다. 심플리치오는 세상에 호기심이 많은 '평범한' 문외한을 대변하며, 어리석어 보이는 질문들을 한다. 살비아티는 모든 답을 알고 있는 명석한 인물(갈릴레오!)이며, 강한 의지와 인내심을 드러내면서 답을 제시한다. 사그레도는 중간 입장에서 살비아티의 견해에 도전하고 심플리치오를 격려하는 태도 사이를 오락가락한다.

둘째 날은 밧줄과 들보의 강도라는 다소 난해한 논의처럼 보이는 것에 관심이 쏠린다. 다소 지루하면서 세세한 이 논의가 어디로 이어질지 궁금해지는 바로 그때, 안개가 걷히고 빛이 쏟아진다. 그리고 살비아티는 이렇게 선언한다.

이미 밝혀진 것들로부터, 기술에서든 자연에서든 구조물의 크기를 방대한 차원으로 늘린다는 것이 불가능함을 쉽게 알 수 있습니다. 즉 노, 활대, 들보, 쇠못 등 모든 부위가 하나로 결합되는 방식으로 엄청난 크기의 배, 궁전, 사원을 짓기란 불가능합니다. 게다가 나뭇가지들이 자신의 무게로 부러질 테니 자연도 아주 거대한 크기의 나무를 만들지 못합니다. 또 사람이나 말 같은 동물들이 엄청나게 커진다면, 형태를 유지하고 정상적인 기능을 수행할 수 있도록 뼈대 구조를 구축하기가 불가능할 겁니다. …… 키가 터무니없이 커지면, 그 자신의 무게로 무너지고 짓눌릴 테니까요.

정말로 그렇다. 만화와 영화에서 실감나게 묘사하는 거대한 개미, 딱정벌레, 거미, 더 나아가 고질라에 이르는 우리의 과대망상적인 환상들은 거의 400년 전에 이미 갈릴레오가 상상한 것이었다. 게다가 당시에 그는 그런 거대한 존재들이 물리적으로 불가능함을 탁월하게 보여주었다. 더 정확히 말하면, 실제로 얼마나 커질 수 있는가에 근본적인 제약 조건들이 있다는 것이다. 그러니 그런 많은 과학소설 같은 장면은 실제로 소설이다. 즉, 허구다.

갈릴레오의 논증은 우아하면서 단순하지만, 거기에는 심오한 의미가 담겨 있다. 게다가 다음 장들에서 우리가 살펴볼 개념들 중 상당수를 탁월하게 소개하고 있다. 그 논증은 두 부분으로 이루어져 있다. 어떤 대상의 면적과 부피가 그 대상의 크기가 증가함에 따라 어떻게 커지는지를 보여주는 기하학적 논증(그림 5)과 건물을 떠받치는 기둥, 동물을 지탱하는 다리, 나무를 지탱하는 줄기의 힘이 그 대상의 단면적에 어떻게 비례하는지를 보여주는 구조적 논증(그림 6)이다.

다음 상자 글은 첫 번째 논증을 전문용어 없이 보여준다. 대상의 형태가 변하지 않는다고 하면, 규모를 키울 때 면적은 길이의 제곱에 비례하는 반면 부피는 세제곱에 비례한다는 것이다.

면적과 부피의 증가에 관한 갈릴레오의 논증

먼저 바닥 타일 같은 정사각형의 가장 단순한 기하학적 대상을 떠올리자. 이제 그것의 크기를 늘린다고 상상하자. 그림 5를 보라. 구체적으로 각 변의 길이를 1미터라고 하자. 그러면 면적은 인접한 두 변의 길이를 곱한 값이다. 즉 $1m \times 1m = 1m^2$다. 이제 각 변의 길이를 1미터에서 2미터로 2배 늘린다고 하자. 그러면 면적은 $2m \times 2m = 4m^2$가 된다. 마찬가지로 길이를 3미터로 3배 늘린다면, 면적은 $9m^2$가 되고, 계속 그런 식으로 늘어난다. 이를 일반화하면, 명확히 말할 수 있다. 면적은 길이의 제곱에 비례하여 증가한다.

이 관계는 정사각형뿐 아니라, 모든 선형 차원에서 동일한 배수로 늘릴 때 모양이 변하지 않는다면, 모든 이차원의 기하학적 모양에 적용된다. 단순한 사례로 원을 들 수 있다. 예를 들어, 원의 반지름이 2배로 늘면, 면적은 $2 \times 2 = 4$배로 증가한다. 더 일반적인 사례로, 집의 모양과 구조 배치는 그대로 유지하면서 모든 길이 차원을 2배로 늘린다면, 벽과 바닥 같은 모든 표면의 면적은 4배로 증가할 것이다.

이 논증은 면적에서 부피로 곧바로 확장할 수 있다. 단순한 정육면체를 생각해보자. 한 변의 길이를 1m에서 2m로 2배 늘린다면, 부피는 $1m^3$에서 $2 \times 2 \times 2 = 8m^3$으로 증가한다. 마찬가지로 길이를 3배로 늘린다면, 부피는 $3 \times 3 \times 3 = 27m^3$로 증가한다. 면적과 마찬가지로, 이 관계도 모양이 변하지 않는 한, 어떤 대상이든 규모를 늘릴 때 부피는 선형 차원의 세제곱에 비례하여 증가한다고 곧바로 일반화할 수 있다.

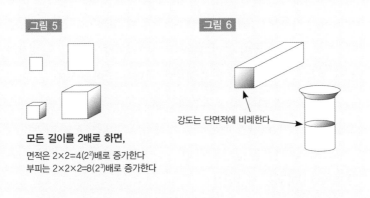

그림 5

모든 길이를 2배로 하면,
면적은 $2 \times 2 = 4(2^2)$배로 증가한다
부피는 $2 \times 2 \times 2 = 8(2^3)$배로 증가한다

그림 6

강도는 단면적에 비례한다

그림 5 정사각형과 정육면체라는 단순한 사례에서 면적과 부피가 어떻게 증가하는지를 보여준다. **그림 6** 들보나 기둥의 강도는 단면적에 비례한다.

따라서 어떤 대상의 크기를 늘릴 때, 부피는 면적보다 훨씬 빨리 증가한다. 단순한 사례를 하나 들어보자. 집의 모양을 그대로 유지하면서 모든 길이를 2배로 늘린다면, 바닥 면적은 단지 $2^2 = 4$배로 증가하는 반면, 부피는 $2^3 = 8$배로 증가한다. 훨씬 더 극단적인 사례를 들어보자. 모든 선형 차원이 10배 증가한다고 하자. 그러면 바닥, 벽, 천장 같은 모든 표면적은 10×10=100배 증가하는 반면, 방의 부피는 훨씬 더 큰 10×10×10=1,000배 증가할 것이다.

이 규모 증가 양상은 우리가 살거나 일하는 건물이든 자연에 있는 동식물의 구조든, 우리 주변 세계의 많은 것들의 설계와 기능에 엄청난 의미를 지닌다. 예를 들어, 대부분의 난방, 냉방, 조명은 히터, 에어컨, 유리창의 표면적에 비례한다. 따라서 그 효과는 가열하거나 냉각하거나 빛을 비추어야 할 생활 공간의 부피보다 훨씬 더 느리게 증가하므로, 건물의 규모를 늘릴 때 그런 설비들의 규모를 불균형적으로 더 많이 늘려야 한다. 마찬가지로 큰 동물은 대사와 신체 활동으로 생기는 열을 발산해야 한다는 점이 문제가 될 수 있다. 작은 동물에 비해 열을 발산하는 표면적이 부피에 비해 상대적으로 훨씬 덜 늘어나기 때문이다. 그래서 코끼리는 열을 더 발산할 수 있도록 표면적을 상당히 늘린 불균형적으로 큰 귀를 진화시킴으로써, 이 과제를 해결했다.

갈릴레오 이전에도 많은 이들이 면적과 부피 증가 양상의 이 본질적인 차이를 알아차렸을 가능성이 아주 높다. 그가 새로 추가한 부분은 이 기하학적 깨달음을 기둥, 보, 팔다리의 지탱하는 힘이 길이가 아니라 단면적에 따라 정해진다는 깨달음과 결합했다는 점이다. 따라서 가로와 세로가 2센티미터와 4센티미터인 직사각형 단면(면적 8제곱센티미터)을 지닌 기둥은 같은 재료로 만들어졌지만 단면의 가로와 세로의 길이가 절반에 불과한, 즉 1센티미터와 2센티미터인 기둥(면적 2제곱센티미터)보다 4배의 무게를 지탱할 수 있다. 양쪽 기둥의 길이가 얼마든 상관없다. 첫 번째 기둥은 1미터, 두 번째 기둥은 2미터라고 해도 상관없다. 건설업자, 건축가, 공학자 등 건설과 관련된 일을 하는 사람들이 목재를 단면적에 따라 분류하고, 홈디포와 로스 같은 대형 생활용품점에서 목재를 '2×2, 2×4, 4×4' 하는 식으로 쌓아놓고 있는 이유도 그 때문이다.

이제 건물이나 동물의 크기를 키우면, 무게는 부피에 곧바로 비례하여 증가한다. 물론 구성 재료가 바뀌지 않아 밀도가 그대로 유지된다는 것을 전제로 한다. 즉, 부피가 두 배로 늘면 무게도 두 배로 는다. 따라서 기둥이나 다리가 지탱해야 하는 무게는 지탱하는 힘이 증가하는 비율보다 훨씬 빨리 증가한다. 무게는 (부피처럼) 선형 차원의 세제곱에 비례하여 증가하는 반면, 힘은 제곱에 비례하여 증가하기 때문이다. 건물이나 나무가 모양은 그대로 유지한 채로 키가 10배 커진다고 하자. 그러면 지탱해야 할 무게는 1,000배(10^3) 늘어나는 반면, 그 무게를 떠받치는 기둥이나 다리의 힘은 겨우 100배(10^2) 늘어날 뿐이다. 따라서 무게를 안전하게 지탱하는 능력은 이전에 비해 10분의 1로 줄어든 셈이다. 그러니 어떤 구조물이든 그 크기를 임의로 키운다면 그 자체의 무게로 결국 무너질 것이다. 크기와 성장에는 한계가 있다.

이 말을 좀 다르게 표현하면 이렇다. 크기가 증가함에 따라 지탱하는 힘은 상대적으로 점점 약해진다는 것이다. 갈릴레오처럼 생생하게 표현할 수도 있다. "몸이 더 작을수록 상대적인 힘은 더 큽니다. 따라서 작은 개는 자기 무게만큼 나가는 개를 두세 마리 등에 태울 수 있을 거예요. 하지만 말은 자기 무게만큼 나가는 말을 한 마리도 태울 수 없을 겁니다."

2 규모에 관한 왜곡과 오해: 슈퍼맨

슈퍼맨은 1938년 지구에 등장한 이래로, 지금까지 공상과학·판타지 세계의 주된 아이콘으로 자리 잡아왔다. 1938년 원본《슈퍼맨》만화의 첫 장에는 그의 기원이 설명되어 있다.[3] 그는 아기 때 크립톤 행성에서 왔다. "그곳 주민들은 우리보다 신체 구조가 수백만 년 앞섰다. 성숙하면 그의 종족은 엄청난 힘을 갖게 된다." 실제로 성인이 되었을 때 슈퍼맨은 "200미터를 쉽게 건너뛸 수 있었고, 20층 건물을 뛰어넘고 …… 엄청나게 무거운 것을 들어올리고 …… 고속 열차보다 빨리 달릴 수 있었다." 그리고 라디오 드라마와 그 뒤의 텔레비전 시리즈와 영화에 나오는 유명한 소개 장면에서는 의기양양하게 이렇게 요약하고 있다. "날아가는 총알보다 빠르며, 기관차보다 세고, 한 번에 고층 건물을 뛰어넘을 수 있는 이…… 바로 슈퍼맨이다."

이 모든 내용이 사실일지도 모른다. 하지만 만화 첫 장의 마지막 장면에는 또 하나의 대담한 선언이 나온다. 너무나 중요한 내용이라서 대문자로 적혀 있다. "**클라크 켄트의 놀라운 힘에 대한 과학적 설명:** 믿을 수 없다고? 그렇지 않다! 현재 우리 세계에도 엄청난 힘을 지닌 생물이 있으니까!" 그러면서 두 가지 사례를 근거로 제시한다. "하등한 개미는 자기 몸무게의 수백 배를 들어 올릴 수 있다"와 "메뚜기는 사람이 도시 블록 몇 개를 건너뛰는 것만큼의 거리를 뛴다"가 그렇다.

이런 사례들이 설득력 있어 보일지는 모르지만, 이런 주장들은 정확한 사실에서 오해되고 오도하는 결론을 이끌어내는 고전적인 사례라 할 수 있다. 개미는 적어도 겉보기에는 사람보다 훨씬 더 힘이 센 듯하다. 하지만 갈릴레오에게 배웠듯이, 상대적인 힘은 크기가 줄어듦에 따라 체계적으로 증가한다. 따라서 개에서 개미로 크기가 줄어들 때, 크기에 따라 힘이 어떻게 달라지는지를 말해주는 단순한 규칙은 "작은 개가 자신과 몸무게가 같은 개를 두세 마리 등에 태울 수 있다"고 한다면, "개미는 자신만 한 개미 100마리를 태울 수 있다"고 알려줄 것이다. 게다가 우리는 평균적인 개미보다 약 1,000만 배 더 무거우므로, 같은 논리를 따른다면 자기만 한 사람을 단 한 명만 업고 다닐 수 있다. 따라서 사실 개미는 자기 몸집만 한 동물에 딱 맞는 힘을 지니고 있으며, 우리도 마찬가지다. 그러니 개미가 자기 몸무게의 100배를 들어 올린다고 해서 대단하다고 여기거나 놀랄 이유는 전혀 없다.

그 오해는 선형적으로 생각하는 자연적인 성향 때문에 생긴다. 동물의 크기가 2배로 늘면 힘도 2배로 는다는 암묵적인 가정이 대표적이다. 이 가정이 옳다면, 우리는 개미보다 1,000만 배 더 힘이 셀 것이고, 약 1톤을 들어 올릴 수 있을 것이다. 즉, 10여 명을 업고 다닐 수 있을 것이다. 슈퍼맨처럼 말이다.

3   규모, 로그, 지진, 리히터 규모

방금 우리는 어떤 대상의 모양이나 조성은 그대로 둔 채 삼차원상의 각 길이를 10배로 늘리면, 면적(따라서 힘)은 100배 늘어나고, 부피(따라서 무게)는 1,000배 늘어난다는 것을 살펴보았다. 이런 식으

슈퍼맨의 기원과 초인적인 힘에 대한 설명. 1938년에 첫 선을 보인 슈퍼맨 만화의 첫 장.

로 10의 거듭제곱으로 늘어나는 양상을 크기 자릿수order of magnitude 라고 하며, 대개 10^1, 10^2, 10^3 등으로 간편하게 표기한다. 여기서 지수의 오른쪽 위에 적힌 첨자는 1에 붙는 0의 개수를 뜻한다. 한 예로, 10^6은 100만, 즉 크기 자릿수 6을 뜻한다. 1 다음에 0이 6개 붙기 때문이다. 1,000,000이다.

이 표현 방식에 따르면, 갈릴레오의 계산 결과는 길이의 모든 크기 자릿수가 1 증가할 때, 면적과 힘의 크기 자릿수는 2가 증가하고, 부피와 무게의 크기 자릿수는 3이 증가한다고 말할 수 있다. 이로부터 면적의 크기 자릿수가 1 증가할 때, 부피의 크기 자릿수는 2분의 3(즉 1.5)이 증가함을 알 수 있다. 따라서 힘과 무게 사이에도 비슷한 관계가 적용된다. 힘의 크기 자릿수가 1 증가할 때, 그 힘으로 지탱할 수 있는 무게의 크기 자릿수는 1.5 증가한다. 거꾸로 무게의 크기 자릿수가 1 증가한다면, 힘의 크기 자릿수는 3분의 2만 증가한다. 바로 여기에 비선형 관계의 핵심이 담겨 있다. 선형 관계라면 면적의 크기 자릿수가 1 증가할 때마다 부피의 크기 자릿수도 1이 증가할 것이다.

의식하지 못하는 이들이 많겠지만, 우리는 대중 매체에 실리는 지진 기사를 통해 크기 자릿수 개념을 접해왔다. 크기 자릿수의 소수점 아래 값도 포함해서 말이다. 우리는 이런 식의 기사를 심심치 않게 접한다. "오늘 로스앤젤레스에 리히터 규모 5.7의 중급 지진이 일어났습니다. 많은 건물이 흔들렸지만 다행히 피해는 미미했습니다." 그리고 이따금 1994년 로스앤젤레스의 노스리지 지역에서 일어난 것과 같은 지진 소식도 듣는다. 그 지진은 리히터 규모로는 겨우 한 단위 더 컸지만, 엄청난 피해를 입혔다. 리히터 규모가 6.7

이었던 노스리지 지진은 사망자 60명에 200억 달러가 넘는 경제적 피해를 입혔다. 미국 역사상 가장 큰 피해를 입힌 자연 재해 중 하나였다. 그에 비해 규모 5.7인 지진이 일으킨 피해는 무시해도 될 정도로 미미했다. 겉보기에는 규모가 조금 증가했을 뿐인데 이렇게 엄청난 피해 차이를 보인 이유는 바로 리히터 규모가 크기 자릿수를 나타내는 것이기 때문이다.

리히터 규모가 1이 증가한다는 것은 실제로는 크기 자릿수 1이 증가한다는 뜻이고, 규모가 6.7인 지진은 실제로는 규모 5.7인 지진의 10배에 해당한다. 마찬가지로 2010년 수마트라에 일어난 것과 같은 규모 7.7의 지진은 노스리지 지진보다 10배 더 세고, 5.7인 지진보다는 100배 더 강력하다. 수마트라 지진은 비교적 인구 밀도가 적은 지역에서 일어났지만, 지진 해일을 일으키는 바람에 넓은 지역이 파괴되었다. 2만 명 이상이 집을 잃었고, 사망자도 거의 500명에 달했다. 안타깝게도 수마트라는 그 일이 있기 5년 전에 그보다 10배 더 강력한 규모 8.7의 지진을 겪은 바 있다. 지진이 일으키는 피해는 지진의 규모뿐 아니라, 인구의 수와 밀도, 건물과 기반 시설의 내구성 등 국지적 조건에 따라서도 크게 달라지는 것이 분명하다. 1994년의 노스리지 지진과 더 최근인 2011년에 일어난 후쿠시마 지진은 둘 다 엄청난 피해를 입혔지만, 규모는 각각 '겨우' 6.7과 6.6에 불과했다.

리히터 규모는 사실 지진계에 기록된 지진이 '흔들어대는' 진폭을 가리킨다. 측정된 진폭의 크기 자릿수가 1 증가할 때 방출되는 에너지의 크기 자릿수는 1.5(즉 2분의 3)씩 증가한다. 즉, 진폭에 따라서 방출되는 에너지의 양은 비선형적으로 증가한다. 이 말은 진폭의 크기 자릿수 차이가 2일 때, 즉 리히터 규모의 차이가 2.0일 때 방출되는 에너지는 크기 자릿수로 3(1,000배)이 차이가 나며, 진폭의 차이가 1.0에 불과할 때는 1,000의 제곱근인 31.6배 차이가 난다는 의미다.[4]

지진 때 방출되는 에너지가 얼마나 엄청난지 감을 잡을 수 있도록, 곰곰이 생각해볼 만한 수를 몇 가지 제시해보겠다. TNT 0.5킬로그램을 폭파할 때 방출되는 에너지는 리히터 규모 약 1에 해당한다. 규모 3은 TNT 약 500킬로그램에 해당하며, 1995년 오클라호마시티 폭탄 테러 사건 때 터진 폭발물의 양과 거의 비슷하다. 5.7은 약 5,000톤, 6.7은 약 17만 톤(노스리지와 후쿠시마 지진), 7.7은 약 540만 톤(2010년 수마트라 지진), 8.7은 약 1억 7,000만 톤(2005년 수마트라 지진)에 해당한다. 지금까지 기록된 지진 중 가장 강력한 것은 1960년 발디비아를 강타한 칠레 대지진으로, 규모가 9.5였다. TNT 27억 톤을 터뜨린 것에 해당하며, 노스리지나 후쿠시마 지진보다 거의 1,000배 더 강력했다.

비교하자면, 1945년 히로시마에 떨어진 원자폭탄 '리틀보이Little Boy'는 TNT 약 1만 5,000톤에 해당하는 에너지를 방출했다. 전형적인 수소폭탄은 그보다 1,000배는 넘는 에너지를 방출하므로, 규모 8의 큰 지진에 상응한다. 2005년 수마트라 지진 규모와 같은 TNT 1억 7,000만 톤이 뉴욕시 대도시권 전체 인구에 맞먹는 1,500만 명이 사는 도시를 1년 동안 가동할 수 있다는 점을 생각하면, 이 에너지가 얼마나 엄청난지 깨닫게 된다.

1, 2, 3, 4, 5……처럼 선형으로 증가하는 것이 아니라, 리히터 규모처럼 10^1, 10^2, 10^3, 10^4, 10^5……으로 10배씩 증가하는 이런 유

형의 규모를 로그 규모라고 한다. 10의 지수(위첨자)가 말해주는 크기 자릿수 자체는 사실상 선형으로 증가한다는 점도 주목하자. 로그 눈금의 여러 속성 중 하나는 엄청나게 차이가 나는 양들을 동일한 축에 나타낼 수 있다는 것이다. 발디비아 지진, 노스리지 지진, 다이너마이트 하나처럼, 규모가 10억(10^9)이 넘는 범위에 걸쳐 있는 양들도 한 축에 나타낼 수 있다. 선형 눈금 그래프를 사용한다면 거의 모든 사건들이 그래프의 아래쪽 끝에 몰려 있게 되어서 한 그래프에 담기가 불가능할 것이다. 선형 눈금 그래프에 크기 자릿수가 5나 6을 넘는 범위의 모든 지진을 담으려면, 길이가 몇 킬로미터에 달하는 종이가 필요할 것이다. 그래서 리히터 규모가 창안되었다.

한 장의 종이에 그은 선 하나로 엄청나게 넓은 범위에 걸친 양을 편리하게 나타낼 수 있기 때문에, 로그 기법은 모든 과학 분야에서 널리 쓰인다. 별의 밝기, 화학 용액의 산성도pH, 동물의 생리적 특성, 국가의 GDP 등은 모두 로그 기법이 해당 양의 변이 범위 전체를 포괄하는 용도로 흔히 쓰이는 사례들이다. 1장의 그림 4에 실린 그래프들도 이 방식으로 표현한 것이다.

4 근육 운동과 갈릴레오의 예측 검증

과학이 지식을 탐구하는 다른 분야들과 구별되는 한 가지 핵심 요소는 가설로 세운 주장을 실험과 관찰을 통해 검증하기를 고집한다는 점이다. 이 점은 결코 사소하지 않다. 중력을 받아 떨어지는 물체의 속도가 무게에 비례한다는 아리스토텔레스의 선언이 실제로 검증되기까지 2,000년 넘게 걸렸다는 사실이 그 증거다. 그리고 실험해보니, 그렇지 않다는 것이 드러났다. 안타깝게도 현재의 교리와 믿음 중 상당수, 특히 비과학적 세계에 있는 것들은 검증되지 않은 채로 남아 있으면서, 검증하려는 진지한 시도조차 아예 하지 않는 채로 굳게 신봉되고 있다. 그럼으로써 때로 불행하거나 심지어 파괴적인 결과가 빚어지곤 한다.

그러니 10의 거듭제곱 논의를 더 끌고 가서, 크기 자릿수와 로그에 관해 배운 사항들을 이용하여 무게의 증가에 따라 힘이 어떻게 달라지는지에 관한 갈릴레오의 예측을 검증하는 문제를 다루어보자. '현실 세계real world'에서 무게가 증가할 때, 크기 자릿수로 따져서 2 대 3의 비로 증가해야 한다는 규칙에 따라서 힘이 커진다는 것을 정말로 보여줄 수 있을까?

1956년 화학자 M. H. 리츠케M. H. Lietzke는 갈릴레오의 예측을 검증하는 단순하면서도 우아한 방법을 고안했다. 그는 다양한 체중 등급별로 경쟁적으로 역기를 들게 하면 적어도 사람들을 대상으로 몸집별 최대 힘이 얼마나 되는지를 알려줄 자료 집합을 얻게 된다는 사실을 깨달았다. 모든 역도 챔피언은 들어 올릴 수 있는 무게를 최대화하려 애쓰고, 그렇게 하기 위해서 거의 동일한 강도로 같은 수준을 유지하면서 훈련을 하므로, 그들의 힘을 비교한다면 거의 비슷한 조건에서 비교하는 것이 된다. 게다가 우승자는 추상(지금은 폐지된 올림픽 종목—옮긴이), 인상, 용상 세 종목을 통해 정해지므로, 이 종목들의 총합을 취하면 사실상 개인의 종목별 재능 차이를 무시하면서 평균화할 수 있다. 따라서 총점은 최대 힘을 재는 좋은 척도가 된다.

리츠케는 1956년 올림픽 역도 경기에서 선수들이 들어 올린 무게의 총점을 사용하여, 힘과 체중의 증가 비율이 3분의 2라는 예측

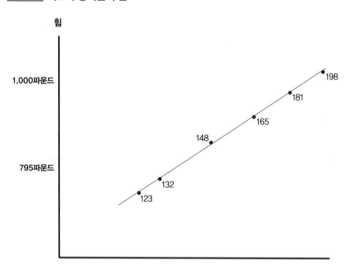

그림 7 **역도 우승자들의 힘**

1956년 올림픽 대회에서 역도 우승자들이 들어 올린 총 무게를 체중별로 로그 그래프에 표시했다. 기울기가 3분의 2라는 예측값이 옳다는 것이 확인되었다. 가장 힘센 사람은 누구이고, 가장 약한 사람은 누구였을까?

값에 들어맞는다는 것을 탁월하게 검증했다. 그는 각 금메달 수상자가 들어올린 총 무게와 체중을 각각 로그 눈금에 표시했다. 즉 각 축의 눈금이 10배씩 증가하는 그래프였다. 가로축에 표시한 체중의 크기 자릿수가 3씩 증가할 때 세로축에 표시한 힘의 크기 자릿수가 2씩 증가한다면, 그 자료는 기울기가 3분의 2인 직선을 그린다. 리츠케가 찾아낸 측정값은 0.675로, 예측값인 3분의 2=0.667에 아주 가까웠다. 그림 7은 그의 그래프를 재현한 것이다.[5]

5 개인 성적과 스케일링의 편차: 세상에서 가장 힘센 사람

역도 자료가 보여준 규칙성과 그 자료가 힘의 스케일링 지수가 3분의 2라는 예측과 거의 들어맞는다는 점은 스케일링 논리의 단순성을 고려할 때 놀라워 보일 수도 있다. 어쨌거나 우리 각자는 모습이 조금씩 다르고, 신체 특징도 다르며, 살아온 역사도 다르고, 유전자도 조금씩 다른데, 그 어느 것도 3분의 2라는 예측값에서 벗어나지 않는다. 거의 동일한 수준으로 훈련을 해온 우승자들이 들어 올린 무게의 총합을 이용했기에, 이 개인적 차이들 중 일부가 평균값으로 환원되었다는 점도 그런 일치에 한몫을 했을 것이다. 그런 한편으로, 우리 모두는 아주 비슷한 생리를 지닌 거의 동일한 재료로 만들어졌기에 꽤 비슷하다. 우리는 기능도 아주 비슷하며, 그림 7에 실었듯이 적어도 힘에 관한 한 서로의 근사적인 규모 증감 판본이다. 사실 나는 독자들이 이 책을 덮을 무렵에는 이 폭넓은 유사성이 우리의 생리와 생활사의 거의 모든 측면까지 확장된다는 확신을 갖기를 바란다. 그렇기에 사실 나는 '우리'가 서로의 근사적인 규모 증감 판본이라는 말을 할 때, 모든 사람만이 아니라 모든 포유동물, 그리고 정도의 차이가 있지만 모든 생명체를 가리키는 의미로 쓸 것이다.

이 스케일링 법칙을 보는 또 다른 관점은 그 법칙이 인간으로서 만이 아니라 온갖 변이를 보이는 생물이나 생명의 표현 형태로서의 우리를 하나로 묶는 주된 본질적 특징들을 포착하는 이상적인 기준선을 제공한다는 것이다. 각 개체, 각 종, 심지어 각 분류군은 스케일링 법칙으로 표현되는 이상화한 표준에서 크든 작든 벗어난 편차를 보인다. 이 편차는 개체성을 대변하는 특징들을 나타낸다.

역도의 사례를 들어서 설명해보자. 그림 7의 그래프를 자세히 살펴보면, 점들 중 네 개는 거의 정확히 선 위에 있음을 명확히 알 수 있다. 이 선수들은 체중에 맞게 들어 올려야 하는 무게를 거의 정확하게 들어올렸다는 것을 시사한다. 하지만 나머지 두 점, 헤비급과 미들급은 선에서 조금 벗어나 있다. 한 점은 선의 바로 위, 한 점은 바로 아래에 찍혀 있다. 따라서 헤비급 선수는 다른 이들보다 더 많이 들어 올린다고 해도, 사실상 자기 몸무게를 기준으로 할 때 들어 올려야 하는 무게보다 덜 든 것이다. 반면에 미들급 선수는 자기 몸무게에 비해 더 많이 들었다. 다시 말해, 평등한 경쟁을 추구하는 물리학자의 관점에서 볼 때, 1956년에 세계에서 가장 힘센 사람은 사실 미들급 우승자다. 자기 체중에 비해 더 많이 들어 올렸기 때문이다. 역설적이게도, 이 과학적 스케일링 관점에서 보면 모든 우승자 중 가장 약한 사람은 헤비급 선수다. 남들보다 더 많이 들어 올렸음에도 그렇다.

6 그 밖의 왜곡과 오해들: LSD와 코끼리에서 타이레놀과 아기에 이르기까지의 약물 투여량

스케일링 법칙에 내재된 관점과 개념 틀이 생명의학 분야에 명시적으로 받아들여진 것이 아니라고 해도, 의료와 건강 분야 전체에서 크기와 규모는 중요한 역할을 하고 있다. 예를 들어, 우리는 키, 성장률, 식사량, 더 나아가 허리둘레가 체중과 어떤 상관관계가 있다거나, 초기 발달 단계 때 이 측정값들이 어떻게 달라져야 한다고 말해주는 표준 도표가 있다는 생각에 너무나 익숙하다. 이 도표들은 '평균 건강인'에게 들어맞는다고 보는 스케일링 법칙의 표현 형태에 다름 아니다. 사실, 의사는 그런 변수들이 환자의 체중 및 나이와 평균적으로 어떻게 상관관계를 이루어야 하는지를 알아보는 훈련을 받는다.

평균 건강인의 체중이나 키에 따라 체계적으로 변하는 것이 아닌, 맥박이나 체온처럼 불변량invariant quantity이라는 연관된 개념도 잘 알려져 있다. 사실 이런 불변인 평균값과 얼마나 편차를 보이는지에 따라 질병이나 나쁜 건강 상태를 진단한다. 체온이 38.3도라거나 혈압이 275/154라면, 무언가 잘못되었다는 징후다. 요즘은 표준 신체검사를 통해 그런 측정값들을 무수히 얻으며, 의사는 그런 값들을 토대로 환자의 건강 상태를 평가한다. 보건 의료 산업의 한 가지 주된 도전 과제는 생명의 여러 측면에서 정량화할 수 있는 규모 기준을 마련하고, 그럼으로써 평균 건강인에 대한 측정값들의 확장판을 구축하는 것이다. 거기에는 얼마나 큰 변이, 즉 편차까지 용납될 수 있느냐 하는 것도 포함된다.

그러니 의료계의 많은 중요 문제를 스케일링의 관점에서 다룰 수 있다는 것도 놀랄 일은 아니다. 뒤에서 우리는 노화와 사망률에서 수면과 암에 이르기까지, 우리 모두가 관심을 갖는 몇몇 중요한 건강 문제를 이 기본 틀을 써서 살펴볼 것이다. 하지만 여기서는 먼저 면적과 부피의 규모 증감 방식 사이에 나타나는 긴장을 간파한 갈릴레오의 통찰에서 비롯된 몇 가지 개념을 이용하여 몇몇 마찬가지로 중요한 의학적 현안을 맛보기로 살펴보고자 한다. 이로부터 무의식적으로 선형 확대 추정을 씀으로써 생기는 몹시 잘못된(오도하는) 결론들로 이어지는 잘못된 개념을 갖기가 얼마나 쉬운지 드러날 것이다.

신약 개발 및 많은 질병 조사에서, 연구의 상당 부분은 이른바 모델 동물을 대상으로 이루어진다. 모델 동물은 대개 연구 목적을 위해 교배시키면서 특정을 정확히 다듬어온 표준 생쥐 집단이다. 의학과 약학 연구에 근본적으로 중요한 것은 그런 연구들에서 나온 결과를 어떻게 인간에 맞게 규모를 확대할 것인가다. 안전하면서 약효가 나타날 용량으로 약을 처방하거나 진단이나 치료법과 관련된 결론을 이끌어내려면 그렇게 해야 한다. 이 일을 가능하게 하는 포괄적인 이론은 아직 개발되지 않았다. 신약을 개발하는 제약 산업계가 그 문제를 해결하기 위해 엄청난 자원을 쏟아붓고 있음에도 말이다.

그런 도전 과제와 거기에 든 함정을 잘 보여주는 고전적인 사례가 있다. LSD가 사람에게 치료제 효과가 있는지를 조사한 초기 연구가 그렇다. 비록 '환각제psychedelic'라는 용어가 1957년에 이미 나와 있긴 했지만, 1962년 정신과의사 루이스 웨스트Louis West(나와 아무 관계도 없는 사람이다)가 오클라호마대학교의 체스터 퍼스Chester Pierce 및 오클라호마시티 동물원의 동물학자 워런 토머스Warren Thomas와 공동으로 LSD가 코끼리에게 어떤 효과를 미칠지 조사하기로 했을 때 그 약물은 어느 특수한 정신질환 전공 분야 외에는 거의 알려져 있지 않았다.

코끼리라고? 그렇다. 코끼리, 구체적으로 말하면, 아시아코끼리였다. LSD의 효과를 연구하겠다고 생쥐가 아니라 코끼리를 '모델'로 삼았다는 점이 다소 기이하게 들릴지 모르지만, 그럭저럭 수긍할 만한 이유가 몇 가지 있었다. 아시아코끼리는 평소에는 유순하다가도 주기적으로 매우 공격적으로 변하곤 하는데, 심해지면 위험하기까지 한 그런 상태가 2주나 이어지곤 한다. 웨스트와 동료들은 발정 상태musth라는 이 별나면서도 때로 파괴적이기까지 한 행동이 코끼리의 뇌에서 자체 생산되는 LSD로 촉발되는 것이 아닐까 추측했다. 그래서 LSD가 이 신기한 행동을 유도하는지 알아보자는 생각을 한 것이다. 실제로 그렇다면, 코끼리가 어떻게 반응하는지를 연구함으로써 LSD가 인간에게 어떤 영향을 미치는지도 얼마간 알아낼 수 있을 터였다. 꽤 별난 착상이었지만, 근거가 아주 없다고 할 수는 없었을 것이다.

하지만 곧바로 흥미로운 의문이 하나 떠올랐다. 코끼리에게 LSD를 얼마나 투여해야 할까?

당시에는 LSD의 안전한 투여량이 어느 정도인지 거의 몰랐다. 아직 대중문화에 유입되기 전이었지만, 0.25밀리그램보다 적은 용량도 사람에게 전형적인 '환각 체험acid trip'을 일으킨다는 것과 고양이에게 안전한 투여량이 체중 1킬로그램에 약 0.1밀리그램이라는 것은 알려져 있었다. 연구진은 후자를 기준으로 삼아서 코끼리 투스코에게 투여할 양을 계산하기로 했다. 투스코는 그런 음모가 꾸며지고 있는 줄은 전혀 모른 채, 오클라호마시티의 링컨파크동물원에서 지내고 있었다.

　투스코는 몸무게가 약 3,000킬로그램이었으므로, 연구진은 고양이에게 안전한 용량을 기준으로 할 때 투스코에게 안전하면서 적절한 용량은 체중 1킬로그램당 약 0.1밀리그램에 3,000킬로그램을 곱한 값이라고 추정했다. 즉 LSD 300밀리그램이었다. 실제로 투여된 양은 297밀리그램이었다. 당신이나 내가 LSD에 나가떨어지는 양이 0.25밀리그램이라는 점을 떠올리자. 투스코에게 엄청난 재앙이 찾아왔다. 논문을 직접 인용해보자. "주사한 지 5분 뒤 코끼리는 울부짖으면서 오른쪽으로 쾅 쓰러졌고, 배변했고, 간질발작 상태에 빠졌다." 가여운 투스코는 1시간 40분 뒤에 숨을 거두었다. 이 끔찍한 결과에 몹시 심란했는지, 연구진은 코끼리가 "LSD에 아주 민감하다"고 결론을 내렸다.

　앞서 여러 차례 강조했다시피, 문제는 다른 곳에 있었다. 즉, 선형 사고라는 유혹적인 함정에 빠져들었다는 것이 문제였다. 투스코에게 얼마나 많은 용량을 투여할지 계산할 때, 연구진은 효과적이면서 안전한 용량이 체중에 따라 선형적으로 증가한다고 암묵적으로 가정했다. 체중 1킬로그램당 용량이 모든 포유동물에게서 동일하다고 가정한 것이다. 그래서 고양이에게서 얻은 체중 1킬로그램당 0.1밀리그램이라는 값에 투스코의 체중을 고지식하게 곱하여, 297밀리그램이라는 터무니없는 추정값을 구했고, 그 결과 재앙이 빚어졌다.

한 동물에게 얻은 투여량 값을 다른 동물에게 적용할 때 정확히 어떻게 규모를 증감시킬 것인가 하는 문제는 아직 미해결 상태다. 약물의 구체적인 특성과 투여할 때의 건강 상태에 따라 달라지기 때문이다. 하지만 세세한 사항이 어떻든, 신뢰할 수 있는 추정값을 구하려면 약물이 운반되어 특정한 기관과 조직에 흡수되는 기본 과정을 이해할 필요가 있다. 거기에는 많은 요인이 관여하는데, 대사율도 중요한 역할을 맡고 있다. 대사물질과 산소처럼 약물도 대개 표면 막을 가로질러 운반된다. 확산되어 들어갈 때도 있고 연결망 체계를 통할 때도 있다. 그 결과 용량 결정 인자는 생물의 총 부피나 몸무게보다는 표면적의 스케일링에 상당한 정도로 제약을 받는다. 따라서 체중과는 비선형적으로 비례한다. 표면적을 체중의 함수로 삼는 3분의 2 스케일링 규칙을 써서 간단히 계산해보면, 코끼리에게 더 적절한 LSD 용량은 그들이 실제로 투여한 수백 밀리그램이 아니라 몇 밀리그램에 더 가깝다는 것이 드러난다. 그렇게 했더라면, 투스코는 살아남았을 것이 분명하며, LSD의 효과에 관한 결론도 전혀 달라졌을 것이다. 여기서 나오는 결론은 명확하다. 약물 용량의 스케일링은 사소한 문제가 아니며, 약물 운반과 흡수의 기본 과정에 제대로 주의를 기울이면서 올바로 하지 않고 단순하게 접근했다가는 불행한 결과와 잘못된 결론으로 이어질 수 있다는 것이다. 이 문제는 대단히 중요하며, 그 때문에 생사가 갈릴

수도 있다는 점은 분명하다. 이는 신약이 일반용으로 승인을 받기까지 그토록 오랜 시간이 걸리는 주된 이유 중 하나이기도 하다. 이 연구가 일탈 사례에 속한다고 생각할지 모르므로, 코끼리와 LSD 논문이 세계에서 가장 존중받고 권위 있는 학술지 중 하나인 〈사이언스Science〉에 실렸다는 점을 말해둔다.[6]

부모라면 으레 아이가 열, 감기, 중이염 등 갖가지 증상으로 앓을 때 체중에 따라 약 용량을 얼마나 가감할지를 놓고 고민한 경험이 있을 것이다. 오래전에 한밤중에 고열로 우는 아이를 달래려 애쓰다가 유아용 타이레놀 병에 적힌 권고 용량을 읽고서 몹시 놀란 적이 있다. 체중에 따라 선형으로 늘리는 식으로 용량이 적혀 있었기 때문이다. 투스코의 비극적인 이야기를 잘 알고 있었기에, 나는 좀 걱정이 되었다. 병에는 나이와 몸무게에 따라 약을 얼마만큼 먹여야 할지가 작은 표 형태로 적혀 있었다. 이를테면, 체중이 2.7킬로그램인 아기는 찻숟갈의 4분의 1(40밀리그램)만큼 먹이고, 16킬로그램(6배 더 무거운)인 아기는 정확히 6배인 찻숟갈로 하나 반(240밀리그램)을 먹이라고 되어 있었다. 하지만 비선형적인 3분의 2제곱 스케일링 법칙을 따른다면, 용량을 6의 3분의 2제곱인 3.3으로 늘리는 것이 맞다. 따라서 권고 용량의 절반을 조금 넘는 132밀리그램을 먹여야 한다! 즉 2.7킬로그램인 아기에게 찻숟가락 4분의 1 분량을 먹이라는 권고가 옳다면, 16킬로그램인 아기에게 먹이라는 찻숟가락 하나 반이라는 분량은 거의 2배나 더 과다한 셈이다.

그 때문에 아기가 위험에 놓인 일이 없었기를 바라지만, 나는 최근에 약병이나 제약회사의 웹사이트에서 그런 표가 사라졌다는 사실을 알아차렸다. 하지만 제약회사 웹사이트에는 16~32킬로그램의 아기에게 투여하라는 권고 용량을 선형 스케일링으로 나타낸 표가 아직 있다. 16킬로그램 미만(즉, 만 2세 미만)의 아기는 의사의 자문을 받으라고 현명하게 권하고 있긴 하지만 말이다. 그럼에도 다른 우수한 웹사이트들에는 이보다 어린 아기들에게 선형 스케일링에 따라 약을 먹이라는 표가 여전히 실려 있다.[7]

7 BMI, 케틀레, 평균인, 사회물리학

규모와 관련 있는 또 하나의 중요한 의학적 현안은 체질량지수body-mass index(BMI)를 체지방 비율의 근삿값으로 삼고, 더 확대 추정하여 건강의 중요한 척도로 삼는 문제다. 최근 몇 년 사이에 이 문제가 열띤 논쟁거리로 떠올랐다. BMI가 비만 및 그와 연관된 고혈압, 당뇨병, 심장병 등 여러 해로운 건강 문제들을 진단하는 데 널리 쓰이고 있기 때문이다. BMI는 150여 년 전에 벨기에의 수학자아돌프 케틀레Adolphe Quetelet가 앉아 생활하는 이들을 분류하는 단순한 수단으로 도입한 것이지만, 이론적 토대가 다소 모호함에도 의사들과 일반 대중에게 강력한 권위를 발휘해왔다.

1970년대에 인기를 끌기 전까지, BMI는 사실 케틀레지수Quetelet index라고 불렸다. 케틀레는 원래 수학을 공부했지만, 기상학, 천문학, 수학, 통계학, 인구학, 사회학, 범죄학 등 다양한 과학 분야에 공헌한 고전적인 박식가였다. 그의 주요 유산은 BMI지만, BMI는 사회적으로 관심 있는 문제들에 진지한 통계적 분석과 정량적 사고를 도입하려고 애쓴 그의 열정을 보여주는 극히 일부 사례일 뿐이다.

케틀레의 연구 목표는 범죄율, 혼인율, 자살률 같은 사회적 현상의 토대에 있는 통계 법칙을 이해하고 그 법칙들 사이의 관계를 탐구하는 것이었다. 그의 저서 중 가장 큰 영향을 미친 것은 1835년에 내놓은《인간과 그 능력 개발에 대하여, 또는 사회물리학 소론 Sur l'homme et le developpement de ses facultes, ou Essai de physique sociale》이었다. 영어 번역본은 제목을 확 줄여서 더 훨씬 더 웅장하게 들리는《인간에 관한 논문Treatise on Man》이라고 적었다. 이 책에서 그는 사회물리학이라는 용어를 도입하면서 자신의 '평균인l'homme moyen' 개념을 설명했다. 이 개념은 앞서 설명한 가공의 '평균 사람'의 힘이 체중과 키에 따라 어떻게 규모가 커지는지에 관한 갈릴레오의 논증이나 체온과 혈압 같은 신체 특징에 의미 있는 평균 기준 값이 있다는 개념과 비슷한 맥락에 놓여 있다.

 '평균인'은 충분히 큰 표본 집단에서 평균화한, 다양하고 측정 가능한 생리적·사회적 척도들의 값을 통해 특정된다. 여기에는 키와 수명에서 혼인 횟수, 음주량, 질병률에 이르기까지 모든 것이 포함된다. 하지만 케틀레는 관련된 확률 분포의 추정값들을 포함하는 이런 분석들에 새롭고도 중요한 개념을, 즉 평균값을 중심으로 이 양들의 통계적 분포를 나타내자는 개념을 도입했다. 그는 이런 분산이 대체로 이른바 정규 분포 또는 가우스 분포(종형 곡선이라고 더 잘 알려진)를 따른다는 것을 발견했다. 비록 그냥 그렇다고 가정할 때도 종종 있긴 했지만 말이다. 따라서 이 다양한 양들의 평균값을 측정하는 것 외에도, 그는 이 편차들이 평균을 중심으로 얼마나 다른지 그 분포 양상을 분석했다. 그렇게 보면, 건강은 이 척도들에서 특정한 값을 지니는 것(체온 37도 같은)만이 아니라, 전체 집단에서 건강한 개인들의 평균값으로부터의 편차를 통해 정해지는 잘 정의된 범위 내에 들어가야 하는 것으로 정의된다.

케틀레의 개념과 그가 쓴 사회물리학이라는 용어는 당시 다소 논란을 일으켰다. 사회 현상을 설명하는 결정론적인 틀이라고 해석되었고, 따라서 자유 의지 및 선택의 자유라는 개념과 모순되었다. 돌이켜 보면, 케틀레가 집착한 것이 통계적 변이라는 점을 생각할 때, 그렇게 해석되었다는 것이 놀랍다. 지금으로서는 통계적 변이가 표준에서 벗어날 '선택의 자유'를 얼마나 지니고 있는지를 보여주는 정량적 척도를 제공한다고 볼 수도 있기 때문이다. 사회 체계든 생물학적 체계든, 어떤 계의 구조와 진화를 제약하는 근본 '법칙들'의 역할과 그 법칙들에 '위배될' 수 있는 범위 사이의 이 같은 긴장은 뒤에서 다시 다룰 것이다. 집단적으로든 개인적으로든 우리는 자신의 운명을 형성할 자유를 얼마나 지니고 있는 것일까? 세부적으로 고도로 확대해서 본다면, 우리에게는 가까운 미래에 일어날 사건들을 결정할 엄청난 자유가 있을지도 모른다. 하지만 아주 긴 시간대를 다루는 해상도가 더 낮고 더 큰 그림에서 보면, 삶은 우리가 생각하는 것보다 훨씬 더 결정론적인지도 모른다.

비록 사회물리학이라는 용어는 과학계에서 빛이 바랬지만, 더 최근에 전통 물리학의 실용주의적 틀과 으레 더 연관 짓곤 하던 더 정량적인 분석 관점에서 사회과학의 문제들을 규명하는 일을 시작한 다양한 분야 출신의 과학자들을 통해 부활했다. 동료들과 내가 해온 일의 상당수도 그와 관련이 있으며, 뒤의 장들에서 좀 자세히 설명할 연구들도 사회물리학이라고 부를 수 있을 것이다. 비록 우리 중 어느 누구도 쉽게 갖다 쓰는 명칭은 아니지만 말이다. 역설적이게도 그 용어는 사회과학자도 물리학자도 아닌 컴퓨터과학자들이 주로 써왔다. 그들은 사회적 상호작용에 관한 엄청난 자료 집합을 분석하는 일을 그렇게 묘사한다. 그들은 사회물리학을 이렇게 특징 짓는다. "사회물리학은 빅데이터 분석을 토대로 인간 행동을 이해하는 새로운 방식이다."[8] 그런 연구가 매우 흥미롭긴 하지만, 아마 그것을 '물리학'이라고 여길 물리학자는 거의 없을 것이라고 말하는 편이 안전할 듯하다. 주된 이유는 근본 원리, 일반 법칙, 수학적 분석, 기계론적 설명에 초점을 맞추고 있지 않기 때문이다.

케틀레의 체질량지수는 체중을 키의 제곱으로 나눈 값으로 정의되며, 따라서 제곱미터당 킬로그램으로 나타낸다. 이 지수의 배후에는 건강한 사람의 체중, 특히 '정상' 체형과 체지방 비율을 지닌 사람의 체중이 키의 제곱에 비례하여 규모가 커진다는 가정이 놓여 있다. 따라서 체중을 키의 제곱으로 나누면, 모든 건강한 사람에게서 거의 동일한 값이 나와야 하고, 그 값들은 비교적 좁은 범위에 들어가야 한다($18.5{\sim}25.0 \mathrm{kg/m^2}$). 이 범위 바깥에 놓인 값들은 키에 비해 체중이 과다하거나 과소함을 뜻하고, 그와 관련된 건강 문제가 있음을 시사한다고 해석된다.[9]

따라서 BMI는 이상화한 건강한 개인들에게서 어림하여 불변이라고 가정된다. 이 말은 체중과 키에 상관없이 거의 동일한 값을 지닌다는 뜻이다. 그러나 이는 체중이 키의 제곱에 비례하여 증가해야 한다는 의미이며, 따라서 앞서 갈릴레오의 연구를 논의할 때 내린 바 있는, 체중이 키의 세제곱에 비례하여 훨씬 더 빨리 증가해야 한다는 결론과 심하게 어긋나는 듯하다. 후자가 정말로 옳다면, 정의에 따라서 BMI는 불변량이 아니라 키에 비례하여 선형적으로 증가할 것이고, 따라서 키가 더 큰 사람은 언제나 과체중이라는 진단을 지나치게 많이 받고 키가 더 작은 사람은 지나치게 덜 받을 것이다. 실제로 키 큰 사람이 실제 체지방 비율에 비해 무차별적으로 체지방 비율이 더 높게 나온다는 증거가 있다.

그렇다면 실제로 인간의 체중은 키에 따라서 어떤 규모로 증가하는 것일까? 데이터 통계 분석마다 결론은 다르다. 세제곱 법칙이 옳다고 확인하는 결론부터 지수가 2.7임을 시사하거나 더욱 작아서 2에 가깝다는 더 최근의 분석까지 있다.[10] 왜 그러한지 이해하려면, 세제곱 법칙을 유도할 때 했던 한 가지 주요 가정을 되새겨야 한다. 계의 모양, 즉 여기서는 우리 몸의 모양이 크기가 증가할 때에도 변하지 않아야 한다는 것이다. 하지만 모습은 나이를 먹으면서 변한다. 커다란 머리와 작달막한 팔다리를 갖춘 아기의 극단적인 모습에서 '잘 균형 잡힌' 성인을 거쳐, 노년의 등이 굽은 몸에 이르기까지 달라진다. 게다가 모습은 성별, 문화, 그 외에 건강 및 비만과 상관관계가 있을 수도 있고 없을 수도 있는 사회경제적 요인들에 따라서도 달라진다.

여러 해 전 나는 남녀의 키 자료 집합을 체중의 함수로 삼아 분석했는데, 고전적인 세제곱 법칙에 탁월하게 들어맞는다는 것을 발견했다. 우연의 일치인지, 내가 분석한 자료는 50~59세의 미국 남성과 40~49세의 미국 여성이라는 비교적 좁은 범위의 표본 집단에서 나온 것이었다. 다소 좁은 범위의 연령 집단을 성별에 따라 구분하여 분석했기에, 이 표본 집단은 비슷한 특징을 지닌 의미 있는 '평균적인' 건강한 남녀들을 대변했다. 그러니 공교롭게도 이 분석은 다양한 특징을 지닌 모든 연령 집단에 걸쳐 평균을 냄으로써 해석이 훨씬 더 불분명할 수밖에 없는, 훨씬 더 진지하면서 포괄적인 연구들과 대조된다. 따라서 후자에서는 3이라는 이상적인 값이 아닌 다른 지수 값들이 나온 것도 놀랄 일이 아니다. 이는 전체 데이터 집합을 연령처럼 비슷한 특징들을 지닌 집단별로 구분하여 그 하위 집단에 적용할 척도를 개발하는 것이 더 합리적인 접근법임을 시사한다.

세제곱 스케일링 법칙과 달리, BMI의 기존 정의는 이론적 또는 개념적 근거가 전혀 없으며, 따라서 통계적 의미도 의심스럽다. 대조적으로 세제곱 법칙은 개념적 토대를 지니며, 같은 특징을 지닌 표본 집단을 택하면 그 법칙을 뒷받침하는 자료가 나온다. 따라서 BMI를 대체하는 정의가 제시되어온 것도 놀랄 일이 아니다. 체중을 키의 세제곱으로 나눈 값을 BMI로 정의하자는 것이다. 이를 폰더랄 지수Ponderal index라고 한다. 이 지수는 비록 체지방량과 의미 있는 상관관계가 있다는 점에서 케틀레지수보다는 좀 더 낫긴 하지만, 그럼에도 비슷한 특징을 지닌 표본 집단으로 세분하지 않았기 때문에 비슷한 문제를 안고 있다.

물론 뛰어난 의사는 BMI 범위를 이용하여 건강을 평가하며, BMI가 경곗값에 가까운 사람들을 예외적으로 다룸으로써 완전히 잘못된 해석이 나올 가능성을 줄인다. 어쨌든 후속 연구가 이루어져서 나이와 문화적 차이 등을 고려하는 더 미묘하고도 세밀한 지표가 개발되기 전까지는 현재 쓰이는 전형적인 BMI를 너무 진지하게 받아들이지 말자. 위험한 수준인 듯 보이는 이들은 더욱 그렇다.

내가 이런 사례들을 든 것은 스케일링의 개념 틀이 어떤 식으로 우리의 여러 보건 항목에 쓰이는 중요한 척도들의 토대를 이루고 있는지를 보여주고, 그럼으로써 자칫하면 빠질 수 있는 함정과 오해를 드러내기 위해서다. 약물 용량처럼, BMI도 의료 행위의 복잡하면서 아주 중요한 구성 요소이긴 하지만, 이론적 기본 틀이 아직 제대로 정립되지 않았거나 밝혀지지 않은 것에 속한다.[11]

8 혁신과 성장의 한계

나무, 동물, 건물의 키에 한계가 있는 이유를 보여준 갈릴레오의 기만적일 만치 단순한 논증은 설계와 혁신에 심오한 결과를 빚어냈다. 앞서 그의 논증을 설명할 때 나는 이렇게 결론을 내렸다. "어떤 구조물이든 그 크기를 임의로 키운다면 그 자체의 무게로 결국 무너질 것이다. 크기와 성장에는 한계가 있다." 여기에 "무언가가 변하지 않는 한"이라는 중요한 어구를 추가해야겠다. 성장을 계속하고 붕괴를 피하려면 변화, 즉 혁신이 일어나야 한다. 변화 그리고 '개선'과 효율성 증가라는 형태를 취하곤 하는, 새롭거나 변화하는 환경이 제시하는 도전 과제들에 끊임없이 적응할 필요성이야말로 혁신의 주요 추진력이다.

대부분의 물리학자처럼, 갈릴레오도 적응 과정에는 관심이 없었다. 적응 과정이 우리 주변 세계를 형성하는 데 얼마나 중요한지를 이해하기까지는 다윈이 등장하기를 기다려야 했다. 그래서 적응 과정은 주로 생물학, 경제학, 사회과학의 영역에 속하게 되었다. 하지만 갈릴레오는 역학적 사례들을 다루면서 규모라는 근본 개념을 도입했고, 거기에는 성장이라는 의미도 함축되어 있었다. 둘 다 복잡 적응계에서 필수적인 역할을 한다. 한 계의 각 속성들을 제약하는 서로 충돌하는 스케일링 법칙들 때문에―예를 들어, 계를 떠받치는 구조의 힘은 그 구조가 지탱하는 무게와 규모 증가 양상이 다르다―크기의 한없는 증가로 표현되는 성장은 영구히 지속될 수 없다.

물론 혁신이 일어나지 않는 한 그렇다. 이런 스케일링 법칙들을 유도할 때 한 가지 중요한 가정은 크기가 변할 때 계의 모양, 밀도, 화학적 조성 같은 물리적 특징들이 동일하게 유지되어야 한다는 것이었다. 따라서 스케일링 법칙에 따라 정해진 한계를 초월한 더 큰 구조를 만들거나 더 큰 생물을 진화시키려면, 계의 물질적 조성이나 구조 설계 중 어느 한쪽, 또는 양쪽을 모두 변화시키는 혁신이 일어나야 한다.

단순한 사례를 들자면, 첫째 유형의 혁신은 나무 대신에 강철 같은 더 강한 재료로 다리나 건물을 짓는 것이다. 둘째 유형의 혁신은 수평 들보나 수직 기둥만을 놓기보다는 아치나 돔을 쓰는 것이다. 사실, 다리의 진화는 새로운 도전 과제를 충족시키려는 욕망, 아니 요구 사항을 인식하고 거기에 자극을 받아서 재료와 설계 양쪽에서 어떻게 혁신을 이루었는지를 보여주는 탁월한 사례다. 안전하고 복원력을 갖춘 형태로 더욱더 넓은 강, 협곡, 골짜기를 건너겠다는 욕망이다.

가장 원시적인 형태의 다리는 우연히 개울을 가로질러 놓인 통나무였거나, 사람이 일부러 놓은―그 자체로 이미 혁신 행위였다―통나무였을 것이다. 아마 통나무나 널을 의도를 갖고 잘라 쓴 것이 다리를 놓는 쪽으로 일어난 최초의 의미 있는 기술적 혁신 행위였을 것이다. 안전성, 안정성, 복원성, 편의성이라는 도전 과제들과 더 넓은 강을 건너려는 욕망에 이끌려서, 사람들은 이윽고 강 양편의 둑에 단순한 지지대를 갖춘 석조 구조물을 놓는 쪽으로 나아갔다. 그럼으로써 형교beam bridge가 건설되었다. 목재의 인장 강도가 한정되어 있다는 점을 생각하면, 나무를 걸쳐놓을 수 있는 길이에는 분명히 한계가 있다. 이 문제는 강의 한가운데에 돌로 된 교각을 놓은 단순한 설계 혁신을 통해 해결되었다. 그럼으로써 사실상 다리는 형교들을 죽 이어 붙인 형태로 확대되었다.

다른 전략도 나타났다. 아치의 물리적 원리를 이용하여 완전히 돌로 된 다리를 건설함으로써, 재료와 설계 양쪽에서 변화를 일으킨 훨씬 더 복잡한 혁신이었다. 그런 다리는 이전 설계들을 손상시키거나 파괴할 조건에도 견딜 수 있다는 큰 이점을 지녔다. 놀랍게도 아치 돌다리는 3,000여 년 전 고대 그리스 청동기 시대(기원전 13세기)부터 있었고, 지금도 쓰이고 있다. 고대의 가장 뛰어난 아치 돌다리 건축가는 로마인들이었다. 그들은 제국 전체에 아름다운 다리와 수로를 엄청나게 많이 건설했고, 그중에는 아직까지 남아 있는 것도 많다.

영국의 에이번협곡이나 미국 샌프란시스코만 어귀 같은 더 넓고 더 깊은 곳을 건너려면, 새로운 기술, 새로운 재료, 새로운 설계가 필요했다. 게다가 교통량이 증가하고 더 무거운 짐을 지탱할 필요성이 커지면서—철도가 등장하면서 더욱 그러했다—주철로 된 아치 다리, 연철로 된 트러스 체계를 거쳐서, 궁극적으로 강철의 활용과 현대 현수교suspension bridge의 발전으로 이어졌다. 캔틸레버cantilever 다리, 타이드아치tied arch 다리(시드니항의 것이 가장 유명하다), 런던 타워브리지 같은 가동교movable bridge 등 이 설계들은 다양하게 변형되었다. 게다가 현대의 다리는 콘크리트, 강철, 섬유로 보강한 중합체를 조합하는 등 다양한 재료로 만들어진다. 이 모든 것은 각 다리의 개성을 초월하는 스케일링 법칙의 제약을 포함한 일반적인 공학적 도전 과제들과 각 다리의 독특함과 개성을 정의하는 지리, 지질, 교통, 경제 등 여러 국지적 도전 과제의 조합에 맞선 혁신적인 대응을 나타낸다.

더욱더 도전 의욕을 자극하는, 더 넓은 거리를 건너야 할 필요성을 인식하면서 추진된 이 모든 혁신적인 변형은 이윽고 한계에 부딪힌다. 이 맥락에서의 혁신은 작은 개울을 건너는 것에서 시작하여 가장 넓은 물과 가장 깊고도 넓은 협곡과 골짜기를 건너는 것에 이르기까지, 건널 거리를 지속적으로 확대하라는 도전 과제에 맞선 대응이라고 볼 수 있다. 샌프란시스코만은 긴 널빤지 하나를 걸치는 식으로는 건널 수가 없다. 거기에 다리를 놓으려면, 철의 발견과 강철의 발명에 이어서 현수교라는 설계 개념의 통합에 이르는 여러 차원의 혁신을 거치는 기나긴 진화적 여행을 시작해야 한다.

혁신을 물리적 제약에 따른 한계에 불가피하게 직면하게 되는, 더욱더 성장하고 지평을 더 넓히고 점점 더 큰 시장에서 경쟁하려는 욕망이나 필요성과 관련지어서 생각하는 이런 사고방식은 이 책에서 더욱 큰 생물학적·사회경제학적 적응계라는 맥락에서 비슷한 유형의 혁신들을 살펴보는 패러다임이 될 것이다.

다음 절들에서는 이 패러다임을 확장하여 계를 모델링한다는 개념이 어떻게 등장했는지를 보여줄 것이다. 현재 모델링은 너무나 흔하고 당연시되기에 우리는 그것이 비교적 최근에 개발된 것임을 대개 알아차리지 못한다. 우리는 모델링이 산업 공정이나 과학 활동의 본질적이고 불가분한 특징이 아니었던 시대가 어떠했을지 거의 상상하지 못한다. 수 세기 동안, 특히 건축 분야에서 다양한 유형의 모델이 구축되어왔지만, 그 모델들은 구축되는 계의 역동적이거나 물리적인 원리들을 시험하거나 조사하거나 설명하기 위한 스케일 모델이라기보다는 주로 실제 있는 것의 미적 특징들을 보여주기 위한 모형이었다. 더 중요한 점은 그런 모형들이 거의 언제나 '축척에 맞추어져' 있었다는 것이다. 지도와 똑같이 세세한 부분까지 하나하나를 온전한 크기의 어떤 고정된 비율로, 이를테면 1:10으로 나타낸다는 뜻이다. 모형의 각 부분은 '모형화할' 실물 크기의 배나 성당이나 도시를 선형으로 규모를 축소한 형태였다. 미학과 장난감에는 좋지만, 실제 계가 어떻게 작동하는지를 배우는 데는 별 쓸모가 없었다.

지금은 자동차, 건물, 항공기, 배에서 교통 정체, 유행병, 경제, 날씨에 이르기까지 상상할 수 있는 모든 과정이나 물리적 대상을 컴퓨터에서 '모형'으로 모사한다. 앞서 특수한 혈통의 생쥐가 생명의학 연구에서 어떤 식으로 인간의 규모 축소 '모델'로 쓰이는지를 언급한 바 있다. 이 모든 사례에 적용되는 크나큰 질문이 있다. 모델계에서 관찰하고 조사한 결과를 현실적이고 믿을 만하게 실물에 확대 적용하려면 어떻게 해야 할까? 이 문제에 전반적으로 적용되는 사고방식은 19세기 중반 배 설계 분야에서 일어난 슬픈 실패 사건과 앞으로 그런 일을 어떻게 하면 피할 수 있을지를 고민한 어느 점잖은 신사 공학자의 경이로운 통찰에서 비롯되었다.

9 광궤열차, 그레이트이스턴호, 경이로운 이점바드 킹덤 브루넬

실패와 몰락은 과학, 공학, 금융, 정치 분야에서든 개인의 삶에서든 혁신, 새로운 착상, 발명을 자극할 엄청난 추진력과 기회를 제공할 수 있다. 조선造船의 역사와 모델링 이론의 기원에도 그런 사례가 있으며, 거기에서는 비범한 이름의 비범한 인물이 중요한 역할을 했다. 바로 이점바드 킹덤 브루넬Isambard Kingdom Brunel이다.

2002년 BBC는 '위대한 영국인 100명'을 선정하는 전국 투표를 실시했다. 충분히 예상할 수 있겠지만, 윈스턴 처칠이 1위였고, 다이애나 왕세자빈이 3위였다(사망한 지 5년밖에 안 되었을 때였다). 매우 인상적인 업적을 남긴 세 인물인 찰스 다윈, 윌리엄 셰익스피어, 아이작 뉴턴이 그 뒤를 이었다. 그렇다면 2위는? 놀랍게도 이점바드 킹덤 브루넬이었다!

이따금 영국 바깥에서 강연을 할 때 나는 으레 청중에게 그 이름을 들어본 적이 있는지 물어본다. 기껏해야 몇 명이 손을 들곤 하는데, 그들은 대개 영국 출신이다. 그런 뒤 청중에게 BBC 여론 조사 결과를 알려준다. 브루넬이 시대를 통틀어서 다윈, 셰익스피어, 뉴턴, 심지어 존 레넌과 데이비드 베컴보다 더 위대한 인물로 평가되고 있다고 말이다. 그러면 한바탕 웃음이 터져 나오지만, 더 중요한 점은 그 이름을 빌미로 과학, 공학, 혁신, 스케일링과 관련된 도발적인 논점들로 자연스럽게 넘어갈 수 있다는 것이다.

그렇다면 이점바드 킹덤 브루넬은 누구이며, 왜 유명할까? 많은 이들은 그를 19세기의 가장 위대한 공학자라고 여긴다. 특히 운송 분야의 전망과 혁신을 통해서 영국을 세계에서 가장 강력하면서 부유한 국가로 만드는 데 기여한 인물이라고 본다. 그는 전문화가 이루어지는 추세에 강력하게 저항한 진정한 공학적 박식가였다. 그는 대개 전체적인 개념 구상에서부터 상세한 설계도를 그리는 것에 이르기까지, 자기 계획의 모든 측면을 직접 수행했다. 현장 조사도 하고 설계와 제작의 세세한 부분까지 주의를 기울였다. 그는 수많은 업적을 이루었고, 배, 철도, 기차역에서 장엄한 다리와 터널에 이르기까지 놀라운 구조물들을 유산으로 남겼다.

브루넬은 1806년 영국 남부의 포츠머스에서 태어나 1859년 비교적 젊은 나이에 사망했다. 그의 부친인 마크 브루넬은 프랑스 노르망디에서 태어났는데, 그 역시 매우 뛰어난 공학자였다. 그들은 이점바드가 겨우 열아홉 살 때부터 함께 일했고, 첫 합작품은 배가 떠다니는 강 밑으로 판 최초의 터널인, 이스트런던 로더하이드에 있는 템스터널Thames Tunnel이었다. 보행자용 터널로 1인당 통행 요금이 1페니였는데, 연간 거의 200만 명이 몰리는 관광 명소가 되었다. 하지만 그런 지하 통로 중 상당수가 그렇듯이, 안타깝게도 그곳에도 점점 노숙자, 강도, 매춘부가 들끓는 바람에 결국 1869년에 철도 터널로 바뀌었고, 런던 지하철 망의 일부로 지금까지 쓰이고 있다.

1830년 24세에 브루넬은 강력한 경쟁자들을 물리치고 브리스틀 에이번강 협곡에 현수교를 건설하는 공사를 따냈다. 야심적으로 설계한 이 다리는 그가 사망한 지 5년 뒤인 1864년에 마침내 완성되었다. 당시 세계에서 가장 긴 다리였다(높이 76미터, 길이 214미터). 브루넬의 부친은 그렇게 긴 다리를 교각 없이 세운다는 것이 물리적으로 불가능하다고 믿었기에, 아들에게 중앙에 지지할 교각을 넣으라고 권했지만, 이점바드는 무시했다.

브루넬은 그 뒤에 당시 가장 잘 건설한 철도라고 여겨지던, 런던에서 브리스틀과 그 너머까지 이어진 그레이트웨스턴 철도Great Western Railway의 수석 공학자이자 설계자가 되었다. 그 일을 하면서 그는 많은 경이로운 다리, 구름다리, 터널―배스 인근에 건설한 박스터널Box Tunnel은 당시 세계에서 가장 긴 철도 터널이었다―을 설계했다. 그는 멋진 철도역들도 설계했다. 장엄한 연철 뼈대가 돋보이는, 많은 이들에게 친숙한 런던의 패딩턴 역도 그중 하나다.

그가 이룬 가장 흥미로운 혁신 중 하나는 철로 폭(궤간)을 약 2.76미터(7피트 4분의 1인치)로 한 광궤를 도입한 것이었다. 당시 영국의 다른 모든 철도에는 표준 궤간인 1.435(4피트 8과 2분의 1인치)미터짜리가 쓰이고 있었고, 현재 전 세계의 거의 모든 철도가 이 너비를 채택해 쓰고 있다. 브루넬은 표준 궤간이 1830년 첫 여객 열차가 등장하기 전, 광산에 쓰이던 선로를 그대로 가져온 임의적인 것이라고 지적했다. 그 너비는 갱내에서 *끄는* 화차의 손잡이 사이에 말을 넣기에 알맞아서 그렇게 정해진 것이다. 브루넬은 최적 궤간이 어떠해야 하는지를 진지하게 검토하여 결정해야 한다고 올바로 생각했고, 그 문제에 합리적인 사고방식을 도입하려고 애썼다. 그는 직접 계산을 하고 여러 차례의 시험과 실험을 통해 확인한 뒤 더 넓은 궤간이 더 빨리 달릴 수 있고 더 안정적이며 승객이 더 편안함을 느낄 수 있는 최적의 너비라고 주장했다. 그래서 그레이트웨스턴 철도는 다른 모든 철도보다 궤간이 거의 2배나 넓은 독특한 궤도를 지니게 되었다. 불행히도 전국 철도망이 갖추어져가자, 1892년 영국 의회는 그레이트웨스턴 철도에 표준 궤간을 채택하라고 강요했다. 표준 궤간이 더 열등하다는 점을 인정하면서도 말이다.

오늘날 우리도 역사적 선례에 따라 정해진 표준의 통일성 및 고정성과 혁신적인 최적안 사이에 필연적으로 일어나는 긴장과 트레이드오프라는 비슷한 문제들에 직면하곤 한다. 빠르게 발전하는 첨단 기술 산업 분야가 특히 그렇다. 철도 궤간을 둘러싼 논쟁은 혁신적인 변화가 언제나 최적의 해결책으로 이어지는 것은 아님을 보

1858년 그레이트이스턴호를 출항시키기 위해 설계한 사슬들 앞에서 멋진 자세를 취한 이점바드 킹덤 브루넬. 건조 중인 거대한 배. 그가 겨우 24세였던 1830년에 설계한 에이번강에 놓인 클리프턴 현수교.

여주는 유용한 사례다.

비록 브루넬의 사업 계획이 언제나 완벽한 성공을 거둔 것은 아닐지라도, 대개 그 안에는 오랫동안 해결되지 않은 공학적 문제들에 영감을 주는 혁신적인 해결책들이 담겨 있었다. 아마 그의 가장 장엄한 성취—그리고 실패—사례는 선박 건조일 것이다. 당시 세계 교역이 발전하고 제국들 사이에 경쟁 체제가 확립되어가자, 빠르고 효율적인 장거리 해양 운송수단을 개발할 필요성이 점점 절실해지고 있었다. 브루넬은 그레이트웨스턴 철도와 새로 설립한 그레이트웨스턴증기선회사Great Western Steamship Company를 완벽하게 하나로 엮는다는 원대한 전망을 품었다. 승객이 런던의 패딩턴역에서 표를 사서 뉴욕시에서 내릴 수 있도록 한다는 구상이었다. 이 전 구간을 증기력으로 이동할 수 있었다. 그는 이 구상에 해상 철도Ocean Railway라는 별난 이름을 붙였다. 하지만 당시에는 증기력만으로 추진되는 배에 실을 수 있는 연료에 한계가 있어서 그렇게 장거리를 갈 수 없을 것이고, 아직은 기존의 화물 운송 방식이 경제성을 충분히 지니고 있다는 믿음이 팽배해 있었다.

브루넬은 반대로 생각했다. 그의 결론은 단순한 스케일링 논리를 토대로 나온 것이었다. 그는 배가 운반할 수 있는 화물의 부피가 (무게처럼) 길이의 세제곱에 비례하여 증가하는 반면, 배가 바다를 항해할 때 받는 항력의 세기는 선체의 단면적, 따라서 길이의 제곱에 비례하여 증가함을 알아차렸다. 이는 들보와 팔다리의 힘이 무게에 따라 어떻게 증가하는지를 설명한 갈릴레오의 결론과 동일하다. 양쪽 다 3분의 2제곱 스케일링 법칙에 따라서, 힘이 무게보다 더 느리게 증가한다. 따라서 배가 운반할 수 있는 화물의 무게에 상대적으로 배가 받는 수력학적 항력의 세기는 배가 길어질수록 줄어든다. 달리 표현하면 이렇다. 배의 엔진이 극복해야 할 항력에 상대적인 배의 화물 무게는 배가 커질수록 체계적으로 증가한다. 다시 말해, 배가 더 클수록 작은 배에 비해 화물 1톤을 운송하는 데드는 연료가 배의 크기에 반비례하여 줄어든다는 것이다. 따라서 배가 더 클수록 작은 배보다 에너지 효율적이고 비용 효과적이다. 이는 규모의 경제가 작동함을 보여주는 또 한 가지 사례였고, 세계 무역과 상업의 발전에 엄청난 영향을 미쳤다.[12]

이런 결론은 직관에 반했고 널리 믿어지지도 않았지만, 브루넬과 그레이트웨스턴증기선회사는 옳다고 확신했다. 브루넬은 대담하게 그 회사의 첫 번째 선박을 설계하는 일에 착수했다. 대서양을 건널 목적으로 설계된 최초의 증기선 그레이트웨스턴호였다. 이 배는 나무로 만든 외륜선이었고(만일을 대비하여 돛도 네 개 갖추었다), 1837년 건조되었을 당시 세계에서 가장 크고 가장 빠른 배였다.

그레이트웨스턴호가 성공을 거두고 더 큰 배가 작은 배보다 더 효율적이라는 스케일링 논증이 옳았음이 입증되자, 브루넬은 더욱 큰 배를 건조하는 일에 착수했다. 그는 이전까지 하나의 설계로 통합된 적이 없던 신기술들과 재료를 대담하게 결합시켰다. 1843년 그레이트브리튼Great Britain호가 진수식을 가졌다. 이 배는 나무가 아니라 쇠로 만들어졌고, 외륜선과는 달리 양쪽에 달린 바퀴가 아니라 뒤에 달린 스크루프로펠러로 추진되었다. 그럼으로써 그레이트브리튼호는 모든 현대 선박의 원형이 되었다. 이전의 그 어떤 배보다 길었고, 선체가 쇠로 된 최초의 배였으며, 프로펠러를 돌려서 대서양을 건넌 배였다. 현재 이 배는 전면 수리를 거쳐서 브루넬이 만든 원래 구조 그대로 브리스틀의 건선거에 보존되어 있다.

대서양을 정복한 뒤, 브루넬은 신흥 대영제국의 해외 근거지들을 모두 연결하여 영국을 세계를 지배하는 국가로 확고히 자리 잡게 하겠다는 가장 큰 도전 과제로 눈을 돌렸다. 그는 석탄을 단 한 번만 실은 뒤 다시 싣지 않고 런던에서 시드니까지 직항했다가 되돌아올 수 있는 배를 설계하고자 했다(게다가 수에즈 운하가 개통되기도 전이었다). 이는 그레이트브리튼호보다 2배 길어 거의 210미터에 달하고 배수량(사실상 배의 무게)도 거의 10배에 달하는 배를 만들어야 한다는 의미였다. 이 배는 그레이트이스턴Great Eastern호라는 이름이 붙었고, 1858년에 진수식을 가졌다. 이만한 크기의 배는 그로부터 50년이 지난 20세기에야 다시 등장한다. 어느 정도 규모인지 감을 잡도록 예를 들자면, 150여 년이 흐른 뒤인 현재 세계의 바다를 누비는 초대형 유조선의 길이도 그레이트이스턴호의 2배에 못 미친다.

안타깝게도 그레이트이스턴호는 성공을 거두지 못했다. 20세기에 들어설 때까지 다시 이루지 못할 한계를 극복한 경이로운 공학적 성취였지만, 브루넬의 성취 중 상당수가 그러했듯이 이 배도 건조 일정이 지연되곤 했고, 계획한 예산을 훨씬 초과했다. 더 씁쓸한 대목은 그레이트이스턴호가 기술적으로도 성공하지 못했다는 점이다. 이 배는 무겁고 몰기 힘들었으며, 웬만한 물결에도 심하게 출렁거렸고, 가장 중요한 점은 너무 무거워서 웬만한 속도도 내기 힘겨웠다는 것이다. 게다가 놀랍게도 그다지 효율적이지도 않았고, 그 결과 인도와 오스트레일리아를 오가면서 대규모로 화물과 승객을 실어 나름으로써 제국에 봉사한다는 원래의 장엄한 목적에 한 번도 쓰이지 못했다. 몇 차례 대서양을 건너는 데 쓰였다가 해저 케이블을 까는 용도로 전용되는 굴욕을 당했다. 최초의 수선 가능한 대서양 횡단 전신 케이블은 1866년 그레이트이스턴호를 이용하여 깔았다. 그 덕분에 유럽과 북아메리카 사이에 안정적으로 통신이 이루어질 수 있었고, 그리하여 세계 통신사에 혁명이 일어났다.

그레이트이스턴호는 나중에 리버풀에서 해상 공연장과 광고판으로 쓰이다가, 1889년 해체되었다. 원대한 전망의 산물치고는 서글픈 종말이었다. 이 이야기에는 별난 각주가 하나 붙는데, 열렬한 축구 애호가만이 관심을 가질 법한 내용이다. 1891년 유명한 영국 축구팀 리버풀 FC가 창설될 때, 그들은 새로운 경기장에 꽂을 깃대를 찾다가 그레이트이스턴호의 톱마스트top mast를 구입해서 꽂았다. 그 돛대는 지금까지 자랑스럽게 서 있다.

어떻게 이런 결말을 맞이하게 된 것일까? 역사상 가장 명석하고 혁신적인 실천가 중 한 명이 내다본 장엄한 전망이 어째서 그렇게 초라하게 끝을 맺게 된 것일까? 엉성하게 설계된 배가 그레이트이스턴호가 처음은 아니었지만, 그 엄청난 크기, 혁신적인 전망, 엄청난 비용에 비해 몹시 떨어지는 성능이야말로 그 배가 장엄한 실패의 대명사로 자리매김하게 된 주된 이유였다.

10 윌리엄 프루드와 모델링 이론의 기원

계가 실패하거나 설계가 기대를 충족시키지 못할 때, 대개 온갖 이유가 문제를 일으킬 수 있다. 엉성한 기획과 실행, 일꾼의 실력 부족이나 재료 결함, 미흡한 관리, 개념 이해 부족도 이유가 될 수 있다. 하지만 그레이트이스턴호 같은 주요 사례에서는 규모의 토대가 되는 과학과 기초 원리를 깊이 이해하지 못한 채 설계를 한 것이 실패의 주된 이유다. 사실 19세기 후반기까지, 과학도 규모도 배는커녕 대부분의 인공물 제작에 별 역할을 하지 못했다.

몇몇 중요한 예외 사례가 있긴 한데, 가장 인상적인 사례는 증기기관의 발전이다. 압력, 온도, 증기 부피 사이의 관계를 이해한 것이 아주 크고 효율적인 보일러를 설계하는 데 큰 도움이 되었다. 공학자들이 세계를 항해하는 그레이트이스턴호 같은 거대한 배를 건조할 생각을 할 수 있었던 것은 그런 보일러가 개발된 덕분이었다. 더 중요한 점은 열에너지, 화학에너지, 운동에너지 등 서로 다른 에너지 형태의 특성과 효율적인 엔진의 기본 원리와 특성을 연구하여 이해함으로써 열역학이라는 기초 과학이 발전하게 되었다는 것이다. 그리고 더욱 중요한 점은 열역학 법칙 및 에너지와 엔트로피의 개념이 증기기관이라는 협소한 대상을 훨씬 초월하여, 배든 항공기든 도시든 경제든 사람의 몸이든 우주 자체든, 에너지가 교환되는 모든 계에 보편적으로 적용될 수 있다는 것이다.

그레이트이스턴호의 시대에도 선박 건조 분야에서 그런 '진정한' 과학은 거의 존재하지 않았다. 배의 설계와 건조 분야에서의 성공은 시행착오를 거쳐 지식과 기술이 점진적으로 축적되어 이루어진 것이었다. 그런 과정을 거쳐 잘 확립된 경험 법칙들이 대체로 도제 수련 방식과 현장 학습을 통해 전달되었다. 대개 새로 건조되는 배는 이전 배를 용도와 필요에 따라 여기저기 조금씩 바꾸는 식으로 변형한 것이었다. 전에 했던 것을 단순히 확대 추정하여 새로운 상황에 적용할 때 작은 오류들이 생기긴 했지만, 대개 그런 것들이 끼치는 영향은 비교적 미미했다. 이를테면, 배의 길이를 5퍼센트 늘렸을 때 설계 기댓값을 제대로 충족시키지 못하는 배나 예상한 대로 움직이지 않는 배가 나올 수도 있지만, 그런 '오류'들은 다음 배를 건조할 때 적절한 조정이나 번뜩이는 혁신을 통해 쉽게 바로잡을 수 있었고 더 나아가 개선할 수도 있었다. 따라서 다른 거의 모든 인공물 제조 분야와 마찬가지로, 배 건조도 대체로 자연선택과 비슷한 과정을 모방함으로써 거의 유기적으로 진화했다.

이 점진적이고 본질적으로 선형인 과정에 이따금 번뜩이는 영감에 따른 혁신적인 비선형 도약이 겹쳐짐으로써, 설계나 재료 측면에서 중요한 변화가 일어났다. 돛, 프로펠러, 증기나 철의 도입이 바로 그런 사례였다. 비록 그런 혁신적인 도약이 이전 설계들을 토대로 하고 있긴 하지만, 새로운 성공한 원형이 출현하려면 원점에서 다시 생각하고 때로 중대한 재편을 거쳐야 했다.

이전 설계로부터 단순히 확대 추정하는 시행착오 과정은 변화가 미미하기만 하다면, 새로운 배를 설계하고 건조할 때 잘 먹혔다. 왜 무언가가 그런 식으로 잘 돌아가는지를 깊이 과학적으로 이해할 필요가 전혀 없었다. 이전에 성공한 배들을 죽 만들어왔다는 것은 드러난 문제들이 대부분 사실상 이미 해결되었다는 뜻이기 때문이다. 이 패러다임은 훨씬 더 이전에 처참하게 실패한 스웨덴 전함 바사Vasa호를 만든 장인들을 평한 말에 간결하게 요약되어 있다. "당시 문제는 배 설계의 과학을 제대로 이해하지 못했다는 데 있었다. 건조 도면 같은 것은 아예 없었고, '경험 법칙'에 따라 설계했다. 즉 대체로 이전의 경험을 토대로 했다."[13] 장인들에게 배의 크기가 어느 정도라고 말해주면, 그들은 갈고닦은 경험을 토대로 항해하기에 꽤 좋은 배를 만들어냈다.

이는 매우 간단한 일처럼 들린다. 바사호도 스톡홀름 조선소에서 건조된 이전의 배들을 그저 조금 개량한 것에 불과할 수 있었다. 하지만 구스타프 아돌프Gustav Adolf 국왕은 바사호를 이전 배들보다 30퍼센트 더 길게 하고 통상적인 것보다 훨씬 더 무거운 포를 놓을 수 있도록 갑판을 더 늘리라고 요구했다. 그런 과도한 요구가 있자, 설계상의 작은 실수가 성능상의 작은 오류로 이어지는 양상은 더 이상 적용되지 않았다. 그런 크기의 배는 구조가 복잡하며, 특히 안정성 측면에서 동역학적으로 본래 비선형성을 띤다. 설계상의 작은 오류가 성능 측면에서 큰 오류를 불러일으킴으로써 재앙을 빚어낼 수 있다. 그리고 실제로 그런 일이 일어났다. 불행히도 조선공들은 배의 크기를 그렇게 큰 폭으로 제대로 확대하는 데 필요한 과학 지식을 갖추지 못했다. 사실 그들은 배의 크기를 조금 제대로 늘리는 데 필요한 과학 지식도 없었지만, 그럴 때에는 지식이 없다는 것이 별 문제가 안 되었다. 어쨌든 그 결과 바사호는 아주 좁으면서 윗부분이 지나치게 무거운 기형적인 형태가 되었다. 가벼운 바람에도 얼마든 뒤집힐 수 있었고, 실제로 그런 꼴을 당했다. 첫 항해 때 스톡홀름항을 벗어나기도 전에 뒤집혔고, 많은 사람이 목숨을 잃었다.[14]

길이를 2배로 늘리고 무게를 거의 10배 늘림으로써 크기를 더욱 키운 그레이트이스턴호에도 같은 말을 할 수 있을 것이다. 브루넬과 동료들은 그렇게 큰 규모로 배를 제대로 확대할 만한 과학 지식을 갖추지 못했다. 다행히도 이 사례에서는 인명 재해는 전혀 없이, 경제적인 재해만 있었다. 그토록 경쟁이 극심한 경제 시장에서, 성능 미달은 사망 선고나 다름없다.

배의 움직임을 다루는 과학이 출현한 것은 그레이트이스턴호가 건조되기 겨우 10년 전이었다. 수력학이라는 그 분야는 프랑스의 공학자 클로드-루이 나비에Claude-Louis Navier와 아일랜드의 수리물리학자 조지 스토크스George Stokes가 서로 독자적으로 정립했다. 나비에-스토크스 방정식이라고 하는 그 분야의 기본 방정식은 유체의 운동에 뉴턴 법칙을 적용함으로써 나온 것이며, 물을 가르며 나아가는 배나 공기를 가르며 나아가는 항공기처럼 유체를 지나가는 물체의 동역학에도 적용된다.

꽤 난해한 방정식으로 들릴 수도 있으며, 독자들이 나비에-스토크스 방정식이라는 말을 아예 들어본 적이 없을 가능성도 아주 높지만, 이 방정식은 우리 삶의 거의 모든 측면에서 주된 역할을 해왔으며, 앞으로도 계속 그럴 것이다. 항공기, 자동차, 수력 발전소, 인공 심장의 설계, 우리 순환계의 혈액 흐름 이해, 강과 상수도 체계의 수문학 등 수많은 분야에 쓰인다. 날씨, 해류, 오염물질 분포를 이해하고 예측하는 데 토대가 되며, 따라서 기후 변화의 과학과 지구 온난화 예측의 핵심 요소가 된다.

나는 브루넬이 배를 설계할 때 배의 움직임을 관장하는 이런 방정식들이 발견되었음을 알았는지는 잘 모르겠지만, 그는 그런 사실을 알고 있었을 누군가를 고용할 통찰력과 직관을 지니고 있었다. 그가 바로 윌리엄 프루드William Froude였다. 프루드는 옥스퍼드에서 수학을 공부했고, 브루넬에게 고용되기 몇 년 전에 그레이트웨스턴 철도에서 공학자로 일한 바 있었다.

그레이트이스턴호를 만드는 동안, 브루넬은 프루드에게 배의 옆질과 안정성 문제를 조사하라고 맡겼다. 이윽고 프루드는 물의 점성 항력을 최소화하려면 선체의 최적 형태가 어떠해야 하는가라는 핵심 질문의 답을 내놓았다. 그의 연구가 선박 운송과 세계 교역에 미친 경제적 영향은 엄청났다. 그리하여 배 설계의 현대 과학이 탄생했다. 그러나 더욱 큰 영향을 미치고 장기적으로 볼 때 더욱 중요한 기여를 한 부분은 실제 계가 어떻게 작용하는지를 알아내기 위해 계의 모델을 구축한다는 혁신적인 개념의 도입이었다.

나비에-스토크스 방정식은 본질적으로 모든 조건에서 유체의 운동을 기술한다. 하지만 유체의 운동이란 본질적으로 비선형성을 띠기 때문에 이 방정식을 정확히 풀기란 극도로 어려우며, 아예 불가능한 사례가 거의 대부분이다. 대강 말하자면, 비선형성은 물이 스스로 상호작용하는 되먹임 메커니즘에서 비롯된다. 이 비선형성은 강과 개울의 소용돌이, 배가 물을 가로질러 나아갈 때 뒤에 생기는 항적, 태풍과 회오리바람의 경이로운 장관, 파도의 아름다움과 무한한 변이에서 볼 수 있는 것들을 포함하여 온갖 흥미로운 행동과 패턴을 통해 드러난다. 이 모든 것들은 난류의 표현 형태이며, 나비에-스토크스 방정식에 얼마나 풍부한 내용이 담겨 있는지를 보여준다.

사실 복잡성 개념 및 그것과 비선형성의 관계에 관한 최초의 중요한 수학적 깨달음은 난류 연구에서 도출되었다. 복잡계는 계의 한 부분에 일어난 작은 변화나 교란이 어떤 다른 부분에 기하급수적으로 증강된 반응을 일으키는 혼돈 행동을 보이곤 한다. 앞서 논의했듯이, 전통적인 선형 사고방식에서는 작은 교란이 그에 상응하는 작은 반응을 일으킨다고 본다. 비선형계에서 나타나는 몹시 직관에 반하는 증강 현상은 '나비 효과butterfly effect'라는 말로 널리 표현되어왔다. 나비 효과란 브라질에 있는 나비 한 마리의 날갯짓이 플로리다에 허리케인을 일으킨다는 것이다. 150년 동안 이론과 실험 양쪽으로 집중적으로 연구가 이루어졌음에도, 난류의 전반적인 이해는 여전히 물리학에서 미해결 상태로 남아 있다. 난류에 관해 엄청나게 많은 것들을 알아냈음에도 그렇다. 유명한 물리학자 리처드 파인만Richard Feynman은 난류가 "고전 물리학의 가장 중요한 미해결 문제"라고 말한 바 있다.[15]

프루드는 자신이 직면한 도전 과제가 얼마나 큰 것인지 제대로 알아차리지 못했을지도 모르지만, 알아낸 사항을 선박 건조에 적용하려면 새로운 전략이 필요함을 인식했다. 그가 모델링이라는 새로운 방법론, 따라서 소규모 조사를 통해 얻은 정량적 결과를 어떻게 하면 실물 크기의 배가 어떤 행동을 하는지를 예측하는 데 도움이 되는 방식으로 사용할 수 있을지를 판단하는 스케일링 이론 개념을 창안한 것은 바로 이런 맥락에서였다. 갈릴레오와 같은 맥락에서 프루드는 거의 모든 스케일링이 비선형성을 띠며, 따라서 충실한 1:1 대응을 토대로 한 전통적인 모델이 실제 계가 어떻게 작동하는지를 판단하는 데 유용하지 않다는 것을 깨달았다. 그래서 그는 소규모 모델에서 실물 크기 대상으로 규모를 확대하는 방법을 파악할 정량적인 수학적 전략을 제시함으로써, 이 분야에서 선구적인 공헌을 했다.

기존 문제를 생각하는 방식을 바꾸라고 위협하는 많은 새로운 착상들이 그렇듯이, 프루드의 노력은 처음에는 당시의 전문가들로부터 가당치 않다고 치부되었다. 1860년 선박 설계자들에게 정식 교육을 받도록 장려하기 위해 조선학회Institution of Naval Architects를 설립한 존 러셀John Russell은 프루드를 조롱했다. "당신은 일련의 아름다우면서 흥미로운 작은 실험들을 소규모로 할 것이고, 나는 프루드씨가 그런 실험들을 하면서 무한한 기쁨을 만끽할 것이라고 확신하는데…… 그 말을 듣는 당신도 무한한 기쁨을 느낄 것입니다. 하지만 그런 실험 결과들은 큰 규모에서 나오는 실제 결과들과 전혀 다릅니다."

많은 이들은 종종 학술적이거나 학계에서 수행하는 연구를 겨냥하곤 하는, '현실 세계'와 동떨어져 있다는 의미를 함축한 이런 유형의 수사법을 금방 알아차린다. 그 말에 들어맞는 사례들이 많다는 점은 분명하다. 하지만 그렇지 않은 사례도 많으며, 더욱이 어떤 난해해 보이는 연구가 미칠 영향을 그 당시에는 알아차릴 수 없을 때가 아주 많다. 전적으로 기술을 통해 추진되는 우리 사회의 상당 부분과 특권을 지닌 많은 이들이 누리는 비범한 삶의 질은 그런 난해한 연구의 결과물이다. 명백하게 보이는 직접적 혜택이 전혀 없는 뜬구름 같은 기초 연구 같은 것을 지원하는 일과 '현실 세계의 유용한' 문제에 초점을 맞춘 고도로 지향적인 연구를 지원하는 일을 놓고 사회에서는 끊임없이 긴장이 일어난다.

프루드가 선박 설계 분야에 혁신을 일으킨 뒤인 1874년, 러셀은 놀랍게도 누그러진 태도로 프루드의 방법론과 개념을 적극적으로 받아들였다. 자신도 이미 몇 년 전부터 그런 생각을 하고 있었고 실험도 했다는 식으로 얼버무리면서 말이다. 사실 러셀은 그레이트이스턴호를 건조할 때 브루넬의 주요 협력자였고, 그가 실제로 모델을 만지작거렸다는 것도 사실이지만, 불행히도 그는 모델의 중요성이나 그 토대에 놓인 개념 틀을 제대로 인식하지 못했다.

프루드는 길이가 1~3.5미터쯤 되는 작은 배 모형을 만들어서 긴 수조에 담은 물에 띄워 끌면서 안정성과 흐름의 저항을 측정했다. 수학 지식 덕분에, 그는 발견한 사항들의 규모를 확대하여 큰 배에 적용하는 방법을 알아낼 능력을 지니고 있었다.

그는 큰 배의 상대 운동을 특징짓는 주된 양이 무엇인지를 알아냈고, 그것은 나중에 프루드 수Froude number라고 불리게 된다. 이는 배 속도의 제곱을 배의 길이에 중력 가속도를 곱한 값으로 나눈 값이다. 조금 복잡하고 위협적으로 들릴지 모르지만, 사실은 아주 단순한 개념이다. 이 식에 있는 '중력 가속도'는 크기, 모양, 조성에 상관없이 모든 물체에 적용되기 때문이다. 떨어지는 물체들의 무게가 서로 달라도 동시에 땅에 닿는다는 갈릴레오의 관찰 결과를 고쳐 말한 것에 불과하다. 실제로 달라지는 양들의 관점에서 보면, 프루드 수는 단순히 속도의 제곱을 길이로 나눈 값에 비례한다. 이 비는 날아가는 총알과 달리는 공룡에서부터 날아가는 비행기와 나아가는 배에 이르기까지, 운동을 수반하는 모든 문제들에서 중추적인 역할을 한다.

프루드가 간파한 핵심 내용은 기본 물리학이 동일하기 때문에, 프루드 수가 동일한 값을 지니기만 하면, 서로 다른 속도로 움직이는 크기가 다른 물체들이라도 동일한 방식으로 행동한다는 것이었다. 따라서 모형 배의 길이와 속도가 실물 배의 것과 동일한 프루드 수를 갖도록 함으로써, 실제 크기의 배를 건조하기 전에 그 동역학적 행동을 파악할 수 있다.

단순한 사례를 들어보자. 길이 3미터의 모형 배가 20노트(시속 37킬로미터)로 움직이는 길이 210미터의 그레이트이스턴호를 모사하려면 얼마나 빨리 움직여야 할까? 양쪽의 프루드 수를 같게 한다면(즉 속도의 제곱을 길이로 나눈 값을 같게 한다면), 속도는 길이의 제곱근에 따라 규모가 증감해야 한다. 이제 길이의 제곱근의 비율은 $\sqrt{210/3}$, 즉 $\sqrt{70}=8.4$다. 따라서 길이 3미터의 모형 배가 그레이트이스턴호를 모사하려면, 약 $20 \div 8.4=2.5$노트(시속 4.6킬로미터)로 움직여야 한다. 걷는 속도와 비슷하다. 다시 말해, 겨우 2.5노트로 움직이는 길이 3미터 모형 배의 동역학은 20노트로 움직이는 길이 210미터의 그레이트이스턴호의 동역학을 모사한다.

나는 그의 방법론을 매우 단순화하여 말했다. 대개 이 문제에 대입할 수 있는 프루드 수와 비슷한 다른 수들이 있으며, 그런 수들은 물의 점성 같은 다른 역동적인 영향들도 명시적으로 포함시키기 때문이다. 그렇긴 해도, 이 사례는 프루드 방법의 핵심을 잘 보여주며, 모델링과 스케일링 이론의 일반적인 기본 형태를 제시한다. 컴퓨터와 배에서 항공기, 건물, 심지어 기업에 이르기까지 다양한 현대 인공물을 설계하고 문제를 푸는 데 수천 년 동안 잘 먹힌 원시적인 시행착오, 즉 경험 법칙 방식에서 더 분석적이고 원리에 토대를 둔 과학적 전략으로 옮겨 가는 과정을 보여준다. 프루드의 수조 설계는 지금도 배를 연구하는 데 쓰이며, 그 방법을 확장한 풍동 실험은 라이트 형제에게 강한 영향을 미친 바 있으며, 항공기와 자동차를 연구하는 데 쓰이고 있다. 지금은 정교한 컴퓨터 분석이 설계 과정의 핵심을 이루며, 그런 방법을 써서 성능 최적화를 위해 스케일링 이론의 원리를 모사한다. '컴퓨터 모형'이라는 말은 우리가 일상적으로 쓰는 말이 되어 있다. 사실상 지금 우리는 나비에-스토크스 방정식이나 그에 상응하는 방정식들을 '풀어서', 즉 해답을 모사함으로써, 성능을 더욱 정확히 예측할 수 있다.

이런 발전들에서 비롯된 의도하지 않은 신기한 결과 중 하나는 모든 제조사들이 동일한 방정식들을 풀어서 비슷한 성능 매개변수들을 최적화하려고 하기 때문에 거의 모든 자동차가 비슷해 보인다는 것이다. 50년 전만 해도 그런 계산을 할 수 있는 고성능 컴퓨터가 없어서 결과를 예측하는 데 정확성이 떨어졌다. 또 연료 효율이나 오염물질 배출에 별 신경을 쓰기 전이었으므로 자동차 디자인이 훨씬 더 다양했고, 따라서 훨씬 더 흥미로웠다. 1957년식 스터드베이커호크Studebaker Hawk나 1927년식 롤스로이스Rolls-Royce에 비해 2006년식 혼다Honda 시빅Civic이나 2014년식 테슬라Tesla는 훨씬 뛰어난 자동차임에도 상대적으로 밋밋해 보인다.

11 유사와 상사: 무차원 규모 불변 수

프루드가 도입한 스케일링 방법론은 발전을 거듭하여 현재 과학과 공학의 강력하면서도 정교한 도구 중 하나가 되었으며, 매우 넓은 범위에 걸쳐서 다양한 문제에 적용되어 탁월한 성과를 내왔다. 이 방법론이 일반 기법으로 정립된 것은 20세기 초에 들어서였다. 저명한 수리물리학자 로드 레일리Lord Rayleigh가 〈네이처〉에 〈상사의 원리The Principle of Similitude〉라는 도발적이면서도 엄청난 영향을 끼칠 논문을 발표하면서였다.[16] 우리가 스케일링 이론이라고 불러온 것에 붙인 그 나름의 용어였다. 그가 주로 강조한 부분은 모든 물리계에서 무차원 특성을 지닌 특수한 양들이 주된 역할을 한다는 것이었다. 프루드 수처럼, 측정에 쓰인 단위에 상관없이 동일한 값을 지니게 되는 변수들의 조합이 바로 그렇다. 자세히 설명해보자.

길이, 시간, 압력 등 우리가 일상생활에서 으레 측정하는 전형적인 양들은 미터, 초, 제곱센티미터당 그램 등 측정하는 데 쓰는 단위계에 따라 달라진다. 하지만 같은 양을 다른 단위로 측정할 수도 있다. 한 예로, 뉴욕에서 로스앤젤레스까지의 거리는 3,210마일이지만, 5,871킬로미터라고 적을 수도 있다. 전혀 다른 숫자들이긴 해도, 같은 것을 나타낸다. 마찬가지로 런던과 맨체스터 사이의 거리는 278마일이나 456킬로미터로 적을 수 있다. 그러나 뉴욕에서 로스앤젤레스까지의 거리와 런던에서 맨체스터까지의 거리의 비율(3,210마일 ÷ 278마일 또는 5,871킬로미터 ÷ 456킬로미터)은 어떤 단위를 쓰든 상관없이 동일하게 14.89다.

이는 무차원 양의 가장 단순한 사례다. 즉, 측정할 때 쓰는 단위계가 달라도 변하지 않는 '순수한' 수다. 이 규모 불변scale invariance은 인간이 선택한 단위와 측정의 임의성에 대한 의존성이 제거되었다는 점에서, 그 단위계들이 나타내는 양에 관한 절대적인 무언가를 표현한다. 특정한 단위는 인류가 건설, 거래, 상품과 용역의 교환 분야에서 표준화한 언어로 측정값들을 놓고 의사소통을 할 수

스 케 일

있도록 해주는 편리한 발명품이다. 사실 표준화한 측정값의 도입은 문명의 진화와 도시의 출현을 가져온 중요한 단계에 해당한다. 법의 지배를 받는 신뢰할 수 있는 정치 구조가 발전하는 데 중요한 역할을 했기 때문이다.

아마 가장 유명한 무차원 수는 원주와 지름의 비율인 파이(π)일 것이다. 파이는 단위가 없다. 두 길이의 비율이기 때문이다. 그리고 원이 얼마나 크든 작든, 시대와 장소를 막론하고 모든 원의 파이 값은 동일하다. 따라서 π는 '원다움'을 보여주는 보편적인 특성이다.

이 '보편성universality' 개념이 바로 중력 가속도가 모형 배로부터 실제 배로 규모를 확대하는 방식에 아무런 명시적인 역할을 하지 않음에도, 프루드 수의 정의에 포함된 이유다. 속도의 제곱과 길이의 비율은 무차원 수가 아니라서 사용한 단위에 의존하는 반면, 그 값을 중력으로 나누면 무차원 수가 되어 규모 불변이 된다.

그런데 다른 어떤 가속도가 아니라 왜 중력 가속도를 골랐을까? 이유는 중력이 지구의 모든 운동에 보편적으로 제약을 가하기 때문이다. 언덕을 오를 때 특히 그러한데, 끊임없이 중력과 싸우면서 다리를 들어올려 한 걸음 한 걸음 내딛어야 하는 걷고 달리는 상황에서는 이 점이 명백히 드러난다. 하지만 배의 운동에 중력이 어떻게 개입하는지는 덜 명백하다. 물의 부력이 중력과 균형을 이루기 때문이다(아르키메데스의 원리를 떠올리기를). 그렇지만 물을 가로지르며 나아갈 때 배는 지속적으로 항적과 수면파를 일으키며, 그런 행동은 중력의 제약을 받는다. 사실 바다와 호수에서 흔히 보는 물결은 학술적으로는 중력파라고 불린다. 따라서 중력은 간접적으로 배의 운동에 중요한 역할을 한다. 결과적으로 프루드 수는 움직이는 물체의 개별적 특성을 넘어서 지구에서 일어나는 모든 운동과 관련된 '보편적인' 특성을 구현한다. 따라서 그 값은 배의 운동뿐 아니라, 자동차, 항공기, 우리 자신의 운동을 결정하는 주요 인자다. 게다가 이 값은 지구와는 중력의 세기가 다른 행성에서의 운동과 지구에서의 동일한 운동이 어떻게 다른 양상을 띨지도 말해준다.

어떤 측정 가능한 양의 본질이 인간이 임의로 선택한 측정 단위에 따라 달라질 리가 없을뿐더러, 물리학 법칙도 달라질 리가 없기 때문이다. 따라서 이 모든 값, 그리고 사실상 모든 과학 법칙은 규모 불변 양들 사이의 관계로 나타낼 수 있어야 한다. 설령 관습적으로는 대개 그런 식으로 적지 않는다고 할지라도 말이다. 이것이 바로 레일리의 선구적인 논문에 담긴 기본 메시지다.

그의 논문에는 우리 모두가 살면서 이따금 궁금해 하곤 하는 크나큰 수수께끼 중 하나도 들어 있다. "하늘은 왜 파랄까?"라는 질문이다. 오로지 순수하게 무차원인 양들의 관계를 토대로 한 탁월한 논증을 통해, 그는 작은 알갱이들에 부딪혀서 산란되는 빛 파동의 세기가 파장의 네제곱에 비례하여 줄어들어야 한다는 것을 보여준다. 따라서 모든 무지개 색깔의 조합인 햇빛이 대기에 떠다니는 미세한 알갱이들에 부딪혀 산란할 때, 파란색에 해당하는 가장 짧은 파장이 우세해진다.

사실 레일리는 훨씬 더 이전에 스펙트럼의 청색 끝으로 치우치는 이 편이의 기원을 탁월한 수학적 분석을 통해 역학적으로 상세히 설명한 대단한 논문에서 이 놀라운 결과를 유도한 바 있었다. 상사 논문에서 단순한 유도를 통해 그 결론을 제시한 것은 복잡하고 세부적인 수학 연구를 하지 않고도 '위대한 상사의 원리'라는 형태를

취한 스케일링 논증을 써서 '몇 분만 생각하면' 같은 결과를 유도할
수 있음을 보여주기 위해서였다. 그의 스케일링 논증은 더 짧은 파
장으로의 편이가 일단 중요한 변수들이 무엇인지를 알면 어떤 식
으로 분석을 하든 필연적으로 나오는 결과임을 보여주었다. 이런
유도 과정에서 빠져 있는 것은 결과가 도출되는 메커니즘에 관한
더 심오한 이해다. 이는 많은 스케일링 논증의 특징이기도 하다. 일
반적인 결과를 유도할 수는 있지만, 그 결과가 어떤 과정을 거쳐 도
출되는지를 보여주는 상세한 사항은 숨겨져 있곤 한다.

파동의 산란에 관한 레일리의 수학적 분석은 '산란 이론scattering
theory'이라고 불리게 될 것의 토대가 되었다. 그 분석은 물결에서 전
자기파 및 특히 레이더와 더 최근의 IT 통신에 이르기까지, 많은 문
제에 적용되면서 대단히 중요한 역할을 해왔으며, 양자역학의 발
전에서 적잖은 기여를 했다. 최근에 유명한 힉스 입자를 발견한 바
있는 제네바의 유럽입자물리학연구소Conseil Européen pour la Recherche
Nucléaire(CERN)에 있는 것 같은 대형입자가속기로 하는 '산란 실험'으
로 발견을 해내기 위해 개발된 형식주의의 토대이기도 하다.

28세인 1870년에 발표한 논문에는, 그의 이름이 로드 레일리가
아니라, 더 세속적인 존 스트럿John Strutt이라고 적혀 있다. 케임브리
지의 저명한 물리학 교수가 아니라 토머스 하디의 작품에 나오는
인물처럼 보인다. 그가 1873년 부친으로부터 귀족 작위를 물려받
기 전에 쓰던 이름이다. 작위를 받은 뒤 그는 자신을 로드 레일리,
즉 레일리 경이라고 불렀다. 스트럿이라는 이름은 그의 동생인 에
드워드를 통해 더 잘 알려져 있다. 에드워드는 유명한 부동산 및 자
산 관리 회사인 스트럿앤드파커Strutt & Parker의 창립자이며, 그 회사

는 현재 영국 최대의 자산 관리 회사 중 하나다. 다음에 런던에 가면 중심가의 값비싼 건물들에서 그 회사의 상호를 찾아보시라.

레일리는 아주 박식한 인물이었다. 그는 소리의 수학적 이론을 내놓았고, 아르곤 가스를 발견하는 등 뛰어난 업적을 많이 남겼다. 그는 아르곤 가스의 발견으로 1904년 노벨상을 받았다.

스 케 일

3

생명의 단순성, 통일성, 복잡성

1장에서 강조했듯이, 가장 작은 세균에서 가장 큰 도시와 생태계에 이르기까지, 살아 있는 계는 엄청나게 넓은 범위에 걸친 공간, 시간, 에너지, 질량 규모에서 작동하는 전형적인 복잡 적응계다. 질량 측면에서만 보아도, 생명의 전체 규모는 대사를 추진하는 분자와 유전암호에서 생태계와 도시에 이르기까지 30차수(10^{30})가 넘는다. 이 범위는 지구의 질량에서부터 우리 은하 전체, 즉 은하수의 질량에 이르는 범위를 훨씬 초월한다. 후자의 범위는 크기 자릿수가 '겨우' 18차수에 불과하며, 전자electron의 질량에서 생쥐의 질량에 이르는 범위와 비슷하다.

이 방대한 스펙트럼에 걸쳐, 생명은 본질적으로 동일한 기본 구성 단위와 과정을 이용하여 놀라울 만치 다양한 형태, 기능, 역동적 행동을 창조한다. 자연선택과 진화 동역학의 힘을 심도 있게 증언하는 사례다. 이 모든 생물은 물리적이거나 화학적인 원천에서 얻은 에너지를 대사를 통해 고도로 조직된 복잡한 계를 만들고 유지하고 재생산하는 데 쓰이는 유기 분자로 전환함으로써 살아간다. 이 과정은 서로 다르지만 긴밀하게 상호작용하는 두 계의 활동을 통해 이루어진다. 하나는 생물을 만들고 유지할 정보와 '명령문'을 저장하고 처리하는 유전암호이고, 다른 하나는 유지, 성장, 번식에 필요한 에너지와 물질을 획득하고 변형하고 배분하는 물질대사 계다. 분자에서 생물에 이르기까지 각 수준에서 이 두 체계를 규명하는 데 상당한 진척이 이루어져왔으며, 뒤에서 그 지식을 어떻게 하면 도시와 기업에까지 확장할 수 있는지를 논의할 것이다. 하지만 정보 처리 과정('유전체학genomics')이 에너지와 자원의 처리 과정('대사체학metabolics')을 어떻게 통합하여 생명을 유지하는지를 이해하는 일은 아직도 크나큰 도전 과제로 남아 있다. 이 계들의 구조, 동역학, 통합의 토대를 이루는 보편적 원리를 찾아내는 것이야말로 생명을 이해하고 의약, 농업, 환경 같은 다양한 맥락에서 생물학적·사회경제적 계들을 관리하는 토대가 된다.

유전자의 복제, 전사, 번역에서 종의 진화적 기원에 이르는 현상들을 설명할 수 있는, 유전학을 이해하기 위한 통일된 기본 틀이 개

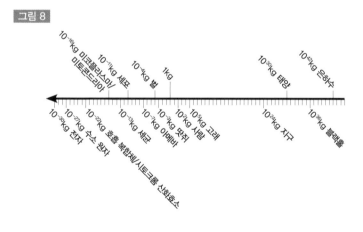

그림 8

복잡한 분자와 미생물에서 고래와 세쿼이아에 이르는 생명의 놀라운 규모를 은하 및 소립자 규모와 관련지어 보았다.

발되어왔다. 그에 상응하는 두 번째 기본 틀, 즉 세포 내의 생화학 반응을 통해 생성되는 에너지와 물질 전환 과정들의 규모를 확대하여 생명을 유지하고, 생물학적 활동을 추진하고, 생물에서 생태계에 이르는 각 수준에서의 핵심 과정에 시간표를 설정하는 과정들과 연관 짓는 대사의 통일 이론은 그보다 천천히 출현했다.

근본적인 단순성으로부터 생명의 복잡성의 출현을 관장하는 근본 원리를 찾는 일은 21세기 과학의 원대한 도전 과제 중 하나다. 비록 주로 생물학자와 화학자의 관점에서 그런 탐색이 이루어져왔고 앞으로도 계속되겠지만, 다른 분야, 특히 물리학과 컴퓨터과학의 활동도 점점 더 중요한 역할을 맡게 될 것이다. 적응 진화계의 핵심 특징인 단순성에서 복잡성의 출현을 더 일반적으로 이해하는 일은 새로운 복잡성 과학의 주춧돌 중 하나다.

물리학은 정량화할 수 있고 수학화할 수 있는(계산할 수 있다는 의미다) 모든 조직화 수준의 근본 원리 및 개념과 관련이 있고, 따라서 실험과 관찰을 통해 검증할 수 있는 정확한 예측을 내놓을 수 있다. 이 관점에서 보면, 생물학에도 물리학과 마찬가지로 예측적이고 정량적인 과학으로 정립되도록 수학화할 수 있는 '생명의 보편 법칙들'이 있을지 묻는 것은 자연스럽다. 이를테면 당신과 내가 얼마나 오래 살지를 정확히 예측할 수 있는, 적어도 원리상 어떤 생물학적 과정을 정확히 계산하게 해줄 아직 발견되지 않은 '생물학의 뉴턴 법칙'이 있다고 상상할 수도 있지 않을까?

그럴 가능성은 적어 보인다. 아무튼 생명은 여러 우발적인 역사로부터 출현하는 여러 수준의 창발적 현상들을 드러내는, 탁월한 복잡계다. 그렇긴 해도 살아 있는 계의 일반적인 결이 거친coarsegrained 행동이, 본질적 특징을 포착하는 정량화할 수 있는 보편 법칙에 따를 것이라는 추측이 비합리적이지는 않을 것이다. 더 온건한 이 견해는 모든 조직화 수준에서 이상화한 평균적인 생물학적 계를 구축할 수 있고, 그런 계의 일반적인 특성을 계산할 수 있다고 가정한다. 따라서 설령 우리 자신의 수명은 결코 계산할 수 없다고 할지라도, 인간의 평균 수명과 최대 수명은 계산할 수 있어야 한다. 그런 평균화한 계는 실제 생명계를 정량적으로 이해하기 위한 출발점이나 기준선을 제공하며, 각 생명계는 국지적 환경 조건이나 역사적인 진화의 분기 때문에 이상적 표준에서 변이나 교란이 일어난 사례라고 볼 수 있다. 나는 이 관점을 훨씬 깊이 살펴보고자 한다. 책의 서두에서 제기한 질문들의 대부분을 공략할 개념적 전략이기 때문이다.

1   쿼크와 끈에서 세포와 고래까지

지금까지 제기된 원대한 질문 중 몇 가지를 다루기에 앞서, 물리학의 근본 문제를 연구하던 나를 생물학의 근본 문제들, 더 나아가 세계의 지속 가능성과 관련된 중대한 문제들을 포함한 사회경제 분야들의 근본 문제들까지 살펴보게 만든, 우연한 발견의 여정을 잠시 이야기하고자 한다.

1993년 10월 미국 의회는 역사상 가장 큰 규모의 과학 계획이며 당시까지 거의 30억 달러의 예산이 투입된 사업을 공식적으로 취소하기로 빌 클린턴 대통령과 합의했다. 이 특별한 계획은 초전도

초대형가속기Superconducting Super Collider(SSC)였는데, 검출기까지 포함하면 역사상 가장 큰 규모의 공학적 도전 과제라고 할 수 있었다. SSC는 물질의 기본 성분들의 구조와 동역학을 밝혀내기 위해 100조분의 1마이크로미터 간격까지 들여다볼 수 있도록 고안된 일종의 거대한 현미경이었다. 우리가 기본 입자 이론에서 도출한 예측을 검증할 중요한 증거를 제공하고, 새로운 현상을 발견하고, 자연의 모든 근본 힘을 통합하는 이른바 '대통일 이론Grand Unified Theory'의 토대를 마련해줄 장치였다. 이 원대한 전망이 실현된다면, 만물이 무엇으로 이루어졌는지를 더 깊이 이해하게 될 뿐 아니라, 빅뱅 이후 우주의 진화에 관한 중요한 통찰도 얻게 될 터였다. 여러 면에서 이 계획은 우주의 가장 심오한 수수께끼 중 일부를 규명한다는, 끝이 안 보이는 도전 과제에 달려들 만큼 의식과 지성을 갖춘 유일한 존재로서의 인류가 품은 지고한 이상 중 일부를 대변했다. 더 나아가 우주가 스스로를 알기 위해 보낸 대리인인 우리의 존재 이유 자체를 말해줄 가능성도 있었다.

SSC의 규모는 거대했다. 둘레가 80킬로미터를 넘었고, 100억 달러가 넘는 비용을 들여서 양성자를 20조 전자볼트electron volt의 에너지로 가속하기로 되어 있었다. 이것이 어느 정도의 규모인지 감을 잡을 수 있도록 설명하자면, 1전자볼트는 생명의 토대를 이루는 화학 반응들의 전형적인 에너지이다. SSC에서 가속되는 양성자는 현재 제네바에서 가동 중인, 최근에 힉스 입자를 발견하는 데 기여한 대형강입자가속기Large Hadron Collider(LHC)에서 가속되는 양성자보다 에너지가 8배 더 많다.

SSC의 몰락은 불가피한 예산 문제, 경제 상황, 장치가 건설되는

스 케 일

텍사스주를 향한 정치적 반감, 감동 없는 지도력 등, 예상할 수 있는 많은 요인 때문이었다. 하지만 그 사업이 좌절된 주된 이유 중 하나는 전통적인 거대과학, 특히 물리학을 향한 부정적 분위기가 팽배해졌다는 점이다.[1] 이 부정적 분위기는 여러 형태로 나타났지만, 우리 같은 많은 물리학자는 앞서 인용한 바 있는 말을 자주 듣곤 했다. "19세기와 20세기가 물리학의 세기였다면, 21세기는 생물학의 세기가 될 것이다."

가장 오만하면서 콧대 높은 물리학자도 생물학이 21세기의 주된 과학으로 나서면서 물리학이 생물학의 그늘에 가려질 가능성이 매우 높다는 분위기에 맞서느라 힘겨워했다. 하지만 많은 물리학자가 격분한 것은, 알아야 할 것들은 이미 다 알아냈으므로 이런 유형의 기초 물리학 연구를 더는 할 필요가 없다는 암묵적인, 그리고 때로는 노골적인 분위기였다. 안타깝게도 SSC는 이 오도된 편협한 사고방식의 희생물이었다.

당시 나는 로스앨러모스 국립연구소에서 고에너지 물리학 분야를 총괄하고 있었는데, 우리는 SSC에 설치 중인 두 주요 검출기 중하나에 꽤 깊이 관여하고 있었다. 이런 용어에 익숙하지 않은 독자를 위해 설명하자면, '고에너지 물리학high energy physics'은 소립자에 관한 근본적인 의문, 그들의 상호작용과 우주론적 의미를 다루는 물리학의 하위 분야다. 당시 나는 그 분야를 주로 연구하던 이론물리학자였다(지금도 그렇지만). 물리학과 생물학의 궤도가 갈라질 것이라는 도발적인 주장에 내가 보인 본능적인 반응은 생물학이 21세기의 주류 과학이 된다는 것은 거의 확실하지만, 생물학이 진정으로 성공을 거두려면 물리학을 그토록 성공한 과학으로 만든 정량적이고 분석적이고 예측적인 문화 중 일부라도 받아들여야 할 필요가 있다는 것이었다. 생물학은 통계적이고 현상론적이고 정성적인 논증에 전통적으로 의존해왔는데, 거기에 수학화가 가능하거나 계산 가능한 기본 원리들을 토대로 이론적 틀을 더 통합해야 할 것이라고 여겼다. 하지만 당시 나는 생물학을 거의 알지 못했기에 그런 말을 하기가 난처했고, 사실 그런 외침은 주로 오만과 무지에서 비롯된 것이었다.

그럼에도 나는 내 생각을 실천해보기로 마음먹었고, 물리학의 패러다임과 문화가 생물학의 흥미로운 도전 과제를 해결하는 데 어떻게 도움이 될지 생각하기 시작했다. 물론 생물학으로 진출하여 대성공을 거둔 물리학자가 몇 명 있었다. 그중 가장 눈부신 성과를 올린 사람은 아마 프랜시스 크릭Francis Crick일 것이다. 그는 제임스 왓슨James Watson과 공동으로 DNA의 구조를 밝혀냄으로써, 우리의 유전체 지식에 혁명을 일으켰다. 또 한 사람은 위대한 물리학자 에르빈 슈뢰딩거Erwin Schrödinger다. 양자역학의 창시자 중 한 명인 그는 1944년에 《생명이란 무엇인가?What Is Life?》라는 얇은 책을 썼는데, 그 책은 생물학에 엄청난 영향을 미쳤다.[2] 이런 사례들은 물리학이 생물학에 흥미로운 무언가를 말해줄 수 있다는 고무적인 증거였고, 소수이긴 하지만 점점 더 많은 물리학자가 그 경계를 넘어서 생물학적 물리학이라는 새로 싹트고 있는 분야로 진출하도록 자극했다.

SSC 계획이 중단될 당시 나는 50대 초반이었고, 1장에서 말했듯이 노화 과정과 삶의 유한함이라는 생각이 필연적으로 드는 것을 점점 의식하고 있었다. 우리 집안의 남성들이 오래 살지 못했다는 점을 고려하면, 내가 생물학에 관한 생각을 노화와 사망을 연구함으로써 실현하려 한 것은 자연스러워 보였다. 노화와 사망이 생명의 가장 흔하면서 근본적인 특징들에 속하므로, 나는 관련 사항들이 거의 다 밝혀져 있을 것이라고 소박하게 가정했다. 하지만 정말 놀랍게도, 노화와 죽음에 관해 받아들여진 일반 이론이 아예 없을 뿐더러, 그래서 그런지 몰라도 그 분야 자체가 비교적 작고 침체되어 있다는 것을 알아차렸다. 게다가 내가 1장에서 제기한 질문들처럼, 물리학자라면 묻는 것이 자연스러운 질문들조차도 거의 다루어진 적이 없는 듯했다. 인간의 수명이 100년이라는 근거는 어디에서 나오는가, 무엇이 노화의 정량적이고 예측적인 이론을 구성하는가 하는 질문이 특히 그러했다.

죽음은 생명의 본질적인 특징이다. 사실 암묵적으로 죽음은 진화론의 본질적인 특징이기도 하다. 진화 과정의 한 가지 필수 구성 요소는 개체는 결국 죽는다는 것이다. 그럼으로써 후손이 새로운 유전자 조합을 퍼뜨리고, 새로운 형질과 새로운 변이가 자연선택을 통한 적응을 거쳐서 종의 다양성을 낳게 된다. 우리 모두는 새로운 개체가 발달하여 탐사하고 적응하고 진화할 수 있도록 죽어야 한다. 스티브 잡스도 간결하게 표현한 바 있다.[3]

죽고 싶은 사람은 아무도 없습니다. 천국에 가고 싶은 사람도 그곳에 가기 위해 죽고 싶어 하지는 않습니다. 하지만 죽음은 우리 모두의 운명입니다. 지금껏 죽음을 피한 사람은 아무도 없으며, 죽음은 바로 그래야 합니다. 죽음은 생명의 최고 발명일 가능성이 매우 높기 때문입니다. 죽음은 생명의 변화 촉진자입니다. 낡은 것을 없애서 새로운 것을 위해 길을 냅니다.

죽음과 그 전조인 노화 과정이 대단히 중요하다는 점을 염두에 두고서, 나는 생물학 교과서에 생명의 기본 특징을 논의하면서 그것들을 다룬 장이 별도로 있을 것이라고 생각했다. 출생, 성장, 번식, 대사 등을 각각의 장으로 다루듯이 말이다. 우리의 수명이 왜 100년 정도인지를 보여주는 단순한 계산을 포함하여, 노화의 기계론적 이론과 내가 위에서 제기한 모든 문제의 답을 개괄한 내용도 있을 것이라고 기대했다. 하지만 그런 행운 따위는 없었다. 언급조차 되지 않았을 뿐 아니라, 그런 의문들에 관심을 가진다는 단서조차 없었다. 나로서는 그 점이 대단히 놀라웠다. 태어난 뒤에 개인의 삶에서 가장 가슴 아픈 생물학적 사건이 바로 죽음이기 때문에 더욱 그랬다. 물리학자로서 나는 생물학이 과연 어느 정도까지 '진짜' 과학(물론 물리학과 같다는 의미에서!)인지, 이런 유형의 근본적인 질문들에 관심을 갖지 않으면서 어떻게 21세기를 주도할 것인지 궁금해지기 시작했다.

비교적 소수의 헌신적인 연구자 외에는 생물학계가 전반적으로 노화와 죽음에 별 관심이 없다는 사실에 자극을 받아서, 나는 이런 문제들을 파고들기 시작했다. 거의 어느 누구도 그런 문제를 정량적이거나 분석적인 관점에서 살펴보지 않는다는 사실이 드러남에 따라, 물리학적 접근이 조금이라도 진전을 가져올 가능성이 있어 보였다. 그래서 쿼크, 글루온, 암흑물질, 끈 이론을 붙들고 씨름하는 틈틈이 나는 죽음을 생각하기 시작했다.

이 새로운 방향의 연구를 시작할 때, 과학으로서의 생물학 및 그것이 수학과 맺는 관계를 살펴보고자 나섰고 생각지도 않은 곳에서 의외의 지원을 받았다. 나는 내가 전복적 사고방식이라고 여기는 것을 다소 괴짜였던 유명한 생물학자 다시 웬트워스 톰프슨D'Arcy Wentworth Thompson이 거의 100년 전인 1917년에 펴낸 고전《성장과 형태에 관하여On Growth and Form》에서 이미 훨씬 더 자세하고 깊이 있게 다루었다는 사실을 발견했다.[4] 이 대단히 놀라운 책은 지금까지 생물학뿐 아니라, 수학, 미술, 건축 분야에서도 소리 없이 존경을 받고 있으며, 앨런 튜링Alan Turing과 줄리언 헉슬리Julian Huxley에서 잭슨 폴록Jackson Pollock에 이르기까지 많은 사상가와 예술가에게 영향을 미쳤다. 지금도 인쇄되고 있다는 점이야말로 그 책이 계속 인기가 있다는 증거이다. 장기 이식의 아버지이자 조직 거부 반응과 후천적 면역 획득 연구로 노벨상을 받은 저명한 생물학자 피터 메더워Peter Medawar는《성장과 형태에 관하여》를 "영어로 기록된 모든 과학 저술 가운데 가장 뛰어난 문학 작품"이라고 했다.

톰프슨은 마지막 '르네상스인'에 속했고, 오늘날에는 거의 존재하지 않는, 여러 분야를 아우르고 넘나들던 과학자-학자 전통을 대변한다. 비록 그가 주로 영향을 끼친 분야는 생물학이었지만, 그는 아주 뛰어난 고전학자이자 수학자이기도 했다. 그는 영국 고전협회 회장, 왕립지리학회 회장을 지냈고 명성 있는 에든버러수학회의 명예회원이 될 만큼 수학에도 뛰어났다. 그는 스코틀랜드의 어느 지식인 집안에서 태어났고, 이점바드 킹덤 브루넬처럼 빅토리아 시대 소설의 조역을 연상시킬 법한 이름을 얻었다.

톰프슨은 유명한 독일 철학자 이마누엘 칸트Immanuel Kant의 글을 인용하면서 책을 시작한다. 칸트는 당대의 화학이 "eine Wissenschaft, aber nicht Wissenschaft"라고 했는데, 톰프슨은 그 말을 화학은 "a science, but not Science(학문이되, 과학이 아니다)"라고 번역했다. "진정한 과학의 기준은 수학과의 관계를 통해 드러난다"는 뜻이었다. 톰프슨은 더 나아가 근본 원리를 토대로 화학을 소문자 s로 시작하는 '학문science'에서 대문자 S로 시작하는 '과학Science'으로 승격시킬 예측적인 '수학적 화학'이 어떻게 존재할 수 있을지를 논의한다. 그런 와중에 생물학은 수학적 토대나 원리 없이 정성적인 과학으로 남아 있었으며, 따라서 여전히 소문자 s로 시작하는 단지 '하나의 학문a science'에 불과했다. 수학화할 수 있는 물리 원리들을 통합할 때에야 비로소 대문자로 시작하는 '과학Science'이 될 터였다. 톰프슨 이후로 한 세기에 걸쳐 놀라운 발전이 이루어져왔음에도, 나는 생물학을 도발적으로 특징지은 톰프슨의 기본 개념이 오늘날도 어느 정도 타당하다는 것을 알아차리기 시작했다.

비록 1946년 왕립협회의 유명한 다윈 메달을 받았지만, 톰프슨은 기존의 다윈 진화론에 비판적이었다. 생물학자들이 자연선택과 '적자생존'이 살아 있는 생물의 형태와 구조를 근본적으로 결정하는 요인이라며 그 역할을 과장하고 있다고 느꼈기 때문이다. 즉, 진화 과정에서 물리법칙과 그 수학적 표현이 맡은 중요한 역할을 제대로 평가하지 않는다는 것이었다. 그의 반론에 함축된 기본적인 의문은 여전히 답이 나오지 않은 상태다. 생물학이 예측적이고 정량적인 과학으로 정립될 수 있도록 수학화할 수 있는 '생명의 보편 법칙'이 과연 있을까? 그는 이런 식으로 표현한다.

물리학에서는 단순한 것들을 발견하는 데 위대한 인물들이 필요했다는 점을 반드시 기억할 필요가 있다. …… 그런 뒤에도 몸의 구조를 기술하는 데 수학이 얼마나 필요할지, 설명하는 데 물리학이 얼마나 필요할지, 어느 누구도 예측할 수 없다. 모든 에너지 법칙, 물질의 모든 특성, 모든 콜로이드의 모든 화학이 영혼을 이해하는 데 아무런 쓸모가 없듯이 몸을 설명하는 일에도 무력할지 모른다. 하지만 나는 그렇게 보지 않는다. 물론 영혼이 몸에 어떻게 불어넣어지는지, 물리학은 내게 아무것도 말해주지 않는다. 그리고 살아 있는 물질과 마음이 서로 어떻게 영향을 주고받는지도 단서 하나 없는 수수께끼다. 내가 이해하는 바로는 생리학자가 제시하는 그 어떤 신경회로와 뉴런도 의식을 설명하지 못한다. 게다가 나는 한 사람의 얼굴에 어떻게 선의가 빛나고, 다른 이의 얼굴에서는 악의가 드러나는지를 물리학에 묻지 않는다. 하지만 세속적인 모든 것들이 그렇듯이, 몸의 구조와 성장과 활동 측면에서는 물리학이 우리의 유일한 교사이자 안내자라는 것이 내 졸견이다.

이는 현대 '복잡성 과학complexity science'의 신조를 그대로 표현한 듯하다. 이 말에는 의식이 창발적인 계 수준의 현상이며, 뇌에 있는 모든 '신경회로와 뉴런'의 단순한 총합의 결과물이 아니라는 의미까지 함축되어 있다. 그 책은 학술적이지만 놀랍게도 수학이 거의 들어가지 않았으며, 매우 읽기 쉽다. 그 책에는 수학의 언어로 쓰인 자연의 물리법칙이 생물의 성장, 형태, 진화의 주된 결정 인자라는 믿음 외에 다른 주요한 원리는 전혀 언급되어 있지 않다.

톰프슨의 책은 노화나 죽음을 다루지 않았고, 그다지 유용하지도 않고 학술적으로 정교하지도 않지만, 거기에는 물리학의 개념과 기법을 생물학의 온갖 문제에 적용하도록 지지하고 부추기는 철학이 담겨 있었다. 내가 우리 몸을, 공급하고 유지하고 수리할 필요가 있지만 결국에는 자동차나 세탁기와 비슷하게 낡아서 '죽는' 비유적인 기계라고 인식하게 된 것은 바로 이 철학에 영향을 받았기 때문일 것이다. 하지만 동물이든 자동차든 기업이든 문명이든, 무언가가 어떻게 늙고 죽는지를 이해하려면, 먼저 그것을 살아 있게 하는 과정과 메커니즘이 무엇인지를 이해하고, 그런 다음에 그것들이 시간이 흐르면서 어떻게 낡아가는지를 이해할 필요가 있다. 이는 자연히 유지 관리와 더 나아가 성장에 필요한 에너지와 자원을 고찰하고, 손상, 붕괴, 마모 등을 일으키는 파괴적인 힘에서 빚어지는 엔트로피 생성과 맞서기 위해 수리와 유지에 그것들을 어떤 식으로 할당할지를 생각하는 쪽으로 이어진다. 이런 생각의 흐름을 따라가다가 나는 우리를 살아 있게 하는 대사 활동이 왜 영원히 계속될 수 없는지를 묻기에 앞서, 그 대사의 중추적인 역할에 먼저 초점을 맞추게 되었다.

2 대사율과 자연선택

대사는 생명의 불꽃이며 …… 음식은 생명의 연료다. 우리 뇌에 있는 뉴런도 유전자에 든 분자도 우리가 먹는 음식에서 추출하는 대사 에너지가 공급되지 않는다면 기능할 수 없다. 대사 에너지를 공급받지 않는다면 우리는 걸을 수도, 생각할 수도, 심지어 잠을 잘 수도 없다. 대사 에너지는 혈액 순환, 근육 수축, 신경 전도 같은 개별 과정과 유지, 성장, 번식에 필요한 동력을 생물에 공급한다.

대사율은 세포 내의 생화학 반응에서 성숙하는 데 걸리는 시간에 이르기까지, 숲의 이산화탄소 흡수율에서 낙엽이 분해되는 속도에 이르기까지, 생물이 하는 거의 모든 일에 관한 삶의 속도를 정하는 생물학의 근본 속도다. 1장에서 논의했듯이, 평균인의 기초대사율은 약 90와트에 불과하다. 전형적인 백열전구의 사용 전력량과 비슷하며, 하루에 섭취하는 식품 열량 약 2,000칼로리와 맞먹는다.

다른 모든 생물처럼, 우리도 세균과 바이러스든, 개미와 딱정벌레든, 뱀과 거미든, 개와 고양이든, 풀과 나무든 간에 동료 생물 및 끊임없이 변화하고 진화하는 환경에 있는 모든 것들과 상호작용하고 서로 적응하면서 자연선택 과정을 통해 진화했다. 우리는 상호작용, 갈등, 적응의 결코 끝나지 않을 다차원적 활동 속에서 함께 진화해왔다. 따라서 각 생물, 그 각각의 기관과 하위 체계, 세포와 유전체는 끊임없이 변하는 환경 내 생태적 지위 속에서 나름의 독특한 역사를 따라 진화했다. 찰스 다윈과 앨프리드 러셀 월리스Alfred Russel Wallace가 서로 독자적으로 내놓은 자연선택 원리는 진화론과 종의 기원의 핵심이다. 자연선택, 즉 '적자생존'은 일부 유전 가능한 형질이나 특징에서 어떤 성공적인 변이가 그 형질을 지닌 생물들이 환경과 상호작용하여 차등적인 번식 성공을 거두면서 집단 내에 고정되는, 점진적인 과정이다. 월리스의 표현을 빌리자면, 충분히 폭넓은 변이들이 있기 때문에 "유리해질 수 있는 어떤 방향으로든 자연선택이 작용할 재료는 늘 있다." 다윈은 그보다 더 간결하게 표현했다. "각각의 미미한 변이는 유용하다면 보존된다."

이 용광로에서 나온 각 종은 진화하는 동안 지나온 독특한 경로를 반영하는 생리적 형질과 특징의 집합을 갖춘다. 그 결과 세균에서 고래에 이르기까지 생명의 스펙트럼 전체에 걸쳐 경이로운 다양성과 변이가 나온다. 따라서 진화적 땜질과 적응, 즉 적자생존의 게임을 수백만 년 동안 한 끝에, 우리 인류는 두 다리로 걷고, 키가 약 150~180센티미터에 이르고, 100세까지 살며, 심장은 1분에 약 60번 뛰고, 수축기 혈압은 약 100mmHg이고, 하루에 약 여덟 시간을 자며, 길이 약 46센티미터의 대동맥을 지니고, 간세포 하나에 약 500개의 미토콘드리아가 들어 있고, 약 90와트의 대사율을 지닌 존재가 되었다.

이 모든 특징이 오로지 임의적이고 변덕스러운 것일까? 자연선택 과정을 통해 적어도 일시적으로라도 동결된, 우리의 기나긴 역사에 나타난 수백만 가지의 작은 사건과 요동의 산물일까? 아니면 여기에 어떤 질서가, 다른 메커니즘들이 작동함을 반영하는 어떤 숨은 패턴이 있을까? 사실, 그런 것이 있다. 그리고 그것을 설명하기 위해 스케일링으로 돌아가자.

3 복잡성의 토대인 단순성: 클라이버 법칙, 자기 유사성, 규모의 경제

우리가 살아가려면 하루에 약 2,000칼로리의 식품 열량이 필요하다. 다른 동물은 먹이와 에너지가 얼마나 필요할까? 고양이와 개는 어떨까? 생쥐와 코끼리는? 물고기, 새, 곤충, 나무는? 이런 질문들은 이 책의 1장에서 제기한 것이기도 하다. 거기서 나는 자연선택 개념에서 나온 소박한 기대에도 불구하고, 그리고 생명의 놀라운 복잡성과 다양성에도 불구하고, 대사가 아마도 우주에서 가장 복잡한 물리화학적 과정일 것임에도 불구하고, 대사율이 모든 생물에 걸쳐 유달리 체계적인 규칙성을 드러낸다는 사실을 강조했다. 그림 1에 나와 있듯이, 대사율은 상상할 수 있는 가장 단순한 방식으로 몸집에 비례하여 증감한다. 즉, 체중별로 로그 그래프에 표시하면, 단순한 거듭제곱 법칙 스케일링 관계를 시사하는 직선이 생긴다.

대사율의 스케일링은 80여 년 전부터 알려져 있었다. 비록 19세기 말 이전에 알려진 것은 엉성한 형태였지만, 현대적인 형태는 저명한 생리학자 막스 클라이버가 정립했다. 1932년 덴마크의 잘 알려지지 않은 학술지에 발표한 선구적인 논문을 통해서였다.[5] 나는 처음 클라이버 법칙을 접했을 때 무척 흥분했다. 각 종이 진화해온 과정에 함축된 무작위성과 독특한 역사적 경로 의존성이 종들 사이에 서로 관련이 없는 엄청난 다양성을 빚어냈을 것이라고 은연중에 가정하고 있었기 때문이다. 아무튼 포유동물 중에서도 고래, 기린, 인간, 생쥐는 몇몇 아주 일반적인 특징을 제외하고 서로 그다지 닮지 않았으며, 각각은 서로 전혀 다른 도전 과제와 기회에 직면하면서 서로 전혀 다른 환경에서 살아가지 않는가?

그 선구적인 논문에서 클라이버는 체중이 약 150그램인 작은 비둘기에서 거의 1,000킬로그램에 달하는 황소에 이르기까지 다양한 동물의 대사율을 조사했다. 그 이후로 많은 연구자가 그의 분석을 확장하여 가장 작은 땃쥐에서 가장 큰 대왕고래에 이르기까지 포유동물 스펙트럼 전체에 걸친 대사율을 파악했다. 체중의 크기자릿수로 보면 8차수가 넘는다. 놀라우면서도 중요한 점은, 동일한 스케일링이 어류, 조류, 곤충, 갑각류, 식물을 포함하는 모든 다세포 분류군 전체에 걸쳐, 심지어 세균을 비롯한 단세포 생물에게까지 적용된다는 사실이 드러났다는 점이다.[6] 전체적으로 보면, 크기 자릿수가 무려 27차수에 달하며, 이는 아마 우주에서 가장 체계적이고 일관적인 스케일링 법칙일 것이다.

그림 1에 실린 동물들은 체중이 20그램(0.02킬로그램)에 불과한 작은 생쥐부터 거의 1만 킬로그램에 달하는 거대한 코끼리에 이르기까지, 크기 자릿수 범위가 5차수를 넘기 때문에, 우리는 자료를 로그 단위로 표시할 수밖에 없었다. 즉, 두 축의 눈금이 10씩 증가한다는 뜻이다. 예를 들어, 가로축에 표시된 체중은 1에서 2, 3, 4킬로그램으로 선형적으로 증가하는 것이 아니라, 0.001에서 0.01, 0.1, 1, 10, 100킬로그램으로 증가한다. 이 체중들을 전형적인 선형 크기 단위를 써서 표준 크기의 종이에 표시하려 했다면, 코끼리를 제외한 모든 자료 점이 그래프의 왼쪽 구석 바닥에 몰려 있을 것이다. 코끼리 다음으로 무거운 황소와 말조차도 10배 이상 가볍기 때문이다. 이 모든 점을 구분할 수 있는 적절한 해상도를 취하려면, 길이가 1킬로미터를 넘는 터무니없이 커다란 종이가 필요할 것이다. 그리고 땃쥐와 대왕고래 사이의 8이 넘는 크기 자릿수를 표시하려면, 종이 길이가 100킬로미터를 넘어야 할 것이다.

따라서 앞 장에서 지진의 리히터 규모를 다룰 때 살펴보았듯이, 이렇게 여러 크기 자릿수에 걸친 자료를 표시하기 위해 로그 좌표를 쓰는 데는 지극히 현실적인 이유가 있다. 하지만 동시에 심오한 개념적 이유들도 있는데, 살펴보는 구조와 동역학이 자기 유사성self-similarity을 띤다는 개념과 관련된 것들이다. 자기 유사성은 단순한 거듭제곱 법칙을 통해 수학적으로 표현된다. 자세히 설명해보자.

앞서 우리는 로그 그래프의 직선이 지수를 직선의 기울기(그림 7에서처럼, 힘의 스케일링 사례에서는 3분의 2)로 삼은 거듭제곱 법칙을 나타낸다는 것을 살펴보았다. 그림 1에서는 체중의 크기 자릿수가 4차수 증가할 때(가로축을 따라), 대사율은 겨우 3차수 증가하며(세로축을 따라), 따라서 직선의 기울기가 클라이버 법칙의 유명한 지수인 4분의 3임을 쉽게 알아볼 수 있다. 이것이 의미하는 바를 더 구체적으로 살펴보기 위해, 30그램인 생쥐보다 100배 더 무거운 3킬로그램의 고양이를 예로 들어보자. 클라이버 법칙은 이들의 대사율을 계산하는 데 직접 쓸 수 있다. 그러면 고양이는 약 32와트, 생쥐는 약 1와트가 된다. 따라서 설령 고양이가 생쥐보다 100배 더 무겁다 할지라도, 대사율은 겨우 약 32배 더 높을 뿐이다. 규모의 경제를 잘 보여주는 사례다.

이제 고양이보다 100배 더 무거운 소를 생각해보자. 클라이버 법칙은 마찬가지로 소가 고양이보다 대사율이 32배 더 높을 것이라고 예측하며, 소보다 100배 더 무거운 고래에까지 이 법칙을 확장하면 고래는 소보다 대사율이 32배 더 높을 것이다. 이 반복되는 양상, 즉 이 사례에서처럼 체중이 100배 증가할 때마다 대사율이 동일하게 32배씩 높아지는 양상은 거듭제곱 법칙의 일반적인 자기 유사성의 한 사례다. 더 일반화하자면, 체중을 어떤 규모에서 어떤 임의의 배율로 증가시킨다면(이를테면 100배), 대사율은 처음의 체중이 얼마든, 즉 생쥐의 무게든 고양이의 무게든 소의 무게든 고래의 무게든, 동일한 비율로 증가한다(32배). 이 놀라울 만치 체계적으로 반복되는 행동을 규모 불변scale invariance 또는 자기 유사성이라고 하는데, 이것이 거듭제곱 법칙의 본질적인 특성이다. 이는 다음 장에서 상세히 논의할 프랙털 개념과도 밀접한 관계가 있다. 프랙털성, 규모 불변, 자기 유사성은 정도의 차이는 있지만, 은하와 구름에서 우리의 세포, 뇌, 인터넷, 기업, 도시에 이르기까지 자연의 모든 영역에 흔히 나타난다.

방금 우리는 생쥐보다 100배 무거운 고양이가 설령 약 100배 더 많은 세포로 이루어져 있다고 할지라도 겨우 약 32배 더 많은 에너지만으로 살아갈 수 있다는 것을 알았다. 클라이버 법칙이 지닌 본질적인 비선형성에서 나오는 규모의 경제의 고전적 사례다. 소박한 선형 추론은 고양이의 대사율이 겨우 32배가 아니라 100배 더 높을 것이라고 예측했을 것이다. 마찬가지로 어떤 동물의 몸집이 2배라고 할 때, 유지하는 데 드는 에너지가 100퍼센트 더 늘어나야 할 필요는 없다. 겨우 75퍼센트 정도만 더 늘어나면 된다. 그럼으로써 2배로 늘 때마다 약 25퍼센트씩 절약되는 셈이다. 따라서 체계적으로 예측 가능한 정량적인 방식으로, 생물이 더 커질수록 조직 1그램을 유지하기 위해 세포 하나가 1초당 생산해야 하는 에너지는 더 줄어든다. 개의 세포보다 당신의 세포가 덜 열심히 일하지만, 당신의 세포보다 말의 세포가 덜 열심히 일한다. 코끼리는 쥐보다 약 1만 배 무겁지만, 유지해야 하는 세포가 약 1만 배 더 많음에도 대사율은 겨우 1,000배 더 높을 뿐이다. 따라서 코끼리의 세포는 쥐의 세포보다 약 10분의 1의 속도로 활동하며, 그에 따라 세포 손상률도 줄어들고, 수명도 더 늘어난다. 이 이야기는 4장에서 더 상세히 설명하기로 하자. 이는 체계적인 규모의 경제가 출생과 성장

에서 죽음에 이르기까지 삶 전체에 걸쳐 울려 퍼지는 심오한 결과
를 낳는다는 것을 보여주는 사례다.

4   보편성과 생명을 통제하는 마법의 수 4

클라이버 법칙의 체계적인 규칙성은 꽤 놀랍지만, 마찬가지로 놀
라운 점은 비슷한 체계적인 스케일링 법칙이 세포에서 고래, 생태
계에 이르기까지 생명의 전 범위에 걸쳐서 거의 모든 생리적 형질
이나 생활사적 사건에 적용된다는 것이다. 여기에는 대사율뿐 아
니라, 성장률, 유전체 길이, 대동맥 길이, 나무 높이, 대뇌 회색질의
양, 진화 속도, 수명 등도 포함된다. 그림 9부터 그림 12는 이런 사
례를 보여준다. 이런 스케일링 법칙은 아마 50가지가 넘을 것이며,
또 한 가지 놀라운 점은 각각에 해당하는 지수(클라이버 법칙의 4분의
3에 상응하는)가 예외 없이 4분의 1의 단순한 곱에 아주 가깝다는 것
이다.

   예를 들어, 성장률의 지수는 4분의 3에 아주 가깝고, 대동맥과 유
전체의 길이는 4분의 1, 나무의 키는 4분의 1, 대동맥과 나무줄기
의 단면적은 4분의 3, 뇌 크기는 4분의 3, 대뇌 백색질과 회색질의
양은 4분의 5, 심장 박동 수는 -4분의 1, 세포 내 미토콘드리아 밀
도는 -4분의 1, 진화 속도는 -4분의 1, 막을 통한 확산 속도는 -4
분의 1, 수명은 4분의 1에 가깝다. 이런 사례는 훨씬 더 많다. 여기
서 '-', 즉 음수 값은 크기가 증가함에 따라 해당 양이 증가하는 것
이 아니라 감소한다는 것을 나타낸다. 따라서 예를 들어, 그림 10에

나와 있듯이, 몸집이 커질 때 심장 박동 수는 4분의 1제곱 법칙에 따라 줄어든다. 여기서 대동맥과 나무줄기의 규모가 동일한 양상으로 변한다는 흥미로운 사실을 지적하지 않을 수 없다.

특히 흥미로운 점은 이 모든 지수에서 등장하는 4분의 1제곱이라는 형태의 숫자 4다. 이 숫자는 생명의 다양성 전체에 걸쳐 널리 나타나며, 진화된 설계에 상관없이 생물의 측정 가능한 특징들 중 상당수를 결정하는 데 특별하고 근본적인 역할을 하는 듯하다. 스케일링이라는 렌즈를 통해 보면, 놀라울 만치 일반적인 양상이 드러나며, 이는 진화가 자연선택을 넘어서는 다른 일반적인 물리적 원리들에 제약을 받아왔음을 강하게 시사한다.

이런 체계적인 스케일링 관계는 몹시 반직관적이다. 이들 관계는 어떤 생물이든 생리적 특징과 생활사적 사건이 거의 다 주로 단순히 몸집을 통해 정해짐을 보여준다. 예를 들어, 생물학적 삶의 속도는 몸집이 커짐에 따라 체계적이고 예측 가능한 방식으로 감소한다. 커다란 포유동물은 작은 포유동물보다 더 오래 살고, 성숙하는 데 더 오래 걸리고, 심장 박동이 더 느리고, 세포가 덜 열심히 일하는데, 그런 변화는 모두 동일한 예측 가능한 양상을 띤다. 어떤 포유동물의 체중이 2배로 늘면, 수명과 성숙하는 데 걸리는 시간 같

놀라운 보편성과 다양성을 보여주는 수많은 스케일링 사례 중 몇 가지를 보자. 그림 9는 그림 1에 나온 동물들의 대사율처럼, 4분의 3제곱의 비율로 질량에 비례하는 개별 곤충과 곤충 군체의 생산률을 나타낸 것이다. 그림 10은 −4분의 1제곱에 비례하는 포유동물의 심장 박동 수이다. 그림 11은 4분의 5제곱에 비례하는 뇌의 백색질과 회색질의 부피이다. 그림 12는 다세포 동물에 대한 고전적인 클라이버 법칙의 4분의 3제곱에 따르는 단세포 생물과 세균의 무게별 대사율을 나타낸 것이다.

그림 9 곤충 군체의 생물량 생산률

정규화한 생물량 생산률(g/일)

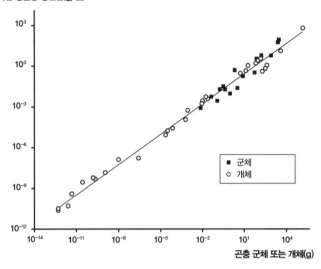

곤충 군체 또는 개체(g)

그림 10 동물들의 심장 박동 수

심장 박동 수(회/분)

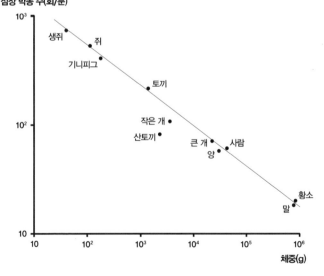

체중(g)

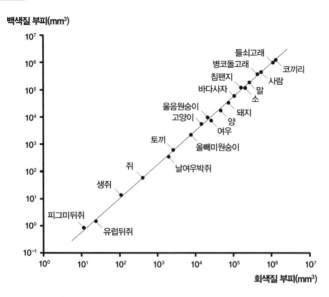

그림 11 뇌의 백색질과 회색질

백색질 부피(mm³)

들쇠고래
병코돌고래
코끼리
침팬지
사람
바다사자
말
소
울음원숭이
돼지
고양이
양
여우
토끼
올빼미원숭이
쥐
날여우박쥐
생쥐
피그미뒤쥐
유럽뒤쥐

회색질 부피(mm³)

그림 12 세균과 세포의 대사율

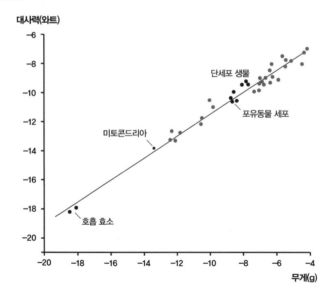

대사력(와트)

단세포 생물
포유동물 세포
미토콘드리아
호흡 효소

무게(g)

은 모든 시간표는 평균 약 25퍼센트 증가하며, 동시에 심장 박동 같은 모든 속도는 동일한 비율로 줄어든다.

고래는 바다에 살고, 코끼리는 긴 코가 있고, 기린은 목이 길고, 우리는 두 다리로 걷고, 겨울잠쥐는 숨어서 쪼르르 돌아다니지만, 이렇게 명백히 달라도 우리 모두는 대체로 서로의 비선형 규모 증감 판본이다. 어떤 포유동물이든 크기를 알려주면, 나는 스케일링 법칙을 써서 그 동물의 측정 가능한 특징들의 평균값에 관해 거의 모든 것을 말해줄 수 있다. 매일 먹이를 얼마나 먹어야 하는지, 심장 박동 수는 얼마인지, 성숙하기까지 얼마나 오래 걸리는지, 대동맥의 길이와 지름은 얼마인지, 수명은 얼마나 될지, 새끼는 몇 마리를 낳을지 등등. 생명의 엄청난 복잡성과 다양성을 생각하면, 놀랍기 그지없는 사실이다.

나는 죽음의 수수께끼 중 일부를 탐구하다가 예기치 않게 생명의 더욱 놀랍고도 흥미로운 수수께끼 몇 가지를 알게 되었다는 사실을 깨달았을 때 무척 흥분했다. 명백히 정량적이고, 수학적으로 표현할 수 있으면서 동시에 물리학자들이 좋아하는 '보편성'이라는 정신을 드러내는 생물학 분야가 바로 여기에 있었다. 게다가 이 '보편' 법칙들은 자연선택의 소박한 해석과 어긋나는 듯이 보였다. 마찬가지로 놀라운 점은 대부분의 생물학자가 그 점을 제대로 이해하지 못한 듯이 보였다는 것이다. 많은 이들이 그런 법칙들을 알고 있음에도 그랬다. 더군다나 그런 법칙들이 어떻게 기원했는가 하는 일반적인 설명이 전혀 없었다. 물리학자가 달려들기를 기다리는 분야가 바로 여기 있었다.

물론 생물학자들이 스케일링 법칙의 진가를 전혀 인정하지 않았다는 뜻은 아니다. 스케일링 법칙은 생태학 분야에서 분명히 계속 존속해왔으며, 1950년대에 생물학에 분자 및 유전체 혁명이 일어나기 전까지, 줄리언 헉슬리, J. B. S. 홀데인Haldane, 다시 톰프슨 같은 여러 저명한 생물학자의 관심을 끌었다.[7] 사실 헉슬리는 몸집에 따라 생물의 생리적·형태적 특징이 어떻게 달라지는지를 기술하기 위해 상대성장allometric이라는 용어를 창안했다. 비록 주로 성장할 때 어떤 일이 일어나는지에 초점을 맞추긴 했지만 말이다. 상대성장은 앞 장에서 다룬 갈릴레오의 동형성장isometric 스케일링 개념, 즉 크기가 커질 때 몸의 형태와 구조가 변하지 않은 채 생물과 관련된 모든 길이가 동일한 비율로 증가한다는 개념의 한 가지 일반화 형태로 도입되었다. 여기서 'iso'는 '같다'는 뜻의 그리스어이며, 'metric'은 '측정한다'는 뜻의 'metrikos'에서 유래했다. 반면에 상대성장은 '다르다'는 뜻의 'allo'에서 나왔고, 몸집이 커짐에 따라 모습과 형태가 달라지고 각 길이 차원의 규모가 서로 다르게 증가하는, 대체로 더 일반적인 상황을 가리킨다. 예를 들어, 나무줄기나 동물 다리의 지름과 길이는 몸집이 증가할 때 서로 다른 규모로 커진다. 지름은 무게의 8분의 3제곱에 따라 커지는 반면, 길이는 4분의 1(즉 8분의 2)제곱에 따라 더 느리게 증가한다. 따라서 나무나 동물의 크기가 커질 때, 나무줄기와 다리는 더 두꺼워지고 굵어진다. 코끼리와 생쥐의 다리를 비교해보라. 이는 힘의 스케일링에 관한 갈릴레오의 원래 논증을 일반화한 사례다. 동형성장이 일어났다면, 지름과 길이는 동일한 방식으로 규모가 커졌을 것이고 줄기와 다리도 모습이 변하지 않았을 것이므로, 몸집이 커질 때 동물이나 나무를 지탱하기가 불안해진다. 코끼리가 생쥐와 똑같이 가느다란 다

스 케 일

리를 갖고 있다면 자체 무게로 무너질 것이다.

헉슬리의 상대성장이라는 용어는 원래 더 좁은 기하학적, 형태적, 발생학적 의미로 쓰였지만, 더 확장되어 내가 말한 유형의 스케일링 법칙들을 기술하는 데도 쓰이게 되었다. 즉, 몸집 증가에 따라 에너지와 자원의 흐름이 어떻게 달라지는지 같은 더 역동적인 현상들까지 포함하게 된 것이다. 대사율 변화가 대표적인 사례다. 이 모든 사례는 현재 흔히 상대성장 스케일링 법칙이라고 불린다.

그 자신도 매우 저명한 생물학자인 줄리언 헉슬리는 유명한 토머스 헉슬리Thomas Huxley의 손자다. 토머스 헉슬리는 찰스 다윈과 그의 자연선택을 통한 진화론을 적극 옹호한 생물학자이면서, 소설가이자 미래학자인 올더스 헉슬리Aldous Huxley의 형제다. 줄리언은 상대성장이라는 용어뿐 아니라, 몹시 유해한 용어인 인종race을 민족 집단ethnic group으로 대체하는 등 생물학에 몇 가지 새로운 용어와 개념을 도입했다.

1980년대에 주류 생물학자들은 상대성장에 관한 수많은 문헌을 요약한 뛰어난 저서를 몇 권 내놓았다.[8] 그들은 생명의 모든 형태와 크기에 걸친 자료들을 모아 분석한 끝에, 4분의 1제곱 스케일링이 생물학에 만연한 특징이라고 만장일치로 결론을 내렸다. 하지만 놀랍게도 이론적 또는 개념적 논의는 거의 없었으며, 왜 그와 같은 체계적인 법칙이 있는가 하는 일반적인 설명도 전혀 없었다. 그런 법칙이 어디에서 나왔는지, 다윈의 자연선택과 어떤 관계가 있는지 등의 언급은 전혀 없었다.

물리학자인 내가 보기에는 이런 '보편적인' 4분의 1제곱 스케일링 법칙이 생명의 동역학, 구조, 조직에 관한 근본적인 무언가를 우리에게 알려주는 듯했다. 그런 법칙들의 존재 자체는 개별 종을 초월하는 근본적인 역동적 과정들이 진화를 제약하고 있음을 강하게 시사했다. 그리하여 생물학의 근본적인 창발적 법칙들로 나아갈 수 있는 창문이 하나 열렸고, 살아 있는 계들의 일반적으로 결이 거친 행동들이 그 핵심 특징을 포착하는 정량화 가능한 법칙들에 따른다는 추측이 따라나왔다.

이런 스케일링 법칙들이 그저 우연의 일치로 나타났다는 것은 불가능해 보이며, 그런 주장은 거의 악의적으로 보인다. 즉, 각각이 독립된 현상, 각자 나름의 독특한 동역학과 조직화를 반영하는 '특수한' 사례, 진화 동역학의 변덕스러운 일련의 사건들의 산물이며, 따라서 심장 박동 수의 스케일링은 대사율이나 나무 키의 스케일링과 무관하다는 주장이 그렇다. 물론 각 개체, 생물 종, 생태계는 나름의 유전적 조성, 개체발생 경로, 환경 조건, 진화 역사의 차이를 반영하기에 저마다 독특하다. 따라서 다른 추가적인 물리적 제약이 없는 상태에서 각각의 생물, 아니 적어도 비슷한 환경에 사는 서로 유연관계가 가까운 각 생물 집단은 구조와 기능 면에서 서로 다른 크기 관련 변이 양상을 드러낼 수도 있다. 그런데 그렇지 않다는—자료들은 거의 다 크기와 다양성의 넓은 범위에 걸쳐 단순한 거듭제곱 법칙에 가깝게 들어맞는다—사실 자체는 몇 가지 매우 도전적인 질문들을 제기한다. 이런 거듭제곱 법칙의 지수가 거의 언제나 4분의 1의 단순한 곱이라는 사실은 더욱 큰 도전거리를 제시한다.

그것의 기저에 있는 메커니즘은 고민할 만한 놀라운 수수께끼처럼 보일 수 있다. 내가 노화와 죽음에 병적인 관심을 갖고 있고, 심지어 수명조차도 4분의 1제곱에 따라 상대성장적 규모 증가를 하는 듯이 보인다는 사실(비록 변이가 심하긴 하지만) 때문에 더욱 그렇다.

5 에너지, 창발 법칙, 생명의 계층 구조

지금까지 강조했듯이, 에너지 없이는 생명의 그 어떤 측면도 기능할 수 없다. 근육 수축을 비롯한 모든 활동이 대사 에너지를 요구하듯이, 뇌에서 제멋대로 떠오르는 모든 생각도, 자고 있을 때의 몸 뒤척거림도, 더 나아가 세포에 든 DNA의 복제도 마찬가지다. 가장 근본적인 생화학적 수준에서 대사 에너지는 세포에 든 호흡 복합체respiratory complex라는 준자율적인 분자 단위들을 통해 생성된다. 대사에서 중심적인 역할을 하는 핵심 분자는 아데노신삼인산adenosine triphosphate(ATP)이라는 좀 다가가기 어려운 이름을 지니고 있다. 대사의 생화학은 세부적으로 보면 극도로 복잡하지만, 본질적으로 ATP의 분해를 수반한다. ATP는 세포 내 환경에서 비교적 불안정하다. ATP(인산이 세 개 들어 있다)는 ADP, 즉 아데노신이인산adenosine diphosphate(인산이 두 개 들어 있다)으로 바뀌면서 인산을 묶어두고 있을 때 저장하고 있던 에너지를 방출한다. 이 인산 결합이 끊어질 때 나오는 에너지가 바로 대사 에너지의 원천이며, 따라서 우리를 살아 있게 해주는 근원이다. 그 반대 과정은 ADP를 다시 ATP로 바꾼다. 우리 같은 포유동물은 산화성 호흡을 거쳐 음식에서 얻은 에너지로 그 일을 하고(그것이 우리가 산소를 호흡해야 하는 이유다), 식물은 광합성을 통해서 한다. ATP가 ADP로 되면서 에너지가 방출되고

ADP가 다시 ATP로 바뀌면서 에너지가 저장되는 이 주기는 전지가 방전되고 충전되는 것과 매우 흡사한 연속 순환 고리를 형성한다. 이 과정이 다음 쪽의 그림에 실려 있다. 불행히도 이 그림들은 삶의 대부분에 연료를 제공하는 이 유별난 메커니즘의 아름다움과 우아함을 제대로 담지 못한다.

이 과정이 중추적인 역할을 한다는 점을 생각하면, ATP가 거의 모든 생명에 통용되는 대사 에너지의 화폐라고 불리곤 하는 것도 놀랍지 않다. 매순간 우리 몸에 들어 있는 ATP의 양은 겨우 약 250그램에 불과하지만, 여기에는 자기 자신에 관해 알아야 할 진정으로 놀라운 사실이 담겨 있다. 매일 우리는 대개 약 2×10^{26}개의 ATP 분자를 만든다. 200조 곱하기 1조에 해당하는 수이며, 무게로는 약 80킬로그램에 달한다. 다시 말해, 매일 우리는 자기 몸무게만큼의 ATP를 만들고 재순환한다! 전체적으로 보면, 이 모든 ATP 분자는 우리가 살고 몸을 움직이는 데 필요한 약 90와트의 에너지를 생성함으로써 우리의 총 대사 수요를 충족한다.

이 미세한 에너지를 만드는 발전기인 호흡 복합체는 미토콘드리아 내부의 주름진 막에 들어 있다. 미토콘드리아는 감자 모양이며, 세포 안에 떠다닌다. 각 미토콘드리아에는 이 호흡 복합체가 약 500~1,000개 들어 있으며 …… 세포의 종류와 에너지 수요에 따라 다르긴 한데, 우리 몸의 세포 하나에는 미토콘드리아가 약 500~1,000개 들어 있다. 근육은 에너지가 더 많이 필요하므로 근육세포에는 미토콘드리아가 빽빽하게 들어 있는 반면, 지방세포에는 미토콘드리아가 더 적다. 따라서 평균적으로 우리 몸의 세포 하나에는 최대 100만 개의 이 작은 발전기들이 미토콘드리아에 흩어

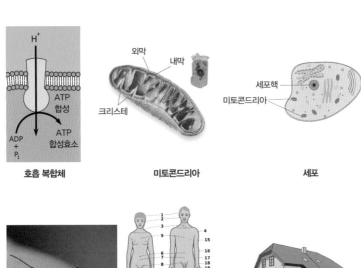

호흡 복합체   미토콘드리아   세포

다세포 생물   집

사회 조직

생명의 에너지 흐름 계층 구조. 에너지를 생산하는 호흡 복합체(왼쪽 위)에서 시작하여 미토콘드리아와 세포(위쪽 가운데와 오른쪽), 다세포 생물과 사회 구조까지 이어진다. 이 관점에서 보면, 도시는 궁극적으로 우리의 호흡 복합체가 생산하는 ATP를 통해 유지되고 가동된다. 이 구조들은 저마다 서로 전혀 달라 보이고, 전혀 다른 공학적 구조를 지니고 있지만, 비슷한 특성을 지닌 공간을 채우는 계층 구조망을 통해 에너지가 배분된다.

져 밤낮으로 일을 한다. 그리하여 우리가 건강하고 튼튼하게 살아가는 데 필요한 천문학적인 수의 ATP를 만들어낸다. ATP의 총량이 생산되는 속도가 대사율의 척도다.

우리 몸은 약 100조(10^{14})개의 세포로 이루어져 있다. 신경과 근육, 보호(피부), 저장(지방) 등 형태나 기능은 아주 다양하지만, 세포들은 모두 동일한 기본 특징을 지닌다. 모두 호흡 복합체들의 계층 구조와 미토콘드리아를 통해 비슷한 방식으로 에너지를 처리한다. 여기서 엄청난 도전 과제가 하나 제기된다. 우리 미토콘드리아에 든 500여 개의 호흡 복합체는 각자 독립된 실체로 행동해서는 안 된다. 미토콘드리아가 효율적으로 기능하고 적절히 질서 있는 방식으로 세포에 에너지를 전달할 수 있도록 통합되고 일관된 방식으로 집단 행동을 해야 한다. 마찬가지로 각 세포에 든 500여 개의 미토콘드리아도 독자적으로 행동하는 것이 아니라, 호흡 복합체처럼 상호작용하면서 통합되고 일관된 방식으로 행동을 해야 한다. 그래야 몸을 이루는 10^{14}개의 세포들이 효율적이고 적절히 기능을 하는 데 필요한 에너지를 공급받을 수 있다. 게다가 생각하고 춤추는 것에서 성관계를 맺고 DNA를 수선하는 일에 이르기까지, 삶을 구성하는 다양한 활동을 모두 할 수 있으려면, 이 100조 개의 세포는 여러 기관 다수의 하위 체계로 조직되어야 하며, 각 기관의 에너지 수요는 요구와 기능에 따라 크게 달라져야 한다. 그리고 이 상호 연결된 다수준의 역동적 구조 전체는 길게는 100년 동안 충분히 튼튼하고 회복력을 지닌 채 계속 기능을 해야 한다!

개별 생물 차원을 넘어서 이 생명의 계층 구조를 일반화하고, 공동체 구조에까지 확장하는 것은 자연스럽다. 앞서 나는 개미들이 집단 협력하여 통합된 상호작용으로부터 생성되는 창발적 규칙들을 따름으로써 놀라운 구조를 갖춘 흥미로운 사회 공동체를 형성한다고 이야기한 바 있다. 꿀벌과 식물 등 다른 많은 생물들도 집단 정체성을 띠는 비슷한 통합 공동체를 형성한다.

이를 보여주는 가장 극단적이면서 놀라운 판본은 바로 우리다. 아주 짧은 기간에 우리는 비교적 소수의 개인으로 이루어진 다소 원시적인 소규모 무리로 살다가 수백만 명이 모여 사는 거대한 도시와 사회 구조를 통해 지구 전체를 지배하는 존재로 진화했다. 생물이 세포, 미토콘드리아, 호흡 복합체 수준에서 작동하는 창발적 법칙들의 통합을 통해 제약을 받는 것과 마찬가지로, 도시도 사회적 상호작용의 토대를 이루는 창발적 동역학으로부터 출현했고, 그것의 제약을 받는다. 그런 법칙들은 '우연한 사건'의 산물이 아니라, 여러 수준의 구조가 통합되어 작동하는 진화 과정들의 산물이다.

생명을 구성하는 이 엄청나게 다면적이고 다차원적인 과정은 질량 면에서 자릿수가 20을 넘는 엄청난 크기 범위에 걸친 무수한 형태들 속에서 표현되고 재현된다. 엄청나게 많은 수의 역동적인 행위자들은 호흡 복합체와 미토콘드리아에서 세포와 다세포 생물, 공동체 구조에 이르기까지 방대한 계층 구조들에 걸쳐 있으면서 그것들을 상호 연결한다. 이 과정이 10억 년 넘게 너무나 튼튼하게, 복원력을 갖고서 지속 가능하게 존속해왔다는 사실은, 이들의 행동을 통제하는 효과적인 법칙들이 틀림없이 모든 규모에서 출현해왔음을 시사한다. 모든 생명을 초월하는 이 창발적 법칙들을 찾아내고 규명하고 이해하는 것이야말로 우리의 크나큰 도전 과제다.

우리가 상대성장 스케일링 법칙을 봐야 하는 것도 이 맥락에서다. 그 법칙들의 체계적인 규칙성과 보편성은 이런 창발적 법칙들과 근본 원리들을 들여다보는 창을 제공한다. 바깥 환경이 변할 때, 이 모든 다양한 계들은 적응성, 진화 가능성, 성장의 계속되는 도전 과제들을 충족시키기 위해 규모 증감을 해야 한다. 일반적이면서 근본적인, 역동적이고 조직적인 동일한 원리들이 다양한 공간적·시간적 규모에서 작동해야 한다. 살아 있는 계의 규모 증감 가능성은 개체 수준과 생명 자체의 비범한 탄력성과 지속 가능성의 토대가 된다.

6 연결망과 4분의 1제곱 상대성장 스케일링의 기원

이 놀라운 스케일링 법칙의 기원이 무엇일지를 고심하기 시작하자, 작동하는 것이 무엇이든 어떤 특정한 유형의 생물이 진화하면서 얻은 개별적인 설계와는 독립되어 있어야 한다는 점이 명확해졌다. 동일한 법칙들이 포유류, 조류, 식물, 어류, 갑각류, 세포 등에서 나타나기 때문이다. 가장 작고 가장 단순한 세균에서 가장 큰 동식물에 이르기까지, 모든 생물은 유지하고 번식하려면 무수한 하위 단위들—분자, 세포소기관, 세포—의 긴밀한 통합에 의존해야 하고, 이 미세한 구성 요소들은 대사 기질基質을 공급하고, 노폐물을 제거하고, 활동을 조절하기 위해 비교적 '민주적이고' 효율적인 방식으로 작동될 필요가 있다.

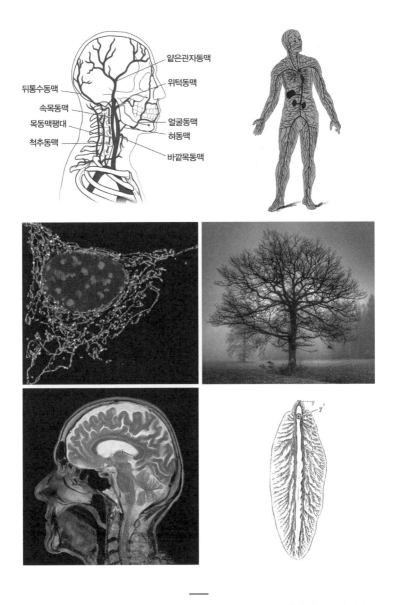

생물학적 연결망의 사례들. 왼쪽 위부터 시계 반대 방향으로 뇌의 순환계, 세포 내의 미세소관과 미토콘드리아 망, 뇌의 백색질과 회색질, 코끼리 몸속에 사는 기생충, 나무, 우리의 심혈관계.

자연선택은 거시적인 저장소들과 미시적인 자리들 사이에 에너지와 물질을 배분하는, 계층적으로 가지를 뻗고 또 뻗는 연결망을 진화시킴으로써 아마도 가장 단순한 방식으로 이 도전 과제를 해결해왔다. 기능적으로 볼 때, 생물학적 계는 이 망들을 통해 에너지, 대사 산물, 정보가 공급되는 속도에 궁극적으로 제약을 받는다. 동물의 순환계, 호흡계, 배설계, 신경계, 식물의 관다발계, 세포내 연결망, 인류 사회에 식량과 물과 전력과 정보를 공급하는 체계가 바로 그런 사례들이다. 사실, 그 점을 생각할 때면, 매끄러운 피부 밑에 있는 그런 망들의 일련의 통합체가 바로 우리 자신임을 깨닫게 된다. 각 망은 모든 규모에 걸쳐서 바쁘게 대사 에너지, 물질, 정보를 전달하고 있다. 앞의 그림은 그중 일부를 나타낸 것이다.

생명이 이런 계층 구조 망의 모든 규모에서 유지되기 때문에, 4분의 1제곱 상대성장 스케일링 법칙의 기원의 열쇠, 따라서 생물학적 계의 일반적인 결이 거친 행동의 열쇠가 이런 망들의 보편적인 물리적·수학적 특성들에 놓여 있다고 추측하는 것이 자연스러웠다. 다시 말해, 진화한 구조들이 다양성—집에 깔린 배관과 비슷한 관들로 이루어진 구조도 있고, 전선 같은 섬유 다발로 이루어진 구조, 단지 확산 경로들로 이루어진 구조도 있다—이 대단히 높다고 해도, 그것들은 모두 동일한 물리적·수학적 원리들에 제약을 받고 있다고 가정할 수 있었다.

7 물리학이 생물학과 만나다: 이론, 모형, 설명의 본질

4분의 1제곱 스케일링의 기원을 설명할 망 기반 이론을 구축하려 애쓰고 있을 때, 놀라운 동시성이 하나 나타났다. 우연한 계기로 제임스 브라운James Brown과 당시 그의 학생이었던 브라이언 엔퀴스트 Brian Enquist를 소개받았는데, 그들도 이 문제를 생각해왔으며, 마찬가지로 망 수송network transportation이 핵심 요소라고 추정하고 있었던 것이다. 제임스는 저명한 생태학자이고(우리가 만났을 때 미국 생태학회 회장이었다), 여러 업적 중에서도 거시생태학macroecology이라는 점점 더 중요성이 커지는 생태학의 하위 분야를 창안하는 데 선구적인 역할을 한 일로 잘 알려져 있다.[9] 이름이 시사하듯이 거시생태학은 대규모, 하향식 체계적 접근법을 통해 생태계를 이해하려는 관점을 취하며, 결이 거친 서술 방식으로 계를 이해한다는 목표를 비롯하여, 복잡성 과학에 담긴 철학과 공통점이 많다. 거시생태학은 '나무가 아니라 숲을 보는' 분야라고 기발하게 일컬어지곤 한다. 지구 환경 문제들에 점점 더 관심이 집중되고 있고, 그 문제들의 기원, 동역학, 완화를 더 깊이 이해할 필요성이 시급한 상황에서, 거시생태학 개념을 통해 표출된 제임스의 전체적인 관점은 점점 더 중요해지고 있으며 널리 받아들여지고 있다.

처음 만났을 때 제임스는 특훈교수가 되어 뉴멕시코대학교로 막 옮겨온 참이었다. 그는 샌타페이연구소Santa Fe Institute(SFI)에서도 일하고 있었는데, 우리가 만난 것은 샌타페이연구소를 통해서였다. 그리하여 제임스, 샌타페이연구소, 브라이언, 더 나아가 그 뒤로 들어오는 뛰어난 박사후과정 연구원들과 학생들, 우리와 공동 연구를 하는 여러 선배 과학자들과의 '아름다운 관계'가 시작되었다. 1995년에 시작된 제임스, 브라이언, 나의 공동연구는 그 뒤로 여러 해에 걸쳐서 대단히 생산적이었으며, 매우 흥분되고 엄청나게 재미있었다. 그럼으로써 내 삶에 확실히 변화가 생겼다. 브라이언과 제임스도 마찬가지였을 것이고, 아마 그런 연구자들이 좀 더 있을 것이라고 감히 말하련다. 하지만 모든 탁월하면서 충족적이고 의미 있는 관계들이 다 그렇듯이, 우리는 이따금 좌절을 겪고 장애물도 만났다.

제임스, 브라이언, 나는 금요일마다 오전 9시 반경에 만나서 오후 3시경까지, 용무 때문에 잠시 휴식을 취할 때를 빼고는 계속 논의를 했다(제임스도 나도 점심을 먹지 않는다). 엄청나게 시간과 노력을 쏟아부은 셈이었다. 우리 둘 다 각자 상당한 규모의 연구진을 이끌고 있었으니까. 제임스는 뉴멕시코대학교에서 대규모 생태학 연구진을 이끌었고, 나는 여전히 로스앨러모스에서 고에너지 물리학 분야를 책임지고 있었다. 정말 고맙게도 대개는 제임스와 브라이언이 앨버커키에서 샌타페이까지 차를 몰고 왔다. 약 한 시간 거리였다. 반면에 내가 앨버커키로 간 것은 몇 달에 한 번 정도였다. 일단 가벼운 이야기를 나누면서 분야들 사이에 있기 마련인 문화적·언어적 장벽들 중 일부를 해소하고 난 뒤, 우리는 '초보적인' 것이든, 사변적인 것이든, '어리석은' 것이든 가리지 않고 모든 질문과 비평을 장려하고 환영하고 존중하면서 긍정적이고 열린 분위기를 조성했다. 크고 작은 온갖 질문에 대한 많은 주장, 추측, 설명, 논쟁, 꽉 막힌 상황이 있었고 이따금 '아하!' 하는 순간이 있었다. 이 모든 일들이 방정식, 손으로 그린 그래프와 그림이 가득한 칠판을 배경으로 진행되었다. 제임스와 브라이언은 인내심을 갖고 생물학 개인 교사 역할을 하면서, 자연선택, 진화, 적응, 적합도, 생리학, 해부학의 개념 세계에 나를 들여놓았다. 모두 내게는 당혹스러울 만치 낯선 것들이었다. 많은 물리학자들이 그렇듯이, 나도 다윈을 뉴턴 및 아인슈타인과 같은 반열에 올려놓는 진지한 과학자들이 있다는 사실을 알고 끔찍해했다. 나는 수학과 정량적 분석을 우선시하는 사고방식을 지녔기에, 그렇게 보는 이들이 있다는 사실을 도저히 믿지 못했다. 하지만 생물학을 진지하게 고찰하게 되자, 다윈의 기념비적 성취를 훨씬 더 인정하게 되었다. 비록 더욱더 기념비적인 성취를 이룬 뉴턴이나 아인슈타인보다 다윈을 어떻게 더 높이 평가할 수 있는지는 여전히 의문이라고 본다는 점은 인정해야 하겠지만 말이다.

나는 복잡한 비선형 수학 방정식과 난해한 물리학 논증을 비교적 단순하고 직관적인 계산과 설명으로 환원하려 노력했다. 결과와 상관없이, 이 과정 전체가 경이로우면서 흡족한 경험이었다. 특히 나는 과학자라는 사실이 너무 좋다는 원초적인 흥분을 불러일으키는 순간을 즐겼다. 개념을 배우고 발전시키고, 중요한 질문이 무엇인지를 파악하고, 이따금 통찰과 해답을 제시할 수 있는 도전의 순간을 말이다. 가장 미시적인 수준에서 자연의 기본 법칙을 규명하기 위해 애쓰는 고에너지 물리학 분야에서는 질문이 무엇인지를 대부분 알고 있고, 고도로 전문적인 계산을 수행함으로써 자신의 명석함을 보여주려는 쪽으로 주로 노력을 쏟는다. 그런데 나는 생물학 분야에서는 일이 대체로 정반대 방향으로 이루어진다는 것을 알아차렸다. 우리가 풀고자 애쓰고 있는 문제가 실제로 어떤 것인지, 우리가 물어야 하는 질문들이 무엇인지, 계산하는 데 필요한 다양한 관련 항목들은 무엇인지를 파악하려고 애쓰면서 몇 달을 보내야 했다. 하지만 일단 그런 일들을 해내고 나면, 관련된 수학적 분석은 비교적 수월했다.

물리학자와 생물학자 사이의 긴밀한 협력을 필요로 하는 것이 분명한, 오랫동안 해결되지 않은 근본 문제를 해결하기 위해 집중적으로 노력했다는 점 외에, 우리가 거둔 성공의 또 한 가지 핵심 요소는 저명한 생물학자들인 제임스와 브라이언이 꽤 물리학자처럼 생각했고, 문제를 규명하려면 근본 원리에 토대를 둔 수학적 틀이 중요함을 이해하고 있었다는 점이다. 그들이 모든 이론과 모형이 정도의 차이가 있긴 하지만 근사적인 것임을 인정하고 있었다는 점도 중요했다. 얼마나 성공을 거두었든, 이론에는 경계와 한계가 있다는 점을 알아차리기 어려울 때가 종종 있다. 그렇다고 해서 이론이 틀렸다는 뜻이 아니라, 적용 가능한 범위가 유한하다는 뜻이다. 뉴턴 법칙의 고전적인 사례가 대표적이다. 원자 규모에서의 아주 짧은 거리나 광속 규모에서의 아주 큰 속도를 살펴보는 것이 가능해진 뒤에야, 뉴턴 법칙에 따른 예측에 심각하게 어긋나는 사례들이 있음이 뚜렷해졌다. 그리고 이런 사례들은 미시 세계를 기술하기 위한 양자역학이라는 혁명적 발견과 광속에 상응하는 극도로 빠른 속도를 기술하는 상대성 이론으로 이어졌다. 뉴턴 법칙은 이두 극단적인 영역 바깥에서는 여전히 적용할 수 있으며, 옳다. 그리고 여기에는 대단히 중요한 점이 하나 있다. 뉴턴 법칙을 변형하여 이런 더 폭넓은 영역까지 확장시키려 하다가 만물이 어떻게 작동하는지에 관한 우리의 철학적·개념적 이해에 심오하면서 근본적인 변화가 일어났다는 것이다. 하이젠베르크의 불확정성 원리로 구현되었듯이, 물질 자체가 근본적으로 확률적인 특성을 지니고, 시간과 공간은 고정되고 절대적인 것이 아니라는 깨달음 같은 혁신적인 개념들은 고전적인 뉴턴 사고방식의 한계를 규명하려는 과정에서 도출되었다.

물리학의 근본 문제들을 이해하려는 쪽에서 이루어진 이런 혁신들이 단지 난해한 학술적 문제라고 생각하지 않도록, 그런 혁신들이 지구에 사는 모든 이의 일상생활에 심오한 영향을 미쳐왔다는 점을 상기시키고 싶다. 양자역학은 물질을 이해하는 이론적 기본 틀이며, 우리가 쓰는 첨단 기기와 장비의 상당수를 출현시키는 데 선구적인 역할을 했다. 특히 레이저의 발명을 자극했는데, 레이저는 여러 분야에 응용되면서 우리 삶을 바꾸어왔다. 바코드 스캐너, 광학 디스크 드라이브, 레이저 프린터, 광섬유 통신, 레이저 수술 등 아주 많다. 마찬가지로, 상대성 이론은 양자역학과 결합되어 원자폭탄과 수소폭탄을 낳았고, 그런 핵폭탄은 국제 정치의 역학 전체를 바꾸었고, 비록 우리가 숨길 때도 있고 알아차리지 못할 때도 있지만 우리의 존재 자체를 위협하는 일종의 상수로서 늘 우리에게 걱정거리를 안겨준다.

정도의 차이는 있지만, 모든 이론과 모형은 불완전하다. 점점 더 넓어지는 영역에 걸쳐서 점점 더 정확해지는 실험과 관찰 자료를 통해 계속해서 검증되고 도전받을 필요가 있으며, 그 결과에 따라서 이론은 수정되거나 확장된다. 이 과정은 과학적 방법의 본질적인 요소다. 실제로 응용 가능성의 경계와 예측력의 한계를 이해하고, 예외, 위배, 실패 사례를 계속하여 조사함으로써 더욱 심오한 질문과 도전 과제가 튀어나오곤 했으며, 그런 자극이 있기에 과학은 발전을 계속하고 새로운 착상, 기법, 개념이 나올 수 있었다.

이론과 모형을 구축할 때 해결해야 할 한 가지 주된 도전 과제는 각 계의 조직화 수준에서의 핵심 동역학을 포착할 중요한 양들을 파악하는 것이다. 태양계를 예로 들면, 행성의 운동을 파악하려 할 때 행성들과 태양의 질량은 분명 대단히 중요하지만, 행성의 색깔(화성의 붉은색, 지구의 군데군데 보이는 파란색, 금성의 흰색 등)은 그 일과 무관하다. 행성의 색깔은 운동을 상세히 계산하는 일과는 관계가 없다. 마찬가지로 우리가 휴대전화로 통신을 할 수 있도록 해주는 인공위성의 상세한 운동을 계산할 때 위성의 색깔은 알 필요가 없다.

하지만 이것이 스케일 의존적 진술이라는 점은 분명하다. 예를 들어 수백만 킬로미터 떨어진 우주에서가 아니라, 지표면에서 겨우 몇 킬로미터 떨어진 아주 가까운 거리에서 지구를 본다면, 지구의 색깔이라고 지각했던 것이 이제는 산과 강에서 사자, 바다, 도시, 숲, 우리에 이르는 모든 것을 포함하는 지표면의 엄청나게 다양한 현상들의 한 표현임이 드러나기 때문이다. 따라서 한 규모에서는 무관했던 것이 다른 규모에서는 주된 요소가 될 수 있다. 어느 수준에서 관찰을 하든 그 수준에서 계의 주된 행동을 결정하는 중요한 변수들을 추출하는 것이 중요한 도전 과제가 된다.

물리학자들은 이 접근법의 첫 단계를 정립하는 데 도움을 줄 개념을 창안했다. 바로 '장난감 모형toy model'이다. 이는 본질적인 구성요소들을 추출하여 복잡한 계를 단순화하는 전략이다. 그러면 계는 소수의 주된 변수들을 통해 표현되고, 주된 행동이 무엇인지를 파악할 수 있다. 기체가 분자로 이루어져 있다는, 19세기에 처음 제안된 개념이 고전적 사례다. 당시는 분자가 단단하고 미세한 당구공처럼 행동하면서 서로 빠르게 움직이고 충돌한다고 보았다. 분자들이 그릇의 표면에 충돌할 때 가해지는 힘이 바로 우리가 압력이라고 부르는 것의 기원이다. 마찬가지로 우리가 온도라고 부르는 것도 분자들의 평균 운동 에너지다.

이 고도로 단순화한 모형은 엄밀하게 따지면 세부적으로는 정확하지 않지만, 압력, 온도, 열 전도도, 점성 같은 기체의 거시적인, 결이 거친 핵심 특징들을 최초로 파악하고 설명했다. 그렇기에 기체뿐 아니라 액체와 물질까지 상당히 상세하고 더 정확히 이해할 수 있는 현대 모형을 개발하는 출발점이 되었고, 이 기본 모형은 다듬어져서 궁극적으로 정교한 양자역학에 통합되었다. 현대 물리학의 발전에 선구적인 역할을 한 이 단순화한 장난감 모형은 '기체의 운동 이론'이라고 불리며, 역사상 가장 위대한 물리학자 중 두 명이 서로 독자적으로 처음 제시했다. 전기와 자기를 전자기로 통합하여 전자기파를 예측함으로써 세계를 혁신시킨 제임스 클라크 맥스웰James Clerk Maxwell과 통계물리학을 도입하고 엔트로피를 미시적으로 이해할 수 있게 해준 루트비히 볼츠만Ludwig Boltzmann이다.

장난감 모형이라는 착상과 연관된 한 가지 개념은 이론의 '0차zeroth order' 근사라는 것이다. 정확한 결과에 어느 정도 가까운 근삿값을 얻으려면 가정들도 마찬가지로 단순화하라는 것이다. 대개는 "2013년 시카고 대도시권 인구의 0차 추정값은 1,000만 명이다"라는 식으로 정량적인 맥락에서 쓰인다. 시카고를 좀 더 알고 나면, 950만 명이라는 인구의 '1차' 추정값이라고 할 수 있는 것을 내놓을 수 있다. 더 정확하면서 실제 인구수에 더 가까운 추정값이다(인구조사 자료에 따르면 정확한 인구는 9,537,289명이다). 더 상세히 조사를 하고 나면, 더 나은 추정값인 954만 명이 나올 것이라고 상상할 수도 있다. 이를 '2차' 추정값이라고 할 수 있을 것이다. 이제 당신은 감을 잡는다. 순서대로 이어지는 각 '차수'가 더 정확한 근삿값, 즉 더 상세한 조사와 분석을 토대로 정확한 값에 수렴하는 더 나은 해상도를 나타낸다고 말이다. 그래서 앞으로 나는 '결이 거친'과 '0차'라는 용어를 같은 의미로 쓸 것이다.

이것이 바로 제임스, 브라이언, 내가 공동 연구를 시작했을 때 탐구하고 있던 철학적 기본 틀이었다. 생물의 핵심 특징들을 포착하는 일반적인 근본 원리들을 토대로 수많은 4분의 1제곱 상대성장 스케일링 관계들을 이해할, 결이 거친 0차 이론을 먼저 구축할 수 있지 않을까? 그런 다음 그것을 출발점으로 삼아서, 실제 생물학적 계의 주된 행동을 이해할 정량적으로 더 다듬어진 예측, 더 차수가 높은 수정판을 내놓을 수 있지 않을까?

나중에 나는 주류 생물학자들과 비교했을 때, 이 접근법을 인정하던 제임스와 브라이언이 규칙이라기보다는 예외 사례에 속한다는 점을 알아차렸다. DNA의 구조를 규명하는 데 기여한 대표적인 사례를 비롯하여, 물리학과 물리학자가 생물학에 몇 가지 선구적인 기여를 했음에도, 많은 생물학자는 전반적으로 이론과 수학적 추론에 전반적으로 의구심을 보이고 그 가치를 제대로 인정하지 않는 듯하다.

물리학은 이론의 발전과 그 이론이 내놓은 예측 및 이론에 함축된 의미에 집중한 실험을 통한 검증 사이의 지속적 상호작용으로 엄청난 혜택을 보아왔다. 최근 제네바의 CERN에서 LHC를 통해 힉스 입자를 발견한 것이 좋은 사례다. 이 입자는 몇몇 이론물리학자들이 오래전에 물리학의 기본 법칙을 이해하는 데 필수적이면서 핵심적인 구성 요소라고 예측한 바 있었지만, 검증할 장치가 개발되고 대규모 실험 연구진이 꾸려짐으로써 마침내 찾아내는 데 성공하기까지 거의 50년이 걸렸다. 물리학자들은 '오로지' 이론만을 연구하는 '이론가'가 있다는 개념을 당연하게 받아들이지만, 생물학자들은 대부분 그렇지 않다. '진짜' 생물학자라면 장비, 조수, 연구원과 함께 '실험실'이나 야외 조사지에서 직접 자료를 관찰하고 측정하고 분석해야 한다고 본다. 상당수 물리학자가 물리학을 하는 식으로 펜과 종이, 컴퓨터만 갖고 생물학을 한다는 것은 그들에게는 좀 어설프게 보이는지라, 그냥 아예 무시한다. 물론 생명의학, 유전학, 진화생물학처럼 그렇지 않은 중요한 생물학 분야들도 있긴 하다. 나는 빅데이터와 컴퓨터를 이용한 집중적인 계산이 점점 모든 과학 분야에 침투하고 뇌와 의식, 환경의 지속 가능성, 암을 이해하는 일 같은 커다란 문제들 중 일부를 적극적으로 공략함에 따라, 이런 상황이 바뀔 것이라고 추측한다. 하지만 나는 유전암호 연구로 노벨상을 받은 저명한 생물학자인 시드니 브레너_{Sydney Brenner}의 도발적인 말에 동의한다. "기술은 모든 규모에서 생물을 분석할 도구를 주지만, 지금 우리는 자료의 바다에 익사하는 중이며, 자료를 이해할 어떤 이론 틀을 간절히 원하고 있다. …… 우리는 나머지를 예측할 수 있도록 자신이 연구하는 대상들의 본질에 대한 이론과 확고한 이해가 필요하다." 그런데 그의 글은 "생물학 연구가 위기에 처해 있다"라는 놀라운 선언으로 시작한다.[10]

많은 이들은 생물학과 물리학 사이의 문화적 분열을 알아본다.[11] 그렇긴 해도, 우리는 두 분야가 더욱 긴밀하게 통합되면서 생물물리학biological physics과 시스템생물학system biology 같은 새로운 학제간 하위 분야들을 낳는 대단히 흥분되는 시기를 목격하고 있다. 마치 톰프슨의 과제가 다시 부활하는 듯하다. "몸의 구조를 기술하는 데 수학이 얼마나 필요하고, 설명하는 데 물리학이 얼마나 필요할지 어느 누구도 예측할 수 없다. 모든 에너지 법칙, 물질의 모든 특성, 모든 …… 화학이 영혼을 이해하는 데 아무런 쓸모가 없듯이 몸을 설명하는 일에도 무력할 수 있다. 하지만 나는 그렇게 생각하지 않는다." 많은 이들이 이 말의 기조에 동의할 것이다. 비록 그의 고고한 목표를 성취하려면 새로운 도구와 개념, 더욱 긴밀한 공동 노력이 필요하겠지만 말이다. 나는 제임스, 브라이언, 나, 그리고 우리의 모든 동료, 박사후과정 연구원, 학생 사이의 경이로울 만치 즐거운 공동 연구가 이 전망에 미약하게나마 기여했다고 생각하고 싶다.

8 연결망 원리와 상대성장 스케일링의 기원

생물학과 물리학의 문화가 맺는 관계를 이야기하기 전에, 나는 생물학에서 스케일링 법칙이 기계론적으로 동물의 세포와 미토콘드리아 등 생물에 퍼져 있는 미시적인 국소 자리들로 에너지, 물질, 정보를 배분하는 여러 망들의 보편적인 수학적, 역동적, 조직적 특성에서 기원한다고 주장했다. 또 생물학적 망들의 구조가 너무나 다양하여 스케일링 법칙의 통일성과 극명하게 대비되기 때문에, 그런 망들의 일반적인 특성이 개별적으로 진화한 설계들로부터 독립되어 있을 것이 틀림없다고도 주장했다. 다시 말해, 포유동물의 순환계에서처럼 관으로 이루어져 있든, 나무를 비롯한 식물에서처럼 섬유로 이루어져 있든, 세포에서처럼 확산 경로로 구성되어 있든 그 것들을 초월하는 공통적인 망 특성 집합이 있어야 한다고 보았다.

엄청나게 다양한 개별 생물학적 망들을 초월하는 핵심 특징들을 추출하고 망의 일반 원리 집합을 정립하는 일은, 해결하는 데 여러 해가 걸리는 크나큰 도전 과제임이 드러났다. 미지의 영역으로 나아가서 문제를 바라보는 새로운 개념과 방식을 개발하려고 애쓸 때 종종 알아차리게 되듯이, 일단 발견이 이루어지거나 돌파구가 만들어지고 나면 최종 결과물은 너무나 명백해 보인다. 그런 결과물이 나오기까지 그토록 오랜 시간이 걸렸다는 사실을 믿기가 어려워지고, 왜 단 며칠 만에 해낼 수 없었을까, 하는 의문이 든다. 좌절과 비효율, 진퇴양난, 이따금 찾아오는 '유레카'의 순간은 모두 창의적인 과정에 필수적인 부분이다. 어떤 자연스러운 잉태 기간이 있는 듯하며, 그것은 창의적 과정의 변하지 않는 본질적 특징이다. 하지만 일단 문제에 초점을 맞추고 해결을 하면, 극도의 흡족함과 흥분이 밀려든다.

우리가 함께 상대성장 스케일링 법칙의 기원에 대한 설명을 이끌어냈을 때 바로 그런 경험을 했다. 흥분이 가라앉은 뒤, 우리는 자연선택 과정의 결과로 나오리라고 추정한 다음과 같은 세 가지 일반적인 망 특성을 제시했고, 그것들을 수학의 언어로 번역하면 4분의 1제곱 스케일링 법칙이 나온다. 그것들을 생각할 때면, 도시, 경제, 기업, 주식회사에도 비슷한 법칙이 있을 가능성을 떠올려보는 것도 유용할 수 있다. 그 문제는 뒤의 장들에서 좀 더 자세히 다루기로 하자.

I. 공간 채움

공간 채움space filling 개념의 배후에 놓인 착상은 단순하면서 직관적이다. 간단히 말하자면, 153쪽 그림의 망들이 보여주듯이, 망이 자신이 봉사하고 있는 계의 전체로 촉수를 뻗어야 한다는 것이다. 더 구체적으로 말하면 이렇다. 망의 기하학과 위상학이 어떻든 간에, 망은 그 생물이나 하위 체계의 생물학적 활동을 하는 모든 국소적인 기본 단위들에 봉사해야 한다는 것이다. 친숙한 사례를 하나 들면 명확히 와닿을 것이다. 우리 순환계는 고전적인 형태의 계층 구조를 이루면서 갈라져 나가는 망이다. 심장이 뿜어내는 피는 대동맥에서 시작하여 체계적으로 크기가 줄어드는 혈관들을 지나는 망의 여러 수준을 거쳐서 가장 작은 모세혈관에 다다랐다가, 정맥 망 체계를 통해서 심장으로 되돌아온다. 공간 채움은 단순히 이 망의 말단 단위, 즉 마지막 가지인 모세혈관이 우리 몸의 모든 세포에 봉사해야 한다는 것이다. 세포 하나하나에 피와 산소를 충분히 효율적으로 공급할 수 있어야 한다. 실제로는 그저 충분한 양의 산소가 확산되어 혈관 벽을 빠져나가서 세포의 막을 지나 들어갈 수 있도록 모세혈관이 세포에 충분히 가까이 놓여 있기만 하면 된다.

매우 유사하게도, 도시의 기반시설망 중 상당수도 공간 채움이다. 예를 들어, 가스, 수도, 전기 같은 공익 시설 망의 말단 단위나 종말점은 도시를 구성하는 다양한 모든 건물에 자원을 공급해야 한다. 집을 거리의 상수도관과 연결하는 관과 간선과 연결하는 전깃줄은 모세혈관에 해당하며, 집은 세포에 해당한다. 마찬가지로 한 기업의 직원들도 모두 각자 CEO 및 경영진과 연결하는 다수의 망을 통해 자원(예를 들면, 임금)과 정보를 공급받아야 하는 말단 단위로 볼 수 있다.

II. 말단 단위의 불변성

단순히 말하자면, 이는 방금 다룬 순환계의 모세혈관 같은 해당 망 설계의 말단 단위가 생물의 크기에 상관없이 거의 같은 크기와 특징을 지닌다는 뜻이다. 말단 단위는 에너지와 자원이 교환되는 운반과 전달의 지점이므로 망의 핵심 요소다. 세포 내의 미토콘드리아, 몸 속 세포, 나무를 비롯한 식물의 잎자루(마지막 가지)도 그렇다. 신생아가 성인으로 자라거나 다양한 크기의 신종이 진화할 때, 말단 단위는 재발명되는 것이 아니며, 모습이 상당히 바뀌거나 크기가 달라지는 일도 없다. 예를 들어, 포유동물은 몸집의 범위와 다양성이 엄청나지만, 사람의 아이든 성인이든 생쥐든 코끼리든 고래든, 모세혈관은 모두 본질적으로 동일하다.

말단 단위의 이 불변성은 자연선택의 경제성이라는 맥락에서 이해할 수 있다. 모세혈관, 미토콘드리아, 세포 등등은 신종이 생길 때 구성되는 망, 따라서 그 종에 맞추어서 규모가 재편되는 망의 '기성품' 기본 구성 단위 역할을 한다. 또 강綱이라는 분류학적 범주를 특징짓는 독특한 설계에 따라 구성된 망의 말단 단위들은 동일한 불변 특성을 지니고 있다. 예를 들어, 모든 포유동물의 모세혈관은 동일하다. 코끼리, 인간, 생쥐 등 같은 강 내의 서로 다른 종들은 더 크거나 더 작다는 점에서 구별되긴 하지만 서로 밀접한 관계에 있는 망 구성을 지닌다. 이 관점에서 보면, 분류 집단 사이의 차이, 즉 포유류, 식물, 어류 사이의 차이는 상응하는 다양한 망들의 말단 단위의 서로 다른 특성에 따라 정해진다. 따라서 모든 포유동물은 비슷한 모세혈관과 미토콘드리아를 지니고, 모든 어류도 마찬가지지만, 포유동물의 것들은 어류의 것들과 크기 및 전반적인 특징이 다르다.

이와 비슷하게, 전기 콘센트와 수도꼭지처럼 도시의 건물들에 전기나 물을 공급하고 유지하는 망들의 말단 단위도 거의 불변이다. 예를 들어, 집의 전기 콘센트는 세계 모든 곳에서 거의 모든 건물에 있는 것과 본질적으로 동일하다. 건물이 얼마나 크든 작든 간에 말이다. 세부 디자인에 따라 미미한 차이가 나타날지 몰라도, 모두 크기가 거의 같다. 뉴욕시의 엠파이어스테이트빌딩을 비롯하여 두바이, 상하이, 상파울루에 있는 많은 비슷한 건물이 평범한 집보다 50배 이상 크다고 할지라도, 전기 콘센트와 수도꼭지는 모두 집에 있는 것과 매우 비슷하다. 콘센트 크기가 건물의 높이에 따라 동형성장 방식으로 소박하게 규모가 커진다면, 엠파이어스테이트빌딩의 전형적인 전기 콘센트는 보통 집에 있는 것보다 50배 이상 더 커야 할 것이다. 즉 몇 센티미터가 아니라 높이 3미터에 폭 1미터를 넘어야 한다는 뜻이다. 그리고 생물에서처럼, 수도꼭지와 전기 콘센트 같은 기본 말단 단위는 새 건물이 어디에서 얼마나 크게 지어지든 간에, 설계할 때마다 재발명되는 것이 아니다.

III. 최적화

마지막 특성은 지속적인 다수의 되먹임 및 미세 조정 메커니즘이 자연선택의 진행 과정에 내재해 있고, 그것들이 엄청난 기간에 걸쳐 펼쳐지면서 망 수행 성능의 '최적화'를 낳았다고 말한다. 예를 들어, 우리를 포함하여 모든 포유동물의 심장이 순환계로 피를 내

보내는 데 사용하는 에너지는 평균적으로 최소로 든다. 즉, 심장의 설계와 다양한 망 제약 조건들 아래서 가능한 최소 수준이다. 이 말을 좀 다르게 표현해보자. 진화할 수 있었을, 그리고 불변 말단 단위들로 공간을 채우는 순환계의 구조와 동역학의 무한히 많은 가능성들 가운데, 실제로 진화하여 모든 포유동물에 공유되는 것들은 심장 출력을 최소화한 것들이다. 망은 짝짓기, 번식, 육아에 쓰일 에너지의 양을 최대화하기 위해, 평균적인 개체의 생명을 유지하고 삶의 세속적인 과제들을 수행하는 데 필요한 에너지를 최소화하도록 진화해왔다. 이 번식 최대화는 다윈 적합도라고 일컬어지는 것의 한 표현이다. 적합도는 평균적인 개인이 다음 세대의 유전자풀gene pool에 유전적으로 기여하는 정도를 가리킨다.

여기서 혹시 도시와 기업의 동역학과 구조도, 유사한 최적화 원리들의 결과가 아닐까 하는 의문이 자연스럽게 떠오른다. 실제로 그렇다면, 무엇이 그 여러 망 체계들을 최적화하는 것일까? 도시는 사회적 상호작용을 최대화하도록 조직되어 있을까, 최소 이동 시간을 위해 교통을 최적화하도록 조직되었을까, 아니면 궁극적으로 자신의 자산, 이익, 부를 최대화하려는 개인과 기업의 야심에 이끌리는 것일까? 이런 문제들은 8, 9, 10장에서 자세히 다룰 것이다.

최적화 원리는 뉴턴의 법칙이든 맥스웰의 전자기 이론이든 양자역학이든 아인슈타인의 상대성 이론이든 소립자의 대통일 이론이든, 자연의 모든 근본 법칙의 핵심에 놓여 있다. 이 원리는 지금은 일반적인 수학 틀 형태로 제시되고 있는데, 작용action이라는 양을 최소화한다는 개념이다. 작용은 에너지와 느슨하게 관련이 있다. 모든 물리학 법칙은 최소 작용 원리principle of least action로부터 유도할 수 있다. 간략하게 말하자면, 이 원리는 계가 지닐 수 있거나 조만간 진화하면서 따를 수 있는 가능한 모든 구성들 중에서, 작용을 최소화하는 것이 물리적으로 구현된다고 말한다. 따라서 빅뱅 이래로 우주 진화의 동역학, 구조, 시간, 블랙홀과 당신의 휴대전화로 메시지를 전달하는 인공위성에서 그 휴대전화와 메시지 자체, 전자와 광자와 힉스 입자에 이르는 모든 것, 그 밖의 물리적인 대부분의 것은 그런 최적화 원리를 통해 정해진다. 그렇다면 생명이라고 그렇지 않을 이유가 어디에 있겠는가?

이 질문을 통해서 우리는 단순성과 복잡성의 차이에 관한 더 이전의 논의로 돌아간다. 거의 모든 물리학 법칙이 단순성을 띠고 있다는 사실을 떠올릴지도 모르겠다. 주된 이유는 그 법칙들이 뉴턴 법칙, 맥스웰 방정식, 아인슈타인 상대성 이론 같은 단 몇 개의 압축된 수학 방정식으로 경제적인 방식으로 표현될 수 있고, 이 모든 방정식들은 최소 작용 원리로부터 우아하게 유도되고 정립될 수 있기 때문이다. 이 발견은 과학이 이룬 최고의 성취 중 하나이며, 우리 주변 세계의 이해와 현대 기술 사회의 놀라운 발전에 엄청난 기여를 해왔다. 생물이든 도시든 기업이든 간에 복잡 적응계의 결이 거친 동역학과 구조도 그런 원리를 통해 비슷하게 정립하고 유도할 수 있다고 생각할 수 있지 않을까?

위에 열거한 이 세 특성이 결이 거친 평균적인 의미에서 이해한 것임을 유념할 필요가 있다. 설명해보자. 당신은 한 분류군의 모든 종들에도 그렇고, 개인의 몸에 있는 약 1조 개의 모세혈관 사이에도 변이가 분명히 있을 것이며, 따라서 엄밀히 말하면 모세혈관이 불변일 리가 없다고 생각할 수도 있다. 그러나 이 변이는 상대적인 규모 의존적 관점에서 봐야 한다. 한마디로 모세혈관 사이의 변이는 몸집 변이의 크기 자릿수 범위에 비해 극도로 작다는 것이다. 예를 들어, 설령 포유류 모세혈관의 길이가 2배까지 차이가 난다고 할지라도, 1억 배에 걸친 체중의 변이에 비하면 미미하다. 마찬가지로 잎으로 향하는 나무의 마지막 가지인 잎자루, 심지어 잎 자체의 크기는 나무가 작은 묘목에서 높이 30미터가 넘는 성숙한 개체로 자랄 때까지도 비교적 변이가 거의 생기지 않는다. 이 말은 나무 종들 사이에도 들어맞는다. 나무의 키와 무게의 변이 범위는 엄청나지만, 잎 크기의 변이 범위는 상대적으로 좁다. 다른 나무보다 20배 더 큰 나무라고 해서 그 잎의 지름이 20배 더 크지는 않다. 따라서 한 설계 내의 말단 단위들 사이의 변이는 비교적 사소한 부수 효과다. 다른 두 특성들에서 나타날 법한 변이들에도 같은 말이 적용된다. 망은 정확하게 공간을 채우거나 정확하게 최적화해 있지 않을 수도 있다. 이런 일탈과 변이 때문에 생기는 차이가 바로 앞서 논의한 근삿값의 '더 높은 차수' 효과를 낳는 원인이다.

이 특성들은 생물학적 망의 구조, 조직화, 동역학의 0차 근삿값, 즉 결이 거친 이론의 토대이며, 그 덕에 주어진 크기의 평균적이고 이상적인 생물이라고 내가 말하는 것의 핵심 특징 중 상당수를 계산할 수 있다. 이 전략을 수행하여 대사율, 성장률, 나무의 키, 세포에 있는 미토콘드리아의 수 같은 양을 계산하려면, 이 특성들을 수학적인 형태로 번역해야 한다. 그리고 그 수학 이론의 결과, 파급 효과, 예측을 파악하고, 자료와 관찰을 통해 검증하는 것이 우리의 목표가 된다. 수학적 세부 사항들은 조사하는 망이 어떤 종류의 것인지에 따라 달라진다. 앞서 논의했듯이, 우리 순환계는 뛰는 심장을 통해 추진되는 관들의 망인 반면, 풀과 나무는 고동치지 않고 꾸준히 이어지는 정역학적 압력을 통해 추진되는 가느다란 섬유 다발들의 망이다. 이 이론은 이렇게 전혀 다른 물리적 설계를 따르고 있음에도 양쪽 망이 동일한 세 특성의 제약을 받고 있다는 개념을 토대로 삼는다. 즉, 둘 다 공간을 채우고 있으며, 불변 말단 단위를 지니며, 계를 통해 유체를 보내는 데 필요한 에너지를 최소화한다.

우리는 이런 전제 아래서 생물들을 연구한다는 전략을 수립했지만, 실제 연구는 개념적으로도 기술적으로도 힘겨운 일임이 드러났다. 세부 사항들을 모두 파악하기까지 거의 1년이 걸렸다. 하지만 마침내 우리는 대사율의 클라이버 법칙과 일반적인 4분의 1제곱 스케일링 법칙이 최적화한 공간 채움 분지分枝 망의 동역학과 기하학에서 유래한다는 것을 보여줄 수 있었다. 아마 가장 흡족한 부분은 4라는 마법의 수가 어디에서 어떻게 유래하는지를 보여주었다는 점일 것이다.[12]

다음 절들에서는 이 연구에 쓰인 모든 수학적인 내용을 평이한 언어로 풀어씀으로써, 우리 몸이 작동하는 몇 가지 놀라운 방식과 우리가 모든 생물뿐 아니라 주변의 자연계 전체와 맺고 있는 긴밀한 관계들을 보여주고자 한다. 독자도 나처럼 이 짜릿한 깨달음에 푹 빠져들기를 바란다. 우리는 이 기본 틀을 확장하여 숲, 수면, 진화 속도, 노화와 죽음 같은 온갖 문제들도 마찬가지로 흡족하게 규명했으며, 그중 일부는 다음 장에서 다룰 것이다.

9 포유류, 식물, 나무의 대사율과 순환계

앞서 설명했듯이, 산소는 우리를 살아 있게 하는 대사 에너지의 기본 화폐인 ATP 분자를 지속적으로 공급하는 데 대단히 중요한 역할을 한다. 그래서 우리는 계속 호흡을 해야 한다. 들이마신 산소는 우리 허파의 표면 막을 통과해 들어오며, 허파에는 모세혈관이 가득하다. 모세혈관에서 산소는 피에 흡수되어 심혈관계를 통해 세포로 전달된다. 산소 분자는 적혈구에 든 철분이 풍부한 헤모글로빈에 결합한다. 적혈구는 산소의 운반자 역할을 한다. 철이 공기 중에서 산화하여 녹이 슬면 붉게 변하는 것과 거의 비슷한 방식으로, 적혈구 내에서도 산화 과정이 일어나기 때문에 우리 피는 붉은색을 띤다. 피는 세포로 산소를 전달하고 나면, 붉은색을 잃고서 푸르스름하게 변한다. 심장과 허파로 피를 돌려보내는 혈관인 정맥이 푸른색을 띠는 이유이다.

따라서 산소가 세포로 전달되는 속도와 피가 순환계를 따라 도는 속도는 우리 대사율의 척도다. 마찬가지로 우리가 입으로 산소를 들이마셔서 호흡계로 들여보내는 속도도 대사율의 한 척도다. 이 두 체계는 긴밀하게 결부되어 있어서 혈류 속도, 호흡률, 대사율은 서로 단순한 선형 관계로 이어져 있고, 그 관계에 비례하여 증감한다. 따라서 심장 박동 수는 포유동물의 크기에 상관없이, 들숨 횟수의 약 4배다. 산소 운반 체계들의 이 긴밀한 결합 때문에 심혈관 망과 호흡 망의 특성들이 대사율을 결정하고 제약하는 데 그토록 중요한 역할을 하는 것이다.

순환계의 혈관 구조로 피를 보내기 위해 에너지를 사용하는 속도를 심장 박출량cardiac power output이라고 한다. 이 에너지 소비량은 심장을 벗어나서 처음 만나는 동맥인 대동맥을 지나서 다수준의 망을 통해 세포를 먹여 살리는 작은 모세혈관에 이르기까지 점점 더 좁아지는 혈관을 따라 피가 나아갈 때 생기는 점성 항력, 즉 마찰을 극복하기 위해 쓰인다. 사람의 대동맥은 길이가 약 45센티미터에 지름이 약 2.5센티미터인 원통이고, 모세혈관은 사람의 머리카락보다 좀 더 가늘어서 지름이 약 5마이크로미터에 불과하다.[13] 대왕고래의 대동맥은 지름이 30센티미터에 달하지만, 모세혈관의 지름은 당신이나 나의 것과 거의 같다. 이는 이런 망들의 말단 단위가 불변임을 말해주는 명백한 사례다.

폭이 넓은 관보다 좁은 관으로 액체를 밀어 넣기란 훨씬 더 힘들며, 그래서 심장이 쓰는 에너지는 거의 다 망의 끝에 있는 가장 작은 혈관으로 피를 밀어 넣는 데 쓰인다. 주스를 약 100억 개의 미세한 구멍이 나 있는 체에 밀어서 통과시키는 것과 비슷하다. 반면에 동맥으로, 아니 사실상 망에서 좀 더 큰 다른 모든 혈관들로 피를 보내는 데는 비교적 에너지가 거의 쓰이지 않는다. 피의 대부분이 그런 혈관들에 들어 있음에도 말이다.

우리 이론의 기본 가정들 중 하나는 망 구성이 심장 박출량, 즉 혈관계로 피를 뿜어내는 데 필요한 에너지를 최소화하는 쪽으로 진화했다는 것이다. 우리 심장처럼 고동치는 펌프를 통해 흐름이 추진되는 임의의 망에서는 에너지 손실을 일으킬 수 있는 요인이 하나 더 있다. 이 요인은 모세혈관과 작은 혈관을 통해 피가 흐를 때의 점성 항력과 관련이 있다. 성능 최적화에서 비롯된 우리 심혈관계 설계의 아름다움을 멋지게 보여주는, 고동친다는 특성에서 비롯되는 미묘한 효과다.

심장을 벗어난 혈액은 심장 박동으로 생성되는 파동 운동에 따라 대동맥을 통해 흘러간다. 이 파동의 빈도는 심장 박동 수에 동조하며, 심장은 1분에 약 60번 뛴다. 대동맥은 두 갈래로 갈라지는데, 피가 이 첫 분지점에 도달하면 양쪽으로 갈라져서 흘러든다. 양쪽에서 다 파동 운동을 일으키면서. 파동의 한 가지 일반적인 특징은 장벽을 만나면 반사를 일으킨다는 것이다. 거울은 이 장벽의 가장 확실한 사례다. 빛은 전자기파의 일종이며, 따라서 당신이 이 거울에서 보는 상은 당신의 몸에서 나온 광파가 거울 표면에 부딪혀 반사된 것에 불과하다. 장벽에 부딪혀서 반사되는 물결이나 단단한 표면에 부딪혀 반사되는 음파인 메아리도 친숙한 사례들이다.

이와 비슷하게, 대동맥을 따라 나아가는 혈액의 파동도 분지점을 만나면 일부가 반사되고, 나머지는 갈라진 동맥들을 따라 흘러간다. 이 반사는 매우 안 좋은 결과를 일으킬 수 있다. 심장이 사실상 자신을 향해 펌프질을 하고 있다는 뜻이기 때문이다. 게다가 혈액이 혈관의 계층 구조를 따라 흘러갈 때 이 효과는 엄청나게 증폭된다. 혈액이 망의 각 분지점에 다다를 때마다 동일한 현상이 일어나기 때문이다. 따라서 심장은 이 다수의 반사를 극복하기 위해 엄청나게 많은 에너지를 써야 하는 상황이 빚어진다. 그렇게 되면, 심장에 엄청난 부담을 주고 엄청난 에너지가 낭비되는 극도로 비효율적인 설계가 될 것이다.

이런 문제가 생기는 것을 피하고, 우리 심장이 해야 할 일을 최소화하기 위해, 우리 순환계의 기하학은 망 전체에 퍼져 있는 그 어떤 분지점에서도 반사가 결코 일어나지 않게끔 진화해왔다. 이 일을 해내는 방식의 수학과 물리학은 좀 복잡하지만, 결과는 단순하면서 우아하다. 그 이론의 예측에 따르면 분지점에서 갈라지는 딸혈관들의 단면적의 합이 분지점으로 들어오는 모혈관의 단면적과 동일하다면, 그런 반사가 전혀 일어나지 않는다.

두 딸혈관이 똑같아서 단면적이 동일한 단순한 사례를 생각해보자(실제 혈관계도 거의 그렇다). 모혈관의 단면적이 2제곱센티미터라고 하자. 반사가 전혀 없도록 하려면, 각 딸혈관의 단면적은 1제곱센티미터가 되어야 한다. 혈관의 단면적은 지름의 제곱에 비례하므로, 이 결과를 다른 식으로 표현하면 모혈관의 지름 제곱이 각 딸혈관의 지름 제곱의 단 2배여야 한다는 말이 된다. 따라서 혈액이 망을 따라 흘러갈 때 반사로 생기는 에너지 손실이 전혀 없도록 하려면, 혈관들의 지름이 순차적으로 일정하게 자기 유사적인 방식으로 줄어들어야 한다. 분지가 일어날 때마다 2의 제곱근($\sqrt{2}$)이라는 상수 인자에 맞추어서 줄어들어야 한다.

이 이른바 면적보존분지area-preserving branching는 실제로 우리 순환계가 구성되는 방식이며, 많은 포유동물을 상세히 측정함으로써 확인되어왔다. 그리고 많은 식물과 나무에서도 그렇다는 것이 드러났다. 식물과 나무에 고동치는 심장이 없다는 점을 고려할 때, 언뜻 이 점이 매우 놀랍게 여겨질 듯도 하다. 식물의 관다발을 통한 흐름은 꾸준하며 고동치지 않지만, 관다발은 고동치는 순환계와 동일하게 규모가 증가한다. 나무를 줄기에서 시작하여 가지를 따라 순차적으로 나뉘어서 뻗어가는 촘촘하게 묶인 섬유 다발이라고 생각한다면, 이 계층 구조 전체에 걸쳐 단면적이 보존된다는 것을 명확히 알 수 있다. 이 섬유 다발 구조를 포유동물의 혈관 구조와 비교한

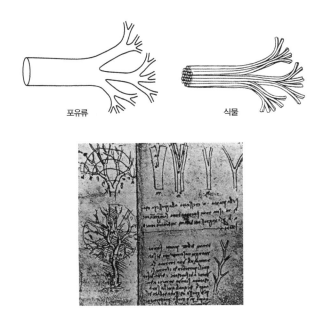

위 왼쪽 포유동물의 계층적 분지 혈관 구조. 위 오른쪽 식물의 관다발 구조. 분지 구조를 형성하는 식물 섬유들의 순차적인 '다발 나누기'. 양쪽 모두 망 전체에서 각 분지 수준에 있는 가지들의 단면적 총합은 동일하다. 아래 나뭇가지들의 단면적 보존 양상을 이해했음을 보여주는 다빈치의 공책.

위 그림에 자세히 나와 있다. 면적보존분지의 한 가지 흥미로운 결과는 나무줄기의 단면적이 그 망의 끝에 있는 모든 작은 가지들(잎자루)의 단면적 총합과 같다는 것이다. 놀랍게도 레오나르도 다빈치 Leonardo da Vinci도 이 점을 알고 있었다. 사진은 그가 이 사실을 설명한 노트 기록이다.

이 단순한 기하학적 그림은 나무들이 면적보존분지를 하는 이유를 잘 설명하긴 해도, 사실 지나치게 단순화한 것이다. 하지만 면적보존은 앞서 설명한 공간 채움과 최적화라는 일반 망 원리들에, 가지들이 부러지지 않고 휘어짐으로써 바람의 교란에 맞서 복원력을 갖도록 하는 데 필요한 생물역학적 제약들을 추가한 훨씬 더 현실적인 나무 분지 모형으로부터 유도할 수 있다. 그런 분석은 비록 물리적 설계는 전혀 다를지라도, 종 수준에서만이 아니라 개체 내에서도 4분의 3제곱 대사율을 포함한 거의 모든 측면에서 식물도 포유류와 똑같음을 보여준다.[14]

10 니콜라 테슬라, 임피던스정합, 교류와 직류

우리 순환계의 최적 설계가 식물이 따르는 것과 동일한 단순한 면적보존분지 법칙을 따른다는 생각은 멋지다. 그것이 고동치는 망의 분지점에서 파동의 비반사 조건까지 충족시킨다는 점은 국가 전력망을 설계할 때 먼 거리까지 전기를 효율적으로 전송하도록 하는 방식과 본질적으로 동일하다. 이 비반사성 조건을 임피던스정합 impedance matching이라고 한다.

이 조건은 우리의 신체 내 활동뿐 아니라, 우리 일상생활의 중요한 부분을 차지하는 여러 기술들에 폭넓게 응용된다. 예를 들어, 전화망 체계는 장거리 통신선에서 생기는 메아리를 최소화하기 위해 임피던스정합을 이용한다. 대부분의 확성기 장치와 악기에는 임피던스정합 메커니즘이 들어 있다. 그리고 가운데귀의 뼈들은 고막과 속귀 사이에서 임피던스정합을 일으킨다. 초음파 검사를 받아보았거나 지켜본 사람이라면, 간호사나 담당 기사가 먼저 당신의 피부에 끈적거리는 젤을 바른 뒤에 탐침을 갖다댄다는 사실을 알 것이다. 잘 미끄러지라고 바른다고 생각할지 모르지만, 사실은 임피던스정합을 위해서 바르는 것이다. 젤이 없으면 초음파를 검출할 때 임피던스가 맞지 않아서, 거의 모든 초음파 에너지가 피부에 부딪혀서 반사될 것이다. 즉, 초음파가 피부를 뚫고 들어가서 조사하고자 하는 장기나 태아에게 부딪혀서 반사되어 돌아와야 하는데, 그런 일이 거의 일어나지 못하게 된다.

임피던스정합이라는 용어는 사회적 상호작용의 중요한 측면들을 가리키는 아주 유용한 비유가 될 수 있다. 예를 들어, 사회, 기업, 모임, 특히 부부나 친구 같은 관계에서 사회 관계망이 매끄럽고 효율적으로 작동하려면, 집단과 개인 사이에 정보가 충실히 전달되는 좋은 의사소통이 이루어져야 한다. 한쪽이 듣지 않을 때처럼, 정보가 흩어지거나 '반사'된다면, 정보는 충실하게 또는 효율적으로 처리될 수 없고, 불가피하게 오해가 빚어진다. 이 과정은 임피던스가 맞지 않을 때 에너지 손실이 일어나는 것과 유사하다.

19세기 들어 전기가 점점 더 주요 에너지원이 되면서 멀리 떨어진 곳으로 전기를 보낼 필요성이 절박한 문제로 대두되었다. 이 문제를 해결하는 일에 토머스 에디슨Thomas Edison이 주요 인물로 등장한 것도 놀라운 일은 아니다. 그는 그 뒤에 직류direct current(DC) 송전을 앞장서서 옹호했다. 독자는 아마 전기가 크게 두 가지 형태라는 점을 알고 있을 것이다. 에디슨이 애호한 직류는 강처럼 연속적으로 전기가 흐르는 형태이고, 교류alternating current(AC)는 물결이나 우리 동맥의 혈액과 흡사하게 고동치는 파동 운동을 하면서 흐르는 형태. 1880년대까지 상업용으로 쓰이는 전류는 모두 직류였다. 교류 전동기가 아직 발명되지 않았기 때문이기도 하고, 송전 거리가 대부분 비교적 짧았기 때문이기도 했다. 하지만 교류 송전을 선호할 타당한 과학적 이유들이 있었다. 장거리 송전에는 더욱 그러했다. 특히 우리 순환계가 하듯이, 전력망의 각 분지점에서 임피던스를 맞추고 고동치는 특성을 활용하면 전력 손실을 최소화할 수 있다. 1886년 카리스마 넘치는 명석한 발명가이자 시대를 앞서간 인물인 니콜라 테슬라Nikola Tesla가 교류유도전동기와 변압기를 발명하면서 이 전환이 이루어질 계기가 마련되었고, 이른바 '전류 전쟁'이 시작되었다. 이 전쟁은 미국에서 토머스에디슨컴퍼니(훗날의 제너럴일렉트릭)와 조지웨스팅하우스컴퍼니라는 두 기업 사이의 전투로 비화했다. 공교롭게도 테슬라가 모국인 세르비아에서 미국으로 온 것은 에디슨을 도와 직류 송전을 완성하기 위해서였다. 그 일을 해낸 뒤, 그는 더 우수한 교류 장치를 개발하는 일에 나섰고, 결국 자신의 특허권을 웨스팅하우스에 팔았다. 비록 결국에는 교류가 승리했고 지금 전 세계에서 송전 방식의 주류가 되어 있지만, 직류 송전도 20세기에 꽤 오랫동안 존속했다. 나는 영국에서 직류 송전을 받는 가정에서 자랐고, 우리 동네가 교류로 전환하면서 20세기의 흐름에 합류하던 때를 잘 기억하고 있다.

독자는 틀림없이 니콜라 테슬라라는 이름을 들어보았을 것이다. 멋진 고급 전기차를 생산하는 유명한 자동차 회사에 그의 이름이 붙어 있으니까. 최근까지 그는 물리학자들과 전기공학자들 사이에서 거의 잊힌 인물이었다. 당대에 그는 전기공학 분야에서 이룬 주요 업적뿐 아니라, 다소 별난 착상들과 지나친 흥행사 기질로도 유명했다. 공연을 워낙 잘해서 〈타임Time〉 표지에 등장할 정도였다. 조명, 살인 광선, 전기 파동을 이용한 지능 향상에 관한 연구와 추측,

사진 기억photographic memory 능력, 잠을 거의 안 자고 친밀한 인간관계를 맺지 않는 성향, 독특한 중부 유럽 억양에 힘입어서 그는 '미친 과학자'의 전형으로 비쳐졌다. 비록 특허로 상당한 돈을 벌었지만, 그는 그 돈을 연구에 쏟아부었고, 1943년 뉴욕에서 가난하게 사망했다. 지난 20년 사이에 그의 이름은 대중문화에서 부활했으며, 이윽고 자동차 회사의 이름으로 채택되기에 이르렀다.

11 다시 대사율, 고동치는 심장, 순환계로[15]

이전 절들에서 논의한 이론 틀은 심혈관계의 규모가 땃쥐에서 대왕고래에 이르기까지 어떻게 증가하는지를 설명한다. 마찬가지로 중요한 점은 대동맥에서 모세혈관에 이르기까지 평균적인 개인에게서 혈관의 규모가 증감하는 방식도 설명한다는 것이다. 따라서 어떤 별난 이유로 평균적인 하마의 순환계 중 열넷째 분지점의 혈관 반지름, 길이, 혈류량, 맥박, 혈액의 속도와 압력 등을 알고 싶다면, 그 이론이 답을 제공할 것이다. 사실, 그 이론은 어떤 동물의 혈관계에 속한 어떤 가지에서든 간에 이런 값들을 모두 다 알려줄 것이다.

혈액이 혈관망을 따라서 점점 더 작은 혈관으로 흘러갈수록, 점성 항력이 점점 더 중요해지면서 흩어지는 에너지도 점점 더 많아진다. 이 에너지 손실 효과 때문에 망의 계층 구조를 따라 점점 내려갈수록 파동은 점점 잦아들다가 이윽고 고동치는 특성이 사라져서 꾸준한 흐름으로 바뀐다. 다시 말해, 큰 혈관에서는 맥박이 뛰다가 더 작은 혈관에서는 꾸준히 흐르는 양상으로 흐름의 특성이 바뀐다. 그것이 바로 주요 동맥에서 맥박이 느껴지는 반면, 더 작은 혈관에서는 거의 맥박이 잡히지 않는 이유다. 송전의 용어를 빌리자면, 피가 혈관망을 따라 흘러가면서 혈액의 특성이 교류에서 직류로 바뀌는 셈이다. 따라서 혈액이 모세혈관에 다다르면, 점성 때문에 더 이상 고동칠 수가 없고 아주 느리게 나아간다. 1초에 겨우 약 1밀리미터의 속도로 움직이는데, 심장을 떠날 때의 1초에 40센티미터라는 속도에 비하면 아주 느리다. 이 속도는 대단히 중요하다. 이렇게 느리게 움직여야 혈액을 통해 운반되는 산소가 모세혈관의 벽을 통해 효율적으로 확산되어 빠르게 세포에 전달될 시간이 충분해지기 때문이다. 흥미로운 점은 이 이론이 망의 두 극단, 즉 모세혈관과 대동맥에서의 속도가 모든 포유동물에서 동일하다고 예측한다는 것이다. 그리고 실제로 그렇게 관찰되었다. 당신은 모세혈관과 대동맥의 이 엄청난 속도 차이를 알고 있을 것이다. 피부를 찔리면 모세혈관에서 아주 느리게 피가 스며나오고 상처도 미미하지만, 대동맥, 목동맥, 넙다리동맥 같은 주요 동맥이 잘리면 피가 왈칵 뿜어지면서 몇 분 만에 사망할 수도 있다.

하지만 정말로 놀라운 점은 몸집에 상관없이 모든 포유동물의 혈압이 동일하다고 예상된다는 점이다. 땃쥐의 심장은 무게가 소금 알갱이 약 25개에 해당하는 약 12밀리그램에 불과하고 대동맥은 지름이 겨우 약 0.1밀리미터에 불과하여 거의 눈에 보이지도 않는다. 반면, 고래의 심장은 무게가 거의 경차에 맞먹는 약 1톤에 달하고 대동맥은 지름이 약 30센티미터에 달한다. 하지만 둘의 혈압은 거의 같다. 꽤 놀라운 사실이다. 땃쥐의 작은 대동맥과 동맥의 벽에 가해지는 엄청난 압력 스트레스를 고래의 것이 아니라 당신이나 나의 동맥벽에 가해지는 압력과 비교해보기만 해도 알 수 있다. 가여운 땃쥐의 수명이 한두 해에 불과한 것도 놀라운 일은 아니다.

혈류의 물리학을 연구한 최초의 인물은 박식가인 토머스 영Thomas Young이었다. 그는 1808년 동맥벽의 밀도와 탄성에 따라 혈류 속도가 어떻게 달라지는지를 알려줄 공식을 유도했다. 그의 선구적인 연구 결과는 심혈관계가 어떻게 움직이는지를 이해하고, 맥박과 혈류 속도를 측정하여 심혈관 질환을 조사하고 진단하는 데 크게 기여했다. 예를 들어, 나이를 먹을수록 우리 동맥은 딱딱해져서 밀도와 탄성이 크게 달라진다. 그 결과 피의 흐름과 속도에도 예측 가능한 양상으로 변화가 일어난다. 영은 심혈관계 연구 외에도, 전혀 다른 분야들에서 몇 가지 심오한 발견을 한 사람으로 유명하다. 아마 빛의 파동론을 확립한 인물로 가장 잘 알려져 있을 것이다. 파동론은 각 색깔을 특정한 빛의 파장과 관련짓는다. 또 그는 초기 언어학과 이집트 상형문자 연구에도 기여했다. 그는 현재 런던 영국 박물관에 있는 유명한 로제타석Rosetta Stone을 처음 해독한 인물이기도 하다. 앤드루 로빈슨Andrew Robinson은 이 놀라운 인물에 걸맞은 찬사를 담은 의욕적인 전기를 썼다. 《모든 것을 알았던 마지막 인물: 뉴턴이 틀렸음을 입증했고, 우리가 어떻게 보는지를 설명했고, 병자를 치료했고, 로제타석을 해석하는 등의 천재적인 업적을 이룬 무명의 박식가, 토머스 영The Last Man Who Knew Everything: Thomas Young, the Anonymous Polymath Who Proved Newton Wrong, Explained How We See, Cured the Sick, and Deciphered the Rosetta Stone, Among Other Feats of Genius》이라는 책이다. 나도 영을 좀 좋아하는 편이다. 그는 잉글랜드 서부 서머싯의 밀버튼에서 태어났는데, 내가 태어난 토튼에서 몇 킬로미터 떨어지지 않은 곳이기 때문이다.

12 자기 유사성과 마법의 수 4의 기원

순환계 같은 대다수의 생물학적 망은 프랙털이라는 흥미로운 기하학적 성질을 드러낸다. 독자도 프랙털이라는 말에 아마 익숙할 것이다. 간단히 설명하자면, 프랙털은 모든 규모에서, 즉 모든 확대 수준에서 거의 동일해 보이는 대상을 말한다. 다음 쪽에 실린 콜리플라워나 브로콜리의 꽃봉오리가 고전적인 사례다. 프랙털은 자연계 전체에 널리 퍼져 있으며, 허파와 생태계에서 도시, 기업, 구름, 강에 이르기까지 어디에나 존재한다. 이 절에서는 프랙털이 무엇이며, 무슨 의미가 있고, 거듭제곱 스케일링과 어떤 관계에 있으며, 우리가 논의하고 있는 순환계에서 어떤 식으로 드러나는지를 살펴볼 것이다.

브로콜리를 더 작은 조각으로 나누면, 각 조각은 원래 크기의 축소판처럼 보인다. 그 조각을 원래의 전체만 하게 확대하면, 원래의 브로콜리와 거의 구별이 안 된다. 각 조각을 다시 더 작은 조각으로 나누어도, 원래 브로콜리의 더 작은 축소판처럼 보인다. 이 과정을 되풀이하고 또 되풀이해도 기본적으로 같은 결과가 나올 것이라고 상상할 수 있다. 즉, 각 하위 단위는 원래 있던 전체의 규모 축소판처럼 보일 것이다. 이 말을 좀 달리 표현해보자. 크기가 어떻든 간에 브로콜리 한 조각을 사진으로 찍어서 원래의 전체만 한 크기로

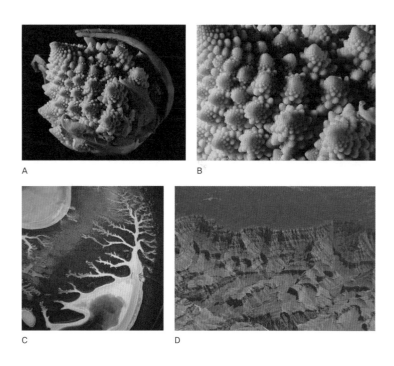

고전적인 프랙털과 규모 불변의 사례들. 이 모든 사례에서 절대 크기를 파악하기란 쉽지 않다. A·B 자기 유사성을 보여주는 두 해상도로 나타낸 로마네스코 콜리플라워. C 캘리포니아의 메마른 강바닥. 겨울의 나무, 말라붙은 잎, 우리 순환계와 유사성이 뚜렷하다. D 그랜드캐니언. 큰 폭풍우에 우리 집 앞 비포장도로가 깎여나간 모습과 똑같다.

확대한다면, 확대한 것과 전체 사이에 다른 점을 찾기가 어려울 것이다.

보통 전체와 질적으로 다른 더 상세한 새로운 구조를 밝혀내기 위해 점점 더 해상도를 높여가면서 대상을 확대하는 현미경을 써서 들여다볼 때는 상황이 전혀 다르다. 조직 속의 세포, 물질 속의 분자, 원자 속의 양성자가 바로 그렇다. 반면에 대상이 프랙털이라면, 해상도를 아무리 높여도 새로운 패턴이나 세부 특징은 전혀 드러나지 않는다. 그저 동일한 패턴이 반복하여 나타날 뿐이다. 물론 이 말은 이상적으로 표현한 것이다. 실제로는 해상도가 다른 사진들은 서로 조금씩 다르며, 궁극적으로는 반복되는 양상이 끝나고 새로운 구조 설계 패턴이 출현할 것이다. 브로콜리를 계속 점점 더 작은 조각으로 쪼갠다면, 결국 브로콜리의 기하학적 특징은 사라지고, 조직, 세포 분자의 구조가 드러날 것이다.

아무튼 이 반복되는 현상을 자기 유사성이라고 하는데, 이것이 프랙털의 일반적인 특징이다. 브로콜리가 드러내는 반복적 스케일링은 마주 보도록 놓은 두 거울 사이의 무한 반영이나, 점점 더 작은 크기의 인형이 들어 있는 러시아의 마트료시카와 비슷하다. 이 개념이 창안되기 오래전, 자기 유사성은 《걸리버 여행기》를 쓴 아일랜드의 풍자 작가인 조너선 스위프트Jonathan Swift가 기발한 4행시를 통해 시적으로 표현한 바 있다.

따라서 자연사학자들은 관찰하지,
벼룩에게는 그것을 물어뜯는 더 작은 벼룩이 있다는 것을;
그리고 그 작은 벼룩을 깨무는 더욱 작은 벼룩이 있어;
그렇게 무한히 이어지지.

지금껏 우리가 논의한 계층 구조 망이 바로 그렇다. 그런 망의 한쪽을 잘라서 적절히 확대하면, 그 망 조각은 원래의 망과 똑같아 보인다. 국소적으로 볼 때, 망의 각 수준은 본질적으로 인접한 수준의 규모 증감판이다. 순환계 중 맥동하는 부위에서 임피던스정합의 결과를 논의할 때 이의 명백한 사례를 본 바 있다. 면적보존분지 방식에 따라서 매번 분지가 일어날 때마다 혈관의 지름이 상수 인자($\sqrt{2}=1.41\cdots$)에 맞추어 줄어든다. 따라서 어떤 혈관의 지름을 분지를 10회 거친 혈관과 비교하면, 규모 인자는 $(\sqrt{2})^{10}=32$가 된다. 우리 대동맥의 지름이 약 1.5센티미터이므로, 10회 분지가 일어난 뒤의 혈관은 지름이 약 0.5밀리미터에 불과하다는 뜻이다.

망을 따라 내려감에 따라 혈액 흐름이 고동치는 형태에서 고동치지 않는 형태로 변하므로, 우리 순환계는 사실상 연속적인 자기 유사성을 띠지 않으며, 따라서 정확한 프랙털도 아니다. 점성 항력이 주도하는 고동치지 않고 흐르는 영역에서는, 흩어지는 힘의 양을 최소화하려는 과정에서 혈관의 지름이 고동치는 영역에서의 제곱근($\sqrt{2}=1.41\cdots$)이 아니라, 세제곱근($\sqrt[3]{2}=1.26\cdots$)이라는 상수 인자에 따라 줄어들게 된다. 따라서 순환계의 프랙털 특성은 대동맥에서 모세혈관으로 갈수록, 고동치는 형태에서 고동치지 않는 형태로 흐름의 특성이 변함에 따라 미묘하게 변한다. 반면에 나무는 줄기에서 잎에 이르기까지, 지름이 계속 $\sqrt{2}$라는 면적 보존 양상으로 차례로 줄어듦으로써 거의 동일한 자기 유사성을 유지한다.

망이 생물 부피의 모든 규모에서 봉사해야 한다는 공간 채움 요구 조건에 따라 혈관의 길이라는 측면에서도 자기 유사성이 일어난다. 삼차원 공간을 채우려면, 분지가 일어날 때마다 혈관의 길이는 $\sqrt[3]{2}$이라는 상수 인자에 따라 줄어들어야 하며, 이 원리는 지름과 달리 고동치는 영역과 고동치지 않는 영역 양쪽에서 모두 망 전체에 걸쳐 적용된다.

개체 내에서 이 단순한 규칙들에 따라서 망의 규모가 어떻게 달라지는지를 파악했으니, 이 규칙들을 유도하기 위한 마지막 조각을 알아보자. 체중이 각기 다른 종들이 어떻게 연결되는지를 파악하는 것이다. 이 일은 에너지 최소화 원리의 추가 결과를 통해 이루어진다. 즉, 망의 총 부피―몸에 있는 혈액의 총 부피―는 몸 자체의 부피에 곧장 비례해야 하며, 따라서 생물의 체중에 비례해야 한다. 실제로 그렇다는 것이 관찰되었다. 다시 말해, 몸집에 상관없이, 혈액의 부피는 몸의 부피에 일정하게 비례한다. 나무에서는 이 점이 명백하다. 관다발의 망이 나무 전체를 이루고 있기 때문이다. 모든 가지들 사이에 고기의 살에 해당하는 것이 전혀 없으므로, 망의 부피가 곧 나무의 부피다.[16]

여기서 망의 부피가 곧 모든 혈관들이나 가지들의 부피의 총합이며, 이 총합은 길이와 지름의 규모가 어떻게 변하는지를 알면 내부 망의 자기 유사성을 몸집과 연결함으로써 직접 계산할 수 있다. 생물들의 4분의 1제곱 상대성장 지수는 혈관 부피의 선형 스케일링과 말단 단위들의 불변에 속박된, 길이의 세제곱근 스케일링 법칙과 지름의 제곱근 스케일링 법칙 사이의 수학적 상호작용에서 나온다.

그 결과인 마법의 수 4는 망이 봉사하는 부피라는 통상적인 삼차원이 망의 프랙털 특성에서 비롯되는 추가 차원을 통해 실질적으로 확장됨으로써 출현한다. 이 문제는 다음 장에서 프랙털 차원의 일반 개념을 논의하면서 더 상세히 살펴보기로 하자. 여기서는 자연선택이 에너지 분배를 최적화하기 위해 프랙털 망이라는 수학적 경이를 활용함으로써, 마치 생물이 표준적인 삼차원이 아니라 사차원에서 활동하는 듯한 양상을 띤다는 말만 덧붙이고 넘어가기로

스 케 일

하자. 이런 의미에서 4라는 보편적인 수는 사실상 3+1이다. 더 일반화하자면, 제공되는 공간의 차원에 1을 더한 값이다. 따라서 끈 이론 분야의 몇몇 학자들이 믿는 것처럼, 우리가 11차원의 우주에서 살고 있다고 한다면, 마법의 수는 11+1=12가 될 것이고, 우리는 4분의 1제곱 스케일링 법칙이 아니라 12분의 1제곱 스케일링 법칙의 보편성에 관한 이야기를 해온 셈이 된다.

13 프랙털: 경계 늘이기의 수수께끼 같은 사례

수학자들은 고대 이래로 오래전부터 수학과 물리학의 토대가 되어왔던 고전적 유클리드 기하학의 전통적인 경계 너머에 다른 기하학들이 있다는 것을 인식하고 있었다. 우리 중 많은 이들이 고통스럽게 그리고 즐겁게 접해왔던 전통적인 유클리드 개념 틀은 모든 선과 표면이 매끄럽고 연속적이라고 암묵적으로 가정한다. 현대 프랙털 개념에 내재된 불연속성과 주름이라는 개념을 환기시키는 새로운 착상들이 이따금 제기되기도 했지만, 그런 것들은 학술적으로 수학의 형식을 확장시킨 흥미로운 사례일 뿐, 일반적으로 현실 세계와 아무 관계가 없다고 여겨졌다. 그런데 오히려 정반대로 주름, 불연속성, 거칢, 자기 유사성 — 한마디로 프랙털성 — 이 사실상 우리가 사는 복잡한 세계의 보편적인 특징이라는 중요한 깨달음을 내놓은 사람은 프랑스 수학자 브누아 망델브로Benoit Mandelbrot다.[17]

돌이켜보면, 2,000여 년 동안 그 어떤 가장 위대한 수학자, 물리학자, 철학자도 이 깨달음을 얻지 못했다는 사실이 대단히 놀랍게 여겨진다. 많은 대도약 사례들이 그렇듯이, 망델브로의 통찰도 지금은 거의 '명백해' 보이며, 그의 관찰이 수백 년 더 앞서 이루어지지 않았다는 사실이 믿어지지 않을 정도다. 아무튼 '자연철학'은 아주 오랜 기간 인류가 지적 노력을 기울인 주요 범주 중 하나였고, 현재 모두 다 프랙털이라고 여기는 콜리플라워, 관들의 망, 하천, 산맥은 누구나 흔히 보는 것이었다. 하지만 그것들의 구조적·조직적 규칙성을 일반적인 관점에서 생각한 사람도, 그것들을 수학 언어로 기술한 사람도 거의 없었다. 아마 무거운 것일수록 '명백하게' 더 빨리 떨어진다는 아리스토텔레스의 잘못된 가정처럼, 고전적인 유클리드 기하학에 구현된 매끄러움이라는 플라톤적 이상이 우리 정신에 너무나 확고히 자리를 잡는 바람에 누군가가 실제로 현실 사례에서 그것이 타당한지를 검사하기까지 아주 오랜 시간이 걸려야 했는지도 모른다. 그 검사를 한 사람은 루이스 프라이 리처드슨 Lewis Fry Richardson이라는 영국의 비범한 박식가였다. 그는 거의 우연히, 망델브로의 프랙털 발견에 영감을 주게 될 토대를 마련했다. 리처드슨이 어떻게 그렇게 했는지는 매우 흥미로운 이야기이므로, 짧게 해보기로 하자.

망델브로가 깨달은 것은 다양한 해상도의 결이 거친 렌즈들을 통해 들여다볼 때, 우리 주변 세계의 많은 부분에서 유달리 복잡하고 다양한 것들의 토대에 숨겨져 있는 단순성과 규칙성이 드러난다는 점이었다. 게다가 자기 유사성과 거기에 함축된 반복되는 규모 증가 양상을 기술하는 수학은 앞의 장들에서 논의한 거듭제곱 법칙 스케일링과 동일하다. 다시 말해, 거듭제곱 법칙 스케일링은 자기 유사성과 프랙털성의 수학적 표현이다. 동물들은 내부 망 구조의 기하학과 동역학 측면에서 볼 때 개체 내에서뿐 아니라 종 사이에서도 거듭제곱 법칙 스케일링을 따르므로, 동물들, 따라서 우리 모두는 자기 유사적 프랙털의 살아 있는 표현 형태들이다.

루이스 프라이 리처드슨은 수학자, 물리학자, 기상학자이면서 46세에 심리학 학위도 땄다. 그는 1881년에 태어나서, 학자 생활 초기에 현대 날씨 예보 방법론에 선구적인 기여를 했다. 그는 수력학의 기본 방정식(앞서 배의 모델링을 논의할 때 언급한 나비에-스토크스 방정식)을 써서, 기압, 기온, 대기 밀도, 습도, 풍속의 변화 등 실시간 날씨 자료들을 계속 되먹임하여 갱신함으로써 날씨를 계량 모델링한다는 개념을 제시했다. 그가 이 전략을 고안한 것은 현대 고속 컴퓨터가 개발되기 훨씬 전인 20세기 초였다. 그래서 계산을 고역스럽게 하나하나 손으로 느리게 해야 했고, 그러다보니 예측력에 분명한 한계가 있었다. 그렇긴 해도, 이 전략과 그가 개발한 일반적인 수학 기법은 과학에 기반을 둔 예보의 토대가 되었고, 따라서 현재 몇 주 뒤의 날씨까지도 비교적 정확히 예측하는 데 쓰이는 방법은 기본적으로 그에게 상당 부분 빚을 지고 있다. 고성능 컴퓨터가 등장하고 전 세계에서 수집되는 엄청난 양의 국지적 자료를 통해 거의 매 분 갱신되는 덕분에, 날씨 예보 능력이 엄청나게 향상되긴 했지만 말이다.

리처드슨과 망델브로 둘 다 비교적 평범하지 않은 배경을 지니고 있었다. 비록 수학을 전공했지만, 둘 다 전형적인 학자가 되는 경로를 따르지 않았다. 퀘이커교도였던 리처드슨은 제1차 세계대전 때 양심적 병역 거부자였고, 그 결과 대학교에서 교편을 잡을 수 없었다. 이 규정은 오늘날 유달리 징벌적으로 비친다. 한편 망델브로는

75세가 되어서야 처음으로 종신 재직권을 얻었다. 그래서 예일대학교 역사에서 종신 재직권을 받은 최고령자가 되었다. 아마 세계를 보는 방식을 혁신하려면 리처드슨과 망델브로 같은, 주류 학계 바깥에서 일하는 이단자나 독불장군이 필요한 듯하다.

리처드슨은 세계대전이 일어나기 전에 영국 기상국에서 일했고, 전쟁이 끝난 뒤 다시 들어갔지만 2년 뒤에 사직했다. 이번에도 양심 때문이었다. 기상국이 공군 소속의 항공부로 편입되었기 때문이다. 재미있는 점은 그가 간절히 지키고자 한 평화주의와 그에 따라 주류 학계와 소원해진 관계가 그의 가장 흥미로우면서 선구적인 관찰로 이어졌다는 사실이다. 길이 측정이 언뜻 생각하는 것처럼 단순하지 않다는 관찰인데, 그럼으로써 그는 우리 일상 세계에서 프랙털이 어떤 역할을 하는지를 깨닫게 해주었다. 그가 어떻게 그런 생각에 도달했는지를 이해하려면, 그가 이룬 다른 성취들을 잠시 살펴볼 필요가 있다.

자신의 열렬한 평화주의에 고무된 리처드슨은 전쟁과 국제 갈등의 기원을 이해할 정량적인 이론을 개발하겠다는 야심찬 계획에 착수했다. 그것들을 궁극적으로 예방할 전략을 고안하기 위해서였다. 그의 목표는 전쟁의 과학을 개발하겠다는 것이나 마찬가지였다. 그의 주된 논지는 갈등의 동역학이 주로 국가들이 무장을 하는 속도에 좌우되고, 꾸준히 쌓이는 무기가 전쟁의 주된 원인이라는 것이었다. 그는 무기의 축적을 역사, 정치, 경제, 문화를 반영하지만 그것들을 초월하며, 동역학적으로 볼 때 불가피하게 갈등과 불안정으로 이어지는 집단 사회심리적 힘들의 대용물로 보았다. 리처드슨은 화학 반응 동역학과 감염병의 전파를 이해하기 위해 개발한 수학을 써서 각국의 병기고가 다른 국가들의 무기 증가에 반응하여 불어나면서 군비 경쟁이 점점 가속화하는 양상을 모형화했다.

그의 이론은 전쟁의 근원, 즉 우리가 집단적으로 힘과 폭력에 기대어 갈등을 해소하는 쪽을 택하는 이유를 설명하려고 시도한 것이 아니라, 군비 경쟁의 동역학이 어떻게 점증하면서 파국적인 충돌을 빚어내는지를 보여주고자 한 것이었다. 비록 지나치게 단순화한 이론이긴 하지만, 리처드슨은 자신의 분석 결과를 자료와 비교함으로써 어느 정도 성공을 거두었다. 더욱 중요한 점은 그가 자료와 직접 대조할 수 있는 방식으로 전쟁의 기원을 정량적으로 이해할 대안 틀을 제시했다는 것이다. 더 나아가 그 이론에는 어떤 변수들이 중요한지를 보여준다는 장점도 있었다. 특히 평화로운 상황을 어떻게 구축하고 유지할 수 있을지 시나리오도 제시할 수 있었다. 기존의 더 정성적인 갈등 이론들과 정반대로, 그의 이론에서 지도자의 역할, 문화적·역사적 적대감, 특정한 사건이나 성격 같은 것들은 명시적으로 아무런 역할도 하지 않는다.[18]

검증 가능한 과학적 기본 틀을 구축하겠다는 의욕에 불타서 리처드슨은 전쟁과 갈등에 관한 역사 자료를 엄청나게 많이 모았다. 그 자료들을 정량화하기 위해 그는 한 가지 일반 개념을 도입했다. 그는 그것을 치명적인 싸움deadly quarrel이라고 했다. 이 사투는 죽음을 가져오는 사람 사이의 모든 폭력적인 충돌을 가리켰다. 그러면 전쟁은 치명적인 싸움의 특수한 사례가 되며, 개인의 살해도 마찬가지다. 그는 싸움으로 생기는 사망자 수의 규모를 정량화했다. 한 개인의 살해에서는 치명적인 싸움의 규모가 한 명인 반면, 제2차 세계대전에서는 5,000만 명을 넘었으며, 민간인 사망자 수를 어떻게 계산하느냐에 따라 정확한 수는 달라진다. 이어서 그는 개인에서 시작하여 갱단 폭력, 소요 사태, 소규모 접전을 거쳐서 두 차례의 세계대전까지 이어지는 치명적인 싸움의 연속체가 있는지 물음으로써 대담한 도약을 했다. 그러면 크기 자릿수의 범위가 거의 8차수에 걸치게 된다. 이 범위를 하나의 축에 표시하려고 하면, 앞서 우리가 지진이나 모든 포유동물의 대사율을 단순한 선형 규모로 나타내려 할 때 직면했던 것과 같은 도전 과제에 직면한다. 그렇게 하기란 사실상 불가능하며, 치명적인 싸움의 스펙트럼 전체를 보려면 로그 단위를 써야 한다.

리히터 규모에서 유추하자면, 리처드슨의 규모는 한 개인의 살해에 해당하는 0에서 시작하여, 두 차례의 세계대전에 해당하는 거의 규모 8(크기 자릿수 8은 사망자 수 1억 명을 뜻할 것이다)로 끝난다. 희생자가 10명인 소규모 폭동은 규모 1, 전투원 100명이 사망한 접전은 규모 2가 될 것이다. 규모가 7인 전쟁은 극히 적겠지만, 규모가 0이나 1인 충돌은 엄청나게 많을 것이 명백하다. 치명적인 싸움의 규모와 그 횟수를 로그 그래프로 나타내자, 우리가 동물의 몸집과 대사율 같은 생리적 양을 이런 식으로 나타냈을 때 보았던 직선과 거의 똑같은 직선이 그려졌다(그림 1 참조).

따라서 전쟁의 빈도 분포는 분쟁이 근사적으로 자기 유사성을 띠고 있음을 시사하는 단순한 거듭제곱 스케일링을 따른다.[19] 이 놀라운 결과는 결이 거친 의미에서, 코끼리가 생쥐의 근사적인 규모 확대판인 것과 비슷하게, 큰 전쟁이 작은 분쟁의 규모 확대판에 불과하다는 놀라운 결론으로 이어진다. 따라서 전쟁과 분쟁의 놀라운 복잡성 밑에는 모든 규모에 걸쳐 작동하는 공통의 동역학이 있는 듯하다. 최근의 전쟁, 테러 공격, 심지어 사이버 공격 사례들에까지 이 이론이 들어맞는다고 확인한 연구 결과가 있다.[20] 아직까지 이런 규칙성을 이해할 일반 이론은 나오지 않았다. 이런 규칙성들이 국가 경제, 사회적 행동, 경쟁하는 세력들의 프랙털형 망의 특징들을 반영할 가능성이 매우 높긴 하지만 말이다. 아무튼 이 모든 것을 설명할 궁극적인 전쟁 이론이 필요하다.

이제 마침내 루이스 리처드슨 이야기가 본궤도로 들어선다. 그는 분쟁의 거듭제곱 법칙 스케일링이 전쟁과 관련된 여러 체계적인 규칙성들의 한 사례라고 보았고, 인간의 폭력성을 설명할 일반 법칙을 찾아내고 싶어 했다. 이론을 개발하려 애쓰다가, 그는 이웃 국가들 간 전쟁 확률이 마주한 국경의 길이에 비례한다는 가설을 세웠다. 자기 이론을 검증하려는 의욕에 불탄 그는 국경의 길이를 어떻게 측정하는지 알아내는 일에 착수했다. …… 그러다가 뜻하지 않게 프랙털을 발견했다.

자기 가설을 검증하기 위해, 그는 국경의 길이 자료를 모으기 시작했다. 그런데 놀랍게도 발표된 자료들 사이에 상당한 차이가 났다. 예를 들어, 스페인과 포르투갈 사이의 국경 길이는 어떤 자료에는 987킬로미터라고 나와 있는데, 다른 자료에는 1,214킬로미터라고 적혀 있었다. 마찬가지로 네덜란드와 벨기에의 국경 길이는 380킬로미터라고 나온 자료도 있고 449킬로미터라고 하는 자료도 있었다. 측정 오차가 그렇게 크다니, 믿어지지가 않았다. 그 무렵에 측량은 이미 고도로 발달한, 잘 정립되고 정확한 과학이었다. 한 예로, 19세기 말에 에베레스트산의 높이는 오차가 1미터 이내로 측정되어 있었다. 그런데 국경의 길이 측정값이 수백 킬로미터 차이가 난다니, 정말로 기이했다. 뭔가 이상한 일이 벌어지고 있는 것이 분명했다.

리처드슨이 조사하기 전까지, 길이를 재는 방법론은 지극히 당연한 것으로 받아들여져 있었다. 너무나 단순해 보이면 무언가 잘못될 수 있다는 것을 알아차리기가 어렵다. 그렇다면 길이를 어떻게 측정하는지 분석해보자. 당신의 거실 길이를 대강 추정하고 싶다고 하자. 1미터짜리 자를 벽을 따라가면서 죽 댄 다음(직선으로) 몇 번 댔는지 세면 곧바로 추정할 수 있다. 여섯 번 댔는데 좀 남으므로, 당신은 거실의 길이가 대강 6미터라고 결론짓는다. 좀 뒤에 더 정확한 추정값을 얻을 필요가 생겨서, 당신은 좀 더 결이 고운 눈금을 지닌 10센티미터 자를 써서 추정값을 얻는다. 자를 좀 더 꼼꼼하게 대면서 재니, 63번째에 끝에 닿았다. 따라서 길이의 더 정확한 근삿값은 63×10센티미터, 즉 630센티미터 또는 6.3미터다. 얼마나 정확한 답을 알고 싶으냐에 따라, 더 눈금이 세밀한 자를 써가며 이 과정을 계속 되풀이할 수 있다. 밀리미터 수준의 정밀도로 잰다면, 길이가 6.289미터라고 나올 수도 있다.

실제로는 대개 자를 옆으로 옮기면서 잇달아 갖다 대는 대신에, 간편하게 긴 줄자나 다른 측정 기구를 써서 이 지루한 과정을 피한다. 그래도 원리는 똑같다. 줄자 같은 측정 기구는 그저 1미터나 10센티미터 같은 표준 길이의 짧은 자를 죽 늘어놓고서 이어붙인 것에 불과하다.

어떻게 측정하든, 측정 과정에는 해상도가 높아질수록 측정값이 점점 더 정확한 고정 값에 수렴한다는 가정이 담겨 있다. 그 고정 값이 바로 우리가 방의 길이라고 부르는 것이며, 그것을 당신 거실의 객관적인 특성이라고 볼 수 있다. 이 사례에서, 방의 길이는 해상도가 증가함에 따라 6미터에서 6.3미터를 거쳐 6.289미터로 수렴된다. 이렇게 더 정밀하게 잴수록 정확한 길이로 수렴된다는 것은 지극히 명백해 보이며, 사실 수천 년 동안 그 점에 의문을 품은 사람은 아무도 없었다. 1950년 리처드슨이 국경과 해안선의 길이라는 놀라운 수수께끼와 우연히 마주치기 전까지 말이다.

이제 이 표준 측정 방식을 써서 이웃한 두 나라의 국경의 길이나 한 나라 해안선의 길이를 잰다고 상상하자. 우선 100킬로미터짜리 자를 길이 전체에 걸쳐 죽 갖다 댐으로써 아주 대략적인 추정값을 얻을 수 있다. 이 해상도의 자를 12번 갖다 대었을 때 좀 남는다고 가정하면, 국경의 길이는 대강 1,200킬로미터를 좀 넘는다고 할 수 있다. 좀 더 정확한 측정값을 얻기 위해, 이번에는 10킬로미터 자를 갖다 댄다고 하자. 거실 사례에서 설명한 통상적인 '측정 규칙들'에 따라서 자를 124번 갖다 대니, 1,240킬로미터라는 더 나은 추정값이 나온다. 이제 1킬로미터 자로 해상도를 높이면 더 정확한 추정값을 얻을 수 있다. 자를 1,243번 갖다 댔으니, 추정값은 1,243킬로미터가 된다. 점점 더 해상도를 높이면서 계속 재면, 필요한 수준의 정확한 값을 얻을 수 있다.

하지만 리처드슨은 세밀한 지도에 캘리퍼스로 이 표준 반복 측정 방식을 적용했을 때, 그렇지 않다는 것을 깨닫고 대단히 놀랐다. 실제로 그가 발견한 것은 해상도가 높아질수록, 따라서 예상 정확도가 더 높아질수록, 국경선 길이가 어떤 특정한 값에 수렴되기보다는 오히려 더 커진다는 사실이었다! 거실의 길이와 달리, 국경과 해안선의 길이는 어떤 고정된 값에 수렴하기보다는 계속해서 점점 더 길어진다. 이는 수천 년 동안 암묵적으로 가정했던 측정의 기본 법칙에 어긋나는 현상이었다. 리처드슨이 마찬가지로 놀랐던 또 한 가지는 이 길이 증가가 체계적인 양상을 띤다는 점이었다. 다양한 국경과 해안선의 길이와 측정에 쓴 해상도를 각각 로그 눈금으로 표시하자, 우리가 앞서 여러 사례들에서 보았던 바로 그 거듭제곱 법칙 스케일링을 시사하는 직선이 나타났다(그림 14 참조). 너무나 기이한 결과였다. 통념과 정반대로, 이런 길이들은 측정할 때 쓴 단위의 규모에 따라 달라지는 듯했고, 따라서 길이는 측정되는 대상의 객관적인 특성이 아니라는 의미가 되기 때문이다.[21]

그렇다면 대체 어떤 일이 일어나고 있는 것일까? 잠시 생각하면, 무슨 일인지 금방 깨달을 것이다. 거실과 달리, 대부분의 국경과 해안선은 직선이 아니다. 오히려 정치, 문화, 역사를 통해 '임의로' 정해지거나 국지적 지형에 따라 정해지는 구불구불한 선이다. 측량을 할 때 사실상 그렇게 하듯이, 해안선이나 국경의 두 지점 사이에 길이 100킬로미터의 곧은 자를 갖다 댄다면, 그 사이에 있는 모든 구불구불함과 울퉁불퉁함을 빠뜨리게 될 것이 분명하다(그림 13 참조). 하지만 10킬로미터 곧은 자를 쓴다면, 그보다 큰 규모에서는 빠뜨렸던 구불구불하고 울퉁불퉁한 지점들까지 더 잘 재게 될 것이다. 해상도를 더 높이면, 그런 지점들을 더 상세히 측정할 수 있고, 구불구불한 선들을 따라가며 재니 더 거친 100킬로미터 규모에서 얻은 값보다 추정값이 더 커지는 것은 당연하다. 마찬가지로 10킬로미터 자도 10킬로미터보다 더 작은 규모의 구불거림과 울퉁불퉁함은 빠뜨릴 것이다. 해상도를 1킬로미터로 높이면 그런 구간들도 포함될 것이고, 길이는 더 늘어난다. 따라서 리처드슨이 조사한, 구불

그림 13

단위 = 200km,
길이 = 2,400km(약)

단위 = 100km,
길이 = 2,800km(약)

단위 = 50km,
길이 = 3,400km(약)

그림 14 해안선과 국경선의 프랙털성

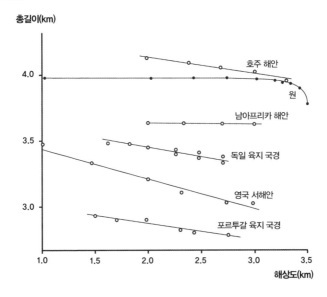

그림 13 다양한 해상도를 써서 측정한 해안선의 길이(영국). 그림에서 알 수 있듯이, 해상도가 높아질 때 길이는 거듭제곱 법칙에 따라 체계적으로 증가한다. **그림 14** 기울기는 해안선의 프랙털 차원을 말해준다. 해안선이 울퉁불퉁할수록 기울기가 더 커진다.

구불하고 울퉁불퉁한 곳이 많은 국경선과 해안선 같은 선들에서는 해상도를 높일수록 길이 측정값이 계속 늘어난다는 것을 쉽게 이해할 수 있다.

이 증가가 단순한 거듭제곱 법칙을 따르므로, 이런 경계선들은 사실 자기 유사성을 띤 프랙털이다. 다시 말해, 한 규모에서 울퉁불퉁하고 구불구불한 부위들은 다른 규모에서 울퉁불퉁하고 구불구불한 부위들의 규모 증감판이다. 따라서 개울둑의 침식된 부위가 큰 강의 둑에 난 침식된 부위의 규모 축소판이거나 더 나아가 그랜드캐니언의 아주 작은 판본처럼 보인다는 데 놀랐을 때, 당신이 본 것은 착각이 아니라 현실이었다(185쪽 참조).

이 점은 놀랍기 그지없다. 다시 한 번 우리는 결이 거친 규모의 렌즈를 통해 들여다보면, 자연계의 어마어마한 복잡성 밑에 놀라운 단순성, 규칙성, 통일성이 있음을 본다. 비록 리처드슨은 국경선과 해안선을 조사하면서 이 기이하고 혁신적이고 직관에 반하는 양상을 발견했고 그것의 기원을 이해하긴 했지만, 그것이 놀라울 만치 일반적인 현상이고 엄청난 의미를 함축하고 있다는 사실을 제대로 알아차리지 못했다. 이 더욱 큰 깨달음은 브누아 망델브로에게 돌아갔다.

당시 과학계는 리처드슨의 발견을 철저히 외면했다. 비교적 알려지지 않은 학술지에 실렸을 뿐 아니라, 전쟁의 기원을 살펴보는 논문 속에 숨겨져 있었으니 그리 놀랄 일도 아니었다. 1961년에 발표된 그 논문은 〈연속성의 문제: 치명적인 싸움의 통계에 딸린 주석 The Problem of Contiguity: An Appendix to Statistics of Deadly Quarrels〉이라는, 전문가가 읽어도 대체 무슨 내용인지 도무지 알 수 없는 너무나도 모호한 제목이었다. 그 논문이 중요한 의미를 지닌 패러다임 전환을 예고한 것임을 누가 알았겠는가? 그렇다, 브누아 망델브로는 알았다. 그는 리처드슨의 연구를 부활시킨 동시에 거기에 더 심오한 의미가 담겨 있음을 알아차린 공적을 인정받아야 마땅하다. 1967년 그는 권위 있는 학술지 〈사이언스〉에 〈영국의 해안은 얼마나 길까? 통계적 자기 유사성과 프랙털 차원How Long Is the Coast of Britain? Statistical Self-Similarity and Fractional Dimension〉이라는 더 쉬운 제목의 논문을 발표했다.[22] 이 논문은 발견된 내용을 확장하고 개념을 일반화함으로써 리처드슨의 연구를 재조명했다. 나중에 프랙털성fractality이라고 불리게 되는 주름성crinkliness은 리처드슨의 로그 그래프에 나온 직선의 기울기로 정량적으로 표시된다. 기울기가 급할수록, 해안선은 더 주름지다. 이 기울기는 길이와 해상도를 연관짓는 거듭제곱 법칙의 지수를 가리키며, 생물의 대사율과 질량을 관련지은 4분의 3이라는 지수에 대응한다. 원처럼 아주 매끄러운 전통적인 곡선은 이 기울기 또는 지수가 0이다. 해상도가 높아져도 길이가 변하는 것이 아니라 한정된 값에 수렴되기 때문이다. 거실의 길이 사례와 마찬가지다. 하지만 울퉁불퉁하고 주름진 해안선은 기울기가 0이 아니다. 예를 들어, 영국 서해안은 기울기가 0.25다. 장엄한 피오르와 만과 후미 안에 점점 더 작은 만과 후미가 들어서 있는 다수준의 만과 후미가 있는 노르웨이의 해안처럼 더 주름진 해안선은 기울기가 무려 0.52에 이른다. 리처드슨은 반면에 남아프리카 해안은 여느 해안들과 달리, 기울기가 0.02에 불과하다는 것을 발견했다. 거의 매끄러운 곡선에 가깝다. 그가 이 문제에 관심을 갖게 된 '불일치'를 보여준 스페인과 포르투갈 사이의 국경선은 기울기가 0.18이었다.

그림 14를 참조하라.

이 숫자들이 무슨 의미인지 감을 잡기 위해서, 측정의 해상도를 2만큼 높인다고 하자. 그러면 영국 서해안의 길이 측정값은 약 25퍼센트가 증가하고, 노르웨이 해안의 길이 측정값은 50퍼센트 넘게 늘어난다. 이 효과는 엄청나다. 하지만 70년 전에 리처드슨이 우연히 알아차리기 전까지는 철저히 간과되고 있었다. 따라서 측정 과정이 의미가 있으려면, 해상도를 알고 이 전체 과정에 통합시키는 것이 중요하다.

이것이 말하는 바는 명확하다. 일반적으로 길이를 잴 때 쓴 해상도의 수준을 언급하지 않은 채 길이 측정값을 인용하는 것은 무의미하다는 뜻이다. 원칙적으로, 측정한 단위를 제시하지 않은 채, 길이가 543, 27, 1.289176이라고 말하는 것은 무의미하다. 단위가 마일인지 센티미터인지, 옹스트롬인지 알아야 하는 것처럼, 쓰인 해상도도 알 필요가 있다.

망델브로는 프랙털 차원fractal dimension이라는 개념을 도입했다. 거듭제곱 법칙의 지수(기울기 값)에 1을 더한 값이다. 따라서 남아프리카의 해안은 프랙털 차원이 1.02이고, 노르웨이는 1.52다. 1을 더한 이유는 프랙털 개념을 2장에서 논의한 기존의 통상적인 차원 개념과 연관짓기 위해서였다. 매끄러운 선은 차원이 1, 매끄러운 표면은 차원이 2, 매끄러운 부피는 차원이 3이다. 따라서 남아프리카 해안은 프랙털 차원이 1.02이어서 1에 아주 가까우므로, 매끄러운 선에 아주 가깝다. 반면에 노르웨이는 프랙털 차원이 1.52로서 1보다 아주 크기 때문에 매끄러운 선과 아주 거리가 멀다.

우리는 선이 심하게 주름지고 꾸불꾸불하여 사실상 전체 면적을 다 채우는 극단적인 사례를 상상할 수 있다. 그러면 설령 여전히 '통상적인' 1차원의 선이라고 해도, 그 선은 스케일링 특성이라는 관점에서는 마치 면적처럼 행동하며, 그럼으로써 프랙털 차원은 2가 된다. 유효한 추가 차원을 획득하는 이 신기한 현상은 공간 채움 곡선의 일반적인 특징인데, 그 문제는 다음 장에서 다루기로 하자.

자연 세계에는 매끄러운 것이 거의 없다. 대부분이 주름지고 불규칙하고 삐죽삐죽하며, 거기에다가 자기 유사성을 띠는 사례가 아주 많다. 숲, 산맥, 채소, 구름, 해수면을 생각해보라. 그 결과, 대부분의 물체는 절대적이고 객관적인 길이를 전혀 지니고 있지 않으며, 측정값을 언급할 때는 해상도도 말하는 것이 아주 중요하다. 그렇다면 그토록 기본적이면서 지금은 거의 명백해 보이는 것을 알아차리는 데 2,000년 넘게 걸린 이유는 무엇일까? 우리가 자연 세계와 맺었던 긴밀한 관계가 서서히 분리되고, 우리 생물학을 결정해온 자연의 힘들로부터 점점 더 멀어짐에 따라 나타난 이중성에서 비롯되었을 가능성이 아주 높다. 일단 언어를 발명하고, 규모의 경제를 이용하는 법을 배우고, 공동체를 형성하고, 인공물을 만들기 시작하자, 우리는 사실상 일상 세계와 그 주변 세계의 기하학을 바꾸었다. 원시적인 토기와 도구든 현대의 정교한 자동차, 컴퓨터, 고층건물이든, 인간의 손으로 인공물을 설계하고 만들 때, 우리는 직선, 매끄러운 곡선, 매끄러운 표면의 단순성을 채택하고 열망한다. 이는 정량화한 측정법의 발전과 수학, 특히 유클리드 기하학이라는 이상화한 패러다임으로 표현되는 수학의 발명에서 잘 정립되고 드러났다. 우리가 여느 포유동물들과 별다를 바 없는 포유동물에서 사회성을 띤 호모 사피엔스로 진화하면서, 주변에 조성한 인공물의 세계에 적합한 것은 바로 수학이었다.

이 새로운 인공물의 세계에서 살아가는 우리는 불가피하게 유클리드 기하학—직선, 매끄러운 곡선, 매끄러운 표면—의 렌즈를 통해 들여다보도록 조건 형성이 이루어졌다. 그래서 우리, 적어도 과학자와 공학자는 우리가 본래 출현한 혼란스럽고 복잡하고 뒤엉킨 듯한 세계를 못 보게 되었다. 그 세계를 들여다보는 일은 주로 화가와 작가의 상상에 맡겼다. 비록 이 새롭고 더 규칙적인 인공 세계에서는 측정이 핵심적인 역할을 하지만, 그 측정은 유클리드의 우아한 단순성을 지니며, 따라서 해상도 같은 어색한 질문들을 걱정할 필요가 전혀 없다. 이 새로운 세계에서 길이는 그저 길이일 뿐이며, 그 이상의 의미는 없다. 하지만 바로 우리 주변을 에워싸고 있는 '자연' 세계는 그렇지 않다. 자연 세계는 대단히 복잡하고, 주름, 물결, 삐죽빼죽한 모양으로 가득하다. 망델브로는 이 점을 간결하게 표현했다. "매끄러운 모양은 야생에는 극히 드물지만, 상아탑과 공장에서는 극도로 중요하다."

19세기가 시작될 때부터 수학자들은 이미 매끄럽지 않은 곡선과 표면을 생각하고 있었지만, 자연 세계에 그런 기하학이 만연해 있다는 사실에 자극을 받아서 한 일은 아니었다. 그들은 그저 유클리드의 신성한 교리에 어긋나는 일관성을 지닌 기하학을 정립하는 것이 가능한가 같은 주로 학술적인 측면에서 새로운 착상과 개념을 탐구하려는 동기를 지녔을 뿐이었다.

그 질문의 답은 예였고, 망델브로는 그 답을 활용하기에 좋은 입장에 있었다. 리처드슨과 반대로, 망델브로는 고전적인 프랑스 수학이라는 더 전통적인 교육을 받았고, 추상적이고 심하게 주름진 비유클리드 곡선과 표면이라는 낯선 세계에 친숙했다. 그가 탁월하게 공헌한 부분은 리처드슨이 발견한 것을 확고한 수학적 토대 위에 올려놓고, 수학자들이 만지작거렸던 '현실'과 아무런 관련이 없어 보인 기이한 기하학이 사실상 모든 면에서 현실과 관련이 있다는 점을 알아본 것이었다. 게다가 몇몇 측면에서는 유클리드 기하학보다 훨씬 더 관련이 있을 가능성도 있었다.

아마 더욱 중요한 점은 이런 착상들이 국경과 해안선을 뛰어넘어 측정할 수 있는 거의 모든 것, 심지어 측정 횟수와 빈도에까지 적용되도록 일반화할 수 있음을 그가 깨달았다는 것이다. 우리 뇌, 구긴 종이 뭉치, 조명, 하천 망, 심전도와 주식시장 같은 시계열도 그런 사례들이다. 예를 들어, 1시간 동안 거래가 이루어진 금융 시장의 변동 패턴은 평균적으로 하루, 한 달, 1년, 10년에 걸쳐 일어나는 변동 패턴과 동일하다. 그저 서로의 비선형 규모 증감판이다. 따라서 어느 기간에 걸친 다우존스 평균 지수의 전형적인 그래프를 보면, 지난 1시간 동안의 것인지 지난 5년 동안의 것인지 구분할 수 없다. 기간에 관계없이 쭉 빠지거나 완만하게 솟아오르거나 삐죽 솟구치는 양상이 나타난다. 다시 말해, 주식시장의 행동은 모든 시간 규모에 걸쳐서 지수나 그와 동등한 프랙털 차원을 통해 정량화할 수 있는, 거듭제곱 법칙을 따라서 반복되는 자기 유사적 프랙털 패턴이다.

이 지식을 갖추면 곧 부자가 될 것이라고 생각하는 사람도 있을 것이다. 비록 이 지식이 주식시장에 숨겨진 규칙성을 간파할 새로운 깨달음을 제공한다는 점은 분명하지만, 불행히도 그 예측력은 평균적인 결이 거친 의미에만 해당하며, 개별 주식의 행동에 관한 구체적인 정보는 주지 않는다. 그렇긴 해도 그 규칙성은 다양한 시간 규모에 걸친 시장의 동역학을 이해하는 데 중요한 요소다. 여기에 자극을 받아서 경제물리학econophysics이라는 새로운 학제간 금융 분야가 출현했고, 투자 회사들은 이런 종류의 착상들을 이용하여 새로운 투자 전략을 개발하기 위해 물리학자, 수학자, 컴퓨터과학자를 고용했다.[23] 그중에는 맡은 일을 잘하는 사람들이 많다. 비록 그들의 물리학과 수학이 실제로 성공을 거두는 데 얼마나 큰 역할을 했는지는 불분명하지만 말이다.

마찬가지로 심전도에서 관찰된 자기 유사성은 우리 심장의 상태를 파악하는 중요한 척도다. 흔히들 심장이 더 건강할수록 심전도가 더 매끄럽고 규칙적인 양상을 보일 것이라고, 즉 건강한 심장이 더 건강하지 못한 심장에 비해 프랙털 차원이 낮을 것이라고 생각할 것이다. 정반대다. 건강한 심장은 프랙털 차원이 상대적으로 더 커서, 심전도에 뾰족하고 삐죽삐죽한 형태가 더 많은 반면, 병에 걸린 심장은 그 값이 낮아서 심전도가 비교적 매끄럽다. 사실 가장 심각한 위험에 처한 이들은 별 특징 없이 매끄러운 심전도에 가까운 프랙털 차원을 보인다. 따라서 심전도의 프랙털 차원은 심장병과 건강을 정량화하는 강력한 보완적 진단 도구가 된다.[24]

건강하고 튼튼하다는 것이 분산과 변동이 더 크다는 것, 따라서 심전도에서처럼 프랙털 차원이 더 크다는 것과 같은 이유는 그런 계들의 탄력성과 밀접한 관계가 있다. 지나치게 경직되고 속박되어 있다는 것은 어떤 계든 불가피하게 겪기 마련인 작은 충격과 요동을 견디는 데 필요한 조정을 할 수 있는 유연성이 부족하다는 뜻이다. 당신의 심장이 매일 받는 스트레스와 긴장을 생각해보라. 그중에는 예기치 않았던 것들도 많다. 장기 생존에는 그런 것들을 견디고 자연적으로 적응할 수 있다는 것이 대단히 중요하다. 이런 연속적인 변화와 충격을 견뎌내려면, 우리의 뇌를 비롯한 모든 기관과 정신은 유연하고 탄력적이어야, 따라서 상당한 프랙털 차원을 가져야 한다.

이 말은 적어도 비유적으로 개인을 넘어서 기업, 도시, 국가, 심지어 생명 자체로까지 확장할 수 있다. 다양하면서 교체 가능하고 적응 가능한 많은 구성 요소들을 지닌다는 것도 이 패러다임의 한 표현 형태다. 자연선택은 다양성을 토대로 번성하며, 따라서 더욱더 다양성을 낳는다. 탄력적인 생태계는 종 다양성이 더 높다. 성공한 도시가 제공하는 일자리와 사업의 범위가 더 넓고, 성공한 기업이 다양한 제품과 인력으로 시장 변화에 반응하여 변화하고 적응하고 재창조할 유연성을 지닌다는 것은 결코 우연이 아니다. 이 문제는 8장과 9장에서 도시와 기업을 다룰 때 더 자세히 논의하자.

1982년 망델브로는 《자연의 프랙털 기하학The Fractal Geometry of Nature》이라는 쉽게 읽히는 준교양서를 내놓았고, 이 책은 많은 영향을 미쳤다.[25] 이 책은 프랙털이 과학과 자연 세계 양쪽에 만연해 있음을 보여줌으로써 프랙털에 엄청난 관심을 불러일으켰다. 어디에서든 프랙털을 찾아내고, 그 차원을 측정하고, 그 마법 같은 특성이 어떻게 경이로운 별난 기하학적 형상을 만들어내는지를 보여주는 등 프랙털을 탐색하는 소규모 산업이 출현할 정도였다.

망델브로는 프랙털 수학에 토대를 둔 비교적 단순한 알고리듬 규칙이 놀라울 만치 복잡한 패턴을 생성할 수 있다는 것을 보여주었다. 그를 포함하여 많은 이들은 놀라울 만치 사실적으로 산맥과 경관을 모사했으며, 흥미로운 환각을 불러일으키는 문양도 만들어냈다. 영화와 미디어 업계는 프랙털을 열광적으로 받아들였고, 현재 우리가 '사실적인' 전투 장면, 눈부신 경관, 환상적인 미래 세계 등 스크린과 광고에서 보는 것들 중에는 프랙털 패러다임을 토대로 한 것이 많다. 〈반지의 제왕〉, 〈쥐라기 공원〉, 〈왕좌의 게임〉은 프랙털에 관한 이 초기 연구와 통찰이 없었다면 사실 같은 환상적인 장면 대신에 칙칙한 장면을 보여주었을 것이다.

프랙털은 음악, 미술, 건축에서도 나타났다. 악보의 프랙털 차원을 이용하면 베토벤, 바흐, 모차르트 등 서로 다른 작곡가들의 특징과 특색을 정량화할 수 있다는 주장도 나왔으며, 잭슨 폴록 그림의 프랙털 차원은 진품과 위조품을 구별하는 데 쓰였다.[26]

프랙털을 묘사하고 정량화하는 수학적 틀은 나와 있지만, 기본적인 물리 원리를 토대로 프랙털이 왜 생기는지를 기계론적으로 이해하거나 그 차원을 계산할 전반적인 근본 이론은 아직까지 전혀 나오지 않았다. 해안선과 국경이 프랙털인 이유는 무엇이며, 그 놀라운 규칙성을 불러온 동역학, 남아프리카가 상대적으로 매끄러운 해안을 지닌 반면 노르웨이는 울퉁불퉁한 해안을 지니게 하는 동역학은 무엇일까? 그리고 이런 서로 전혀 다른 현상들을 주식시장, 도시, 관다발계, 심전도의 행동과 연관짓는 공통의 원리와 동역학은 무엇일까?

프랙털 차원은 그런 계들을 특징짓는 여러 척도 중 하나에 불과하다. 이 하나의 척도에 이렇게 많은 것들을 집어넣을 수 있다는 점이 놀랍다. 예를 들어, 다우존스 산업 평균 지수는 미국 경제의 전반적인 상태를 알려주는 지표로 거의 맹신되고 있을 정도다. 체온이 대개 우리의 전반적인 건강을 알려주는 지표로 쓰이는 것과 마찬가지다. 그런데 그보다는 연례 건강 검진을 통해 얻는 것 같은 여러 가지 척도나, 경제학자가 경제의 더 전반적인 상황을 파악하기 위해 내놓는 여러 지표를 쓰는 편이 낫다. 거기에다가 그 다양한 척도가 왜 그런 크기인지를 기계론적으로 이해할 역동적 모형을 갖춘 전반적으로 정량적인 이론과 개념 틀을 지니고, 그 모형들이 어떻게 진화할지를 예측할 수 있다면 훨씬 더 나을 것이다.

이 맥락에서 보면, 대사율이 어떻게 증감하는지를 알려주는 클라이버 법칙이나, 더 나아가 생물들이 따르는 상대성장 스케일링 법칙들을 모두 다 안다고 해서, 이론이 구축되는 것은 아니다. 오히려 이런 현상론적인 법칙들은 생명의 체계적이고 일반적인 특징을 드러내거나 담고 있는 엄청난 양의 자료를 정교하게 요약한 것이다. 망의 기하학과 동역학 같은 일반적인 기본 원리의 간결한 집합으로부터 점점 더 세밀한 수준으로 그것들을 분석적으로 유도할 수 있다면, 그 기원을 더 깊이 이해함으로써 다른 현상들과 새로운 현상들을 규명하고 예측할 가능성이 생긴다. 다음 장에서는 망 이론이 어떻게 그런 기본 틀을 제공하는지를 보여주고, 그 점을 잘 보여주는 몇 가지 사례를 들기로 하자.

사족 하나: 망델브로는 프랙털의 기계론적 기원을 이해하는 쪽에는 이상할 정도로 거의 관심이 없었다. 프랙털이 놀랍도록 보편적임을 세상에 알린 뒤에도, 그는 그것의 물리적 기원보다는 그것을 수학적으로 기술하는 쪽에 계속 열의를 보였다. 그는 프랙털이 자연의 흥미로운 특성이므로 그 보편성, 단순성, 복잡성, 아름다움을 보면서 기뻐해야 한다는 태도를 지닌 듯했다. 그것을 기술하고 사

용할 수학을 발전시켜야 하지만, 그것이 어떻게 생성되는지 기본 원리를 찾는 일에는 너무 매달리지 말라는 듯했다. 한마디로 그는 물리학자보다는 수학자의 관점에서 프랙털에 접근했다. 이것이 바로 그의 위대한 발견이 물리학계와 과학계 전반에서 받아 마땅한 인정을 제대로 받지 못하고, 그 결과 그가 수많은 유명한 상들을 받는 등 폭넓게 인정을 받았음에도 노벨상은 받지 못한 이유 중 하나일지 모른다.

4

생명의 네 번째 차원

성장, 노화, 죽음

생명을 유지하는 망들은 거의 다 근사적으로 자기 유사적 프랙털이다. 앞 장에서 나는 이런 프랙털 구조의 특성과 기원이 최적화와 공간 채움 같은 일반적인 기하학적, 수학적, 물리적 원리의 산물이며, 거기에서 평균적인 개인 내에서만이 아니라 종 사이에서 망이 어떻게 규모 증감을 하는지 유도할 수 있음을 설명했다.

　내 논의는 대부분 순환계에 초점을 맞추었지만, 호흡계, 식물, 곤충, 세포에도 동일한 원리가 적용된다. 이 이론이 거둔 한 가지 중요한 성공은 동일한 망 원리 집합이 전혀 다르게 진화한 설계들을 지닌 계들에서 비슷한 스케일링 법칙을 낳는다는 것이다. 이 원리들은 서로 다른 분류군 전체에서 흔한 4분의 1제곱 스케일링의 기원을 설명할 뿐 아니라, 예를 들어서 대동맥이 왜 나무줄기와 동일한 양상으로 규모 증감을 하는지도 보여준다. 이런 많은 양을 그 이론을 써서 계산할 수 있다. 이 이론의 예측력이 어느 정도인지를 보여주기 위해 우리가 〈사이언스〉와 〈네이처〉에 발표한 논문들에 실은 표를 몇 개 실었다. 순환계, 호흡계, 식물, 숲 군집의 여러 측정값을 예측값과 비교한 것이다. 전반적으로 잘 들어맞는다는 것을 쉽게 알아볼 수 있다.

표 1 심혈관계

양	예측값	측정값
대동맥 반지름	3/8=0.375	0.36
대동맥 혈압	0=0.00	0.032
대동맥 혈류 속도	0.00	0.07
혈액량	1=1.00	1.00
순환 시간	1/4=0.25	0.25
순환 거리	1/4=0.25	자료 없음
심장 1회 박출량	1=1.00	1.03
심장 박동 수	−1/4=−0.25	−0.25
심장 박출량	3/4=0.75	0.74
모세혈관 수	3/4=0.75	자료 없음
수도관 용적 반지름	자료 없음	자료 없음
워머슬리 수	1/4=0.25	0.25
모세혈관 밀도	−1/12=−0.083	−0.095
혈액의 O_2 친화도	−1/12=−0.083	−0.089
총 저항	−3/4=−0.75	−0.76
대사율	3/4=0.75	0.75

표 2 호흡계

양	예측값	측정값
기관 반지름	3/8=0.375	0.39
흉막 압력	0=0.00	0.004
기관의 공기 속도	0=0.00	0.02
허파 부피	1=1.00	1.05
공기 흡입량	3/4=0.75	0.80
허파꽈리 부피	1/4=0.25	자료 없음
공기 순환량	1=1.00	1.041
호흡 빈도	−1/4=−0.25	−0.26

분산력	3/4=0.75	0.78
허파꽈리 수	3/4=0.75	자료 없음
허파꽈리 반지름	1/12=0.083	0.13
허파꽈리 면적	1/6=0.167	자료 없음
허파 면적	11/12=0.92	0.95
O_2 확산력	1=1.00	0.99
총 저항	−3/4=−0.75	−0.70
O_2 소비율	3/4=0.75	0.76

표 3 식물 관다발계의 생리적·해부학적 변수들에 대한 스케일링 지수의 예측값

양	식물 무게의 함수 지수 예측값	줄기 반지름의 함수 지수 예측값	측정값
잎 수	3/4(0.75)	2(2.00)	2.007
가지 수	3/4(0.75)	−2(−2.00)	−2.00
관 수	3/4(0.75)	2(2.00)	자료 없음
줄기 길이	1/4(0.25)	2/3(0.67)	0.652
줄기 반지름	3/8(0.375)		
통도조직 면적	7/8(0.875)	7/3(2.33)	2.13
관 반지름	1/16(0.0625)	1/6(0.167)	자료 없음
전도도	1(1.00)	8/3(2.67)	2.63
잎 전도도	1/4(0.25)	2/3(0.67)	0.727
유량		2(2.00)	자료 없음
대사율	3/4(0.75)		
압력 기울기	−1/4(−0.25)	−2/3(−0.67)	자료 없음
유체 속도	−1/8(−0.125)	−1/3(−0.33)	자료 없음
가지 저항	−3/4(−0.75)	−1/3(−0.33)	자료 없음

동일한 원리 집합에 토대를 두고 있음에도, 실제 수학과 동역학은 망의 서로 다른 물리적 구조를 반영하여 대개 사례마다 전혀 다르다. 이런 다양한 계가 동일한 원리 집합을 어떻게 이용하는지 상세히 살펴보지는 않겠지만, 이 모든 사례에서 결과는 매우 비슷하며 4분의 1제곱 스케일링이 나타난다.

매우 흡족한 결과이지만, 아직 한 가지 문제가 남아 있다. 이 서로 다른 망 각각에서, 이를테면 어느 망에서는 지수가 6분의 1이 나오고 다른 망에서는 8분의 1이 나오는 대신에, 모두 4분의 1로 나오는 이유가 무엇일까? 다시 말해, 이 동일한 원리 집합이 구조와 동역학이 서로 다른 다양한 망 체계에 적용될 때, 동일한 스케일링 지수를 낳게 하는 것은 무엇일까? 거의 모든 생물 집단에서 4분의 1이 출현하도록 하는, 동역학을 초월하는 추가 설계 원리들이 있을까? 이는 중요한 개념적 질문이며, 이 보편적 행동이 계층 구조적 분지 망 구조가 훨씬 덜 뚜렷한 세균 같은 계에까지 확장되는 이유를 이해하는 데 특히 중요하다.

1 생명의 네 번째 차원

이를 규명하는 일반 논증은 자연선택이 에너지 손실을 최소화하는 것 외에, 대사가 생명을 유지하고 번식시키는 데 필요한 에너지와 물질을 생산하므로 대사 용량을 최대화해왔다는 점도 인정함으로써 가능하다.[1] 이는 자원과 에너지가 전달되는 표면적을 최대화함으로써 이루어져왔다. 이 표면들은 사실 망의 모든 말단 단위들의 총 표면적이다. 예를 들어, 우리의 모든 대사 에너지는 우리 세포에 에너지를 공급하는 모세혈관의 총 표면적을 통해 전달된다. 광합성을 하는 모든 잎을 통해 햇빛에서 모은 에너지와 뿌리계의 모든 말단 섬유를 통해 흙에서 모은 물의 전달이 나무의 대사를 통제하는 것과 마찬가지다. 따라서 말단 단위는 불변이기 때문만이 아니라, 모세혈관 같은 내부 환경이든 잎 같은 외부 환경이든, 자원 환경과의 접촉면이기 때문에도 중요한 역할을 한다. 뒤에서 살펴보겠지만, 에너지 교환의 관문이라는 이 핵심 역할은 당신이 얼마나 오래 잠을 자는가에서부터 얼마나 오래 사는가까지를 결정하는 등 생명의 많은 측면에 중요하다.

자연선택은 이런 말단 단위들의 총 유효 표면적을 최대화하고, 그럼으로써 대사 출력량을 최대화하기 위해 공간 채움 망의 프랙털 특성을 이용한다. 기하학적으로 볼 때, 프랙털형 구조에 내재된 겹겹이 이어진 다층적인 분지와 주름은 정보, 에너지, 자원이라는 생명의 본질적인 요소들이 흐르는 표면적을 최대화함으로써 그것들의 운반을 최적화한다. 이런 프랙털 특성 때문에, 이 유효 표면적은 겉으로 보이는 물리적 크기보다 훨씬 더 크다. 당신의 몸에서 몇 가지 눈에 띄는 사례를 통해 이 점을 설명해보자.

허파는 크기가 축구공만 하고 부피는 5~6리터에 불과하지만, 산소와 이산화탄소를 혈액과 교환하는 호흡계의 말단 단위인 허파꽈리의 총 표면적은 거의 테니스장만 하며, 모든 공기 통로의 총 길이는 약 2,500킬로미터에 달한다. 로스앤젤레스에서 시카고까지, 또는 런던에서 모스크바까지의 거리에 해당한다. 더욱 놀라운 사실은 우리 순환계를 이루는 모든 동맥, 정맥, 모세혈관을 한 줄로 죽 늘어세우면, 총길이가 약 10만 킬로미터에 달한다는 점이다. 지구를 거의 두 바퀴 반을 돌거나, 지구에서 달까지 거리의 3분의 1을 넘는 길이다. 이 모든 것이 키가 2미터도 안 되는 몸에 가뿐하게 들어간다. 자연선택이 물리학, 화학, 수학의 경이들을 활용해왔음을 말해주는, 당신 몸의 매우 환상적이면서 놀라운 특징이다.

이 놀라운 현상은 해안선과 국경에 관해서 리처드슨이 발견하고 망델브로가 상세히 규명한 것, 즉 길이와 면적이 반드시 겉으로 보이는 그대로가 아니라는 깨달음의 극단적인 사례다. 앞 장에서 설명했듯이, 공간을 채우는 충분히 주름진 선은 마치 면적인 양 규모가 증감한다. 그 프랙털성은 사실상 그 선에 추가 차원을 부여한다. 2장에서 논의했듯이, 관습적인 유클리드 차원은 여전히 선을 가리키는 값인 1이지만, 프랙털 차원은 2다. 마치 면적인 양 최대한 프랙털이자 스케일링이 이루어졌음을 시사한다. 마찬가지로 면적도 충분히 주름져 있다면, 부피인 양 행동할 수 있고, 그럼으로써 유효 차원을 하나 더 얻는다. 그 유클리드 차원은 면적임을 시사하는 2이지만, 프랙털 차원은 3이다.

이 점을 명확히 보여주는 친숙한 사례가 있다. 빨랫감 천을 생각해보자. 에너지도 절약하고 싶고 시간과 돈도 아끼려는 마음에, 당신은 세탁기의 통을 채울 만큼 빨랫감이 충분히 쌓이고도 남을 때까지 몇 주를 기다린다. 그러다가 때가 되면 당신은 세탁통 부피 전체를 가능한 한 꽉 채울 만큼 많은 빨래를 집어넣는다. 이제 통상적으로 부피가 면적보다 규모가 더 빨리 증가한다는 점을 떠올리자. 당신이 세탁기의 모양을 그대로 유지한 채 모든 길이를 2배로 늘임으로써 세탁기의 크기를 2배로 늘린다면, 부피는 8배(2^3) 늘어나는 반면, 모든 표면적은 4배(2^2) 늘어날 것이다. 따라서 소박하게 생각하면, 빨랫감 천은 본질적으로 모두 면적이고 따라서 이차원이므로 (두께는 무시할 수 있다), 세탁기 크기를 2배로 늘림으로써 4배나 많은 빨랫감 천을 집어넣을 수 있게 된다. 하지만 이 모든 천을 빨래통에 넣어서 통 부피 전체를 완전히 채운다면, 부피는 8배가 증가했으므로 실제로는 단지 4배가 아니라 8배나 많은 빨래를 집어넣을 수 있다는 것이 명백하다. 다시 말해, 삼차원 세탁기를 채우는 이차원 천들의 총 유효 면적은 면적보다는 부피처럼 규모가 증감하며, 따라서 이런 의미에서 보면 우리는 면적을 부피로 전환한 셈이다.

이렇게 되는 이유는 매끄러운 유클리드 표면인 천을 구기면 주름이 엄청나게 많아져 프랙털로 전환되기 때문이다. 사실, 주름들의 크기 분포는 고전적인 거듭제곱 법칙을 따른다. 긴 주름은 적은 반면 아주 작은 주름은 많이 있으므로, 주름의 수는 거듭제곱 법칙 분포를 따른다. 이 점은 실제로 종이를 공처럼 구긴 실험을 통해 검증된 바 있다.[2] 현실적으로는 세탁기에 든 모든 천을 완전히 구기거나 종이를 공으로 완전히 구길 수 없으므로, 공간 채움이 완벽하게 이루어지지는 않지만, 그래도 꽤 근접할 수는 있다. 그리고 이 점은 실제로 측정한 프랙털 차원이 3에 조금 못 미친다는 점에서 드러난다. 게다가 너무 치밀하게 압축하면 세탁기가 세척을 제대로 할 수 없을 가능성이 높으므로, 당신은 완전히 구기고 싶지 않을 것이다.

하지만 교환하는 표면을 최대화하려는 자연선택의 힘을 받아서, 생물학적 망들은 최대한의 공간 채움을 달성하며, 그 결과 이차원 유클리드 표면이 아니라 삼차원 부피처럼 규모가 증감한다. 망 성능을 최적화함으로써 생기는 이 추가 차원은 마치 생물이 사차원에서 활동하는 양 만든다. 이것이 바로 4분의 1제곱의 기하학적 기원이다. 따라서 매끄러운 비프랙털 유클리드 물체처럼, 고전적인 3분의 1 지수가 아니라, 4분의 1 지수에 따라 규모가 증감한다. 비록 살아 있는 것들이 삼차원 공간을 차지하지만, 그들의 내부 생리와 해부 구조는 마치 사차원적인 양 작동한다.

따라서 설령 서로 다른 해부학적 설계들이 서로 다른 동역학적 시나리오들을 이용한다고 할지라도, 많은 생물학적 망들이 면적보존분지를 하는 것은 결코 우연이 아니다. 생명의 역사에서 단 한 번만 진화한 유전암호와 달리, 유효한 네 번째 차원을 추가하는 프랙털형 분포 망은 여러 차례 기원했다. 잎, 아가미, 허파, 창자, 콩팥, 미토콘드리아의 표면적과 나무에서 해면동물에 이르는 다양한 호흡계와 순환계의 분지 구조가 그런 사례들이다. 따라서 세균 같은 단세포 생물조차도 이 점을 이용하여 4분의 1제곱 스케일링을 보이는 것도 놀랄 일은 아니다.

4분의 1제곱 스케일링 법칙은 아마 대사의 생화학 경로, 유전암호의 구조와 기능, 자연선택 과정만큼 보편적이면서 독특하게 생물학적인 것일 듯하다. 대다수의 생물은 대사율은 4분의 3, 체내 시간과 거리에는 4분의 1에 아주 가까운 스케일링 지수를 보여준다. 이 지수들은 각각 부피를 채우는 프랙털형 망의 유효 표면적과 선형 차원의 최댓값과 최솟값이다. 프랙털이라는 주제를 변주하면서 믿어지지 않을 만큼 다양한 생물학적 형태와 기능을 생성하는 자연선택의 힘을 증언한다. 그런 한편으로 이 모든 생물들이 공통의 4분의 1제곱 스케일링 법칙 집합에 따르도록 규정한 대사 과정들에 심각한 기하학적·물리학적 제약이 가해진다는 것도 증언한다. 프랙털 기하학은 말 그대로 생명에 추가 차원을 부여해왔다.

이와 정반대로 자동차, 집, 세탁기, 텔레비전 등 인간이 만든 인공물과 시스템 중에는 성능을 최적화하기 위해 프랙털의 힘을 빌린 것이 거의 없다. 컴퓨터와 스마트폰 같은 전자 장비에 지극히 제한적으로 쓰이긴 하지만, 당신의 몸에 비하면 지극히 원시적이다. 반면에 도시나 그보다 제한적이긴 하지만 기업처럼 인간이 만든 것이로되 유기적으로 성장한 체계들은 자신의 성능을 최적화하는 경향을 띠는 자기 유사적 프랙털 구조로 저절로 진화해왔다. 이 문제는 8장과 9장에서 더 살펴볼 것이다.

2 왜 개미만 한 포유동물은 없을까?

이상적인 수학적 프랙털은 '영구히' 계속된다. 반복되는 자기 유사성은 무한소에서 무한대까지 무한정 지속된다. 하지만 실제 생물에서는 명확히 한계가 있다. 브로콜리는 계속 쪼개다보면 결국 자기 유사성을 잃고 조직 세포, 궁극적으로 분자 성분의 기본적인 구조와 기하학이 드러난다. 이와 관련된 의문이 하나 떠오른다. 포유동물인 채로 얼마나 멀리까지 규모를 축소 또는 확대할 수 있을까? 다시 말해서 포유동물의 최대 크기와 최소 크기를 결정하는 것은 무엇일까? 혹시 아예 한계가 없는 것은 아닐까? 그렇다면 체중이 몇 그램에 불과한 땃쥐보다 더 작은 포유동물이나 수억 그램이 넘는 대왕고래보다 큰 포유동물은 왜 없냐는 질문이 나올 수도 있다.

답은 망의 미묘한 특성과 생리적 한계 사이의 상호작용에서 나온다. 생리적 한계는 구조의 최대 크기에는 한계가 있다는 갈릴레오의 논증에서 유도된다. 대다수의 생물학적 망들과 달리, 포유동물의 순환계는 단일한 자기 유사적 프랙털이 아니라, 혈액이 대동맥에서 모세혈관으로 갈수록 맥동하는 교류에서 맥동하지 않는 직류로 흐름이 변하므로, 두 가지 다른 프랙털 구조의 혼합체다. 혈액은 대부분 망의 위쪽 부분인 교류가 주류인 더 큰 혈관에 들어 있어서 대사율의 4분의 3제곱 스케일링 법칙을 따른다.

비록 분지 지점에서 한 모드에서 다른 모드로 연속적으로 변화하긴 하지만, 그 변화가 일어나는 영역은 비교적 좁고, 그 위치(모세혈관에서부터 거슬러 올라간 분지 횟수로 측정한)는 몸집과 무관하며, 따라서 모든 포유동물에게서 같다. 다시 말해, 모든 포유동물은 흐름이 꾸준하며 맥동하지 않는 직류가 주류인 혈관의 분지 횟수가 15회로 거의 같다. 몸집이 커짐에 따라 포유동물들에게서 달라지는 점은, 흐름이 맥동하는 교류 분지 수준의 수가 늘어난다는 것이다. 예를 들어, 우리는 약 7~8회 수준이지만, 고래는 약 16~17회 수준이고, 땃쥐는 겨우 1~2회 수준이다. 이 혈관들에서는 임피던스정합 덕분에 혈액을 뿜어내는 데 에너지가 비교적 거의 들지 않으므로, 이 수준들이 더 많을수록 더 낫다. 심장 박출량은 거의 다 결국은 맥동하지 않는 영역에 속한 훨씬 더 작은 혈관들로 들어가며, 그 혈관들의 수준 수는 모든 포유동물에게서 거의 같다. 따라서 상대적으로 볼 때, 망에서 심장이 에너지의 대부분을 쓰는 부분의 비율은 포유동물의 몸집이 커질수록 줄어들며, 이 점도 큰 포유동물이 작은 포유동물보다 더 효율적임을 보여주는 사례다. 고래는 땃쥐보다 세포 하나에 피를 공급하는 데 드는 에너지가 겨우 100분의 1밖에 안

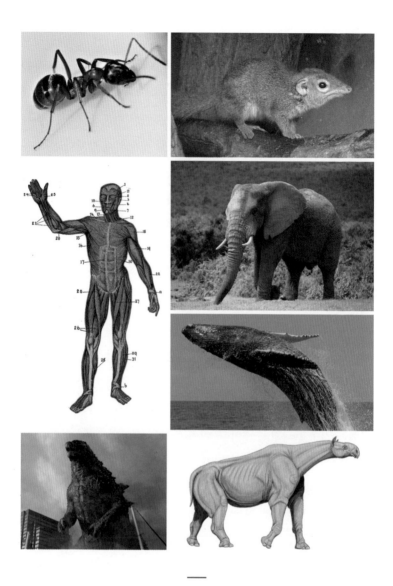

체중이 2그램(오른쪽 위)인 땃쥐부터 20만 킬로그램인 대왕고래에 이르는 포유동물의 몸집 범위. 우리는 왜 2밀리그램만 한 개미나 200만 킬로그램만 한 고질라가 될 수 없을까? 아래 오른쪽은 지금까지 살았던 육상 포유동물 중 가장 컸던 체중 2만 킬로그램의 파라케라테리움이다.

된다.

이제 동물의 몸집이 계속 줄어든다고 상상하자. 그에 따라 고동치는 파동을 유지할 만큼 큰 혈관들에서 면적보존분지가 일어나는 횟수는 점점 줄어들다가, 이윽고 망이 맥동하지 않는 직류만을 지탱할 수 있는 전환점에 다다른다. 그 단계에서는 주요 동맥조차 너무 작고 좁아져서 고동치는 파동을 지탱할 수 없게 된다. 그런 혈관에서는 혈액의 점성 때문에 파동이 지나치게 잦아들어서 더 이상 전파될 수 없고, 흐름은 전적으로 꾸준한 직류로 바뀐다. 가정용 수도관 속을 흐르는 물과 똑같아진다. 고동치는 심장이 생성한 고동치는 파동은 대동맥에 들어가자마자 잦아든다.

정말로 기이한 일이다. 그런 동물은 심장은 뛰지만 맥박은 뛰지 않을 것이다! 그렇게 되면 기이하기도 하지만 더 중요한 점은 극도로 비효율적인 설계가 된다는 것이다. 임피던스정합의 이점이 완전히 사라지고 중요한 에너지가 순환계 전체의 모든 혈관에서 흩어져 사라지기 때문이다. 이때는 이 효율 손실을 반영하는 대사율의 규모 증감이 일어난다. 계산을 해보면, 이 순환계는 고전적인 저선형 4분의 3제곱 스케일링 법칙을 따르는 대신에, 선형 규모 증감 양상을 따른다고 나온다. 즉, 체중에 정비례하며, 따라서 규모의 경제가 지닌 이점도 사라진다. 이 순수한 직류 사례에서는 조직 1그램을 지탱하는 데 필요한 힘은 몸집이 줄어듦에 따라 4분의 1제곱 스케일링에 따라서 체계적으로 줄어드는 것이 아니라 몸집에 상관없이 동일할 것이다. 따라서 몸집이 커진다고 해도 진화적 이점은 전혀 없을 것이다.

이 논증은 적어도 최초의 2회 분지 수준까지 고동치는 파동을 지탱할 수 있을 만큼의 순환계를 지닌 포유동물만이 진화했을 것이라고 말해준다. 따라서 최소 크기가 있는 근본적인 이유를 제시한다.[3] 이 이론은 이 전환점이 언제 나타나는지를 알려줄 공식을 유도하는 데 쓰일 수 있다. 실제 값은 혈액의 밀도와 점성, 동맥벽의 탄성 같은 일반적인 양에 따라 달라진다. 계산해보면, 가장 작은 포유동물의 몸집이 겨우 2그램에 해당한다는 근삿값이 나온다. 가장 작은 포유동물이라고 알려진 에트루리아땃쥐의 무게에 해당한다. 이 동물은 길이가 겨우 약 4센티미터에 불과하며, 당신의 손바닥 위에 얼마든지 올려놓을 수 있다. 이 동물의 작은 심장은 1분에 1,000번 넘게 뛴다. 1초에 무려 약 20번이다. 그러면서 우리의 심장과, 더 놀랍게도 대왕고래의 심장과 동일한 압력 및 속도로 혈액을 뿜어낸다. 이 모든 혈액은 길이가 겨우 2밀리미터이고 지름이 머리카락 굵기만 한 겨우 0.2밀리미터인 작은 대동맥을 지나간다. 앞서 말했듯이, 이 가여운 동물이 오래 못 사는 것도 놀랄 일이 아니다.

3 그러면 고질라만큼 거대한 포유동물은 왜 없을까?

이는 갈릴레오가 제기한 선구적이고 흥미로운 질문들 중 하나다. 물론 고질라라는 이름을 말하지는 않았지만 말이다. 그의 논증이 동물의 무게는 다리가 지탱하는 힘보다 더 빨리 증가하므로, 설계, 모양, 물질에 변화가 없다면 몸집이 증가할 때 자체 무게로 무너질 것이라는 기만적일 만치 단순한 착상을 토대로 했다는 2장의 내용을 떠올려보자. 그 논증은 동물, 식물, 건물의 크기에 한계가 있다는 점을 탁월하게 설명했으며, 성장의 한계와 지속 가능성 논의의 기본 틀을 제공한다.

하지만 실제로 이 논증을 실행하여 동물의 최대 크기에 관한 정량적 추정값을 얻으려면, 갈릴레오가 상상한 정적인 상황을 넘어서 생물역학적으로 상세한 분석을 해야 한다. 가장 큰 역학적 스트레스는 움직일 때, 특히 달릴 때 받는데, 달리기는 많은 동물이 생존하기 위해 지녀야 할 본질적인 특징이기도 하다. 지금까지 존재한 육상 포유동물 중 가장 큰 것은 현대 코뿔소의 선조인 파라케라테리움Paraceratherium인데, 길이가 거의 10미터, 몸무게가 20톤(2만 킬로그램)에 달한다. 육상동물의 최대 크기는 몸길이가 25미터를 넘고 체중이 50톤을 넘는 가장 큰 공룡이 달성했을 가능성이 매우 높다. 더 큰 공룡이 살았다는 증거가 일부 있긴 하지만, 그 증거들은 뼛조각을 토대로 설계와 해부 구조를 확대 추정하여 얻은 것들이다. 일부 공룡은 몸집이 너무 커서 엄청난 무게를 지탱하기 위해 반수생 상태로 살아야 했다는 추정도 있지만, 그 가설을 뒷받침할 실질적인 증거는 전혀 없다. 실제로 그랬든 아니든 간에, 이 가설은 크기의 한계를 확장하려면, 동물이 중력의 부담을 덜기 위해 바다로 돌아갈 필요가 있었다는 추측으로 자연스럽게 넘어간다.

바다에서는 갈릴레오가 논거로 삼은 중력과 맞서 싸울 필요가 없으므로, 지금까지 존재한 가장 큰 동물들이 오늘날 바다에 살고 있으며 현생 인류가 등장하기 전까지 지구의 드넓은 대양들에서 번성해왔다고 해도 그리 놀랍지 않다. 그런 동물 중 가장 큰 것은 장엄한 대왕고래다. 몸길이 30미터에 몸무게가 거의 200톤까지 자랄 수 있는 포유동물이다. 악명 높은 티라노사우루스 렉스보다 20배 이상 무겁다. 이보다 더 큰 포유동물이 진화한다는 것이 가능할까? 육상동물과 마찬가지로 해양동물에게도 똑같이 생물역학적·생태학적 제약 조건들이 가해진다는 것은 분명하다. 고래는 엄청난 대사율을 지탱하는 데 필요한 엄청난 먹이를 구하기 위해 장거리를 충분히 빨리 헤엄쳐야 한다. 고래의 대사율은 먹이로 따져서 하루에 거의 100만 칼로리에 달한다. 우리가 먹는 양의 약 400배에 해당한다. 수생생물의 최대 크기를 정량적으로 파악하기 위해 이 제약 조건들을 수학과 물리학에 입력하는 일은 육상동물보다도 더욱 힘든 과제이며, 신뢰할 만한 추정값은 아직 나온 적이 없다.

그러나 곧 보여주겠지만, 생태학적 생물역학을 넘어서서 모든 세포가 충분한 산소를 공급받아야 한다는 근본적인 필요성에서 나오는, 최대 몸집에 가해지는 추가 제약 조건들이 있다. 여기에는 망 공급 체계의 기하학과 동역학이 관여한다. 이로부터 어떻게 최대 몸집에 대한 대강의 추정값이 나올 수 있는지, 논증을 간략하게 살펴보기로 하자.

망 이론의 더 심오한 결과 중 하나는 체중이 늘어날 때 모세혈관 같은 말단 단위들 사이의 평균 거리가 지수가 12분의 1(=0.0833…)인 거듭제곱 법칙에 따라서 늘어난다는 것이다. 이는 몸집이 변할 때 유달리 느리게 변한다는 것을 나타내는 매우 작은 지수이며, 몸집이 커질 때 망이 아주 서서히 벌어지면서 더 성기어간다는 것을 뜻한다. 실제로 그렇다고 관찰되었다. 예를 들어, 나무가 더 클수록 수관은 대개 더 펼쳐지지만, 나무 크기가 커질 때 잎들 사이의 평균 거리는 이 지수에 따라서 아주 느리게 늘어난다. 마찬가지로 대왕고래가 땃쥐보다 1억 배(10^8) 더 무겁긴 하지만, 모세혈관 사이의 평균 거리는 겨우 약 $(10^8)^{1/12}$=4.6배 더 길 뿐이다.

모세혈관은 세포를 위해 일을 하기 때문에, 망이 성기어간다는 것은 몸집이 커짐에 따라 인접한 모세혈관들 사이에 도움을 받아야 할 조직이 점점 더 많아짐을 뜻한다. 따라서 평균적으로 볼 때, 각 모세혈관은 체계적으로 점점 더 많은 세포에 봉사를 해야 한다. 이것도 앞서 논의한 규모의 경제의 한 예다. 하지만 이 규모의 경제에는 한계가 있다. 모세혈관은 불변 단위이므로 그만큼의 산소만을 조직에 전달할 수 있다. 따라서 하나의 모세혈관에서 공급을 받아야 하는 세포 집단이 너무 커지면, 불가피하게 그중에 산소가 결핍되는 세포들이 나타난다. 그 세포는 전문 용어로 저산소증이라는 상태에 빠진다.

산소가 모세혈관 벽과 조직을 통과하여 확산되어 세포에 공급되는 과정의 물리학은 100여 년 전 덴마크의 생리학자 아우구스트 크로그August Krogh가 처음으로 정량적으로 규명했다. 그는 그 업적으로 노벨상을 받았다. 그는 산소가 확산될 수 있는 거리에 한계가 있어서 너무 멀리 떨어져 있는 세포에는 지탱할 만한 산소가 충분히 공급되지 못한다는 것을 알아냈다. 이 거리를 최대크로그반지름maximal Krogh radius이라고 하는데, 모세혈관을 가상의 원통이 덮개처럼 감싸고 있다고 보았을 때, 그 원통의 반지름을 뜻한다. 모세혈관이 지탱할 수 있는 세포들은 모두 이 원통 안에 들어간다(여기서 다시 되새기자면, 모세혈관은 길이가 약 0.5밀리미터이고, 지름은 그 길이의 약 5분의 1이다). 이를 토대로, 모세혈관 사이의 거리가 너무 멀어져서 상당한 수준의 저산소증이 일어나기 전까지 동물이 얼마나 커질 수 있는지를 계산할 수 있다. 계산하면, 최대 크기가 약 200톤이라는 추정 값이 나온다. 가장 큰 대왕고래의 몸집과 거의 같다. 따라서 대왕고래가 포유동물 몸집의 가장 끝자락을 차지함을 시사한다.

모세혈관과 세포를 가르는 경계면의 미묘한 사항들에 함축된 다른 중요한 의미들을, 즉 그것이 사람의 성장, 노화, 죽음에 어떻게 영향을 미치는지를 살펴보기에 앞서, 고질라 문제로 잠시 돌아가보자. 지금까지 논의한 사항들에 비추어볼 때, 고질라가 생물권에 있는 우리와 비슷하다면, 고질라는 수수께끼의 존재로 남게 될 것이다. 설령 갈릴레오가 말한 것처럼 자체의 무게로 무너지지 않는다고 할지라도, 고질라는 자기 세포의 대부분에 산소를 공급할 수 없을 것이므로, 살아가지 못할 것이다. 물론 슈퍼맨처럼, 지탱과 이동에 수반되는 엄청난 스트레스를 견딜 수 있는 전혀 다른 재료로 이루어지고 영화에서 나온 방식으로 움직일 수 있도록 세포들에 충분히 양분을 공급할 수 있는 체내 망을 허용하는 특성들을 지닐 수도 있다.

원칙적으로는 앞서 논의한 개념들을 써서 고질라가 우리처럼 움직이기 위해 구성 물질들이 지녀야 할 다양한 특성의 값을 추정하는 것이 가능하다. 예를 들어, 고질라가 제대로 살아갈 수 있으려면 다리의 압축 강도가 얼마나 되어야 하는지, '혈액'의 점성, 조직의 탄력성은 어떠해야 하는지를 추정할 수 있다. 나는 이런 사고 훈련이 얼마나 유용할지 완전히 확신하지는 못한다. 복잡 적응계이기 때문에, 변수들과 설계를 만지작거리다가는 의도하지 않은 엄청난 결과가 빚어질 수 있고, 따라서 따진다는 것이 별 의미가 없을 수 있기 때문이다. 그런 짐승이 존재할 수 있다고 믿으려면, 먼저 그런 변화를 일으켰을 때 온갖 상호 연결되는 양상과 세세한 결과를 아주 꼼꼼히 폭넓게 따져보아야 할 것이다. 과학소설에 나올 법한 설계와 시나리오를 제멋대로 상상할 때는 대개 그리고 아마도 그런 사항을 무시할 수밖에 없을 것이다. 그렇긴 해도 그런 환상적인 사례들은 과학적 사실과 제약 조건에 얽매이지 않고 멋진 상상을 펼치는 훈련에 쓰일 수 있고, 우리의 큰 현안 중 몇 가지에 대해서 혁신적이고 대담한 생각을 자극할 수 있다. 따라서 상상하지 말라는 말이 아니라, 어떤 환상이든 그것을 펼쳐서 아주 많은 결론으로 뛰어들기 전에 과학적 사실을 의식해야 한다는 뜻이다.

내가 기자들로부터 고질라의 다양한 특징, 즉 무게가 얼마나 나갈지, 얼마나 오래 잘지, 얼마나 빨리 걸을지 같은 질문을 받았을 때, 나는 즉시 교수다운 엄밀한 태도를 취해서, 과학자라면 다 알겠지만 고질라는 존재할 수 없으며, 더는 할 말이 없다는 투로 대꾸했다. 하지만 완전히 흥을 깨버리는 멍청이가 되고 싶지는 않았기에, 나는 근본적인 과학적 사항들을 기꺼이 무시하고서 소박하게 상대성장 스케일링 법칙에 따라 고질라를 그저 또 하나의 동물이라고 가정한다면, 다양한 생리적이고 생활사적인 특징들이 어떠할지 계산해보자고 말했다. 비록 근본적으로는 맞지 않지만, 재미있는 사고 훈련임이 드러났다. 그러면 고질라에 관한 '사실들'을 이야기해보자.

가장 최근에 나온 고질라는 키가 약 100미터다. 이를 몸무게로 전환하면 약 2만 톤이다. 가장 큰 대왕고래보다 약 100배 더 무겁다. 이 엄청난 양의 조직을 지원하려면 고질라는 하루에 약 25톤의 먹이를 먹어야 할 것인데, 이는 하루 약 2,000만 칼로리의 대사율에 해당한다. 인구 1만 명의 소도시에 필요한 식품량과 같다. 고질라의 심장은 무게가 약 100톤에 달하고, 지름이 약 15미터일 것이고, 몸 전체로 약 200만 리터의 피를 순환시켜야 할 것이다. 그에 걸맞게 심장은 1분에 겨우 2번 남짓 뛰면서 우리와 비슷한 혈압을 유지해야 할 것이다. 덧붙이자면 고질라의 심장은 크기가 대왕고래의 몸 전체와 맞먹는다. 이 엄청난 양의 피가 흐르는 대동맥은 지름이 3미터에 달할 것이다. 우리가 아주 편안하게 걸어 다닐 만큼 크다. 고질라는 최대 2,000년까지 살 것이며, 수면 시간이 하루 1시간도 안 될 것이다. 비율로 보면, 뇌가 체중의 0.01퍼센트도 안 될 것이다. 비교하자면 우리 뇌는 체중의 약 2퍼센트를 차지한다. 고질라가 어리석을 것이라는 말이 아니라, 모든 신경학적 및 생리학적 기능을 수행하는 데 필요한 뇌의 크기가 그 정도라는 뜻이다. 고질라의 삶에서 좀 덜 향기로운 측면을 말하자면, 고질라는 하루에 약 2만 리터의 오줌을 싸야 할 것이다. 작은 수영장을 채울 만한 양이다. 또 대변은 트럭 한 대를 채울 만큼인 약 3톤을 쌀 것이다. 성생활이 어떠할지는 독자의 상상에 맡기련다.

걷고 달리는 속도는 더욱 추측에 가깝다. 그런 동물은 본래 생물역학적으로 들어맞지 않기 때문이다. 하지만 다른 동물들로부터 그냥 맹목적으로 확대 추정한다면, 걷는 속도는 시속 24킬로미터로 추정된다. 따라서 고질라가 공격적이 되면 보통 사람은 고질라에게서 달아나기가 좀 어려울 것이다. 하지만 여기에서 중요한 문제가 대두된다. 고질라의 다리 하나의 지름은 약 18미터가 되어야 하고, 허벅지는 아마 그보다 훨씬 큰 30미터에 가까울 것이라는 점이다. 다시 말해, 무너지지 않고 움직일 수 있으려면 고질라는 거의 오로지 다리만으로 이루어져야 할 것이다. 그러니 설계상으로 실현 불가능하다. 앞서 강조했듯이, 이렇게 거대한 생물이 진화하려면 새로운 재료와 아마도 새로운 설계 원리가 필요할 것이다.

자연선택이 먼저 그런 거대한 '생물'을 설계할 지능을 충분히 갖춘 인간을 선택함으로써 이 장엄한 진화 과정을 이미 시작했다고 추정할 수도 있다. 아무튼 이 행성에는 지금 '자연에 있는' 상응하는 것들보다 훨씬 큰 '나무', '새', '고래'가 있다. 우리는 그것들을 고층 건물, 항공기, 배라고 부른다. 비록 공룡보다 큰 이동하는 '육상동물'은 아직 진화시키지 않은 상태이지만 말이다. 그런 한편 우리는 우리를 포함한 그 어떤 '자연의' 생물보다 빨리 움직이고 계산하며 더 많은 사실들을 기억하는 '생물'을 만들어냈다. 그러다보니 우리가 필멸자들이 할 수 있는 그 어떤 것도 능가할 사이보그를 만드는 길로 나아가고 있다고 믿는 이들도 많다. 이렇게 경이로운 성취를 이루긴 했지만, 지금까지 만들어낸 것들은 모두 기껏해야 자연에 있는 조상들의 어설픈 모방품이다. 설령 그것들이 전통적인 생물과 많은 공통점을 지닌다고 해도, 대부분의 사람들은 그것들을 '생물'이라고 지칭하는 데 의문을 제기할 것이다.

그러나 이 과정을 통해 진화한 인간의 발명품이 하나 있다. 전통적인 자연선택이 지금까지 생산한 것들에 맞먹는 것인데, 바로 도시다. 도시는 분명히 유기적인 특성을 지니며, 기존 생물과 많은 공통점을 지닌다. 도시는 대사하고, 성장하고, 진화하고, 잠을 자고, 늙어가고, 질병에 걸리고, 손상을 겪고 스스로 수선을 한다. 반면에 도시는 번식을 거의 안 하고 쉽게 죽지도 않는다. 게다가 신화적인 존재인 고질라보다 엄청나게 크다. 고질라는 키가 100미터에 불과하고 하루에 2,000만 칼로리의 식품이나 약 100만 와트의 에너지를 대사할 뿐이다. 반면에 뉴욕시는 지름이 25킬로미터를 넘고 100억 와트가 넘는 에너지를 대사한다. 이런 의미에서 도시는 아마 지금까지 진화한 가장 경이로운 '생물'일 것이다. 7장과 8장에서는 도시의 몇몇 특징을 이해하려고 시도할 것이다. 거기에는 '자연적으로' 진화한 생물과 도시가 어떻게 다른지도 포함된다. 도시에 도입된 새로운 물질과 설계 원리는 무엇일까?

4 성장

성장은 누구에게나 익숙한 개념이다. 우리는 모두 매우 개인적인 수준에서 성장을 경험했으며, 성장을 자연의 본질적이면서 흔한 특징이라고 여긴다. 하지만 성장이 본질적으로 스케일링 현상이라는 개념은 좀 낯설게 느껴질 것이다. 앞서 말했듯이, 모든 종에 걸친 생물 형질의 스케일링을 기술하기 위해 우리가 사용한 상대성장이라는 용어는 원래 줄리언 헉슬리가 한 종 내에서 성장이 이루어지는 동안 그런 형질들이 어떻게 변하는지를 기술하기 위해 창안했다. 생물학자는 난자가 수정되면서 시작되어 태어나서 성숙하기까지, 성장하는 동안 개체 내에서 일어나는 발달 과정을 기술하기 위해 개체발생ontogenesis(또는 ontogeny)이라는 용어를 쓴다. 이 영어 단어의 'onto'는 '있다'라는 뜻의 그리스어에서 나왔고, 'genesis'는 '기원'을 뜻하므로, 개체발생은 우리가 어떻게 출현했는지를 연구한다는 개념을 함축한다.

성장은 에너지와 자원이 지속적으로 공급되지 않는다면 이루어 질 수 없다. 우리는 먹고, 대사하고, 망을 통해서 대사 에너지를 세포로 전달한다. 그 에너지 중 일부는 기존 세포를 수선하고 유지하는 데 할당되고, 일부는 죽은 세포를 대체하는 데 쓰이고, 일부는 몸 전체의 생물량을 늘리는 새 세포를 만드는 데 쓰인다. 이 사건들의 순서는 생물이든 도시든 기업이든 심지어 경제든, 모든 성장이 어떻게 일어나는지를 설명하는 주형 역할을 한다. 다음 그림에 상징적으로 나타냈다. 요약하자면, 들어오는 에너지와 자원은 한편으로는 일반 유지 관리와 수선에 할당되고, 다른 한편으로는 세포든

들어오는 대사 에너지

↓

유지(수선과 대체)

+

새로운 성장

―

성장 과정에서 대사 에너지가 일반 유지 관리와 새로운 성장 사이에 어떻게 할당되는지, 에너지 수지를 상징적으로 표현한 방정식.

사람이든 기반시설이든, 새로운 실체를 만드는 데 쓰인다. 이는 에너지 보존의 한 표현에 다름 아니다. 어떤 일이 일어나든, 에너지를 쓰거나 생산하는 다양한 범주들 사이에 에너지가 어떻게 할당되는가 하는 관점에서 설명할 수 있어야 한다는 뜻이다. 번식, 운동, 노폐물 생산 같은 활동에는 위의 두 주요 범주 중 하나에 명시적으로 통합되거나 포함시킬 수 있는, 혹은 별개로 다루는 편이 더 적절하다면 따로 구분할 수 있는 하위범주들이 있다.

살면서 이따금 궁금해 했을 법한 우리 성장 양상의 특징 중 하나는 이것이 아닐까? 우리는 평생토록 계속 먹고 대사를 하는데, 결국 성장이 멈추는 이유는 무엇일까? 일부 생물이 하는 식으로 조직을 점점 더 추가하면서 계속 성장을 하지 않고 비교적 안정한 상태에 들어서는 이유는 무엇일까? 물론 나이를 먹으면서 또는 식단과 생활 습관의 변화에 따라, 또 체중이 불거나 배가 나오는 것 등 많은 이들이 강박증을 지니게 되는 것들에 따라 몸집과 모습에 일어나는 훨씬 덜 극적이면서 작은 변화들도 있지만, 그런 것들은 출생에서 시작하여 성숙으로 끝나는 개체발생적 성장의 기본 문제에 비하면 부차적이다. 여기서는 이런 부차적이면서 훨씬 더 작은 변화들은 다루지 않을 것이다. 비록 내가 논의할 기본 틀은 원리상 그런 것들에까지 적용할 수 있지만 말이다.

대신 나는 개체발생적 성장에 초점을 맞추어서, 망 이론이 생물의 체중이 나이에 따라 어떻게 변하는지를 정량적으로 유도하는 과정으로 자연스럽게 이어진다는 것, 그리고 특히 왜 우리가 성장을 멈추는지를 설명하고자 한다.[4] 모든 포유동물과 다른 많은 동물은 우리가 따르는 것과 동일한 유형의 성장 궤도를 따른다. 생물학자들은 이것을 죽을 때까지 성장이 계속되는 어류, 식물, 나무에서 으레 관찰되는 무한성장indeterminate growth과 구분하기 위해 유한성장 determinate growth이라고 한다. 내가 제시할 이론은 일반 원리에 토대를 두고 있기 때문에, 양쪽 성장 유형을 모두 설명할 통일된 틀을 제공한다. 뒤에서는 주로 유한성장에 초점을 맞추겠지만, 자료와 분석은 무한성장자들이 안정한 크기에 도달하기 전에 죽는다는 개념을 뒷받침한다는 것을 미리 밝혀둔다.

공급된 대사 에너지는 기존 세포의 유지와 새 세포의 생성 사이에 할당되므로, 에너지가 새 조직을 만드는 데 쓰이는 비율은 대사율과 기존 세포의 유지에 필요한 에너지의 차이와 같다. 후자는 기존 세포의 수에 정비례하므로, 생물의 체중이 증가할 때 선형적으로 증가한다. 반면에 대사율은 4분의 3제곱 지수에 따라 비선형적으로 증가한다. 몸집이 증가함에 따라 이 두 성분의 규모가 증가하는 방식에는 차이가 있는데, 그 차이가 바로 성장에 핵심적인 역할을 하므로, 그것이 무엇을 의미하는지 이해할 수 있도록 단순한 사례를 하나 들어보자. 생물의 크기가 2배로 는다고 하자. 그러면 세포의 수도 2배로 늘므로, 세포의 유지 관리에 필요한 에너지의 양도 2배로 증가한다. 하지만 대사율(에너지의 공급량)은 $2^{3/4}=1.682\cdots$ 배만큼만 증가한다. 즉, 2배보다 적다. 따라서 대사 에너지가 공급될 수 있는 속도보다 유지 관리에 필요한 에너지가 증가하는 속도가 더 빠르므로, 성장에 쓰일 에너지의 양은 체계적으로 줄어들다가 결국에는 0이 될 수밖에 없다. 그 결과 성장이 멈추게 된다. 다시 말해, 생물의 크기가 증가할 때, 유지 관리와 공급에 쓰일 에너지의 증가 속도가 서로 일치하지 않기 때문에 성장이 멈추게 된다.

무슨 일이 일어나는지를 더 기계론적으로 이해하기 위해 좀 더 자세히 분석해보자. 대사율이 저선형 4분의 3제곱 지수에 따라 증가하는 이유가 망의 주도권 때문임을 떠올리자. 게다가 망을 통한 전체 흐름이 모두 모세혈관으로 이어지기 때문에, 그리고 개체발생 때뿐 아니라 종들 사이에서도 모세혈관은 불변이기 때문에(생쥐, 코끼리, 사람의 아기와 아이와 어른은 모세혈관의 크기가 거의 같다), 모세혈관의 수도 4분의 3제곱 지수에 따라 증가한다. 따라서 생물이 자라고 크기가 증가함에 따라, 각 모세혈관은 4분의 1제곱 스케일링에 따라서 체계적으로 더 많은 세포를 위해 일해야 한다. 성장을 통제하고 궁극적으로 멈추게 만드는 것이 바로 모세혈관과 세포 사이 중요한 경계면의 이 같은 불일치다. 공급 단위(모세혈관)의 수 증가가 고객(세포)의 수 증가에 따른 수요를 따라잡을 수 없기 때문이다.

이 모든 사항은 분석하여 풀 수 있는 수학 방정식으로 표현할 수 있으며, 그러면 나이에 따라 크기가 어떻게 변하는지를 예측하는 간결한 공식을 얻게 된다. 이 방정식은 우리가 태어난 직후에는 빨리 자라다가 서서히 성장이 느려지다가 결국에는 멈추는 이유를 정량적으로 설명한다. 이 성장 방정식의 가장 큰 속성 중 하나는 평균적인 세포의 무게, 세포 하나를 만드는 데 필요한 에너지의 양, 전반적인 대사 규모처럼 종을 초월하는 아주 소수의 '보편적인' 매개변수들에만 의존한다는 점이다. 즉, 바로 그런 것들이 동물의 성장 곡선을 결정한다. 그림 15~18은 비슷한 매개변수들을 지닌 동일한 방정식이 다양한 동물(여기서는 포유류 2종, 조류 1종, 어류 1종)의 성장 곡선을 예측할 수 있으며, 그 예측이 실측 자료와 꽤 들어맞는다는 것을 보여준다.

성장의 보편성은 2장에서 소개한 무차원 양들을 통해 결과를 표현함으로써 우아하게 보여줄 수 있다. 이 양들이 측정에 쓰인 단위에 의존하지 않는 규모 불변 변수들의 조합임을 떠올리자. 두 질량 사이의 비율이 한 예다. 킬로그램으로 재든 파운드로 재든, 동일한 값이 나오기 때문이다. 나는 모든 과학 법칙이 그런 양들 사이의 관계로 표현될 수 있음을 역설한 바 있다. 그래서 그림 15~18에서 단위에 의존하는 양들(이 사례에서는 킬로그램과 일$_{day}$)인 무게 대 나이를 단순히 대조하여 표시하는 대신에, 무차원 질량 변수 대 적절히 정의된 무차원 시간 변수를 채택하여 모든 동물에게 적용되는 규모 불변 곡선을 얻었다. 이 무차원 양들을 정의하는 변수들의 실제 수학적 조합은 우리 이론을 통해 정해진다. 자세한 내용은 원래의 논문들을 찾아보시라.

따라서 이런 무차원 조합들을 통해 보면, 모든 동물의 성장 곡선은 각각 하나의 보편적인 곡선으로 통합된다. 이 렌즈를 통해 보면, 그림 19~21에 나온 것처럼, 모든 동물이 동일한 성장 궤도를 따라간다. 우리 이론은 모든 동물이 동일한 방식으로 동일한 속도로 성장하는 듯이 보이도록 동물들의 공간적·시간적 차원들의 규모를 조정하는 법을 알려준다. 서로 전혀 다른 몸 설계와 수명을 지닌 다양한 포유류, 조류, 어류, 갑각류의 성장 궤도는 모두 그 이론으로 예측한 수학적 형태인 하나의 곡선으로 통합된다. 그림에서 볼 수 있듯이, 이 이론은 자료를 통해 멋지게 뒷받침되고 있으며, 모든 동물의 개체발생의 토대에 놓인 숨겨진 공통성과 통일성을 잘 보여준다. 그리고 이 이론은 이유도 말해준다. 성장이 주로 에너지가 세포에 전달되는 방식에 따라 결정되며, 따라서 개별 설계를 초월하

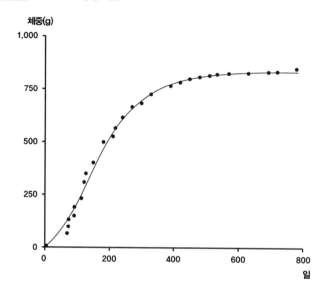

그림 15 기니피그의 성장 곡선

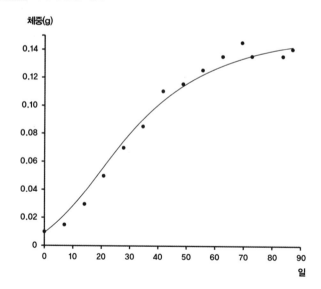

그림 16 거피의 성장 곡선

스 케 일

그림 17 닭의 성장 곡선

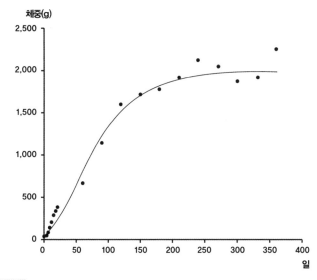

그림 18 소의 성장 곡선

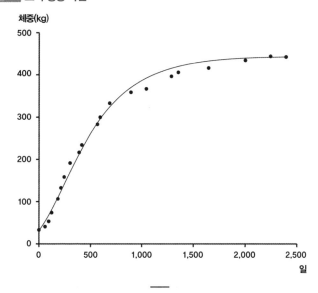

나이에 따라 체중이 증가하다가 성숙하면 결국 멈추는 양상을 보여주는 동물들의 성장 곡선. 실선은 본문에 설명한 일반 이론으로 예측한 값이다.

그림 19

무차원 체중비

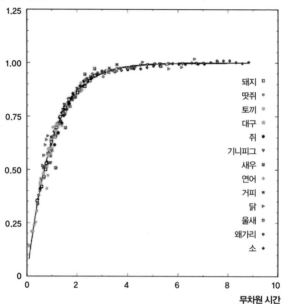

돼지 ㅁ
땃쥐 ◈
토끼 ◦
대구 ▣
쥐 ●
기니피그 ▾
새우 ▪
연어 ◆
거피 ▪
닭 ▸
울새 ▫
왜가리 ◈
소 ◆

무차원 시간

그림 20

무차원 군체 또는 한 생물의 체중

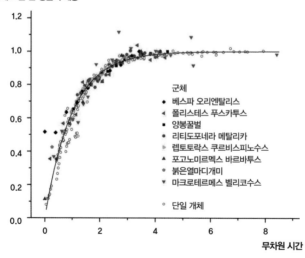

군체
◆ 베스파 오리엔탈리스
◀ 폴리스테스 푸스카투스
■ 양봉꿀벌
● 리티도포네라 메탈리카
▸ 렙토토락스 쿠르비스피노수스
▲ 포고노미르멕스 바르바투스
● 붉은열마디개미
▼ 마크로테르메스 벨리코수스

◦ 단일 개체

무차원 시간

스 케 일

무차원 체중비

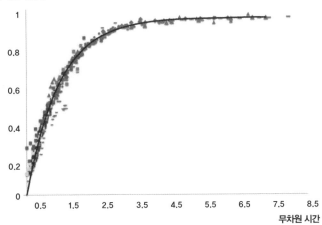

무차원 시간

그림 22

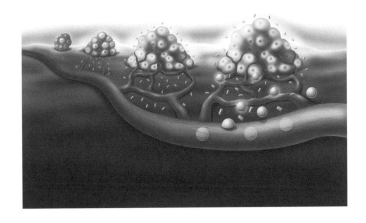

그래프들은 규모를 적절히 조정해서 보면 모든 생물이 동일한 방식과 동일한 속도로 성장함을 보여준다. 축들의 규모뿐 아니라 실선들은 이론에서 예측한 것처럼 세 그래프에서 동일하다. **그림 19** 조류, 어류, 포유동물. **그림 20** 곤충과 사회성 곤충 군체. **그림 21** 그림 19와 동일한 자료에 종양까지 포함. **그림 22** 종양 망이 숙주 망에서 붙어 자라는 모습.

는 망의 보편적인 특성들에 따라 제약을 받는다는 것이다. 이 이론으로부터 성장의 다른 많은 측면들을 유도할 수 있는데, 나이를 먹음에 따라 유지 관리와 성장 사이의 대사 에너지 할당량이 어떻게 변하는지 예측하는 것도 그중 하나다. 태어났을 때에는 에너지가 거의 다 성장에 투입되고 유지 관리에는 거의 할당되지 않는 반면, 성숙한 이후에는 모두 유지 관리, 수선, 대체에 투입된다.

우리 이론은 종양, 식물, 곤충, 그리고 숲[5]과 개미와 벌 같은 사회성 곤충 집단[6] 양쪽의 성장을 이해하는 데까지 확장되어왔다. 이 응용 사례들은 8장과 9장에서 다룰 도시와 기업 같은 인간 조직들의 성장을 어떻게 생각해야 할지를 알려주는 선례다. 이 전혀 다른 체계들은 각각 성장 방정식의 일반 주제를 변주한 것에 해당한다. 예를 들어, 종양은 기생성이며 숙주로부터 얻은 대사 에너지를 써서 자라므로, 맥관 구조와 대사율은 자체 크기뿐 아니라 숙주의 크기에도 의존한다.[7] 이 점을 이해하고 나면, 생쥐에서 관찰한 종양의 기본 특성들과 그로부터 나온 치료 전략들을 인간에게 확대 적용하는 방법에 관한 통찰을 얻게 된다.[8] 그런 한편, 나무는 물리적 구조의 점점 더 많은 부분이 죽은 목질 부위가 되면서 성장하기 때문에 이해하기가 좀 까다롭다. 죽은 목질 부위는 대사 에너지 유출입에 참여하지 않지만, 기계적 안정성에 중요한 역할을 한다.[9] 그림 19~21은 정도의 차이가 있긴 하지만, 이 모든 것이 보편적인 성장 방정식에 어떻게 들어맞는지를 보여준다.

이 이론이 매우 만족스럽다는 데는 전반적으로 의견이 일치한다. 하지만 그보다 더한 것이 있다. 나는 이 렌즈를 통해 들여다볼 때 드러나는 생명의 놀라운 통일성과 상호 연결성을 생각할 때면, 철학자 바뤼흐 스피노자Baruch Spinoza가 말한 범신론적 정신이 영적으로 고양되는 느낌을 받는다. 아인슈타인은 이렇게 말한 바 있다.[10] "우리 스피노자의 추종자들은 인간과 동물에게서 드러나는 그 정신과 그들 속에 존재하는 경이로운 질서와 법칙 속에서 신을 본다." 어떤 신앙 체계를 갖고 있든 상관없이, 혼란스럽기 그지없어 보이는 우리 주변 세계의 어느 작은 구석조차도 그 경이로운 복잡성과 무의미해 보이는 것들을 초월하는 규칙성과 원리를 따른다는 것을 알아차릴 때 뭔가 숭고하면서 든든한 느낌을 받는다.

앞서 주장했듯이, 성장 이론 같은 분석적 모형은 더 복잡한 현실을 의도적으로 지나치게 단순화한 것이다. 그것들의 효용은 자연이 작동하는 방식의 어떤 근본적인 본질을 어느 정도까지 포착하는가, 가정들이 얼마나 합리적이고, 논리가 얼마나 탄탄하고, 단순성이나 설명력과 자체 일관성이 관찰 결과에 얼마나 부합되는가에 달려 있다. 이론이 의도적으로 단순화한 것이므로, 실제 생물의 측정값은 정도의 차이가 있긴 하지만, 불가피하게 모형 예측 결과에서 벗어날 것이다. 그림 19에서 볼 수 있듯이, 예측값은 놀라울 만치 잘 들어맞지만, 이상적인 성장 곡선에서 상당히 벗어나는 비교적 소수의 주요 사례가 있다. 영장류인 우리도 그중 하나다. 예를 들어, 우리는 체중을 고려할 때 '마땅히 그래야 할' 기간보다 성숙하는 데 더 오래 걸린다. 우리가 순수한 생물학적 존재에서 복잡한 사회경제적 존재로 급격히 진화한 결과다. 현재 우리의 유효 대사율은 우리가 진정한 '생물학적' 동물일 때보다 100배 더 늘었고, 이는 우리의 최근 생물 역사에 엄청난 결과를 빚어왔다. 우리는 성숙하는 데 더 오래 걸리고, 자식을 덜 낳고, 더 오래 산다. 이 모든 현상들은 사회경제적 활동으로 유효 대사율이 더 커진 현상과 질적으로 들어맞는다. 우리 역사에 일어난 이 환상적인 발전은 이 개념들을 도시에 어떻게 적용할지를 논의할 때 다시 이야기하기로 하자.

이 절에서 얻은 중요한 교훈은 저선형 스케일링과 망 성능의 최적화에 따른 규모의 경제가 성장에 제약을 가함으로써 삶의 속도가 체계적으로 느려진다는 것이다. 이것이 바로 생물학을 지배하는 동역학이다. 이 양상이 어떻게 열린 성장과 삶의 속도 증가로 이어지고, 우리 '사회적' 대사율의 엄청난 증가와 어떻게 관련되는지는 8장과 9장에서 다루기로 하자.

5 지구 온난화, 온도의 지수적 스케일링, 생태학의 대사 이론

우리는 항온동물, 즉 체온이 거의 일정하게 유지되는 동물이기 때문에, 온도가 생명의 모든 영역에서 엄청난 역할을 한다는 점을 잊는 경향이 있다. 우리는 예외 사례다. 아마 지구 온난화 문제가 등장하고 나서야 우리는 자연 세계와 환경이 작은 온도 변화에도 대단히 민감하다는 사실과 그 변화가 가하는 위협을 알아차리기 시작한 듯하다. 충격적인 사실은 이 온도 민감성이 지수적이라는 점을 알아차린 사람이 거의 없다는 것이며, 과학자들 중에서도 그런 이들이 많다. 이렇게 민감한 이유는 모든 화학 반응 속도가 온도에 지수적으로 의존하기 때문이다. 앞 장에서 나는 대사가 세포의

ATP 분자의 생산에서 비롯된다고 설명했다. 그 결과 대사율은 질량의 거듭제곱 법칙이 아니라 온도에 따라 지수적으로 규모가 증감한다. 대사율—세포에 에너지가 공급되는 속도—은 모든 생물학적 속도와 시간의 근본적인 추진력이며, 따라서 잉태에서 성장과 사망에 이르기까지 생명의 모든 핵심 특징은 온도에 지수적으로 민감하다.

ATP 생산이 거의 모든 동물에게 공통된 활동이므로, 이 지수적 의존성은 질량에 따른 4분의 1제곱 스케일링과 마찬가지로 보편적이다. 이 전반적인 규모 증가 양상은 단 하나의 '보편적' 매개변수에 지배된다. 바로 앞 장에서 논의한 산화적 화학 과정을 통해 ATP 분자가 생산되는 데 필요한 평균 활성화 에너지다. 이 에너지는 약 0.65전자볼트(2장에서 설명한 바 있다)이며, 여러 하위 과정을 평균한 값으로서, 화학 반응들의 전형적인 값이다. 여기서 생명의 스펙트럼 전체에 걸쳐서 성장, 배아 발생, 수명, 진화 과정과 관련된 것들을 비롯하여 모든 생물학적인 속도와 시간이 단 두 개의 매개변수가 관여하는, 조합된 보편적 스케일링 법칙에 따라 결정된다는 흥미로운 결론으로 이어진다. 질량 의존성을 낳는 망의 제약 조건에서 빚어지는 4분의 1이라는 수와 ATP 생산의 화학 반응 동역학에서 유래한 0.65전자볼트가 그것이다. 이 결과를 좀 다른 방식으로 말할 수도 있다. 크기와 온도라는 단 두 개의 수에 따라 정해지기에, 이 숫자들을 조정하면 모든 생물의 대사, 성장, 진화 속도를 비슷하고 동일한 보편적인 시계로 꽤 근사적으로 기술할 수 있다는 것이다.

결이 거친 질량과 온도 의존성이라는 이 경제적인 공식은 2004년 학술지 〈에콜로지Ecology〉에 발표된 〈생태학의 대사 이론을 향하여 Toward a Metabolic Theory of Ecology〉라는 논문에 스케일링 연구를 압축 요약한 형태로 처음 실렸다. 제임스 브라운과 당시 우리의 박사후과정 연구원 세 명인 밴 새비지Van Savage, 제이미 질룰리Jamie Gillooly, 드루 앨런Drew Allen이 나와 공동 저술한 논문이었다. 제임스는 미국 생태학회로부터 "생태학에 가치 있는 공헌"을 한 연구자에게 주는 가장 권위 있는 로버트 H. 맥아더 상을 받은 바 있다. 그는 연례 학술대회에서 수상 연설을 할 때, 이 공동 논문의 토대가 된 우리의 스케일링 연구를 이야기했다. 비록 그 논문은 스케일링 연구의 일부만을 요약하고 있지만, 생태학의 대사 이론metabolic theory of ecology(MTE)이라는 용어는 그 뒤로 스스로 생명력을 얻었다.

앞서 논의한 순수한 4분의 1제곱 상대성장 질량 의존성에 덧붙여서, 대사 이론은 식물, 세균, 어류, 파충류, 양서류 등 다양한 생물에 걸쳐 검증되어왔다. 한 예로, 그림 23은 조류와 수생 변온동물(어류, 양서류, 동물성 플랑크톤, 수생 곤충) 알의 배아 발달 기간과 온도를 지수적 성장이 직선으로 표현되도록 반로그 눈금으로 나타낸 것이다. 발달 기간이 체온과 체중에 의존하므로, 순수하게 온도 의존성이 드러나도록 4분의 1제곱 스케일링 법칙에 따라 자료를 조정하여 체중 의존성을 제거했다. 쉽게 알아볼 수 있듯이, 이렇게 하면 자료는 직선 예측값에 잘 들어맞고, 이를 통해 온도에 지수적으로 의존한다는 예측이 옳았음을 확인할 수 있다. 그림 24는 비슷하게 체중을 조정하여 여러 무척추동물의 수명을 절대온도의 역수의 함수로 나타낸 것이다. 이 자료는 기술적인 이유로 좀 복잡하게 표시되어 있다. 엄밀하게 말해서, 근본적인 화학 반응 이론은 반응 속도가 사실상 절대온도(켈빈 온도라고도 하는)의 역수에 지수적으로 비례한다고 말한다. 절대온도 0도는 섭씨 영하 −273도다. 꽤 근삿값을 취해서 일상적인 섭씨 단위로 나타냈을 때, 온도에 지수적으로 의존한다는 예측은 그림 23에 실린 것처럼, 비교적 작은 온도 범위에서 타당하다는 것이 드러난다.

이것이 얼마나 놀라운지를 강조하고 싶다. 생물의 삶에서 가장 중요한 두 가지 사건인 출생과 죽음은 대개 서로 독립적이라고 여겨지는데, 사실은 서로 밀접한 관계가 있다고 말하기 때문이다. 즉 이 두 그래프의 기울기는 ATP 분자를 생산하는 데 필요한 평균 에너지를 나타내는 0.65전자볼트라는 동일한 변수에 따라 정해진다. 뒤에서 망 동역학에 토대를 둔 노화의 근본 이론이 온도 의존성의 기계론적 기원을 설명할 수 있음을 논의할 때 이 문제를 더 상세히 다루기로 하자.

여기서 중요한 교훈은 생활사에서 이 전혀 다른 근본적인 사건들이 체온과 체중 양쪽에서 예측한 대로 규모가 증감한다는 것이며, 마찬가지로 중요한 점은 해당 지수들을 통제하는 변수들이 동일하다는 것이다. 따라서 더 근본적인 수준에서 보면, 출생, 성장, 사망은 모두 대사율을 통해 추진되고, 망의 동역학과 구조로 요약되는 동일한 기본 동역학에 좌우된다.

0.65전자볼트 활성화 에너지에 통제되는 ATP 생산의 지수적 의존성은 온도가 10도 올라갈 때마다 생산 속도가 2배로 올라간다는 단순한 표현으로 옮길 수 있다. 그 결과 온도가 비교적 적은 10도만 올라가도 대사율이 2배로 뛰고, 따라서 삶의 속도도 2배로 뛴다. 덧붙이자면, 쌀쌀한 아침에 돌아다니는 곤충이 적은 이유가 이 때

그림 23 알의 배아 발생 기간의 온도 의존성

무게 조정을 거친 발생 기간

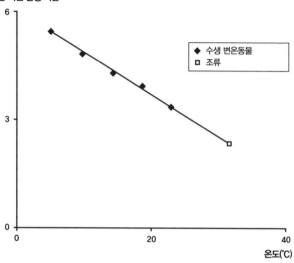

그림 24 수명의 온도 의존성

무게 조정을 거친 수명

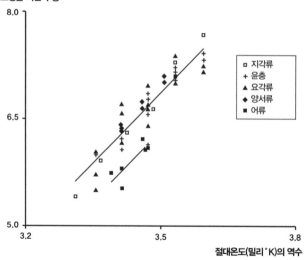

문이기도 하다. 기온이 올라가서 대사율이 높아질 때까지 기다려야 하기 때문이다.

기온이 2도 달라지는 더 규모가 작은 변화에도 성장률과 사망률은 20~30퍼센트 달라진다.[11] 이는 엄청난 수준이며, 따라서 우리가 처한 문제의 근원이 된다. 지구 온난화로 기온이 약 2도 올라간다면—현재 그 궤도로 가고 있다—모든 규모에 걸쳐서 거의 모든 생물학적 삶의 속도가 무려 20~30퍼센트 상승할 것이다. 이는 결코 사소한 문제가 아니며, 생태계에 재앙을 야기할 것이다. 브루넬이 그레이트이스턴호라는 거대한 배를 건조하기 위해 시도한 엄청난 도약과 비슷하다. 그 시도는 조선학이 아직 충분히 발달하지 않았다는 주된 이유 때문에 재앙이 되었다. 배는 생태계와 사회의 심오한 복잡성에 비하면 극도로 단순하다. 더 큰 그림을 이해하기 위한 포괄적이고 체계적인 과학적 틀이 없다면, 우리는 그런 엄청난 기후 변화의 상세한 결과들, 특히 지구의 생태계 전체는커녕 농업 생산량에 미칠 효과조차도 믿을 만하게 예측할 수가 없게 됨으로써 브루넬과 비슷한 처지에 놓인다. 생태학의 대사 이론을 개발하는 일은 이 방향으로 나아가는 작은 한 걸음이다.

사족 하나: 반응 이론의 토대를 이루는 물리학과 화학은 아주 오

그림 23 질량 의존성을 제거하기 위해(본문 참조) 4분의 1제곱 스케일링 법칙에 따라 규모 조정을 한 조류와 수생 변온동물의 난자 온도(섭씨)에 따른 배아 발생 기간의 지수적 스케일링. 이런 '무게 조정'을 한 다음, 기간은 세로축에 로그 눈금으로 표시했고, 가로축은 온도를 선형으로 표시했다. 이 반로그 그래프에서 지수는 직선으로 표시된다. 그림 24 마찬가지로 다양한 무척추동물의 수명이 온도에 지수적 의존성을 보인다는 것을 보여주는 '무게 조정'을 한 그래프. 가로축의 오른쪽으로 갈수록 실제로는 온도가 낮아지도록 한 절대온도(밀리켈빈 온도)의 역수로 자료를 나타낸 이유를 본문에 적어두었다.

래전부터 알려져 있었다. 물리학자에서 화학자로 전환한 스웨덴의 스반테 아우구스트 아레니우스Svante August Arrhenius가 규명했으며, 그는 그 업적으로 1903년 노벨 화학상을 받았다. 그는 노벨상을 받은 최초의 스웨덴인이라는 영예를 얻었다. 아레니우스는 매우 다양한 분야에 새로운 착상으로 기여해 과학에 지대한 영향을 끼쳤다.

그는 지구 생명이 다른 행성에서 운반된 포자로부터 기원했을 수도 있다는 진지한 주장을 제기한 최초의 인물에 속했다. 이 다소 사변적인 이론은 현재 범종설panspermia이라고 불리며, 놀라울 만치 많은 추종자를 거느리고 있다. 더욱 중요한 점은 그가 대기 이산화탄소 농도의 변화가 온실 효과를 통해 지표면 온도를 바꿀 수 있음을 계산함으로써, 화석 연료의 연소가 상당한 수준의 지구 온난화를 일으킬 만큼 크다고 예측한 최초의 과학자라는 것이다. 가장 놀라운 점은 그가 이런 업적을 내놓은 시기가 1900년 이전이라는 것이다. 그 말은 우리가 무려 100여 년 전에 화석 연료 연소의 해로운 결과 중 일부를 과학적으로 이해하기 시작했음에도 거의 아무런 조치도 취하지 않았다는 뜻이므로 꽤 실망스럽다.

6   노화와 죽음

I. 늑대의 시간에 하는 밤의 사색

고대 로마인들은 밤과 새벽 사이 동이 트기 직전을 늑대의 시간Hour of the Wolf이라고 했다. 그들은 그 시간이 악마의 힘과 활동이 커지는 시간이자, 가장 많은 사람들이 죽고 가장 많은 아이들이 태어나는 시간이자, 악몽이 찾아오는 시간이라고 믿었다.[12]

성장이 삶의 일부인 것처럼, 노화와 죽음도 그렇다. 거의 모든 것이 죽는다는 사실은 진화 과정에서 핵심적인 역할을 한다. 그럼으로써 새로운 적응 형질, 설계, 혁신이 출현하여 번성할 수 있기 때문이다. 이 관점에서 보면, 생물이든 기업이든, 개체가 죽는 것은 '좋은' 일일 뿐 아니라 중요한 일이기도 하다. 개체 자신에게는 그다지 즐거운 일이 아닐지 몰라도 말이다.

죽음은 의식에게는 저주이기도 하다. 우리 모두는 자신이 죽으리라는 것을 안다. 우리 외에는 다른 그 어떤 생물도 의식적 지식이 주는 엄청난 부담을 지지 않는다. 자신의 수명이 유한하며, 자신이라는 존재가 궁극적·필연적으로 종말을 맞이할 것이라는 지식 말이다. 세균이든 개미든 진달래든 연어든, 그 어떤 생물도 죽음을 '생각하지' 않으며, 아예 '알지도' 못한다. 그들은 살고 죽으면서, 자신의 유전자를 후대에 전파하고 적자생존이라는 끝없는 게임을 펼치면서 끊임없이 살아남기 위한 경쟁을 한다. 우리도 마찬가지다. 하지만 지난 수천 년 동안 우리는 진화 과정의 의식이자 양심이 되어왔으며, 도덕성, 배려, 합리성, 영혼, 정신, 우주의 신 같은 개념들을 떠올리면서 그 의미를 심사숙고하는 유별난 모험을 시작했다.

나는 열여섯 살 때 사소한 깨달음을 하나 얻었다. 몇몇 학교 친구의 꼬임으로 런던 웨스트엔드의 어느 작은 예술 극장에서 상영하는 영화를 보러 갔을 때였다. 당시 지식인들이 널리 찬사를 보내던, 잉마르 베리만Ingmar Bergman의 비범한 영화 〈제7의 봉인〉이었다. 셰익스피어의 비극 같은 장엄함과 깊이가 담긴 작품이었다. 중세 기사인 안토니우스 블록이 십자군 전쟁에 참가한 뒤, 스웨덴으로 돌아가는 여정을 담은 내용이었다. 주인공은 도중에 자신의 목숨을 앗아가려는 죽음의 화신과 마주친다. 죽음을 피하기 위해, 아니 죽음을 피할 수는 없기에 적어도 지연시키기 위해, 블록은 체스 내기를 하자고 제안한다. 이긴다면 그는 살아남을 터였다. 물론 그는 지고 만다. 고해성사를 받는 신부의 모습으로 위장한 죽음에게 무심코 자신의 영혼을 드러낸 탓이다. 이 알레고리적 설정은 삶의 의미 또는 헛됨, 삶과 죽음의 관계에 관한 영원한 의문들에 깊이 빠져들 여지를 제공한다. 기나긴 세월 동안 사람들이 붙들고 씨름했던 철학적·종교적 담론의 핵심에 있는 질문들이 베리만의 재능을 토대로 탁월하게 묘사된다. 검은 겉옷으로 감싼 죽음이 안토니우스와 그의 수행자를 이끌고 멀리 산비탈에 죽음의 춤이라는 상징으로 표현된 불가피한 운명을 향해 가는 마지막 장면을 과연 누가 잊을 수 있을까?

이것이 바로 순진하고 철모르던 사춘기의 열여섯 살 소년이 받은 인상이었다. 나는 바로 그때가 인생에는 돈, 섹스, 축구 말고도 다른 것이 더 있다는 점을 처음으로 진지하게 어렴풋이 알아차린 시기이자, 형이상학적 및 철학적 문제에 장기적으로 관심을 갖기 시작한 시점이었다고 생각한다. 나는 소크라테스Socrates와 아리스토텔레스Aristoteles, 욥Job에서부터 스피노자, 프란츠 카프카Franz Kapka, 장폴 사르트르Jean-Paul Sartre에 이르기까지, 버트런드 러셀Bertrand Russell과 앨프리드 노스 화이트헤드Alfred North Whitehead에서부터 루트비히 비트겐슈타인Ludwig Wittgenstein, 앨프리드 줄스 에이어Alfred Jules

Ayer, 심지어 콜린 윌슨Colin Wilson에 이르기까지 온갖 책을 닥치는 대로 읽기 시작했다. 비록 무슨 말을 하는지는 거의 이해하지 못했지만 말이다(비트겐슈타인이 특히 그랬다). 하지만 나는 비범한 사람들조차 아주 오랜 기간 진정으로 원대한 질문들을 붙들고 씨름해왔지만, 사실상 아무런 답도 얻지 못했다는 것을 깨달았다. 그저 질문만 더 늘어났을 뿐이다.

베리만의 걸작은 얼마나 깊이 있는지, 거의 60년이 지난 지금도 그때와 같은 강력한 인상을 심어준다. 말년에 접어들어 쇠약해진 75세의 노인에게는 좀 더 미묘하고 통렬하게 와닿을 수도 있겠다. 영화 속 어느 중요한 장면에서 죽음은 안토니우스에게 매우 당연한 질문을 한다. "질문 좀 그만할 수 없나?" 안토니우스는 단호하게 대꾸한다. "아니, 계속할 거요." 우리도 그래야 한다. 우리는 죽음이 삶의 의미를 끊임없이 묻고 탐색하는 일과 결부되어 있기에 죽음에 관심을 가지며, 그런 태도는 인류 문화에 깊이 배어 있지만, 주로 인류가 창안한 다양한 종교적 풍습과 경험을 통해 표현되고 정립되어왔다. 대체로 과학은 그런 철학적 방황과 거리를 두어왔다. 하지만 많은 과학자들은 '자연법칙'을 이해하고 밝혀내는 일, 즉 만물이 어떻게 작동하고 무엇으로 이루어져 있는지를 알고자 하는 열정이 그런 원대한 질문들에 접근하는 다른 길이라고 보았다. 설령 자신들이 '종교적'이지도 그다지 '철학적'이지도 않다고 해도 말이다. 그 길을 따라 가던 어느 시점에, 나는 나 자신이 그들 중 한 명임을 깨달았다. 보편적 욕구라고 보이는 영적 추구의 어떤 판본을 과학, 아니 적어도 물리학과 화학에서 찾고자 하는 사람이라고 말이다. 이윽고 나는 과학이 그런 원대한 의문들 중 몇 가지에 신뢰할 만한 답을 제공할 수 있는, 설령 유일하지는 않다고 해도 몇 가지의 기본 틀 중 하나라고 인정하게 되었다.

옛날에 과학은 자연철학natural philosophy이라고 불렸다. 오늘날 우리는 그 용어를 그저 철학적·종교적 사유와 더 연관되어 있다고 볼 뿐이지만, 사실 그 용어는 좀 더 폭넓은 의미를 함축하고 있다. 과학에 혁명을 일으킨 보편적인 자연법칙을 제시한 뉴턴의 유명한 책《프린키피아Principia》의 온전한 제목이《자연철학의 수학적 원리 Philosophiæ Naturalis Principia Mathematica》인 것도 결코 우연이 아니다. 비록 뉴턴은 불멸의 영혼, 악마의 존재, 예수를 신이라고 여기는 전통적 교리―그는 우상 숭배라고 보았다―들을 부정하는 이단적 견해를 취했지만, 자신의 연구가 원동자prime mover로서의 신을 보여준 것이라고 보았다.《프린키피아》를 그는 이렇게 평했다. "우리 체계에 관한 논문을 쓸 때, 나는 그런 원리들이 신앙을 고민하는 사람들에게 쓸 만한 것이 되지 않을까 생각했고, 그 목적에 이보다 더 유용한 것이 없으리라는 생각에 무척 기뻤다.”

자연철학에서 파생된 현대의 과학적 방법은 그런 생각에 호소하는 일이 거의 없지만, 까마득한 옛날부터 인류를 궁금하게 했던 ‘우주’에 관한 가장 당혹스러운 근본적인 질문들 중 상당수에 심오하면서 일관된 답을 제공할 비범할 힘을 지니고 있음이 입증되어왔다. 그 질문은 우주는 어떻게 진화했으며, 별은 무엇으로 이루어져 있고, 그 모든 다양한 동식물은 어디에서 나왔고, 하늘은 왜 파랗고, 다음 일식은 언제 일어날 것인가 등등이다. 우리는 주변의 물리적 우주에 관해 엄청나게 많은 지식을, 많은 사례들에서는 절묘할 만치 상세히 이해하고 있으며, 종종 종교적 설명의 보증서가 되는 특수하거나 임의적인 논증에 기댈 필요 없이 그렇게 해왔다. 하지만 반성하고 추론할 능력과 의식을 갖춘 인간인 우리가 누구이며 어떤 본성을 지니고 있는가와 관련된 많은 심오한 문제들은 아직 답이 나오지 않았다. 우리는 마음과 의식, 정신과 자아, 사랑과 증오, 의미와 목적의 본질을 붙들고 계속 씨름할 것이다. 아마 이 모든 질문은 궁극적으로 우리 뇌의 복잡한 망의 동역학과 뉴런의 발화를 통해 이해되겠지만, 다시 톰프슨D'Arcy Thompson이 100년 전에 주장했듯이, 나는 거기에 의구심을 표현하려다. 언제나 질문할 것들, 즉 인간 조건의 본질이 있을 것이며, 안토니우스 블록처럼 우리는 죽음을 무척 좌절하고 성가시게 만들지라도 그런 질문을 결코 멈추지 않을 것이다. 그리고 노화와 죽음의 이해라는 도전 과제와 역설은 이 모든 것들과 어떻게든 뒤엉켜 있고, 우리는 자기 존재의 유한성에 집단적·개인적으로 불편함을 느끼며 살아가야 한다.

II. 새벽과 다시 찾아온 햇빛

여기까지 말했으니, 이제 과학으로 돌아가고자 한다. 나는 형이상학적 관점에서든 과학적 관점에서든, 이 다소 음침한 주제를 포괄적으로 개괄할 생각이 전혀 없다. 오로지 그것을 지금까지 전개한 스케일링 및 망 이론과 관련지어서 살펴보려는 것뿐이다. 성장을 논의할 때 했듯이, 나는 이 관점이 노화와 죽음의 일반적인 특징 중 상당수를 이해하는 정량적인 큰 그림이자 이론적 틀을 개발함으로써, 생물학과 생명의학의 한 가지 근본 문제에 새로운 통찰력을 제공하는 데 쓰일 또 다른 중요한 사례가 될 수 있음을 알리고 싶다. 또 나는 죽음의 기계론적 기원 및 죽음과 삶의 긴밀한 관계, 죽음이 우리 우주의 다른 주요 현상들과 어떻게 상호 연결되는지를 더 폭넓게 이해해야만, 우리를 계속 성가시게 하는 형이상학적 질문들을 다루는 일을 시작할 수 있다고 믿는다.

출생, 성장, 성숙 같은 많은 생활사적 사건은 주로 긍정적인 이미지로 비치지만, 우리 대다수는 노화와 죽음을 대면하고 싶어 하지 않는다. 우디 앨런Woody Allan은 간결하게 표현한 바 있다. "나는 죽음이 두렵지 않다. 그저 죽음이 찾아올 때 거기에 있고 싶지 않을 뿐이다." 다른 동물이나 식물처럼 아예 알아차리지 못하는 방식으로, "죽음이 찾아올 때 거기에 있"지 않는 편이 훨씬 더 쉬울 것이다. 우리는 극도로 쇠약해진 뒤로도 한참 뒤까지, 심지어 때로는 의식을 잃고서 더 이상 자기 자신이 아니게 된 뒤로도 한참 뒤까지, 삶을 연장하고 죽음을 미루려고 시도하면서 엄청난 돈을 쓴다. 미국에서만 비타민, 약초, 식품 보조제에서 호르몬, 크림, 운동 보조제에 이르기까지 다양한 약물, 노화 억제제, 양생법 등에 연간 500억 달러가 넘는 돈이 쓰인다. 미국의학협회를 비롯하여 대다수의 의료계 인사들은 이런 것들 중에 노화 과정을 늦추거나 역전시킨다고 얼마간이라도 검증된 것조차도 거의 없다는 데 동의한다. 그래도 나 자신도 그런 것들에 혹해서 넘어가곤 하며, 비타민, 보조제, 때로는 다른 신제품 등을 충실히 먹고 있다는 말을 덧붙여야겠다. 하지만 지나치지 않으려고 조심하긴 한다.

우리는 비용에 상관없이 수명을 연장하려는 일에 강박적으로 매달리게 되었지만, 건강 수명health span을 유지하고 연장하는 쪽에 신경을 쓰는 편이 더 타당할 것이다. 즉, 적절히 건강한 몸과 상당히 건강한 정신을 갖춘 채 더 온전한 삶을 살다가 그런 체계들이 더 이상 온전한 기능을 하지 못한다는 것이 분명해질 때 죽는 쪽에 말이다. 이런 문제들에 어떻게 대처하고 죽음에 어떻게 접근할지는 쉬운 답이 결코 없기 때문에 지극히 개인적인 결정에 따르며, 나는 개개인의 선택을 판단하는 주제넘은 짓은 하지 않으려다. 하지만 그런 결정들의 집합은 규명할 필요가 있는 심각한 현안들을 사회에 제기하며, 노화와 사망 과정, 그것들이 건강한 삶과 맺는 관계를 더 깊이 이해하는 일이 그것들에 대처하는 방식에 중요한 역할을 해야 한다.

이와 밀접한 관계가 있는 것이 하나 있다. 신비한 불로장생약elixir vitae을 찾으려는 시도가 바로 그것이다. 대개 마시면 영생을 주는 마법의 묘약이라는 형태로 상상하곤 한다. 불로장생약은 많은 고대 사회에 등장했으며, 중세 연금술사도 종종 연관되곤 한다. 많은 신화에도 등장하며, 가장 최근에는 해리 포터가 나오는 인기 있는 책에서 철학자의 돌(번역판에서는 '마법사의 돌'—옮긴이)이라는 형태를 취했다.

그것의 현대적 화신은 많은 자금을 지원받아서 수명 연장에 몰두하는 연구 계획이라는 형태로 과학계에 스며들었다. 그중 일부는 사기성이 농후하지만, 최근 들어서 몇몇 명망 있는 과학자들도 현대판 생명의 성배를 찾는 일에 참여하고 있다. 이런 계획들이 국립과학재단이나 국립노화연구소(국립보건원 산하 기관)처럼 전통적인 연방 연구비 지원 기관들보다는 민간 기관에서 더 많은 지원을 받는다는 사실은 시사하는 바가 있다. 실리콘밸리의 거물들이 그중 가장 눈에 띄는 계획 중 몇 가지를 지원하고 있다는 것도 결코 놀랄 일이 아니다. 아무튼 그들은 사회를 혁신해왔고, 자기 자신뿐 아니라 엄청난 성공을 거둔 자신의 기업이 영구히 살기를 원하므로, 그런 노력에 엄청난 돈을 기꺼이 투자하는 것도 불합리하지는 않다. 오라클의 창업자인 래리 엘리슨Larry Ellison이 세운 재단은 노화 연구에 수억 달러를 써왔다. 페이팔의 공동 창업자인 피터 틸Peter Thiel은 노화 문제 해결을 목표로 한 생명공학 기업들에 수백만 달러를 투자하고 있다. 그리고 구글의 공동 창업자인 래리 페이지Larry Page는 노화 연구와 수명 연장에 초점을 맞춘 캘리코Calico(캘리포니아라이프 컴퍼니California Life Company)를 설립했다. 그리고 건강보험 업계의 거물인 준 윤Joon Yun은 전형적인 첨단 기술 기업을 통해 재산을 모으지 않았지만, 실리콘밸리에 기반을 두고 있으며, 자신의 재단인 팰로앨토인스티튜트Palo Alto Institute를 통해서 "노화 종식에 헌신한" 이들에게 "100만 달러의 장수상Longevity Prize을 주겠다"고 나섰다.

비록 나는 이런 노력 중 무언가가 의미 있는 성공을 거둘 것이라는 데 꽤 회의적이긴 하지만 노력할 가치는 있다고 본다. 동기야 어떻든 이런 연구들은 미국의 자선 사업이 활기를 띠고 있음을 보여주는 좋은 사례다. 그리고 그중 일부는 설령 불로장생약을 발견하겠다고 내건 목표를 달성하지 못하거나 수명을 꽤 연장하지 못한다고 할지라도, 과학에 아주 탁월하면서 중요한 기여를 할 가능성이 높은 일류 연구 계획임이 분명하다. 어쨌든 나는 내 생각이 틀리고 이런 노력이 성공함으로써 건강 수명을 해치지 않고 수명이 정말로 상당히 연장될 수 있기를 바란다.

죽음과 벌이는 이 지속적인 전쟁의 큰 역설 중 하나는 지난 150년 동안 우리가 그런 일을 목표로 내건 연구 계획이 전혀 없이도 수명을 연장하는 쪽으로 사실상 눈부신 발전을 이루어왔다는 것이다. 산업혁명 이전과 19세기 중반까지, 전 세계에서 수명은 꽤 일정하게 유지되었다. 1870년 이전에 태어난 사람의 기대수명은 지구 전체를 평균했을 때 겨우 30세였을 것으로 추정되며, 1913년에야 34세로 올라갔다. 그런데 2011년에는 무려 2배 이상 올라가서 70세를 넘었다. 나라마다 생활 수준과 보건 의료 서비스 수준이 각양각색이어서 편차가 크긴 하지만, 모든 곳에서 동일한 극적인 이야기가 재연되고 있다. 한 예로, 16세기 이래로 가장 나은 사망률 통계 기록을 간직한 영국에서는 대략 1540년부터 1840년까지 평균 수명이 약 35세로 일정하다가, 그 뒤로 늘어나기 시작하여 내 부친이 태어난 1914년에 52세에 도달했다. 이어서 내가 태어난 1940년에는 약 63세가 되었고, 지금은 약 81세가 되었다. 가장 가난한 몇몇 나라에서도 이 놀라운 현상이 재연되어왔다. 방글라데시의 평균 수명은 1870년에는 약 25세였지만, 지금은 약 70세다. 이 놀라운 현상을 실감나게 표현하는 한 가지 강력한 방법은 현재 전 세계의 모든 나라가 1800년에 전 세계에서 기대수명이 가장 높았던 나라보다 기대수명이 더 높다는 것이다. 정말로 환상적인 이야기다. 대단히 흥미로운 점은 이 성취가 세계적이거나 국가적인 수명 연장 연구 계획이나 민간 자선 단체의 지원이 전혀 없는 상태에서 이루어졌다는 것이다. 마법의 알약이나 불로장생약을 발견한 사람도 없고, 유전자를 만지작거리지도 않은 상태에서 그 모든 일들이 일어났다. 대체 어떤 일이 벌어진 것일까?

독자는 답을 알고 있거나 쉽게 추측할 수 있을 것이다. 첫째, 유아와 아동 사망률이 놀라운 수준으로 줄어든 것이 큰 기여를 했다. 선진국 사람들은 비교적 최근까지 아동 사망률이 대단히 높았다는 사실을 쉽게 잊곤 한다. 19세기 중반까지, 유럽 국가들에서 태어난 아기의 25~50퍼센트는 다섯 번째 생일을 맞이하지 못했다. 한 예로, 찰스 다윈은 자녀가 10명이었는데, 한 명은 태어난 지 몇 주 사이에, 또 한 명은 1년 반 뒤에 사망했고, 큰딸인 앤은 열 살을 넘기지 못했다. 다윈 집안은 최고의 의료 서비스를 포함하여 모든 편의와 지원을 받을 수 있는 상류층이었다. 그러니 노동 계급에 속한 특권을 누리지 못한 대다수의 사람들은 어떠했을지 상상할 수 있지 않을까? 말이 난 김에 덧붙이자면, 다윈은 앤을 유달리 사랑했고, 큰딸이 비극적으로 사망한 일을 계기로 기독교와 단절했다. 그 사적인 비극을 통해 다윈은 죽음이 영원한 진화적 동역학의 일부임을 깨달았다.

75년 뒤, 내 조부모의 자녀 여덟 명 중 두 명은 다윈의 자녀들과 그리 다르지 않은 양상으로 세상을 떠났다. 한 명은 태어난 지 몇 주 사이에, 우연히도 앤이라는 이름을 지닌 또 한 명은 열 살 때 '성 비투스의 춤St. Vitus' dance'에 걸려서 사망했다. 100년 전에는 그리 드물지 않은 소아병이었다. 지금은 덜 화려한 이름인 시드넘무도병 Sydenham's chorea이라고 불리며, 미국에서 이 병에 걸리는 아동의 비율은 약 0.0005퍼센트에 불과하다.

이는 선진국과 개발도상국에서 유년기 사망률이 상대적으로 낮고 저개발국에서도 상당히 줄어드는 엄청난 변화가 일어나고 있음을 보여주는 전형적이며 대표적인 사례다. 앞서 말했듯이, 계몽운동과 산업혁명이 일어난 뒤 의학의 급속한 발전과 보건 위생의 엄청난 개선이 뒤따랐고, 의학과 보건 위생은 도시 인구의 지수적 증가와 생활 수준 향상에 기여한 주요인이었다. 주거 환경 개선, 공중보건 사업, 백신 접종, 소독약, 그리고 가장 중요한 위생 시설, 하수처리 시설, 깨끗한 수도 공급 시설의 발전은 유년기 질병과 감염을 극복하고 억제하는 데 엄청난 역할을 했다.

이 모든 성취는 도시 환경으로 점점 더 많은 인구가 이주하고, 도시가 기본 권리와 서비스의 제공자로서 더 큰 사회적 책임성을 갖춤에 따라 작동하기 시작한 흥미로운 동역학의 결과다. 디킨스의 소설에 묘사된 것 같은 빈민가와 빈곤이 만연한 것은 확실하지만, 그럼에도 이런 기본 서비스들이 점점 더 제공됨에 따라 유아와 아동 사망률이 낮아지면서 평균 수명이 급격히 늘어났고, 그 결과 인구가 급증했다. 어릴 때 죽는 사람이 줄어들고 더 오래 사는 사람들이 늘었으며, 그 동역학은 지금까지도 약화되지 않은 채 이어지고 있다. 사회적 변화와 복지 증가의 엔진인 도시는 사회 집단을 형성하고 규모의 경제를 집단적으로 이용하는 우리의 놀라운 능력이 낳은 진정한 위업 중 하나다.

유아와 아동 사망률 감소는 평균 수명을 늘리는 데 엄청난 역할을 했다. 예를 들어, 1845년에 영국에서 출생한 사람의 평균 기대수명은 약 40세에 불과했지만, 다섯 살까지 살아남는다면 그로부터 50년을 더 살아서 55세에 사망할 것이라고 예상할 수 있다. 따라서 그 통계에서 아동 사망률을 뺀다면, 1845년의 기대수명은 10년 이상 늘어난다. 이를 오늘날의 상황과 비교하면 흥미롭다. 현재 영국에서 태어나는 사람의 기대수명은 약 81세다. 다섯 살까지 살아남으면 기대 수명은 겨우 1년 더 늘어난 82세가 된다. 유아와 아동의 사망률이 극도로 낮기 때문이다.

유아와 아동 사망률이 대폭 감소한 것을 제외한다고 해도, 지난 150년 동안 평균 수명이 대폭 증가했다는 것은 여전히 명확한 사실이다. 하지만 우리는 노화와 맞서 싸우고 수명을 늘리는 문제를 생각할 때면 통계를 해석하는 데 신중해야 한다. 수 세기 동안 사춘기에 도달하기 전에 비극적으로 사망한 모든 아기와 아이가 노화 과정의 어떤 별난 작용으로 죽은 것이 아님은 분명하다. 그들의 운명은 주로 기본 생물학보다는 그들이 살던 환경의 미흡함에 따라 정해졌다. 여기서 얻는 교훈은 아이가 어떤 적절한 나이까지 살아남는다면, 전체 평균보다 상당히 더 오래 살 기회가 아주 많다는 것이다. 예를 들어, 1845년에 당신이 25세까지 살아남았다면, 당신의 기대수명은 40세에서 무려 62세로 급증한다. 반면에 당신이 80세까지 살아남았다면, 당신은 겨우 85세까지 살 가능성이 높았다. 그런데 오늘날의 상황도 그리 다르지 않다. 당신이 오늘 80세라면, 아마 '겨우' 89세까지 살 가능성이 높다. 그리고 아마 더욱 놀라운 점은 이런 상황이 수천 년 전 우리의 수렵채집인 조상들이 겪은 상황과 그리 다르지 않다는 사실일 것이다. 그들도 유아 사망률이 높았지만, 일단 그 요소를 제외하면 그들은 60~70세까지 산다고 기대할 수 있었다.

개인적인 이야기를 하나 더 하자면, 나는 75세에 다다랐을 때 이 평균값들을 알고서 기뻤다. 거의 12년을 더 살다가 내가 생각했던 것보다 훨씬 긴, 무려 거의 87세에 사망할 것이라고 예상할 수 있었기 때문이다. 그 예측이 들어맞고 내가 건강을 유지할 수 있다면, 이 책을 끝내고, 중년에 접어든 내 자식들이 얼마나 잘 살아가는지 지켜보고, 더 나아가 손주들이 자라는 모습까지 보고, 샌타페이연구소가 계속 번창하면서 1억 달러의 기부금을 받는 광경도 보고, 가장 있을 법하지 않은 일이겠지만 축구 구단 토트넘 핫스퍼가 프리미어리그에서 우승하고, 더 나아가 챔피언스리그에서 우승하는 것까지 볼 시간이 있다. 50여 년 동안 내 멋진 아내였고 현재 71세인 재클린은 이 평균값들에 따르면 거의 88세까지 살 것이라고 예상되므로, 노망이 든 내 뒤치다꺼리를 하지 않고서도 4년 넘게 살아갈 것이다.

물론 이런 이야기들은 그저 상상에 불과하다. 결이 매우 거친 평균값을 써서 개인에 관한 무언가를 말하고 있기 때문이다. 이 상상에는 평균으로부터 개별적인 것을 확대 추정할 때 빠지기 쉬운 함정들이 다 담겨 있다. 그런 한편, 이 상상은 일반적인 추세가 어떠하며 자신이 그 추세의 어디에 있는지 감을 잡을 수 있게 해주며, 상상을 펼칠 개략적인 기준선을 제공한다. 사실상 이런 통계값들은 우리의 삶에서 중요한 역할도 한다. 보험회사와 주택 담보 대출 담당자들이 당신을 고객으로 삼아도 안전할지, 보험료나 대출금은 얼마로 할지를 결정하는 데 으레 쓰이기 때문이다.

노년의 통계 논의로 돌아가서 한 단계 더 나아가보자. 당신이 1845년에 100세가 되었다고 하자. 그러면 통계적으로 볼 때 당신이 앞으로 살 기간이 2년이 안 된다고 예상할 수 있다는 것을 알아도 전혀 놀랍지 않을 것이다. 더 정확히 말하면 1년 10개월이다. 그리 길지 않다. 마찬가지로 오늘 당신이 100세라면, 앞으로 2년 남짓 더 살 것이라고 예상할 수 있다. 실제로는 2년 3개월이다. 150년 전의 사람보다 수명이 겨우 5개월 늘었다는 뜻이다. 그 사이에 보건, 의학, 생활 수준에 엄청난 발전이 이루어졌음에도 그렇다.

이는 노화와 죽음을 억제하려는 시도에 관한 그 모든 소동이 어떤 의미가 있는지를 대변하는 사례. 당신이 나이를 계속 먹어감에 따라, 살아갈 기간은 계속 짧아지다가 이윽고 사라지기 직전에 이른다. 이는 인간이 살 수 있는 최대 연령이 있다는 개념으로 이어지며, 그 연령은 약 125세 미만임이 드러난다. 지금까지 이 나이에 근접한 사람은 거의 없다. 지금까지 확실한 근거가 있는 최고령자는 1997년에 사망한 프랑스 여성 잔 칼망Jeanne Calment이었다. 그녀는 무려 122년 164일을 살았다. 이 나이가 얼마나 예외적인지를 알려면 기록이 확실한 그다음 고령자인 미국인인 세라 크노스Sarah Knauss를 보면 된다. 그녀는 잔보다 3여 년이 못 미치는 119년 97일을 살았다. 그다음으로 장수한 사람은 세라보다 거의 2년을 더 적게 살았다. 한편 현재 생존한 최고령자는 이탈리아인인 에마 무라노Emma Murano로 이제 '겨우' 118번째 생일을 맞이했다.

따라서 생명 연장 추구는 두 가지 주요 범주로 요약 정리할 수 있다. (1) 보수적인 목표: 어떻게 하면 다른 모든 이들의 수명을 계속 늘려서 잔 칼망과 세라 크노스 같은 비범한 수준에 이르게 할 수 있을까? (2) 급진적인 목표: 약 125년이라는 최대 한계처럼 보이는 것을 넘어서, 이를테면 225년까지 수명을 늘리는 것이 가능할까? 지극히 현실적인 의미에서 우리는 이미 첫째 목표는 이루어가고 있지만, 둘째 목표는 진지한 과학적 의문들을 불러일으킨다.

극도로 장수하는 이유를 밝히기 위해서 100세를 넘은 사람들과 110세를 넘은 사람들을 대상으로 아주 많은 연구가 이루어졌다. 그들은 연령 분포 곡선의 꼬리가 아주 길게 늘어져 있음을 대변한다. 현재 그 나이까지 생존해 있는 사람은 기껏해야 수백 명으로 추정된다. 그들은 신기한 예외 사례이며, 그들의 존재와 생활사는 끝없는 호기심의 원천이다. 아주 오래 살고 싶다면 어떤 유전자를 갖고 태어나야 하는지, 또는 어떤 삶을 살아야 하는지 단서를 얻기 위해서 우리가 엿보려 하기 때문이다. 그들에 관한 책과 논문이 많이 나와 있지만, 그들이 살아온 역사와 유전체 조성을 종합하여 수명을 늘릴 정확한 공식으로 요약하기란 어렵다는 것이 드러났다.[13] 그런 문헌들에는 우리가 어릴 때 엄마에게서 들었던—그리고 아마 지금도 계속 듣고 있을—말과 그리 다르지 않은 꽤 명백하면서 뻔한 조언이 많이 언급되어 있다. 녹색 채소를 많이 먹고, 단것을 너무 많이 먹지 말고, 마음을 편히 갖고, 스트레스를 최소화하고, 꾸준히 적절한 운동을 하고, 긍정적인 태도를 유지하고, 든든하게 지원이 되는 공동체에서 사는 것 등이다. 이와 관련하여, 장수 챔피언인 잔 칼망의 삶을 잠시 살펴보는 것도 재미있을 것이다.

그녀는 프랑스 남부 아를에서 태어나서 평생 그곳에서 살았다. 그녀는 딸만 하나 낳았는데, 딸은 36세에 폐렴으로 사망했고, 유일한 손주도 36세에 자동차 사고로 죽었다. 따라서 그녀의 직계 후손은 전혀 없다. 그녀는 21세부터 117세까지 담배를 피웠고, 110번째 생일 때까지 스스로 생계를 꾸려나갔다. 114세까지 남의 도움 없이 혼자 걸어 다녔다. 그녀는 그다지 운동을 열심히 하지도 않았고, 건강에도 별 관심이 없었다. 장수의 비결이 무엇인지 묻자, 그녀는 올리브기름이 많이 든 음식을 먹고, 올리브기름을 피부에도 바르고, 포트와인을 즐겨 마시고, 매주 거의 1킬로그램씩 초콜릿을 먹는다고 답했다. 직접 해보시라. 말이 나온 김에 덧붙이자면, 아를이 빈센트 반 고흐Vincent van Gogh가 독특한 화풍을 이루기 위해 간 곳이며, 폴 고갱Paul Gauguin과 잠시 함께 지내기도 한 곳임을 알지도 모르겠다. 칼망은 열세 살 때 캔버스를 사러 삼촌의 가게로 오곤 했던 고흐를 만난 일을 떠올렸다. 그녀는 그가 "너저분하고, 옷차림도 엉망이고, 불쾌한" 사람이었다고 생생하게 기억했다.

최대 수명이라는 개념은 대단히 중요하다. 어떤 중대한 '부자연스러운' 개입(불로불사약을 믿는 이들이 찾는 것)이 없다면 자연적인 과정이 인간의 수명을 약 125년으로 어찌할 길 없이 제한하고 있다는 의미이기 때문이다. 뒤에서 나는 이 제한 과정들에 어떤 의미가 있는지를 설명하고, 이 수를 결정하는 망 이론을 토대로 이론 틀을 제시할 것이다. 하지만 먼저 고전적인 생존 곡선survivorship curve이 최대 인간 수명이라는 개념을 뒷받침한다는 강력한 증거를 제공한다는 점을 보여주고 싶다.

생존 곡선은 그저 개인이 특정한 나이까지 살 확률을 나타낸 것이며, 해당 집단의 생존자 비율을 나이의 함수로 나타냄으로써 정해진다. 생존 곡선을 뒤집은 것을 사망률 곡선mortality curve이라고 하며, 해당 나이에 사망한 사람들의 퍼센트를 가리킨다. 다시 말하면, 한 개인이 그 나이에 사망할 확률을 나타낸다. 생물학자, 보험계리사, 노인학자는 특정한 기간(이를테면 한 달)에 한 집단에서 생존해 있는 사람의 수에 대한 사망자 수를 나타내기 위해 사망률mortality(또는 death rate)이라는 용어를 만들어냈다.

생존 곡선과 사망률 곡선의 일반 구조는 꽤 명백하다. 초년기에는 대부분 살아남지만, 시간이 흐르면서 서서히 사망자의 비율이 높아지다가 이윽고 생존할 확률이 사라지고 죽을 확률이 100퍼센트에 다다른다. 다양한 사회, 문화, 환경, 종에 걸쳐서 이런 곡선을 놓고 아주 많은 통계 분석이 이루어져왔다. 그로부터 나온 놀라운 결과 중 하나는 대다수의 동물에게서 사망률이 나이에 상관없이 거의 일정하게 유지된다는 사실이다. 다시 말해, 어느 시기에 죽는 개체들의 상대적인 수는 어느 연령에서든 같다. 따라서 예를 들어, 5~6세에 살아남은 집단 중 5퍼센트가 죽는다면, 55~56세와 95~96세에도 그때까지 생존한 인구 중 5퍼센트가 사망할 것이다. 이 말은 직관에 반하지만, 달리 표현하면 더 의미가 와닿을 것이다. 사망률이 일정하다는 말은 특정한 기간에 죽는 개체의 수가 그때까지 살아남은 사람들의 수에 직접 비례한다는 뜻이다. 3장에서 논의한 지수적 행동을 떠올려보면, 이것이 바로 지수 함수의 수학적 정의임을 알아차릴 것이다. 이 문제는 다음 장에서 더 상세히 다루기로 하자. 여기서는 생존이 단순한 지수 곡선을 따른다는 말만 하고 넘어가자. 개체가 나이를 먹을수록 그 집단에서 살아남을 확률이 지수적으로 감소한다는, 다시 말해 나이를 먹을수록 죽을 확률이 지수적으로 증가한다는 뜻이다.

이는 물리 세계에서 일어나는 많은 붕괴 과정들이 따르는 바로 그 법칙이기도 하다. 물리학자들은 방사성 물질의 붕괴를 정량화하기 위해 사망률 대신 붕괴율decay rate이라는 용어를 쓴다. 붕괴율은 '개별' 원자가 소립자(알파선, 베타선, 감마선)를 방출하면서 상태가 변하고 '죽는' 속도를 뜻한다. 많은 생물학적 집단에서 개체의 수가 변하는 것과 마찬가지로 방사성 물질의 양도 시간이 흐르면서 지수적으로 감소하므로, 붕괴율은 대개 일정하다. 또 물리학자들은 붕괴율을 나타내기 위해 반감기half-life라는 용어도 쓴다. 반감기는 원래 있던 방사성 원자 중 절반이 붕괴하는 데 걸리는 시간이다. 반감기는 붕괴 과정들을 전반적으로 살펴보기에 아주 유용한 척도이며, 의학을 비롯하여 여러 분야들에 확대 적용되어왔다. 의학 분야에서는 약물, 방사성 동위원소, 기타 물질들의 효과가 몸에서 처리되는 데 걸리는 시간을 정량화하는 데 쓰인다.

9장에서는 이 용어를 기업의 사망률을 논의할 때 쓸 것이고, 기업들도 동일한 지수 붕괴 법칙을 따른다는 놀라운 결과를 보여줄 것이다. 즉, 기업의 사망률도 햇수에 관계없이 일정하다. 사실 그 자료는 미국에서 상장된 기업들의 반감기가 겨우 약 10년에 불과함을 보여준다. 따라서 50년(반감기 5회)이 지났을 때, 살아남은 기업은 겨우 $(1/2)^5 = 1/32$, 즉 약 3퍼센트에 불과할 것이다. 이는 놀라운 공통성을 띠는 생물, 동위원소, 기업의 사망률이 동일한 일반 동역학을 토대로 하는 것이 아닐까 하는 흥미로운 질문을 낳는다. 이 추정은 뒤에서 다룰 것이다.

하지만 먼저 인간에게로 돌아가자. 19세기 중반까지, 인간의 생존 곡선은 거의 별다른 변화 없이 유지되었다. 다른 포유동물과 비슷한 지수 곡선을 따랐다. 우리는 일정한 사망률에 따라 살다 죽었고, 따라서 아주 오랫동안 살 기회는 극도로 적었다. 그렇긴 해도, 100세 이상 사는 사람이 간혹 있으므로, 110세 이상 살 확률도 극도로 낮긴 하지만 있었다. 도시화와 산업혁명을 통해 엄청난 변화가 일어나면서, 우리는 일정한 사망률의 족쇄에서 풀려나 더 오래 살기 시작했다. 그림 25에서 우리 생존 곡선이 지수적 붕괴에서 벗어나서 점점 더 평탄한 선반 형태를 이루면서 더 긴 수명 쪽으로 단조롭게 옮겨 가는 모습을 쉽게 볼 수 있다. 이는 모든 연령에서 생존 확률이 증가해왔음을 반영한다. 또 유아와 아동의 사망률이 급감하고, 평균이 점점 더 긴 수명 쪽으로 계속해서 옮겨 가고 있다는 것도 쉽게 알아볼 수 있다.

하지만 설령 곡선의 어깨 부위가 더 긴 수명을 향해 옮겨 가고 사람들이 더 오래 살기 시작했다고 할지라도, 곡선은 결국 언제나 낮아지면서 거의 동일한 값에 다다른다는 점도 드러난다. 이렇게 엄청난 성취를 이루고 평균 수명이 계속 늘어나는 방향으로 지속적으로 진화하고 있음에도, 생존 확률이 사라지고 사망 확률이 100퍼센트에 다다르는 곡선의 최종 지점은 언제나 동일하게 남아 있었다. 모두 약 125년으로 수렴된다. 이는 최대 생물학적 수명이 있음을 극적이고도 설득력 있게 보여준다.

그림 26은 수명의 점진적 증가를 다양한 원인별로 나누어서 따지려는 시도다. 최대 기여자는 주거 환경 개선, 위생, 공중 보건 사업이었으며, 여기서도 도시와 도시화가 중추적인 역할을 했음이 드

그림 25 인간 생존 곡선

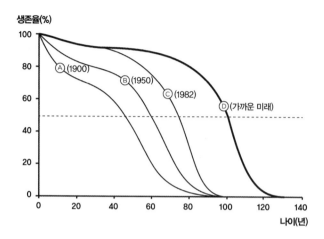

그림 26 인간의 주된 사망 원인

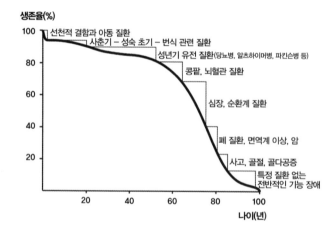

그림 25 19세기 이전의 고전적인 지수 붕괴(일정한 사망률) 형태에서 그래프에 표시된 주요 변화들에 힘입어서 평균 수명이 점점 늘어난다. 이에 따라 인간의 생존 곡선은 점점 더 직사각형으로 빠르게 변해가는 양상을 보인다. 이런 발전에도, 최대 수명은 약 125년으로 변함이 없다. **그림 26** 다양한 나이별 주요 사망 원인.

러난다. 이와 마찬가지로, 사망률을 주된 의학적 원인별로 나누어도 마찬가지로 흥미롭다. 사망률 기여순으로 말하면, (1) 심혈관계 질환과 심장 질환, (2) 암(악성 종양), (3) 호흡계 질환, (4) 뇌졸중(뇌혈관 질환)이다. 이 양상은 전 세계에서 매우 비슷하다. 그리고 이를 정량화하는 한 가지 흥미로운 방법은 이런 구체적인 원인들을 하나하나 제거하면, 기대수명이 얼마나 증가할지 묻는 것이다. 표 4는 미국 질병통제예방센터Centers for Disease Control and Prevention(CDC)와 세계보건기구World Health Organization(WHO)가 분석한 자료를 인용한 것이다. 예를 들어, 모든 심장병과 심혈관계 질환이 완치된다면, 태어날 때의 기대수명은 겨우 약 6년 늘어난다는 것을 알 수 있다. 더 놀라운 점은 모든 암이 완치된다고 하면, 태어날 때의 기대수명이 겨우 약 3년 증가한다는 내용일 것이다. 당신이 65세라면, 2년도 채 늘어나지 않는 셈이다.

표 4 **특정 질병이 완치될 경우 기대수명 증가 추정값**

사망 범주	질병을 제거했을 때의 기대수명 증가분(년)
심혈관: 모든 심혈관계 질환	6.73
암: 림프 조직과 혈관 조직의 종양을 비롯한 악성 종양, 에이즈 등	3.36
호흡계 질환	0.97
사고와 '부작용'(의료 행위로 생긴 죽음)	0.92
소화계 질환	0.46
감염병과 기생충 질환	0.45
총기 사고 사망	0.4

이런 통계를 볼 때 강조하고 싶은 중요한 점이 두 가지 있다. (1) 죽음의 주된 원인은 기관과 조직(심장마비나 뇌졸중에서처럼)이든 분자(암에서처럼)든 주로 손상과 관련이 있으며, 감염병의 역할은 비교적 미미하다. (2) 설령 모든 사망 원인을 제거한다고 해도, 모든 사람은 125세가 되기 전에 죽을 운명이며, 우리 대다수는 그 나이에 이르기 한참 전에 그 운명을 맞이할 것이다.

III. 전성기

노화의 생물학과 생리학을 다룬 문헌은 아주 많지만, 내가 여기서 강조하려는 더 정량적이고 기계론적인 관점에서 쓴 문헌은 거의 없다.[14] 그래서 나는 그런 맥락에서, 모든 오래된 이론이라면 정량적으로 설명할 필요가 있는 노화의 두드러진 특징들을 몇 가지 검토하면서 그런 특징들이 일반적인 기본 메커니즘이 어떤 것일지 알려줄 단서를 제공할 수도 있음을 보이고자 한다.

지금까지 이루어진 논의는 대부분 인간에 관한 것이었지만, 지금 나는 그것을 앞서 소개한 스케일링 법칙 및 이론 틀과 연관 짓기 위해 다른 동물들에게로 확장할 것이다. 그 논의는 결이 거친 서술이라는 관점에서 이루어질 것이므로, 경계 너머에 있는 것들도 분명히 있고, 일부 진술에는 예외 사례도 있다. 노화와 사망 사례는 더욱 그렇다. 다른 대다수의 형질과 달리, 이것들은 진화 과정에서 직접 선택되는 것이 아니기 때문이다. 자연선택은 한 종의 개체 대다수가 자신들의 진화 적합도를 최대화할 만큼 자식을 충분히 낳을 정도까지만 살아남을 수 있게끔 하기만 하면 된다. 일단 그렇게 됨으로써 진화적 '의무'를 수행하고 나면, 그들이 얼마나 더 오래 살지는 훨씬 덜 중요해지므로 개인과 종의 수명에 큰 편차가 나타날 것이라고 예상할 수 있다. 따라서 인간은 적어도 40년 동안 살면서 10여 명의 자식을 낳을 수 있도록 진화해왔고, 그 자식들 중 적어도 절반은 어른이 될 때까지 살아남을 것이다. 그러니 여성의 폐경이 그 나이에 일어나는 것도 결코 우연이 아니다. 하지만 충분한 인구가 그 나이까지 도달하여 번식을 할 수 있도록 애쓴 끝에, 현재 우리는 통계적으로 볼 때 상당수가 훨씬 더 오래 살 수 있을 만큼 충분히 '과가공된overengineered' 상태로 진화했다.

자동차는 흥미로운 비교 사례가 된다. 다양한 사회경제적·기술적 이유로, 자동차는 적절히 잘 관리한다면 적어도 15만 킬로미터는 달리도록 '진화해'왔다. 제조 과정에서의 편차와 유지 관리 및 수리의 정도에 따라 어떤 차는 훨씬 더 오래 달릴 수도 있다. 사실 유지 관리, 수리, 부품 교체를 충분히 강박적으로 한다면, 차는 아주 오랫동안 계속 달릴 수 있다. 사람도 잘 먹고 잘 생활하고, 해마다 정기적으로 검진을 받고 조치를 취하고, 위생을 철저히 하고, 이따금 신체 부위를 교체함으로써 비슷한 성취를 이루어왔다. 하지만 자동차에게 할 수 있는 것을 우리 자신에게 함으로써 개인을 무한정 보존할 수 있을 것 같지는 않다. 단순한 자동차와 달리, 우리는 고도로 복잡한 적응계이기 때문이다. 그리고 특히 교체 가능한 부품들을 선형으로 더한 것이 아니기 때문이다.

모든 이론이 설명해야 할 노화와 사망의 중요한 특성 중 몇 가지를 요약하면 이렇다.

1. 노화와 죽음은 '보편적'이다. 모든 생물은 결국 죽는다. 이로

부터 최대 수명이 있으며, 그에 따라서 나이를 먹을수록 생존율이 점점 줄어든다는 결론이 따라 나온다.

2. 우리의 다양한 신체 기관 같은 생물의 준자율적인 하위 계들도 거의 균일하게 나이를 먹는다.

3. 노화는 나이에 따라 거의 선형으로 진행된다. 예를 들어, 그림 27은 신체 기관의 기능이 나이를 먹을수록 쇠퇴하는 과정을 보여준다.[15] 이에 따르면 다양한 핵심 기능들의 최대 능력의 비율은 대부분 20세 정도에 성숙한 뒤로 나이를 먹으면서 선형으로 감소하기 시작한다. 평균적으로 우리 신체가 최적인(100퍼센트) 나이가 겨우 몇 년밖에 안 되고, 약 20세부터 말 그대로 줄곧 내려가기만 한다는 사실은 좀 안타깝다. 우리가 성장 기간 동안에 비교적 빨리 최대 능력 수준에 도달한다는 점도 주목하자. 뒤에서 나는 노화 과정이 성숙하기 이전의 생애 초기부터 진행되지만, 성장이 압도적으로 우세하기에 숨겨져 있다고 주장할 것이다. 노화 과정은 사실상 우리가 잉태되자마자 시작된다. "그는 태어나느라 바쁘지는 않았지만 죽느라 바쁘네"라고 노래한 밥 딜런은 옳았다.

4. 수명은 체중이 증가할 때 지수가 약 4분의 1인 거듭제곱 법칙에 따라서 증가한다. 예상하겠지만, 자료들을 보면 편차가 크다. 우리를 포함한 포유동물을 대상으로 생활사를 통제하면서 수명을 연구한 실험이 전혀 없기 때문이기도 하다. 자료를 보면 야생동물을 관찰하여 얻은 것도 있고, 동물원에서 얻은 것도 있고, 가축에게서 나온 것도 있으며, 실험실에서 얻은 것도 있다. 즉, 환경과 생활 조건이 전혀 다른 자료들이다. 게다

스 케 일

가 한 종의 개체 한두 마리를 관찰하여 얻은 자료도 있고, 대규모 집단을 지켜보면서 얻은 자료도 있다. 이렇게 중구난방이라는 점이 문제이긴 하지만, 자료들에는 뚜렷한 추세와 일관성이 보인다. 통계적으로 약 4분의 1제곱 스케일링을 가리킨다는 것이다.

5. 1장의 그림 2에 나와 있듯이, 모든 포유동물은 평생 심장 박동 수가 거의 같다.[16] 따라서 땃쥐는 심장이 1분에 약 1,500번 뛰고 약 2년 남짓 사는 반면, 코끼리는 심장이 1분에 겨우 약 30번 뛰지만 약 75년을 산다. 몸집에 이렇게 엄청난 차이가 있음에도, 평생에 걸친 심장 박동 수는 평균적으로 약 15억 회다. 이 불변성은 모든 포유동물에게서 거의 들어맞는다. 비록 위에 개괄한 이유들 때문에 편차가 크긴 하지만 말이다. 이 흥미로운 불변성에서 가장 크게 벗어나는 동물은 바로 우리다. 현재의 우리 심장은 평생 평균 약 25억 번을 뛴다. 전형적인 포유동물의 심장보다 약 2배 더 뛴다. 하지만 앞서 강조했듯이, 우리가 지금처럼 오래 살기 시작한 지난 100년 전부터 그랬을 뿐이다. 비교적 최근에 이르기까지 인류 역사의 거의 전체에 걸쳐서 우리는 지금보다 수명이 약 절반이었고, 따라서 대다수의 포유동물처럼 거의 불변인 15억 회 '법칙'을 따랐다.

6. 이와 관련된 또 다른 불변량이 있다. 평생 조직 1그램을 지원하는 데 쓰이는 에너지의 총량이 모든 포유동물, 더 나아가 특정한 분류 집단에 속한 모든 동물들에게서 거의 같다.[17] 포유동물은 식품 열량으로 따져서, 평생에 걸쳐 더하면 1그램

당 약 300칼로리다. 이를 표현하는 더 근본적인 방식은 세포에서 에너지 생산을 담당하는 호흡 기구가 평생에 걸쳐 호흡을 하는 횟수가 특정한 분류 집단 내의 모든 동물에게서 거의 같다는 것이다. 포유류에게서는 약 1경(10^{16})이며, 이는 조직 1그램을 지원하기 위해 평생 생산되는 ATP 분자(우리의 근본적인 에너지 화폐)의 수가 불변이라는 뜻이기도 하다.

계의 다른 변수들이 변할 때 변하지 않는 양들은 계의 세부적인 동역학과 구조를 초월하는 일반적인 기본 원리로 나아가는 길을 알려주기 때문에 과학에서 특별한 역할을 한다. 에너지 보존과 전하 보존은 물리학에서 이를 보여주는 두 가지 유명한 사례다. 얼마나 복잡하고 혼란스럽게 진화했든, 계가 에너지와 전하를 전환하고 교환할 때의 총 에너지와 총 전하는 언제나 같다. 따라서 초기에 계의 총 에너지와 총 전하가 어떤 값이었다고 하면, 어떤 일이 벌어지든 간에 나중에도 그 값은 동일하게 유지된다. 물론 바깥 환경에서 에너지나 전하를 추가하지 않는다고 할 때 그렇다. 극단적인 사례를 하나 들어보자. 현재 우주의 총 에너지-질량은 약 130억 년 전 빅뱅이 일어났을 때와 정확히 똑같다. 우주가 아주 작은 점에 불과했던 그때 이후로 그 무수한 은하, 별, 행성, 생명체가 진화했음에도 그렇다.

노화와 죽음이라는 복잡한 과정에서 스케일링 법칙뿐 아니라 거의 불변량들이 존재한다는 것은 이런 과정들이 임의적인 것이 아니라는 중요한 단서를 제공하며, 결이 거친 법칙과 원리가 작용함을 시사한다. 더욱 감질나게 만드는 것은 수명의 스케일링 법칙이

그림 27 나이에 따른 신체 기능 감소

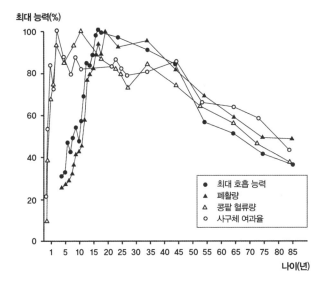

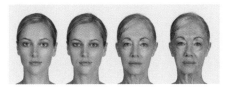

그림 28

그림 29

나이에 따른 다양한 기관의 기능 변화 최대 기능에 대한 비율을 나이에 따라 표시했다. 성장하는 동안 급격히 증가하여 약 20세에 최대에 도달했다가 그 뒤로 꾸준히 선형으로 줄어든다. 이렇게 꾸준히 감소하긴 해도, 노년까지 건강하고 활력 있는 삶을 살아갈 수 있다.

다른 모든 생리학적·생활사적 사건과 동일한 4분의 1제곱 구조를 지닌다는 점이다.

이 문제를 좀 더 살펴보기 전에, 이를 자동차의 수명과 비교하면 도움이 될 것이다. 불행히도 자동차 같은 기계를 스케일링 분석한 사례는 놀라울 만치 드물며, 수명 쪽으로는 더욱 그렇다. 하지만 하버드대학교의 공학자 토머스 맥마흔Thomas McMahon은 잔디깎기와 자동차에서 항공기에 이르기까지 여러 내연기관의 자료를 분석하여, 그것들이 2장에서 논의한 바 있는 갈릴레오식의 단순한 동형성장 세제곱 스케일링 법칙을 따른다는 것을 보여주었다. 예를 들어, 이 엔진들의 마력(대사율에 해당하는)은 무게에 선형으로 비례하므로, 출력을 2배로 높이려면 무게를 2배로 늘리면 된다. 따라서 생물과 달리 엔진은 크기가 증가할 때 규모의 경제를 보이지 않는다. 맥마흔은 엔진의 RPM(심장 박동 수에 해당하는)은 무게의 역세제곱에 비례한다는 것도 보여주었다.[18]

이런 사례들은 생물이 따르는 4분의 1제곱 스케일링 법칙과 뚜렷이 대비된다. 후자는 최적화한 프랙털형 망 구조의 산물이다. 생물의 대사율(마력에 해당하는)은 지수 4분의 3에 따라 규모가 증감하고 심장 박동 수(RPM에 해당하는)는 지수 -4분의 1에 비례한다. 내연기관이 복잡한 망 구조를 전혀 지니고 있지 않고 4분의 1제곱 스케일링을 따르지 않는다는 사실은 생물학에서 4분의 1제곱 스케일링의 기원을 설명할 기본 망 이론이 있음을 뒷받침하는 증거다. 제조된 엔진이 고전적인 세제곱 스케일링을 충족시키므로, 엔진의 수명이 무게의 4분의 1제곱이 아니라 세제곱근에 비례하여 증가한다고 추정할 수도 있다. 불행히도 이를 검증할 수 있는 자료가 부족하다.

하지만 이 추정은 큰 자동차일수록 수명이 더 길어야 한다고 정성적으로 예측한다. 사실 수명이 가장 긴 상위 10개 차량은 모두 대형 트럭이거나 SUV이며, 통상적인 크기의 승용차는 20위까지 따져도 3대에 불과하다. 오로지 수명만을 따진다면, 큰 차를 사라. 포드 F-250이 최고이고, 쉐보레 실버라도가 2위, 서버번이 3위다.

현재 자동차는 대개 25만 킬로미터 정도 달릴 것이라고 예상된다. 사실 엔진을 만드는 인간과 마찬가지로, 엔진의 수명도 비교적 짧은 기간에 급격히 증가해왔다. 50년 사이에 거의 2배가 늘었다. 이것이 의미하는 바가 무엇인지 감을 잡기 위해, 전 생애에 걸쳐 평균을 냈을 때 전형적인 자동차가 시속 50킬로미터로 움직이고 '심장 박동 수'는 2,500RPM이라고 가정하자. 그러면 25만 킬로미터라는 생애 동안의 총 '엔진 박동 수'는 약 10억 번이 된다. 흥미롭게도 포유동물의 평생에 걸친 심장 박동 수와 크게 다르지 않다. 이것이 단지 우연의 일치일까, 아니면 노화를 담당하는 메커니즘의 공통점에 관해 무언가를 말하고 있는 것일까?

IV. 노화와 사망의 정량적인 이론을 향하여

모든 증거는 노화와 사망의 기원이 그저 살아가기 위해 피할 수 없는 '마모' 과정의 산물임을 가리킨다. 다른 모든 생물처럼 우리도 신체 손상을 일으키는 노폐물 및 흩어지는 힘이라는 형태로 불가피하게 생성되는 엔트로피에 맞서 끊임없이 싸우기 위해 고도로 효율적인 방식으로 에너지와 자원을 대사한다. 그러나 나이를 먹을수록 엔트로피와의 여러 국지전에서 패하기 시작하고, 결국에는 전쟁에서 패해 죽음에 굴복한다. 엔트로피가 우리를 죽이는 것이다.

러시아의 위대한 극작가 안톤 체호프의 통렬한 말을 빌리자면, "엔트로피만이 쉽게 해낸다."

생명 유지의 핵심 활동은 모든 규모에서 공간 채움 망을 통해 대사 에너지를 153쪽의 그림처럼 세포, 미토콘드리아, 호흡 복합체, 유전체, 기타 세포내 기관들에 전달하는 것이다. 하지만 우리를 유지하는 이 계들 자체는 우리 몸을 지속적으로 손상시키고 쇠락시키고 있다. 고속도로에서 자동차와 트럭의 흐름이나 관을 지나는 물의 흐름이 지속적인 마모를 통해 손상과 붕괴를 일으키듯이, 우리 망 내의 흐름도 마찬가지다. 하지만 중요한 차이가 하나 있다. 생물에서는 가장 심각한 결과를 빚어내는 손상이 세포와 세포내 기관 수준에서 일어난다. 즉, 모세혈관과 세포 사이처럼 에너지와 자원이 교환되는 이 망의 말단 단위들에서다.

손상은 물리적 또는 화학적 수송 현상들과 관련된 많은 다양한 과정들을 통해서 여러 규모에 걸쳐 일어나지만, 대체로 두 범주로 나눌 수 있다. (1) 신발이나 자동차 타이어가 닳는 것처럼 두 물체가 서로 맞닿아서 움직일 때 생기는 통상적인 마찰로 일어나는 마모와 비슷하게, 흐름의 점성 항력 때문에 생기는 고전적인 물리적 마모. (2) 호흡 기구에서 ATP 생산의 부산물로 생기는 자유 라디칼이 일으키는 화학적 손상. 자유 라디칼은 전자를 잃고 양전하를 띰으로써, 활성이 아주 강해진 원자나 분자를 말한다. 이런 종류의 손상은 대부분 주요 세포 성분과 반응하는 산소 라디칼(활성 산소)이 일으킨다. DNA의 산화적 손상은 특히 해로울 수 있다. 뇌와 근육에 있는 세포처럼 더 이상 분열하지 않는 세포들에서 그런 일이 일어나면, 유전체의 전사 영역과 아마도 더욱 중요할 조절 영역이 영

스케일

구히 손상될 수 있다. 비록 산화적 손상이 노화에 미치는 상세한 역할이나 범위는 아직 불분명하지만, 그에 자극을 받아서 비타민 E, 생선 기름, 적포도주 같은 항산화 보충제를 노화에 맞서는 불로장생의 수단으로 여기는 소규모 산업이 활기를 띠고 있다.

이런 망들의 구조와 동역학, 특히 망을 통한 에너지 흐름을 이해할 정량적인 일반 이론은 앞 절에서 말한 성장 곡선과 여기서 논의하려는 노화 및 사망과 관련된 손상률 같은 많은 부수적인 양들을 계산할 분석적 틀을 제공한다는 점에서 대단한 가치와 힘을 지닌다. 이 결이 거친 기본 틀은 매우 일반적이며, 앞에서 논의한 일반적인 물리적 또는 화학적 수송 현상들과 관련된 '손상' 메커니즘의 일반화에 토대를 둔 노화의 어떤 모형이든 통합할 수 있다. 손상 메커니즘의 세부 내용은 노화와 사망의 여러 전반적인 특징들을 이해하는 일에 비하면 중요하지 않다. 가장 관련이 깊은 손상은 생물의 크기에 따라서 특성이 그다지 변하지 않는 망의 불변 말단 단위(예를 들어, 모세혈관과 미토콘드리아)에서 일어나기 때문이다. 따라서 개별 모세혈관이나 미토콘드리아의 손상 양상은 동물에 상관없이 거의 동일하다.

이 망이 공간 채움이므로, 즉 생물의 몸 전체에 걸쳐 모든 세포와 미토콘드리아에 봉사하므로, 손상은 생물 전체에서 거의 균일하고도 가차 없이 일어난다. 그것이 바로 노화가 공간적으로 거의 균일하게 일어나고 나이에 따라 거의 선형으로 진행되는 이유를 설명해준다. 이는 75세인 당신 몸의 모든 부위가 거의 동일한 정도로 쇠약해져 있는 이유를 설명한다. 그림 27에 나온 것처럼 말이다. 설령 기관마다 망의 특성이, 특히 수선 가능성이라는 측면에서 조금씩 다르기 때문에 각 기관이 어느 정도 다른 속도로 나이를 먹어간다고 할지라도, 더 세부 수준에서 보면, 각 기관 내의 노화는 거의 균일하게 일어난다는 의미다.

더 큰 동물들이 4분의 3제곱 스케일링 법칙에 따라서 더 높은 속도로 대사를 하기 때문에 엔트로피 생산량이 더 많고 따라서 전반적으로 손상이 더 심하므로, 관찰 결과와 명백히 모순되게 큰 동물일수록 수명이 더 짧아야 하지 않겠냐고 생각할 수도 있다. 하지만 3장에서 살펴보았듯이, 세포 하나나 조직의 단위 질량당 대사율, 그러니까 세포와 세포내 수준에서 일어나는 손상의 속도는 동물의 몸집이 증가할수록 체계적으로 줄어든다. 규모의 경제의 또 한 가지 표현 사례다. 게다가 이미 강조했듯이, 가장 중요한 손상은 모세혈관, 미토콘드리아, 세포에 있는 망의 말단 단위에서 일어나며, 그 대사율은 생물의 몸집이 커짐에 따라 지수 4분의 1인 거듭제곱 법칙 스케일링에 따라 줄어든다. 즉, 더 큰 동물의 세포는 작은 동물의 세포보다 에너지를 처리하는 속도가 체계적으로 느려진다. 따라서 중요한 세포 수준에서 보면, 더 큰 동물의 세포일수록 손상도 체계적으로 더 느린 속도로 일어나며, 그에 따라 수명도 더 길어진다.

말단 단위의 이 하향 규제가 망의 주도권에서 나온 결과이며, 크기 증가에 따라서 전반적인 규모의 경제가 생기는 원인임을 떠올리자. 이는 말단 단위의 수가 질량에 선형 비례하는 것이 아니라, 질량의 4분의 3제곱에 따라서만 증가한다는 점도 반영한다. 또 성장 곡선을 유도하고 성장이 결국 멈추는 이유를 설명하는 데에도 중요한 역할을 한다. 말단 단위가 불변이므로, 총 손상률은 단순히 말단 단위의 총수에 비례하고, 이 총수가 질량의 4분의 3제곱에 따라 증가하므로 대사율에 직접 비례하기도 한다.

대사를 통해 추진되는 손상은 축적되면서 생물 전체를 가차 없이 쇠락시킨다. 이 지속적인 손상에 맞서기 위해, 우리 몸은 강력한 수선 메커니즘을 갖고 있다. 그런데 이 메커니즘도 세포 대사를 통해 추진되므로 동일한 망과 스케일링 법칙의 제약을 받는다. 따라서 불가역적인 손상의 총량을 계산할 때 그런 메커니즘을 포함하면 방정식의 수학적 구조는 변하지 않지만, 전체 규모는 영향을 받는다. 수선은 비용이 많이 들며, 엄청난 횟수의 손상이 끊임없이 일어나고 있다는 점을 고려할 때, 모든 손상 사건을 하나하나 충실하게 수선하려면 설령 불가능하지 않다고 할지라도 감당할 수 없을 만치 많은 비용이 들 것이다. 수선의 전체 규모는 유전자 풀에서 경쟁할 자식을 충분히 생산할 만큼 오래 살라는 진화적 요구 조건에 따라 주로 결정된다.

따라서 노화는 거의 균일하게 진행되면서 서서히 사망으로 향해 간다. 이는 생물의 기능이 점점 떨어지면서 수선되지 않은 손상이 거시적인 영향을 미칠 정도로 누적된 결과이며, 그림 27에 잘 나와 있다. 궁극적으로 생물은 더 이상 기능을 할 수 없게 되고, 그 결과 '노년'의 죽음으로 이어진다. 가벼운 심장 경련 같은 작은 요동이나 교란도 생명을 끝장내기에 충분하다. 하지만 대부분의 사례에서 죽음은 이보다 앞서 특정한 기관 또는(그리고) 면역계와 심혈관계가 여러 가지 원인으로 손상이 누적되어 쇠약해짐으로써 더 일찍 일어난다. 표 4에 나열한 주된 사망 원인은 모두 이 범주에 들어간다. 물론 사고, 총기, 오염물질 같은 외부 요인이나 해로운 환경 조건에서 일어나는 죽음은 예외다. 따라서 앞서 개괄한 죽음의 기원을 토대로 계산한 수명은 사실상 가능한 최대 수명에 한계를 설정한다.

이는 죽음의 최종 문턱이 기관이나 몸의 전체 세포 수에서 손상된 세포(또는 DNA 같은 분자)의 비율이 문턱값에 도달할 때라고 가정함으로 추정할 수 있다. 이 문턱값은 같은 분류 집단에 속한 모든 생물(예를 들면, 모든 포유동물)에게서 거의 동일하다. 다시 말해, 손상의 총수는 세포의 총수, 따라서 체중에 비례한다. 우리는 대사율로부터 손상이 일어나는 속도를 알고 평균적으로 각각의 세포 손상 사건이 거의 동일한 불변량의 에너지로 생긴다는 것을 알기에, 이 손상 횟수에 다다르기까지 얼마나 오래 걸리는지를 묻기만 하면 된다. 평생에 걸쳐 생기는 손상의 총수는 그저 손상률(즉, 말단 단위의 수에 비례하는 단위 시간당 손상 사건의 수)에 수명을 곱한 값이며, 이는 세포의 총수, 따라서 체중에 비례해야 한다. 결과적으로 수명은 말단 단위로 나눈 세포의 총수에 비례한다. 하지만 말단 단위의 수는 4분의 3제곱 지수에 따라 질량에 비례하는 반면, 세포 수는 선형으로 증감한다. 그 결과 수명은 질량의 4분의 1제곱에 따라 증감하며, 이 점은 자료와 들어맞는다.

성장을 논의할 때 말했듯이, 에너지의 원천, 따라서 손상의 원천(말단 단위)의 스케일링과 에너지의 흡수원(유지해야 할 세포)의 스케일링 사이의 불일치는 엄청난 결과를 낳는다. 우리가 성장을 멈추게 된다는 것이 그중 하나이고, 더 큰 동물의 수명이 더 길다는 것도 그렇다. 그리고 이 모든 것들은 망의 제약 조건에서 비롯된다.

V. 검사, 예측, 결과: 수명 연장하기

A. 온도와 수명 연장

대사율이 말단 단위의 수에 비례하고, 말단 단위가 대부분의 손상이 일어나는 곳이므로, 우리는 수명을 대사율과 직접 연관지을 수 있다. 그러면 수명의 다른 표현이 체중과 대사율의 비라는 결과가 나온다. 다시 말해, 수명은 생물의 단위 질량당 대사율에 반비례하며, 따라서 세포의 평균 대사율에 반비례한다. 우리는 생태학의 대사 이론을 논의할 때, 수명이 4분의 1제곱 스케일링과 온도의 지수에 따라서 체중에 체계적으로 비례한다는 것을 알아본 바 있다.

이는 그림 24에서처럼, 수명이 온도 감소에 따라 지수적으로 체계적이고 예측 가능하게 증가하는 이유를 설명함으로써, 우리 이론의 흥미로운 검증 사례를 제공한다. 즉, 이는 원리상 체온을 낮춤으로써 수명을 연장할 수 있음을 의미한다. 세포 대사율을 낮춤으로써 손상이 일어나는 속도를 늦추기 때문이다. 이 효과는 아주 크다. 체온이 겨우 섭씨 2도 낮아지면 수명이 20~30퍼센트 늘어난다고 한 말을 떠올리자.[19] 따라서 체온을 인위적으로 단 1도만 낮출 수 있다고 하면, 수명을 약 10~15퍼센트 늘릴 수 있을 것이다. 문제는 '혜택'을 보려면 평생 그렇게 해야 한다는 것이다. 하지만 더 두드러진 문제는 체온을 상당히 낮추면 다른 해로운, 생명을 위협할 수도 있는 결과들이 많이 나타난다는 것이다. 앞서 강조했듯이, 다수준의 시공간 동역학을 제대로 이해하지 못한 채 복잡 적응계의 어느 한 구성 요소라도 바꾸었다가는 대개 의도하지 않은 결과가 빚어지곤 한다.

B. 심장 박동 수와 삶의 속도

이 자료들은 질량에 따른 수명이 약 4분의 1제곱 스케일링을 따른다는 것도 확인해준다. 이 이론이 심혈관계의 심장 박동 수가 체중의 4분의 1제곱에 따라 줄어든다고 예측하므로, 체중 의존성은 심장 박동 수에 수명을 곱하면 제거된다. 한쪽의 감소가 다른 쪽의 증가로 정확히 상쇄되어 불변량이 나오기 때문이다. 이 양은 모든 포유동물에게서 동일하다. 그런데 심장 박동 수에 수명을 곱하면 평생에 걸친 총 심장 박동 수가 나오므로, 우리 이론은 이 값이 모든 포유동물에게서 동일해야 한다고 예측하며, 1장의 그림 2에 실려있듯이 이 예측은 실제 자료와 들어맞는다. 이 논리는 ATP가 생산되는 미토콘드리아 내의 기본 단위인 호흡 복합체라는 근본적인 수준에까지 확장시킬 수 있다. ATP를 생산하는 반응의 총 횟수가 모든 포유동물에게서 동일하다는 점을 보여주는 것이다.

앞서 말했듯이, 큰 동물은 천천히 오래 사는 반면 작은 동물은 빨리 짧게 살지만, 심장이 뛰는 총 횟수 같은 생물학적 지표는 거의 동일하다. 따라서 4분의 1제곱 스케일링에 따라 규모를 조정하면, 모든 포유동물의 생활사 사건들은 동일한 궤도로 수렴된다. 그림 19에 실린 보편적인 성장 곡선이 그 사례다. 아마 모든 포유동물은 생활 사건의 순서, 속도, 수명을 거의 동일하게 경험할 것이다. 멋진 생각이 아닌가?

예전에 우리가 '단지' 또 하나의 포유동물이었을 때, 우리도 그러했다. 그러다가 사회 집단과 도시화가 등장하면서, 우리는 자연과 조화를 이루는 제약 조건들로부터 실질적으로 벗어나 다른 존재로 진화했다. 우리의 유효 대사율은 100배 증가했다. 수명은 2배로 늘고 출산율은 낮아졌다. 이런 일이 어떻게 일어났는지를 이해하기 위해, 다음 장들에서 동일한 개념 틀을 써서 이런 유별난 변화들을 살펴보기로 하자.

C. 열량 제한과 수명 연장

방금 우리는 수명이 세포 대사율에 반비례한다는 것을 살펴보았다. 동물의 체중이 증가하면 세포 대사율은 체계적으로 감소한다. 그러면 세포 하나당 손상도 덜 일어남으로써, 큰 동물일수록 더 오래 산다는 결과가 나온다. 그런데 종 내에서도 우리 한 명 한 명 같은 개체는 단순히 덜 먹음으로써 세포 대사율을 줄일 수 있고, 그럼으로써 세포의 대사 손상을 줄이고 수명을 늘릴 수 있다. 이 전략을 열량 제한caloric restriction이라고 한다. 이 전략은 오래전부터 다소 논란을 불러일으켰고, 다양한 동물들을 대상으로 많은 연구들이 이루어져왔다. 유의미한 혜택이 있음을 보여주는 연구 결과들이 많긴 하지만, 거의 효과가 없다는 논문들도 있기에, 상황은 아직 좀 모호한 채로 남아 있다. 거의 모든 연구는 수명이 늘어나든 아니든 노화가 지연되는 징후를 얼마간 보여준다. 문제는 장기간의 통제 실험을 수행하기가 어려우며, 인간을 대상으로는 아예 불가능하다는 것이다. 많은 연구 사례는 실험 자체가 엉성하게 설계되었다. 나는 그런 연구들을 다소 편향된 시선으로 본다. 대사를 낮추면 손상이 줄어들고, 노화 과정이 느려지고, 최대 수명이 증가한다는 이론과 개념을 믿기 때문이다.

간단히 말하자면, 그 이론은 최대 수명, 따라서 확대 추정한 평균 수명이 열량 섭취량에 반비례한다고 예측한다. 있는 그대로 받아들이자면, 그 이론은 음식 섭취량을 일관되게 10퍼센트 줄이면(하루에 200칼로리) 10퍼센트 더 오래(10년 남짓까지) 살 수 있다고 예측한다. 그림 30은 1980년대에 로스앤젤레스 캘리포니아대학교UCLA 의과대학의 병리학자이자 열량 제한이 수명을 연장한다는 이론을 앞장서서 옹호하는 로이 월포드Roy Walford가 생쥐를 대상으로 수행한 열량 제한 실험 자료들이다.[20] 자료에는 먹이 섭취량을 다르게 한 생쥐 집단들의 생존 곡선이 나와 있다. 효과는 실제로 극적이며, 10퍼센트 열량 제한이 수명을 10퍼센트 늘린다는 예측과 들어맞았지만, 열량 섭취를 절반으로 줄였을 때에는 수명이 2배로 늘어난다는 예측에 비하면 효과는 사실상 더 작았다. 예측한 100퍼센트가 아니라 약 75퍼센트가 증가했다. 하지만 수명과 열량 섭취의 일반적인 관계와 추세는 이론과 들어맞는다.

이 이론이 비교적 단순하다는 점을 생각하면, 아주 잘 들어맞아서 놀라울 정도다. 다른 예측들(노화 속도, 수명의 상대성장 스케일링, 온도 의존성)에서 거둔 성공들과 결부시키면, 이 이론은 노화와 사망을 이해할 더 상세하고 정량적인 이론을 개발할 때 믿을 만한 결이 거친 기준선을 제공한다. 이를테면, 100년이라는 규모가 미시적인 분자 규모에서 어떻게 출현하며, 생쥐가 왜 몇 년밖에 못 사는지를 보여주는 '보편적인' 생물학적 매개변수들을 통해서 노화 속도와 최대 수명의 공식을 제공한다. 이는 수명 연장과 노화 억제를 목표로 삼는다고 할 때, 어떤 매개변수들을 조작할 수 있을까, 하는 질문에 과학적 토대를 제공한다. 예를 들어, 스케일링 법칙을 그림 23~30과 조합하면, 체온을 바꾸거나 음식을 덜 먹음으로써 수명을 얼마나 오래 늘릴 수 있을지 정량적인 추정값이 나온다.

게다가 이 이론은 생활사의 많은 부분을 통합하는 훨씬 더 큰 통일된 틀의 단 한 부분이므로, 수명을 조작할 때 어떤 의도하지 않은 결과가 일어날 것인가 하는 중요한 문제를 규명하는 데 일부 도움이 될 수도 있다. 유전적이든 물리적이든 어떤 마법의 약물이든, 노화와 사망의 '자연적인' 과정들에 개입하려 시도하다가는 건강과 생활에 해로운 결과가 일어날 수 있으며, 실제로 그렇다. 정량적인 이론 틀이 없을 때, 그런 조작은 위험하며 돌이킬 수 없는 결과를 낳을 수도 있다.

이 절을 끝내기 전에, 로이 월포드를 언급하지 않는다면 부주의

그림 30 열량 제한을 통한 수명 증가

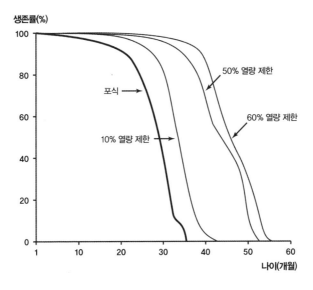

다양한 수준으로 생쥐에게 열량 제한을 했을 때 그에 따라 수명이 늘어남을 보여주는 생존 곡선.

한 사람이 될 것이다. 그는 노화 연구에 선구적인 역할을 했으며, 재주가 많은 사람이었다. 그는 여러 업적을 남겼는데, 일찍이 한 동료 대학원생과 네바다주 르노의 한 카지노에서 룰렛의 승률을 파악하는 통계 분석을 하다가, 룰렛들이 기울어져 있음을 우연히 발견한 일로 명성을 떨친 바 있다. 그들은 가장 균형이 맞지 않는 룰렛에 집중적으로 걸어서 싹쓸이를 했다. 결국 카지노 측은 무슨 일이 일어나고 있는지를 알아차리고서 그들의 출입을 막았다. 월포드는 딴 돈으로 의과대학 학비를 내고 1년 동안 요트를 타고서 카리브해를 돌아다녔다.

5

인류세에서 도시세로

도시가 지배하는 행성

1 지수 팽창하는 우주에 살기

20세기의 가장 놀랍고도 심오한 발견 중 하나는 우주 규모에서 볼 때 우리가 지수적으로 팽창하는 우주에 살고 있음을 깨달은 것이다. 마찬가지로 심오하지만 훨씬 덜 알려진 발견은 지구 규모에서도 우리가 지수 팽창하는 우주에 살고 있다는 깨달음이다. 바로 사회경제적 우주 말이다. 비록 같은 수준의 주목을 받지는 못했지만, 이 가속되고 있는 사회경제적 팽창은 지수 팽창하는 우주의 온갖 경이와 역설, 암흑물질, 암흑에너지, 빅뱅이라는 원형 신화보다 더 당신의 삶, 자녀의 삶, 손주의 삶에 지대한 영향을 미쳤고 앞으로도 계속 그러할 것이다.

우리의 사회적·경제적 삶이 지수적 속도로 팽창해왔음을 가장 잘 보여주는 사례는 지난 200여 년 동안 일어난 엄청난 인구 폭발이다. 지구에 사는 사람들의 수는 200만 년 동안 천천히 꾸준히 증가한 끝에, 1805년에야 10억 명에 도달한 것으로 추정된다. 하지만 이어진 산업혁명으로 세계 인구는 폭발했다. 그 전환의 특징으로 전통적인 수작업에서 대규모 산업 기계와 공장 생산으로의 전환을 꼽을 수 있다. 그 혁명은 엄청난 매장량의 철과 석탄에 저장된 에너지를 이용하는 새로운 방법을 발견함으로써 촉발된 대규모 제조 공정의 발명에 크게 자극을 받았다. 그 뒤로 자본주의의 등장과 개인과 기업의 기업가 정신과 혁신에 힘입어 무한해 보이는 에너지와 인간 자원을 이용하게 되면서 인류 사회는 주요 전환점을 돌았다. 산업혁명은 사회경제에서 일어난 빅뱅이었다. 인구가 10억 명에 도달하는 데는 200만 년이 걸렸지만, 다시 10억 명이 더 늘어나는 데는 120년밖에 걸리지 않았다. 그리고 다시 한 번 더 10억 명이 늘어나는 데는 35년도 채 안 걸렸다. 그 뒤에는 겨우 25년밖에 안 걸려서 1974년에 40억 명에 이르렀다. 그리고 겨우 42년밖에 안 지난 지금은 세계 인구가 다시 거의 2배로 늘어서 73억 명을 넘는다. 따라서 아주 최근까지 배가 시간은 체계적으로 줄어왔으며, 이는 지수 성장보다 더 빠르다. 올 한 해만 해도 인구가 독일이나 터키의 인구와 비슷한 8,000만 명이 더 늘었다. 다음 세기가 시작될 무렵에는 120억 명에 도달할 수 있다.

우주에서 지구 전체의 모습을 찍은 최초의 사진은 우리가 누구인지, 어디에서 왔는지, 우리를 지탱하는 것이 무엇인지에 관해 완전히 새로운 심리적 관점을 제공함으로써 영감의 원천이 되었다. 우리 조상인 태양의 눈부신 빛에 휩싸인 우리 73억 명의 어머니를 찍은 사진을 최초로 본 일은 놀라운 계시로 다가왔다. 그 순간이 지닌 의미를 가장 깊이 이해한 사람은 아마 작가이자 미래학자인 스튜어트 브랜드Stewart Brand일 것이다. 그는 우주에서 본 지구 전체의 모습이 지구에 사는 모든 이들이 공통의 운명을 지니고 있다는 느낌

그림 31 세계 인구 성장

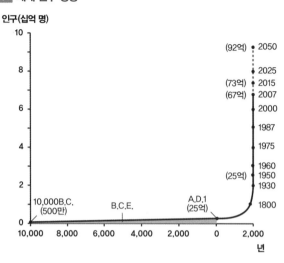

그림 32 미국 GDP의 장기 실질 성장률

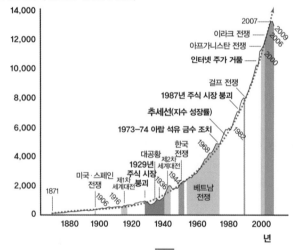

그림 31 1만 년 전 인류세가 시작된 이래로 세계 인구의 지수보다 빠른 성장 속도. 1800년경에 시작된 엄청난 성장은 산업혁명과 도시세의 시작을 알린다.

그림 32 1800년 이래로 미국 GDP 성장률로 나타낸 도시세에 수반된 경제의 급성장. 많은 위기, 호황, 불황을 겪었지만, 순수한 지수적 실선은 이 추세를 아주 잘 묘사한다.

을 환기시키는 강력한 상징이 될 것이라고 진심으로 느꼈다. 그는 미국 항공우주국National Aeronautics and Space Administration(NASA)에 적극적으로 로비를 하여 1967년에 최초의 사진들을 공개하게 만들었고, 영향력 있던 1960~70년대를 상징하는 물품 중 하나였던 자신의 잡지 〈홀 어스 카탈로그Whole Earth Catalog〉의 표지로 삼았다.

마찬가지로 계시가 된 것은 햇빛에 잠겨 있지 않은 밤에 찍은 더 최근의 어머니 지구 사진이다.

200년 전에 그런 사진을 찍는 것이 가능했다면, 아마 아무것도 보이지 않는 검은색이었을 것이다. 50년 전만 해도 비교적 흐릿해 보였을 것이다. 지금은 그렇지 않다. 현재 우리는 반짝이는 크리스마스 전구를 장엄한 그물로 연결한 것처럼 보이는 것에 지구가 뒤덮여 있는 모습의 인공위성 사진을 볼 수 있다. 물론 이 밝은 '야간 조명'은 지수적 인구 폭발과 그에 수반된 놀라운 기술적·경제적 성취의 명시적인 결과다. 그리고 이 불빛은 압도적으로 도시에서 비치며, 우리가 당혹스러울 만치 급속히 도시화를 이루어왔음을 반영한다. 21세기 호모 사피엔스의 상징으로서 그 불빛은 도시세와

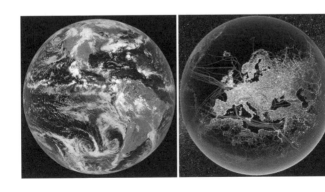

규모라는 개념의 핵심을 요약하며, 이 책의 표지로 딱 어울린다(원서의 표지는 밤에 아메리카 대륙을 찍은 인공위성 사진이다—옮긴이).

최근의 세계 인구 폭발은 진정으로 놀라운 성취다. 특히 빈곤 지역이 엄청나게 많음에도, 건강, 수명, 소득으로 측정되는 전반적인 삶의 질이 지구 전체 평균을 냈을 때 대체로 이 성장에 발맞추어 증가해왔다는 점을 생각하면 더욱 그렇다. 전통적으로 인구 성장은 사회경제 지수 및 금융 지수의 증가와 관계가 있으므로, 우리는 지수적 팽창을 당연시할 뿐 아니라, 사실상 그것을 공리 수준으로 격상시켰다. 우리의 사회적·경제적 패러다임 전체는 열린 지수 성장을 유지하려는 지속적인 욕구를 부채질한다.

게다가 우리는 이미 73억 명에 도달했고 앞으로 수십 년에 걸쳐 먹이고 입히고 가르치고 돌봐야 할 수십억 명이 더 늘어날 것이다. 우리 모두는 거의 다 집, 차, 스마트폰을 원하며, 안락한 환경에서 텔레비전, 동영상, 영화를 보고 싶고, 많은 이들은 여행을 떠나고 교육과 인터넷도 접하고 싶어 한다. 행동, 물질적 욕구, 복지 수준이 제각기 다르다고 해도, 우리 모두는 의미 있으면서 충족된 삶을 살고 싶어 한다. 또 정도의 차이가 있긴 하지만 서로 협력하여 인류가 창안한 다양한 사회적·경제적 과정들에 기여하거나 참여하고 그로부터 혜택을 보거나 피해를 보면서, 환상적인 생명의 태피스트리를 짠다. 하지만 에너지와 자원이 지속적으로 공급되지 않는다면, 이 중 어느 것도 이루어지거나 유지되지 못했을 것이다. 현재 유지되고 있는 식의 성공이 지속되려면 석탄, 가스, 석유, 깨끗한 물, 철, 구리, 몰리브덴, 티타늄, 루테늄, 백금, 인, 질소 등 많은 것들이 지수 증가 속도로 훨씬 더 많이 계속 공급되어야 한다.

2　도시, 도시화, 지구의 지속 가능성

아마 지수 팽창을 추진하는 이 사회경제적 상호작용, 메커니즘, 과정의 집합이 펼쳐지는 무대 자체가 바로 우리의 가장 위대한 발명품일 것이다. 이름하여, 도시다. 이는 도시경제학자 에드워드 글레이저Edward Glaeser가 저서 《도시의 승리The Triumph of the City》에서 펼친 견해다.[1] 지난 200년에 걸친 인구 폭발에 따라 지구의 도시화가 지수적으로 이루어져왔다. 도시는 성공적인 혁신과 부를 창조하는 두 가지 필수 구성 요소인 사회적 상호작용과 협력을 촉진하고 강화하기 위해 우리가 진화시킨 독창적인 메커니즘이다. 물론 인구와 도시 성장은 서로를 강화하면서 아주 긴밀하게 상호 연결되어 있으며, 그 결과 우리는 지구를 지배하는 비범한 지위에 올랐다.

인류세Anthropocene라는 용어는 우리 행성의 역사에서 인류 활동이 지구 생태계에 상당히 영향을 미친 가장 최근 시기를 가리키는 이름으로 제시되어왔다. 이 과정은 약 1만 년 전 농경이 발명되고, 그 뒤에 떠돌던 수렵채집인들이 정착 사회를 이루고, 궁극적으로 최초의 도시가 출현하면서 시작되었다. 그때까지 우리는 여전히 주로 '생물학적'인 존재로, 지구의 다면적인 생태계에 통합된 한 구성 요소였다. 한없어 보이는 자연의 다양성을 이루는 다른 모든 생물들과 다차원적인 평형을 이루는 포유동물의 하나일 뿐이었다. 따라서 당시 전 세계 인구는 수백만 명에 불과했다. 이 인구는 '자연' 환경과 우리가 역동적인 관계를 맺고 있었음을 반영하는 것이자, 지구가 아직 근본적으로 '때 묻지 않은' 상태에 있었음을 뜻한다.

하지만 결국 산업혁명이 일어났다. 비록 그전에도 지구 경관의 꽤 많은 부분이 인간 활동으로 상당히 변형되었지만, 유례없는 사건들이 극적으로 잇달아 펼쳐진 산업혁명은 경이로울 만치 단기간에 지구의 생태, 환경, 기후에 유례없는 변화가 일어날 것임을, 지수 팽창보다 빠른 폭발적인 상태로의 심오한 전환이 일어날 것임을 예고했다. 그래서 인류세가 산업혁명으로 시작되었다고 봐야 한다고 주장하는 학자도 있다. 반면에 20세기 중반이라는 더 최근을 시작점으로 봐야 한다는 이들도 있다. 또 홀로세Holocene가 시작될 때인 1만여 년 전에 시작되었다고 주장하는 이들도 있다. 홀로세는 지구가 따뜻해지기 시작하면서 농경과 현대인의 출현을 낳은 지질 시대를 가리킨다.

나는 새 지질 시대의 명칭을 붙임으로써 우리가 지구에 심오한 충격을 미쳤음을 명시적으로 인정하자는 견해를 매우 적극적으로 지지한다. 하지만, 인류세라는 용어는 인류가 생물학적 존재로부터 상당히 멀어져 유효 대사율을 늘림으로써 사회적 존재가 되는 쪽으로 나아가기 시작한 수천 년 전으로 거슬러 올라가는 전체 기간에 적용하는 편이 더 낫다고 생각한다. 그런 맥락에서 우리가 순수한 인류세에서, 현재 지구를 지배하는 도시의 지수 증가가 특징인 또 다른 시대로 여겨질 수 있는 것으로 이미 급격한 전환을 이루어 왔다는 점도 인정해야 한다.

산업혁명과 함께 시작된 이 훨씬 짧으면서 집약적인 시기를 적시하기 위해, 나는 새로운 용어를 도입하고자 한다. 그래서 도시세Urbanocene라는 이름을 제안한다. 이 변화가 대단히 심오한 결과를 빚어왔고, 그 미래 동역학이 이 놀라운 사회경제적 모험심이 계속 번영을 낳을지 아니면 붕괴하여 죽을 운명인지를 결정할 것임을 생각할 때, 나는 1장에 쓴 내용 중 일부를 다시 언급함으로써 분위기를 조성하고자 한다.

21세기로 들어오면서, 도시와 지구적인 도시화는 인간이 사회적 동물이 된 이래로 지구가 직면한 가장 큰 도전 과제들의 원천으로 등장했다. 인류의 미래와 지구의 장기 생존 가능성은 우리 도시의 운명과 떼려야 뗄 수 없이 얽혀 있다. 도시는 문명의 도가니이자, 혁신의 중심이자, 부 창조의 엔진이자 권력의 중심이며, 창의적인 개인을 끌어들이는 자석이자, 착상과 성장과 혁신의 자극제다. 하지만 어두운 측면도 있다. 도시는 범죄, 오염, 가난, 질병, 에너지와 자원 소비의 중심지다. 급속한 도시화와 가속되는 사회경제적 발달은 기후 변화와 그 환경 충격에서 식량, 에너지, 물 공급, 공중 보건, 금융 시장, 지구 경제에 이르기까지, 다수의 지구적 도전 과제를 낳아왔다.

한편으로는 우리의 주요 도전 과제의 근원이면서, 다른 한편으로는 창의성과 착상의 생성자이자 따라서 그 해결책의 원천인 도시의 이 이중적 특성을 고려할 때, '도시의 과학Science of Cities'이란 것이 있을 수 있는지 묻는 일이 시급한 과제로 대두된다. 이 말은 정량적으로 예측 가능한 틀 속에서 도시의 동역학, 성장, 진화를 이해할 개념적인 틀을 뜻한다. 이는 장기 지속 가능성을 위한 진지한 전략을 고안하는 데 중요하다. 인류의 압도적인 대다수가 금세기 후반기에는 도시 거주자가 될 것이고, 그중 다수는 유례없는 크기의 거대도시일 것이라는 점을 생각하면 더욱 그렇다.[2]

우리가 직면한 문제, 도전 과제, 위협 중에서 새로운 것은 전혀 없다. 모두 적어도 산업혁명이 시작된 이래로 우리 곁에 있어온 것들이다. 도시화는 비교적 새로운 지구적 현상이며, 도시가 총 인구에 종속되어 있었기 때문에 아주 최근까지 진지하게 여겨지지 않았다. 도시화가 일으키는 문제들이 지금 우리를 쓸어버리기 직전의 지진해일처럼 느껴지기 시작한 것은 도시화의 지수 성장 때문이다. 50년 전, 아니 15년 전만 해도 우리 대다수는 지구 온난화, 장기적인 환경 변화, 에너지와 물을 비롯한 자원들의 한계, 건강과 오염 문제, 금융 시장의 안정성에 별 관심을 두지 않았다. 설령 의식했다고 하더라도, 시간이 흐르면 사라질 일시적인 일탈 사례라고 여겼다. 대다수의 정치가, 경제학자, 정책 결정자가 결국에는 우리의 독창성이 이길 것이라는 꽤 낙관적인 견해를 갖고 있기 때문에 이 문제는 여전히 논란거리다. 문제가 부각될 즈음이면 제대로 해결하기에는 이미 때가 늦곤 하는 사례가 많은 것도 미래가 점점 더 빠른 속도로 현재가 되어가는 지수 성장의 특성 때문이다. 지수 팽창의 이 소리 없는 위협을 보는 전반적인 태도를 고려하여, 나는 잠시 곁길로 빠져서 그 말에 담긴 의미들을 설명하고자 한다. 권력자와 정책 결정자 중에 그 용어를 제대로 이해하고 있는 사람이 거의 없어 보이기 때문이다.

3   지수적이라는 말이 정확히 무슨 뜻일까?
경고가 담긴 우화

빅뱅 이후의 우주 팽창이나 산업혁명이 시작된 이래로 지구에서 일어난 거대한 사회경제적 변화를 논의할 때, 나는 '지수 성장'과

'지수 팽창'이라는 말을 마치 잘 이해된 용어인 양 가정하고서 써왔다. 사실 나는 '지수적'이라는 말을 그것이 뜻하고 가리키는 바가 무엇인지를 세심하게 설명하지 않은 채 다소 호탕하게 써왔다. 그런데 일반 대중의 지식과 이해도를 과소평가하는 것일 수도 있겠지만, 교양이 풍부한 언론인, 미디어 업계의 권위자, 정치가, 단체 지도자 등을 보면 '지수적'이라는 말의 의미를 제대로 이해하지 못했거나 거기에 함축된 위협적인 내용을 제대로 파악하지 못했음을 드러내는 방식으로 쓰는 사례가 드물지 않다. 사실 나는 그들이 그 의미를 제대로 이해하고 쓴다면, 장기 지속 가능성이라는 도전 과제를 주의 깊게 그리고 전략적으로 생각할 필요성이 절실하다는 점을 사람들에게 설득하기가 훨씬 쉬워질 것이라고 느끼곤 한다. 그래서 현학적으로 비칠 위험이 있긴 하지만, 그 개념이 너무나 중요하고 이 책에서 핵심적인 역할을 하기 때문에, 잠시 짬을 내어 그 의미와 함축된 내용을 자세히 설명하고자 한다.

'지수적'은 '운동량'이나 '양자'처럼 원래 과학적 맥락에서 정확히 정의된 의미로 쓰였다. 그런데 일상 언어에서 제대로 의사를 전달하기 어려웠던 유용한 개념을 담고 있다는 것이 드러나면서 흔히 쓰이게 된 전문 용어 중 하나다. 일상 언어에서 "지수적으로 성장하다"라는 말은 일반적으로 아주 빨리 성장한다는 개념으로 받아들여진다. 예를 들어, 내 사전에는 '지수적'이라는 단어의 첫 번째 의미가 '급속한 성장'이라고 나와 있다. 사실 지수 성장은 처음에는 꽤 느리게, 심지어 밋밋하게 일어나다가, 급속한 성장이라고 부를 만한 것으로 매끄럽게 넘어간다. 하지만 그것만이 아니다.

지수적으로 성장하는 집단은 수학적으로 크기의 증가 속도(예를 들면, 1분, 1일, 1년 동안의)가 기존의 크기에 정비례하는 집단이라고 정의된다. 따라서 성장률 자체는 집단이 커질수록 더욱더 빨라진다. 예를 들어, 지수 성장을 하고 있는 집단의 크기가 2배로 늘어나면, 집단이 증가하는 속도도 2배로 늘어난다. 즉, 집단이 커질수록 사실상 되먹임이 일어나서 고삐가 풀린 것처럼 더욱더 빨리 성장한다는 뜻이다. 그대로 두면 집단과 그 성장률은 결국 무한히 커지게 된다.

우리는 비록 대부분 지수 성장이라고 부르지는 않지만, 일상생활에서 이런 유형의 성장에 매우 친숙하다. 단위 시간당 증가율이 현재 있는 것에 정비례한다는 말은 상대적 또는 퍼센트 성장률이 일정하다는 말과 동일하며, 후자처럼 말하면 꽤 밋밋하게 들리기 때문이다. 은행에서 당신이 저금한 돈의 이자율을 계산할 때 쓰는 고전적인 복리가 바로 이런 사례다. 따라서 대통령, 재무장관, 총리, CEO가 나라나 조직이 올해 5퍼센트 성장하고 있다고 발표하거나, 은행이 적금 이자율이 5퍼센트라고 말할 때, 그 말에는 그것이 지수 성장이고 내년의 절대 성장률은 올해보다 5퍼센트 더 높아질 것이라는 뜻이 암묵적으로 담겨 있다. 따라서 다른 조건이 전혀 변하지 않는다면, 모두가 점점 더 부유해지고 번영을 누리게 된다. 이번 분기에 경제가 겨우 1.5퍼센트 성장했으며 경제를 '불경기'로 밀어넣는 안 좋은 요인들이 많이 있다고 대통령이 우울하게 발표할 때, 그는 여전히 경제가 지수적으로 성장했고, 경제가 커질수록 점점 더 빨리 성장하는 궤도에 여전히 올라타고 있으며, 단지 속도만이 느려졌을 뿐이라고 말하는 것이다. 일정 퍼센트 성장률 아래서는 모두가 여전히 점점 더 부유해지고 번창하고 있으므로, 우리가 열린 지수 성장이라는 스테로이드 약물에 매달려 있는 것도 놀랄 일이 아니다. 그것은 진정으로 황홀하며, 우리 경제 동역학이 엄청난 성공을 거두고 있음을 명시적으로 보여준다.

경제든 집단이든, 계의 성장은 배가 시간doubling time이라는 양으로 표현되곤 한다. 배가 시간은 단순히 계의 크기가 2배로 늘어나는 데 걸리는 시간을 가리킨다. 지수 성장은 배가 시간이 상수라는 점이 특징이다. 이 말도 꽤 무해하게 들린다. 그것이 이를테면, 한 집단의 인구가 1만 명에서 2만 명으로 2배로 증가하는, 따라서 겨우 1만 명이 더 불어나는 데 걸린 시간과 2,000만 명에서 4,000만 명으로 증가하는, 즉 무려 2,000만 명이 더 늘어나는 데 걸린 시간이 같다는 뜻임을 깨닫기 전까지는 그렇다. 놀랍게도 지구 인구의 배가 시간은 위에서 시사했듯이 사실상 점점 더 짧아져왔다. 인구가 5억 명에서 10억 명으로 2배로 늘어나는 데는 1500년부터 1800년까지 300년이 걸렸지만, 20억 명으로 2배 늘어나는 데는 겨우 120년이 걸렸고, 40억 명으로 다시 2배 늘어나는 데는 겨우 45년이 걸렸다. 이 추세가 그림 31에 나와 있다. 따라서 비교적 최근까지 우리는 실제로 순수한 지수 성장보다 더욱 빠르게 가속되면서 증가해왔다! 비록 이 가속이 지난 50년에 걸쳐 느려지기 시작했지만, 여전히 사실상 지수 속도로 증가하고 있다.

여기서 용어 정의와 딱딱한 통계를 더 제시하기보다는 이 개념들을 훨씬 더 생생하게 보여주는 재미있는 이야기를 두 편 들려주고자 한다. 지수 성장이 지닌 놀라운 매력과 함정은 오래전부터 잘 알려져 있었다. 고대부터 복리를 이해하고 써온 동양에서는 더욱 그러했다. 약 1,000년 전에 페르시아의 존경받는 시인 페르도시Ferdowsi가 쓴 세계 문학의 위대한 서사시 중 하나인 《샤흐나메 Shahnameh》를 보면 알 수 있다. 이 시는 세계에서 가장 긴 서사시로, 쓰는 데 30년이 걸렸다. 이 시를 쓸 무렵에 체스가 발명지인 인도로부터 페르시아에 도입되었다. 체스가 인기를 끌자, 페르도시는 체스판을 지수 성장에 담긴 내용을 보여주는 수단으로 삼음으로써 체스를 찬미했다. 그 이야기를 요약하면 이렇다.

체스의 창안자가 왕에게 체스를 선보이자, 왕은 체스에 푹 빠진 나머지 그토록 경이로우면서 도전 의욕을 돋우는 게임을 창안한 보상을 주려고 하니, 뭘 받겠냐고 물었다. 수학에 해박한 창안자는 왕에게 쌀알이라는 극도로 겸손해 보이는 것을 요청했다. 그러면서 다음과 같은 방식으로 하사해달라고 했다. 체스판의 첫 칸에는 쌀을 1알 놓고, 두 번째 칸에는 2알, 세 번째 칸에는 4알, 네 번째 칸에는 8알, 다섯 번째 칸에는 16알을 놓는 식으로 다음 칸으로 갈 때 2배씩 양을 늘려서 달라는 것이었다. 관대하게 제안을 했는데 그런 하찮아 보이는 요청을 하니 왕은 좀 거슬렸지만, 마지못해 발명자의 요청을 수락하고서 재무 담당자에게 원하는 대로 쌀알을 세어서 주라고 했다. 그런데 주말이 되어도 재무 담당자가 지시를 이행하지 않자, 왕은 그를 불러서 왜 이렇게 일처리가 늦는지 물었다. 재무 담당자는 왕궁의 모든 자산을 발명가에게 보상으로 주어도 모자랄 것이라고 대답했다.

재무 담당자의 대답이 옳을 뿐 아니라, 사실상 보상의 크기를 과소평가했다고 볼 이유를 살펴보자. 사실 꽤 단순한 논리다. 체스판은 64칸(8×8)으로 이루어져 있다. 보상은 첫 칸에 쌀을 1알, 두 번째 칸에 2알, 세 번째 칸에 4알을 놓는 식으로 이루어진다. 따라서 여덟 번째 칸(맨 윗줄의 가장 오른쪽 칸)에는 2×2×2×2×2×2× 2=128알이 놓인다. 하지만 마지막 칸, 즉 맨 아랫줄 오른쪽 끝인 64번째 칸으로 가면, 쌀알의 수는 2를 63번 곱한 값(즉 2×2×2× 2×2×2……를 63번)이 된다. 이는 진정으로 천문학적인 수다. 당신 의 노트북이나 스마트폰에 있는 계산기로 직접 계산을 하면 금방 9,223,372,036,854,775,808이라는 값을 내놓을 것이다. 쌀알 1조 곱하기 1,000만 개에 조금 못 미치는 양이다! 쌓아놓으면 에베레 스트 산보다 더 높이 올라갈 것이다.

이 이야기는 무제한적인 지수 성장의 엄청난 힘과 궁극적인 불 합리성을 잘 보여준다. 또 그 성장에 담긴 뜻밖의 특징들도 몇 가 지 보여준다. 처음에는 놀라울 만치 느리게 증가하다가 어느 시점 에 이르면 이전까지 더한 것들을 집어삼키면서 걷잡을 수 없이 불 어난다는 것이다. 게다가 지수적으로 성장하는 집단의 크기는 어느 시점에 이르든 그전까지 존재한 모든 개체의 합보다 크다. 예를 들

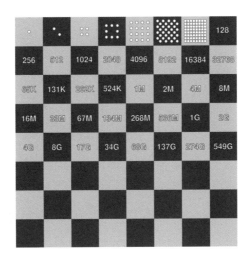

어, 어느 칸에 있는 쌀알의 수는 언제나 그 앞에 있는 칸들에 놓인 모든 쌀을 더한 것보다 많다. 따라서 지수적 폭발이 시작될 때부터 지금까지 존재한 모든 사람들을 더한 수보다 현재 지구에 살고 있는 사람들이 더 많다. 따라서 다음 우화가 잘 보여주듯이, 계는 매우 예기치 않게 지속 불가능해 보이거나 '무한해' 보이는 인구에 도달하게 된다. 뒤에서 논의하겠지만, 숲이나 세균 군체 같은 지수 팽창이라는 단계를 거치는 자연적으로 출현하는 집단에서는 대개 자연적인 되먹임 메커니즘이 있어서 성장에 생태적 한계를 가하곤 한다. 흔히 경쟁 세력과 환경의 자원 제약 같은 것들이 그렇다.

여기서 자연스럽게 두 번째 이야기로 넘어간다. 탈무드에 나올 법한 질문이다. 세균 군체가 증식하는 실제 과정에서 영감을 얻은 일종의 사고 실험이다. 페니실린 같은 항생제를 찾고 싶다고 하자. 논의를 위해, 1분마다 두 개의 똑같은 딸 세균으로 나뉜다는 것을 아는 세균 하나를 갖고서 실험을 시작한다. 1분이 지나면 세균은 둘이 되고, 다시 1분이 지나면 각각이 갈라져서 두 마리가 총 네 마리가 된다. 다시 1분이 지나면 여덟 마리, 또 지나면 16마리가 되는 식으로 1분이 지날 때마다 2배씩 불어난다. 체스판의 쌀알이 지수적으로 성장하는 양상과 확실히 비슷하다. 세심하게 계산하여 양분을 넣은 뒤, 아침 8시에 성장 과정을 시작하여 정확히 12시에 배양기가 세균으로 꽉 들어차게끔 하는 것이다. 여기서 문제를 내자. 배양기의 절반이 채워지는 시점은 8시와 정오 사이의 어느 때일까?

틀린 답을 내놓는 이들은 대개 8시와 12시 사이의 한가운데인 10시 30분이나 11시 15분 등이라고 말한다. 놀랄 사람도 있겠지만, 정답은 정오의 1분 전인 11시 59분이다. 왜 그러한지 이해했을 것이다. 1분마다 크기가 2배로 늘어나므로, 정오에 증식 과정이 끝나기 1분 전인 11시 59분에 절반이 채워져 있어야 한다.

이 작은 사고 실험을 역설적으로 거꾸로 한 단계 더 진행해보자. 정오 1분 전에는 배양기가 절반 차 있고, 2분 전에는 4분의 1($1/2 \times 1/2$)만, 3분 전에는 8분의 1($1/2 \times 1/2 \times 1/2$)만 차 있는 식으로 죽 이어진다. 겨우 5분 전인 11시 55분에는 32분의 1($1/2 \times 1/2 \times 1/2 \times 1/2 \times 1/2$)만 차 있다. 즉, 겨우 약 3퍼센트만 들어 있기에 세균은 거의 눈에 보이지도 않는다. 계속 진행하여 비슷한 계산을 해보면, 정오 10분 전인 11시 50분에는 배양기가 겨우 0.1퍼센트 차 있을 뿐이어서 거의 텅 비어 있는 듯이 보인다. 따라서 이 작은 우주의 거의 전 생애 동안, 배양기는 거의 비어 있는 듯하다. 그 기간 내내 군체가 지수적으로 계속 성장하고 있는데도 말이다. 전체 기간 중 미미한 비율에 해당하는 마지막 몇 분에야, 이 세균 우주가 알아차리지도 못한 채 끝나기 직전에야 배양기에 눈에 띄는 변화가 나타난다.

이제 군체에 사는 세균의 관점에서 보기로 하자. 100세대, 즉 '실제' 시간으로는 100분에 해당하고 '인간의 시간'(한 세대가 20년이라고 가정할 때)으로는 약 2,000년이 흐른 뒤에도, 삶은 경이롭고, 양분은 풍부하고, 군체는 계속 팽창하면서 작은 우주를 정복하고 있다. 200세대가 지난 뒤에도, 모두 잘 돌아가는 듯하다. 235세대가 지난 뒤에도 여전히 상황은 아주 좋아 보인다. 비록 세균 몇 마리가 이미 자기 우주의 '경계'를 인식하고, 처음으로 먹이가 조금씩 줄어들기 시작했음을 지각했을지도 모르지만. 두 배 증가가 239번 일어난 직후, 즉 집단의 개체수가 10^{71}마리에 도달했을 때에야 모두에게 상황이 아주 안 좋아 보이기 시작한다. 그리고 실제로는 한 세대만 지나면 모든 것이 끝장난다!

비록 이 작은 우화는 세세한 측면에서는 옳지 않지만—세균의 배가 시간은 대개 1분이 아니라 30분에 더 가깝고, 더 중요한 점은 유독한 노폐물 생산과 그에 따른 세포 사망 같은 효과를 무시했다는 것이다—제약 없는 지수 성장에 담긴 기본 메시지와 의미는 현실이다. 아래 그림은 생태학 입문 교과서에서 찾아볼 수 있는 실제 세균 군체의 성장 궤적과 생활사를 보여준다. 방금 말한 이야기를 이 그림에서 죽 훑어볼 수 있다. 급속한 성장 뒤에 정체와 붕괴가 이어진다. 여기서 중요한 점은 계가 닫혀 있다는 것이다. 즉, 군체가 이용할 수 있는 자원이 방금 말한 이야기의 배양기처럼 유한한 상태로 유지되어왔다는 뜻이다. 신랄하게 표현하자면, 태양이라

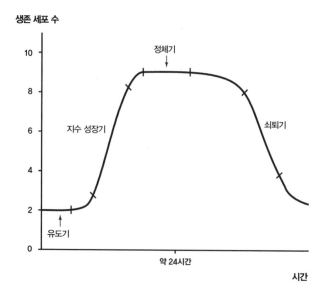

닫힌계의 성장 곡선

스 케 일

는 외부 동력을 얻는 열린 상황이 아니라 화석 연료에 거의 전적으로 의존하여 지구 위에서 스스로를 운영해온 인간의 닫힌 상황으로 비유할 수 있다. 지수 성장이 종으로서의 우리가 이룬 비범한 성취의 놀라운 한 표현 형태이긴 하지만, 그 안에는 다음 모퉁이를 도는 순간 우리에게 크나큰 문제들을 안겨주고 우리의 몰락을 가져올 씨앗도 들어 있다.

4   산업도시의 등장과 그 병폐

나는 열린 지수 성장의 의미와 결과를 보여주고 뒤에서 할 지구의 지속 가능성에 대한 논의의 물꼬를 트는 차원에서 이 다소 도발적인 우화들을 제시했다. 그 우화들을 현대인의 전설적인 영웅담이 세균과 거의 마찬가지로, 명백하게 비극적이고 비교적 단기간에 종말을 맞이할 운명이라고 인간 중심적으로 해석하려는 유혹을 거부하기는 쉽지 않다. 이 이야기들이 지난 200년 동안 우리가 해온 일들에 관한 현실적인 비유일까? 우리는 최악의 상황을 대비해야 할까, 아니면 적어도 우리의 방탕한 생활방식을 바꾸어야 하는 것은 아닐까? 혹은 이 우화들이 너무 단순해서 사실을 오도하고 있으며, 인류는 건강, 부, 번영이라는 더욱 눈부신 미래를 향해 계속 나아갈까?

이런 질문들은 산업혁명이 지수 성장이라는 바퀴를 돌리기 시작한 직후 시작되어 오늘날까지 죽 이어지면서 몹시 열띤 논쟁에 계속 불을 지펴왔다. 농사를 짓고 손으로 생산하던 방식에서 상품의 대량 생산을 위한 자동화한 기계와 공장의 창안, 기술 혁신과 농업 생산성 증가, 새로운 화학물질 제조와 철 생산 공정의 도입, 수력의 효율 개선, 재생 가능한 목재 에너지에서 화석 연료인 석탄 에너지로의 변화를 통해 추진된 증기 이용의 증가로 전환이 이루어졌고, 이 모든 것은 더 많은 고용 기회를 제공한다고 인식되고 급속히 팽창하는 도심지로 더욱더 많은 시골 사람들이 필연적으로 이주하도록 자극했다. 이 과정은 지금도 전 세계에서 약해질 기미 없이 계속되고 있다.[3]

산업혁명이 일으킨 엄청난 변화로 제조업과 공장 부문에서 많은 부자들이 생겨났고, 영향력 있는 중산층도 점점 늘어났다. 하지만 새로 도시에 유입된 노동 계급은 공장에서 일하든 광산에서 일하든, 매우 비참했다. 디킨스의 소설 배경인, 올리버 트위스트가 살던 런던의 모습을 떠올려보라. 범죄, 오염, 질병이 만연하고, 대규모의 노동 계급이 가난에 찌들어 비참하게 살아가는 도시였다. 급속한 인구 증가와 산업화의 산물인 슬럼가는 비위생적이고 지저분한 생활 조건 속에서 사람들이 우글거리며 살아가는 곳이었다.

호황을 누리는 섬유산업의 중심지였고, 그래서 면화 같은 원료를 안정적으로 공급받기 위해 "파도를 지배하겠다"는 영국의 야심을 부추기는 주동자가 된 맨체스터는 여러 면에서 산업혁명의 진정한 상징이었다. 맨체스터는 세계 최초의 산업 도시였고, 1771년에 2만 명 남짓하던 인구가 1831년에는 12만 명으로 무려 6배 늘었고, 거의 70년 뒤인 19세기 말에는 200만 명을 넘어섰다. 맨체스터의 진화는 뒤셀도르프와 피츠버그에서 중국 선전과 상파울루에 이르기까지 세계 각지에서 오늘날까지 무수히 반복되어온 추세의 주형이 되었다.

런던이나 뉴욕 같은 거대도시의 과거를 돌이켜보면, 그런 곳들이 멕시코시티, 나이로비, 캘커타 같은 지금의 거대도시를 생각하면 종종 떠오르곤 하는 것과 거의 같은 부정적인 이미지에 시달리고 있었음을 알아차리게 된다. 150년 전의 맨체스터 섬유산업 노동자들은 이런 식으로 묘사되었다. "아주 건강한 남성들이 40세가 되면 늙어서 노동력을 상실하고, 그 아이들은 쇠약하고 기형이며, 열여섯 살이 되기 전에 결핵에 걸려 목숨을 잃는 사람이 부지기수라는 사실은 너무나 잘 알려져 있다." 뻔뻔하게 착취가 이루어지고 생활 조건과 작업 환경이 끔찍하게 비인간적이었음에도, 이 도시들은 매우 유동적이고 다양한 사회로 빠르게 진화하고 엄청난 기회를 제공함으로써, 궁극적으로 그런 도시들 중 상당수가 세계 경제를 추진하는 동력이 되었다. 현재 아프리카와 아시아를 비롯한 세계 각지에서 출현하고 있는 거대도시들도 거의 같을 것이라고 추측할 수 있다. 미국의 건축가이자 도시계획자인 안드레스 두아니Andrés Duany의 말을 인용하면 이렇다. "1860년에 미국의 수도 워싱턴은 인구가 6만 명이었고, 가로등도 없었고, 하수 도랑이 드러나 있었고, 주요 거리마다 돼지들이 돌아다니고 있었다. 오늘날 가장 최악인 도시보다 더 최악의 조건이었다. 바로 거기에서 우리는 희망을 본다."

나는 이 대목에서 빅토리아 시대 거대도시의 등장과 '노동빈곤층'의 비참함에 관해 개인적으로 사소한 주석을 하나 덧붙이고 싶은 마음을 억누를 수가 없다. 비록 나는 영국 서머싯 지역의 한 시골에서 태어났지만, 런던 이스트엔드에 친척들이 있었고, 기이한 운명의 장난으로 고등학교를 그곳에서 다니게 되었다. 이스트엔드는 19세기에 런던이 급속히 팽창하면서 생긴 산물로, 런던에서 가장 가난하면서 인구 밀도가 가장 높은 지역 중 하나였고, 그 결과 질병과 범죄의 온상이 되었다. 악명 높은 연쇄 살인마 잭 더 리퍼 Jack the Ripper가 아마 이스트엔드의 역대 범죄자 중 가장 유명할 것이다. 이 수상쩍은 전통을 지키려는 양, 고등학교에서 첫 2년 동안 반에서 죽 내 옆에 앉았던 친구는 결국 영국에서 가장 악명 높은 수배자가 되었다. 당시 이스트엔드의 많은 지역은 여전히 슬럼가라고 불렸고, 디킨스의 소설 같은 분위기를 풍겼다. 낮의 길이가 짧고 하늘은 짙은 잿빛이며, 전형적인 누런 안개가 도시를 짓누르는 겨울에는 더욱 그러했다. 셜록 홈즈의 수수께끼 같은 사건이 펼쳐질 완벽한 무대였다.

나는 대학 때까지 여름이면 지역 양조장에서 일꾼으로 일했다. 처음 일을 한 것은 열다섯 살 때인 1956년 여름이었다. 라임하우스에 있는 오래된 테일러워커 양조장이었는데, 당시 라임하우스는 이스트엔드에서 템스강 북쪽 부두에 인접한 매우 평판이 안 좋은 동네였다. 라임하우스는 여러 책과 영화에 등장했고, 빅토리아시대 이후로 비교적 변하지 않은 상태로 남아 있었다. 1956년에도 여전히 범죄가 들끓는 곳으로 알려져 있었다. 비록 디킨스가 《에드윈 드루드의 비밀The Mystery of Edwin Drood》에서 묘사한 아편굴은 오래전에 사라지고 없었지만 말이다.

양조장은 1730년부터 있었는데, 건물은 1827년에 지어졌고 1889년에 부분 개축이 이루어졌다. 조명도 흐릿하고 환기도 잘 안 되는 빅토리아 시대의 전형적인 붉은 공장 건물이었고, 그 끔찍한 작업 조건이 100년 넘게 거의 변함없이 유지되고 있었다. 나는 사용된 병을 씻어서 다시 맥주를 채우는 수직 컨베이어 벨트에 빈병 상자를 올리는 일을 끊임없이 무심하게 했다. 약 5초마다 이 오래된 철 기계에 무거운 빈병 상자를 올려놓아야 했다. 그 일을 하루에 9.5시간 동안 일주일에 닷새 반나절(매일 한 시간씩 더 일하고 토요일도 반나절을) 했다. 점심식사를 위해 1시간 휴식이 주어졌고, 오전과 오후에 15분씩 휴식 시간이 있었다. 내가 살면서 겪은 가장 힘든 일이었다(끈 이론을 연구할 때와 2008년 주식시장이 붕괴한 뒤 샌타페이연구소 운영을 도울 때를 제외하고서). 나는 지쳐서 (거의 한 시간 거리에 있는) 집으로 돌아왔고, 음식을 마구 입에 쑤셔 넣은 뒤 8시 반이면 잠들었다. 그리고 다음날 아침 6시 반까지 일어나곤 했다.

휴식 시간마다 디킨스의 소설에서 막 빠져나온 듯한, 발까지 닿는 오래되고 더러운 가죽 앞치마를 두른 남자가 지저분하고 커다란 쇠 양동이를 들고 나타났다. 양동이에는 오래되어 곳곳이 찌그러진 백랍 잔이 쇠사슬로 연결되어 있었다. 양동이에는 테일러워커 양조장의 가장 값싼 흑맥주가 담겨 있었고, 우리는 쭈그러진 잔으로 원하는 만큼 맥주를 마시는 특권을 누렸다. 말할 필요도 없겠지만, 그 잔은 더러웠고, 우리는 잔을 닦지도 않고 그냥 돌려마셨다. 내가 어떤 병에 걸렸을지 누가 알랴! 그리고 나는 이런 이야기를 어머니에게 결코 하지 않았다. 이 일을 대가로 나는 시간당 1실링 11과 4분의 3펜스를 받았다. 1파운드의 거의 10분의 1(현재 화폐로는 10페니)이었다. 미국 화폐로는 약 15센트였다. 언뜻 드는 생각처럼 나쁜 것은 아니다. 인플레이션을 고려하면, 현재 가치로는 시간당 약 2.18파운드(약 3,200원)다.

열다섯 살짜리에게는 사실상 꽤 좋은 대우였고, 나는 여름 두세

달 동안 일해서 그해의 나머지 기간 동안 휴일에 적당히 차를 얻어 타고 다니면서 런던이 청소년에게 제공할 수 있는 것들을 즐길 수 있었다. 하지만 내가 부인과 세 아이가 있는 30세의 가장이었다면, 그보다 2배를 받았다고 해도 어떻게 생계를 유지할지 막막했을 것이다. 삶의 조건도 앞으로의 전망도 극도로 열악했다. 비록 일주일에 엿새씩 하루 12시간을 꼬박 일했고, 아이들도 으레 광산이나 공장에서 일하던 그보다 50~100년 전의 상황보다는 분명 나아지긴 했지만 말이다. 나는 정치적으로 보수적이지만, 내 이전의 많은 이들처럼 대도시에서 경제적 스펙트럼의 양쪽 끝에 놓인 상황을 직접 목격한 경험에 강하게 영향을 받기도 했다. 마르크스와 엥겔스에서 조지 버나드 쇼George Bernard Shaw와 블룸즈버리그룹Bloomsbury Group, 제2차 세계대전 이후 영국 노동당의 클레멘트 애틀리Clement Attlee 당수와 동료들에 이르기까지, 안락한 중상류 계층 출신의 많은 사상가는 런던의 이스트엔드, 랭커셔의 공장 지대, 사우스웨일스의 탄광에서 본 빈곤과 박탈에 충격을 받았다.

산업혁명이 일어나기 오래전에는 많은 노동 계급에게서 혹독하고 비위생적인 작업 조건이 일상적이었다는 사실을 잊기 쉽다. 우리가 산업혁명 및 도시화와 연관짓곤 하는 모든 죄악은 산업혁명 이전의 사회에서도 마찬가지로 만연했다. 아동 노동이든 지저분한 생활 조건이든 긴 노동 시간이든 마찬가지다. 사실 궁극적으로 유아·아동 사망률을 크게 낮춤으로써 인구 증가율을 급증시킨 것은 과학과 계몽운동이 일으킨 개선이었다. 농사꾼에 비하면 도시 산업 노동자의 삶이 더 열악해 보일 수 있다. 그것은 어느 정도는 경작하는 일에 비해 비인간적이고 가혹한 공장과 광산의 노동 조건 때문이기도 하지만, 지수 팽창 탓에 문제의 규모와 범위가 훨씬 더 커졌기 때문이기도 하다. 비슷한 논리가 지금도 지속된다. 많은 이들이 오늘날 현대 도시의 시끌벅적함 속에는 없는 듯한, 공동체 의식과 유대감이 있던 작은 마을이나 소도시에 살던 시절이 살기에 훨씬 좋았다고 믿곤 한다. 이 문제는 나중에 도시의 동역학을 논의하면서 가속되는 삶의 속도가 빠르게 돌아가는 도시에 살든 조용한 시골 마을에 살든, 우리 모두가 의존하는 열린 성장의 경제라는 개념에 어떻게 통합되어 있는지를 보여줄 때 다시 살펴보기로 하자.

5 맬서스, 신맬서스주의자, 대혁신 낙관론자

토머스 로버트 맬서스Thomas Robert Malthus는 대개 끝이 열린 지수 성장이 가져올 위협을 인식하고서 그것을 자원의 한계 및 가용성이라는 문제와 연관지은 최초의 인물이라고 여겨진다. 맬서스는 영국의 성직자이자 학자였고, 경제학과 인구통계학이라는 새로 출현하는 분야들과 그 분야들이 장기적인 정치적 전략에 어떤 의미가 있는지를 연구하는 데 앞장선 인물이었다. 그는 1798년《인구론An Essay on the Principle of Population》이라는 엄청난 영향을 미칠 책을 내놓았다. 책에서 그는 "인구의 힘이 인간의 식량을 생산하는 땅의 힘보다 무한히 더 크다"라고 선언했다. 그의 논리는 인구는 "기하학적으로 증가하는" 반면, 식량을 기르고 공급하는 능력은 그저 "대수적으로" 증가하기 때문에, 결국은 인구 크기가 식량 공급량을 앞질러서 대붕괴가 일어난다는 것이었다. 즉, 인구는 지수 증가율을 보이는 반면, 식량 생산은 훨씬 더 느린 선형 증가율을 띤다는 뜻이었다.

맬서스는 그런 재앙을 피하고 지속 가능한 인구를 유지하려면, 어떤 형태로든 인구 통제가 필요하다고 결론지었다. 이는 질병, 기아, 전쟁의 증가 같은 '자연적인' 원인으로 이루어질 수도 있고, 더 바람직하게는 사회적 행동 변화, 특히 노동 빈곤층의 행동 변화를 통해 이루어질 수도 있다고 했다. 그는 노동 빈곤층의 번식률이 그 문제의 명백한 원인이라고 인식했다. 헌신적인 기독교인이었던 그는 낙태라는 개념을 그리 마음에 들어 하지 않았기에, 금욕, 만혼, 극빈자나 육체나 정신에 결함이 있는 사람의 혼인을 제한하는 것과 같은 도덕적 제약이라는 개념을 선호했다. 친숙하게 들리는가? 그가 자신의 종교적·도덕적 믿음이 옳다고 깊이 확신했다는 점을 생각하면, 만일 당시에 집단 불임 수술이나 임신 중절을 할 자유 같은 것을 이용할 수 있었다면, 그가 그런 것들을 열정적으로 지지했을지는 몹시 논란거리다. 하지만 중국이 채택한 한 자녀 정책은 열렬히 지지했을 것이 확실하다. 말할 필요도 없겠지만, 현대 신맬서스주의자들은 그런 종교적 망설임이 전혀 없이, 자발적으로 이루어지기만 한다면 인위적인 산아 조절, 임신 중절, 심지어 불임 수술 계획까지도 받아들인다.

맬서스의 분석이 낳은 불행한 결과 중 하나는 자식을 너무 많이 낳기 때문에 빈궁한 처지에 놓이는 것이라고 가난한 사람을 사실상 비난하는 쪽으로 해석되었다는 것이다. 따라서 그들의 가난과 전반적인 비참한 조건이 자본가의 착취에서 비롯된 것이 아니라 다산 때문이라고 결론을 내리는 것은 비교적 쉬운 일이었다. 이 사고 방식에 따른 어느 후속 결과로, 전통적인 맬서스주의자들은 정부가 하든 박애주의자가 하든, 가난한 사람에게 온정을 베푸는 자선 행위가 가난한 사람의 수를 늘릴 뿐이며, 따라서 의존적인 빈자의 수가 지수 성장을 하도록 더욱 기여함으로써 결국에는 나라가 파산에 이르게 할 것이기 때문에 역효과라고 믿었다. 이런 논리는 현대에 이르러 다양한 형태를 취한다. 이런 개념들은 불가피하게 이후 두 세기 내내 울려 퍼질 크나큰 논쟁을 촉발했고, 그 논쟁은 지금까지도 전혀 약해질 기미 없이 더 폭넓은 맥락에서 계속되고 있다.

어느 면에서 보면, 그 논쟁이 아직도 해결되지 않았다는 점이 매우 놀랍다. 맬서스의 사상은 거의 그가 내놓자마자 정치적 스펙트럼의 전 영역에 걸쳐서 가장 영향력 있는 많은 사회적·경제적 사상가들에게 심하게 비판을 받고 단번에 내쳐졌기 때문이다. ……그리고 뒤에서 살펴보겠지만, 그 근거들도 타당했다. 지난 200년 동안 그의 사상은 마르크스주의자와 사회주의자에서 자유시장주의자에 이르기까지, 사회적 보수주의자와 페미니스트에서 인권 옹호론자에 이르기까지, 다양한 진영에서 폭넓게 비판을 받아왔으며, 앞으로도 계속 그럴 것이다. 내가 특히 재미있다고 느낀 고전적인 비판은 마르크스와 엥겔스의 것이다. 그들은 맬서스를 '부르주아의 아첨꾼'이라고 치부했다. 몬티 파이톤Monty Python의 풍자극을 패러디한 것처럼 들린다.

그런 한편으로, 맬서스의 개념은 많은 중요한 사상가에게 영향을 미쳐왔으니, 그가 말한 모든 것에 전적으로 동의하지 않으면서도 영향을 받은 이들도 있었다. 위대한 경제학자 존 메이너드 케인스

John Maynard Keynes뿐 아니라 자연선택 이론의 창안자인 앨프리드 러셀 월리스와 찰스 다윈도 그랬다. 최근에 지구의 지속 가능성에 관심이 커지면서, 맬서스의 개념은 빈곤과 심지어 인구 성장보다는 자원의 한계 전반에 관한 문제들을 포함하여 환경, 기후 변화 같은 일반적인 현안까지 다루는 쪽으로 확대되어왔으며, 이런 현안들이 지리와 경제적 계층을 초월한다고 본다.

하지만 주류 경제학자와 사회사상가 사이에서 재앙이 임박했다는 의미를 함축하고 있는 맬서스 이론은 금기어가 되어왔다. 그들은 대부분 그 이론의 기본 가정이 근본적으로 틀렸으며, 그것을 뒷받침하는 증거가 많다고 믿는다. 아마 가장 중요한 점은 맬서스의 예측과 정반대로 농업 생산성이 시간이 지남에 따라 선형으로 증가한 것이 아니라 인구 증가율을 따라서 지수적으로 증가해왔다는 것일 테다. 게다가 평균 생활 수준이 꾸준히 증가함에 따라 출산율은 꾸준히 줄어들어왔다. 평균 임금이 증가하고 피임 수단을 더 쉽게 접할 수 있게 됨에 따라, 노동자들은 자식을 더 낳기보다는 덜 낳는 쪽으로 나아왔다.

내가 만나본 경제학자들은 거의 다 붕괴가 임박했다거나 궁극적으로 일어난다는 전통적인 맬서스주의 형태의 개념을 순진하다거나 단순하다거나 아예 틀렸다고 자동적으로 무시하는 반응을 보였다. 반면에, 내가 만난 물리학자나 생태학자는 거의 다 그 개념을 안 믿는다는 것은 제정신이 아니라고 생각했다. 아마 그 생각을 가장 잘 요약한 표현은 고인이 된 경제학계의 독불장군인 케네스 볼딩Kenneth Boulding이 미국 의회에서 한 말일 것이다. "유한한 세계에서 지수 성장이 무한히 계속될 수 있다고 믿는 사람은 미치광이이거나 경제학자다."

대부분의 경제학자, 사회과학자, 정치가, 최고 경영자는 대개 우리를 지수적으로 계속 붕 띄워줄 마법의 지팡이를 휘두를 때 '혁신'이라는 뻔한 주문을 외움으로써 낙관적인 견해를 정당화한다. 그들은 우리의 변화와 혁신에 열려 있는 태도와 비범한 창의성이 대체로 자유시장 경제를 통해 추진됨으로써 계속해서 지수 성장과 생활 수준 향상을 이루어왔다는 점을 올바로 지적한다. 맬서스의 원래 논리는 계몽운동과 산업혁명의 정신과 발견에 자극을 받아 농업에 유례없는 기술 발전이 이루어졌다는 점에서 틀렸다. 탈곡기, 예취결속기, 조면기, 증기 트랙터, 강철 날이 달린 연철 쟁기 같은 발명품뿐 아니라, 돌려짓기와 상업적으로 생산되는 비료의 확대 같은 발전도 이루어졌다. 이런 발전은 1만 년 동안 주로 손으로 이루어졌던 과정을 기계화하고 수율收率을 높임으로써 생산 효율을 크게 향상시켰다. 1830년에는 밀 약 200말을 생산하는 데 약 300시간의 인간 노동력이 들어갔다. 1890년에는 50시간 이내로 줄었다. 지금은 몇 시간도 채 안 된다.

우리 시대는 농업이 점점 더 산업화함에 따라, 식량 생산의 경이로운 혁신이 유별나게 계속 이어지는 광경을 목격해왔다. 선진국의 식량 생산은 과학과 기술을 이용하여 수율을 최대화하고 유통을 최적화하는 거대한 농산업체 협회들이 주도하고 있다. 식량 생산의 기계화를 통해 고기, 생선, 채소는 사실상 마치 자동차나 텔레비전이 효과적으로 생산되어 전 세계로 빠르게 공급되는 것과 마찬가지로 거대한 공장의 생산라인에서 대량 생산되어 적절한 가격에 전 세계의 수십억 명에게 공급되고 있다.

변화의 규모가 어느 정도인지 감을 잡을 수 있도록 예를 들어보자. 1967년 미국에는 돼지 농장이 약 100만 곳 있었다. 반면에 지금은 약 10만 곳에 불과하며, 이 공장식 축사들이 돼지의 80퍼센트 이상을 공급하고 있다. 현재 단 네 개 기업이 미국에서 소비되는 소의 81퍼센트, 양의 73퍼센트, 돼지의 57퍼센트, 닭의 50퍼센트를 공급한다. 세계적으로는 가금류의 74퍼센트, 그중 닭고기의 43퍼센트, 달걀의 68퍼센트가 그런 식으로 생산된다. 그 결과 현재 미국의 인구 중 농업에 종사하는 사람의 비율은 1퍼센트 남짓이다. 반면에 1930년대에는 약 4분의 1이 농업에 종사했고, 평균적으로 농민 한 명이 고객 약 11명에게 식량을 공급했다. 지금은 거의 100명에게 공급한다. 이 엄청난 효율 향상과 농업 노동력 수요의 대폭 감소는 도시 인구의 지수 성장을 일으킨 주요 추진력 중 하나였다.

장기 지속 가능성을 생각한다면 '혁신' 논리에 설득당하지 않기가 쉽지 않다. 지난 20년, 아니 지난 200년 동안 나온 경이로울 만치 많은 새로운 장치, 기계, 물품, 과정, 착상을 생각해보라. 항공기, 자동차, 컴퓨터, 인터넷에서 상대성 이론, 양자역학, 자연선택에 이르기까지, 상상할 수도 없을 만큼 흥미로운 일들이 지수적으로 일어났다. 알리 바바나 호레이쇼(셰익스피어의 희곡 《햄릿》에 나오는 햄릿의 친구―옮긴이)가 꿈조차 꾸지 못했을 경이로운 것들이 끊임없이 공급됨으로써 스테로이드에 취한 행성이 되었다.

세계은행에 따르면, 2000년에 국제연합United Nation이 세운 새천년개발목표Millennium Development Goals 중 하나가 2015년까지 빈곤율을 1990년의 절반으로 줄이겠다는 것이었는데, 계획한 시기보다 무려 5년 앞서 2010년에 달성되었다고 한다. 게다가 지금 살고 있는 사람은 평균적으로 전에 살던 이들보다 생활 수준이 높고 더 오래 산다. 하지만 이는 동전의 한쪽 면이다. 다른 면을 보면, 세계 인구의 절반은 여전히 하루에 2.50달러가 안 되는 돈으로 살아가고, 깨끗한 식수나 충분한 음식을 구하지 못하는 사람이 최대 10억 명에 달한다. 우리가 온갖 경이로운 발전을 이루어왔음에도, 맬서스의 위협은 여전히 배후에서 어른거리고 있는 듯하다.

약 50년 전인 1968년 생태학자 폴 에를리히Paul Ehrlich의 베스트셀러 《인구 폭탄The Population Bomb》은 이 논리를 강력하게 펼치고 있다.[4] 그 책은 도전적이면서 도발적인 선언으로 시작된다.

모든 사람을 먹이기 위한 전투는 끝이 났다. 지금까지 나온 온갖 요란스러운 계획들에도 불구하고 1970년대에는 수억 명이 굶어 죽을 것이다. 이 막바지에 세계의 사망률 급증을 막을 수 있는 것은 없다.

마찬가지로 "인도가 1980년까지 더 늘어난 2억 명을 과연 어떻게 먹일 수 있을지 도무지 모르겠다" 같은 끔찍한 예측들이 나왔고, 임박한 재앙을 억제하겠다고 강제 불임 수술을 비롯한 일련의 섬뜩한 주장들도 제시되었다.

그로부터 얼마 지나지 않은 1972년에 매사추세츠 공과대학 Massachusetts Institute of Technology(MIT)의 데니스 메도스Dennis Meadows와 제이 포러스터Jay Forrester가 《성장의 한계The Limits to Growth》라는 책을 내놓았다.[5] 유한한 자원이 지수 성장의 지속성에 어떤 영향을 미칠지와 '평소처럼 살아가는' 것이 어떤 결과를 낳을지를 집중적으로 탐구한 책이었다. 그 연구는 로마클럽Club of Rome이라는 기관의 후원을 받아서 이루어졌다. 로마클럽은 "인류의 미래를 함께 걱정하는" 저명한 "세계 시민들"의 협회로, 전 세계의 전직 정부 수장, 외교관, 과학자, 경제학자, 기업가가 회원이다. 그 연구는 식량 생산, 인구 성장, 산업화, 재생 불가능한 자원, 오염에 관한 가용 자료와 컴퓨터 시뮬레이션을 결합하여 지구의 지속 가능성에 관한 가능한 시나리오들을 모형화하려는 최초의 진지한 시도였다. 그 뒤로 지구의 미래를 진지하게 모형화하려는 시도가 무수히 이루어졌으며, 최근의 기후 변화 모형들도 거기에 포함된다.

맬서스와 에를리히의 책처럼, 《성장의 한계》도 대중 매체로부터 큰 주목을 받았고, 마찬가지로 지구의 미래에 관한 열띤 논쟁을 촉발했다. 또 마찬가지로 상당한 비판을 받았으며, 특히 경제학자들은 혁신의 동역학을 포함시키지 않았다면서 비판하고 나섰다.

저명한 경제학자 줄리언 사이먼Julian Simon도 앞장서서 비판한 인물 중 하나였다. 그는 지난 200년 동안 우리가 목격한 눈부신 성장이 인류의 창의성과 지속적인 혁신 능력에 힘입어서 '영원히' 유지될 것이라는 매우 극단적인 견해를 피력했다. 사실 사이먼은 1981년에 쓴 《궁극적 자원The Ultimate Resource》에서, 인구 증가가 기술 혁신, 창의성, 독창성을 더욱 자극해 결국 새로운 자원 이용 방식과 생활수준 향상으로 이어질 것이므로 사실상 상황은 더 좋아질 것이라는 주장을 펼쳤다.[6]

21세기에 들어서면서, 신의 개입이 아니라 인간 창의성의 자유로운 발현과 자유시장 경제의 무한한 가능성이라는 마법을 통해 끊임없이 다시 채워지는, 끝없이 늘어선 생선 바구니라는 이미지를 보여주는 '풍요의 뿔'이라는 이 전망은 기업과 정치 분야에서 개념적 사고의 중요한 구성 요소로 다시 등장했다. 사실 사이먼의 견해는 학계, 기업, 정치 분야의 많은 이에게 실질적으로 받아들여졌다. 경제학자 폴 로머Paul Romer는 이 견해를 간결하게 요약한 바 있다. 그는 내생성장 이론endogenous growth theory의 창시자 중 한 명이며, 이 이론은 경제 성장이 주로 인적 자본, 혁신, 지식 창조에 대한 투자를 통해 추진된다고 본다.[7] 로머는 이렇게 선언한다. "모든 세대는 어떤 새로운 요리법이나 착상이 발견되지 않는다면 유한한 자원이나 바람직하지 않은 부작용이 성장에 한계를 가할 것이라고 인식해왔다. 그리고 모든 세대는 새로운 요리법과 착상을 찾아낼 잠재력을 과소평가해왔다. 우리는 발견될 착상이 얼마나 많이 남아 있는지를 늘 제대로 이해하지 못하고 있다. 가능성들은 더해지는 것이 아니다. 곱해진다." 좀 달리 표현하자면, 이 말은 착상과 혁신이 인구의 지수 성장에 발맞추어서 대수적(즉 선형적)이 아니라 곱셈적(즉 지수적)으로 증가하며, 그 과정은 끝이 열려 있으며 사실상 무한정 일어난다는 주장이다.

그런 한편으로 지난 수십 년은 환경 운동과 지구의 미래를 심각하게 우려하는 태도가 부각되면서 《인구 폭탄》과 《성장의 한계》의 정신적 계승자들이 다시 출현한 시기이기도 하다. 이에 발맞추어서 기업과 정치 분야의 규제받지 않은 야심이 미칠 충격을 깊이 우려하는 목소리도 커지고 있고, 그 결과 '기업의 사회적 책임'이 필요하다는 인식이 확산되었다. 모두를 위해 성장과 번영을 추진하는 혁신과 창의성의 엔진이라고 포장된 마구 날뛰는 자본주의와, 기후 변화 및 경제적 붕괴 가능성의 경고 신호들에 주의를 기울이는 이들 및 환경주의자들의 불길하고 우울한 걱정 사이의 지속적인 긴장을 줄이고 그 사이에 다리를 놓는 것이 21세기의 주요 정치적 과제 중 하나로 대두되어왔다.

자유시장 경제를 통해 촉진된 인류의 집단 창의성과 혁신이 붕괴 가능성에 맞서서 장기적으로 열린 성장을 유지하는 비결이라는 견해가 부당하지는 않을지도 모르겠지만, 나는 그 견해가 종종 그에 따른 불가피한 결과들에 관한 부정이나 적어도 심각한 회의론과 결부되곤 한다는 점이 다소 당혹스럽다. '혁신'을 미래의 지구적인 사회경제적 도전 과제들을 해결할 만병통치약이라고 주장하는 많은 이들이 그렇듯이, 사이먼도 인간 활동이 지구 환경 변화를 일으킨다거나 기후 변화, 오염, 화학물질 오염에 따른 심각한 건강 문제를 일으킨다고 보느냐는 물음에 몹시 회의적인 견해를 보였다. 열역학 제2법칙의 기본 개념과 내용 및 엔트로피 생성이라는 관점에서의 그 표현 형태는 열린 지수 성장의 암울한 이면을 보여준다. 우리가 얼마나 뛰어난 혁신을 이루느냐에 상관없이, 궁극적으로 모든 것은 에너지 이용을 통해 추진되고 처리되며, 에너지 처리는 불가피하게 해로운 결과를 낳는다.

6 모두 에너지 때문이야, 바보야

전 세계적으로 우리는 연간 약 150조 킬로와트시라는 엄청난 양의 에너지를 쓴다. 미국의 한 해 예산처럼 규모와 의미가 너무나 엄청나서, 우리 같은 보통 사람은 극도로 이해하기가 어려워서 들으면 그저 눈만 껌벅거리고 있게 되는 천문학적인 수다. 1959~1969년 미국 상원 공화당 의원들의 지도자였던 에버릿 더크슨Everett Dirksen은 미국 예산에 관해 이런 유명한 말을 남겼다고 한다. "여기도 10억, 저기도 10억 하니, 돈이 돈 같지 않게 느껴진다." 게다가 당시의 예산은 지금의 30분의 1뿐인 시절이었다. 지금은 약 3.5조 달러에 이른다. 미국의 남녀노소 모두에게 약 1만 달러씩 돌아갈 액수다. 이렇게 말하면 어떤 규모인지 좀 더 쉽게 와닿는다.

세계 에너지 소비의 규모가 어떤 의미인지를 비슷하게 감을 잡을 수 있도록, 그리고 그 엄청난 규모를 좀 접근하기 쉬운 관점에서 살펴볼 수 있도록 도움이 될 만한 비교를 두 가지 들겠다. 나는 서장에서 살아 있기 위해 필요한 하루 2,000칼로리의 식품 열량이 거의 100와트 전구를 켜는 전력과 같다고 말했다. 그러니 당신은 인간이 만든 모든 것들에 비해 에너지 이용 효율이 대단히 높다. 식기세척기는 손으로 그릇을 씻을 때보다 1초에 10배 이상의 에너지를 소비하며, 자동차는 걸어갈 때보다 1,000배가 넘는 에너지를 쓴다. 지구의 평균적인 사람이 현대 생활의 일부인 모든 기계, 물건, 기반시설을 움직이는 데 쓰는 에너지를 다 더하면, 자연적인 에너지 요구량의 약 30배에 이른다.

이 말을 좀 다르게 표현하자면, 우리가 생활 수준을 유지하기 위해 처리하는 에너지는 수십만 년 동안 겨우 수백 와트에서 머물러 있었다. 약 1만 년 전 도시 공동체를 형성하기 전까지 말이다. 그때가 바로 인류세의 시작이었고, 그때부터 유효 대사율이 꾸준히 증가하기 시작하여 현재는 3,000와트를 넘어섰다. 하지만 이는 지구 전체를 평균한 값일 뿐이다. 선진국은 에너지 소비율이 훨씬 높다. 미국은 그 값의 거의 4배인 1만 1,000와트를 쓴다. '자연적인' 생물학적 값의 100배를 넘는다. 이 소비량은 우리보다 체중이 1,000배 이상 나가는 대왕고래의 대사율보다 그리 적은 수준이 아니다. 우리를 신체 크기를 고려할 때 '당연시되는' 것보다 30배 더 많은 에너지를 쓰는 동물이라고 생각하면, 지구의 유효 인구는 실제로 사는 73억 명보다 훨씬 더 큰 것처럼 돌아가는 셈이다. 지극히 현실적인 의미에서, 우리는 마치 적어도 30배 더 인구가 많은 것처럼 행동한다. 즉, 지구 인구가 무려 2,000억 명을 넘는 것과 같다. 가장 낙관적인 풍요론자가 옳고 세계 인구가 금세기 말에 100억 명에 다다르고 모두가 미국에 상응하는 생활수준을 누린다면, 유효 인구는 1조 명을 넘어설 것이다.

이런 사고 실험은 우리가 쓰는 에너지의 규모가 얼마나 되는지 감을 잡을 수 있게 해주는 동시에 우리가 '자연 세계'의 다른 생물들에 비해 생태적 평형에서 얼마나 멀리 벗어나 있는지도 잘 보여준다. 마찬가지로 중요한 점은 에너지 소비량의 이 엄청난 증가가 진화적 시간을 기준으로 할 때 극도로 짧은 기간에 걸쳐 일어났기에, 그 영향에 맞추어서 어떤 체계적인 조정이나 적응이 일어날 시간이 거의 없었다는 것이다. 예를 들어, 우리가 아직 수백 와트라는 에너지 수준에서 작동하는 자연 세계의 한 부분이었고 농경을 발명하지 않았을 때, 세계 인구는 겨우 약 1,000만 명이었을 것이라고 추정된다. 지금은 짧은 기간에 걸쳐 사실상 2만 배 더 커졌고, 그 결과 자연의 역동적인 진화적 균형을 심각하게 교란시켜왔으며, 그리하여 생태적 및 환경적 재앙을 일으켜왔다.

이런 이야기를 들으면 정신이 번쩍 드는데, 우리의 에너지 이용이 불가피하게 비효율적이고 그에 따라 엔트로피가 생성되어 오염,

폐열, 환경 훼손과 파괴로 이어진다는 점을 생각하면 더더욱 그렇다. 연간 세계 에너지 소비량은 1980년보다 거의 2배 상승했는데, 그중 약 3분의 1은 버려지고 있다. 한 예로, 휘발유의 에너지 중에 실제로 차를 움직이는 데 쓰이는 것은 약 20퍼센트에 불과하다. 혁신의 한 가지 주된 역할은 기존 기술을 개선하거나, 새로운 기술을 창안하거나, 새로운 이용 방식을 개발하여 그런 비효율성을 줄이는 것이다. 우리는 에너지 소비, 낭비, 비효율성이라는 도전 과제들을 대중과 기업이 점점 의식함에 따라, 정부가 계획과 세제 정책을 통해서 이런 현안들을 생각하고 해결할 새로운 방식들을 장려하는 모습을 목격하고 있다. 상당한 발전이 이루어져왔고 앞으로도 계속 이루어질 것이라는 데는 의심의 여지가 없지만, 과연 그것으로 충분할까? 정부의 개입, 자극, 규제를 통해 멈칫할 때가 있다고 해도, 열린 성장을 추진하는 자유시장 체제가 상당한 이익을 내는 것과 지속 가능성 문제를 해결하는 것 사이에 준안정적인 균형을 찾을 수 있느냐는 것은 신념의 문제다. 어쨌든 사업의 주된 기능은 효율을 높이는 것이 아니라, 이익을 얻는 것이다.

우리 행성의 생명은 태양에서 직접 오는 에너지를 생물을 지탱하는 생물학적 대사 에너지로 전환하도록 진화했고 그렇게 유지되어 왔다. 이 놀라운 과정은 20억 년 넘게 계속 성공을 거두어왔으며, 그렇기에 자연선택을 통해 새롭고 혁신적인 생명체로 등장인물이 계속 바뀐다고 해도 '지속 가능한' 것이라고 확실히 말할 수 있다. 생명을 지탱해온 한 가지 중요한 요소는 에너지원, 즉 태양이 외부에 있고 신뢰할 수 있으며 비교적 항구적이라는 것이다. 태양은 출력이 달라지긴 해도, 변화에 적응한 형질들이 진화할 만큼 충분히 오랫동안 매일 비추어왔다.

이 지속적이면서 끊임없이 진화하던 준안정 상태는 우리가 불을 발견하면서 아주 서서히 바뀌기 시작했다. 불은 죽은 나무에 저장된 태양의 에너지를 방출하는 화학 과정이다. 불이 농경의 발명과 결합하자, 인류세로의 전환이 시작되었다. 우리는 비로소 순수한 생물학적 존재에서 더 이상 '자연' 세계와 메타 균형 상태에 놓이지 않는 도시화한 사회경제적 존재라는 현재 상태로 진화하였다. 지하의 석탄과 석유에 저장된 태양 에너지를 발견하고 이용하기 시작하면서, 겨우 지난 200년 사이에 우리는 거의 30억 년 동안 이어진 지속 가능한 삶이 일반적이었던 시대로부터 진정으로 극적이면서 혁명적으로 벗어나서 도시세의 시작을 알렸다. 그 뒤에 산업혁명을 촉발한 화석 연료는 태양 자체처럼 거의 무한한 에너지원으로 여겨졌고, 지금도 그렇다.

과학적 관점에서 보면, 산업혁명의 진정한 혁신적 특징은 에너지가 외부의 태양에서 공급되는 열린계에서 화석 연료를 통해 내부적으로 공급되는 닫힌계로의 극적인 전환이었다. 이는 엄청난 열역학적 결과를 낳은 근본적인 체계 변화였다. 닫힌계에서는 열역학 제2법칙과 그 요구 조건인 엔트로피가 언제나 증가한다는 원리가 엄격하게 적용되기 때문이다. 우리는 외부의 신뢰할 수 있는 항구적인 에너지원에서 내부의 신뢰할 수 없는 가변적인 에너지원으로 '진보'했다. 게다가 우리의 주된 에너지원은 현재 그것이 지탱하는 계의 통합 구성 요소가 되어 있기 때문에, 그 공급에 따라 내부 시장 세력들은 끊임없이 변화할 수밖에 없다.

스 케 일

화석 연료로 추진되면서 겨우 지난 200년 동안 이루어진 우리의 사회경제적 성취는 태양을 통해 직접 추진된 자연선택이 생물학적으로 같은 기간에 이룰 수 있었을 그 어떤 것도 능가한다. 하지만 화석 연료라는 요정을 병 밖으로 풀어놓을 때 우리는 엄청난 대가를 치를 가능성이 있으며, 이를 감수하고 살아가는 법을 배우든 아니면 요정을 다시 병에 집어넣든 해야 한다.

지하 화석 연료에 저장된 에너지가 지표면으로 방출되면서 대기가 따뜻해지는 것은 열역학 제2법칙의 결과를 보여주는 사례다. 이런 연료들을 태울 때 생기는 엔트로피 부산물인 이산화탄소와 메탄 같은 기체들이 온난화를 심하게 강화함으로써, 열이 대기에 갇히는 온실 효과를 낳는다. 물리적·화학적 과정의 속도가 온도에 따라 증가하며, 그것도 단순한 선형 법칙을 따라서가 아니라 지수적으로 증가한다는 말을 앞서 했기에 여기서는 자세히 논의하지 않을 것이다. 따라서 날씨와 동식물의 생활사를 관장하는 과정들은 온도의 작은 변화에도 지수적으로 민감하다. 평균 온도가 섭씨 2도 올라가면 이런 과정들의 속도가 무려 20퍼센트 증가한다는 점을 떠올려보라. 적응적 과정들이 발달할 만큼 기간이 충분히 되지 않는 비교적 짧은 기간에 걸쳐 대기 온도에 그렇게 작은 변화가 일어난다면 엄청난 생태학적·기후학적 영향이 있을 수 있다. 긍정적인 영향도 일부 있겠지만, 대부분은 재앙을 일으킬 것이다. 하지만 그런 효과가 일어난다는 징후에 상관없이, 이미 상당한 변화가 닥치고 있으며, 그 기원과 결과를 이해하고 적응과 완화를 위한 전략을 짜낼 필요가 절실하다.

여기서 중요한 질문은 이런 효과가 인위적인 것인지 여부가 아니라—거의 확실하기 때문에—우리의 물리적·경제적 환경에 급속한 불연속적 변화를 일으키고 궁극적으로 세계의 사회경제적 체계의 붕괴로 이어지지 않도록 하면서 그 효과를 어느 정도로 최소화할 수 있느냐다. 그래서 과학자, 환경주의자 등의 간곡한 권고를 거부하는 이들이 정치 및 경제 지도자들을 포함하여, 일반 대중 중에도 많다는 것이 나는 당혹스럽고, 이들이 왜 행동에 나서지 않는지 계속 의문이다. 그렇다, 우리는 자유시장 체계의 엄청난 성공과 결실, 거기에 인간의 창의성과 혁신이 담당한 역할을 기뻐하며 더욱 장려해야 하지만, 에너지와 엔트로피도 중요한 역할을 했다는 점도 인정해야 하며, 그 해로운 결과들의 세계적인 해결책을 찾기 위해 전략적으로 협력해야 한다.

에너지가 우리를 지구 역사의 이 시점까지 데려오는 데, 그리고 특히 현대 인류 사회의 사회경제적 발달을 이루는 데 명백히 핵심적인 역할을 했음에도, 고전적인 경제학 교과서에서는 아무리 눈을 부릅뜨고 뒤져도 에너지를 언급한 문장을 한 줄도 찾기 어렵다. 놀랍게도 에너지, 엔트로피, 대사, 환경 용량 같은 개념은 아직도 주류 경제학에 진입하지 못하고 있다. 지난 200년 동안 경제, 시장, 인구의 지속적인 성장과 그에 발맞춘 생활 수준 향상이 고전적인 경제적 사고의 성공을 증언하고 신맬서스 이론을 거부하는 것으로 비친다고 해도 놀랄 일은 아니다. 불가피한 결과인 엔트로피를 생각하기는커녕 에너지를 경제적 성공이나 인구 성장의 기본 동력으로 진지하게 고찰할 필요조차도 아예 없었기 때문이다. 게다가 자원에 실제로 한계가 있을 가능성을 고려할 필요도 없었고, 열린 성장에 의문을 제기할 기본적인 물리적 제약들이 있다고 생각할 필요도 전혀 없었다. 지금까지는 말이다.

그런 문제들은 마법 같은 역할을 하는 혁신과 인간 창의성에 호소함으로써 개념적으로 우회할 수 있었다. 특히 비교적 자유로운 시장 경제의 자극을 받는다면, 그것들이 이 모든 성장을 계속 존속시켜왔듯이 앞으로도 계속 그럴 것이라고 봄으로써 말이다. 물리적 우주가 왜 계속 지수적으로 팽창하는지를 '설명'하기 위해 수수께끼에 싸인 무한한 암흑에너지라는 개념에 호소하는 것과 마찬가지로, 사회경제적 우주가 모든 장애물을 극복하면서 계속 팽창하는 이유를 설명하기 위해 혁신적인 착상의 거의 무제한적 공급이라는 망령이 동원된다.

게다가 혁신의 씨앗인 착상에 비용이 전혀 들지 않는다는 암묵적인 가정이 있는 듯도 하다. 어쨌거나 착상은 인간 뇌의 신경 과정에 '불과'하며, 인류 전체로 보면 우리는 머릿속에서 거의 무한한 수의 착상을 떠올릴 수 있다. 하지만 다른 모든 것들이 그렇듯이, 착상과 혁신도 자극하려면 에너지가 필요하며, 그 에너지의 상당량은 생각할 줄 아는 명석한 사람들을 지원하는 대학, 연구실, 의회, 카페, 음악당, 회의실 같은, 우리가 관행적으로 자극적인 환경과 공동의 경험을 쌓는 장소를 제공하는 데 들어간다.

이런 견해의 핵심에는 도시와 도시 생활이라는 개념이 있다. 저명한 인류학자 마거릿 미드Margaret Mead는 이 점을 간파하여 쉽게 와닿는 말로 표현한 바 있다. "중심지로서의 도시에서는 한 해 중 어느 때라도 새로운 재능, 날카로운 정신, 재능 있는 전문가와 신선한 만남을 가질 수 있다. 어디에 살든 꼭 필요한 그런 만남을 말이다." 사실 도시는 사회적 상호작용을 강화하고 촉진하기 위해, 따라서 착상과 혁신을 자극하기 위해 우리가 창안한 엔진으로 진화해 왔다. 명석하면서 야심적인 사람들을 끌어당기는 도시는 새로운 착상이 배태되고, 기업가 정신이 번성하고, 부가 창조되는 곳이다. 도시의 모든 것을 지원하는 데에는 극도로 많은 비용이 들므로, 착상을 에너지와 떼어놓는 것은 어리석다. 서로는 어느 한쪽이 없이는 번창할 수 없다. 새로운 기계, 새로운 산물, 새로운 이론을 위한 수조 개의 생각, 착상, 추측, 제안 중에서, 어떤 의미 있는 결과로 이어지는 것은 손으로 꼽을 만치 적다. 거의 모두 다 도중에 떨어져 나간다. 비록 전체적으로 보면, 그것들은 모두 새롭고 혁신적인 현상이 생겨나서 만개하는 데 필요한 배경 잡음과 세계관에 기여를 하지만 말이다. 이 모든 일들이 일어나려면 엄청난 양의 에너지가 필요하다. 무에서는 아무것도 나오지 않는 법이니까ex nihilo nihil fit.

무언가가 지속 가능성의 과학이 되려면, 세계의 동역학을 에너지, 자원, 정보의 제약 아래 서로 얽혀 상호작용하면서 함께 진화하는 많은 하위 복잡 적응계들로 이루어진 진화하는 복잡 적응계로 이해해야 한다. 우리는 혁신, 기술 발전, 도시화, 금융 시장, 사회 관계망, 인구의 동역학이 서로 어떻게 연결되어 있으며, 진화하는 상호관계들이 성장과 사회 변화를 어떻게 추진하는지를 이해할 필요가 있다. 그리고 인간 노력의 표현 형태로서, 이 모든 것들이 전체론적으로 상호작용하는 체계적 틀로 어떻게 통합되는지, 그런 역동적으로 진화하는 계가 궁극적으로 지속 가능한지도 말이다.

맬서스, 폴 에를리히, 로마클럽의 논증 같은 것들은 결함이 있을지도 모르지만, 그들의 결론과 거기에 함축된 의미는 타당할지도 모른다. 아무튼 그것들은 우리가 거의 맹목적으로 21세기로 들어서면서 직면해야 하는 가장 중요한 존재론적 현안들 중 일부를 제기함으로써 큰 기여를 했다. 비록 인구 폭탄이라는 개념을 지금까지는 그냥 조용히 덮어두고 말았지만, 지속 가능한 에너지 공급과 그것이 초래할 수도 있는 해로운 결과들에 관한 문제들은 다시 부각되어왔으며, 현재 심각한 논쟁거리가 되어 있다.

태양에서 지구로 매일 확실하게 전달되는 엄청난 양의 에너지 흐름의 관점에서 본다면, 에너지 문제는 전혀 없다. 상대적인 규모가 어느 정도인지 감을 잡기 위해, 다음 사례를 살펴보자. 태양이 지구로 전달하는 에너지의 총량은 연간 약 100만×1조(10^{18})킬로와트시로, 그에 비하면 우리가 한 해에 쓰는 150조($1.5×10^{14}$)킬로와트시는 '하찮게' 보인다. 지구가 태양에서 받는 에너지의 규모에 비하면, 우리가 쓰는 에너지는 원리상 실제로 우리가 이용할 수 있는 에너지의 겨우 약 0.015퍼센트에 불과하다. 달리 표현하면 이렇다. 태양은 겨우 1시간 동안에 전 세계가 1년 동안 쓰는 에너지보다 더 많은 에너지를 보내고 있다. 사실 석탄, 석유, 천연가스, 우라늄 등 지구의 모든 재생 불가능한 자원들의 에너지를 다 합쳐도 태양 에너지가 겨우 1년 동안 제공하는 에너지의 절반에 불과할 뿐이다. 따라서 이 관점에서 본다면, 에너지 문제 따위는 전혀 없다. 적어도 원리상으로는 그렇다.

따라서 세계 에너지 이용 가능성을 유지하기 위한 장기 전략은 명백하다. 우리 에너지 수요의 대부분을 태양에서 직접 공급받는 생물학적 패러다임으로 돌아가면서도 지금까지 성취한 것들을 유지하고 확장하는 방식으로 그렇게 해야 한다는 것이다. 우리는 주로 직접 복사를 통해서만이 아니라 바람, 조력, 파력을 통해 간접적으로도 태양에서 오는 풍부한 에너지를 이용할 수 있게 해줄 기술을 시급히 개발할 필요가 있다. 이것은 우리가 자랑하는 창의성과 혁신의 능력을 시험하는 엄청난 도전 과제다. 여기에 역동적이고 카리스마 넘치는 정치와 경제 분야의 지도자들이 기업가 정신, 자유시장 체제, 정부의 장려 정책이라는 동역학을 토대로 지속 가능한 에너지 미래로 나아갈 방법을 고안할 기회가 있다. 증기기관, 전화기, 노트북 컴퓨터, 인터넷, 양자역학, 상대성 이론을 비롯한 놀라운 발명들의 기록에 비추어보면, 이 정도 과제야 수월할 것이 분명하다. 하지만 21세기의 더 수수께끼 같은 측면 중 하나는 혁신과 자유시장 경제를 지속 가능성의 엔진이라고 가장 소리 높여 장려하고 찬미하는 듯한 이들이 그 도전 과제의 절박함을 인정하지 않으려 하고 태양 에너지의 거의 무한한 힘을 이용하려는 연구개발을 장려하기를 꺼리는 듯하다는 것이다.

태양 에너지를 개발할 기본 기술이 거의 100여 년 전에 나와 있었다는 점을 생각하면, 비교적 최근까지 발전이 이루어지지 않았다는 사실이 꽤 놀랍다. 1897년 미국 공학자 프랭크 슈먼Frank Shuman 은 태양 에너지를 이용하는 시제품 장치를 만들어서 작은 증기기관을 움직일 수 있음을 보여주었다. 그의 시스템은 1912년 특허를 받았고, 그는 1913년 이집트에 세계 최초의 태양열 발전소를 건설했다. 발전 용량이 약 50킬로와트에 불과했지만, 나일강에서 인접한 목화밭으로 1분에 약 2만 2,000리터의 물을 퍼 올릴 수 있었다. 슈먼은 태양 에너지 이용을 열정적으로 옹호하고 홍보했다. 1916년 〈뉴욕 타임스〉에 그의 말이 실리기도 했다.

우리는 태양력에 상업성이 있음을 입증해왔다. …… 그리고 특히 매장된 석유와 석탄을 다 쓰고 나면 인류는 햇빛으로부터 무한정 에너지를 받을 수 있다.

이 말이 얼마나 오래전에 나온 것인지를 생각하면, 슈먼의 선견지명에 놀랄 수밖에 없을 것이다. 비록 아직 실현된 것은 아니지만. 1930년대에 값싸게 채굴할 수 있는 원유가 발견되고 이용되면서 태양 에너지의 보급은 가로막혔고, 슈먼의 전망과 기본 설계는 1970년대에 제1차 에너지 위기가 닥칠 때까지 사실상 잊혔다. 하지만 현재 태양전지 같은 기술이 개발된 덕분에 재생 가능한 에너지 생산이 전통적인 화석 연료 에너지 생산에 대해 경쟁력을 지니기 시작하면서 슈먼의 꿈이 실현될 가능성이 높아지고 있다.

화석 연료와 태양 에너지의 또 한 가지 근본적인 차이는 에너지가 생산되는 방식의 기본 물리적 메커니즘에 있다. 화석 연료를 태우는 과정에서 석탄, 석유, 천연가스에 든 원자와 분자를 묶고 있는 화학결합에 저장된 에너지가 방출된다. 우리 몸과 뇌를 이루는 분자든 집과 컴퓨터를 구성하는 분자든, 모든 분자는 전자기력으로 결합되어 있고, 그래서 전자볼트 규모의 에너지를 지닌다는 점이 특징이다. 전자볼트는 이런 에너지를 측정하는 데 쓰여온 단위다. 1전자볼트는 우리가 다루어온 에너지의 규모에 비하면 극도로 작다. 1전자볼트는 1킬로와트시의 약 300조×1조분의 1에 해당한다 ($1\text{eV} = 3 \times 10^{-26}\text{kWh}$). 따라서 이 원자 단위들의 관점에서 보면, 우리가 해마다 쓰는 에너지의 양은 약 5×10^{39}전자볼트다. 우리 에너지 수요를 맞추기 위해서 해마다 이만큼의 분자를 분해한다는 말이라고 생각할 수도 있다.

한편 태양은 주로 수소와 헬륨으로 이루어져 있고, 그 원자핵을 묶고 있는 결합에 저장된 핵에너지를 이용하여 빛을 낸다. 수소 원자핵들이 융합하여 헬륨 원자핵을 형성할 때 복사선이 방출된다. 핵융합이라고 하는 이 과정이 태양이 빛을 내는 근본적인 물리적 메커니즘이다. 지구의 모든 생명을 탄생시킨 빛과 열이 바로 이 과정에서 나온 에너지다. 지구의 모든 생명의 유일한 에너지원이었다. 우리가 화석 연료에 저장된 힘을 발견한 지난 수천 년을 제외하고 말이다.

핵에너지는 화석 연료가 탈 때 방출되는 화학적 전자기 에너지에 비해 약 100만 배 더 규모가 크다. 핵융합 과정은 분자 화학 반응의 특징적인 전자볼트 값보다 수백만 배 더 많은 범위(메가전자볼트MeV)의 에너지를 수반한다. 핵에너지를 이용한다는 개념이 매력적인 이유는 바로 이 엄청난 값 때문이다. 동일한 양의 물질로 분자에서 에너지를 추출할 때보다 원자핵에서 에너지를 추출할 때 약 100만 배 더 많은 에너지가 나올 수 있다. 따라서 1년 동안 자동차를 모는 데 휘발유 약 2,000리터를 써야 할 필요 없이, 작은 알약 크기의 핵물질 몇 그램이면 동일한 에너지를 얻을 수 있을 것이다.

태양을 타오르게 하는 것과 동일한 물리학을 써서 에너지를 생산하는 원자력 발전소로 '무한정' 에너지를 얻는다는 생각은 환상적이다. 제2차 세계대전 직후에 원자폭탄이 개발되어 들떠 있던 분위기에서 그런 착상이 처음 나왔을 때, 핵에너지가 곧 화석 연료를 대신하여 주된 에너지원이 될 것이라는 엄청난 낙관론이 팽배했다. 1950년대 내가 청소년일 때, 자라서 가정을 꾸릴 나이가 되면 전기

스 케 일

가 아주 싸져서 사용량을 기록할 필요조차 없을 것이라고 말하는 신문 기사를 읽은 적이 있다. 그런 도취감의 전형적인 사례는 당시 미국 원자력위원회 의장인, 노벨상을 받은 핵화학자 글렌 시보그 Glenn Seaborg 같은 이들의 주장이었다. "지구에서 달까지 원자력으로 추진되는 우주선, 원자력으로 추진되는 인공 심장, 스쿠버다이버들을 위한 플루토늄으로 가열되는 수영장 등이 있을 것이다."

불행히도 핵융합을 써서 경제적으로 경쟁력이 있는 에너지를 생산한다는 목표는, 실현을 위해 국제적으로 엄청난 노력을 쏟아왔음에도 기술적으로 실현하기가 극도로 어렵고 갈 길이 아주 멀다는 것이 입증되어왔다. 대신에 핵분열을 이용한 원자력 발전은 개발에 성공했다. 무거운 원자핵(우라늄의)을 더 작은 원자핵으로 쪼갤 때 나오는 에너지를 이용하는 방식이다. 화석 연료에서 에너지를 추출하는 기존의 화학적 에너지 생산 방식과 비슷한 과정이다. 현재 세계 전기의 약 10퍼센트는 핵분열을 이용하여 생산되며, 자국 내 전기의 80퍼센트 이상을 원자력 발전소에서 얻는 프랑스가 가장 앞장서 있다.

기존의 화석 연료 발전소처럼, 원자력 발전소에서 생산되는 에너지는 지구 전체 계 내부에 있으며, 따라서 엔트로피 생산과 그 해로운 부산물이라는 측면에서 비슷한 문제들에 직면한다.

비록 태양력처럼 원자력은 온실가스의 중요한 원천은 아니며, 따라서 기후 변화를 야기할 원동력은 아니지만, 에너지 규모가 훨씬 더 크기 때문에(100만 배) 그 부산물은 극도로 해로울 수 있다. 핵분열 과정에서 나오는 방사선은 분자에, 따라서 생체 조직에 극도의 손상을 일으켜서 심각한 건강 문제를 야기할 수 있다. 암이 대표적이다. 대체로 지구의 대기는 태양에서 오는 복사선으로부터 우리를 보호하지만, 원자로에서는 그것을 차단하는 일이 중대한 도전 과제다. 게다가 원자로에서 나온 폐기물을 안전하고 믿을 만하게 저장하고 처분하는 문제가 있다. 수천 년 동안 방사성을 띠고 있기 때문이다.

원자로의 안전성을 확보하기 위해 엄청난 노력을 기울여왔지만, 설령 직접적인 피폭 사상자는 극도로 적긴 해도, 화석 연료의 대체에너지원으로 그것을 활용하려는 열의를 잦아들게 할 만큼 여러 차례가 사고가 일어났다. 2011년 일본 후쿠시마의 원자력 발전소 재앙의 여파로 전 세계에서 원자력의 의존도는 현재 그리고 향후 계획을 볼 때 급감했다. 비록 화석 연료가 수백만까지는 아니라고 해도 수십만 명의 목숨을 앗아갔고 엄청난 건강 문제를 야기해왔지만, 여전히 많은 이들은 원자로가 일으킬 잠재적 위험을 생각하면 화석 연료 쪽이 더 낫다고 인식하고 있다. 에너지 생산과 이용이 낳는 엔트로피적 결과의 장기적 안정성과 정량적 평가라는 문제는 고도로 복잡하며, 사회적·정치적·심리적·과학적으로 논란이 분분하다. 에너지 생산 과정에서 직간접적으로 얼마나 많은 이들이 사망하며, 위험하다고 여겨지는 건강 문제들은 어떤 것들이 있고, 장기적인 결과는 무엇일까? 다른 기술들과는 어떻게 비교할까? 어떤 척도를 사용해야 할까?

이런 종류의 비교를 어떻게 해야 할지 감을 잡기 위해서, 다음 사례를 생각해보자. 우리는 '부자연스럽고 인위적인' 원인으로 생기는 죽음과 파괴가 지속적이고 규칙적으로 일어날 때는 놀라울 만치 묵인하는 반면, 느닷없이 불연속적인 사건으로 일어날 때는 설령 사망자 수가 훨씬 더 적다고 해도 쉽게 넘어가지 못한다. 예를 들어, 해마다 전 세계에서 125만 명 이상이 자동차 사고로 목숨을 잃는다. 가장 흔한 암 사망 원인인 폐암으로 죽는 사람의 수에 맞먹는다. 그럼에도 암으로 죽을까 하는 두려움과 불안이 자동차 사고로 죽지 않을까 하는 걱정보다 훨씬 더 큰 듯하다. 이는 이 두 문제를 다루는 데 투자하는 자원의 양에 큰 차이가 난다는 점에도 반영되어 있다. 이 두 사례를 원자로 사고로 직접 사망한 사람의 수와 비교하는 것도 흥미롭다. 원자력 발전으로 인한 사망자는 모든 원자력 발전소들이 가동되기 시작한 때부터 다 합쳐도 100명이 안 되며, 그들 중 대부분은 1986년 소련 체르노빌 사고 때 발생했다. 후쿠시마 사고 때에는 사망자가 한 명도 없었다. 반면에 그런 사고로 방사선에 노출되어 암에 걸려 죽거나 일찍 사망할 수도 있을 사람은 수천 명에 달한다. 체르노빌 사고 때 특히 그러했다. 하지만 그런 사례까지 고려한다면, 자동차 사고로 해마다 다치거나 불구가 되거나 장애를 안고 살아갈 사람들이 5,000만 명으로 추정된다는 점도 이야기해야 '균형 잡힌' 서술이 될 것이다.

따라서 앞으로 수십 년 동안 사회가 어떻게 진화할지를 결정하는 데 중요한 역할을 할 세계 에너지 포트폴리오의 우선순위를 결정하려면 이렇게 어려운 결정을 내리고 비교를 하는 데 도움을 줄 적절한 척도를 파악해야 하는데, 그럴 때면 전혀 다른 것을 비교하는 식의 논쟁이 오가곤 한다. 여기에다가 자동차는 거의 보편적으로 애호하고 대형 원자력 발전소의 재앙은 거의 보편적으로 두려워하는 등, 계량할 수 없는 심리·사회적 요인들도 어려움을 증가시킨다. 후자는 원자폭탄에 대한 보편적인 공포와 분리하기가 어렵다.

여기서 내 의도는 에너지 대안들에 관한 찬반 견해를 완벽하게 검토하려는 것이 아니라, 이런 현안들을 논의할 때 생각해야 할 정량적인 통계의 단순한 사례를 몇 가지 제시하려는 것이다. 우리는 합리적인 정치적 결정을 내릴 수 있도록 이런 도전 과제들을 규명하는 데 필요한 기초 과학을 개발하고 정량적으로 사고해야 한다.

핵융합이든 핵분열이든 원자력의 문제를 해결하거나, 100억 명의 에너지 수요를 지탱할 수 있으면서 믿을 만한 태양력 기술을 개발하는 과제를 해결하거나, 대기로 뿜어내는 탄소의 양을 줄일 인간의 혁신 능력을 믿는지 여부에 관계없이, 우리에게는 여전히 엔트로피 생성이라는 장기적인 문제가 남아 있다. 다른 수많은 쟁점들은 제쳐두더라도, 전통적인 화석 연료처럼 원자력이라는 대안도 닫힌계라는 패러다임에 우리를 계속 가둔다. 반면에 태양력이라는 대안은 열린계가 선사할 진정으로 지속 가능한 패러다임으로 우리를 되돌릴 중요한 능력을 갖고 있다.

6
도시의 과학에 붙인 서문

1 도시와 기업은
아주 커다란 생물에 불과할까?

생물학의 폭넓은 스펙트럼에서 제기되는 다양한 질문들을 정량적
으로 다룰 스케일링 법칙을 이해하고 큰 그림의 개념 틀을 제공하
는 망 기반 이론이 성공을 거두면서, 자연히 이 틀이 도시와 기업
같은 다른 망 체계를 이해하는 쪽으로 확장될 수 있는가 하는 문제
로 넘어가게 된다. 언뜻 보면, 도시와 기업은 생물 및 생태계와 공
통점이 많다. 어쨌든 도시와 기업은 에너지와 자원을 대사하고, 폐
기물을 배출하고, 정보를 처리하고, 커지고 적응하고 진화하며, 질
병에 걸리고, 더 나아가 종양과 성장이라고 특징지을 수 있는 것들
도 보여준다. 게다가 나이도 먹는다. 그런데 기업 쪽은 거의 모두
결국은 죽는 반면, 도시는 죽어 사라지는 곳이 극도로 적다. 이 수
수께끼는 뒤에서 살펴볼 것이다.

  많은 이들은 마치 도시와 기업이 생물학적 존재인 양 '도시의 대
사metabolic', '시장의 생태', '기업의 DNA' 같은 말들을 거리낌 없이

쓴다. 아리스토텔레스조차도 도시(폴리스)를 '자연적'이고 유기적이고 자율적인 실체라고 계속 언급하고 있다. 더 최근에는 건축 분야에서 메타볼리즘Metabolism이라는 운동이 일어나서 큰 영향을 끼쳤다. 메타볼리즘은 대사 과정을 통해 추진되는 생물학적 재생이라는 개념에서 영감을 얻은 것이 분명하다. 메타볼리즘은 건축을 도시계획과 개발의 통합 구성 요소이자, 지속적으로 진화하는 과정으로 본다. 즉, 건물을 처음 설계할 때부터 변화를 염두에 두어야 함을 의미한다. 이 운동의 창시자 중 한 명인 일본의 유명한 건축가 단게 겐조丹下健三는 1987년 건축계의 노벨상이라고 불리는 프리츠커상을 받았다. 하지만 내가 보기에 그의 설계는 생물의 부드러운 곡선

왼쪽 위에서부터 시계 방향으로 브라질 상파울루의 강철과 콘크리트로 된 고층건물, 예멘의 '유기적인' 도시 사나, 도시와 농촌이 통합된 호주 멜버른, 에너지를 펑펑 쓰는 시애틀.

성질을 지니기보다는 직각과 콘크리트와 어느 정도의 무정함이 지배하는, 놀랍도록 무기적인 성격을 띤다.

작가들도 유기적인 도시라는 전망을 표현하곤 했다. 1950년대 비트Beat 문학과 시를 창시한 카리스마 넘치는 인물 중 하나였던 잭 케루악Jack Kerouac은 극단적인 사례다. 그는 묘한 문장을 남겼다. "파리는 여성이지만 런던은 선술집에서 담배 연기를 내뿜는 독립적인 남성이다." 하지만 설령 진짜 생태학과 진화생물학까지는 아니라고 해도 그 분야들의 개념과 언어는 기업, 특히 실리콘밸리의 상상을 사로잡았다. 기업 생태계business ecosystem라는 개념은 시장에서의 적자생존이라는 다원주의적 의미를 함축한 표준 전문 용어가 되었다. 이 개념은 1993년 당시 하버드대학교 로스쿨에 재직하던 제임스 무어James Moore가 도입했다. 〈포식자와 먹이: 경쟁의 새로운 생태계Predators and Prey: A New Ecology of Competition〉라는 논문에서였다. 그 논문은 그해의 최고 논문에 주는 매킨지상을 받았다.[1] 자연선택의 진화 동역학에서 동물을 개별 기업으로 대체하여, 꽤 표준적인 생태학 논의를 전개한 논문이었다. 기업 이해에 관한 전통적인 문헌이 대부분 그렇듯이, 그 논문도 정량적인 예측 능력이 전혀 없는 전적으로 정성적인 것이었다. 그 논문의 큰 장점은 공동체 구조의 역할, 체계적 사고의 중요성, 혁신과 적응과 진화의 불가피한 과정들을 강조한다는 것이다.

그렇다면 생물학적 개념과 과정을 인용하는 이 모든 용어는 기존 언어로 포착하기 어려운 현상을 기술하기 위해 '양자 도약'이나 '운동량' 같은 과학 전문 용어를 느슨하게 쓰는 것과 마찬가지로 단지 정성적인 비유일까, 아니면 도시와 기업이 정말로 생물학 법칙들과 자연선택을 따르는 아주 거대한 생물이라는 의미를 함축한 더 깊고 더 실질적인 무언가를 나타내는 것일까?

이런 것들이 바로 내가 2001년과 2002년에 사회경제 분야를 전공한 샌타페이연구소의 동료들과 함께 비공식적 토의를 시작할 때 고심하고 있던 일반적인 현안이었다. 우연찮게도 당시 파리대학교에 있다가 나중에 애리조나 주립대학교의 지속가능성대학을 맡게 된 저명한 인류학자 샌더 밴 더 리우Sander van der Leeuw가 안식년을 맞아 샌타페이연구소에 와 있었다. 또 샌타페이연구소 경제학 연구 과제를 맡은 바 있던 데이비드 레인David Lane도 종종 토론회에 참석했다. 데이비드는 샌타페이연구소에서 영감을 얻어 경제학으로 돌아선 저명한 통계학자였다. 그는 미네소타대학교의 통계학 학과장으로 있다가 이탈리아의 모데나대학교로 자리를 옮겨서 혁신, 특히 이탈리아 북부를 먹여살린 제조업 부문의 혁신을 이해하는 것을 목표로 한 연구 사업을 출범시켰다. (모데나가 페라리, 람보르기니, 마세라티의 고향임은 말할 것도 없고, 경이로운 발사믹 식초의 고향이라는 것도 알지 모르겠다. 처음 그곳에 갔을 때, 데이비드는 내게 전통 발사믹 식초를 알려주었다. 오늘날 많은 이들이 샐러드에 치는 더 부드러운 식초와 다른 놀라운 맛이었다. 내가 지금까지 산 가장 비싼 포도주보다 더 비싸다는 것이 문제였다.)

나는 회의적이었지만, 데이비드와 샌더는 망 기반 스케일링 이론을 생물학에서 사회 조직으로 확장하는 것이 정말로 가치 있는 연구 계획이라고 나를 설득했다. 그들은 고대 사회와 현대 사회에서의 혁신과 정보 전달에서부터 도시와 기업의 구조와 동역학을 이해하는 일까지를 복잡성의 관점에서 파악하려는 우리 공통의 관심사를 다루는 포괄적인 연구 계획을 앞장서서 짰다. 그 연구 계획에는 '복잡계로서의 정보사회Information Society as a Complex System(ISCOM)'라는 이름이 붙었고, 고맙게도 유럽연합이 후원을 해주었다. 그 직후에 파리 소르본의 저명한 도시지리학자인 드니즈 퓌맹Denise Pumain이 합류했고, 우리 네 명은 각자 그 계획의 한 부분을 맡았다. 나는 샌타페이연구소에서 새로운 학제간 연구단을 꾸렸고, 그 연구단의 첫 목표는 도시와 기업이 스케일링을 보여주는지 알아보고, 그렇다면 그 구조와 동역학을 이해할 정량적인 이론을 개발하는 것이었다.

살면서 겪은 많은 일들이 그렇듯이, 한때 진행한 일을 오랜 세월이 흐른 뒤에 돌이켜보면 종종 유용할 때가 있다. 예를 들어, 우리의 초기 워크숍 중 하나에 참석했던 이들의 명단을 다시 살펴보면, 최종적으로 그 공동 연구에 참여하게 된 사람이 거의 없음을 알 수 있다. 학문 분야의 경계를 초월하는 새로운 문제들을 다루겠다고 내세운 이런 연구 사업이 출범할 때면 으레 일어나는 일이다. 처음에는 계획과 관련이 있을 법한 분야에 정통한 다양한 전공 분야의 온갖 사람들이 초청을 받아서 참여한다. 상승효과가 일어나고, 불꽃이 튀고, 새로운 무언가를 내다볼 때 생기기 마련인 진정한 목적의식과 흥분이 생기기를 바라면서 말이다. 하지만 많은 이들은 제안된 계획의 지적 도전 과제로부터 나올 잠재적인 결과에 혹하면서도, 전적으로 참여하여 시간을 쏟아붓고 자기 연구 일정의 우선순위를 재조정할 정도는 아니라고 느낀다. 또 흥미를 끌 만한 것을 찾아내지 못한 이들도 있고, 노력을 투입했을 때 쓸 만한 것이 나올 가능성이 적다고 느끼는 이들도 있다. 하지만 결국에는 입소문을 통해, 인맥과 비공식적인 토론을 통한 우연한 연결을 통해, 삼투와 확산을 통해, 진화하는 연구진이 꾸려진다. 정도의 차이는 있지만 그 과제에 더 오랜 기간 기꺼이 참여하고, 여러 해에 걸쳐서 실질적인 연구를 할 이들이다. 바로 그런 과정을 거쳐서 ISCOM의 스케일링과 사회 조직 부분을 다룰 연구단이 꾸려졌다.[2]

비록 일이 진척됨에 따라 범위와 초점이 넓어지긴 했지만, 그 제안에 담긴 전망은 여러 해에 걸쳐 꽤 온전히 유지되었다. 원래 취지는 이러했다. "기업과 도시 구조 같은 사회 관계망 체계들과 유사성이 명백하기 때문에, 생물학적 망 체계를 이해하는 데 쓴 것과 같은 종류의 분석들이 사회 조직에까지 확장될 가능성을 조사하는 것이 자연스럽고 당연하게 여겨진다." 거기에다가 이 점도 추가로 강조했다. "사회 조직에서의 정보 흐름은 물질, 에너지, 자원의 흐름만큼 중요하다." 여러 가지 질문도 제시했다. "사회 조직이란 무엇일까? 적절한 스케일링 법칙은 무엇일까? 정보, 물질, 에너지의 사회적 흐름을 전달하는 구조를 설계할 때 고려해야 할 제약 조건들은 무엇일까? 특히 그 제약 조건들이 모두 물리적인 것일까, 아니면 고려해야 할 사회적·인지적 제약 조건들도 있을까?"

뉴욕, 로스앤젤레스, 댈러스는 언뜻 보면 모습도 느낌도 전혀 다르며, 도쿄, 오사카, 교토도, 파리, 리옹, 마르세유도 서로 마찬가지이지만, 이런 차이들은 우리가 고래, 말, 원숭이 사이에서 인식하는 차이들에 비하면 작다. 그런데 앞서 보여주었듯이, 이 동물들은 사실 단순한 거듭제곱 스케일링 관계를 따르는 서로의 규모 증감판이다. 이런 숨겨진 규칙성들은 그들의 몸에 에너지와 자원을 전달하는 기본적인 망의 물리학적·수학적 표현 형태다. 도시도 사람, 에너지, 자원을 운반하는 도로, 철도, 전선 같은 비슷한 망 체계를 통해 유지되고, 따라서 그런 흐름은 도시 대사 활동의 한 표현 형태다. 이런 흐름들은 모든 도시의 물리적 생명줄이고, 생물에서처럼 그 구조와 동역학은 비용과 시간을 최소화함으로써 근사적인 최적화를 향해 나아가는 선택 과정에 내재된 지속적인 되먹임 메커니즘을 통해 진화하는 경향을 보여왔다. 어느 도시든, 평균적으로 대부분의 사람들은 A에서 B까지 가장 적은 비용으로 가능한 한 가장 짧은 경로를 통해 가고 싶어 하며, 대부분의 기업도 마찬가지로 공급과 운송 체계를 그렇게 하고 싶어 한다. 이는 겉모습이 어떻든 도시들도 포유동물과 거의 비슷하게 서로의 근사적인 규모 증감판일 수 있음을 시사한다.

하지만 도시는 다양한 운송 체계를 통해 연결되고 제공되는 건물과 구조물의 물리적 특성 이상의 것이다. 비록 우리는 파리의 아름다운 거리, 런던의 지하도, 뉴욕의 마천루, 도쿄의 사원 등 도시를 물리적인 관점에서 생각하는 경향이 있지만, 도시는 물리적 기반시

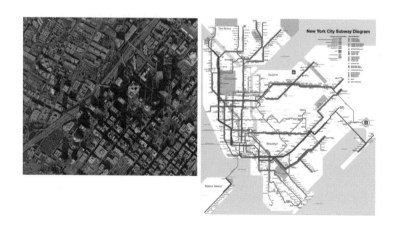

로스앤젤레스의 도로망과 뉴욕의 지하철 망. 수도, 가스, 전기 같은 다른 기반시설 망은 숨겨져 있다.

스 케 일

설을 훨씬 초월하는 무엇이다. 사실 도시의 진정한 핵심은 그 안에서 살아가는 사람들이다. 그들은 우리가 성공한 도시의 생활에 참여할 때 실감하는 도시의 활기, 영혼, 정신 등 뭐라고 명확히 표현하기 어려운 특징들을 제공한다. 뻔한 말처럼 들릴지 모르겠지만, 도시계획가, 건축가, 경제학자, 정치가, 정책 결정자 등 도시에 관해 생각하는 이들은 주로 도시에 누가 살고 어떻게 상호작용을 하는지보다는 도시의 물리적 특성에 초점을 맞춘다. 도시가 본래 사람들을 불러 모으고, 상호작용을 촉진하고, 그럼으로써 착상과 부를 만들어내고, 대도시가 제공하는 비범한 기회와 다양성을 이용하여 혁신적 사고를 증진시키고 기업가 정신과 문화 활동을 장려하기 위해 구축된다는 점을 잊을 때가 너무나 많다. 우리가 1만 년 전에 우연히 도시화 과정을 시작했을 때 발견한 마법의 공식을 말이다. 그 과정에서 나온 의도하지 않은 결과들이 인구의 지수 증가를 낳았으며, 그에 따라서 삶의 질과 생활수준도 평균적으로 증가해온 것이다.

인간의 심리사회적 세계에 관련된 거의 모든 것들에서 그러했듯이, 윌리엄 셰익스피어는 우리와 도시의 근본적인 공생 관계도 이해했다. 그의 좀 섬뜩한 정치 드라마인 《코리올라누스Coriolanus》에서 시키니우스라는 로마 장군은 수사학적으로 말한다. "도시가 사람들이 아니라면 무엇이란 말입니까?" 그 말에 시민들은 열정적으로 답한다. "맞소, 사람들이야말로 곧 도시요." 이 말을 나는 이렇게 해석한다. 도시는 주민들 사이의 지속적인 상호작용으로부터 나오는, 그리고 도시 생활이 제공하는 되먹임 메커니즘을 통해 강화되고 촉진되는 창발적인 복잡 적응 사회 관계망 체계라는 것이다.

2 용들에게 맞선 성녀 제인

유명한 도시 저술가이자 이론가인 제인 제이콥스Jane Jacobs만큼 도시민의 삶을 통해 도시를 바라본 인물은 없다. 그녀의 혁신적인 저서《미국 대도시의 죽음과 삶The Death and Life of Great American Cities》은 도시를 생각하는 방식과 '도시계획'에 접근하는 방식 양쪽에서 전 세계에 지대한 영향을 미쳤다.[3] 학생이든 전문가든 단지 지적 호기심을 가진 시민이든, 도시에 관심을 가진 사람이라면 반드시 읽어야 할 책이다. 나는 전 세계 모든 주요 도시의 시장은 모두 자신의 서가 어딘가에 제인의 책을 꽂아놓고 있고, 적어도 일부는 읽었을 것이라고 추측한다. 극도로 도발적이면서 통찰력이 돋보이고, 고도로 논쟁적이면서 개인적이며, 매우 재미있으면서 잘 쓰인 놀라운 책이다. 1961년에 나왔고 당시의 주요 미국 도시들에 초점을 맞춘 것은 분명하지만, 그 안에 담긴 메시지는 훨씬 폭넓다. 어느 면에서는 당시보다 지금 더 폭넓게 적용될 것이다. 특히 미국 이외의 나라에서 그러한데, 많은 도시들이 자동차, 쇼핑몰, 교외 지역의 성장이 주도하고 그에 따른 공동체의 상실이라는 문제에 직면하는, 미국 도시들의 전형적인 궤도를 비슷하게 따라왔기 때문이다.

역설적이게도 제인은 내세울 만한 학력도 전혀 없었고, 심지어 대학 졸업장도 없었으며, 전통적인 연구 활동에 참여한 적도 전혀 없었다. 그녀의 저술은 주로 일화, 개인적인 경험, 도시가 무엇이며 어떻게 돌아가고 어떻게 돌아가야 '하는지'에 관한 몹시 직관적인 이해에 토대를 둔, 신문 잡지에 실릴 법한 이야기에 더 가깝다. 그녀의 책이 '미국 대도시'에 명백히 초점을 맞추고 있긴 해도, 읽다

보면 그녀의 분석과 비평이 대부분 자신이 뉴욕에서 개인적으로 겪은 경험에 토대를 두고 있다는 인상을 받게 된다. 그녀는 도시계획자와 정치가를 몹시 혐오했으며, 전통적인 도시계획이 특히 건물과 고속도로가 아니라 사람이 먼저라는 점을 인정하지 않는 태도에 몹시 분개하여 공격을 가했다.

그녀의 비판적인 태도를 잘 보여주는 문장을 몇 가지 인용해보자.

도시계획이라는 사이비 과학은 경험주의자의 실패를 흉내 내고 경험주의자의 성공을 무시하기로 작정한 신경증 환자와 가깝다.

이렇게 일종의 더 고차원적인 현실이라고 보는 지도에 의지하여, 도시계획자들과 도시 설계자들은 단순히 자신이 원하는 곳에 줄을 쩍 그은 뒤 조성하기만 하면 산책로를 만들 수 있다고 생각한다. 하지만 산책로라면 산책하는 사람들이 있어야 한다.

도시에 고스란히 겹쳐놓을 수 있는 논리 따위는 전혀 없다. 도시를 만드는 것은 사람들이며, 도시계획은 건물이 아니라 바로 그 사람들에게 맞추어야 한다. …… 우리는 사람들이 무엇을 좋아하는지 볼 수 있다.

그의 목표는 자족적인 소도시, 당신이 고분고분하게 따르고 스스로 아무런 계획도 갖고 있지 않고 마찬가지로 아무런 계획도 없는 사람들과 어울려서 아무 생각 없이 살아간다면 진정으로 아주 멋질 소도시를 조성하는 것이었다. 모든 유토피아가 그렇듯이, 어떤 것이든 중요한 계획을 세울 권리는 그 계획을 맡은 계획자만이 지니고 있었다.

마지막 인용문의 '그'는 '전원도시garden city' 개념의 창시자인 에버니저 하워드Ebenezer Howard를 가리킨다. 전원도시라는 개념은 전세계에 이상적인 교외 지역 모형을 제공함으로써, 20세기 내내 도시계획에 강력한 영향을 미쳤다. 하워드는 착취당하면서 비참하게 살아가는 19세기 영국 노동 계급의 처지에 깊은 영향을 받은 몽상적인 유토피아 사상가였다. 그의 전원도시 구상은 거주(주거), 공장(산업), 자연(농경) 구역을 미리 정한 비율로 구분한 계획 도시였다. 그는 그렇게 구획한 도시가 최상의 도시 생활과 시골 생활을 모두 제공할 수 있는 이상적인 곳이라고 여겼다. 그렇게 조성하면 슬럼가도 없고 오염도 없고 신선한 공기가 가득한 방에서 행복하게 살아갈 수 있다고 보았다. 도시와 농촌의 통합이라는 개념은 새롭게 개화한 사회로 한 단계 더 나아간 것으로, 자유주의와 사회주의의 신기한 혼인으로 비쳤다. 그의 전원도시는 그 땅을 소유하지 않을지라도 경제적 이해관계를 지닌 시민들이 대체로 독립적이지만 협력하면서 관리를 하는 곳이었다.

대부분의 유토피아 꿈과 달리, 하워드의 상상은 자유주의 사상가와 주요 투자자 양쪽에서 동조 세력을 얻었다. 그는 회사를 세워서 런던 북부의 맨땅에 전원도시 두 개를 건설할 만큼 충분한 민간 투자를 받을 수 있었다. 하나는 레치워스 전원도시Letchworth Garden City로 1899년에 조성되었고, 현재 인구는 3만 3,000명이다. 또 하나는 1919년에 조성된 웰윈 전원도시Welwyn Garden City이며, 현재 4만 3,000명이 살고 있다. 하지만 현실 세계에서 이 꿈을 실현하기 위해서, 그는 훗날 제인 제이콥스가 강하게 반대하고 나선 경직된 하향식 설계 계획을 비롯하여 자신의 이상 중 상당수를 희생하거나

스 케 일

몹시 절충하지 않을 수 없었다. 그렇긴 해도 계획적인 '도시와 농촌' 공동체라는 그의 기본 철학은 오늘날까지 존속해왔으며, 그 뒤로 전 세계에서 우후죽순 생겨난 수많은 변형된 전원도시만이 아니라, 모든 도시의 거의 모든 교외 개발의 설계 개념에도 뚜렷한 흔적을 남겼다. 이 개념이 대규모로 적용된 흥미로운 특수 사례는 싱가포르다. 싱가포르는 인구 500만 명이 넘는 세계적인 주요 금융 센터로 성장했고, 번지르르한 강철과 유리로 된 통상적인 고층건물이 계속 지어졌지만, 장엄한 규모의 전원도시가 되겠다는 꿈을 간직해왔다는 것이 장점이다. 이는 주로 고인이 된 통찰력 있는 만기 친람의 지도자 리콴유李光耀 덕분이다. 그는 1967년에 싱가포르를 토지가 부족하다 해도 풍부한 식생, 열린 녹지 공간, 열대의 무성함을 느낄 수 있는 '전원 속 도시'로 개발할 필요가 있다고 내다보았다. 싱가포르가 세계에서 가장 흥분되는 도시는 아닐지 몰라도, 녹색으로 가득하다는 점은 쉽게 알아볼 수 있다.

역설적이게도 하워드의 실제 설계를 따른 이런 전원도시들은 전혀 유기적이지 않았다. 그 기본 구획과 편성은 단순한 유클리드 기하학의 정수라 할 수 있다. 유일한 곡선인 완벽한 원이 완벽한 직선을 통해 연결된 모습만이 보인다. 유기적으로 진화한 도시, 소도시, 마을이 마구 뒤범벅된 겉모습을 보이는 것과 정반대다. 망델브로풍의 프랙털형 경계, 표면, 망 같은 것은 에버니저 하워드의 전원도시 구상에 전혀 들어 있지 않다. 다음 그림에 그가 구상한 전원도시의 사례가 나와 있다. 유기적 기하학에서 멀어져가는 이 움직임은 20세기 내내 건축과 도시계획 양쪽에서 현대적인 운동의 증표가 되었다. 아마 이 운동을 대표하는 것은 지대한 영향을 끼친 스위스

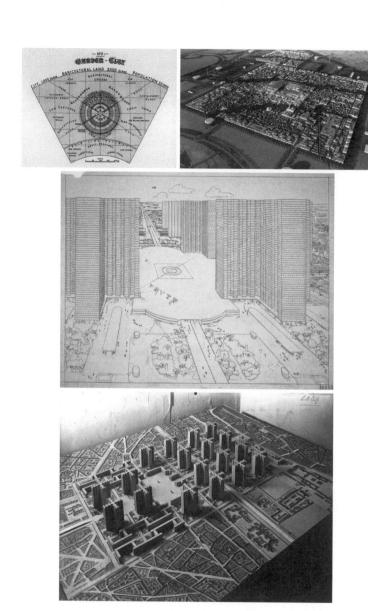

위 왼쪽 에버니저 하워드의 전원도시 계획 중 하나. 위 오른쪽 아부다비의 신도시 마스다르. 중간과 아래쪽 르코르뷔지에의 신도시 설계안 중 하나.

계 프랑스 건축가이자 도시 이론가인 샤를-에두아르 잔느레-그리 Charles-Edouard Jeanneret-Gris와 "형태는 기능을 따른다"라고 흔히 인용되곤 하는 그의 철학일 것이다. 그는 르코르뷔지에Le Corbusier라는 필명으로 더 잘 알려져 있다. 그가 외가의 성에서 따온 이 필명을 쓴데에는 그 누구라도 자기 자신을 재창조할 수 있다는 점을 보여주고 싶다는 동기도 얼마간 들어 있었다.

에버니저 하워드처럼, 르코르뷔지에도 도시 슬럼가의 비참한 생활 조건에 깊은 인상을 받아서, 도시 빈민의 곤경을 덜어줄 효율적인 방법을 찾아나섰다. 이 고민으로부터 파리(그 점에서는 스톡홀름도) 중심부의 상당 지역을 제거하고, 콘크리트, 유리, 강철로 빽빽하게 고층건물들을 세우고, 그 사이를 철도와 고속도로가 교차하고 심지어 공항까지 들어서게 하자는 대담한 제안을 내놓았다. 1930년대의 격동기에 정치적으로 우익으로 돌아선 그의 사상을 고스란히 보여주는 너무나 강경하고 스파르타적이고 심지어 좀 사악하기까지 한 제안이었다. 그가 썼던 도시의 '철거와 제거', '조용하고 강력한 건축'의 개발 같은 용어에도 그런 사고가 반영되어 있으며, 건물에 장식이 전혀 없도록 설계해야 한다는 고집에도 담겨 있다. 다행히도 그의 원대한 계획은 실현되지 않았고, 덕분에 우리는 지금도 파리와 스톡홀름 중심부의 더 퇴폐적인 장식물들을 즐길 수 있다.

르코르뷔지에는 전 세계의 건축가와 도시계획가에게 지대한 영향을 미쳤다. 모든 주요 도시의 중심가를 딱딱한 강철과 콘크리트로 된 구조물들이 지배하고 있다는 것이 명확한 증거다. 하워드의 도시 설계 철학이 교외 도시 생활에 지워지지 않는 흔적을 남긴 것처럼, 르코르뷔지에도 우리의 도심 경관에 지워지지 않을 흔적을 남겼다. 그 흔적은 캔버라, 찬디가르, 브라질리아 같은 새로운 수도나 주도州都의 설계에서 특히 두드러진다. 브라질리아는 특히 흥미로운 사례다. 이곳의 도심 건물들은 건축가 오스카르 니에메예르Oscar Niemeyer가 설계했는데, 그는 르코르뷔지에에게 많은 영향을 받았다. 물론 이런 말로 그를 찬미하는 태도에 선을 긋긴 했다.

나는 인간이 만든 딱딱하면서 경직된 직각이나 직선에 매력을 못 느낀다. 나는 자유롭게 흐르는 감각적인 곡선에 끌린다. 나는 내 고향의 산에서, 그 구불구불한 강에서, 바다의 물결에서, 사랑하는 여인의 몸에서 그런 곡선을 본다. 곡선이야말로 우주 전체를 이룬다. 휘어져 있는 아인슈타인의 우주다.

알기만 했다면, 그는 여기에 망델브로와 프랙털도 추가했을 것이다. 그런데 이렇게 탄복할 만한 선언을 했음에도, 브라질리아가 도시가 그러지 말아야 할 것의 상징이 되었다는 것은 역설적이다. 그 도시는 한마디로 '콘크리트 정글'이라고 불리곤 한다. 에버니저 하워드의 영향을 잘 받아서 탁 트인 녹지 공간과 공원이 많이 들어서 있음에도 삭막하고 영혼 없는 곳처럼 비친다. 1960년 브라질리아가 브라질의 수도로 공식 선언된 직후에 그곳을 방문한 프랑스의 아방가르드풍 작가이자 철학자인 시몬 드 보부아르Simone de Beauvoir는 제인 제이콥스를 떠올리게 하는 이런 질문을 남겼다.

돌아다녀봤자 흥미를 끌 만한 것이 과연 있을까? …… 지나가는 사람들, 가게와 집, 차량과 보행자의 만남의 장소인 거리가 브라질리아에는 존재하지 않으며, 앞으로도 계속 그럴 것이다.

50년 뒤인 지금, 인구 250만 명이 넘는 그 도시는 원래 계획의 족쇄에서 풀려나면서 서서히 유기적으로 진화했고, 그러면서 더 인간답게 살아갈 수 있는 환경을 갖춘 '만남의 장소'로 발전하기 시작했다. 한편 단게 겐조가 프리츠커상을 받고 2년 뒤인 1989년에 오스카르 니에메예르도 그 상을 받았다. 더 최근에 프리츠커상을 받은 노먼 포스터Norman Foster도 맨땅에서부터 도시를 설계하는 일을 시도한 바 있다. 페르시아만 연안 지역의 혹독한 사막 환경에서였다. 바로 아부다비에 있는 마스다르Masdar라는 널리 소개된 도시다. 이 도시는 IT 분야에서 이루어진 놀라운 발전 덕분에 풍부한 활용이 가능해진 태양 에너지를 이용하여, 지속 가능하고 에너지 효율적이고 사용자 친화적인 첨단 기술 공동체의 시범 사례로 구상되었다. 다소 기이해 보이긴 해도, 대담하면서 흥분되는 계획이다. 약 200억 달러를 들여서 2025년경까지 약 5만 명이 사는 도시를 건설할 예정이다. 첨단 기술 연구와 환경 친화적 제품 생산에 주안점을 둘 예정이며, 추가로 아부다비에서 통근하는 사람 6만 명이 있을 것으로 예상하고 있다. 아마 마스다르의 가장 기이한 측면은 도시 경계가 가능한 한 무기적이고 상상력이 없이 설계되었다는 점일 것이다. 정사각형으로 말이다. 그렇다, 정사각형 도시다.

마스다르를 활기 넘치는 다양성을 띤 자율적인 도시가 아니라, 사실상 대형 민영 교외 주거 산업 단지라고 생각하기가 쉽다. 여러 면에서 그 철학은 에버니저 하워드의 전원도시 개념을 21세기의 첨단 기술 문화에 접목시킨 것이다. 노동 빈곤층보다는 특권을 누리는 이들을 위해 설계된 듯하다는 점만 빼고 말이다.

2004년부터 2011년까지 〈뉴욕 타임스〉의 건축 평론가로 일했던 니콜라이 오로소프Nicolai Ouroussoff는 마스다르가 빗장 도시gated community의 전형이라고 주장했다. "또 하나의 세계적인 현상의 결정판이다. 세상을 세련되고 고급스럽게 에워싼 단지와 지속 가능성 같은 현안들을 거의 느낄 수 없는 무질서하고 드넓은 게토ghetto로 점점 더 나누는 현상이다." 마스다르가 진짜 도시가 될지, 아니면 아라비아사막 한구석에 틀어박힌 장엄한 고급 '빗장 도시'로 남을지는 두고 볼 일이다.

형태와 기능 사이, 도시와 농촌 사이, 유기적인 진화적 발달과 인색하기 그지없는 삭막한 강철 및 콘크리트 사이, 프랙털형 곡선 및 표면의 복잡성과 유클리드 기하학의 단순성 사이의 긴장은 단순한 해결책도 쉬운 해답도 없는 계속되는 논쟁거리로 남아 있다. 사실 많은 현대 건축가들은 이런 지속적인 긴장의 여러 측면들을 탐사하고, 고민하고, 실험해왔다. '딱딱하고 경직된' 것을 거부하고 '자유롭게 흐르는 감각적인 곡선'을 받아들인다고 선언하면서도 실제로는 영혼 없는 콘크리트 건물을 설계한 니에메예르가 대표적이다. 에로 사리넨Eero Saarinen이 설계한 유기적인 우아함을 보여주는 뉴욕 케네디 공항의 트랜스월드항공터미널, 프랭크 게리Frank Gehry의 로스앤젤레스에 있는 별난 음악당과 스페인 빌바오에 있는 색다른 미술관, 예른 웃손Jørn Utzon의 멋진 시드니 오페라하우스, 사막에 정사각형 도시를 짓고 있는 바로 그 포스터가 런던에 지은 '절인 오이gherkin'라는 별명이 붙은 기묘한 남근 모양의 건물을 생각해보라. 이 스펙트럼의 맨 끝, 르코르뷔지에와 그 계승자들이 훈계하는 것의 정반대편에는 스페인의 안토니 가우디Antoni Gaudi나 미국의 브루스 고프Bruce Goff 같은 뛰어난 건축가들이 소수 있었다. 둘 다 자신의 상상력을 한없이 펼쳤고, 유기적 구조라는 환상을 기꺼이 받아들인 듯했다. 가우디의 걸작인 바르셀로나에 있는 경이로운 사그라다파밀리아 대성당이나 앵무조개 껍데기, 해바라기, 나선은하에서 드러나는 유명한 피보나치 수열에 영감을 얻은 오클라호마 노먼에 있는 고프의 바빙거하우스에서 보듯이 말이다.

안타깝게도 이 모든 혁신적인 사례들은 개별 건축 구조물이다. 도시 전체의 설계에는 그에 상응하는 실물이 전혀 없을뿐더러, 전원도시라는 주제의 변주를 초월하는 도시 개발 사례도 전혀 없다. 하지만 1980년대에 신도시주의New Urbanism라는 운동이 일어났다. 사람들 사이를 소원하게 만들고 직장까지 장거리 출퇴근을 표준이 되게 한 자동차와 강철과 콘크리트 위주의 사회에 내재된 현안들 중 일부와 맞서려는 시도였다. 이 운동은 도보 이동과 대중교통의 활용도를 높이는 설계를 통해 공동체 구조를 강조하면서, 사회적·상업적으로만이 아니라 건축학적으로 다양하면서 복합적인 용도를 갖춘 지역 공동체로 돌아갈 것을 주장했다. 이 사고 방식은 위대한 도시 연구자인 루이스 멈퍼드Lewis Mumford와 제인 제이콥스의 비판적인 저술들에 깊이 영감을 받았다. 이들은 도시가 곧 사람이지, 그저 자동차와 콘크리트와 강철로 된 고층건물 집합에 봉사하는 기반 구조가 아님을 우리에게 상기시켜주었다.

제인 제이콥스는 1950~60년대에 자신이 살던 뉴욕시의 그리니치빌리지를 지나는 4차선 유료도로를 건설하겠다는 계획을 저지하기 위해 싸우면서 명성과 악명을 함께 얻었다. 당시는 도시 주민의 사회 조직이나 삶에 거의 개의치 않고 도심을 관통하는 4차선 대로를 건설하면서 그 주변으로 아무런 매력도 없는 대규모 공동주택을 짓는 '도시 재생'과 '슬럼가 철거' 활동이 정점에 달한 시기였다. 뉴욕시에서 이 모든 활동을 배후에서 조종한 인물은 로버트 모지스Robert Moses였다. 그는 거의 40년 동안 뉴욕시의 기반시설을 재편하고 재생하는 일을 해온 거물이었다. 비록 그는 맨해튼과 다른 자치구들을 연결하는 다리와 고속도로를 건설한 것을 비롯하여 뉴욕을 위해 많은 중요한 일들을 해냈지만, 그 과정에서 많은 전통적인 지역 공동체를 파괴했다.

모지스가 그린 큰 그림에는 그리니치빌리지, 워싱턴 광장, 소호 거리와 직접 연결되도록 설계한 로어맨해튼 고속도로의 건설이 큰 부분을 차지했다. 제인 제이콥스는 그 도로가 뉴욕의 본질적인 특징을 파괴할 것이라고 주장하면서, 이 극심한 침해 행위를 저지하기 위한 투쟁에 나섰다.

오랫동안 힘겨운 투쟁 끝에 그녀는 결국 승리를 거두었다. 그 과정에서 그녀는 온갖 비방을 받았다. 정치가와 개발업자만이 아니라, 많은 도시계획자와 관계자로부터도 그랬다. 루이스 멈퍼드도 그녀가 싸구려 감상주의로 뉴욕시의 장래 상업적 성공을 방해하고 진보를 가로막는 반동분자라고 보았다. 모지스는 르코르뷔지에의 기조를 따라서, 도시의 여러 블록을 싹 없앤 뒤 고급 고층건물들로 대체한다는 계획을 짰다. 비록 뉴욕시의 여러 지역에서는 그 계획대로 일이 진행되었지만, 그리니치빌리지는 보류되었다. 나중에 뉴욕대학교가 진행한 워싱턴스퀘어빌리지 개발 계획에 편입되어서 결국 그곳은 교직원 숙소로 쓰이게 되었지만 말이다. 나는 뉴욕대학교를 방문했을 때 짧은 기간 그곳에 머무는 기쁨을 누린 바 있다. 너무나 즐거운 경험이었다. 전형적인 현대식 고층 아파트에서 지내서 좋았다는 것이 아니라, 그리니치빌리지, 소호, 리틀이탈리아의 흥미진진한 생활을 직접 경험했기 때문이다. 도시의 시끌벅적한 분위기와 뉴욕을 그토록 좋은 도시로 만드는 데 기여하는 화랑과 식당, 다양한 문화 활동을 번성하게 하는 데 한몫을 하는 온갖 별난 사람들이 우글거리는 곳이다. 모두 구원자인 성녀 제인이 없었더라면 예언자 모지스가 별 생각 없이 파괴해버렸을 것들이다. 그러니 뉴욕뿐 아니라 우리 모두도 그녀에게 영원히 감사를 표해야 한다.

전 세계의 많은 도시는 도시 재생과 슬럼가 철거라는 이 미래 구상 때문에 고통을 겪어왔다. 모두 지극히 좋은 의도와 때로 타당한 이유로 이루어지곤 했던 행태들이다. 하지만 그 과정에서 쫓겨나는 이들의 비참한 처지는 말할 것도 없고, 공동체 의식이 무시될 때가 너무나 많았으며, 그 결과 의도하지 않은 결과들이 이루 말할 수 없이 많이 벌어지곤 했다. 출구 없는 듯이 보이는 고속도로가 전통적인 지역 공동체를 가르고 지나감으로써, 말 그대로 도시의 주요 동맥들로부터 잘려나간 고립된 섬들을 만드는 사례가 너무나 많았다. 게다가 번지르르한 고층 아파트 단지들이 건설됨에 따라, 이 섬들은 종종 소외되고 범죄의 온상으로 전락하곤 했다. 그런 사례들은 모여서 싸우자는 제인 제이콥스의 외침이 없었더라면, 보스턴, 시애틀, 샌프란시스코 같은 미국 대도시의 도심 지역은 50년 전에 건설된 거대한 도로들에 갈가리 찢겨 나가서 지금은 없어졌을 것임을 증언한다. 하지만 수십 년에 걸쳐 진화한 옛 동네와 지역 공동체 구조를 부활시키기란 쉽지 않지만, 도시는 매우 탄력적이고 적응력이 있기에, 그런 도시라도 예기치 않은 무언가로 새로이 진화할 것이 분명하다.

이 도시 역사 이야기에 각주를 하나 붙이자면, 역설적이게도 뉴욕대학교의 장기 전략 계획 중에는 바로 그 고층 아파트들을 부수고 원래 구조를 복원함으로써 워싱턴스퀘어빌리지를 재개발한다는 구상도 들어 있다는 사실이다. 바꾸면 바꿀수록, 똑같아진다.

2001년 인터뷰에서 제인 제이콥스는 이런 질문을 받았다.[4]

자신이 무엇으로 가장 잘 기억될 것이라고 생각하나요? 밀려드는 불도저와 도시 재생을 내세운 이들 앞에 서서 당신들이 이 도시의 생명줄을 파괴하고 있다고 외쳤잖아요. 그 모습으로 기억될까요?

그녀는 이렇게 대답했다.

아니에요. 내가 그 세기의 진정으로 중요한 사상가로 기억된다면, 내가 기여한 가장 중요한 측면인, 무엇이 경제 팽창을 일으키는가 하는 문제를 다룬 부분일 거예요. 그 문제는 늘 사람들에게 수수께끼로 여겨져왔어요. 나는 스스로 그 원인이 무엇인지를 파악했다고 생각해요.

안타깝게도 그녀의 말은 틀렸다. 사실 그녀는 로어맨해튼의 정체성을 보존하기 위한 투쟁, 다양성 및 지역 공동체가 활기찬 사회경제적 도시 생태계를 조성하는 데 핵심적인 역할을 한다는 점을 인식한 것을 비롯하여, 도시가 어떻게 돌아가는지를 간파하고 도시의 본질을 파악한 통찰로 주로 기억된다. 더 최근에 그녀는 도시계획 분야의 많은 이들만이 아니라 더 폭넓게 지식인과 전문가 세계 전체로부터 "그 세기의 진정으로 중요한 사상가"로 찬미되어왔다. 유감스럽게도 그녀가 기억되고 싶어 했던, 경제학 자체에 기여한 부분은 현실에 거의 도움이 되지 않았고 거의 인정도 받지 못했다. 그녀는 도시경제학과 경제학 자체에 관한 책도 몇 권 썼는데, 주로 성장과 기술 혁신의 기원이라는 문제에 초점을 맞추었다.

그녀의 저술 전체를 관통하는 핵심 줄기는 거시경제적으로 볼 때 도시가 경제 발전의 주된 추진력이라는 것이다. 대다수의 고전 경제학자들은 으레 국가라고 주장하는데 아니라는 것이다. 당시 이 생각은 급진적이었고, 경제학자들에게 철저히 외면을 받았다. 제인이 그 집단의 회원증이 없다는 점 때문에 더더욱 그랬다. 그리고 한 나라의 경제가 그 도시들의 경제 활동과 밀접하게 관련되어 있다는 점은 분명하지만, 모든 복잡 적응계처럼 그 전체도 부분들의 합보다 더 크지 않은가?

그런데 국가 경제에서 도시가 주된 역할을 한다는 제인의 가설이 나온 지 거의 50년 뒤, 다양한 관점에서 도시를 연구하는 일에 뛰어든 우리 중 상당수는 그녀의 결론과 거의 동일한 결론에 도달했다. 우리는 도시세를 살고 있으며, 세계적으로 볼 때 도시들의 운명은 지구의 운명이기도 하다. 제인은 50여 년 전에 이 진리를 깨달았으며, 전문가들 중 일부는 이제야 비로소 그녀의 비범한 선견지명을 인정하기 시작했다. 도시경제학자 에드워드 글레이저_{Edward Glaeser}와 리처드 플로리다_{Richard Florida}를 비롯한 많은 저술가가 이 주제를 이어받아서 다루어왔지만, 가장 솔직하고 대담하게 다룬 인물은 벤저민 바버_{Benjamin Barber}다. 그는《시장이 세계를 통치한다면

If Mayors Ruled the World: Dysfunctional Nations, Rising Cities》이라는 도발적인 제목의 책을 냈다.[5] 이런 사례들은 도시가 주된 활동이 이루어지는 곳이라는 의식이 확산되고 있음을 시사한다. 적어도 국가가 점점 더 기능 장애를 보이는 반면에, 도시는 도전 과제들이 실시간으로 처리되고 통치가 이루어지는 듯이 보인다는 것이다.

3   여담: 직접 겪어본 전원도시와 신도시

제2차 세계대전으로 주택 수백만 채가 파괴되는 참화를 겪은 뒤, 영국 사회당 정부는 엄청난 주거 위기에 직면했다. 파괴된 집들의 대부분이 노동 계층이 사는 지역에 있었기에, 그 결과 전쟁 이전부터 이미 내세워 추진 중이었던 '도시 개발'과 '슬럼가 철거'라는 과정이 대폭 앞당겨졌다. 그리고 에버니저 하워드의 전원도시 개념은 고전적이고 선구적인 사례였다. 1950년대와 1960년대에 선호되던 새 주거 모형은 단독주택을 갖고자 하는 영국인의 전통적인 욕망으로부터 더 효율적인 고층 아파트 단지를 짓는 쪽으로 진화했다. 앞서 살펴보았듯이, 이런 계획은 성공을 거둔 동시에 많은 문제를 낳았다. 옥스퍼드대학교의 정치경제학자이자 〈옵저버The Observer〉 신문의 편집장을 지낸 바 있는 윌 허튼Will Hutton은 2007년에 이렇게 평했다.

진실을 말하자면, 공영주택은 살아 있는 무덤이다. 당신은 다른 집을 결코 구하지 못할 것 같아서 그 집을 감히 포기하지 못하지만, 그냥 머문다면 장소와 마음 양쪽으로 슬럼가에 갇혀 있는 꼴이 된다. …… 공영주택 단지가 나머지 경제와 사회로부터 덜 단절되도록 노력할 필요가 있다.

이 새로운 전후 주거 계획의 일환으로, 영국 정부는 가난하거나 폭격에 파괴된 도시 지역에 사는 사람들을 이주시킬 일련의 '신도시'를 조성하는 일에 착수했다. 신도시 설계는 시골 환경과 공장이 있는 분리된 지구에 노동 계급을 거주하게 한다는, 미래의 물결로 인식된 전원도시 이미지에서 영감을 얻었다. 그중 첫 번째는 스티브너지Stevenage였다. 1946년 '신도시'로 지정된 곳인데, 나는 그곳에서 1957년과 1958년에 걸쳐 거의 1년 동안 살았다. 그래서 사실상 나는 전원도시에 산다는 것이 어떤 것인지 어느 정도 개인적으로 경험했다.

그보다 앞서 나는 케임브리지대학교 곤빌앤드카이어스칼리지로부터 1958년 가을 새 학년이 시작될 때 입학하라는 제안을 받고 깜짝 놀란 바 있었다. 그래서 1957년이 끝나갈 무렵에 런던 이스트엔드에 있는 학교를 조기 졸업하고서, 인터내셔널컴퓨터리미티드International Computers Limited(ICL)의 연구소에 임시 일자리를 얻었다. 그 회사는 브리티시터뷸레이팅머신컴퍼니British Tabulating Machine Company라고도 불렸는데, 스티브너지에 있었다.

처음으로 집을 떠나 생활하는 십 대 청소년이 으레 그렇듯이, 그때의 경험은 내 인생에 큰 영향을 끼쳤고, 나는 그 시기에 아주 많은 것을 배웠다. 내 앞에 새로 펼쳐진 많은 전망 가운데, 이 이야기와 관련된 것이 세 가지 있다. 그중 첫 번째이자 가장 명백한 것은 비좁은 양조장에서 아무 생각 없이 기계에 빈 맥주병을 채우는 노동을 하는 것보다 생각과 이동의 자유를 허용하고 더 나아가 장려하는 혁신적인 연구 환경에서 일하는 편이 훨씬 낫다는 사실이었다.

둘째는, 전원도시를 혹평했음에도 사실 전원도시에 산 적이 있지 않을까 싶었던 제인 제이콥스가 옳았다는 것이다. 나는 제인 제이콥스가 누구인지를 수십 년 뒤에야 알았지만, 런던 북동부 하중산층 지역의 다소 퇴락한 빅토리아시대 연립주택에서 사는 것에 비해, 스티브너지가 멋진 농촌 휴양지에 사는 것과 비슷하다는 것을 금방 알아차렸다. 그리고 바로 그것이 문제였다. 몇 년 뒤 제이콥스가 신랄하게 비꼰 그대로였다. 스티브너지는 "고분고분하게 따르고, 스스로 아무런 계획도 없고, 마찬가지로 아무런 계획도 없는 사람들과 어울려서 아무 생각 없이 살아간다면 진정으로 아주 멋질 소도시"였던 것이다. 비록 꽤 가혹한 평이긴 하지만, 나중에 교외 지역 하면 떠올리게 되는, 내면의 열정을 숨긴 채 억누르면서 살아가는 지루함, 틀에 박힘, 고립, 친절한 '멋짐'을 잘 포착한 말이다. 해크니와 런던 이스트엔드는 도시의 행복을 보여주는 모범 사례가 결코 아니었다. 그런데 그 점에서는 그리니치빌리지, 리틀이탈리아, 브롱크스도 사실상 마찬가지였다. 제인은 항의하겠지만 말이다. 런던의 노동 계급이 사는 지역을 향수 어린 시선으로 낭만적으로 묘사하고 그 공동체 내부의 생활을 윤색하는 것이 유행이 되어왔지만, 실상 그 지역은 더럽고, 건강하지 못하고, 거칠고, 고되고, 나름의 건축적인 따분함을 지니고, 외로움과 소외도 느끼는 곳이었다. 하지만 박물관, 음악회, 연극, 영화, 스포츠 행사, 모임, 항의 집회, 전통적인 도시가 제공하기 마련인 온갖 경이로운 편의시설을 쉽게 접하면서 살아가는 사람들의 생동감, 행동, 다양성이 그런 것들을 충분히 보상했다.

당시는 상업용 컴퓨터의 초창기였고, 미국의 IBM처럼 ICL도 지겨운 홀러리스 천공 카드를 써서 프로그램을 입력하는 구식 진공관 컴퓨터와 새로운 트랜지스터 기반 컴퓨터를 모두 개발하고 있었다. 그 시대를 산 우리에게 천공 카드는 끔찍한 추억과도 같은 것이다. 몇 년 뒤 스탠퍼드대학교 대학원에 다닐 때, 나는 그 끔찍한 천공 카드와 포트란Fortran과 발골Balgol 같은 별난 이름을 지닌 언어로 프로그램을 짜는 지루한 과정에 신물이 났다. 실제로는 너무나 싫어져서 나는 아예 컴퓨터 개발과 프로그래밍에서 영원히 손을 뗐다. 그 일을 꽤 잘해서, 스티브너지와 나중에 실리콘밸리가 될 곳 양쪽에서 '초창기'에 그 일을 하고 있었음에도 말이다. 컴퓨터가 복잡한 계산과 분석 이외의 다른 일에도 유용해질 것이라는 사실을 내다볼 선견지명이 내게는 없었던 것이다. 내가 기업가 정신으로 무장한 스탠퍼드의 IT 집단이 아니라 쥐꼬리만 한 연봉으로 그럭저럭 살아가는 학자에 머문 이유가 바로 그것 때문이다.

눈앞에 펼쳐진 세 번째 전망은 전기 회로가 이룰 수 있는 능력과 복잡성을 엿보았다는 것이다. 아주 단순한 규칙을 따라 영리하고 복잡한 방식으로 전선을 연결한 몇 개의 아주 단순한 모듈 단위(저항, 축전지, 유도자, 트랜지스터)로부터, 번개 같은 속도로 놀라운 과제를 수행할 수 있는 기적처럼 강력하면서 '복잡한' 장치가 출현했다. 바로 전자 컴퓨터였다.

그곳에서 나는 망, 창발성, 복잡성의 초기 개념을 처음 접했다. 물론 당시에는 그런 용어들도 없었고, 당연히 어떤 의미인지 설명도 나와 있지 않았다. 게다가 나는 일단 케임브리지대학교 학생이 되자, 그 모든 것들을 까맣게 잊었다. 하지만 그중 일부는 드러나지 않게 내 무의식 깊숙한 곳에 묻힌 채 기다리고 있던 것이 분명하다. 40년 뒤 내가 망이 우리의 몸, 도시, 기업이 어떻게 작동하는지를 이해할 기본 뼈대를 형성한다고 추정하기 시작했을 때 다시 등장했으니 말이다.

4 중간 요약과 결론

이 짧으면서 다소 개인적인 여담을 한 의도는 도시계획과 설계를 균형 잡힌 시각에서 개괄하거나 포괄적인 비평을 하기 위해서가 아니라, 도시의 과학을 개발할 가능성이라는 문제로 자연스럽게 넘어가기 위한 몇 가지 특징을 설명하면서 분위기를 깔려는 것이다. 나는 도시계획, 설계, 건축 분야의 전문가도 아니고 자격증도 전혀 없으므로, 내가 관찰한 사항들은 불완전할 수밖에 없다.

이런 관찰들로부터 나온 한 가지 중요한 깨달음은 대부분의 도시 개발과 재생―특히 워싱턴, 캔버라, 브라질리아, 이슬라마바드 같은 거의 모든 새로 조성된 계획 도시들―이 그다지 성공적이지 못했다는 것이다. 이 부분에서 평론가, 전문가, 해설가 등은 일반적으로 의견이 일치한 듯하다. 여기서 인기 있는 여행 작가 빌 브라이슨 Bill Bryson이 《빌 브라이슨의 대단한 호주 여행기Down Under》에서 비꼰 말을 인용해보자.

캔버라: 거기에는 아무것도 없어!

캔버라: 왜 죽음을 기다리는 거지?

캔버라: 다른 모든 곳으로 나가는 관문![6]

도시의 성공에 관해 객관적인 판단을 내리기는 지독히도 어렵다. 성공과 실패를 판단할 때 어떤 특징과 척도를 써야 할지도 명확하지 않다. 행복, 충족감, 삶의 질 같은 심리사회적 현상들의 측정값은 모형화하기는커녕 신뢰할 수 있을 만큼 정량화하기조차 쉽지 않다. 반면에 소득, 건강, 문화 활동 같은 삶의 더 구체적인 특징들은 정량화하기가 무척 쉽다. 도시의 성공을 다룬 문헌들 중 상당수는 정교함 측면에서 내가 앞서 인용한 일화들과 별 차이가 없으며, 기껏해야 제인 제이콥스나 루이스 멈퍼드 풍의 이야기에 토대를 둔 직관적인 분석과 다를 바 없다.[7]

인터뷰와 설문 조사를 토대로 더 객관적인 '과학적' 관점을 내놓으려고 시도한 사회학적 연구들이 많이 있다. 학문 분야로서의 도시사회학은 역사가 깊고 잘 알려져 있지만 다소 논란이 있고 때로 놀라울 만치 편협한 역사를 보여준다. 로버트 모지스도 전통적인 동네를 파괴하면서 지나갈 고속도로를 정당화하기 위해 도시사회학을 이용한 바 있다. 하지만 이 모든 것을 고려할 때, 거의 모든 계획도시가 정도의 차이는 있지만 공동체 정신이 전반적으로 결핍되어 있고 대중 활동과 문화 활동의 부산스러움도 없고, 영혼도 없고 소외되는 결과를 낳는다는 것이 명확해 보인다. 대개 신도시를 짓거나 대규모 도시 재개발을 할 때 따라붙는 온갖 약속과 과대광고에 비추어보면, 기대를 충족시키는 사례가 거의 없으며 실패라고 결론지을 수 있는 사례가 많다고 말하는 편이 아마 공정할 것이다.

그러나 도시는 놀라울 만치 탄력성을 띠며, 복잡 적응계이기에 끊임없이 진화한다. 예를 들어, 예전에 많은 이들에게 미국 수도 워싱턴은 도시가 아니라 그저 역사적이거나 애국적인 이유로만 방문하던 곳, 또는 정부와 관련된 업무를 할 필요가 있을 때에만 들르는 곳이었다. 옛 소련을 기묘하게 떠올리게 하는 카프카식 관료 체제 같은 음산한 분위기를 풍기곤 하는 거대한 정부 건물들이 위압적으로 서 있는, 적막하기 그지없는 콘크리트 정글과 비슷했다.

지금의 워싱턴을 보라. 여러 문제를 안고 있긴 해도, 활기와 공동체에 이끌려서 수많은 야심차고 창의적인 젊은이가 모여드는, 다양성과 생명력이 넘치는 도시로 진화했다. 현재 워싱턴 대도시권은 더 이상 정부 일자리에만 의존하지 않는 확장된 경제를 갖추고 있다. 그리고 거의 마법처럼, 거대한 정부 건물은 더 이상 위협적으로 보이지 않고, 전 세계에서 온 젊은이가 모이는 곳과 맛 좋은 식당이 늘어나면서 더 부드러운 인상을 풍긴다. 워싱턴이 제인 제이콥스가 감탄할 법한 장소, 즉 '진짜' 도시가 되기까지는 오랜 시간이 걸렸다. 그러니 희망이 있다.

여기에서 나는 또 한 가지 중요한 점을 지적하려 한다. 전체적으로 보면, 워싱턴, 브라질리아, 심지어 스티브너지 등 이런 새로운 무기적 계획도시들이, 충만한 삶을 살아가고, 자신의 지평을 넓히고, 생동하는 창의적인 공동체의 일부임을 느낄 기회가 넘치는 신나는 장소가 되지 못했다는 점에서 '실패'였다고 말해도 그리 잘못은 아니었다. 하지만 도시는 진화하며 궁극적으로 영혼을 지닌다. 비록 오랜 시간이 걸릴 수도 있지만 말이다. 게다가 얼마 전까지만 해도 도시 환경에 사는 사람들의 비율은 훨씬 적었고, 계획도시에 사는 사람들은 더더욱 적었다. 그러나 도시화가 지수적으로 확장되어왔기 때문에—다음 30년을 평균하면 거의 150만 명이 들어가는 신도시가 매주 하나씩 지구에 생기는 셈이라는 점을 생각해보라—상황은 충분히 그리고 완전히 바뀌었다.

지금은 도시화가 정말로 중요하다. 지속적으로 지수 증가하는 인구를 수용하기 위해 신도시 건설과 도시 개발이 진정으로 경이로운 속도로 이루어지고 있다. 중국에서만 앞으로 20년 동안 200~300곳의 신도시가 건설될 예정이고, 그중 상당수는 인구가 100만 명을 넘을 것이다. 그리고 이미 개발도상국들을 지배하는 거대도시들은 팽창을 계속하고 있고, 그중에는 점점 더 많은 이들이 몰려들면서 슬럼가와 비공식적 주거지들이 늘어나는 곳도 많다.

앞서 말했듯이, 런던과 뉴욕 같은 과거의 거대도시도 오늘날의 거대도시와 관련된 거의 동일한 부정적인 이미지에 시달렸다. 그렇긴 해도 그 도시들은 엄청난 기회를 제공하고 세계 경제를 추진하는 주요 경제 엔진으로 발전했다. 그런데 바로 여기에 문제가 하나 있다. 도시는 정말로 진화하지만 변화하는 데 수십 년이 걸리며, 우리는 더 이상 기다릴 시간이 없다는 것이다. 워싱턴은 150년, 런던은 100년, 브라질리아는 50여 년이 흘렀지만 여전히 많은 변화를 겪고 있다. 게다가 문제의 규모가 엄청나다는 점도 고려해야 한다. 중국은 농촌 인구 3억 명을 도시로 끌어들이기 위해 수백 곳의 신도시를 건설한다는 야심찬 계획에 착수했다. 편의에 따라 구상된 이런 도시들은 도시의 복잡성 및 그것과 사회경제적 성공의 관계에 대한 아무런 깊은 이해 없이 건설되고 있다. 사실 대다수의 평론가들은 고전적인 교외 지역들처럼 이런 신도시 중 상당수가 공동체 의식이 거의 없는, 영혼 없는 유령 도시라고 말한다. 도시는 유기적인 특성을 지닌다. 도시는 사람들 사이의 상호작용을 통해 진화하고 물리적으로 성장한다. 전 세계의 대도시들은 혁신과 흥분의 원천이자 경제적·사회적으로 탄력성과 성공의 주요 기여자인, 뭐라고 딱히 정의할 수 없는 부산함과 영혼을 빚어내는 사람들의 상호작용을 촉진한다. 도시화의 이 중요한 차원을 무시하고 오직 건물과 기반시설에만 집중하는 것은 근시안적 사고이며, 재앙까지 빚어낸다.

7
도시의 과학을 향하여

거의 모든 도시 이론은 대부분 정성적이며, 주로 이야기, 일화, 직관을 제공하는 특정한 도시나 도시의 특정 집단을 연구하여 나온 것들이다. 체계적인 것도 거의 없고, 대개 기반시설 문제를 사회경제적 동역학의 문제와 통합하는 일도 거의 없다. 내가 주장하고 있는 유형의 정량적인 '물리학에 영감을 얻은' 도시 이론은 아예 상상조차 못했을 것이다. 도시와 도시화 과정이 그저 '너무 복잡해서' 유용한 방식으로 개별성을 초월하는 법칙과 규칙을 적용하지 못하는 것일 수도 있다. 최고의 과학은 특정한 개별 구성 요소의 구조와 행동의 토대가 되고 그것들을 초월하는 공통점, 규칙성, 원리, 보편성을 탐구하는 것이다. 그 구성 요소가 쿼크든 은하든 전자든 세포든 항공기든 컴퓨터든 사람이든 도시든 간에 말이다. 그리고 전자, 항공기, 컴퓨터의 사례에서처럼, 정량적이고, 수학적으로 계산 가능하고, 예측 가능한 기본 틀을 가지고 있을 때 과학은 정점에 오른다. 하지만 의식, 생명의 기원, 우주의 기원, 그리고 도시 자체는 그런 식으로 완전히 규명할 수 없는 큰 도전 과제를 많이 안고 있으며, 우리는 지식과 이해에 한계가 있음을 인정하고 어느 정도에서 만족해야 한다. 그럼에도 우리에게는 과학적 패러다임을 가능한 한 멀리 밀어붙여서 경계를 정하고, 압도적인 복잡성과 다양성이라는 망령에 굴복하지 않을 의무가 있다. 사실 경계라는 문제 그리고 지식과 이해의 잠재적 한계는 그 자체로 철학적이고 현실적으로 근본적이고 중요한 것이다.

세계의 장기 지속 가능성이라는 실존적 문제를 해결하는 데 도움이 될 이론이 시급히 필요하다는 생각과 자연의 매우 근본적인 현상을 그 자체로 이해하고자 하는 욕망이 겹치면서, 샌타페이연구소는 도시와 기업에 관한 연구 계획을 출범시켰다. 그 계획의 기원과 초기 형성 과정은 앞 장의 첫머리에서 짧게 설명했다. 이 장에서는 도시의 과학을 정립하는 데 기여한 더 인상적인 성취들 중 일부를 개괄하고, 그것들을 관련된 주제를 추구해온 다른 연구자들의 연구 성과와 관련지어볼 것이다. 또 도시와 도시화의 다양한 측면을 이해하기 위해 제안된 더 전통적인 개념 및 모형과도 관련지어 살펴볼 것이다.

이 주제는 아리스토텔레스에게까지 거슬러 올라가는 아주 오래된 것이다. 따라서 도시가 무엇이고, 어떻게 생겨나고, 어떻게 기능하고, 미래가 어떻게 될지를 이해하려고 시도한 아주 다양한 관점과 기본 틀이 제시되어왔다. 학계만 보더라도, 도시를 인식하는 다양한 방식들의 폭넓은 스펙트럼을 반영하는 다양한 학과, 센터, 연구소가 있다. 도시지리학, 도시경제학, 도시계획, 도시 연구, 어바노믹스urbanomics, 건축학 등 여러 분야가 있으며, 비록 서로 거의 상호작용을 하지 않지만, 각각은 나름의 문화, 패러다임, 의제를 갖고 있다.

새로운 발전이 이루어지면서 상황은 급속히 바뀌고 있다. 특히 빅데이터의 출현과 스마트 도시라는 전망에 자극을 받아 많은 발전이 이루어지고 있다. 둘 다 모든 도시 문제를 해결하는 만병통치약처럼 여겨지는 기미가 있기는 하다. 그런데 흥미롭게도 '도시과학urban science'이나 '도시물리학urban physics'이라고 간판을 단 학과는 아직 없다. 그런 학과들이야말로 도시를 더 과학적인 관점에서 이해하는 것이 시급하다는 인식에서 나온 새로운 첨단 분야일 텐데 말이다. 내가 여기서 제시하는 것이 바로 그 맥락이다. 즉, 이름하여 스케일이라는 것을, 도시를 이해할 정량적이고 개념적이고 체계 통합적인 틀을 개발할 창문을 여는 강력한 도구로 삼으려는 것이다.

그런 계획을 실행하는 첫 단계는 도시가 동물과 비슷한 양상으로 서로의 근사적인 규모 증감 판본인지를 묻는 것이었다. 측정 가능한 특징들을 볼 때, 뉴욕, 로스앤젤레스, 시카고, 샌타페이는 서로의 규모 증감 판본일까? 그리고 그렇다면 도쿄, 오사카, 나고야, 교토도 모습과 특징이 전혀 다르다고 해도 비슷한 방식으로 나름의 스케일링에 따를까? 도시들의 스케일링이 우리가 생물학에서 본 보편성에 상응하는 것을 보여줄까? 고래, 코끼리, 기린, 인간, 생쥐가 서로의 근사적인 증감 판본이며, 모두 우세한 4분의 1 거듭제곱 스케일링 법칙을 통해 정량적으로 산뜻하게 표현되는 것처럼 말이다.

생물학과 비교하자면, 우리가 연구하기 전까지는 놀랍게도 도시, 도시 체계, 기업에 그런 질문을 한 사례가 거의 없었다. 어느 정도는 역사적으로 도시 연구가 생물학보다 전반적으로 훨씬 덜 정량적이었기 때문이기도 하지만, 도시나 기업의 계산적 기계론 모형이 거의 제시된 적이 없을뿐더러, 자료와 대조한 사례는 더욱더 없기 때문이기도 하다.

1 도시의 스케일링

디르크 헬빙Dirk Helbing은 우리 협력단에 초기에 합류한 사람이었다. 그는 내가 처음 만났을 때는 독일 드레스덴 공과대학 교통경제연구소의 소장으로 있었다. 디르크는 통계물리학을 전공했고, 그 기법을 교통과 인파 혼잡 양상을 이해하는 데 적용해왔다. 현재 그는 취리히에 있는 유명한 스위스 연방공과대학에서 '살아 있는 지구 시뮬레이터Living Earth Simulator'라는 대규모 계획을 책임지고 있다. 경제, 정부, 문화적 유행에서 유행병, 농업, 기술 발전에 이르기까지 지구 규모의 계들을 빅데이터와 최신 알고리듬으로 모형화하려는 계획이다.

2004년 디르크는 학생인 크리스티안 쿠네르트Christian Kuhnert를 우리 협력단에 데려왔다. 쿠네르트는 유럽 국가들에서 도시의 크기에 따라 도시의 다양한 특징들이 어떻게 늘거나 줄어드는지 조사했다. 초기 조사 결과 중 일부를 그림 33에 실었다. 도시와 나라마다 자료가 놀라운 단순성과 규칙성을 보여준다는 점을 쉽게 알아볼 수 있다.[1] 이 그래프들에 실린 것은 아마 도시의 가장 평범한 특징 중 하나일 것이다. 즉, 주유소의 수를 도시 크기의 함수로 나타낸 것이다. 가로축은 인구로 측정한 도시의 크기이고, 세로축은 주유소 수다. 스케일링 현상을 보여주는 더 이전의 그래프들처럼, 자료는 로그 눈금에 표시했다. 즉, 좌표의 눈금이 10배씩 증가한다는 뜻이다. 로그가 무엇인지 또는 어떤 수학이 쓰였는지, 심지어 해당 도시들을 잘 모른다고 해도, 다양한 도시에 걸쳐서 주유소의 수가 놀라운 규칙성을 띠고 있음을 확연히 알아볼 수 있다. 꽤 근사적으로, 이 자료는 주유소 수가 그래프의 모든 영역에 무작위로 퍼져 있는 것이 아니라 단순한 직선에 가깝게 분포하며, 이는 변이가 임의적이 아니라 고도로 제약된 체계적 행동을 따른다는 것을 명확히 시사한다. 그 결과로 나온 직선은 주유소의 수가 단순한 거듭제곱 법칙에 따라 인구 크기에 비례하여 증가한다고 말한다. 앞서 살펴본 생물학적·물리적 양들의 규모 증감 양상을 고스란히 떠올리게 한다.

게다가 직선의 기울기, 즉 거듭제곱 법칙의 지수는 약 0.85로, 앞서 생물의 대사율에서 본 0.75(유명한 4분의 3)보다 조금 높다(그림 1 참조). 마찬가지로 흥미로운 점은, 그림에서 보듯이 주유소 수의 증가 양상을 나타내는 이 지수가 모든 나라에서 거의 동일한 값이라는 것이다. 약 0.85라는 이 값은 1보다 작다. 앞서 쓴 용어를 빌리자면, 저선형 스케일링이다. 즉, 체계적인 규모의 경제가 작동함으로써, 도시가 클수록 1인당 필요한 주유소의 수가 더 적다는 의미다. 따라서 평균적으로 더 큰 도시에 있는 주유소는 더 많은 사람들에게 봉사하고, 그에 따라 매월 더 많은 연료를 판다. 좀 달리 표현하자면, 인구가 2배로 늘 때마다 도시에 필요한 주유소는 약 85퍼센트만 더 늘어난다. 소박하게 2배라고 예상했을지도 모르겠지만 그렇지 않다. 따라서 인구가 2배로 늘어날 때 약 15퍼센트가 체계적으로 절약된다. 예를 들어, 인구가 약 5만 명인 소도시를 그보다 100배 큰 인구 500만 명의 대도시와 비교하면 이 효과가 아주 크다는 점을 알게 된다. 주유소를 겨우 약 50배 늘리는 것만으로도 100배 더 많은 사람들에게 연료를 공급할 수 있다. 따라서 1인당 기준으로 대도시는 소도시보다 주유소가 겨우 절반만 필요하다.

더 큰 도시일수록 작은 도시보다 1인당 주유소가 덜 필요하다는

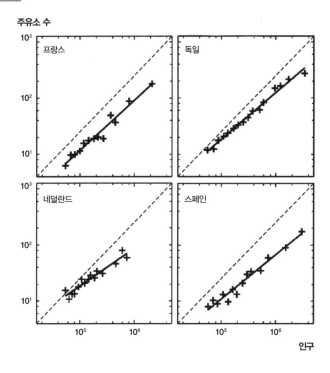

그림 33

주유소 수

프랑스

독일

네덜란드

스페인

인구

도시 크기에 따른 주유소 수를 로그 눈금으로 나타냈을 때, 비슷한 지수값에 따라서 저선형으로 규모가 증가함을 보여주는 유럽 4개국의 사례. 점선은 기울기가 1인 선형 스케일링을 가리킨다.

말 자체는 그렇게 놀랍지 않겠지만, 놀라운 점은 이 규모의 경제가 너무나 체계적이라는 것이다. 모든 나라들에서 거의 동일하게 약 0.85라는 비슷한 지수를 지닌 동일한 수학적 스케일링 법칙을 따른다. 더욱 놀라운 점은 전선, 도로, 수도관과 가스관의 총 길이 같은 교통망 및 공급망과 관련된 기반시설의 양도 거의 동일한 지수

값, 즉 약 0.85에 맞추어서 거의 동일한 양상으로 규모가 증가한다는 것이다. 더군다나 이 체계적인 행동은 자료를 얻을 수 있는 곳이면 세계 어디에서나 동일한 양상을 보인다. 따라서 전반적인 기반시설에 관한 한, 도시는 생물과 똑같이 행동한다. 단순한 거듭제곱법칙을 따라서 저선형으로 규모가 증감하는 행동을 보이며, 그럼으로써 체계적인 규모의 경제를 드러낸다. 비록 지수값이 달라서(생물은 0.75인 반면, 도시는 0.85) 덜 두드러지긴 하지만 말이다.

곧 우리 연구단에 새로 매우 유능한 인물들이 들어와서 이 초기 연구를 확장하여 더 많은 나라들에서 더 다양한 척도를 써서 도시의 규모 증감을 조사했다. 루이스 베텐코르트Luis Bettencourt도 그중 한 명이었는데, 내가 그를 처음 만난 것은 그가 로스앨러모스에 천체물리학 박사후과정 연구원으로 와서 초기 우주의 진화를 연구할 때였다. 그 뒤로 그는 MIT에서 2년을 보내고 로스앨러모스로 다시 돌아가서 응용수학연구단의 일원이 되었다. 루이스는 포르투갈에서 태어나서 자라고 공부했지만, 포르투갈 억양이 전혀 없이 영어를 워낙 유창하게 하므로 그 나라 출신인 것을 결코 알아차리지 못할 것이다. 나도 처음 만났을 때 그를 영국인이라고 착각했다. 그는 사실 런던 임피리얼칼리지에서 물리학 박사학위를 받았는데, 우연히도 나 역시 그곳 수학과에 직위가 있다. 루이스는 영어를 유창하게 하는 것 못지않게 과학에도 막힘이 없다. 그는 금방 도시계획에 몰입하여 전 세계의 자료를 수집하고 분석했다. 그는 도시를 깊이 이해한다는 목표를 열정적으로 파고들어 현재 이 분야에서 세계 최고의 전문가 반열에 올라 있다.

루이스 외에 마찬가지로 매우 명석한 인물이 합류했는데, 현재 애리조나 주립대학교에서 지속 가능성 연구 과제에 참여하고 있는 도시경제학자 호세 로보Jose Lobo다. 내가 그를 처음 만난 것은 그가 코넬대학교 도시및지역계획과의 젊은 교수로 샌타페이연구소에 몇 년 동안 와 있을 때였다. 루이스처럼 호세도 우리 연구 과제에 필요한 통계와 복잡한 데이터 분석에 정말로 탁월했고, 게다가 우리 협력의 핵심 구성 요소인 도시와 도시화에도 전문 지식을 갖추고 있었다.

루이스와 호세는 유럽의 스페인과 네덜란드에서 아시아의 일본과 중국, 라틴아메리카의 콜롬비아와 브라질에 이르기까지, 전 세계의 도시 체계에 관한 다양한 척도로 이루어진 엄청난 양의 자료를 모으고 분석하는 일을 했다. 이 연구는 기반시설 척도들이 저선형 스케일링을 보여준다는 이전의 분석을 설득력 있게 검증하면서 도시에서 체계적인 규모의 경제가 보편성을 띤다는 점을 강하게 뒷받침했다. 일본이든 미국이든 포르투갈이든 도시 체계에 관계없이, 그리고 주유소의 수든 수도관이나 도로나 전선의 총 길이 같은 개별 척도에도 상관없이, 도시 크기가 2배 증가할 때마다 더 필요한 물질적 기반시설은 약 85퍼센트만 증가했다.[2] 따라서 인구 1,000만 명의 도시는 인구 500만 명인 도시 두 곳에 비해 동일한 기반시설을 15퍼센트 덜 필요로 하며, 따라서 쓰이는 물질과 에너지의 양이 상당히 절약된다.[3]

이 절감에 따라서 배출량과 오염도 상당히 줄어들게 된다. 따라서 크기 증가에 따른 효율 증가는 평균적으로 도시가 더 클수록 더 환경 친화적이고 1인당 탄소 발자국이 더 작다는, 직관에 반하지만 아주 중요한 결과를 낳는다. 이런 의미에서 뉴욕은 미국에서 가장 환경 친화적인 도시인 반면, 내가 사는 샌타페이는 더 낭비하는 도시 중 하나다. 평균적으로 샌타페이에 있는 우리 각자는 뉴욕에 사는 사람보다 거의 2배나 많은 탄소를 대기로 뿜어내고 있다. 이를 뉴욕의 도시계획가와 정치가가 더 지혜롭다거나 샌타페이 관료의 지도력이 미흡하다는 의미로 받아들여서는 안 된다. 도시의 크기가 증가할 때 각 도시의 개체성을 초월하는 근본적인 규모의 경제가 지닌 동역학의 거의 필연적인 부산물이라고 봐야 한다. 이런 절감은 대체로 계획에 없던 것들이다. 비록 도시의 정책 결정자들이 숨어 있는 '자연적인' 과정들을 촉진하고 강화하는 데 강력한 역할을 할 수 있다는 것은 확실하다 하더라도 말이다. 사실 그것이 바로 그들이 하는 일의 상당 부분을 차지한다. 어떤 도시들은 그 일에 매우 성공한 반면, 그보다 훨씬 못하는 도시들도 있다. 이 상대적인 수행 능력이라는 문제는 다음 장에서 논의할 것이다.

이런 결과들은 매우 고무적이며, 도시의 이론을 탐구하는 것이 가능함을 뒷받침하는 강력한 증거다. 하지만 더욱 중요한 점은 그 자료가 평균 임금, 전문직의 수, 특허 수, 범죄 건수, 식당 수, 도시 총 생산처럼 생물학에서 상응하는 것이 전혀 없는 사회경제적 양들까지 놀라울 만치 규칙적이고 체계적인 양상으로 규모가 증가함을 보여준다는 놀라운 발견이었다. 이 결과들은 그림 34부터 그림 38에 실려 있다.

또 이 그래프들은 이 다양한 양들의 기울기가 약 1.15라는 거의 동일한 값에 몰려 있다는 마찬가지로 놀라운 결과를 뚜렷이 보여준다. 이 척도들은 고전적인 거듭제곱 법칙을 따르는 극도로 단순한 양상으로 증가할 뿐 아니라, 도시 체계에 상관없이 약 1.15라는 비슷한 지수값을 지님으로써 거의 동일한 양상을 띤다. 즉, 인구 크기에 따라 저선형으로 증감하는 기반시설과 정반대로, 사회경제적 양들―도시의 본질적 특성―은 초선형적으로 증가하며, 따라서 수확 체증increasing returns to scale을 보인다. 도시가 더 클수록 임금도 더 올라가고, GDP도 더 커지고, 범죄 건수도 더 많아지고, 에이즈와 독감 환자도 더 늘어나고, 식당도 더 많아지고, 특허 건수도 더 많아진다. 그리고 이 모든 것은 전 세계의 도시 체계들에서 1인당 기준으로 '15퍼센트 규칙'을 따른다.

따라서 도시가 더 클수록 혁신적인 '사회적 자본'이 더 많이 창출되고, 그 결과 평균적인 시민은 상품이든 자원이든 착상이든 간에 더 많이 지니고 생산하고 소비한다. 이는 도시에 관한 희소식이자, 도시가 왜 그토록 매력적이고 유혹적인지를 말해준다. 반면에 도시는 어두운 측면도 지니는데, 그 점은 나쁜 소식이다. 긍정적인 지표들과 거의 동일한 수준으로, 인간의 사회적 행동이 보이는 부정적인 지표들도 도시가 커짐에 따라 체계적으로 증가한다. 도시 크기가 2배로 되면, 1인당 임금, 부, 혁신이 15퍼센트 증가하지만, 범죄, 오염, 질병 건수도 그만큼 증가한다. 따라서 좋은 것, 나쁜 것, 추한 것은 모두 통합된 거의 예측 가능한 꾸러미 형태로 함께 온다. 사람은 더 많은 혁신과 기회와 임금과 '활기'에 이끌려서 더 큰 도시로 향할지 모르지만, 그만큼 늘어난 쓰레기, 도둑, 장염, 에이즈와도 대면할 것이라고 예상할 수 있다.

이런 결과들은 매우 놀랍게 느껴진다. 우리는 으레 각 도시, 특히 자신이 사는 도시가 고유의 역사, 지리, 문화 그리고 우리가 알아본다고 느끼는 나름의 개성과 특징을 지닌 고유한 곳이라고 생각한

그림 34

미국 총 임금(2004년, 로그 단위)

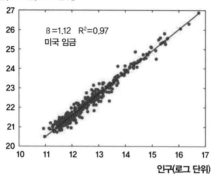

$\beta = 1.12$ $R^2 = 0.97$
미국 임금

인구(로그 단위)

최고로 창의적인 전문가 수(2003년, 로그 단위)

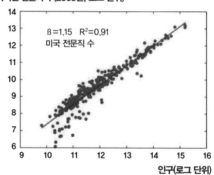

$\beta = 1.15$ $R^2 = 0.91$
미국 전문직 수

인구(로그 단위)

그림 35 특허 건수로 측정한 혁신

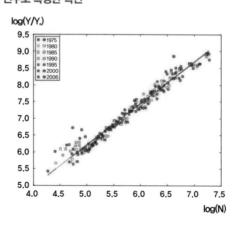

$\log(Y/Y_o)$

■	1975
□	1980
■	1985
■	1990
■	1995
■	2000
■	2006

$\log(N)$

스 케 일

그림 36 총 범죄 건수(일본)

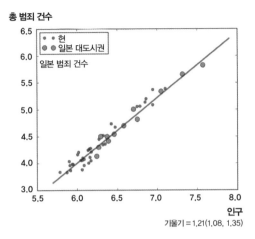

그림 37

그림 38

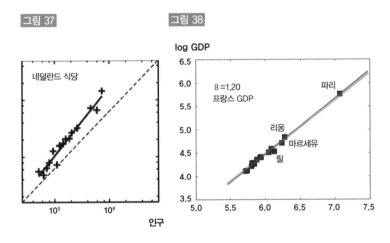

다양한 도시 체계들에서 사회경제적 척도들을 인구 크기의 함수로 표시하면, 규모 증감 양상이 놀라울 만치 유사한 초선형 지수(그래프의 기울기)를 보여준다. 그림 34 위 미국의 임금. 그림 34 아래 미국 전문직('초창의적인 사람')의 수. 그림 35 미국 특허 건수.[4] 그림 36 일본 범죄 건수. 그림 37 네덜란드의 식당 수. 그림 38 프랑스 GDP.

다. 보스턴은 뉴욕, 샌프란시스코, 클리블랜드와 달라 보일 뿐 아니라, 다르게 '느껴진다'. 마찬가지로 뮌헨도 베를린, 프랑크푸르트, 아헨과 다르게 보이고 다르게 느껴진다. 그리고 실제로 그러하다. 하지만 각 도시 체계 내에서 각 도시가 서로의 근사적인 규모 증감 판본이며, 적어도 측정할 수 있는 거의 모든 특징들이 그렇다는 말을 과연 누가 믿으려 할까? 예를 들어, 미국에 있는 한 도시의 크기를 말하면, 평균 임금이 얼마이고, 특허 건수는 얼마나 되고, 도로의 총 길이는 얼마나 되고, 에이즈 환자는 몇 명이나 되고, 폭력 범죄는 몇 건이나 저질러지고, 식당은 얼마나 있고, 변호사와 의사는 몇 명이나 되는지 등등을 80~90퍼센트의 정확도로 예측할 수 있다. 도시의 많은 특징이 단순히 크기에 따라 결정되는 것이다. 물론 그런 추정값에는 편차가 있고 벗어나는 사례도 있다. 그런 문제는 다음 장에서 다루기로 하자.

알아차려야 할 또 한 가지 중요한 점은 관찰된 스케일링 법칙이 같은 국가 도시 체계에 속한 도시들 사이에서 볼 수 있는 것이라는 사실이다. 즉, 같은 국가 내에서 적용된다는 뜻이다. 그림 34~38에 나온 것 같은 스케일링 법칙들은 서로 다른 도시 체계 사이에서 도시의 규모가 어떻게 증감할지는 예측하지 않는다. 임금, 범죄 건수, 특허 건수, 도로의 총 길이 같은 다양한 척도의 전반적인 규모는 각 국가 도시 체계의 전반적인 경제, 문화, 개성에 의존한다. 예를 들어, 범죄의 전반적인 규모는 미국보다 일본이 훨씬 낮지만, 전반적인 특허 건수는 미국이 더 높다. 따라서 스케일링 법칙이 시카고의 척도들이 로스앤젤레스에 비해 상대적으로 규모가 어떻게 증감하는지를 예측하고, 교토의 척도들이 오사카에 비해 상대적으로 규모가 어떻게 증감하는지를 보여주긴 하지만, 오사카가 시카고에 비해 상대적으로 규모가 어떻게 증감할지를 직접 예측하는 것은 아니다. 그러나 그 척도들의 전반적인 규모를 안다면—예를 들어, 뉴욕의 척도들이 교토에 비해 상대적으로 규모가 어떻게 증감하는지를 알기만 하면 추론할 수 있다—일본의 어느 도시가 미국의 어느 도시에 비해 상대적으로 규모가 어떻게 증감하는지를 예측할 수 있다.

대개 우리는 이 다양한 도시 척도와 특징의 대부분이 서로 무관하고 독립되어 있다고 여기는 경향이 있다. 예를 들어, 우리는 특정 질병의 발병 건수를 한 도시의 주유소 수나 특허 건수와 연관지어서 생각하지 않는다. 임금, 특허, 범죄, 질병의 규모가 세계 어디서나 거의 동일하고 '예측 가능한' 양상으로 도시 크기에 비례하여 증가한다고 과연 누가 믿을까? 하지만 자료들은 겉모습이 어떻든, 도시들이 서로의 근사적인 규모 증감 판본임을 설득력 있게 보여준다. 뉴욕과 도쿄는 놀랍고도 예측 가능한 수준까지, 각각 샌프란시스코와 나고야의 비선형 규모 증가 판본이다. 이런 놀라운 규칙성은 모든 도시에 공통적인 기본 메커니즘, 동역학, 구조를 들여다볼 창문을 열어주며, 이 모든 현상들이 사실은 깊이 서로 연결되고 상관관계를 맺고 있음을 강하게 시사한다. 동일한 '보편적인' 원리 집합을 통해 제약되고 동일한 기본 동역학을 통해 추진되면서 말이다.

결과적으로 임금이든 도로의 총 길이든 에이즈 환자 수든 범죄 건수든, 도시의 각 특징, 각 척도는 상호 연관되고 연결되어 있으며, 모두 합쳐져서 에너지, 자원, 정보를 지속적으로 통합하고 처리하는 전체적인 다층 규모의 본질적으로 복잡한 적응계를 형성한다. 그 결과가 바로 우리가 도시라고 부르는 유별나게 집단적인 현상이다. 그 도시는 사람들이 사회 관계망을 통해 서로 상호작용하는 방식의 기본 동역학과 조직 구성으로부터 출현한다. 다시 말하면 이렇다. 도시는 에너지, 자원, 정보를 교환하는 사람들 사이의 상호작용과 의사소통으로부터 나온 창발적 자기 조직화 현상이다. 도시인으로서 우리는 모두 어디에 살든 상관없이, 대도시의 부산스러운 생산성, 속도, 창의성으로 표현되는 집약적인 인간 상호작용의 다차원 망에 참여하고 있다.

이런 생산성 증가와 그에 따른 비용 감소 양상이 발전, 기술, 부의 수준이 전혀 다른 나라들에 모두 들어맞는다는 점을 알아차리는 것이 중요하다. 비록 세계의 더 부유한 지역에 있는 도시는 훨씬 더 많은 정보를 지니고 있지만, 브라질과 중국 같은 급속히 발전하고 있는 나라들에서도 방대한 자료 집합을 구하기가 점점 더 쉬워지고 있다. 인도와 아프리카의 여러 나라 같은 곳에서 좋은 자료를 얻기란 여전히 절망적일 만큼 어렵지만, 머지않아 상황이 바뀔 것이 거의 확실하다. 지금까지 분석된 자료들은 그 틀에 들어맞으며, 뒤에서 체계적인 스케일링이 대단히 '보편적인' 성질을 지닌다는 것을 확정하는 데 이미 중요한 기여를 한 사례를 몇 가지 살펴볼 것이다. 예를 들어, 브라질과 중국 도시들의 GDP는 비록 더 낮은 기준선에서 출발했음에도, 서유럽과 북아메리카 도시들이 보여주는 것과 동일한 초선형 곡선을 가까이 따른다. 이 양상들은 상파울루의 빈민가에서든 스모그 자욱한 베이징에서든 코펜하겐의 단정한 거리에서든, 동일한 기본적인 사회적·경제적 과정들이 작동하기 때문에 들어맞는다.

마지막으로 도시의 모든 특징이 비선형적으로 규모 증감을 하는 것은 아님을 유념할 필요가 있다. 예를 들어, 도시 크기에 상관없이 평균적으로 개인은 하나의 집과 하나의 직장을 갖고 있으므로, 직장의 수와 주택의 수는 도시 크기에 따라 선형으로 증가한다. 다시 말해, 그에 해당하는 스케일링 곡선의 지수는 1에 아주 가까우며, 자료를 통해 확인되었다. 한 도시의 인구가 2배라면, 직장도 주택도 2배일 것이다. 이 말에는 몇 가지 가정과 결론이 숨어 있다. 분명히 모두가 직장을 갖고 있는 것은 아니고(아이와 노인은 특히 그렇다), 둘 이상의 직장이 있는 사람도 일부 있다. 게다가 비록 거의 모든 사람들이 집이 있지만, 모두는 아니다. 그렇긴 해도, 대부분의 사람은 하나의 직장이 있으며, 주택의 평균 거주자('가족', 어떻게 정의하든)는 모든 도시에서 거의 같으므로, 결이 거친 수준에서 그런 양상이 주류가 되고 단순한 선형 관계가 나타난다.

요약해보자. 도시가 더 클수록, 사회 활동도 더 많아지고, 기회도 더 늘어나고, 임금도 더 올라가고, 다양성도 더 높아지고, 좋은 식당과 음악회와 박물관과 교육 시설을 접할 기회도 더 많아지고, 부산하다는 느낌과 흥분과 참여 의식도 더 고조된다. 더 큰 도시의 이런 측면들은 전 세계의 사람들에게 대단히 매력적이고 유혹적이란 것이 입증되어왔으며, 동시에 그들은 늘어난 범죄, 오염, 질병이라는 불가피한 부정적 측면들과 어두운 이면을 억누르거나 무시하거나 경시한다. 인간은 '긍정적인 점을 강조하고 부정적인 점을 빼버리는' 일을 아주 잘하며, 돈과 물질적 행복에 관해서라면 더욱 그렇다. 도시 크기 증가로부터 나온다고 인식된 개인적 혜택들 외에도 체계적인 규모의 경제로부터 나오는 엄청난 집단적 혜택이 있다. 도시 크기가 증가할 때 개인이 받는 혜택 증가와 집단이 받는 체계적인 혜택 증가의 이 놀라운 결합이야말로 지구 전체에서 지속적으로 일어나는 도시화의 폭발을 낳는 근본적인 추진력이다.

2 도시와 사회 관계망

그렇다면 일본, 칠레, 미국, 네덜란드처럼 다양한 나라에 있는 전 세계의 도시 체계들이 지리, 역사, 문화가 전혀 다르고, 서로 독립적으로 진화했음에도 어떻게 기본적으로 동일한 방식으로 규모 증가가 일어나는 것일까? 마치 국가 사이에 단순한 스케일링 법칙에 따라서 각자 도시를 짓고 발전시켜야 한다는 국제 협정이 수 세기 동안 지켜온 것 같지만 그렇지 않다. 그 누구의 강요도, 설계도, 정책도 없는 상태에서 일어난 일이다. 그냥 그렇게 되었을 뿐이다. 그렇다면 이 차이들을 초월하면서, 이 놀라운 구조적·동역학적 유사성의 토대가 되는 공통의 통일적인 요인이 무엇일까?

나는 이미 답을 강하게 암시해왔다. 전 세계의 사회 관계망 구조의 보편성이 바로 공통점이라고 말이다. 도시는 사람들이며, 대체로 사람들이 서로 상호작용하는 방식과 모여서 집단과 공동체를 이루는 방식은 전 세계에 걸쳐 거의 동일하다. 우리는 모습이 다르고, 옷차림이 다르고, 다른 언어를 쓰고, 신앙 체계가 다를지 몰라도, 대체로 우리의 생물학적·사회적 조직 구조와 동역학은 놀라울 정도로 비슷하다. 어쨌든 우리 모두는 유전자가 거의 같고 동일한 일반적인 사회사를 지닌 인류에 속한다. 그리고 지구의 어디에 살든, 우리가 떠돌이 수렵채집인에서 정착하여 공동체를 이루어 사는 존재가 된 것은 비교적 최근의 일이었다. 도시 스케일링 법칙의 놀라운 보편성을 통해 드러나는 근본적인 공통성은 인간 사회 관계망의 구조와 동역학이 어디에서나 거의 동일하다는 것이다.

언어가 발달하면서 인류는 생명의 역사 전체에서 유례가 없는 규모와 속도로 새로운 유형의 정보들을 교환하고 전달할 능력을 획득했다. 이 혁신의 한 가지 중요한 결과는 규모의 경제에서 나오는 열매의 발견이었다. 우리는 협력할 때 동일한 양의 개인적인 노력을 쏟았을 때보다 더 많은 것을 만들고 성취할 수 있다. 달리 말하면 개인당 에너지를 덜 쓰면서 과제를 완수할 수 있다. 건축, 사냥, 저장, 기획 같은 공동체 활동은 모두 언어의 발달과 그에 따른 의사소통 및 사고 능력의 증진으로부터 진화했고 혜택을 보았다. 게다가 우리는 상상력을 계발했고 미래라는 개념을 의식하게 되어 계획하고 미리 생각하고 미래의 도전 과제와 사건을 예견하여 가능한 시나리오들을 구축하는 놀라운 능력을 획득했다. 인간의 대뇌 활동에서 일어난 이 강력한 혁신은 지구에 완전히 새로운 것이었고 인류만이 아니라, 눈에 안 보이는 세균에서 대왕고래와 대왕오징어에 이르기까지 지구의 거의 모든 생물들에게 엄청난 영향을 끼쳤다.

무리 짓는 동물과 특히 사회성 곤충 등 다른 여러 동물도 규모의 경제를 발견한 것은 사실이지만, 그들의 성취는 인류가 성취한 것에 비하면 비교적 원시적이고 정적이다. 언어의 힘 덕분에 우리는 우리의 세포가 성취하거나 우리의 수렵채집인 조상이 이룬 것과 같은 고전적인 규모의 경제를 훨씬 초월하여, 지금까지 주요 혁신이 이루어지는 데 필요했던 전형적인 진화적 시간 규모보다 엄청나게 더 짧은 기간에 새로운 도전 과제에 적응함으로써, 그 이점을 토대로 진화하고 우뚝 설 수 있었다. 개미는 뛰어난 자기 조직화 능력에 힘입어서 놀라울 만치 튼튼하고 엄청난 성공을 거둔 복잡한 물리적·사회적 구조를 구축하는 방향으로 진화했지만, 그러기까지 수백만 년이 걸렸다. 게다가 5,000만 년도 더 전에 그런 성취를 이루었지만, 그 뒤로는 거의 더 이상 진화하지 않았다. 반면에 우리는 일단 언어를 발명하자 겨우 수만 년 사이에 사냥하고 채집하던 존재에서 정착하는 농경민으로 진화했고, 더욱 놀랍게도 다시 1만 년이 지나는 사이에 도시를 진화시키고, 도시민이 되고, 휴대전화와 항공기와 인터넷과 양자역학과 일반 상대성 이론을 창안했다.

물론 우리가 개미보다 삶에 더 잘 적응했는지는 무엇으로 판단하느냐에 달려 있고, 개미의 도시, 경제, 삶의 질, 사회 구조가 궁극적으로 우리의 것보다 더 지속 가능할지 여부는 지나봐야 안다. 하지만 현재를 기준으로 할 때, 나는 개미 쪽이 우리보다 오래갈 것이라는 데 돈을 걸겠다. 개미는 대단히 효율적이고 튼튼하고 안정하며, 이미 우리보다 훨씬 더 오래 존속해왔고, 우리가 사라진 뒤에도 그럴 가능성이 매우 높다. 그렇긴 해도, 온갖 결함이 있고 그중 많은 것을 분명히 간직하고 있긴 해도, 삶의 질과 의미라는 관점에서는 나는 단연코 인류 쪽을 편드는 인간 중심적인 판단을 내리련다.

우리만이 아마 생명의 가장 고귀하고 수수께끼 같은 특성일 의식 및 그에 따른 관조와 양심을 진화시켜왔고, 그것들은 우리가 직면한 가장 심원한 의문 중 일부를 어떻게 다루어야 할지 언뜻언뜻 통찰력을 제공해왔다. 경이, 생각, 관조, 반성, 의문 제기, 철학, 창조와 혁신, 탐구와 탐험이라는 본질적으로 인간중심적인 과정들은 문명의 도가니이자 창의성과 착상을 촉진하는 엔진인 도시의 발명을 통해 강화되고 배태되어왔다.

도시를 오로지 건물과 건물에 에너지와 자원을 공급하는 도로와 전선과 관으로 이루어진 다양한 망 체계 같은 물리적 특성일 뿐이라고 생각한다면, 도시는 규모의 경제로 요약되는 체계적인 스케일링 법칙을 드러낸다는 점에서 사실 생물과 매우 비슷하다. 하지만 인류는 상당한 규모의 공동체를 형성하기 시작하면서, 생물학과 규모의 경제의 발견을 넘어서는, 지구에 근본적으로 새로운 동역학을 도입했다. 언어의 발명과 그에 따른 사회 관계망을 통한 개인과 집단 사이의 정보 교환에 힘입어서, 우리는 혁신하고 부를 창조하는 법을 발견했다. 따라서 도시는 거대한 생물이나 개미탑을 훨씬 초월한다. 도시는 넓은 범위에 걸쳐서 이루어지는 사람, 상품, 지식의 복잡한 교환에 의존한다. 도시는 예외 없이 창의적이고 혁신적인 사람을 끌어들이는 자석이자, 경제 성장, 부 생산, 새로운 착상을 촉진하는 자극제다.

도시는 다양한 방식으로 문제를 생각하고 해결하는 사람들 사이에 형성되는 고도의 사회적 연결의 혜택을 수확하는 자연적인 메커니즘을 제공한다. 그 결과인 긍정적인 되먹임 고리들은 초선형 스케일링과 수확 체증을 낳음으로써 지속적으로 배증하는 혁신과 부 창조의 원동력으로 작용한다. 보편적인 스케일링은 사회적 동물로서의 우리의 진화사가 지리, 역사, 문화를 초월하여 전 세계의 모든 인류에게 공통적이라는 데에서 비롯된 한 가지 핵심 형질의 표현 형태다. 그것은 온갖 도시 생활이 펼쳐지는 무대인 물리적 기반 시설망과 사회 관계망의 구조 및 동역학이 통합됨으로써 나온다.

비록 그것이 생물학을 초월하는 역동적인 것이긴 하지만, 그 스케일링은 3장에서 논의한 프랙털형 망 기하학으로 대변되는 것과 비슷한 개념 틀과 수학 구조를 지닌다.

3 이런 망들은 정체가 무엇일까?

4분의 1 상대성장 스케일링의 토대인 생물학적 망들의 전반적인 기하학적·동역학적 특성들을 떠올려보자. (1) 망은 공간 채움이다(그래서 생물의 모든 세포는 망을 통해 공급을 받을 것이 틀림없다). (2) 모세혈관이나 세포 같은 망의 말단 단위는 주어진 설계 내에서 불변이다(그래서 우리 세포와 모세혈관은 생쥐나 고래의 것과 거의 동일하다). (3) 망은 최적에 가깝도록 진화해왔다(그래서 우리 심장이 피를 순환시키고 세포를 지원하는 데 쓰는 에너지는 번식과 육아에 쓰일 에너지를 최대화하기 위해 최소화해 있다).

이 특성들은 도시의 기반시설망과 유사하다. 예를 들어, 우리의 도로와 교통망은 도시의 구석구석까지 서비스를 할 수 있도록 공간 채움이어야 한다. 마찬가지로 다양한 공공 설비들도 물, 가스, 전기를 모든 주택과 건물에 공급해야 한다.

이 개념을 사회 관계망까지 확장하는 것은 자연스러운 일이다. 전 기간에 걸쳐 평균을 내면, 각 개인은 상호작용의 망이 가용 '사회경제적 공간'을 집단적으로 채우는 식으로 도시의 다른 많은 개인 및 집단과 상호작용을 한다. 사실 이 도시의 사회경제적 상호작용 망은 도시가 무엇이며 경계는 어디인지를 사실상 정의하는 사회적 활동과 상호 연결성의 도가니가 된다. 도시의 일부가 되려면, 당신은 이 망에 지속적으로 참여해야 한다. 그리고 물론 이 망의 불변 말단 단위인 모세혈관, 세포, 잎, 잎자루에 상응하는 것은 사람들과 그들의 집이다.

도전 의욕을 자극하는 매우 흥미로운 한 가지 질문은 도시의 구조와 동역학에서 최적화가 이루어지는 것이 만일 있다고 한다면, 무엇이냐는 것이다. 생명에 비해, 도시는 출현한 지 그리 오래되지 않았다. 많은 생물은 수백만 년, 심지어 수억 년 전부터 있었지만, 도시는 기껏해야 수백 년밖에 되지 않았다. 따라서 도시는 성장하고 진화하면서 점점 더 적응하고 되먹임이 이루어지면서 최적화를 향해 가고 있지만, 완전히 결실을 맺을 시간이 부족했다. 게다가 전형적인 생물학적 진화 속도에 비해 도시에서는 변화와 혁신이 훨씬 더 빠른 속도로 일어났기 때문에 상황은 더 복잡하다. 그렇긴 해도 시장의 힘과 사회적 동역학이 지속적으로 작용하고 있으므로, 기반시설망의 진화가 사용하는 에너지와 비용의 최소화를 향해 왔다고 추정하는 것도 완전히 불합리하지는 않을 것이다. 교통을 예로 들자면, 버스, 열차, 자동차, 말, 도보 등 무엇으로 하든 여행은 대부분 시간이나 거리, 또는 양쪽 다를 최소화한다는 목표에 따라 이루어진다. 전기, 가스, 물, 교통 체계에 엄청난 국지적 비효율성이 있는 것은 분명하며, 그중 상당수는 역사적 유산과 경제적 편의성에서 비롯된다. 그렇긴 해도, 그리고 겉으로 보기에는 그렇다고 해도, 갱신, 개선, 교체, 유지 관리가 끊임없이 이루어지고 있으므로, 충분히 긴 기간에 걸쳐서 보면, 이 망 체계들이 근사적인 최적화를 향해 가고 있다는 추세가 뚜렷이 드러난다. 전 세계의 각기 다른 도시 체계에서 다양한 기반시설의 양이 공통된 지수값을 지니는 체계적인 스케일링 법칙의 출현은 이 진화 과정의 결과라고 볼 수 있다.

하지만 생물학의 대부분의 척도에서 우리가 본 스케일링에 비해, 도시의 자료들은 이상적인 스케일링 곡선 주변으로 훨씬 더 넓게 퍼져 있다는 점을 유념하자. 예를 들어, 그림 1에 나온 동물의 대사율 자료는 직선을 따라 더 조밀하게 모여 있다. 반면 그림 34~38에 나온 도시들의 평균 임금 자료는 훨씬 더 폭넓게 퍼져 있다. 이 더욱 큰 분산은 도시들이 스케일링 곡선—로그 좌표에서는 직선—으로 표현된 이상적인 최적 배치를 향해 유기적으로 진화할 시간이 훨씬 적었음을 반영한다. 이런 직선과의 편차는 각 도시의 고유한 역사, 지리, 문화가 남긴 흔적의 척도이며, 뒤에서 더 자세히 논의할 것이다. 로그 좌표에서 직선의 기울기에 해당하는 스케일링 지수는 모든 도시 체계에서 거의 동일한 값(0.85)인 반면, 이 직선의 주변에 놓인 자료들의 분산 정도(즉 산포도)는 도시 체계마다 다르다. 이는 대체로 국가마다 자기 도시의 유지 관리, 개선, 혁신에 투입하는 자원의 양이 달랐기 때문이다.

도시의 사회경제적 동역학이라는 관점에서 보면, 우리는 마찬가지로 도시 사회 관계망에서 최적화하는 것이 만일 있다면 그것이 무엇인지 물을 수 있다. 이는 명확히 답하기가 어려운 질문이며, 많은 학자들은 다양한 관점에서 간접적으로 이 문제를 규명하려 시도해왔다.[5] 도시를 사회적 상호작용의 강력한 촉진자나 부 창조와 혁신의 거대한 인큐베이터라고 생각한다면, 개인 사이의 연결성을 최적화함으로써 사회적 자본을 최대화하도록 도시의 구조와 동역학이 진화했다고 추정하는 편이 자연스럽다.

이는 도시와 도시 체계의 사회 관계망과 사회 조직 전체—즉, 누가 누구와 연결되고, 그들 사이에 얼마나 많은 정보가 흐르고, 그 집단 구조의 특성은 어떠한지—가 궁극적으로 언제나 더 많은 것을 원하는 개인, 소기업, 대기업의 탐욕스러운 욕구에 따라 정해짐을 시사한다. 더 노골적으로 표현하자면, 우리 모두가 참여하는 사회경제적 기구는 '더욱더 원하는 욕망desire for more'이라는 의미에서 부정적·긍정적 의미를 모두 함축하는 탐욕을 통해 주로 추진된다. 전 세계 모든 도시의 소득 분포가 엄청난 차이를 보이며, 우리 대부분이 많이 가져도 더욱더 원하는 욕망에 이끌린다는 점을 생각할 때, 다양한 형태를 취하는 탐욕이 도시의 사회경제적 동역학의 주된 기여자라고 믿는 것은 어렵지 않다. 마하트마 간디Mahatma Gandhi는 이렇게 말한 바 있다. "지구는 모든 사람이 필요로 하는 것을 충분히 주지만, 모두의 탐욕을 충족시키지는 못한다."

탐욕은 더 많은 것을 원하는 물리지 않는 욕망을 가리키는 경멸적인 이미지이지만, 탐욕에는 대단히 중요하고 긍정적인 측면도 있다. 비유적으로 표현하자면, 탐욕은 우리를 비롯한 동물들의 몸집에 상대적으로 대사력을 최대화하려는 진화생물학적 충동의 사회적 판본이다. 3장에서 논의했듯이, 이는 자연선택 원리로부터 파생되고, 생물학에 배어 있는 상대성장 스케일링 법칙의 토대를 이룬다고 생각할 수 있다. 적자생존 개념을 사회적·정치적 영역으로 확장한 많은 사상가는 사회다윈주의Social Darwinism라는 논란 많은 개념에 도달했다. 이는 맬서스에게로 거슬러 올라가는 개념인데, 타당성 여부와 관계없이 유감스럽게도 정치가와 사회사상가들에게 오해되고, 남용되고, 오용되어왔으며, 우생학과 인종차별주의부터 제멋대로 날뛰는 자유방임적 자본주의에 이르기까지 온갖 극단적인 견해를 지지하는 지독한 결과를 빚어내기도 했다.

더욱더 원하는 욕망은 부와 물질적 자산을 넘어서 많은 것에 적용될 수 있다. 이것은 개인과 집단 양쪽 수준에서 엄청난 도덕적·정신적·심리적 도전 과제를 제기하는 대단히 강력한 사회적 힘이다. 스포츠에서든 사업에서든 학문에서든, 성공하려는—가장 빨리 달리거나 가장 창의적인 기업을 운영하거나 가장 심오하면서 통찰력이 돋보이는 개념을 내놓고 싶은—욕망은 우리 중 상당수가 누릴 특권적이고 놀라운 생활수준과 삶의 질을 안겨주는 데 기여한 근본적인 주요 사회적 동력이 되어왔다. 그런 동시에 우리는 지나치지 않도록 우리를 보호하는 사회정치 구조들 속에 통합되어온 이타주의적·박애주의적 행동을 진화시킴으로써 마구 날뛰는 물질적 탐욕을 억제해왔다.

도시의 발명과 혁신 및 부 창조와 강력하게 결부된 그 규모의 경제는 사회를 여러 부문으로 분화시켰다. 현재의 사회 관계망 구조는 도시 공동체가 진화하기 전까지는 거의 현재 형태로 존재하지 않았다. 수렵채집인들은 우리보다 훨씬 덜 계층적이고, 더 평등주의적이고 공동체 지향적이었다. 억제되지 않은 개인의 자기 강화 욕구와 불운한 사람들에 대한 배려 및 관심 사이의 갈등과 긴장은 인류 역사 전체, 특히 지난 200년의 역사를 관통한 주된 줄기가 되어왔다. 그렇긴 해도 이기심이라는 동기가 없다면, 기업가 정신으로 추진되는 우리의 자유시장 경제는 붕괴할 듯하다. 우리가 진화시킨 계는 설령 '모든 것'을 이미 충분히 가졌다고 해도, 새로운 자동차와 새 휴대전화, 새로운 첨단 기기, 새 옷과 새 세탁기, 새로운 전율, 새로운 오락, 그 밖의 훨씬 많은 새로운 것들을 계속 원하는 이들에게 결정적으로 의존한다. 이 방식은 멋있어 보이지도 않고 모두에게 다 좋지는 않을지도 모르지만, 지금까지 우리 대다수에게 놀라울 만치 잘 작동해왔으며, 분명히 우리 대다수는 계속 그것을 원하는 듯하다. 계속 그럴 수 있는지는 마지막 장에서 살펴보기로 하자.

이 장의 뒷부분에서는 사회 관계망과 기반시설망 양쪽에서 드러나는 정보, 에너지, 자원 흐름의 본질을 좀 상세히 살펴보고, 그것들이 어떻게 관찰된 스케일링으로 이어지는지를 보여줄 것이다. 생물학적 망과 매우 흡사하게, 이 망들은 본질적으로 계층 구조적이고 프랙털형이다. 예를 들어, 기반시설망에서 공급 관들을 지나는 흐름은 발전소와 급수장 같은 중앙 공급 단위에서 각 망의 관과 전선을 따라 개별 주택으로 향하면서 체계적으로 줄어든다. 심장에서부터 대동맥을 지나 세포에 산소를 공급하는 모세혈관에 이르기까지 순환계에서 거의 규칙적인 기하학적 비율로 혈액 흐름이 줄어드는 것과 거의 똑같은 양상이다. 이 망들과 그 흐름의 프랙털형 특성은 에너지와 자원의 효율적 분포를 이루고 저선형 스케일링과 규모의 경제의 토대가 된다.

실제로는 이보다 좀 더 미묘한데, 도시가 균일하지 않고 대개 준자율적으로 행동하는 많은 국소 활동 중심축을 갖고 있기 때문이다. 비록 국소 중심축들이 서로 계층적으로 연결되어 있다고 해도 그렇다. 이런 국소 중심축을 흔히 '중심지central place'라고 부른다. 1930년대에 독일 지리학자 발터 크리스탈러Walter Christaller가 도입한 뒤 도시계획가와 지리학자 사이에서 대단한 인기를 끈, 중심지 이론central place theory이라고 하는 도시 체계 모형을 따서 붙인 이름이다.

4 도시: 결정일까 프랙털일까?

중심지 이론은 신기한 이론이다. 기본적으로 도시와 도시 체계가 물리적으로 어떻게 배치될지에 관한 정적이면서 고도로 대칭적인 기하학 모형이다. 발터 크리스탈러가 독일 남부의 도시들을 관찰한 결과를 토대로 세웠는데, 제인 제이콥스가 뉴욕에서 개인적인 경험을 토대로 그 도시에 관한 개념을 정립한 것과 다소 비슷한 면이 있다. 그는 정량적으로 계산하고 검증하거나, 자료와 대조하고 체계적으로 분석하거나, 수학적 공식으로 나타내고 예측을 하는 데는 전혀 혹은 거의 관심을 기울이지 않았다. 따라서 정확한 과학이 아니었다. 적어도 여기서 내가 제시하려는 방식으로 볼 때는 그렇다. 기본적으로 에버니저 하워드의 경직되고 무기적인 전원도시 설계와 공통점이 훨씬 더 많다. 하워드는 사람을 오로지 경제적 단위로만 보았을 뿐 그 외의 역할은 거의 고려하지 않은 채 이상적인 유클리드 기하학적 패턴에서 주로 영감을 얻었다. 그렇긴 해도 크리스탈러의 이론은 흥미로운 특징들을 많이 지니고 있으며, 20세기 내내 도시의 설계와 사상에 굉장한 영향을 미쳐왔다.

크리스탈러는 다음 그림에서처럼 도시 체계를, 따라서 개별 도시 역시 점점 더 규모가 축소되면서 반복되는 고도로 대칭적인 육각형 격자무늬에 토대를 둔 이상적인 이차원 결정 기하학 구조로 나타낼 수 있다고 했다. 육각형은 도시나 도시 체계의 지리적 범위

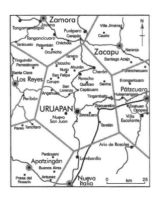

● 도시
○ 소도시
● 마을

———

크리스탈러의 육각형 격자 형태의 중심지 개념과 그 개념을 뒷받침하는 멕시코 중부의 '현실 세계 증거'.

를 틈새 없이 꽉 채울 수 있도록 모서리끼리 딱 들어맞는 가장 단순하면서 사소하지 않은 형태이기에 선택된 것이다. 이 육각형은 상업 활동의 '중심지' 역할을 하며, 그 안에는 더 작은 육각형 중심지들이 있다. 크리스탈러는 독일 남부의 비슷한 크기의 소도시들이 서로 거의 같은 거리에 있고(모두 한 육각형의 꼭짓점에 있다고 가정했다), 중심축 역할을 하는 더 큰 중심 도시(육각형의 중심에 있는)로부터도 거의 같은 거리에 있는 것을 보고서 영감을 얻어서 이 설계를 했다. 비록 일반적으로 대부분의 도시 체계나 도시 내에서는 이런 규칙성이 관찰되지 않고, 그것이 다소 꾸며낸 부자연스러운 구조임에도, 도시 체계의 기하학에 관한 크리스탈러의 모형은 유기적으로 진화한 망 구조와 공통점이 있는 매우 중요한 특징 두 가지를 지닌다. 공간 채움이자 자기 유사적(따라서 계층 구조적)이라는 것이다. 비록 당시에는 이 두 용어가 아직 창안되지 않았지만 말이다. 또 그의 모형은 서비스를 얻기 위한 최소 여행 시간 및 거리 개념 같은 다른 주요한 일반 특징들도 갖추었다. 이 문제는 뒤에서 다루기로 하자.

중심지 이론은 단점들이 잘 알려져 있음에도, 오늘날의 도시계획 및 설계의 주요 개념 요소로 남아 있다. 1950년대 초에 그 이론은 새로 수립된 독일연방공화국(서독) 자치 도시들의 경계와 관계를 재편하는 토대가 되었고, 그 체제는 지금도 유지되고 있다. 좀 역설적이게도 크리스탈러는 제2차 세계대전이 끝난 뒤 공산당에 합류했다. 세계대전 동안에는 나치당의 일원으로 나치 친위대에서 일했다. 그는 자기 이론을 토대로 삼아서, 독일이 점령한 체코슬로바키아와 폴란드 영토의 경제 지리를 팽창하는 독일에 맞추어서 재편할 방대한 계획을 구상하기도 했다. 이 이야기의 또 다른, 그러나 비극적인 역설은 지역과학regional science의 창시자이자 크리스탈러의 이론을 덜 정적이고 더 수학적이고 더 현실에 맞게 확장시켰다고 가장 잘 알려진 독일의 경제학자 아우구스트 뢰슈August Lösch가 나치 반대 집단에서 적극적으로 활동했다는 점이다. 그는 전시에 독일에 그대로 남아서 숨어 지내다가, 전쟁이 끝나고 며칠 뒤 성홍열로 사망했다. 당시 그의 나이 겨우 39세였다.

도시의 실제 자기 유사성은 크리스탈러의 경직된 육각형 결정 구조보다는 교통과 공공 설비 체계의 유기적으로 진화한 계층적 망 구조를 더 잘 반영한다. 도시는 직선과 고전적인 유클리드 기하학이 지배하는 하향식으로 가공된 기계가 아니라, 복잡 적응계의 전형적인 주름진 선과 프랙털형 모양을 지닌 생물에 훨씬 더 흡사하다. 실제로 복잡 적응계다. 다음 쪽의 사진처럼 세균 군체의 성장 패턴을 떠올리게 하는 계속 뻗어나가는 가느다란 줄 같은 기반시설망 패턴을 지닌 전형적인 도시의 성장 패턴은 언뜻 보기만 해도 뚜렷이 알 수 있다. 이런 패턴을 세심하게 수학적으로 분석하면 도시가 사실 생물학적 유기체나 지리적인 해안선과 매우 흡사한 자기 유사적 프랙털에 가까움을 알 수 있다. 예를 들어, 도시의 경계라고 인식되는 곳의 길이를 루이스 프라이 리처드슨이 해안선을 대상을 한 것과 비슷하게 서로 다른 해상도로 측정하여 로그 그래프로 나타낸다면, 거의 직선으로 배열될 것이다. 그 직선의 기울기는 도시 경계의 전형적인 프랙털 차원을 나타낸다.

앞서 설명했듯이, 프랙털 차원은 대상의 주름 정도를 보여주는 척도이며, 일부에서는 그것을 복잡성의 척도로 해석한다. 1980년대에 복잡성 과학의 초기 발전과 프랙털에 대한 폭발적인 관심 증가에 자극을 받아서, 저명한 도시지리학자 마이클 배티Michael Batty는 방대한 통계 분석을 통해 도시들의 프랙털 차원을 측정했다.[6] 배티 연구진과 그 뒤를 따른 다른 연구자들은 값들이 프랙털 차원 1.2에 몰려 있지만, 분산이 아주 커서 1.8에 가까운 값들도 있음을 알았

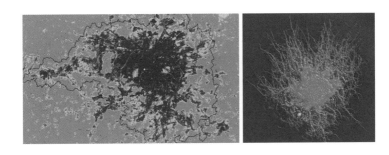

프랙털형 기하학의 발달을 보여주는 파리의 유기적 성장 패턴(왼쪽)과 세균 군체(오른쪽).

다. 도시들의 복잡성을 비교할 척도를 제공하는 것 외에, 프랙털 차원의 더욱 흥미로운 활용 사례는 아마 그것을 도시 건강의 진단 척도로 삼는 것이 아닐까? 대개 건강하고 튼튼한 도시의 프랙털 차원은 도시가 성장하고 발달함에 따라 꾸준히 증가한다. 점점 더 늘어나면서 점점 더 다양하고 복잡한 활동을 하는 인구를 수용하기 위해 기반시설이 점점 더 늘어나고, 그에 따라 복잡성이 더 커진다. 하지만 거꾸로 도시가 경제적으로 힘들 때나 일시적으로 위축될 때에는 프랙털 차원도 줄어든다.

이런 프랙털 차원은 도시의 다양한 기반시설망의 자기 유사성을 나타내는 척도이며, 앞 쪽에 실린 서로 다른 해상도의 사진 같은 것들을 분석하여 얻는다. 그러나 물리적 표현 형태를 그냥 보기만 한다고 해서, 도시의 프랙털 특성이 반드시 뚜렷이 드러나는 것은 아니다. 어쨌거나 뉴욕의 시가지 설계는, 아니 그 점에서는 미국의 거의 모든 도시가 다 그러한데, 전형적이게도 규칙적인 직사각형 격자 형태다. 단순한 유클리드 기하학을 금방 떠올릴 수 있다. 런던이나 로마 같은 구대륙 도시들은 분명히 그렇지 않다. 그런 도시들의 구불거리는 거리들은 더 명백하게 프랙털형 유기적 구조다. 어느 쪽이든, 직사각형 격자 구조를 지닌 도시에서도 그 기하학의 밑에는 모든 도시에 배어 있는 프랙털이 숨어 있으며, 그 점은 스케일링 법칙의 보편성에 반영되어 있다.

특정한 도시가 아니라 전체 도시 체계를 예로 들어서 이 점을 설명해보자. 하지만 요점은 동일하다. 다음 쪽의 그림은 미국의 주간interstate 도로망 체계를 나타낸 지도다. 그 도로망은 제2차 세계대전 이전 히틀러가 건설한 아우토반에서 영감을 얻어 전쟁이 끝난 뒤 아이젠하워 정부 때 건설되기 시작했다. 그리고 아우토반처럼 국가 방위 수단이 필요하다는 인식이 강한 동기가 되었다. 사실이 도로망의 공식 명칭은 국가주간방위고속도로체계National System of Interstate and Defense Highways다. 그 결과 도로는 주요 도시 사이의 거리와 여행 시간을 최소화하기 위해 가능한 한 직선이 되도록 계획되었다. 2,000년 전 로마인들이 제국 전체를 다스리기 위해 도로를 닦은 것과 흡사하게 말이다. 보면 알겠지만, 그 결과 주간 도로망은 전형적인 미국 도시와 매우 흡사하게 대체로 직사각형 격자에 근접해 있다. 물론 지리와 국지적 조건에 따라 어긋나는 곳들도 있다. 그러나 전체적으로 보면, 놀라울 만치 규칙적이어서 고전적인 프랙털과는 그리 닮아 보이지 않는다.

하지만 겉모습과 달리, 주간 도로망은 단순히 물리적 도로망이 아니라 그 안의 실제 교통 흐름이라는 렌즈를 통해 보면, 사실 본질적으로 프랙털이다. 이 교통 흐름은 주간 도로망의 핵심이자, 그것이 존재하는 근본 이유다. 이 프랙털 성질을 드러내기 위해, 보스턴, 롱비치, 러레이도 같은 항구 도시의 단순성을 생각해보자. 이런 항구들에서 규칙적으로 트럭들이 빠져나와 주간 도로망을 통해 미국 전역으로 상품을 운송한다. 미국 교통부는 이런 교통 흐름의 통계를 꼼꼼히 기록한다. 따라서 한 달 등 특정한 기간에 각 도로 구간을 지나가는 트럭의 수를 집계하는 일은 어렵지 않다. 텍사스주 러레이도를 예로 들어보자. 이 도시에서 직접 주간 도로망으로 이어지는 구간은 가장 교통량이 많은 곳임이 분명하다. 떠나는 모든 트럭이 그 구간을 이용해야 하기 때문이다. 트럭들은 도시에서 점점 멀어지면서 주간 도로망의 서로 다른 구간으로 흩어져 전국 각지로 향하고, 이윽고 각 주의 도로망으로 들어선다. 따라서 트럭이 점점 더 먼 도시와 소도시로 흩어져서 상품을 운송함에 따라, 러레이도에서 점점 더 먼 거리에 있는 구간일수록 트럭 교통량은 점점 더 줄어든다.

텍사스 안팎을 오가는 트럭들의 주요 흐름(2010년)

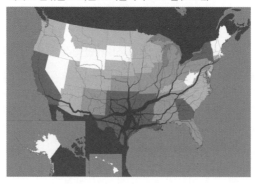

위 미국 주간 고속도로 체계의 표준 지도. **아래** 물리적 도로 체계에 숨겨져 있는 프랙털 구조를 드러내는 텍사스 교통 흐름 지도. 도로의 폭은 상대적인 교통 흐름을 나타낸 것이다. 더 가느다란 구간, 즉 '모세혈관' 중 상당수는 주간 도로가 아닌 곳인 반면, 더 넓은 구간, 즉 주요 '동맥'은 더 큰 도로다. 3장에 실린 심혈관 혈액 운송 체계와 비교해보라.

이는 텍사스의 교통 흐름 지도에서 선명하게 드러난다. 각 도로 구간의 폭은 러레이도에서 나오는 트럭들의 교통 흐름을 나타낸다. 즉, 도로 폭이 더 넓을수록 러레이도에서 출발하는 트럭의 수가 더 많다는 뜻이다. 쉽게 알아볼 수 있듯이, 지도에서 으레 보인 격자 모양의 주간 도로망은 놀랍게도 우리 순환계를 떠올리게 하는 훨씬 더 흥미로운 계층적 프랙털형 구조로 변모한다. 따라서 실제로 중요한 것, 즉 교통 흐름이라는 관점에서 보면, 이것이 바로 그 도로망의 진짜 모습이 된다. 러레이도를 벗어나는 주요 도로는 대동맥처럼 행동하고, 그 이후의 도로들은 각각의 동맥, 상품이 최종 배달되는 각지의 소도시와 도시로 들어가는 말단 도로는 그 도로망의 모세혈관이다. 심장은 러레이도 자체이며, 그 심장은 주간 혈관계로 트럭들을 '뿜어낸다'. 이 양상은 전국의 모든 도시에서 재연된다. 따라서 이 체계는 생리적 순환계를 일반화한 것이며, 여기서 각 도시는 피를 뿜어내는 심장처럼, 크리스탈러의 말을 빌리자면 '중심지'로 행동한다.

불행히도 도시 내에서는 비슷한 분석을 수행한 사람이 아무도 없다. 주된 이유는 도시의 모든 거리의 교통 흐름에 관한 상세한 통계가 없기 때문이다. 모든 거리 모퉁이에 교통 상황을 지켜보는 측정 장치들이 무수히 설치되는 스마트 도시가 도래하면 궁극적으로 모든 도시에서 비슷한 분석을 수행할 충분한 자료가 제공되어 앞 쪽의 지도와 흡사하게 도시 내 교통 체계의 역동적인 구조가 드러날 것이다. 그러면 도시의 새 구역을 성공적으로 개발하거나 새로운 상점가나 경기장을 지을 곳을 결정하는 것 같은 도시계획 목적에 중요한 다른 척도들을 구할 수 있을 뿐 아니라, 교통 패턴과 특정한 장소의 매력도 상세히 정량적으로 평가할 수 있게 될 것이다.

마이클 배티는 프랙털 도시 개념을 발전시키고 복잡성 이론에서 나온 개념들을 전통적인 도시 분석과 계획에 통합하자고 앞장서서 주장해왔다. 런던 유니버시티칼리지에서 첨단공간분석센터Centre for Advanced Spatial Analysis(CASA)를 운영하고 있는 그는 주로 도시와 도시 체계의 물리적 특성을 컴퓨터로 모형화하는 연구를 하고 있다. 그는 복잡 적응계로서의 도시 개념에 푹 빠져 있고, 그래서 도시의 과학을 개발하는 일을 옹호하는 주요 인물이 되었다. 그의 전망은 내 전망과 좀 다른데, 그의 최근 저서 《새로운 도시 과학The New Science of Cities》에 요약되어 있다. 이 책은 사회과학, 지리, 도시계획이라는 더 현상론적인 전통보다 내가 규명해온 원리들을 토대로 한, 더 분석적이고 수학적인 전통을 강조한다.[7] 궁극적으로 도시의 이해라는 엄청난 도전 과제를 해결하려면 양쪽 접근법이 다 필요하다.

5 거대한 사회적 인큐베이터인 도시

도시는 물리적 기반시설을 이루는 도로, 건물, 관, 전선의 단순한 총합이 아닐뿐더러, 모든 시민들의 삶과 상호작용을 누적한 합도 아니다. 이 모든 것들이 융합되어 생동하는 다차원적이고 살아 있는 실체다. 도시는 물리적 기반시설과 그 주민을 모두 유지하고 성장시키는 에너지와 자원의 흐름을 모든 시민들을 상호 연결하는 사회 관계망 속의 정보 흐름 및 교환과 통합함으로써 탄생하는 창발적 복잡 적응계다. 이 두 가지 전혀 다른 망의 통합과 상호작용이 마법처럼 그 물리적 기반시설의 점증하는 규모의 경제를 낳는 동시에, 사회적 활동, 혁신, 경제 산출량의 불균형적인 증가를 낳는다.

앞 절에서는 도로 길이와 주유소 수 같은 기반시설 척도의 저선형 스케일링으로 표현되는 자기 유사적 프랙털 특성을 조명하면서 도시의 물리성에 초점을 맞추었다. 이것들은 생물에서와 거의 동일한 과정으로 도시에서 생겨난다. 에너지와 자원이 도시의 각 부위에 공급되는 양상을 제약하는 최적화한 공간 채움 운송 망의 일반적인 특성의 결과이기 때문이다. 이런 물리적 망들은 모두 우리에게 매우 친숙하며―도로, 건물, 수도관, 전선, 자동차, 주유소는 도시생활에서 눈에 아주 잘 띄는 것들이다―그것들이 우리의 순환계 같은 우리 몸에 있는 생리적 망을 어떤 식으로 모방하고 있는지를 상상하는 것은 어렵지 않다. 그러나 사회 관계망의 기하학과 구조 및 거기에 속한 사람들 사이의 정보 흐름을 어떻게 시각화해야 할지는 쉽게 와닿지 않는다.

사회 관계망 연구는 모든 사회과학 분야를 포괄하는 거대한 분야이며, 사회학이 생겨날 때부터 이어진 길고도 다채로운 역사를 갖고 있다. 비록 학문적 관심뿐 아니라 기업 및 시장의 관심에 따라서 사회과학자들이 그런 망들을 분석할 정교한 수학적·통계적 기법들을 개발해왔지만, 그 분야가 엄청나게 발전한 것은 1990년대에 물리학자들과 수학자들이 복잡 적응계에 관심을 보이기 시작하면서였다. 정보기술의 혁신으로 생긴 새로운 통신 도구들은 이 추세를 더욱 강화했다. 그로부터 페이스북, 트위터 같은 새로운 유형의 사회 관계망들이 생겨났다. 여기에 스마트폰이 등장하면서, 사람들이 어떻게 상호작용하는지를 분석할 때 이용할 수 있는 자료의 양과 질이 폭발적으로 늘어났다.

지난 20년 사이에 네트워크과학network science이라는 하위 분야가 출현하여 크게 발전하면서, 망의 전반적인 현상학과 망을 생성하는 근본 메커니즘과 동역학 양쪽을 깊이 이해할 수 있게 해주었다.[8] 네트워크과학은 고전적인 공동체 조직 구조, 범죄 및 테러 망, 혁신 망, 생태적 망과 먹이그물, 보건과 질병 망, 언어와 문학 망을 비롯하여 대단히 다양한 범위의 주제를 다룬다. 이런 연구들은 범유행병pandemic disease, 테러 조직, 환경 문제를 공략하고, 혁신 과정을 강화하고 촉진하며, 사회 조직을 최적화할 가장 효과적인 전략을 고안하는 것을 비롯하여 다양한 범위에 걸친 중요한 사회적 도전 과제에 중요한 통찰을 제공해왔다. 이런 흥미로운 연구 중 상당수는 샌타페이연구소와 관련이 있는 내 여러 동료들이 수행해왔다.

작은 세계: 스탠리 밀그램과 6단계 분리

아마 독자도 '6단계 분리six degrees of separation'라는 개념을 들어보았을 것이다. 대단히 상상력이 풍부한 사회심리학자 스탠리 밀그램Stanley Milgram이 1960년대에 내놓은 개념인데, 흔히 '작은 세계 문제small world problem'라고도 한다.[9] 이 개념은 어느 흥미로운 질문에 답을 하려다가 나온 것이다. 당신이 무작위로 고른 자기 나라의 다른 어떤 사람과 평균적으로 몇 사람을 건너면 알게 될까? 이를 개념화하는 한 가지 손쉬운 방법은 먼저 종이에 각 사람을 점으로 찍어서 그림으로 나타내는 것이다. 각 점을 마디node(노드)라고 한다. 점으로 표시한 두 사람이 서로 안다면, 둘을 연결하는 선을 긋는다. 이 선을 링크link라고 한다. 이 단순한 방법을 쓰면, 어느 사회의 사회 관계망이든 구성할 수 있다. 413쪽 그림에 사례가 나와 있다. 예를 들어, 전국의 사회 관계망을 생각할 때, 무작위로 고른 두 사람이 평균적으로 몇 개의 링크만큼 떨어져 있을까 하는 질문은 흥미로울 것이다. 당신이 잘 아는 사람들, 즉 친구, 식구, 직장 동료를 포함하는 지인들은 단 하나의 링크면 된다. 친구의 친구로서 당신이 모르는 사람은 링크 2개만큼 떨어져 있다. 또 친구의 친구의 친구인데 당신이 모르는 사람은 링크 3개만큼 떨어져 있고, 그런 식으로 죽 이어갈 수 있다. 이제 감을 잡을 수 있을 것이다. 망에 있는 모든 사람이 연결될 때까지 이렇게 무한정 이어갈 수 있다. 나는 뉴멕시코주 샌타페이에 사는데, 독자는 메인주 루이스턴에 살지도 모른다. 3,000킬로미터 이상 떨어진 곳이다. 나는 루이스턴에 아는 사람이 전혀 없으며, 아마 독자도 샌타페이에 아는 사람이 없을 가능성이 매우 높다. 여기서 나올 법한 흥미로운 질문이 내가 당신과 연결될 수 있는 링크의 최소 수가 얼마냐는 것이다. 즉, 친구의 친구의 친구의 친구를 몇 번 반복하면 연결될까? 미국 인구는 약 3억 5,000만 명이므로, 아마 링크가 50개, 100개, 심지어 1,000개쯤으로 아주 많지 않을까 생각할 수도 있다. 그런데 놀랍게도 밀그램은 임의의 두 사람을 연결하는 링크 개수가 평균적으로 겨우 약 여섯 개임을 발견했다. 그리하여 '6단계 분리'라는 말이 나왔다. 즉, 우리는 서로 겨우 여섯 개의 링크만큼 떨어져 있다. 겉으로 보이는 것과 달리, 놀라울 만치 서로 긴밀하게 연결되어 있다.

이 의외의 결과를 처음 분석한 사람은 응용수학자 스티븐 스트로가츠Steven Strogatz와 당시 그의 학생이었던 던컨 와츠Duncan Watts였다.[10] 그들은 작은 세계망small world network이, 무작위로 연결된 망에 비해 대개 허브hub(중심축)와 군집도가 큰 곳이 아주 많다는 것을 보여주었다.

허브는 링크 수가 유달리 많은 노드를 가리킨다. 항공사들은 망이론에서 유도한 '허브와 바큇살' 알고리듬을 써서 비행 일정표를 짠다. 한 예로, 댈러스는 아메리칸항공의 주요 허브이므로, 미국 서부의 거의 어디에서든 아메리칸항공으로 뉴욕시로 가려면 댈러스를 거쳐야 한다. 이 허브 구조 때문에 군집도가 높다는 것은 작은 세계망이 클리크clique라는 모듈형 하위 망을 지니는 경향이 있음을 의미한다. 클리크 자체는 내부의 어떤 두 마디든 간에 거의 다 서로 연결되어 있을 만큼 연결도가 매우 높은 구역을 가리킨다. 사회 관계망의 특징인 이런 유형의 일반적인 특성은 마디 사이의 가장 짧은 경로가 평균적으로 볼 때 비교적 적은 수의 링크로 이루어지며, 이 수가 집단의 크기와 본질적으로 무관하다는 결과를 낳는다. 따라서 크고 작은 모든 집단에서 거의 동일하게 6단계 분리가 나타난다. 게다가 모듈 구조는 대개 자기 유사성을 띠므로, 작은 세계망의 많은 특징들은 거듭제곱 스케일링을 만족시킨다.

스티븐 스트로가츠는 비선형 동역학과 복잡성 이론에서 나온 개념들을 써서 다양한 흥미로운 문제들을 분석하고 설명하는 코넬대학교의 괴짜 응용수학자다. 예를 들어, 그는 귀뚜라미, 매미, 반딧불이가 어떻게 서로 행동을 동조하는지 보여주는 멋진 연구를 해왔으며, 더 최근에는 그 개념을 확장하여 런던의 밀레니엄브리지가 왜 기능 이상을 일으켰는지를 보여주었다.[11] 이 다리에 생긴 문제는 도시의 과학에 몇 가지 흥미로운 교훈을 주므로, 잠시 곁길로 빠져서 살펴보기로 하자.

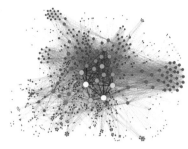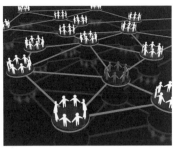

왼쪽 하나의 링크로 연결된 개인들의 마디를 보여주는 사회 관계망. 링크를 두 개 이상 거쳐야 연결되는 개인도 있고, 링크가 많아서 허브 역할을 하는 개인도 있다.
오른쪽 가족이나 아주 가까운 친구 집단처럼 긴밀하게 상호작용하는 개인들이라는 모듈형 하위 단위를 지닌 전형적인 사회 관계망.

새천년을 축하하는 행사의 일부로 영국은 템스강 남쪽 연안의 테이트모던갤러리 및 셰익스피어글로브극장과 북쪽 연안의 런던 금융 중심지인 런던시티 같은 유명 장소를 연결하는 새로운 보행자용 다리를 건설하기로 결정했다. 설계 공모를 하자, 어느 정도 예상할 수 있던 인물의 작품이 선정되었다. 아라비아사막의 마스다르라는 기이한 정사각형 도시를 설계한 저명한 건축가 노먼 포스터가 유명 조각가 앤서니 케이로Anthony Caro 및 건축회사 아럽Arup과 공동으로 제출한 작품이었다. 런던을 멋지게 장식할 또 하나의 명소가 등장한 것이다. 도시의 양쪽을 연결하는 보행자 전용 다리로, 세인트폴성당으로 가든 테이트로 가든 글로브로 가든, 언제든 건너면서 즐거운 경험을 할 수 있다. 개통되기 전, 설계진은 그 설계를 '빛줄기'와 비교하면서 "공학적 구조의 순수한 표현"이라고 했고, "21세기의 출발점에서 우리가 어떤 능력을 지녔는지를 보여주는 절대 선언"이라고 한 사람도 있었다.

2000년 6월 10일, 개통 첫날은 대성공이었다. 거의 9만 명이 다리를 건넜고, 한 번에 2,000명까지도 지나갔다. 그런데 유감스럽게도 이틀 뒤 다리는 폐쇄되었고, 통행이 재개되기까지 거의 1년 반을 기다려야 했다. 생각지도 못했던 설계 결함이 발견되었기 때문이다. 건너는 사람들의 움직임에 따라서 다리가 좌우로 흔들렸고, 적어도 일부 사람들이 무의식적으로 그 흔들림에 걸음을 맞추는 바람에 진폭이 더욱 커졌다는 것이 드러났다. 이런 흔들림은 불편하고 불안하게 만들 뿐 아니라, 몹시 위험했다.

이는 공명이라는 형태로 표현되곤 하는 양의 되먹임 메커니즘의 전형적인 사례다. 물리학자와 공학자가 아주 오래전부터 잘 알고 있는 현상이었다. 물리학 개론 수업 때 으레 가르치는 것이며, 악기와 성대가 어떻게 소리를 내고 레이저가 어떻게 작동하는지, 심지어 그네 타는 아이가 흔들리는 자연적인 진동수('공명 진동수')에 맞춰 힘을 주면 그네가 점점 더 높이 올라가는 것도 그 현상으로 설명한다. 보행자들은 밀레니엄브리지를 건널 때 사실상 이 그네 밀기를 하고 있었다. 자연스러운 집단 흔들기가 자연적인 공명 주파수에 동조하면서 다리를 좌우로 진동시킨 것이다.

다리가 그 구조에 숨겨진 공명에 취약하기 때문에 자칫하면 위험해질 수 있다는 것은 잘 알려진 현상이다. 그래서 군인들은 발을 맞추어서 행군하다가도 다리를 만나면 발을 맞추지 말고 건너라는 교육을 받곤 한다. 오늘날의 다리는 이런 일이 일어나지 않도록 설계되어 있다. 그렇다면 손가락만 까딱이면 컴퓨터를 이용하여 필요한 모든 지식을 알고 복잡한 계산까지 해낼 수 있는 20세기 말에,

손꼽히는 건축가, 설계자, 공학자가 지은 정교한 다리에 어떻게 그런 일이 일어난 것일까?

아마 다리에 일어날 수 있는 공명과 진동을 생각할 때 수직 운동만을 고려하고, 수평 운동이 일어날 가능성은 대체로 무시한 듯하다. 나로서는 경악스럽다. 밀레니엄브리지의 설계진은 이 수평 흔들림이 "지금까지 공학계에 거의 알려지지 않은 현상"이라고 변명했다. 다리를 짓는 데 든 예산이 거의 3,000만 달러였는데, 이 문제를 해결하기 위해 추가로 800만 달러가 더 들었다. 사전에 과학자―스티븐 스트로가츠 같은 사람―의 조언을 조금만 받았다면 그런 엄청난 돈을 아낄 수 있었을 텐데 말이다.

도시의 설계와 개발에도 같은 취지의 말이 적용된다. 그전에 있던 브루넬의 그레이트이스턴호처럼, 밀레니엄브리지의 실패도 아무리 정교한 것이라 해도 전통적인 접근법에 기본 원리를 토대로 한 폭넓고 체계적인 과학적 관점을 통합하여 보완한다면 크나큰 안타까움을 예방하고 많은 돈을 아낄 수 있음을 보여주는 비교적 '단순한' 사례다. 도시를 개발하고 짓는 일은 다리나 배를 만드는 것보다 훨씬 더 어렵고 복잡하지만, 같은 논리가 적용된다. 설계를 최적화하고 의도하지 않은 결과를 최소화하기 위해서는 기본 원리와 동역학을 알고 유념하며, 문제를 체계적인 맥락에서 폭넓게 보고, 정량적이고 분석적으로 생각하는 등의 관점을 특정 문제와 관련된 세부 사항에 주로 초점을 맞추는 관점과 통합할 필요가 있다.

스티븐 스트로가츠는 던컨 와츠와 작은 세계망 연구를 할 당시 샌타페이연구소의 외래 교수였다. 그는 수학과 비선형 동역학에 관한 뛰어난 대중서[12]도 몇 권 썼고, 〈뉴욕 타임스〉 과학 필진으로도 있었다. 던컨은 코넬대학교에서 박사과정을 마치고 박사후과정 연구원으로 샌타페이연구소에 왔다. 그 시기는 내가 연구소에서 일을 시작한 시기와 우연히도 겹쳤고, 나는 연구소에서 지내는 동안 그와 한 연구실을 쓰는 기쁨을 누렸다. 현재 던컨은 자기 분야에서 확고히 자리를 잡았고, 마이크로소프트에서 온라인 소셜 네트워크를 연구하는 활기찬 연구진을 책임지고 있다.

와츠의 연구 계획 중 하나는 임의의 두 사람을 연결하는 데 링크가 얼마나 필요한지를 파악하기 위해, 사람들 사이에 오가는 전자우편에 관한 엄청난 자료를 바탕으로 밀그램의 6단계 분리 결과를 검증하는 것도 있었다. 이 검증은 중요했다. 우체국을 통해서 보내는 전통적인 편지를 토대로 한 밀그램의 연구는 자료가 비교적 빈약하고 체계적인 대조군을 설정하지 않았다는 비판을 심하게 받아 왔기 때문이다.

밀그램은 권위에의 복종을 조사한 극도로 도발적이면서 자극적인 실험으로도 유명하다. 홀로코스트와 그 일을 계획한 주역 중 한 명인 아돌프 아이히만Adolf Eichmann의 1961년 재판 같은 사건들에 강한 영향을 받아서, 그는 우리가 또래나 집단의 압력에 설득당해서 자신의 신념과 양심에 위배되는 행위나 진술을 얼마나 쉽게 하는지를 보여주는 실험을 고안했다. 이 실험들도 과학적·방법론적 측면에서만이 아니라, 실험 참가자들이 속았다고 여기고 그 때문에 감정적 스트레스를 받았을지도 모른다는 윤리적 문제들 때문에도 심한 비판을 받았다. 밀그램은 당시 예일대학교의 젊은 교수였지만, 그 직후 하버드대학교로 자리를 옮겼고, 그곳에서 6단계 분리 연구를 했다. 그는 하버드대학교에서 종신 재직권을 따지 못했는데, 어느 정도는 실험의 윤리적 문제들을 둘러싼 논란 때문이기도 했다. 결국 그는 뉴욕으로 돌아가서 세상을 떠나는 날까지 시립대학교에 재직했다.

밀그램은 이민 온 유대인 제빵사의 아들로 뉴욕에서 태어나 평범한 환경에서 자랐다. 나는 맛 좋은 빵을 몹시 좋아하는 터라, 알았다면 그 빵집을 자주 갔을 것이다. 그는 또 다른 저명한 사회심리학자 필립 짐바르도Philip Zimbardo의 고등학교 친구이기도 했다. 짐바르도는 1970년대 초에 스탠퍼드대학교에서 '감옥 실험'을 한 것으로 유명해졌다. 이 실험은 권위에의 복종을 다룬 밀그램의 실험에 영감을 얻었으며, 평소에는 정상적인 사람들(여기서는 스탠퍼드대학교 학생들)이 교도관 역할을 맡을 때에는 가학적인 행동을 하도록 하고, 죄수 역할을 맡을 때에는 극도로 수동적이고 위축된 행동을 보이도록 유도할 수 있다는 것을 보여주었다. 짐바르도의 연구는 이라크전쟁 때 아부그라이브 교도소에서 교도관들이 죄수를 학대했다는 사실이 폭로된 뒤에 유명해졌다.[13]

선한 사람들이 왜, 어떻게 악해지고 나쁜 짓을 저지르는가 하는 문제—선한 사람들에게 나쁜 일이 일어나도록 신이 허락한 이유가 무엇일까 하는 욥의 딜레마의 인간판이라고 할 수 있는—는 우리에게 사회적 의식이 진화한 이래로 인간 행동의 근본적인 역설이었다. 인간이 자기 자신과의 관계에서 어디에 있는가 하는 문제—선과 악이라는 끊임없는 도덕적 딜레마—는 인간이 우주와의 관계에서 어디에 있는가 하는 문제와 짝을 이룬다고 볼 수 있다. 이 문제들은 호모 사피엔스가 의식을 지니게 된 이래로 인간의 생각을 지배하면서 수많은 종교, 문화, 철학을 낳은 인간 존재의 핵심 현안들이다. 아주 최근에야 비로소 이런 심오한 문제를 과학과 '합리성'에 토대를 둔 관점에서 살펴보기 시작했고, 이 연구들은 그런 질문들의 근원을 이해할 상보적인 이론 틀과 새로운 통찰과 답을 내놓을 수 있다는 희망을 준다. 밀그램과 짐바르도의 도발적인 연구는 선한 사람들이 왜 아주 나쁜 짓을 저지를 수 있는가 하는 수수께끼가 또래 압력 상황, 거부에 대한 두려움, 권위를 통해 개인에게 권력과 통제를 가하는 집단의 일부가 되고자 하는 욕망에서 기원함을 강하게 시사한다. 짐바르도는 문화적 기원과 무관하게 우리의 정신에 새겨진 듯하고 수 세기에 걸쳐 참사를 일으켜온 이 강력한 동역학을 단순히 개별적인 '통에 든 나쁜 사과', 민족성, 문화 규범을 탓하는 우리의 본능적인 성향에 호소하는 대신에 명시적으로 인정하고 규명해야 한다고 소리 높여 주장해왔고, 그 주장을 뒷받침할 연구를 활발하게 해왔다.

도시심리학: 대도시 생활의 스트레스와 제약

안타깝게도 밀그램은 51세라는 비교적 젊은 나이에 심장마비로 사망했다. 그는 우리가 일반적으로 받아들이고 있던 인간 본성에 관한 관점을 바꾸고, 특히 개인의 활동과 행동이 공동체와의 상호작용에 강하게 영향을 받는다는 것을 보여주는 데 기여했다. 그의 복종 실험은 인간이 사악하거나 비뚤어지지 않고서도 얼마든지 비인간적으로 행동할 수 있음을 보여주었다. 개인과 그 공동체 사이의 관계를 연구하다가 그는 도시 생활의 심리적 차원이라는 더 폭넓은 문제로 자연스럽게 넘어갔다. 1970년 그는 〈사이언스〉에 〈도시에서 사는 경험The Experience of Living in Cities〉이라는 도발적인 논문을 발표했다. 도시심리학urban psychology이라는 막 발전하기 시작한 분야의 토대를 마련하고, 향후 그가 수행한 연구의 중심이 된 논문이었다.[14]

밀그램은 대도시 생활의 심리적 혹독함에 깊은 충격을 받았다. 당시에는 대도시 주민이 자신이 속한 국지적 환경 바깥에서는 대개 상호작용과 관여를 피하려 애쓰고, 참여나 개입을 일으킬지 모를 사람이나 사건을 거의 모른 척한다는 것이 일반적인 인식이었다. 그래서 대부분의 사람들은 범죄, 폭력, 다른 위급한 사건을 목격했을 때 개입하거나 도움을 요청하는 것조차 싫어한다는 것이다. 그는 소도시에 비해 대도시 생활의 특징처럼 보이는 이런 신뢰 부족, 더 큰 두려움과 불안, 시민 의식과 친절함의 전반적인 결핍을 살펴볼 일련의 독창적인 실험을 고안했다. 예를 들어, 그는 조사자들에게 집집마다 돌아다니면서 초인종을 누른 뒤 근처에 있는 친구 집의 주소를 잊어버려서 그러니, 전화 한 통 쓸 수 있냐고 부탁하도록 했다. 그러자 대도시에 비해 소도시가 집 안에 들어오라고 말하는 비율이 무려 3~5배 높았다. 게다가 대도시에서는 초인종에 응답한 사람의 75퍼센트가 닫힌 문을 통해 소리치거나 문구멍으로 내다보면서 답한 반면, 소도시에서는 75퍼센트가 문을 열고 답했다.

밀그램의 친구 짐바르도는 이와 관련이 있는 실험을 하나 했다. 그는 뉴욕대학교의 브롱크스 캠퍼스 근처와 팰로앨토에 있는 스탠퍼드대학교 인근에 비슷한 차를 약 사흘 동안 세워두었다. 잘 모르는 독자를 위해 덧붙이자면, 팰로앨토는 샌프란시스코 남쪽의 매우 부유한 소도시로, 미국 교외 지역의 모범 사례라고 할 수 있다. 우연히도 이 실험이 이루어질 즈음에 나는 그곳에 살았기에, 좀 차분하고 고즈넉한 분위기를 풍기는 곳이었다고 증언할 수 있다. 양쪽 차는 번호판을 떼었고, 약탈을 '부추기기' 위해 차 지붕을 열어두었다. 24시간이 가기 전에, 뉴욕의 차는 떼어낼 수 있는 부품들은 모두 다 사라졌고, 사흘이라는 실험 기간이 끝날 무렵에는 금속 뼈대만 남았다. 매우 놀라운 점은 약탈이 대부분 낮 시간에, '무심한' 사람들이 지나가면서 뻔히 지켜보는 가운데 일어났다는 것이다. 대조적으로 팰로앨토의 차는 아무도 건드리지 않았다.

도시 생활의 이 어두운 사회심리적 측면을 개념화하기 위해, 밀그램은 전기 회로와 시스템과학 이론에서 '과부하overload'라는 용어를 빌렸다. 대도시에서 우리는 너무나 많은 장면, 너무나 많은 소리, 너무나 많은 '일들', 너무나 많은 사람을 빠른 속도로 끊임없이 접하기 때문에, 쏟아지는 그 모든 감각 정보를 다 처리할 수가 없다. 모든 자극에 반응하려고 하다가는 우리의 인지적·심리적 회로가 고장 날 것이고, 한마디로 우리는 과부하에 걸린 전기 회로처럼 퓨즈가 나간다. 그리고 안타깝게도 일부는 정말로 그렇게 된다. 밀그램은 우리가 대도시에서 인식하고 경험하는 유형의 '반사회적' 행동들이 사실은 도시 생활의 감각적 공습에 대처하기 위한 적응적 반응이라고 주장했다. 즉, 그런 적응이 없다면 우리 모두는 퓨즈가 나갈 것이라는 뜻이다.

나는 도시 과부하의 부정적인 사회심리적 결과들에 관한 밀그램의 관찰과 추측에 역설이 담겨 있음을 독자가 알아차렸을 것이라고 확신한다. 착상과 부의 창조, 혁신, 도시의 매력의 근본적인 원동력이라고 내가 격찬해온 도시 생활의 바로 그 측면, 즉 제인 제이콥스가 그토록 높이 샀던 사람들 사이 증가한 연결성과 그에 따른 도시의 부산함이 여기서는 대도시의 혜택을 얻기 위해 우리가 불가피하게 치러야 하는 대가 중 하나임이 드러난다. 이것은 도시 크기가 증가할 때 초선형 스케일링을 보이면서 증가하는 연결성의 '좋은 것, 나쁜 것, 추한 것'에 해당하는 결과들의 또 다른 차원이다. 1인당 지니는 것이 체계적으로 더 늘어난다는 것은 임금, 특허 건수, 식당, 기회, 사회 활동, 부산함이 더 늘어나는 한편으로, 범죄와 질병도 더 늘어난다는 뜻이다. 그리고 스트레스, 불안, 두려움이 더 심해지고 신뢰와 시민 의식은 줄어든 삶을 살아간다는 뜻이기도 하다. 뒤에서 짧게 논의하겠지만, 이런 현상의 상당수는 더 큰 도시에서 삶의 속도가 증가한다는 사실에 기인한다고 할 수 있으며, 그것은 망 이론의 예측 가능한 결과 중 하나다.

6   가까운 친구가 실제로 얼마나 많을까? 던바와 던바 수

앞의 두 절에서 나는 도시에서 일어나는 사회적 상호작용의 일반적인 특징 중 몇 가지를 대충 훑어봤다. 그럼으로써 도시 기반시설 망의 체계적인 자기 유사성과 프랙털형 기하학이 사회 관계망에 어떻게 반영되어 있는가 하는 논의로 자연스럽게 넘어갈 수 있다. 먼저, 6단계 분리 현상이 겉보기와 달리, 대다수가 느끼는 것보다 우리가 서로 상당히 더 밀접하게 연결되어 있다고 말하는 것임을 되새길 필요가 있다. 게다가 작은 세계망은 대개 근본적인 자기 유사적 특징과 개인들의 클리크가 우세함을 반영하는 거듭제곱 법칙 스케일링을 보여준다. 그런 모듈 집단 구조는 가족이든 가까운 친구든 직장 부서든 동네든 도시 전체든, 우리 사회생활의 핵심 특징이다.

사회 집단의 계층 구조를 이해하고 해체하는 일은 50여 년 동안 사회학과 인류학의 주된 관심 대상이었지만, 그 정량적인 특징 중 일부가 명확해진 것은 겨우 지난 20여 년 전부터였다. 진화심리학자 로빈 던바Robin Dunbar 연구진은 그 일에 기여했다. 그들은 평균적인 개인의 사회 관계망 전체를 크기가 놀라울 만치 규칙적인 양상을 따르면서 차곡차곡 겹쳐 들어가는 군집들의 계층 서열로 해체할 수 있다고 주장했다.[15] 예를 들어, 가족에서 도시로 계층 구조를 올라감에 따라 각 수준에 있는 집단의 크기는 체계적으로 증가하는 반면, 집단 내 사람들 사이의 결속력은 체계적으로 줄어든다. 따라서 대부분의 사람은 직계 가족과 아주 강하게 연결되어 있지만, 버스 운전사나 시의원과는 아주 약하게 연결되어 있다.

사회성 영장류 공동체 연구에도 어느 정도 영향을 받고, 수렵채집인에서 현대 주식회사에 이르기까지 인류 사회의 인류학적 연구에도 어느 정도 영향을 받은 연구를 통해서, 던바는 이 계층 구조가 자기 유사적 프랙털형 행동을 떠올리게 하는 아주 단순한 스케일링 법칙에 따르는 놀랍도록 규칙적이고 수학적인 구조를 지니는 듯하다는 것을 발견했다. 연구진은 그 계층 구조의 가장 낮은 수준에서는 평균적인 개인이 가장 강한 관계를 맺는 사람의 수가 어느 시점에든 겨우 약 다섯 명임을 발견했다. 이들이 바로 우리와 가장 가까우면서 우리가 가장 신경을 쓰는 사람들이다. 대개는 식구, 즉 부모나 자식이나 배우자이지만, 극도로 가까운 친구나 동료일 수도 있다. 이 핵심 사회 집단의 크기를 측정하기 위해 고안된 설문 조사에서, 그 집단을 정의하는 특징 중 하나가 '응답자가 정서적·경제적으로 몹시 힘든 시기에 사적으로 조언이나 도움을 요청하려는 사람들의 집합'임이 드러났다.

그다음 수준은 대개 함께 의미 있는 시간을 보내고, 당신의 핵심 집단처럼 당신과 친밀하지는 않을지라도 필요할 때면 의지할지 모를 가까운 친구들이라고 흔히 일컫는 사람들을 포함한다. 여기에는 대개 약 15명이 포함된다. 이보다 상위 수준은 여전히 친구라고 부를지도 모르지만, 식사 자리에 초대하는 일은 드물고 파티나 모임에는 초대하고 싶은 이들로 이루어진다. 직장 동료, 동네 이웃, 자주 못 보는 친척이 여기에 속할 수 있다. 이 집단은 대개 약 50명이다.

다음 수준은 개인 상호작용에 관한 한 당신의 사회적 지평의 한계를 정하는 데 상당히 관여하고, '어쩌다 만나는 친구들'이라고 할 수 있는 사람들로 이루어진다. 이름을 알고 사회적 접촉을 유지하는 이들이다. 이 집단은 대개 약 150명으로 이루어진다. 이 숫자를 대개 던바 수Dunbar number라고 하며, 이 수는 대중 매체에서 어느 정도 주목을 받았다.

우리는 집단 계층 구조의 이 연속적인 수준의 규모—5, 15, 50, 150—를 정량화한 수들이 약 3배라는 거의 일정한 스케일링 법칙에 따라 수열을 이루고 있음을 알 수 있다. 이 규칙성은 우리 순환계와 호흡계의 망 계층 구조에서만이 아니라 도시의 교통 패턴에서 보는 익숙한 프랙털형 패턴이다. 이 망들에서의 실제 흐름 외에, 망들 사이의 주된 기하학적 차이는 분지율branching ratio 값이다. 즉, 계층 구조의 한 수준과 그다음 수준의 수—여기서는 사람 수—의 비율을 말한다. 사회 관계망에서는 3이라는 이 분지율 양상이 150명 수준을 넘어서서 약 500명, 1,500명 등에 이르는 크기를 지닌 집단까지 지속된다는 증거가 있다. 이 수의 정확한 값을 너무 곧이곧대로 받아들여서는 안 된다. 자료에 상당한 편차가 있기 때문이다. 우리 목적상 중요한 점은 결이 거친 렌즈를 통해 보면 사회 관계망이 거의 프랙털 패턴을 보여주며, 다양한 사회 조직의 폭넓은 스펙트럼에 걸쳐서 이 말이 맞는 듯하다는 것이다. 설령 이 패턴이 거의 정적으로 남아 있다고 해도, 망의 개별 구성원들은 시간이 흐르면서 바뀌거나, 당신과 그들의 관계가 더 가까워지거나 멀어짐에 따라 한 수준에서 다른 수준으로 옮겨 갈 수도 있다. 예를 들어, 부모가 당신의 핵심 집단에서 빠져나가고 배우자나 친구가 대신 들어

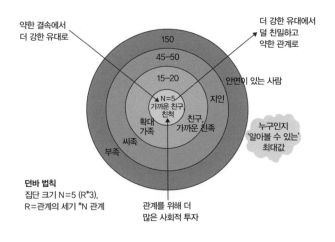

사회적 상호관계의 모듈 구조에서 프랙털형 계층 구조를 반영하는 던바 수의 순차적인 증가. 상호작용의 세기는 모듈 집단의 크기에 반비례한다는 점을 유념하자.

오거나, 어느 모임에서 우연히 만난 누군가가 150명의 일부가 될 수도 있다. 그런 변화에 상관없이, 당신의 핵심 집단을 구성하는 네 명에서 여섯 명으로 된 망의 일반적 구조와 약 3배씩 증가하면서 150명쯤까지 늘어나는 집단을 포함하면서 겹쳐지는 점점 더 큰 상위 집단으로 이루어진 구조들은 온전히 남아 있다.

약 150명이라는 수는 평범한 사람이 계속 지켜보면서 어쩌다가 만나는 친구라고 생각할 수 있고, 따라서 자신이 유지하는 사회 관계망의 일원이라고 생각하는 개인들의 최대 숫자다. 따라서 이 규모는 집단의 모든 구성원이 서로를 충분히 알아서 사회관계가 일관성 있게 유지되는 집단의 대략적인 크기다. 던바는 수렵채집인 무리부터 로마 제국, 16세기 스페인, 20세기 소련의 군대 조직에 이르기까지 다양한 집단들에서 사회적 단위들이 이 마법의 수를 중심으로 기능을 한다는 사례를 많이 찾아냈다.

그는 이 드러난 보편성이 뇌의 인지 구조의 진화에서 기원했다고 추정했다. 즉, 우리에게 그저 이 크기를 넘어서는 사회 관계를 효율적으로 관리할 계산 능력이 없기 때문이라는 것이다. 이는 집단의 크기가 증가하다가 이 수를 넘어서면 사회적 안정성, 일관성, 연결성이 상당히 줄어들면서, 궁극적으로 붕괴로 이어지는 결과를 낳을 것임을 시사한다. 집단 정체성과 응집성이 집단이 제대로 기능하는 데 핵심적이라고 인식되는 상황에서는 사회 관계망 구조의 더 폭넓은 의미와 한계를 인식하는 것이 분명 대단히 중요하다. 안정성, 다른 개인에 대한 지식, 사회관계가 수행 능력의 통합된 일부가 되어 있는 상황에서는 더욱더 그렇다.

기업, 군대, 정부, 대학, 연구 기관 등 많은 조직에서 이런 유형의 정보와 사고방식은 모든 조직 구성원의 수행 능력과 생산성, 전반적인 행복 수준을 높이는 데 기여할 수 있다. 던바는 원래 영장류 사회의 집단 크기로부터 단순한 스케일링 논리를 써서 인간 사회를 확대 추정하는 방법으로 이 수를 추정했다. 그의 연구진은 사회성 영장류의 집단 크기가 뇌의 신피질 부피에 비례하여 고전적인 거듭제곱 법칙에 따라 증가한다는 것을 발견했다. 신피질은 감각 지각, 운동 명령과 공간 추론과 의식적 사고와 언어 같은 고등한 기능들의 생성을, 따라서 복잡한 사회 관계에 참여할 계산 능력을 통제하고 처리하는 뇌의 가장 복잡한 부위다. 뇌 크기와 사회 집단을 형성하는 능력 사이에 이런 관계가 있다고 가정하는 것을 사회적 뇌 가설social brain hypothesis이라고 한다. 던바는 인간의 지능이 생태적 도전 과제들을 해결하다가 나온 직접적인 결과물이라는 통상적인 설명에 따르지 않고, 주로 크고 복잡한 사회 집단을 형성하기 위한 도전 과제에 대한 반응으로 진화했다는 점에서 인과적이라고 주장하기에 이르렀다.[16] 인과관계에 상관없이, 그는 뇌 크기와의 상관관계를 이용하여 150명이라는 수를, 상응하는 인간 사회 집단의 이상적인 크기라고 추정했다.

뇌 크기가 대사율에 비례하여 거의 선형으로 증가하기 때문에, 신피질의 부피 대신에 다른 영장류와 인간의 대사율을 비교하여 인간 사회 집단의 이상적인 크기를 결정할 수도 있다. 그러면 거의 동일한 150명이라는 추정값이 나올 것이다. 따라서 던바의 생각과 정반대로, 진화적으로 볼 때 이 수가 집단 형성의 인지적 도전 과제보다는 자원 및 대사율에 관한 생태적 도전 과제들과 관련이 있다는 주장으로 이어질 수 있다. 우리는 분석을 이끌고 강화하며 검증가능한 예측들을 더 제공하는 근본적인 이론이 없다면, 이 두 가설을 구별할 수 없다. 즉, 집단 구조가 생태적 대사 압력보다는 사회적 압력에 반응하여 진화했는지 여부를 알 수 없다. 이는 그저 상관관계로부터 인과관계를 어느 정도까지 추론할 수 있는지—인과관계가 있다고 할 때—에 관한 고전적인 딜레마를 재조명하는 사례가 된다. 즉, 둘이 상관관계가 있다고 해서 반드시 하나가 다른 하나의 원인이라는 의미는 아니다.

여기까지 말했으니, 내가 사회 관계망 구조가 사회적 압력이든 환경적 압력이든, 진화적 압력에서 기원했다는 일반적인 관점을 선호한다는 점을 고백해야겠다. 그것은 사회 관계망의 자기 유사적 프랙털 특성이 우리 DNA에, 따라서 우리 뇌의 신경계에 새겨져 있음을 의미하기 때문이다. 게다가 우리의 모든 인지 기능을 담당하는 신경 회로를 형성하는 우리 뇌의 백색질과 회색질의 기하학 자체가 프랙털형 계층 구조 망을 이루고 있기 때문에, 이는 사회 관계망의 숨겨진 프랙털 특성이 사실상 우리 뇌의 물리 구조의 한 표현 형태임을 시사한다. 도시의 구조와 조직이 사회 관계망의 구조와 동역학에 따라 결정된다는, 즉 도시의 보편적인 프랙털성이 사회 관계망의 보편적인 프랙털성을 투영한 것이라는 생각과 연결지으면, 이 추측을 한 단계 더 밀고 나갈 수 있다.

이 모든 것을 하나로 엮으면, 도시가 사실상 인간 뇌 구조의 규모 확장 형태라는 터무니없어 보이는 추측이 나온다. 매우 대담한 추정이긴 하지만, 거기에는 모든 도시들에 한 가지 보편적인 특징이 있다는 개념이 생생하게 담겨 있다. 한마디로, 도시는 사람들이 상호작용하는 방식을 표현한 한 형태이며, 그 방식은 우리 신경망에,

따라서 우리 뇌의 구조와 조직에 새겨져 있다는 것이다. 이것이 단지 비유가 아니며, 도시의 물리적·사회적 흐름을 표현하는 도시 지도가 우리 뇌의 신경망의 기하학과 흐름의 비선형 표현 형태라는 의미임을 보여주는 한 가지 신기한 방식이 있다.

7 단어와 도시

생물학에서와는 달리, 우리가 조사하기 이전에는 도시, 도시 체계, 기업의 스케일링 법칙에 관심을 기울인 사람이 놀라울 만치 적었다. 그렇게 복잡하면서 역사적 상황에 따라 달라지는 인위적인 체계들이 어떤 체계적인 정량적 규칙성을 드러내지 않을까 하고 추측한 사람이 거의 없었기 때문일 수도 있다. 게다가 도시 연구에서는 생물학이나 물리학에서처럼 이런 유형의 모델을 구축하고 이론을 자료와 대조하는 식의 연구 전통이 훨씬 적었다. 그러나 주된 예외 사례가 하나 있었다. 인구 규모에 따라서 도시의 순위를 매기는 지프의 법칙Zipf's law이라는 유명한 스케일링 법칙이 바로 그것이다. 그림 39를 보면 알 수 있다.

이는 흥미로운 관찰 법칙이다. 가장 단순화하면, 도시의 순위가 인구에 반비례한다는 것이다(순위에서 1등보다 2등이 숫자가 더 크다고 보는 의미에서—옮긴이). 따라서 한 도시 체계에서 가장 큰 도시는 두 번째로 큰 도시보다 크기가 약 2배이고, 세 번째로 큰 도시보다는 3배, 네 번째로 큰 도시보다는 4배 더 크다. 예를 들어, 2010년 인구조사 자료를 보면, 미국에서 가장 큰 도시는 뉴욕으로, 인구가

8,491,079명이었다. 지프의 법칙에 따르면, 둘째로 큰 도시인 로스앤젤레스는 인구가 그 절반인 약 4,245,539명이어야 하고, 셋째로 큰 도시인 시카고는 인구가 3분의 1인 2,830,359명이어야 하고, 넷째로 큰 도시인 휴스턴은 4분의 1인 2,122,769명이어야 한다. 실제 인구수는 로스앤젤레스 3,928,864명, 시카고 2,722,389명, 휴스턴 2,239,558명이었다. 모두 7퍼센트 이내에서 지프의 법칙에 꽤 잘 들어맞는다.

지프의 법칙은 하버드대학교의 언어학자 조지 킹슬리 지프George Kingsley Zipf의 이름을 딴 것이다. 그는 1949년 출간된 《인간 행동과 최소 노력 원리Human Behavior and the Principle of Least Effort》라는 흥미로운 책으로 유명하다.[17] 그가 이 법칙을 처음 발표한 것은 1935년이었는데, 당시에는 도시가 아니라 언어에서의 단어 사용 빈도에 적용되었다. 원래의 논문에 따르면, 이 법칙은 셰익스피어의 모든 희곡, 성경, 심지어 이 책에서도 본문에 실린 모든 단어의 출현 빈도가 빈도표에 실린 순위에 반비례한다고 말한다. 따라서 가장 사용 빈도가 높은 단어는 둘째로 빈도가 높은 단어보다 약 2배, 셋째로 빈도가 높은 단어보다는 약 3배 더 많이 출현한다. 이 양상이 그림 40에 나와 있다. 예를 들어, 영어 텍스트를 분석했을 때 가장 사용 빈도가 높은 단어는 익히 짐작할 수 있듯이 'the'다. 쓰인 모든 단어 중 약 7퍼센트의 빈도를 차지한다. 두 번째로 빈도가 높은 단어는 'of'로 'the'의 약 절반, 즉 3.5퍼센트를 차지하고, 세 번째로 빈도가 높은 단어인 'and'는 'the'의 약 3분의 1인 2.3퍼센트를 차지한다!

더욱 신기한 점은 이 법칙이 배, 나무, 모래알, 운석, 유전, 인터넷을 오가는 파일 크기 등 수많은 것들의 크기 순위 분포를 비롯하여

그림 39 도시의 크기-순위 분포

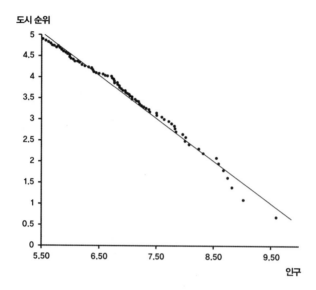

그림 40 영어 단어의 사용 빈도 분포

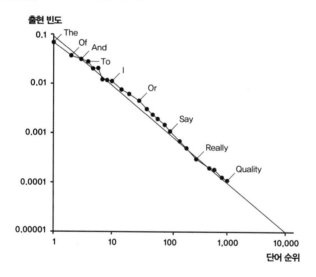

스 케 일

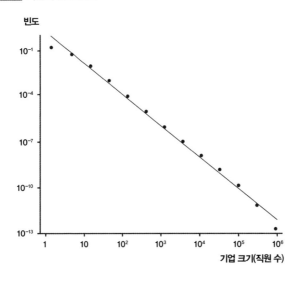

그림 41 기업의 빈도 분포

그림 39 미국 도시의 크기-순위 분포. 순위를 세로축, 인구를 가로축에 표시했다. 그림 40 영어 단어의 순위-크기 분포의 지프 법칙. 단어의 출현 빈도는 세로축, 순위는 가로축에 표시했다. 이 두 사례에서는 가장 빈도가 높은 대상(단어에서는 'the', 도시에서는 뉴욕)이 표준편차가 크다는 점에 주의하자. 그림 41 미국 기업의 순위-크기 분포. 그림 40에서처럼 순위는 세로축, 크기(직원 수)는 가로축에 표시했다.

놀라울 만치 다양한 사례들에 들어맞는다는 것이다. 그림 41은 기업의 규모 분포가 이 법칙을 따르는 양상을 보여준다. 이 놀라운 일반성과 거기에 함축된 몇 가지 의미를 고려할 때, 많은 연구자와 작가가 지프의 법칙에 담긴 놀라운 단순성의 신기한 매력에 홀린 것도 놀랄 일은 아니다. 지프와 그를 계승한 많은 연구자가 그 법칙의 기원을 탐구해왔지만, 일반적으로 합의된 설명은 아직까지 도출되지 않았다.

경제학에서는 지프보다 더 먼저 지프의 법칙이 나와 있었다. 지프보다 훨씬 더 앞서, 많은 영향을 끼친 이탈리아의 경제학자 빌프레도 파레토Vilfredo Pareto가 소득의 순위가 아니라 집단 내 빈도 분포를 써서 그것을 표현했다. 이 분포는 소득, 부, 기업 크기 등 다른 여러 경제 척도들에도 들어맞는데, 지수가 2에 가까운 단순한 거듭제곱 법칙을 따른다. 이를 순위로 표현하면, 지수가 바로 지프의 법칙에 해당한다. 부자와 대기업은 극소수인 반면, 아주 가난한 사람이나 아주 작은 기업은 엄청나게 많다는 뻔한 경제적 사실을 정량화한 것이다. 파레토 법칙 또는 파레토 원리는 이른바 80/20 법칙이라는 형태로 느슨하게 표현되기도 한다. 80/20 법칙은 한 집단에서 가장 부유한 20퍼센트가 총소득의 80퍼센트를 차지한다는 것으로, 지구 전역에서 거의 다 들어맞는다. 마찬가지로 한 기업의 이익 중 약 80퍼센트는 고객 중 20퍼센트에게서 나오며, 항의의 80퍼센트도 20퍼센트의 고객이 한다. 아주 커다란 것에 극소수가 속하고 아주 작은 것에 엄청나게 많은 수가 속한 이 비대칭성이 바로 지프의 법칙의 특징이다. 예를 들어, 실린 어휘 중 약 20퍼센트만 알면 그 문학 작품의 80퍼센트를 이해할 수 있고, 인구의 약 80퍼센트는 가장 큰 도시 중 상위 20퍼센트에 산다. 그 사이의 모든 것들은 거듭제곱 법칙에 따라 거의 반비례한다.

이런 일반성을 띠는 한편으로, 지프와 파레토의 '법칙'에서 크게 벗어나는 사례가 종종 보이며, 다른 많은 역동적 과정이라는 훨씬 폭넓은 맥락을 고려하지 않은 채, 이 빈도 분포의 정확한 특성을 결정하는 어떤 고정된 보편 원리가 있다고 결론을 내린다면 어리석은 짓이 될 것이다. 예를 들어, 도시 체계에서 도시들의 크기가 지프 양상을 보인다는 것을 안다고 해도, 그 자료만으로는 원칙에 근거한 포괄적인 도시의 과학을 구축하기에 너무나 부족하다. 크기 빈도 분포를 아는 차원을 넘어서, 최소한 내가 에너지, 자원, 정보의 흐름을 포괄한다고 이미 말한 바 있는 도시 활동의 스펙트럼 전체에 걸쳐 모든 스케일링 법칙이 필요하다. 비록 이런 분포들이 정말로 흥미롭긴 하지만, 나는 그것들을 근본적으로 별 특별한 의미가 없는 수많은 현상론적 스케일링 법칙의 사례라고 보는, 훨씬 더 온건한 견해를 취하련다.

그렇긴 해도, 이런 지프형 분포가 다양한 현상에서 나타난다는 사실은 그런 분포가 개별 대상들의 세세한 동역학 및 특징을 초월한, 독립된 어떤 일반적이고 체계적인 특징을 표현함을 시사한다. 이는 평균값을 중심으로 한 통계적 편차를 기술하는 데 쓰이는 '종형 곡선' 분포의 널리 퍼진 일반성을 떠올리게 한다. 이를 전문 용어로는 가우스Gaussian 분포 또는 정규 분포normal distribution라고 하는데, 무엇이든 상관없이 어떤 사건들이나 실체들이 서로 독립적이고 상관없이 무작위로 분포해 있을 때면 반드시 수학적으로 생겨난다. 따라서 예를 들어, 미국 남성의 평균 키가 약 177센티미터라면, 이 평균값을 중심으로 한 키의 빈도 분포—즉 해당 키인 사람이 몇 명인지—는 고전적인 가우스 종형 곡선 분포에 매우 가깝다. 이 분포는 누군가가 특정 키를 가질 확률이 얼마인지를 알려준다.

가우스 통계는 과학, 기술, 경제, 금융의 전 영역에 걸쳐서 일기 예보를 하거나 여론 조사에서 결론을 이끌어내는 것 같은 다양한 사건들에 통계 확률을 부여하는 데 쓰인다. 하지만 이 확률 추정값들이 오늘의 기온과 역사 기록에 나온 기온을 비교하든, 한 사람의 키를 다른 사람의 키와 비교하든, 개별 '사건들'이 서로 독립적이고, 따라서 서로 무관하다고 생각할 수 있다는 가정에 토대를 둔다는 점은 종종 잊곤 한다.

전형적인 가우스 종형 곡선이 너무나 널리 퍼져 있고 당연시되어서 사람들은 '모든 것'이 이 곡선을 따라 분포해 있다고 가정한다. 그 결과 지프와 파레토의 분포 같은 거듭제곱 분포는 거의 외면당했다. 그래서 도시, 소득, 단어가 고전적인 종형 곡선을 따르는 무작위 분포를 할 것이라고 자연스럽게 가정하곤 한다. 분포가 실제로 그렇다면, 아주 큰 도시, 아주 큰 기업, 매우 부유한 사람, 흔히 쓰이는 단어는 실제보다 훨씬 더 적다고 예측될 것이다. 가우스 통계를 따르면서 무작위로 분포할 것이라고 예상될 희귀한 사건들이 거듭제곱 분포에서는 훨씬 더 긴 꼬리를 지니기 때문, 즉 훨씬 더 많이 나타나기 때문이다. 이 차이를 때로 거듭제곱 법칙이 '두꺼운 꼬리fat tail'를 지닌다는 말로 표현한다. 도시들이 통일된 도시 체계의 일부이기 때문에 상관관계가 있고 무작위로 분포하지 않는 것처럼, 한 책의 단어들도 의미 있는 문장을 이루어야 하므로 상관관계가 있고 무작위로 분포하지 않는 것이 분명하다. 따라서 가우스 분포를 보이지 않는다고 해도 그리 놀랍지 않다.

지진, 금융 시장 붕괴, 산불 같은 재앙의 출현 빈도를 비롯하여, 우리가 다루어온 가장 흥미로운 현상 중 상당수도 이 범주에 들어간다. 엄청난 지진, 대규모 시장 붕괴, 거센 산불 같은 희귀한 사건들은 고전적인 가우스 분포를 따르는 무작위 사건들이라고 가정했을 때 예측되는 것보다 훨씬 더 많이 일어나는 두꺼운 꼬리 분포를 보인다. 게다가 이것들은 거의 자기 유사적 과정들이기 때문에, 모든 규모에서 동일한 동역학을 보인다. 그래서 금융 시장에 작은 조정을 일으키는 일반적인 메커니즘은 시장이 엄청난 폭락을 겪을 때에도 작동한다. 이는 각기 다른 규모의 사건들이 서로 독립적이고 무관하다고 가정하는 가우스 통계에 함축된 무작위적 특성과 정반대다. 역설적인 점은 경제학자들과 금융 분석가들이 전통적으로 두꺼운 꼬리가 우세하다는 점, 따라서 상관관계가 있다는 점을 무시한 채 가우스 통계를 써서 분석을 해왔다는 것이다. 위험은 구매자가 부담하는 것이 원칙이니까!

희귀한 사건의 출현 빈도와 관련지어 볼 때, 프랙털형 행동에 토대를 둔 거듭제곱 분포와 모형이 위험 관리라는 신생 분야에서 점점 더 널리 쓰이는 것도 놀랄 일은 아니다. 금융 시장이든 산업 과제 실패든 법적 책임이든 신용 대출이든 사고든 지진이든 화재든 테러든, 위험을 다루는 데 흔히 쓰이는 척도는 복합위험지수 composite risk index로, 위험 사건이 끼치는 영향에 그 출현 확률을 곱한 값으로 정의된다. 이 영향은 대개 추정 피해 비용으로 나타내며, 일종의 거듭제곱 법칙에 따른 확률로 표시된다. 사회가 점점 더 복잡해지고 위험을 회피해야 할수록 위험의 과학을 개발하는 것이 점점 더 중요해지므로, 두꺼운 꼬리와 희귀한 사건을 이해하는 일이 학계와 기업계 양쪽에서 점점 더 관심을 갖는 분야가 되고 있다.

8 프랙털 도시: 사회적인 것과 물리적인 것의 통합

도시를 구성하는 두 가지 주요 구성 요소인 물리적 기반시설과 사회경제적 활동은 둘 다 거의 자기 유사적self-similar 프랙털형 망 구조라고 개념화할 수 있다. 프랙털은 종종 한 생물의 모든 세포나 한 도시의 모든 사람이 에너지와 정보를 공급받도록 하거나 운송 시간을 최소화하거나 최소 에너지로 과제를 달성함으로써 효율을 최대화하는 등 특정한 특징을 최적화하는 쪽으로 나아가는 경향을 지닌 진화 과정의 산물일 때가 많다. 사회 관계망이 최적화를 향해 나아가고 있는지는 그보다 불분명하다. 예를 들어, 던바가 관찰한 계층 구조나, 그의 수 서열의 기원을 이해할 근본 원리에 기반을 둔 흡족한 설명은 전혀 없다. 설령 사회적 뇌 가설이 옳다고 해도, 그 것은 사회 집단의 프랙털 특성의 기원이나 150명이라는 수가 어디에서 나오는지를 설명하지 않는다. 이런 일반적 특성이, 사회적 공간을 최대로 채운다는 개념과 결합된 이기심—즉, 자산과 소득을 최대화하려는 모든 개인과 기업의 욕망—이 근본적인 추진력이라는 앞서 제시한 추측에서 나온다는 단서들이 있다. 아무튼 사회 관계망의 정량적 이론을 구축하려면 아직 해야 할 일이 엄청나게 많으며, 많은 흥미로운 도전 과제들이 기다리고 있다는 것은 확실하다.

도시의 모든 사회경제적 활동은 사람들 사이의 상호작용을 수반한다. 고용, 부의 창조, 혁신과 착상, 감염병의 전파, 보건, 범죄, 치안, 교육, 오락 등 사실상 현대 호모 사피엔스의 특징이자 도시 생활의 상징인 모든 활동은 사람들 사이의 지속적인 정보, 상품, 돈의 교환을 통해 생성되고 유지된다. 도시의 일은 공원, 식당, 카페, 경기장, 영화관, 극장, 광장, 쇼핑몰, 업무용 건물, 만남의 장소 같은 사회적 연결을 부추기고 증진시킬 적절한 기반시설을 제공함으로 써 이 과정을 촉진하고 증진시키는 것이다.

그 결과 그런 활동을 반영하고 앞서 도시 스케일링 법칙들을 검토할 때 논의한 모든 사회경제적 척도는 도시 내 사람들 간에 일어나는 상호작용, 즉 링크의 수에 비례한다. 예를 들어, 1년 동안 도시에서 개인이 다른 모든 사람들과 의미 있게 연결될 수 있도록 모두가 서로서로 상호작용을 하는 것이 가능하다면, 사람들 사이의 상호작용의 총수는 단순한 공식으로 쉽게 계산할 수 있다. 도시에 있는 사람들의 총수에 그 도시에서 개인이 연결할 수 있는 사람의 총수를 곱한 값이다. 개인이 연결할 수 있는 사람의 총수는 그저 사람들의 총수에서 1을 뺀 값이다. 예를 들어, 당신이 10명으로 이루어진 집단의 일원이라면 당신은 다른 아홉 명과만 연결될 수 있다. 게다가 그 답을 2로 나누어야 한다. 당신과 특정인 사이의 링크가 그 특정인과 당신 사이의 링크와 다르다고 여기지 말아야 하기 때문이다. 양쪽은 대칭적이며 동일하다.

따라서 한 도시에 사는 사람들을 짝지은 연결의 가능한 총수는 도시에 사는 사람들의 총수에 그 수에서 1을 뺀 값을 곱한 뒤, 전체를 2로 나누어서 얻는다. 좀 어렵다는 생각이 들지도 모르지만, 실제로 해보면 아주 간단하다. 사례를 들어 설명해보자.

사람이 당신과 당신의 짝 두 명뿐이라면, 이 공식에 따라서 링크의 총수는 $2 \times (2-1) \div 2 = 2 \times 1 \div 2 = 1$이다. 명백히 옳음을 알 수 있다. 둘을 연결하는 링크는 하나뿐이다. 여기에 한 명이 추가되어서 세 명이 함께 산다고 하자. 그러면 공식에 따라 세 명 사이에는 쌍쌍이 이루어지는 상호작용의 방향에 상관없이 $3 \times (3-1) \div 2 = 3 \times 2 \div 2 = 3$이라는 링크가 형성된다. 이것도 옳다는 점을 쉽게 알 수 있다. A와 B, B와 C, C와 A다. 이제 집단의 크기를 네 명으로 늘리면, 링크의 수는 $4 \times 3 \div 2 = 6$이 된다. 겨우 한 명이 추가되었을 뿐인데도, 세 명일 때의 2배로 는다. 이제 집단의 크기를 네 명에서 여덟 명으로 2배 늘린다고 하자. 그러면 링크의 수는 여섯 개에서 $8 \times 7 \div 2 = 28$로 늘며, 이는 4배보다 많다. 여기서 다시 16명으로 늘린다면, 마찬가지로 링크의 수는 다시 약 4배가 증가한 120이 된다. 사실 집단의 크기가 2배로 늘 때마다, 링크의 수는 약 4배 증가한다. 여기서 얻는 교훈은 명확하다. 사람들 사이의 링크 수는 그 집단에 속한 사람들의 수보다 훨씬 더 빨리 증가하며, 사람 수의 제곱의 절반이라고 꽤 근사적으로 나타낼 수 있다.

사람들 사이의 최대 링크 수와 집단 크기 사이의 이 단순한 비선형 2차 방정식 관계는 매우 흥미로운 온갖 사회적 결과를 낳는다. 예를 들어, 내 아내인 재클린은 집단 전체에서 공통의 대화가 유지될 수 있는 저녁 모임을 특히 좋아한다. 그래서 여섯 명을 넘는 저녁 모임에는 가기를 꺼린다. 여섯 명이라면 공통의 대화를 하고 유지하기 위해서 '억눌러야' 할 독립된 대화의 가능한 수가 $6 \times 5 \div 2 = 15$가지가 된다. 그저 가능성을 이야기하는 것이지만, 다른 손님 다섯 명이 평균 개인의 핵심 집단의 집단 크기에 대한 던바 수에 해당한다고 추정하고픈 유혹을 느낀다. 10명이 모인다면, 그런 독립된 대화가 이루어질 가능성이 무려 45가지에 달하므로, 불가피하게 집단이 두 명, 세 명, 또는 그 이상의 대화 집단으로 해체되는 분열을 낳는다. 물론 많은 이들은 이런 양상을 선호하지만, 집단의 친밀감을 원한다면 약 여섯 명을 초과하면 그렇게 하기가 꽤 힘들어질 것이라는 점을 기억하는 편이 좋겠다.

비슷한 맥락에서, 내 조부모 집안도 최근까지 대다수 가정이 전형적으로 그러했듯이 비교적 규모가 컸다. 10명이었다. 어른 두 명에 아이 여덟 명이었다. 따라서 나이와 성격의 모든 스펙트럼에 걸쳐서 45가지 관계가 동시에 펼쳐지면서, 다양한 상호작용이 이루어졌다. 이 가족이 던바 양상을 느슨하게 따랐다면, 각 아이는 부모 외에 형제자매 두세 명과 강하게 연결되고, 대개 그렇듯이 모두가 다른 모두를 똑같이 사랑할 수는 없었을 것이다. 반면에 내 핵가족은 아내와 두 아이로 이루어져 있고, 따라서 겨우 여섯 가지 독립된 관계들을 지닌 네 명으로 구성된 집단이다. 따라서 내 아이들 각자는 겨우 다섯 가지 관계만을 다루어야 했다. 사랑하는 어머니가, 겨우 2배 반밖에 크지 않은 집단인데도 정확히 44가지라는 거의 10배에 달하는 관계를 다루어야 했던 반면에 말이다. 소가족 대 대가족을 둘러싼 찬반 양론에 판단을 내리지 않은 채, 가족 동역학의 이 엄청난 차이에 놀라지 않고 20세기 내내 가족의 크기가 줄어듦에 따라 그런 변화가 일으켰을 것이 분명한 심오한 심리사회적 결과들에 관해 이런저런 추측을 하지 않기란 쉽지 않다.

이제 돌아가서 도시 전체에서 이 양상이 어떻게 펼쳐지는지 살펴보자. 모두가 다른 모두와 하나의 커다란 행복한 가정에서 의미 있는 상호작용을 하는 것이 가능하다면, 위의 논리는 모든 사회경제적 척도가 집단 크기의 제곱에 비례해야 한다는 의미일 것이다. 이는 지수가 2라는 의미일 것이고, 2는 확실히 초선형이며(1보다 더 큰), 1.15보다 상당히 더 크다. 하지만 이는 전체 집단이 초고속 전기 믹서에서 케이크 반죽에 섞인 건포도나 견과와 흡사하게 휘저어지면서 자체 내에서 미친 듯이 지속적이고 완벽하게 상호작용을 하는 극단적이면서 지극히 비현실적인 사례를 대변한다.

이는 분명히 불가능하며, 분명히 바람직하지도 않다. 인구가 20만 명에 불과한 작은 도시라고 해도 가능한 관계의 수가 약 200억 개에 달하며, 개인이 각각의 관계에 1년 중 단 1분만 할애한다고 해도, 다른 일을 할 시간이 전혀 없이 깨어 있는 시간 전부를 남들과 관계를 맺는 데 보내야 할 것이다. 이런 양상을 뉴욕이나 도쿄에까지 확장하면 어떻게 될지 상상해보라.

던바 수의 제약도 있다. 던바 수에 따르면 우리는 20만 명이나 수백만 명은커녕, 약 150명을 넘어서면 그 어떤 의미 있는 관계를 유지하기조차 어려워진다. 초선형 지수를 2라는 가능한 최댓값보다 훨씬 더 작은 값으로 만드는 것이 바로 상호관계의 수를 비교적 작게 한정하는 이 제약이다.

이 연습 사례는 사회적 연결성과 사회경제적 양들이 집단 크기에 따라 초선형으로 증가하는 이유를 밝히는 자연적인 설명이 있음을 보여준다. 사회경제적 양들은 사람들 사이의 상호작용이나 링크의 합이며, 따라서 그런 링크들이 어떤 상관관계를 맺고 있는지에 달려 있다. 앞서 살펴보았듯이 모두가 다른 모두와 상호작용하는 극단적인 사례에서는 지수가 2인 초선형 거듭제곱 법칙이 나온다. 하지만 현실에서는 한 개인이 상호작용할 수 있는 강도와 규모에 상당한 제약이 가해지며, 그 결과 지수값이 2보다 훨씬 작은 수로 줄어든다.

도시에서 우리가 남들과 유지할 수 있는 상호작용의 수와 비율이 제한되는 근본 이유는 공간과 시간이 가하는 숨겨진 제약들에서 비롯된다. 우리는 모든 장소와 모든 시간에 있을 수 없다. 명백하지만 미묘한 한 가지 근본 제약은 우리의 모든 상호작용과 관계가 집이든 사무실이든 극장이든 상점이든 거리든, 반드시 물리적 환경에서 일어난다는 것이다. 휴대전화를 들고 인공위성을 통해 빛의 속도로 대화를 하는 것을 비롯하여 남들과 어떻게 의사소통을 하든, 모든 물품과 자원을 인터넷을 통해 구입하든, 당신은 어딘가에 있어야 한다. 건물 안의 어느 방에 앉아 있을 수도 있고, 거리에 서 있거나 걷고 있을 수도 있고, 지하철이나 버스를 타고 있을 수도 있지만, 어디에 있든 당신은 반드시 어떤 물리적 장소에 있다. 이 명백한 사실을 강조하는 이유는 인터넷의 발달과 네트워크과학의 급속한 진화로 사회 관계망이 마치 더 이상 중력의 제약과 물리 세계의 성가신 방해에 얽매이지 않는 양 공간상에서 어떻게든 떠돌아다닐 수 있다는 불행하면서 오도하는 인상이 퍼져왔기 때문이다. 이는 앞서 소개했고 413쪽에서 그림으로 설명한 허브와 링크 같은 사회 관계망의 관습적인 이미지들을 통해 잘 드러난다. 사회적 상호작용의 이런 위상학적 표현들은 망 이론에 영감을 받은 추상화들이며, 개인을 부엌, 카페, 사무실, 버스에 앉아서 서로 대화를 나누는 현실적인 존재가 아니라, 물리성이 없는 하이퍼공간을 떠돌아다니는 덧없는 존재로 묘사한다. 사회 관계망의 구조, 조직, 수학에 관해 최근에 엄청난 양의 연구가 쏟아지고 있음에도, 놀랍게도 그것들이 물리 세계의 지저분한 현실과 직접 그리고 반드시 결부되어야 한다는 점을 받아들이기는커녕 인정하는 사람도 거의 없다. 그리고 그 물리 세계는 주로 도시 환경의 것이다.

그리고 바로 여기가 도시의 기반시설이 개입하는 지점이다. 앞에서 강조했듯이, 도시 기반시설의 역할은 사회적 상호작용을 강화하고 촉진하는 것이다. 여기서 도출되는 또 한 가지 명백한 사항이 있다. 우리는 도시의 어딘가에 있어야 할 뿐 아니라, 마찬가지로 중요한 점은 적어도 일부 시간에는 어느 곳에서 다른 곳으로 가야 한다는 것이다. 도시에 있는 사람들은 정적일 수가 없다. 이동성은 그들의 생존과 활력의 본질적 요소다. 우리는 일하러 사무실이나 공장으로 가든 자고 먹으러 집으로 돌아오든 음식을 사러 가게로 가든 영화를 보러 극장에 가든, 한 곳에서 다른 곳으로 계속 옮긴다. 며칠이나 몇 주라는 기간에 걸쳐서 보면, 도시 사람들은 사실상 끊임없이 움직이는 상태에 있으며, 그 운동은 교통 체계와 떼려야 뗄 수 없이 얽혀 있고 그 체계에 제약을 받고 있다. 이동성과 사회적 상호작용은 둘 다 도시가 제대로 돌아가는 데 반드시 필요하며, 시간과 공간의 제약들—당신은 정적인 상태로 있을 수 없고 어딘가에 있어야 한다—을 결합한다. 둘은 사회 관계망과 기반시설망의 구조, 조직, 동역학을 서로 엮는다.

3장과 4장에서 생물학에서의 보편적인 스케일링 법칙의 기원을 설명하고, 망의 일반적인 수학적 특성들을 토대로 살아 있는 계의 여러 측면들을 이해할 큰 그림 이론을 전개했다. 비슷한 방식으로, 도시의 사회 관계망과 기반시설망의 일반적 특성을 토대로 도출한 개념들도 도시 스케일링 법칙을 유도할 수 있으려면, 즉 비슷하게 도시의 큰 그림 이론을 전개할 수 있으려면 수학으로 번역해야 한다. 지금부터 현란한 전문적 세부사항에 의지하지 않고 개념 틀 및 그와 관련된 핵심 특징에 초점을 맞추어서 어떻게 하면 이 일을 해 낼 수 있을지 설명해보겠다.

이 맥락에서는 개인을 사회 관계망의 '불변 말단 단위'라고 생 각할 수 있다. 즉, 평균적으로 개인이 한 도시에서 거의 동일한 양 의 사회적·물리적 공간에서 활동한다는 의미다. 이는 우리가 방금 논의한 도시에서의 이동성에 가해지는 시공간적 한계 및 '보편적 인' 던바 수에 함축된 의미들과 들어맞는다. 우리가 활동하는 물리 적 공간이 우리가 거주하고 일하고 상호작용하며 오가야 하는 집, 상점, 사무실 같은 기반시설 말단 단위들에 제공되는 도로와 상하 수도관 같은 공간 채움 프랙털 망을 두고 펼쳐져 있다는 점을 떠올 리자. 이 두 종류의 망의 통합, 즉 공간 채움 프랙털형 사회 관계망 을 통해 대변되는 사회경제적 상호작용이 공간 채움 프랙털형 기 반시설망으로 대변되는 도시의 물리성에 뿌리를 박고 있어야 한다 는 요구 사항은 평균적인 도시 거주자가 도시에서 유지할 수 있는 상호작용의 수를 결정한다. 그리고 앞서 말했듯이, 인구 증가에 따 라서 사회경제적 활동의 규모가 어떻게 커지는지를 결정하는 것도 바로 이 숫자다.

도시를 살아 있는 생물로 보는 비유는 주로 도시의 물리적 측면 에서 지각되는 것에서 유도된다. 주로 전기, 가스, 물, 승용차, 트럭, 사람의 형태로 에너지와 자원을 운반하는 망이 그러하며, 우리의 심혈관계와 호흡계, 식물의 관다발계 같은 생물학에서 번성하는 망 에 매우 유사한 것이 바로 도시의 이 구성 요소다. 공간 채움, 불변 말단 단위, 최적화(예를 들어, 여행 시간과 에너지 이용의 최소화)라는 개념 들을 결합함으로써 이 망들도 마찬가지로 15퍼센트 규칙에 따르는 규모의 경제를 시사하는 저선형 지수를 지닌다. 즉, 거듭제곱 법칙에 따라 기반시설 척도 스케일링을 하는 프랙털형이 된다.

도시 사람들의 이동성과 물리적 상호작용 공간에 대한 이런 제약들이 사회 관계망의 구조에 가해질 때, 한 가지 중요하면서 파급 효과가 큰 결과가 출현한다. 한 도시에서 평균적인 개인이 남들과 유지하는 상호작용의 수는 도시의 크기에 따라 기반시설의 규모가 증가하는 비율에 반비례한다는 것이다. 다시 말해, 기반시설과 에너지 이용의 스케일링이 저선형인 정도는 평균적인 개인의 사회적 상호작용 수의 스케일링이 초선형인 정도와 동일하다고 예측된다. 따라서 사회적 상호작용과 모든 사회경제적 척도를 통제하는 지수—도시의 크기에 따라 좋은 것, 나쁜 것, 추한 것의 규모가 어떻게 증감하는지를 말해주는 보편적인 15퍼센트 규칙—는 기반시설과 에너지 및 자원의 흐름을 통제하는 지수가 1보다 적은 정도(0.85)와 동일한 수준으로 1보다 크다(1.15). 관찰 자료도 그렇다고 말해준다. 그림 34부터 그림 38에 나온 모든 기울기가 1을 넘는 정도는 그림 33에 실린 1보다 적은 정도와 동일하다.

이런 망 스케일링에 따르면, 물리적인 것과 사회적인 것이 서로의 거울상이며, 따라서 물리적인 도시—건물, 도로, 전선, 가스관, 수도관의 망을 지닌 도시—가 사회적 상호작용망을 갖춘 사회경제적 도시의 역 비선형 표현이라는 것은 결코 우연이 아니다. 도시는 정말로 사람들이다.

도시 크기가 2배로 커질 때마다 사회적 상호작용, 따라서 소득, 특허 건수, 범죄 건수 같은 사회경제적 척도들이 약 15퍼센트 증가한다는 것은 물리적 기반시설과 에너지 사용량이 15퍼센트 절감

된다는 데서 나오는 덤, 즉 보상이라고 해석할 수 있다. 사회적 상호작용의 체계적인 증가는 도시의 사회경제적 활동을 이루는 핵심 추진력이다. 부 창조, 혁신, 폭력 범죄 건수, 더 넓은 의미의 부산함과 기회는 모두 사회 관계망과 더 많은 대인 상호작용을 통해 촉진되고 강화된다.

하지만 거꾸로 여기서 도시를 사회적 상호작용의 증가가 창의성, 혁신, 기회를 강화하고 그에 따라 배당금인 양 기반시설에 규모의 경제가 이루어지는, 사회적 화학의 촉매이자 용광로로 해석할 수도 있다. 기체나 액체의 온도 증가에 비례하여 분자 사이의 충돌 횟수가 증가하듯이, 도시의 크기가 증가함에 따라 시민 사이의 상호작용 횟수와 속도도 증가한다. 비유적으로 말해서, 도시의 크기 증가는 따라서 도시 온도 증가라고 생각할 수도 있다. 이런 의미에서 뉴욕, 런던, 리우, 상하이는 진정으로 뜨거운 도시다. 내가 사는 샌타페이와 비교하면 더욱 그러하며, 원래 뉴욕시에 쓰였던 '용광로'라는 흔히 쓰이는 이미지는 이 비유의 쉽게 와닿는 표현인 셈이다.

이런 맥락에서 보면, 크기에 상관없이 매력적인 도시 경관과 모이는 장소, 사용자 친화적이고 접근하기 쉬운 교통 및 통신 체계, 든든하다는 인상을 심어주는 공동체와 상업과 문화와 헌신과 지도력을 통해서 다양한 사회적 상호작용을 촉진하고 강화하는 물리적 환경, 문화, 경관을 제공한다는 것이 성공한 도시의 증표가 된다. 도시는 사실상 물리적인 것과 사회적인 것 사이의 지속적인 양의 되먹임 동역학을 자극하고 통합함으로써, 서로가 서로를 상승적으로 강화하는 기계다. 다음 장에서 설명하겠지만, 경제와 도시의 특징인 열린 지수 성장의 궁극적 원인은 이 상승적 메커니즘이며, 우리는 설령 그것의 노예가 되지 않았다고 해도, 그것에 중독되어왔다.

따라서 증가한 사회적 상호작용, 사회경제적 활동, 규모의 경제 사이에 상관관계가 있다고 해도 아마 그리 놀랍지는 않을 것이다. 그러나 놀라운 점도 있다. 이 핵심 상관관계가 우아하고 보편적인 형식으로 나타낼 수 있는 매우 단순한 수학 규칙을 따른다는 점이 그렇다. 기반시설과 에너지 이용의 저선형성은 사회경제적 활동의 초선형성과 정확히 반대된다. 그 결과 동일하게 15퍼센트의 비율로 도시가 커질수록 개인은 더 벌고 더 창조하고 더 혁신하고 더 상호작용하며—그리고 범죄와 질병과 오락과 기회도 그만큼 더 많이 접한다—이 모든 것은 개인당 기반시설과 에너지가 덜 필요해진다는 점을 토대로 이루어진다. 바로 이것이 도시의 재능이다. 그러니 그토록 많은 이들이 도시로 모이는 것도 결코 놀랍지 않다.

강화된 사회경제적 활동과 기반시설의 규모의 경제 사이의 반비례 관계에 요약된 이 둘의 긴밀한 결합은 둘의 근본적인 망 구조 사이의 유사한 반비례 관계에서 기계론적으로 도출된다. 하지만 비록 사회적 망과 물리적 망이 프랙털형, 공간 채움, 불변 말단 단위 같은 일반적인 특징들을 공유한다고 해도, 몇 가지 본질적 차이가 있다. 엄청난 결과를 낳는 주된 한 가지는 망 내의 크기와 흐름이 프랙털형 계층 구조를 따라 올라갈수록 규모가 커지는 방식이다.[18]

교통, 수도, 가스, 전기, 하수도 같은 기반시설망 체계에서, 관, 전선, 도로 등의 크기와 흐름은 개별 집과 건물에 연결된 말단 단위로부터 망을 따라 거슬러 올라가서 어떤 핵심 원천, 장소, 저장소에 연결된 주된 도관과 간선에 이를 때까지 체계적으로 증가한다. 우리 심혈관계에서, 모세혈관에서부터 대동맥, 심장으로 거슬러 올라갈수록 크기와 흐름이 체계적으로 증가하는 것과 거의 동일한 방식이다. 이것이 바로 저선형 스케일링과 규모의 경제의 기원이다. 대조적으로, 부의 창조, 혁신, 범죄 등을 맡은 사회경제적 망들에서는 던바 수의 계층 구조를 논의할 때 설명했던 것처럼 정반대 행동이 나타난다. 사회적 상호작용의 세기와 정보 교환의 흐름은 말단 단위 사이에서(즉, 개인 사이에서) 가장 크고, 가족을 비롯한 집단에서부터 점점 더 큰 집단으로 집단 구조의 계층 구조를 따라 올라갈수록 줄어들면서, 초선형 스케일링, 수확 체증, 삶의 속도 가속을 낳는다.

결과와 예측

이동성과 삶의 속도에서 사회적 연결성, 다양성, 대사, 성장으로

SCALE

이 장에서는 앞 장에서 제시한 도시의 큰 그림 이론의 결과 중 몇 가지를 탐구할 것이다. 비록 이 이론이 아직 개발 중이긴 하지만, 나는 우리가 도시에서, 더 나아가 우리가 사회경제적 활동에 일상적으로 참여하면서 경험하는 것들 중 상당수가 이 정량적 틀에 들어맞는다는 것을 몇 가지 사례를 들어 보여주고자 한다. 이런 면에서 이 이론은 대체로 더 정성적이고 더 국소적이고 더 일화에 기반을 두고, 덜 분석적이고 덜 기계론적인 특성을 지닌 기존 사회과학 이론과 경제 이론을 보완하는 것으로 봐야 한다. 물리적 관점에서 대단히 중요한 점은 정량적 예측을 내놓고, 그 예측을 자료와, 몇몇 사례에서는 빅데이터와 대조하는 것이다.

그 이론은 이미 첫 시험을 통과했다. 즉, 앞서 살펴본 여러 스케일링 법칙들의 기원에 관한 자연적인 설명을 제공했다는 점에서 그렇다. 또 다양한 척도와 도시 체계에 걸쳐 나타나는 보편적인 특징뿐 아니라, 도시들의 자기 유사성과 프랙털 특성도 설명한다. 게다가 그 분석은 시민들의 사회경제적 삶을 포함하여, 도시의 구조와 조직에 관해 우리가 측정할 수 있는 것들 중 상당수를 포괄하는 여러 스케일링 법칙에 암묵적으로 담겨 있는 엄청난 양의 자료를 압축하고 설명한다.

비록 이것이 상당한 성취를 의미하지만, 겨우 시작일 뿐이다. 이 성과는 도시와 도시화만이 아니라 성장, 혁신, 지속 가능성이라는 근본적인 질문들과 경제에도 적용되는 폭넓은 범위의 문제에까지 이 이론을 확대 적용하는 출발점이 된다. 확대 적용하는 데 필요한 한 가지 중요한 구성 요소는 새로운 예측을 자료와 대조함으로써 이론을 검증하고 확인하는 것이다. 그 자료는 사람들 사이의 사회적 연결성, 도시 내의 이동성, 특정한 장소의 매력도를 정량화한 측정값 같은 것들이다. 예를 들어, 도시의 한 지점을 방문하는 사람은 얼마나 될까? 얼마나 자주 가고, 얼마나 멀리에서부터 올까? 직업과 업종의 다양성 분포는 어떠할까? 도시에 안과 의사, 형사 전문 변호사, 점원, 컴퓨터 프로그래머, 미용사가 얼마나 많을 것이라고 예상할 수 있을까? 이런 직업과 업종 중에서 어느 것이 늘어나고 줄어들까? 가속되는 삶의 속도와 열린 성장의 기원은 무엇일까? 마지막으로 10장에서 다룰 핵심 질문이 있다. 이 중에서 어느 것이 지속 가능할까?

1 증가하는 삶의 속도

앞 장에서 도시의 크기가 증가할 때마다 1인당 상호작용은 더 늘어나는 반면, 그에 드는 비용은 동일한 비율로 줄어든다는 것을 보여주었다. 이 동역학은 도시가 커질 때 혁신, 창의성, 열린 성장이 유달리 증진된다는 점으로 표출된다. 그와 동시에, 현대 생활의 또 한 가지 심오한 특징, 즉 삶의 속도가 계속 빨라지는 듯이 보이는 현상도 낳는다.

앞서 논의했듯이, 사회 관계망을 '불변 말단 단위'인 개인에서 시작하여 가족, 가까운 친구, 동료를 거쳐 지인, 직장 동료, 조직 전체에 이르기까지 크기가 증가하는 모듈 집합을 따라 체계적으로 올라가는 계층 구조라고 생각한다면, 각 층위에서 교환되는 정보의 양과 상호작용의 세기는 체계적으로 줄어들면서 초선형 스케일링이 나온다. 전형적인 개인은 도시나 직장의 관리자 같은 훨씬 더 크고 더 익명의 집합체에 속한 이들이 아니며, 가족이나 친구, 동료인 특정한 개인들과 상당히 더 연결되어 있고 이들에게 훨씬 더 많은 시간을 쓰고 이들과 훨씬 더 많은 정보를 교환한다.

기반시설망에서는 정반대의 계층 구조가 적용된다. 말단 단위(집과 건물)에서부터 망을 거슬러 올라갈수록 크기와 흐름은 체계적으로 증가하고, 저선형 스케일링과 규모의 경제가 나타난다. 3장에서 생물의 순환계와 호흡계를 살펴볼 때 제시한 것처럼, 이런 유형의 망 구조가 생물의 크기가 증가할수록 삶의 속도가 체계적으로 느려지는 결과를 낳기 때문이다. 동물은 더 클수록 더 오래 살고 심장 박동과 호흡 속도가 느려지고, 성장하고 성숙하고 자식을 낳는 데 더 오래 걸리고, 일반적으로 더 느린 속도로 삶을 살아간다. 몸집이 커질수록 생물학적 시간은 체계적으로 예측 가능한 양상으로, 4분의 1 스케일링 법칙에 따라서 증가한다. 쪼르르 돌아다니는 생쥐는 여러 면에서 육중한 코끼리를 활성화하고 규모를 축소시킨 꼴이다.

이 두 유형의 망이 반비례 관계에 있다는 점을 알고 나면, 사회 관계망에서 정반대 행동이 출현한다는 것도 전혀 놀랍지 않게 여겨질 것이다. 삶의 속도는 크기에 반비례하여 체계적으로 줄어드는 것이 아니라, 사회 관계망의 초선형 동역학에 따라서 체계적으로 증가한다. 질병도 더 빨리 전파하고, 기업도 더 자주 생겨나고 죽으며, 거래도 더 빠르게 이루어지고, 사람들도 더 빨리 걷는다. 이 모든 것이 15퍼센트 규칙을 따른다. 이것이 바로 우리 모두가 샌타페이보다 뉴욕에서 삶이 더 빨리 돌아가고, 도시와 그 경제가 성장함에 따라 우리가 살아오는 내내 여기저기에서 가속되어왔다고 느끼는 이유의 과학적 토대이기도 하다.

시간의 이 실질적인 가속은 사회 관계망에 내재된 지속적인 양의 되먹임 메커니즘을 통해 생성되는 창발적 현상이다. 그럼으로써 크기가 증가함에 따라 사회적 상호작용은 더 많은 상호작용을 낳고, 착상은 더 많은 착상을 자극하고, 부는 더 많은 부를 창조한다. 그것은 도시 동역학의 핵심인 끊임없는 교반攪拌의 반영이자, 사회경제적 시간의 체계적인 가속과 초선형 스케일링으로 표현되는 사람들 사이의 사회적 연결성의 상승적 강화로 이어진다. 크기가 4분의 1 거듭제곱 스케일링 법칙에 따라서 증가할 때 생물학적 시간이 체계적이고 예측 가능하게 늘어나는 것처럼, 사회경제적 시간은 15퍼센트 스케일링 법칙에 따라서 수축되며, 둘 다 근본적인 망 기하학과 동역학에 따라 결정되는 수학 규칙을 따른다.

2   가속되는 트레드밀 위의 삶 : 경이롭도록 축소되는 타임머신 도시

설령 당신이 아주 젊다고 해도, 살아오는 동안 삶의 거의 모든 측면이 가속되어왔다는 사실을 받아들이는 데 별 무리가 없을 것이다. 내게는 분명히 그러했다. 나는 인생의 크고 많은 장애물과 도전 과제를 넘어온 70대 중반이지만, 점점 더 빨라지고 있는 듯이 보이는 여전히 존재하는 트레드밀과 보조를 맞추느라 여전히 허덕이고 있다. 얼마나 많은 전자우편을 삭제하고 답하든 내 우편함은 언제나 꽉 차 있고, 올해만이 아니라 작년 세금 고지서도 위태로울 만치 다 처리하지 못하고 있다. 좋아해서 참석하고픈 세미나, 모임, 행사가 늘 이어지고, 다양한 계정과 가입 등록을 통해서 접근해야 하는 거의 무한히 많은 수의 비밀번호를 기억하려 애쓰는 등의 상황에 시달린다. 당신도 나름대로 이런 일들을 겪고 있고, 줄이려고 아무리 열심히 애쓰든 결코 줄어들지 않는 듯이 보이는 비슷한 온갖 시간 압력에 시달릴 것이 확실하다. 대도시에 살거나, 어린 자녀를 키우거나, 사업체를 운영하고 있다면 더욱더 안 좋은 상황일 것이다.

이 사회경제적 시간의 가속은 현대 도시세 생활의 통합된 일부다. 그렇긴 해도, 많은 이들처럼 나도 얼마 전만 해도 삶이 덜 바쁘고 덜 갑갑하고 더 여유로웠으며, 사실상 생각하고 사색할 시간이 있었다는 낭만적인 향수에 빠지곤 한다. 하지만 독일의 위대한 시인이자 저술가이자 과학자이자 정치가인 요한 볼프강 폰 괴테Johann Wolfgang von Goethe가 거의 200년 전, 산업혁명이 시작된 직후인 1825년에 이 문제에 관해 뭐라고 했는지 들어보자.[1]

오늘날에는 모든 것이 과도하고, 행동뿐 아니라 생각 측면에서도 모든 것이 끊임없이 초월되고 있네. 자기 자신을 아는 사람이 더 이상 아무도 없어. 자신이 살고 일하는 환경이나 자신이 다루는 물질을 이해할 수 있는 사람은 아무도 없어. 지극히 순수하다고 말할 수 있는 사람은 아무도 없네. 멍청이들만이 널려 있을 뿐이지. 젊은이들은 너무 일찍부터 흥분에 휩싸여서 시대의 격동에 휘말리지. 세계가 찬미하는 건 부와 빠른 속도야. …… 철도, 속달 우편물, 증기선, 온갖 유형의 빠른 통신이 교양 있는 세계가 추구하는 것이지만, 스스로를 지나치게 교육하는 바람에 진부함에 빠지곤 하지. 게다가 진부한 문화가 흔한 문화가 되는 것이 보편화의 결과네…….

비록 가속되는 삶의 속도와 그에 따른 문화와 가치의 침식을 좀 고풍스러운 언어로 신기하게 조합한 말이긴 하지만, 꽤 익숙하게 들린다.

따라서 삶의 속도가 가속되어왔다는 것은 거의 새로운 소식이라 할 수 없지만, 놀라운 점은 그것이 자료를 분석함으로써 정량화하고 검증할 수 있는 보편적인 특징을 하나 지닌다는 것이다. 게다가 그것은 창의성과 혁신을 증진시키는 양의 되먹임 메커니즘과 연관 지은 사회 관계망의 수학을 써서 과학적으로 이해할 수 있다. 또 사회적 상호작용과 도시화의 여러 혜택 및 비용의 원천이기도 하다. 이런 의미에서 도시는 시간 가속 장치다.

사회경제적 시간의 수축은 현대 생활의 가장 두드러지면서 폭넓은 영향을 미치는 특징 중 하나다. 이는 우리 생활의 모든 측면에 배어 있음에도, 받아 마땅한 주목을 거의 받지 못했다. 시간의 가속과 그에 수반되는 변화들을 보여주는 개인적인 일화를 들어보겠다.

나는 캘리포니아에 있는 스탠퍼드대학교 물리학과 대학원에 들어가기 위해 1961년 9월 처음 미국에 왔다. 먼저 런던의 킹스크로스역에서 증기 기관차를 타고서 리버풀로 가서, 그곳에서 캐나다 증기선인 엠프리스어브잉글랜드호를 탔다. 대서양을 건너는 데 거의 열흘이 걸렸다. 이윽고 배는 세인트루이스강으로 들어섰고 마침내 몬트리올에 정박했다. 나는 그곳에서 하룻밤을 묵은 뒤, 그레이하운드 버스에 탔다. 나흘 뒤 캘리포니아에 도착했다. 중간에 시카고의 YMCA에서 하룻밤을 보냈다. 버스를 갈아타야 했기 때문이다. 이 전체 여정은 내게 여러 차원을 거친 경이로운 경험이었다. 특히 엄청난 지리적 규모를 인식하는 것을 비롯하여 미국 생활의 다채로움, 다양성, 기이함을 접한 놀라운 경험이었다는 점에서 그러했다. 55년이 지난 지금도 나는 그 여행에서 경험한 것들을 처리하려고 애쓰고 있다. 미국의 의미와 수수께끼 및 그 모든 것이 무엇을 뜻하는지를 이해하기 위해 계속 씨름하는 한편으로 말이다.

비록 내가 그리 풍족하지 않은 집안 출신이긴 했지만, 당시 학생들은 대부분 그런 식으로 여행했을 것이다. 내가 런던에서 로스앤젤레스까지 가는 데는 2주가 넘게 걸렸다. 그곳에서 한 친구와 함께 머물렀다가 자동차로 팰로앨토로 향했다. 지금은 가장 가난한 학생도 런던에서 로스앤젤레스까지 가는 데 24시간이 안 걸릴 것이고, 대다수는 아마 훨씬 더 적게 걸릴 것이다. 직항 항공기를 타면 약 11시간이 걸린다. 심지어 1950년대 말에도 그럴 여유가 있다면 런던에서 로스앤젤레스까지 약 15시간 이내에 편안히 비행기로 올 수 있었다. 하지만 내가 같은 여행을 100여 년 전에 했다면,

여러 달은 족히 걸렸을 것이다.

이는 지난 200년 동안 여행하는 데 걸리는 시간이 얼마나 극적으로 줄어들었는지를 생생하게 보여주는 한 사례일 뿐이다. 세계가 축소되어왔다는 식으로 진부하게 표현되기도 한다. 물론 세계가 줄어든 것은 결코 아니다. 런던에서 로스앤젤레스까지의 거리는 여전히 8,800킬로미터다. 줄어든 것은 시간이며, 이는 개인적인 차원에서 지정학적 차원에 이르기까지 삶의 모든 측면에 심오한 결과를 가져왔다. 1914년 스코틀랜드의 유명한 지도 제작자이자 국왕 조지 5세의 궁정 지도 제작자인 존 바살러뮤John Bartholomew는《경제 지리지An Atlas of Economic Geography》를 출판했다. 경제 활동, 자원, 건강, 기후 조건에 관한 자료와 사실이라고 여겨지는 것들과 전 세계의 지역에 관해 알려진 모든 것을 집대성한 책이었다.[2] 그의 독창적인 도판 중에 지구의 어느 일반적인 지역에 도달하기까지 얼마나 오래 걸리는지를 보여주는 세계 지도가 있었다. 보면 금방 이해할 수 있다. 이를테면, 유럽의 국경들은 가는 데 약 닷새가 걸렸던 반면, 오늘날에는 몇 시간으로 축소되었다. 이와 비슷하게 대영제국의 국경은 1914년에는 몇 주 거리에 걸쳐 있었지만, 지금 남아 있는 잔류 지역들은 하루도 안 되어 건널 수 있다. 중앙아프리카, 남아메리카, 오스트레일리아는 대부분 여행하려면 40일이 넘게 걸렸고, 시드니조차도 한 달을 넘는 거리에 있었다.

하지만 여행 시간은 시간을 축소하는 혁신들이 어지럽게 붙어남으로써 가능해진, 경이로울 정도로 가속된 삶의 속도의 한 표현 형태일 뿐이다. 나는 사는 동안 여행 수단이 제트기와 고속열차로 바뀌는 것을 경험했다. 통신이 개인용 컴퓨터, 휴대전화, 인터넷으로 바뀌는 것도 경험했다. 음식과 식료품이 홈쇼핑과 차에서 내리지 않고 받아가는 패스트푸드점을 통해 공급되는 것도 경험했다. 가정에 전자레인지, 세탁기, 식기세척기가 도입되는 것도 목격했다. 전쟁에 가스실, 융단 폭격, 핵무기가 쓰이는 것도 목격했다. 그리고 이 모든 것이 등장하기 전에, 증기 기관, 전화기, 사진술, 영화, 텔레비전, 라디오라는 혁신적인 변화가 있었다는 점도 생각하자.

이 모든 경이로운 발명(아마 섬뜩한 파괴 무기는 예외일 것이다)이 가져온 놀라운 역설 중 하나는 그것들이 모두 생활을 더 쉽게 관리할 수 있게 한다고, 따라서 더 많은 시간을 준다고 약속했다는 점이다.

사실 내가 젊었을 때, 전문가들과 미래학자들은 그처럼 시간을 절약하는 발명품들이 가져올 눈부신 미래를 떠들어대고 있었고, 남아도는 그 모든 자유 시간을 어떻게 쓸 것인가를 놓고 열띤 토론을 펼쳤다. 원자력에서 얻는 값싼 에너지와 모든 육체적·정신적 노동을 대신하는 환상적인 기계들에 힘입어서 노동 시간은 줄어들 것이고, 이전 세기에 귀족들이 누린 지루한 특권적인 삶과 좀 비슷하게, 가족 및 친구들과 함께 정말로 좋은 삶을 즐길 시간이 많아질 것이라고 했다. 1930년대에 위대한 경제학자 존 메이너드 케인스는 이렇게 썼다.

창조된 이래 처음으로 인간은 진정으로 항구적인 문제에 직면할 것이다. 억누르는 경제적 걱정으로부터 해방된 자유를 어떻게 쓸지, 여가를 어떻게 활용할지, 어느 학문과 복합적인 관심사가 그의 관심을 사로잡을지, 어떻게 하면 현명하고 즐겁게 잘 살아갈지 하는 것이다.

그리고 1956년, 찰스 다윈의 손자인 동명의 찰스 다윈Charles Darwin 경은 〈뉴사이언티스트New Scientist〉에 여가의 시대가 도래한다고 하면서 이렇게 주장하는 글을 썼다.

가능한 노동 시간이 일주일에 50시간이라고 하자. 일주일에 50시간을 일하는 과학기술자들은 나머지 세계가 일주일에 25시간만 일해도 될 발명품들을 만들 것이다. 여가 시간이 늘어난 사회 구성원들은 해를 끼치는 일이 없도록 남는 25시간 동안 경기를 해야 할 것이다. …… 인류의 대다수는 여가를 즐길지, 아니면 학생들의 필수 경기 과목 같은 것을 어른들에게 제공할 필요가 있을지를 놓고 선택에 직면하지 않을까?

더할 나위 없이 잘못된 예측이었다. 그들이 내다본 주된 도전 과제는 사람들이 지루해 죽을까봐 무언가에 몰입하게 만들 방법을 찾는 것이었다. 하지만 '일주일에 50시간을 일하는 과학기술자들'이 추진하는 '과학과 복합적인 관심사'는 우리에게 더 많은 시간을 제공하는 대신에, 사실상 우리의 시간을 빼앗아왔다. 도시화가 낳은 사회경제적 상호작용성의 상승적 조합은 필연적으로 시간의 수축을 낳았다. 지루해 죽기는커녕, 가속됨으로써 비롯되는 불안 발작, 정신 붕괴, 심장 마비, 뇌졸중으로부터의 죽음을 회피하는 것이 우리의 실제 도전 과제가 되었다.

나는 다소 다른 의미에서 찰스 경이 자신도 모르게 사실상 어느 정도는 옳았다고 주장할 수 있다고 본다. 아무튼 텔레비전과 IT 혁명이 사회에 가한 가장 큰 충격이 '학생들의 필수 경기 과목 같은 것을 어른들에게 제공하는' 것이었다고 주장할 수도 있다. 우리 삶을 지배하고 우리의 시간을 잡아먹는 페이스북, 트위터, 인스타그램, 셀카, 문자 메시지, 그 밖의 온갖 오락 매체들이 그것이 아니고 무엇이겠는가? 물론 그것들은 다른 목적에도 쓰이며 확실히 삶의 질을 높이지만, 중독성을 띠는 그 유혹에 저항하기는 어렵다. 그것들이 '필수 경기 과목'으로 진화했거나 종교를 대신하여 마르크스가 말한 '민중의 아편'의 21세기 판에 해당한다고 보고 싶은 유혹이 든다. 아무튼 이들은 사회적 시간의 가속에 기여해온 최근 혁신의 주된 사례들이다.

뒤에서 나는 망 스케일링 이론에 영감을 얻은 성장 이론을 소개하고, 지속적인 열린 성장을 유지하고, 그럼으로써 더욱더 시간의 가속에 기여하려면 혁신과 패러다임 전환이 더욱더 빠른 속도로 이루어질 필요가 있음을 보여줄 것이다. 하지만 이 문제를 논의하기에 앞서, 빅데이터를 써서 삶의 속도 증가를 포함하여 그 이론의 다양한 정량적 예측들을 실증하고 검사하는 명백한 사례를 몇 가지 제시하고자 한다.

3   통근 시간과 도시의 크기

1970년대에 이스라엘의 교통공학자인 야코브 자하비Yacov Zahavi는 미국 교통부와 더 뒤에는 세계은행을 위해 도시의 교통에 관한 일련의 흥미로운 보고서를 작성했다. 도시가 계속 성장하고 교통 정체가 으레 일어나는 일이 됨에 따라 교통과 이동성에 관한 구체적인 문제들을 다루는 데 도움을 주기 위해서였다. 기대에 걸맞게 이

보고서들은 자료가 풍부했으며 몹시 상세했고, 개별 도시의 교통 문제에 해결책을 제공한다는 목표를 갖고 있었다. 하지만 자하비는 전형적인 자문 공학자의 관점에서 표준적인 분석을 제시하는 것 외에, 뜻밖에도 이론물리학자가 했을 법한 것과 흡사한 결이 거친 큰 그림 안에 자신의 결과들을 담았다. '이동 모형의 통일 메커니즘 Unified Mechanism of Travel Model'이라는 장엄한 이름을 붙인 그의 모형은 도시의 물리적 또는 사회적 구조도, 도로망의 프랙털 특성도 전혀 고려하지 않으며, 거의 오로지 평균적인 개인이 자신의 소득에 상대적으로 이동의 경제적 비용을 최적화하는 행동을 한다는 개념에 토대를 두고 있다(간단하게 말하자면, 이동자는 경제적으로 감당할 수 있는 가장 빠른 이동 수단을 택한다). 비록 이 모형은 널리 찬사를 받지도, 학술지에 발표되지도 않았지만, 그 많은 흥미로운 결론 중 하나는 도시 속설처럼 됨으로써, 삶의 속도 증가라는 문제를 살펴볼 흥미로운 계기를 마련해준다.

자하비는 미국, 영국, 독일, 몇몇 개발도상국의 도시들에서 얻은 자료를 써서 평균인이 매일 이동에 쓰는 시간의 총량이 도시의 크기나 교통 이용 방식에 상관없이 거의 동일하다는 놀라운 결과를 얻었다. 언뜻 볼 때 우리는 어디에 사는 누구든, 매일 약 1시간을 돌아다니는 데 쓰는 경향이 있다. 대강 말하자면, 집에서 직장까지 평균 출근 시간은 도시나 교통수단에 관계없이 약 30분이다.

따라서 누구는 자동차나 기차를 타고, 누구는 버스나 지하철을 탐으로써 더 빨리 이동하고, 누구는 자전거를 타거나 걸어 다녀서 훨씬 더 느리게 돌아다닌다고 해도, 평균적으로 우리 모두는 출퇴근에 약 1시간을 소비한다. 따라서 지난 200년 동안의 경이로운 혁신들을 통해서 교통 속도가 증가했어도, 그 속도 증가는 통근 시간을 줄이는 데 쓰인 것이 아니라 통근 거리를 늘리는 데 쓰여왔다. 사람들은 이런 발전을 더 멀리 살면서 단순히 직장까지 더 먼 거리를 이동하는 데 이용해왔다. 결론은 명확하다. 도시의 크기는 어느 정도는 30분 이상 걸리지 않는 직장까지 사람을 이동시키는 교통 체계의 효율성에 따라 정해진다는 것이다.

자하비의 흥미로운 관찰은 이탈리아의 물리학자 체사레 마르체티Cesare Marchetti에게 강한 인상을 남겼다. 마르체티는 빈에 있는 국제응용시스템분석연구소International Institute for Applied Systems Analysis(IIASA)의 선임 연구원이었다. IIASA는 지구 기후 변화, 환경 영향, 경제의 지속 가능성 같은 문제들을 연구하는 주요 기관 중 하나였고, 마르체티도 주로 그런 분야에 관심을 갖고 기여해왔다. 그는 자하비의 연구에 흥미를 느꼈고, 1994년 일상적인 통근 시간이 거의 불변임을 상세히 설명한 포괄적인 논문을 발표하면서, 진정 불변인 것은 사실 매일의 전체 이동 시간이라고 주장했다. 그는 이를 노출 시간exposure time이라고 했다.[3] 따라서 설령 개인의 매일 통근 시간이 1시간 미만이라고 해도, 그는 본능적으로 매일 건강을 위해 걷거나 달리기 같은 활동을 통해 부족한 시간을 보충한다. 마르체티는 비꼬는 말로 이 주장을 옹호했다. "종신형을 받고 수감되어 있는 사람들도 할 일도 없고 갈 곳도 없지만 하루에 한 시간씩 마당을 걷는다."

걷는 속도는 시간당 약 5킬로미터이므로, '보행 도시'의 전형적인 범위는 지름이 약 5킬로미터다. 면적으로 따지면 약 20제곱킬로미터다. 마르체티는 이렇게 말한다. "로마든 페르세폴리스든, 장벽으로 에워싸인 커다란 고대 도시(1800년 이전까지) 중에서 지름이

5킬로미터, 즉 반지름이 2.5킬로미터를 넘는 것은 없다. 여전히 보행자 도시인 오늘날의 베네치아도 중심지와 이어져 있는 최대 거리는 정확히 5킬로미터다." 마찻길과 버스, 증기 기관차와 전차, 궁극적으로 자동차가 도입됨에 따라 도시는 커질 수 있었지만, 마르체티에 따르면 한 시간 규칙이라는 제약에 얽매여 있다고 한다. 자동차가 시속 40킬로미터로 이동할 수 있는 도시, 더 나아가 대도시권 전체는 대개 지름 40킬로미터까지 확장될 수 있고, 대부분의 대도시는 전형적인 통근 가능 거리가 그 정도다. 면적으로 따지면 약 12헥타르로서, 보행 도시 면적의 50배를 넘는다.

고대 로마, 중세 소도시, 그리스 마을, 20세기 뉴욕 등 어디에 살든 통근하는 사람이 매일 이동하는 데 쓰는 시간이 거의 1시간으로 일정하다는 이 놀라운 관찰 결과는 마르체티 상수Marchetti's constant라고 불린다. 원래 자하비가 발견한 것이었지만. 이 값은 도시의 설계와 구조에 중요한 의미를 함축하고 있기에 개략적인 지침 역할을 한다. 도시계획자들이 차 없는 녹색 공동체를 설계하기 시작하고, 도심에 자동차의 진입을 금지하는 도시가 점점 늘어남에 따라, 마르체티 상수에 함축된 제약을 이해하고 적용하는 것이 도시의 기능을 유지하는 문제에서 중요한 고려 사항이 되고 있다.

4　걷는 속도의 증가

자하비와 마르체티는 걷기나 운전하기 같은 각 교통수단의 이동 속도 자체는 도시의 크기가 달라져도 변하지 않는다고 가정했다.

앞서 살펴보았듯이, 마르체티는 평균 보행 속도가 시간당 5킬로미터라고 가정함으로써 걷기가 주된 이동 형식인 도시의 대략적인 크기를 추정했다. 하지만 다양한 교통수단이 있는 대도시에서는 걷기가 개인이 사실상 군중의 일부가 되고 사회 관계망 동역학이 작용하는 혼잡한 지역에서 일어난다. 우리는 타인의 존재에 무의식적으로 영향을 받으며 빨라지는 삶의 속도에 감응하여, 상점이나 극장에 가거나 친구를 만나러 갈 때 자신도 모르게 서두르게 된다. 소도시에서는 보행자 전용 거리가 혼잡해지는 경우가 거의 없으며, 전반적인 삶의 속도도 훨씬 더 여유롭다. 따라서 도시가 커질수록 걷는 속도도 빨라질 것이라고 예상할 수 있으며, 이 증가율이 15퍼센트 규칙을 따를 것이라고 추측하고 싶어질 수도 있다. 이 증가의 토대를 이루는 메커니즘이 어느 정도는 사회적 상호작용을 통해 추진되기 때문이다.

흥미롭게도 자료를 보면, 걷는 속도가 실제로 거의 거듭제곱 법칙에 따라서 도시 크기에 비례하여 빨라진다는 것이 확인된다. 비록 그 지수는 전형적인 0.15보다 작은 0.10에 더 가깝긴 하다(그림 42 참조). 모형이 단순하고 사회적 상호작용이 이 별난 효과에 부분적으로만 기여한다는 점을 생각할 때, 그리 놀라운 일도 아니다. 자료에 따르면, 주민이 수천 명에 불과한 소도시에서 100만 명이 넘는 도시로 가면 평균 보행 속도가 시간당 무려 6.5킬로미터로 거의 2배 빨라진다. 이 값이 최대이고, 훨씬 더 큰 도시로 가도 별로 증가하지 않을 가능성이 높다. 사람이 편안한 걸음으로 얼마나 빨리 걸을 수 있는가를 정하는 생물물리학적 한계가 분명히 있기 때문이다.

이 숨겨진 동역학의 뜻밖의 한 표현 형태는 최근에 영국의 리버

그림 42 도시에서의 걷는 속도

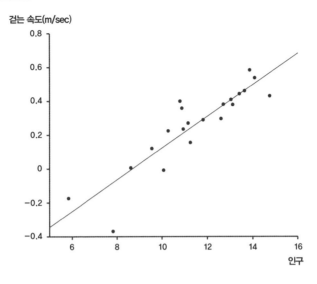

그림 42 유럽 여러 도시들에서의 평균 보행 속도가 얼마나 체계적으로 증가하는지를 인구 크기에 따라서 로그 눈금에 표시한 그래프.
그림 43 영국 리버풀의 빠른 보행자 전용 통로.

풀에서 도입한 빠른 보행 통로이다. 남들이 너무 미적거린다고 사람들이 몹시 좌절하는 꼴을 보다 못해서 보행자를 위한 특별 고속 통로를 도입한 것이다(그림 43). 이 사진은 삶의 속도 증가를 놀라울 만치 잘 보여주는 사례다. 설문 조사를 했더니 느리게 걷는 사람들 때문에 도심가에서 물건을 사러 돌아다니기가 힘들었다고 대답한 사람이 절반이나 되었다. 여기에 자극을 받아서 전 세계의 도시들이 리버풀의 사례를 주목하기 시작했으며, 나는 이 신기한 현상을 주요 도시의 도심에서 더 많이 볼 수 있지 않을까 추측해본다.

5 당신은 혼자가 아니다: 인간 행동 탐지기, 휴대전화

고도로 연결된 우리의 21세기 세상을 보여주는 가장 혁신적인 것 중 하나는 어디에나 있는 휴대전화다. 인터넷에 연결되며 쉽고도 저렴하게 구할 수 있는 정교한 스마트폰은 삶의 속도 급증과 시간 단축의 주요 기여자가 되어왔다. 트위터, 문자 메시지, 전자우편의 형태로 즉시 전달되는 음성 데이터는 꼼꼼히 적어 보내던 편지나 얼굴을 마주보고 하는 친밀한 대화는 말할 것도 없고, 기존의 전화 통신까지 압도했다. 이 놀라운 혁신에 함축된 의미와 의도하지 않은 결과 중 몇 가지는 뒤에서 논의하기로 하고, 여기서는 과학의 한 작은 구석을 혁신시키기 시작한 휴대전화가 가장 걸맞은 인정을 받지 못하고 있는 측면에 초점을 맞추기로 하자.

아마 당신은 자신이 쓰는 휴대전화의 통신사가 당신이 걸고 받는 모든 통화와 모든 문자 메시지를 계속 추적하고 있다는 점을 알 것이다. 언제 누구와 얼마나 오래 통화를 했고, 그 시간에 당신과 상대방이 어디에 있었으며 상황에 따라서는 무슨 이야기를 했고 무슨 문자를 보냈는지까지도 추적할 가능성이 매우 높다. 이 자료는 엄청난 양이며, 원리상 사회적 상호작용과 이동성에 관한 유례없을 만치 고도로 상세한 정보를 제공한다. 오늘날 거의 모든 사람이 그런 기기를 쓰고 있다는 점에서 더욱 그렇다. 현재 지구에는 인구보다 더 많은 휴대전화가 쓰이고 있다. 미국에서만 한 해 휴대전화 통화량이 1조 통을 넘으며, 평균적으로 전형적인 사람은 하루에 3시간 이상 휴대전화에 빠져 있다. 전 세계를 보면, 화장실을 이용하는 횟수보다 휴대전화를 이용하는 횟수가 거의 2배나 많다. 우리가 무엇에 우선순위를 두는지를 보여주는 흥미로운 사례다.

휴대전화는 가장 가난한 나라에까지 엄청난 혜택을 주어왔다. 전통적인 기술을 뛰어넘어서, 유선망을 깔고 유지하는 데 드는 엄청난 비용에 비해 훨씬 적은 비용으로 21세기 통신 기반시설을 즉시 갖출 수 있게 해주기 때문이다. 전국에 걸쳐 유선망을 깔 예산이 없는 나라들도 휴대전화망은 구축할 수 있다. 그러니 개발도상국에서 휴대전화 이용자 비율이 가장 높은 것도 놀랄 일은 아니다.

따라서 휴대전화 통화의 엄청난 자료 집합을 분석하면 사회 관계망의 구조와 동역학, 사람과 장소 사이의 공간적 관계, 더 나아가 도시의 구조와 동역학을 파악할 새롭고도 검증 가능한 정량적인 깨달음을 얻을 수도 있다. 휴대전화를 비롯한 IT 기기들이 가져온 이 유례없는 결과로 빅데이터와 스마트 도시의 시대가 도래했고, 그것들이 우리의 모든 문제를 풀 도구들을 제공할 것이라는 좀 과장된 약속이 난무하고 있다. 그 약속은 도시의 기반시설 문제들에만 한정되어 있지 않다. 건강과 오염에서 범죄와 오락에 이르기까지 삶의 모든 측면으로 확대된다. 우리 자신이 휴대 기기든 이동성이든 건강 기록을 통해서든 간에, 자신도 모르게 생성하는 엄청난 양의 자료를 활용할 가능성에 토대를 둔 '스마트' 산업이 빠르게 출현하고 있는 것이 한 예다. 이 발전 중인 패러다임은 분별 있게 쓰면 기업과 기업가 정신을 지닌 개인에게 더 많은 부를 창조할 새로운 방법을 제공하는 등 분명히 이로운 결과들을 낳을 새롭고도 강력한 도구를 우리에게 제공할 것이 확실하다. 하지만 뒤에서 이 접근 방식에 내재된 고지식함과 더 나아가 위험에 주로 초점을 맞춘 다소 강력한 경고의 말도 하련다.[4]

여기서는 휴대전화 자료가 도시를 이해하기 위해 우리가 개발하고 있는 이론 틀의 예측과 결과를 과학적으로 검증하는 데 어떻게 쓰일 수 있는지에 초점을 맞추자. 도시, 더 나아가 사회 체계가 일반적으로 복잡 적응계라는 사실을 논외로 치더라도, 사회과학에서 검증 가능한 정량적인 이론을 개발하는 데 전통적으로 방해물이 되었던 것 중 하나는 대량의 신뢰할 수 있는 자료를 얻고 통제된 실험을 수행한다는 것이 사실상 어려웠다는 것이다. 물리학과 생물학이 지금처럼 엄청난 발전을 이루게 된 한 가지 주된 이유는 제시된 가설, 이론, 모형에서 유도되는 구체적이고 잘 정의된 예측과 결과를 검증할 수 있게, 해당 계를 조작하거나 고안할 수 있다는 것이다.

최근에 힉스 입자를 발견하는 데 쓰인 스위스 제네바의 LHC 같은 거대한 입자 가속기는 그런 인위적 통제 실험의 대표적인 사례다. 엄청나게 높은 에너지로 입자들을 충돌시키는 많은 실험들의 자료를 분석하여 나온 결과와 정교한 수학 이론의 개발을 결합함으로써, 물리학자들은 오랜 세월에 걸쳐서 물질을 구성하는 근본적인 소립자들과 그들 사이에 상호작용하는 힘들의 특성을 발견하고 파악해왔다. 그리하여 20세기 과학의 위대한 성과 중 하나인 소립자들의 표준 모형이 개발되었다. 이 모형은 전기, 자기, 뉴턴 운동 법칙, 아인슈타인 상대성 이론, 양자역학, 전자, 광자, 쿼크, 글루온, 양성자, 중성자, 힉스 입자 등 놀랍도록 폭넓은 스펙트럼에 걸쳐 있는 우리 주변 세계의 모든 것을 통일된 수학적 틀로 엮고 통합하고 설명하며, 거기에서 나온 구체적인 예측들은 계속해서 새로운 실험을 통해 놀라울 만치 검증되어왔다.

마찬가지로 놀라운 점은 그런 소립자 실험을 통해 연구되는 에너지와 거리가 빅뱅 이후 우주의 진화를 결정한 현상들을 파악하는 데도 기여해왔다는 것이다. 이런 실험들을 통해서, 우리는 말 그대로 우주가 시작될 때 일어난 사건들을 인위적으로 재창조하고 있다. 그 결과로 나온 이론 틀은 은하가 어떻게 형성되었고 왜 천체가 지금과 같은 모습인지를 믿을 수 있을 만큼 정량적으로 이해하게 해주었다. 우리가 어떤 천체 자체나 우주를 대상으로 실험을 할 수 없다는 것은 분명하다. 지금 있는 천체나 우주는 실험실에서 하는 실험과 달리, 재현될 수 없는 유일하고 독특한 사건의 산물이기 때문이다. 우리는 오로지 관찰만 할 수 있다. 지리학처럼 그리고 그 점에서는 사회과학도 마찬가지이지만, 천문학은 역사학이다. 우리 이론의 방정식과 이야기에 따르면 어떤 일이 일어났어야 한다고 사후 예측을 한 뒤에, 그 예측을 검증하기에 알맞은 곳을 탐색함으로써만이 우리 이론을 검증할 수 있다는 점에서 그렇다. 뉴턴이 자기 주변 세계에서 일어나는 평범한 움직임을 설명하기 위해 개발한 중력 법칙과 운동 기본 법칙들을 토대로 케플러의 행성 운동 법칙을 유도할 때 쓴 전략도 바로 이것이었다. 그는 행성 자체에 직접 실험을 할 수는 없었지만, 케플러가 행성의 운동을 관찰하고 측정한 자료와 비교함으로써 자신의 예측이 옳은지 검증할 수 있었다. 지난 한 세기 동안 이 전략은 천체물리학과 지질학 분야에서 놀라운 성공을 거두어왔다. 그렇기에 우리는 우주와 지구가 어떻게 지금과 같은 모습이 되었는지를 이해하고 있다고 확신한다. 따라서 이런 역사학들의 사례에서는 정교한 관찰과 지금 여기라는 주변 상황을 대상으로 한 적절하고 전통적인 실험을 영리하게 결합함으로써 성공을 거둬왔다.

이 전략을 사회 체계에 적용하는 것이 분명히 어렵긴 하지만, 사회과학자들은 매우 상상력을 발휘하여 가설을 제시하고 검증할 비슷한 정량적 실험을 고안해왔으며, 그런 실험들은 사회의 구조와 동역학을 밝히는 데 기여한다는 것이 입증되어왔다. 그중에는 다양한 설문지를 이용한 조사 응답이 많은데, 응답자와 상호작용을 해야 하는 실험자의 역할에 따라 응답이 달라질 수 있다는 한계가 있다. 따라서 비교적 소수의 표본 조사를 하는 것 외에 충분히 폭넓은 범위의 사람들과 사회 상황에 관한 대량의 자료를 얻기란 매우 어렵고, 결국 결과와 결론의 신뢰성과 일반성에 의문이 제기될 수 있다.

휴대전화 자료, 또는 페이스북이나 트위터 같은 소셜 미디어에서 얻는 자료가 사회적 행동을 조사하기에 아주 좋은 이유는 이런 문제들을 상당히 줄일 수 있기 때문이다. 그런 자료를 이용하는 데도 나름대로 까다로운 문제들이 없지는 않다. 휴대전화 사용자들이 전체 집단을 어떻게 대표하고, 휴대전화 통화가 사회적 상호작용을 어떻게 대표한다는 것일까? 이런 문제들은 논란이 있을 수 있지만, 분명한 점은 이런 유형의 소통이 현재 사회적 행동의 주된 특징이 되어 있으며, 어떻게 어디에서 언제 우리가 상호작용을 하는지를 들여다볼 정량적인 창문을 제공한다는 것이다.

6 이론의 시험과 검증: 도시에서의 사회적 연결성

이탈리아인인 카를로 라티Carlo Ratti는 MIT 건축과의 건축가·설계자다. 그곳에서 센서블시티랩Senseable City Lab이라는 멋진 연구소를 운영하고 있다. 우리는 뮌헨에서 열린 연례 DLD 컨퍼런스에서 같은 분과에 소속되면서 처음 만났다. 이 대회는 TED와 좀 비슷한 취지로 열리는데, 예술과 디자인에 중점을 두고 있어서 범위가 더 좁다. TED나 세계경제포럼의 다보스 회의처럼, 기본적으로 "우리가 지금 이 수준에 와 있다"라는 분위기를 풍기는 빽빽한 일정의 강연과 대담에 곁들여서 사교 활동을 도모하는 칵테일파티가 며칠 동안 이어진다. 미래 지향적 문화, 첨단기술 지식의 교환, '혁신'이라는 이미지를 풍기려 애쓰면서 말이다. 흥미로운 인물들과 유력인사들까지 참석하여 어울리고, 발표 때 이따금 명석한 통찰과 최신의 발전 상황도 엿볼 수 있다. 기막힌 파워포인트 발표 자료에 오류도 많고 때로 뻔한 허풍도 심하게 담겨 있다는 점을 감안해야 하지만 말이다. 세상도 대개 그런 식으로 돌아가며, 현재 그런 취지의 행사들이 많이 열리고 있다. 이런 단점들이 있긴 하지만, 그런 대회들은 분야 간 교류를 도모하고 기업인, 기술자, 화가, 작가, 언론인, 정치가, 이따금 과학자에게까지 새롭고 혁신적이면서 때로는 무모하고 도발적이기까지 한 착상들과 그런 것들을 내놓는 사람들을 접하게 한다는 중요한 목적에 봉사한다. 도시가 하는 일과 좀 비슷한 구석이 있다. 시간적·공간적으로 크게 압축된 형태이긴 하지만 말이다. 말이 난 김에 덧붙이자면, TED처럼 DLD도 무엇의 약자인지 기억하는 사람이 이제는 거의 없으며, 누군가가 떠올리려면 꽤 머리를 쥐어짜야 할 것이다. 나는 두 개의 D가 '디자인Design'을 뜻한다는 것이 어렴풋이 떠오른다. 이렇게 약어를 쓰는 것도 세상이 돌아가는 방식이 되어 있으며, 삶의 속도가 가속되고 있음을 보여주는 또 하나의 미묘한 사례다. 2M2H. LOL처럼 말이다.

카를로는 과학자는 아니었지만, 과학적 관점을 도입하여 도시를 이해하는 데 열의를 보였고, 휴대전화 자료가 이론을 검증하고 도시 동역학의 다른 측면들을 조사하기에 아주 탁월한 방법이라고 나를 설득하려고 애썼다. 나는 좀 회의적이었는데, 주된 이유는 휴대전화 사용 양상이 사회적 상호작용과 이동성을 측정할 믿을 만한 대리 지표로 타당할 만큼 폭넓고 다양하게 집단 전체를 대표한다고 보지 않았기 때문이다. 하지만 카를로는 쉽게 물러서는 사람이 아니었다. 서서히 나는 급성장하는 휴대전화 사용 통계에 관심을 갖기 시작했다. 특히 현재 인구의 90퍼센트까지 휴대전화를 쓰고 있는 개발도상국의 통계 자료를 주목했다. 그러면서 카를로 같은 연구자들이 옳았다는 사실을 서서히 깨닫기 시작했다. 많은 연구자들이 이 새로운 자료 원천을 이용하기 시작했는데, 주로 망의 구조와 동역학을 연구하고 질병과 착상의 전파 같은 과정들을 이해하는 데 도움을 얻기 위해서였다.

우리의 스케일링 연구에 영감을 얻어서, 카를로는 영리한 젊은 물리학자와 공학자를 몇 명 고용하여 휴대전화 이용 자료를 조사했고, 샌타페이에 있는 루이스 베텐코르트와 나는 그와 공동으로 그 이론의 근본적인 예측 중 하나를 검증하는 일에 나섰다. 도시 스케일링의 가장 흥미로운 측면 중 하나는 그것이 보편적인 특성이라는 점이다. 앞서 살펴보았듯이, 소득과 특허 건수에서 범죄와 질병의 발생률에 이르기까지 서로 무관해 보이는 사회경제적 양들은 도시가 커짐에 따라 약 1.15라는 비슷한 지수에 따라 초선형적으로 규모가 증가한다. 앞 장에서 나는 서로 다른 도시, 도시 체계, 척도에 걸쳐 나타나는 이 놀라운 공통성이 사람들 사이 상호작용의 정도를 반영하며, 그것이 사회 관계망의 보편적 구조에서 기원한다고 주장했다. 전 세계의 사람들은 역사, 문화, 지리에 상관없이 거의 동일한 방식으로 행동한다. 따라서 어떤 멋진 수학 이론에 기댈 필요 없이, 이 개념은 도시가 커짐에 따라 그 모든 다양한 사회경제적 양들의 규모가 커지는 것과 동일한 방식으로 도시 사람들의 상호작용의 수도 규모가 커져야 한다고 예측한다. 즉, 도시 체계에 관계없이 약 1.15라는 지수를 지닌 초선형 거듭제곱 법칙을 따라서다. 다시 말해, 임금과 특허 건수든 범죄율과 발병률이든, 도시가 2배로 커질 때마다 사회경제적 활동들이 체계적으로 15퍼센트씩 증가하는 것은 사람들 사이의 상호작용이 15퍼센트씩 증가한다는 예측에 따르는 것이다.

그렇다면 사람들 사이의 상호작용의 수를 어떻게 측정할까? 전통적인 방법은 설문지 조사에 의존하는 것이다. 그런 방법은 시간이 걸리고, 노동 집약적이고, 범위가 한정될 수밖에 없기에 표본이 편향될 수 있다. 이런 문제들 중 일부를 극복할 수 있다고 해도, 수백 곳의 도시로 이루어지는 도시 체계 전체에 걸쳐 그런 조사를 한다는 것은 어려우며, 아마 실현 불가능할 것이다. 반면에 최근 들어서 전 세계 인구 중 상당 비율이 이용하는 휴대전화망에서 자동적으로 수집되는 대량의 자료를 이용할 수 있게 됨으로써, 모든 도시의 사회 동역학과 조직을 체계적으로 연구할 유례없는 가능성이 열리고 있다. 운 좋게도 우리 MIT 동료들은 익명화한 통화 기록(통화자의 이름도 번호도 우리가 모른다는 뜻이다) 수십억 건으로 이루어진 대량 자료를 접할 수 있었다. 그중에는 일방적인 일회성 통화도 분명히 있으므로, 일정 시간 동안 두 사람 사이에 상호 대화가 이루어진 통화만을 고려했다. 거기에서 각 도시별로 통화자 사이의 총 상호작용 수, 총 통화량, 총 통화 시간을 추출했다.[5]

우리 분석은 두 독립된 자료 집합에 토대를 두었다. 포르투갈의 휴대전화 자료와 영국의 유선 전화 자료다. 그림 44에서 그림 46에 그 결과가 나와 있다. 한 도시에서 일정 기간에 사람들 사이에 통화를 한 총 횟수를 도시의 인구 크기에 따라 로그 눈금에 표시했다.

그림 44 그림 34~38에 실린 소득, GDP, 범죄 건수, 특허 건수 네 가지 도시 척도를 규모 조정을 거쳐 그래프로 나타낸 것이다. 모두 약 1.15라는 비슷한 지수에 따라 규모 증감을 한다는 것을 보여준다.
그림 45 포르투갈과 영국의 도시들에서 개인 사이의 상호 통화 횟수로 측정한 개인 간 연결성의 스케일링을 나타냈다. 이론의 예측이 옳음을 확인하는 비슷한 지수를 보여준다.
그림 46 개인의 친구들로 이루어지는 모듈 집단의 크기는 도시 크기에 상관없이 거의 같다.

그림 44 소득, GDP, 범죄 건수, 특허 건수의 종합 그래프

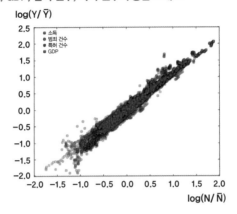

그림 45

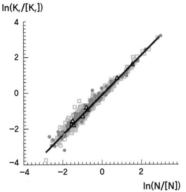

그림 46

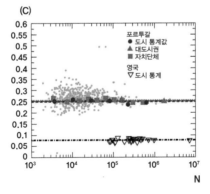

그림에서 볼 수 있듯이, 양쪽 자료 집합에서 고전적인 직선이 나타난다. 양쪽 다 가설과 놀라울 만치 잘 들어맞는, 예측한 1.15에 아주 가까운 동일한 지수에 따라 거듭제곱 스케일링이 이루어짐을 시사한다. 이를 시각적으로 보여주기 위해, 나는 사회경제적 도시 스케일링의 보편성을 보여주는 7장의 그림 34부터 그림 38에서 유도한 복합 그래프를 함께 표시했다. 즉 GDP, 소득, 특허 건수, 범죄 건수라는 서로 다른 지표들을 적절히 규모 조정을 거치면 모두가 함께 규모 증가를 한다는 것을 보여주기 위해 동일한 그래프에 표시했다.

이 결과는 사회적 상호작용이 정말로 도시 특징들에 나타나는 보편적인 스케일링의 토대를 이룬다는 가설을 매우 흡족하게 확인해준다. 사람들이 전화 통화 상호작용에 쓰는 총 시간과 총 통화량도 도시 크기에 따라 비슷한 양상을 보이며 체계적으로 증가한다는 관찰 결과도 이 가설이 옳음을 확인해준다. 또 이 결과들은 도시 크기가 증가함에 따라 사회 관계망의 연결성과 양의 되먹임이 강화되고, 삶의 속도가 가속된다는 것도 입증한다. 예를 들어, 15개월에 걸쳐 모은 포르투갈 자료는 인구 56만 명인 리스본의 주민이 평균적으로 인구가 약 4,200명에 불과한 작은 시골 도시인 릭사의 주민보다 상호 통화를 약 2배 더 많이 하고 통화 시간도 약 2배 더 길다는 것을 보여준다. 게다가 상호적이지 않은 일방적인 통화까지 분석에 포함했을 때에도, 스케일링 지수가 체계적으로 증가하며, 그것은 상품 광고와 정치 홍보 같은 개인을 꾀기 위한 통화 횟수도 도시가 클수록 그에 비례하여 더 많아짐을 시사한다. 소도시보다 대도시에서의 삶은 더 무심히 이루어지는 무의미한 통화를 더 많이 받는 것을 포함하여, 모든 면에서 집약적이고 더 빨라진다.

사실 모든 면에서 그렇지는 않다. 한 개인이 접촉하는 이들―'친구들'―중에서 그들끼리도 서로 친구인 이들이 얼마나 많은지를 조사했더니, 전혀 의외의 답이 나왔다. 일반적으로 한 개인의 전체 사회 관계망은 가까운 가족, 친구, 동료에서부터 자동차 정비공이나 수리업자처럼 어쩌다 만나는 비교적 거리가 먼 관계에 이르기까지 매우 다양한 집단에 걸쳐 있다. 그중에는 서로 알고 상호작용하는 이들도 있지만, 대부분은 그렇지 않다. 예를 들어, 당신의 어머니는 당신의 가장 가까운 직장 동료를 거의 알지 못하거나 대화를 나누어본 적도 없을 수 있다. 당신은 두 사람과 아주 가까운 관계에 있는데 말이다. 그렇다면 당신의 사회 관계망 전체―당신의 모든 접촉의 총합―중에서 서로 대화를 나누는 이들은 얼마나 될까? 이 부분집합은 당신의 '확대 가족'과 사회적 모듈의 크기를 정한다. 더 큰 도시에서는 더 많은 사람을 상당히 더 쉽게 접하기 때문에, 당신의 확대 가족이 그에 따라서 더 클 것이고 다른 사회경제적 양들과 거의 동일한 방식으로 초선형적으로 증가할 것이라고 예상할지 모르겠다. 나는 분명히 그렇게 예상했다. 하지만 대단히 놀랍게도 자료는 정반대로 규모 증가가 전혀 일어나지 않음을 보여주었다. 평균적인 개인의 서로 상호작용하는 지인들의 모듈 집합 크기는 거의 불변이며, 도시 크기에 따라 변하지 않는다. 예를 들어, 인구가 50만 명을 넘는 리스본에 사는 평균인의 '확대 가족' 크기는 인구가 5,000명도 안 되는 소도시 릭사에 사는 평균인의 것보다 결코 크지 않다. 따라서 대도시에서도 우리는 소도시나 마을에서처럼 끈끈하게 엮인 집단을 이루어 산다. 이는 앞 장에서 내가 말한 던바 수의 불변성과 좀 비슷하며, 그 수와 마찬가지로 아마 우리의 신경학적 구조가 큰 집단에서 사회적 정보를 처리하는 일에 대처하기 위해 어떤 식으로 진화해왔는지에 관한 근본적인 무언가를 반영할 것이다.

하지만 대도시의 모듈 집단에 비해 마을의 모듈 집단은 성격상 한 가지 중요한 정성적인 차이가 있다. 실제 마을에서 우리는 작은 크기에서 비롯되는 진정한 근접성이라는 제약을 받는 공동체에 국한되어 지내는 반면, 도시에서는 더 큰 집단이 제공하는 다양성과 훨씬 더 큰 기회를 이용하여 자신의 '마을'을 선택하고, 관심사, 직업, 민족, 성적 지향 등이 자신과 비슷한 사람들을 찾아나설 자유가 더 있다. 삶의 여러 측면에 걸쳐 더 큰 다양성이 제공하는 이 자유라는 관념은 도시 생활의 주된 매력 중 하나이자 급속히 증가하는 세계적인 도시화의 주된 원인이다.

7 도시 내 이동의 놀랍도록 규칙적인 구조

도시의 비범한 다양성과 다차원성은 도시가 무엇인지를 말해주는 구체적인 사례를 포착하려고 시도하는 수많은 심상과 비유를 낳았다. 보행 도시, 기술 도시, 녹색 도시, 생태 도시, 전원 도시, 후기 산업 도시, 지속 가능한 도시, 탄력적인 도시 …… 그리고 물론 스마트 도시도 있다. 이 목록은 계속 이어진다. 이 각각의 도시는 도시의 한 가지 중요한 특징을 드러내지만, 그 어느 것도 "도시이면서 사람들이 아닌 것은 무엇인가?"라는 셰익스피어의 수사학적 질문에 담긴 본질적 특징을 포착하지는 못한다. 도시에 관한 심상과 비유는 대부분 물리적 발자국을 떠올리게 하며, 사회적 상호작용이 하는 핵심 역할을 무시하는 경향이 있다. 이 핵심 요소는 용광로, 도가니, 반죽기, 반응기로서의 도시 같은 다양한 은유들에 담겨 있으며, 그런 곳에서 사회적 상호작용들이 뒤섞이면서 사회적·경제적 활동을 촉진한다. 이 요소들은 사람들의 도시, 집합 도시, 인간적 도시를 만들어낸다.

사람들이 끊임없이 휘저어지고 뒤섞이고 요동치는 커다란 통으로서의 도시라는 심상은 세계의 어느 대도시에서든 본능적으로 느낄 수 있다. 이는 도심이나 상점가에서 마치 기체나 액체 속 분자들과 흡사한, 거의 무작위적 운동을 하는 듯한 사람들의 지속적이고 때로 열광적이기까지 한 움직임에서 가장 두드러진다. 그리고 온도, 압력, 색깔, 냄새 같은 기체나 액체의 거시적 특성들이 분자 충돌과 화학 반응의 산물인 것과 거의 동일한 방식으로, 도시의 특성들도 사람들의 그리고 사람들 사이의 사회적 충돌과 화학에서 출현한다.

비유는 유용할 수 있지만, 때로는 오도할 수 있으며, 바로 이 사례가 그렇다. 겉으로 보면 비슷해 보일지라도, 도시에서 사람들의 움직임은 기체에 든 분자나 반응기 내 입자의 무작위 운동과 결코 비슷하지 않다. 정반대로 압도적으로 체계적이고 지향적이다. 무작위적인 이동은 거의 없다. 이동 수단에 상관없이, 거의 다 특정한 장소에서 다른 장소로 의지에 따라서 이동한다. 대부분은 집에서 일터로, 상점으로, 학교나 극장 등으로 갔다가 돌아오는 여정이다. 게다가 대부분의 이동자는 가장 빠르면서 가장 짧은 경로를, 즉 시간이 가장 적게 걸리고 가장 짧은 거리를 지나는 길을 찾는다. 이상적으로 보면, 이는 모두가 직선으로 이동하고 싶어 하지만, 도시의 명백한 물리적 제약들 때문에 불가능하다는 의미가 될 것이다. 구불구불한 도로와 철길을 따라 가는 것 외에는 선택의 여지가 전혀 없으며, 따라서 일반적으로 어느 여정이든 갈지자 구간이 있기 마련이다. 하지만 충분히 긴 기간에 걸쳐서 모든 사람들의 모든 여정을 평균하고 결이 거친 렌즈를 통해 더 큰 규모에서 보면, 어느 두 지점 사이의 선호되는 경로는 직선에 가깝다. 대략적으로 말하자면, 이는 평균적으로 사람들이 사실상 특정한 목적지를 중심으로 하는 동심원의 바큇살을 따라 방사상으로 이동한다는 의미다. 그 목적지는 중심축(허브) 역할을 한다.

이 가정을 토대로 도시인들의 이동에 관하여 극도로 단순하지만 아주 강력한 수학적 결과를 유도하는 것도 가능하다. 도시의 어느 지점을 생각해보자. 도심지나 중심가, 쇼핑몰이나 상업지구 같은 '중심지'일 수도 있고, 당신이 사는 곳처럼 어떤 임의의 주거 지역일 수도 있다. 그 수학 정리는 다른 지점에서 얼마나 많은 사람들이 얼마나 자주 이곳을 방문하는지를 예측한다. 더 구체적으로 말하면, 방문자의 수는 이동 거리와 방문 빈도 양쪽의 제곱에 반비례하여 증감한다.

수학적으로 역제곱 법칙은 지금까지 이 책에서 내내 이야기한 거듭제곱 스케일링의 단순한 형태에 불과하다. 스케일링의 용어로 고쳐 말하자면, 도시에서의 이동은 특정 장소로 이동하는 사람들의 수가 이동 거리 및 방문 빈도 양쪽에 따라 지수가 -2인 거듭제곱 법칙에 따라 증감한다고 예상된다. 따라서 로그 좌표에서 이동자의

스 케 일

수를 방문 빈도를 고정한 채 이동 거리에 따라 표시하거나, 이동 거리를 고정한 채 방문 빈도에 따라 표시하면, 기울기가 -2인 동일한 직선이 나와야 한다(여기서 '-' 기호는 직선의 기울기가 그저 아래쪽이라는 뜻임을 기억하자). 모든 스케일링 법칙이 그렇듯이, 하루하루의 변동이나 주중과 주말의 차이를 제거하려면 여섯 달이나 1년처럼 충분히 긴 기간에 걸쳐 평균을 내야 한다는 점을 유념하자.

그림 47에서 쉽게 알 수 있듯이, 이런 예측들은 실제 자료와 놀라울 정도로 잘 들어맞는다. 실제로 관찰된 스케일링은 -2라는 예측값과 놀랍도록 잘 들어맞는 기울기를 보여준다. 특히 흡족한 점은 문화, 지리, 발달 정도가 천차만별인 전 세계의 다양한 도시에서 예측한 것과 동일한 역제곱 법칙이 관찰된다는 것이다. 우리는 북아메리카(보스턴), 아시아(싱가포르), 유럽(리스본), 아프리카(다카르)에서 동일한 행동을 본다. 게다가 이 대도시권 각각을 개별 지역으로 나누어도, 도시 내의 각 지역에서도 동일한 역제곱 법칙이 나타난다. 그림 48과 49는 보스턴과 싱가포르에서 뽑은 지역들의 사례다.

이 정리가 어떻게 작동하는지를 보여주는 단순한 사례를 들어보자. 보스턴의 파크스트리트 지역을 4킬로미터 떨어진 곳에서 매월 한 번 방문하는 사람이 평균 1,600명이라고 하자. 매월 한 번이라는 동일한 빈도로 그보다 2배 더 멀리(8킬로미터)에서 오는 사람은 몇 명일까? 역제곱 법칙은 4분의 1(즉 $1/2^2$)에 해당하는 사람이 방문할 것이라고 말한다. 따라서 8킬로미터 떨어진 곳에서 한 달에 한 번 파크스트리트에 들르는 사람은 400($1/4 \times 1,600$)명이다. 그렇다면 5배 더 먼 20킬로미터 떨어진 곳에서는? 25분의 1(즉 $1/5^2$)에 해당하는 사람, 즉 겨우 64($1/25 \times 1,600$)명만이 한 달에 한 번 들른다는 것이 답이다. 이해했을 것이다. 하지만 이것만이 아니다. 방문 빈도가 바뀌면 어떻게 될지도 마찬가지로 질문할 수 있다. 예를 들어, 4킬로미터 떨어진 곳에서 파크스트리트를 방문하지만, 빈도가 한 달에 두 번인 사람은 얼마나 될지 묻는다고 하자. 여기서도 역제곱 법칙이 적용되므로, 4분의 1(즉 $1/2^2$)에 해당하는 사람, 즉 400명이 방문한다. 마찬가지로 4킬로미터 떨어진 곳에서 한 달에 다섯 번 방문하는 사람은 몇 명일까? 답은 64($1/25 \times 1,600$)명이다.

이 값이 5배 더 떨어진 곳(20킬로미터)에서 한 달에 한 번 방문하는 사람의 수와 같다는 점에 주목하자. 따라서 4킬로미터 떨어진 곳에서 한 달에 다섯 번 방문하는 사람의 수는 그보다 5배 더 떨어진 곳(20킬로미터)에서 한 달에 한 번 방문하는 사람의 수와 같다(이 사례에서는 둘 다 64명이다). 이 결과는 내가 사례로 고른 특정한 수들과 무관하다. 이는 이동성에 놀라운 일반적 대칭성이 있음을 보여주는 사례 중 하나다. 즉, 어느 특정한 지점까지의 이동 거리에 방문 빈도를 곱한 값이 일정하다면, 그곳을 방문하는 사람의 수도 일정하다는 것이다. 우리의 첫 번째 사례에서는 4킬로미터×월 다섯 번=20명이고, 두 번째 사례에서는 20킬로미터×월 한 번=20명이다. 이 불변성은 모든 도시의 모든 지역의 방문 거리와 방문 빈도에 들어맞는다. 이 예측들은 자료를 통해 검증되었고 그림 48과 49 같은 여러 그래프를 통해 드러났다. 이 그림들은 거리와 빈도의 곱이 동일한 값일 때 방문 양상에는 변화가 없음을 잘 보여준다.

여기서 나는 도시에서 이동과 교통의 경이로운 복잡성과 다양성을 생각할 때, 이런 예측이 대단히 놀랍고 예상할 수 없는 것임을 강조하고자 한다. 뉴욕, 런던, 델리, 상파울루 같은 도시에 사는 사람들의 혼란스럽게 보이는 임의적이고 다양한 움직임과 이동을 생각할 때면, 숨겨진 질서와 규칙성을 보여주는 이 극도로 단순한 그림이 너무나 있을 법하지 않고 불합리하기까지 하다고 보지 않기가 어렵다. 걷든 지하철을 타든 버스를 타든 자동차를 몰든 이 모든 것을 다 하든 상관없이, 어떤 최적 경로를 통해서 특정한 장소를 오가겠다는 각 개인의 임의적인 결정이 수조 개의 개별 물 분자들의 무작위 운동이 부엌에서 수도꼭지를 틀 때 나오는 매끄럽고 일관적인 흐름을 빚어내는 것처럼, 일관적인 집단적 흐름을 낳을 것이라고 예상하는 것과 같다.

앞에서 설명했듯이, 휴대전화 자료는 당신이 누구와 얼마나 오래 통화했는가만이 아니라, 당신이 언제 어디에서 통화를 했는가 하는 상세한 정보도 제공한다. 사실상 우리 각자는 자신이 언제 어디에 있는지를 계속 추적하는 장치를 갖고 다니는 셈이다. 마치 방의 모든 분자에 꼬리표를 붙임으로써 위치를 알고, 얼마나 빨리 움직이는지, 어떤 분자에 부딪치는지 등등을 알 수 있는 것과 같다. 방만 한 크기의 공간에는 1경×1조보다 많은(10^{28}) 분자가 들어 있으므로, 이는 모든 빅데이터의 어머니라고 할 수 있다. 하지만 이 정보는 사실 그리 유용하지 않다. 기체가 평형 상태에 있을 때는 더욱 그렇다. 그저 지나치게 많을 뿐이다. 통계물리학과 열역학의 강력한 기법들은 모든 구성 분자들의 운동을 하나하나 다 자세히 알 필요 없이 온도, 압력, 상전이 같은 기체의 거시적 특성들을 이해하고 기술하는 데 성공을 거두어왔다. 반면에 도시에서는 그런 세세한 정보가 대단히 가치가 있다. 우리 자신이 분자일 뿐 아니라, 기체와 달리 도시가 에너지와 정보를 둘 다 교환하는 복잡한 망 구조를 지

그림 47

a 방문자 수, q(r,f)

c 방문자 수, q(v)

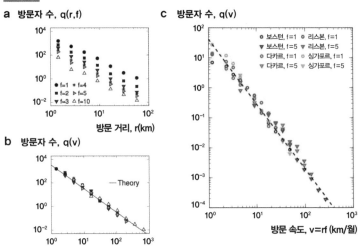

b 방문자 수, q(v)

그림 48

q(rf) [월/km²]

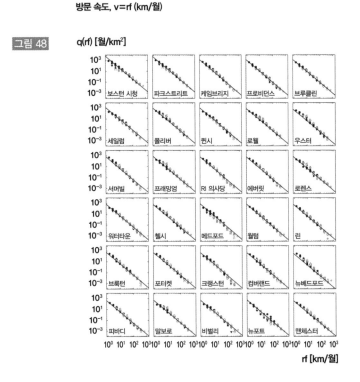

rf [km/월]

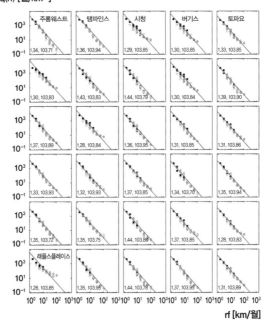

그림 49　q(rf) [월/km⁻²]

주롱웨스트	탬파인스	시청	버기스	토파요
1,34, 103,71	1,36, 103,94	1,29, 103,85	1,30, 103,85	1,33, 103,85
1,30, 103,83	1,43, 103,83	1,44, 103,79	1,30, 103,84	1,39, 103,90
1,37, 103,89	1,28, 103,84	1,36, 103,95	1,31, 103,85	1,31, 103,86
1,33, 103,93	1,32, 103,93	1,37, 103,85	1,34, 103,70	1,35, 103,94
1,35, 103,72	1,35, 103,75	1,44, 103,86	1,37, 103,85	1,28, 103,83

래플스플레이스
| 1,28, 103,85 | 1,35, 103,95 | 1,44, 103,78 | 1,37, 103,95 | 1,31, 103,89 |

rf [km/월]

그림 47 (a) 보스턴의 특정 지역을 방문하는 빈도가 일정할 때(1번/월) 거리별 방문자 수가 역제곱 법칙에 들어맞는다는 것을 보여준다. (b) (a)와 동일한 자료이지만, 빈도×거리라는 하나의 변수에 비추어보면 모든 빈도와 거리에 관한 자료들이 하나의 직선으로 귀결된다는 것을 보여준다. (c) (b)와 마찬가지로, 방문자 수가 전 세계의 다양한 도시들에서 동일한 역제곱 법칙에 따른다는 것을 보여준다.

그림 48 (c)와 비슷한 양상을 띠는 보스턴의 여러 지역들.

그림 49 싱가포르. 직선은 이론에서 예측한 값이다.

닌 복잡 적응계이기 때문이다. 휴대전화 자료는 이런 망의 구조와 동역학을 파악할, 따라서 이론의 예측을 정량적으로 검증할 강력한 도구를 제공한다.

이는 도시의 특정한 지역을 오가는 유동 인구를 추정하는 기본 틀을 제공하므로, 도시의 계획과 개발에 강력한 도구가 될 수 있다. 새로운 쇼핑몰을 짓거나 새 주택 단지를 개발하려면, 충분히 그리고 효율적으로 교통 수요를 충족시킬 수 있도록 차량과 사람의 유동량을 정확히, 아니 적어도 믿을 만하게 추정한 자료가 필요하다. 이 추정값은 대개 컴퓨터 모형을 써서 얻으며, 그런 자료가 매우 유용하다는 점은 분명하지만, 그런 시뮬레이션은 지엽적인 사항에 초점을 맞추어 도시의 더 큰 통합적이고 체계적인 동역학과의 관계를 무시하는 경향이 있으며, 근본 원리에 토대를 두는 일이 거의 없다.

이 이론을 검증하는 데 사용된 이 대량의 휴대전화 통화 자료는 스위스의 공학자인 마르쿠스 슐래퍼Markus Schläpfer와 헝가리의 물리학자 미카엘 셀Michael Szell이 분석했다. 이들은 MIT의 카를로 라티가 고용한 명석한 젊은 박사후과정 연구원들이다. 마르쿠스는 2013년에 우리가 이 특별한 공동 연구를 시작한 샌타페이연구소로 와서 우리와 합류했다. 그가 수행한 여러 연구 중에서 특히 흥미로운 것은 루이스와 함께 건물의 높이와 부피가 도시 크기와 어떤 관계에 있는지 분석한 것이었다. 마르쿠스는 그 뒤에 자신의 고향인 취리히의 유명한 ETH로 자리를 옮겨서, 현재 미래도시연구소Future Cities Lab라는 대규모 공동 과제에 참여하고 있다. 이 연구소는 싱가포르에 있고 싱가포르 정부의 지원을 받고 있다.

8 초과 달성자와 저성과자

우리 대다수는 축구팀이나 테니스 선수는 말할 것도 없고, 도시든

학교든 대학교든 기업이든 자치단체든 나라든, 순위에 관심을 보인다. 물론 순위를 매기는 데 기본이 되는 것은 매길 때 어떤 척도와 방법론을 선택하느냐다. 질문을 어떻게 제기하고 집단의 어느 부분을 표본으로 정하느냐에 따라서 설문 조사와 여론 조사 결과가 크게 달라질 수 있고, 그 결과 정치와 상업에 상당한 영향을 미칠 수 있다. 그런 순위는 개인, 도시계획자, 정부 정책 결정자와 경영자의 의사 결정에 점점 더 중요한 역할을 하고 있다. 도시나 지방 자치단체가 건강, 교육, 세금, 고용, 범죄 측면에서 세계나 국가 전체에서 몇 위에 드느냐는 투자자, 기업, 휴가 여행자의 인식에 강한 영향을 미칠 수 있다.

스포츠 분야에서는 역대 가장 위대한 선수나 팀이 누구인지를 놓고 끝없는 논쟁이 벌어지곤 하며, 그런 질문은 그 어떤 객관적인 관점에서도 답할 수 없을 것이 분명하다. '위대함'을 합리적으로 대변하는 척도가 무엇인지도 논란거리일 뿐 아니라, 대개 서로 전혀 다른 대상을, 그것도 전혀 다른 시기의 것들을 비교하는 식이 되기 때문이기도 하다. 이런 맥락에서 2장에서 소개한 역도 문제를 잠시 되짚어보고, 동물의 다리 힘이 체중의 3분의 2제곱에 따라 저선형으로 증가한다는 갈릴레오의 선구적인 통찰도 되새겨보자. 이 예측은 그림 7에 나온 것처럼, 역도 경기 우승자들의 경기 자료를 통해 확인된다. 나는 이 스케일링 곡선을 측정해야 할 성과에 관한 기준선으로 보아야 한다는 개념을 제시했다. 즉, 그것들은 해당 체중에서 이상적인 역도 우승자가 몇 킬로그램을 들어 올려야 하는지를 알려준다. 이와 비슷한 방식으로, 그림 1에 실린 대사율의 4분의 3제곱 스케일링 법칙은 해당 몸집의 이상적인 생물의 대사율이 '어떠해야' 하는지를 알려준다. 여기서 '이상적인'은 3장에서 설명했듯이, 망 구조의 에너지 이용, 동역학, 기하학 관점에서 '최적화한' 계를 뜻한다고 이해할 수 있다.

이 기본 틀은 과학을 기반으로 한 수행 능력 측정의 출발점으로 쓰였다. 체중과 스케일링 법칙으로 예측한 값을 생각할 때, 역도 우승자 여섯 명 중 네 명은 들어 올려야 할 무게를 들어 올렸다. 반면에 미들급 선수는 체중에 따른 기댓값을 초과 달성했고, 헤비급 선수는 미흡했다. 따라서 헤비급 선수가 어느 누구보다도 더 많은 무게를 들어 올렸긴 해도, 과학적인 관점에서 보면 그는 사실상 모든 우승자 중에서 가장 약했고, 미들급 선수가 가장 강했다.

스케일링을 토대로 수행 능력의 정량적인 과학적 틀을 개발할 수 있는 이런 상황에서는 다양한 경기들에서 순위를 매기고 비교를 할 의미 있는 척도를 내놓을 수도 있다.

이 방법론은 역도, 조정, 더 나아가 육상 같은 더 역학적인 스포츠들에는 적용하기가 더 쉽지만, 축구나 농구 같은 단체 스포츠에는 적용하기가 상당히 더 까다롭다. 따라서 스케일링에서 벗어나는 편차는 개인별 성과를 알려주는 원칙적인 척도와 역도 사례에서처럼 왜 미들급은 초과 달성하고 헤비급은 미흡했는지 같은 점들을 조사하는 정량적인 출발점을 제공한다.

이 성과 순위 매기기 전략은 단순히 크기 차이에서 비롯되는 주된 변이를 제거하여 각 선수 본연의 실력을 드러냄으로써 사실상 공평한 경쟁이 이루어지도록 한다. 뒤에서는 이 개념을 도시에 적용하겠지만, 그전에 그것이 중요한 도시계획 및 개발 도구로 쓰일 수 있다는 것을 보여주기 위해서 그것을 이동성 분석과 결부시켜서 써보려 한다.

그림 48과 49에 나와 있듯이, 도시의 특정 지점으로 이동하는 양상을 보여주는 자료들은 이론적 예측과 극도로 잘 들어맞는다. 하지만 보스턴의 그래프를 자세히 살펴본다면, 공항과 축구 경기장 두 곳이 그리 잘 들어맞지 않고 상당한 편차를 보인다는 것을 알 수 있다. 두 곳의 특수한 역할을 고려할 때, 이 장소들이 매우 특수한 이유로 이용하는 비교적 협소한 범위의 사람들을 끌어들이는 곳이므로, 아마 그런 편차가 보이는 것도 그리 놀랍지 않을 것이다.

비록 그래도 공항 자료가 예측값에 꽤 가까이 모여 있긴 하지만, 가장 큰 편차는 짧은 거리를 이동하거나 여행을 비교적 드물게 하는 사람들의 수에서 나타난다. 사실 공항을 이용하는 사람들의 대부분이 이 부분집합에 속한다. 대조적으로 더 멀리 떨어진 곳에서 오거나 공항을 가장 자주 이용하는 사람들은 예측한 스케일링 곡선에 아주 잘 들어맞는다. 비록 이용자 중 소수를 차지하지만 말이다. 일반적인 추세와 분산 양쪽으로 이런 이용 패턴을 알고 이해하는 것이 공항 안팎의 교통 흐름 및 그것을 대도시권 전체의 교통과 어떻게 연관지을지를 계획하고 관리하는 데 중요하다는 점은 분명하다.

싱가포르에서는 그렇게 눈에 띄게 벗어나는 곳이 단 한 곳, 이 도시국가의 금융 중심지인 래플스플레이스뿐이다. 이곳은 교통의 중심축 중 한 곳이자, 큰 관광지로 향하는 관문이다. 방문자 수에 관한 자료는 사실상 꽤 상당한 규모 증가 양상을 보이지만, 지수는 싱가포르의 다른 지역들보다 상당히 더 작다. 다른 모든 지역들은 예측한 -2에 아주 잘 들어맞는다. 게다가 싱가포르의 나머지 지역들보다 스케일링을 중심으로 훨씬 더 큰 요동을 보인다. 이는 예상보다 가까이에서 오는 사람이 더 적거나 덜 자주 오고, 멀리서 오는 사람은 더 많거나 더 자주 온다는 말로 옮길 수 있다. 이는 핵심 지구인 래플스플레이스가 지리적 중심지 근처가 아니라 바다를 경계로 한 국경 근처에 더 가까이 있는 작은 도시 국가라는 싱가포르의 특수한 상황 때문일 수도 있다.

보스턴의 공항과 경기장 사례에서처럼, 도시 전체뿐 아니라 이 특정한 지역 양쪽의 교통과 이동을 계획하고 설계하고 제어하려면 래플스플레이스가 도시의 다른 모든 위치에서 관찰된 주된 이동 패턴에서 벗어나 있음을 인식하는 것이 중요하다. 전체 도시 체계라는 맥락 내에서 이 점을 정량화하고 이해할 수 있다는 점도 마찬가지로 중요하다.

9 부, 혁신, 범죄, 탄력성의 구조: 도시의 개성과 순위

우리는 어떤 도시가 얼마나 부유하거나 창의적이거나 안전하다고 예상할 수 있을까? 가장 혁신적이거나 가장 폭력적이거나 가장 효율적으로 부를 생성하는 도시를 어떻게 선정할 수 있을까? 어떻게 경제 활동, 생활비, 범죄율, 에이즈 환자 수, 집단의 행복에 따라 순위를 정하는 것일까? 기존의 답은 단순한 1인당 측정값들을 성과 지표로 써서 그에 따라 도시의 순위를 매기는 것이다. 임금, 소득, 국내총생산GDP, 범죄, 실업률, 혁신율, 생활비 지수, 유병률과 사망률, 빈곤율에 관한 거의 모든 공식 통계와 정책 자료는 전 세계의 정부 기관과 국제기구들이 총계와 1인당 척도라는 관점에서 집계한다. 게다가 세계경제포럼이나 〈포천Fortune〉, 〈포브스Fobes〉, 〈이코노미스트Economist〉 같은 잡지들이 취합하는 식의 도시 성과와 삶의 질에 관한 잘 알려진 종합 지수들은 주로 그런 측정값들의 소박한 선형 조합에 의존한다.[6]

우리는 이 도시 특징들 중 상당수에 관한 정량적 스케일링 곡선과 그 기본 동역학의 이론 틀을 지니고 있기 때문에, 성과를 평가하고 도시의 순위를 매길 과학적 토대를 고안하는 일을 훨씬 더 잘할 수 있다.

도시의 순위를 매기고 비교하는 데 1인당 지표가 널리 쓰이는 것을 보면, 정말로 어처구니가 없다. 그런 관습은 모든 도시 특징이 인구 크기에 따라 선형으로 증가한다는 것을 암묵적인 기준으로, 즉 귀무가설로 삼기 때문이다. 이런 관점은 이상적인 도시가 모든 시민 활동의 선형 총합에 불과하다고 가정하며, 따라서 도시의 가장 핵심적인 특징이자 존재 이유인 것을 무시한다. 즉, 도시가 비선형적인 사회적·조직적 상호작용으로부터 나온 창발적 집합체라는 것 말이다. 도시는 본질적으로 복잡 적응계이며, 그렇기에 건물이든 도로든 사람이든 돈이든, 개별 구성 요소와 성분의 단순한 선형 총합을 훨씬 넘어선다. 이는 지수가 1.00이 아니라 1.15인 초선형 스케일링 법칙을 통해 표현된다. 즉 행정가, 정치인, 도시계획가, 역사, 지리, 문화와 거의 상관없이 모든 사회경제적 활동이 인구 크기가 2배 증가할 때마다 약 15퍼센트씩 더 증가한다는 의미다.

따라서 특정한 도시의 수행 능력을 평가하려면, 단지 인구 크기 때문에 얻는 것에 비해 일을 얼마나 잘 수행하는지를 파악할 필요가 있다. 근력의 이상적인 스케일링에 상대적으로 예상 성과에서 얼마나 벗어났는지를 측정함으로써 가장 강한 역도 선수를 결정한 사례처럼, 다양한 척도들이 이상적인 스케일링 법칙에 상대적으로 예상 값에서 얼마나 벗어나 있는지를 파악함으로써 개별 도시의 수행 능력을 정량화할 수 있다. 이 전략은 도시의 조직과 동역학의 진정으로 국소적인 특성을 모든 도시의 일반적인 동역학 및 구조와 분리한다. 그 결과 어떤 도시가 비슷한 도시들에 비해 얼마나 독특한지, 국지적 정책이 효과를 발휘하려면 얼마나 시간이 걸리는지, 경제 발전과 범죄율과 혁신 사이에 어떤 국지적 관계가 있는지, 얼마나 독특한지, 어느 정도까지 비슷한 도시 집단의 일원으로 여겨질지 같은, 개별 도시에 관한 몇 가지 근본적인 의문들을 규명할 수 있다.

내 동료인 루이스, 호세, 데비는 대도시권Metropolitan Statistical Area(MSA) 360곳으로 구성된 미국 도시 체계 전체를 대상으로 다양한 척도에 걸쳐 그런 분석을 수행했다.[7] 일부 결과를 그림 50에 나타냈다. 2003년 미국 도시들의 개인 소득과 특허 건수가 스케일링에서 얼마나 편차를 보이는지를 각 도시의 순위에 따라 세로축에 로그 눈금으로 표시했다. 우리는 이 편차를 규모조정대도시권지표Scale Adjusted Metropolitan Indicator(SAMI)라고 불렀다. 이 그래프들의 중앙을 가로지르는 가로축은 SAMI가 0인 지점들을 이은 선으로, 도시 크기로부터 예측한 값에서 편차가 전혀 없음을 뜻한다. 그래프에서 볼 수 있듯이, 모든 도시는 예상값에서 어느 정도 벗어난다. 왼쪽에 놓인 도시들은 평균을 넘는 수행 능력을 보이는 반면, 오른쪽에 놓인 도시들은 평균에 못 미치는 수행 능력을 보인다. 이런 그래프는 어떤 도시가 특정한 크기를 지님으로써 사실상 보장되는 것들을 알려주는 차원을 넘어서, 도시의 개성과 독특함을 말해주는 의미 있는 순위를 제공한다. 이 분석을 세세하게 살펴보는 대신에, 나는 이 결과 중 일부에서 두드러지는 몇 가지 점을 지적하고자 한다.

첫째, 기존의 1인당 지표들로 보면 GDP로 상위 20위권에 가장 큰 도시 20곳 중 일곱 곳이 속하지만, 과학에 기반을 둔 우리 척도들에서는 상위 20위권에 그런 도시가 전혀 포함되지 않는다. 다시 말해, 일단 인구 크기의 일반적인 초선형 효과에 맞게 자료를 조정하고 나면, 그 도시들은 그리 잘나가는 축에 들지 않는다는 것이 드러난다. 따라서 1인당 GDP 순위에서 상위에 놓인다는 점을 근거로 삼아서 자신의 정책이 경제적 성공을 가져왔다고 자랑하고 신망을 얻는 이런 도시의 시장은 잘못된 인상을 심어주고 있는 셈이다.

이 관점에서 볼 때 흥미로운 점은 전체적으로 뉴욕시가 지극히 평균에 해당하는 도시임이 드러난다는 것이다. 그 크기로부터 예상되는 것(소득은 88위, GDP는 184위)보다 조금 더 부유하고, 그다지 창의적이지도 않지만(특허 건수 178위), 놀라울 만치 안전하다(범죄 건수는 267위). 반면에 샌프란시스코는 부유하고(소득 11위), 창의적이고(특허 건수 19위), 꽤 안전한(폭력 건수 181위) 도시 중에서 가장 예외적으로 크다. 진정으로 예외적인 도시들은 대개 더 작다. 소득 쪽의 브리지포트(뉴욕시의 금융가들과 헤지펀드 관리자들이 모두 이 교외 지역에 살기 때문), 특허 건수 쪽의 코발리스(휴렛패커드 연구소와 유명한 오리건 주립대학교가 있음)와 산호세(실리콘밸리를 포함한다는 말만으로도 충분함), 로건(몰몬교), 안전 쪽의 뱅거(이름은 들어보았을까?)가 그렇다.

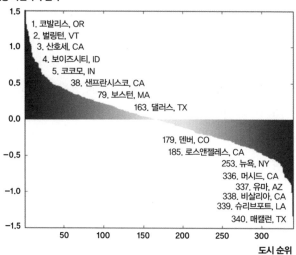

그림 50 | **도시의 혁신**
스케일링 법칙에 따른 기댓값에 상대적인 특허 건수

스케일링 곡선과의 편차

1. 코발리스, OR
2. 벌링턴, VT
3. 산호세, CA
4. 보이즈시티, ID
5. 코코모, IN
38. 샌프란시스코, CA
79. 보스턴, MA
163. 댈러스, TX
179. 덴버, CO
185. 로스앤젤레스, CA
253. 뉴욕, NY
336. 머시드, CA
337. 유마, AZ
338. 비살리아, CA
339. 슈리브포트, LA
340. 매캘런, TX

도시 순위

그림 51

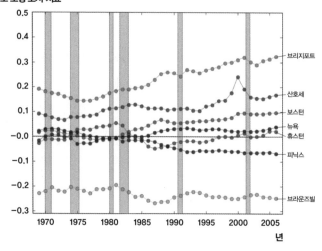

규모 조정 도시 지표

브리지포트
산호세
보스턴
뉴욕
휴스턴
피닉스
브라운즈빌

년

단 한 해(2003년)의 자료이므로, 시간이 흐르면서 어떻게 변했을까 하는 물음이 자연히 나올 것이다. 불행히도, 이 모든 척도에서 약 1960년 이전의 자료는 얻기가 힘들다. 하지만 지난 40~50년에 걸쳐 있는 자료를 분석하면 몇 가지 매우 흥미로운 결과가 나온다. 그림 51에는 몇몇 전형적인 도시들의 개인 소득 편차가 연도별로 나와 있다. 아마 가장 두드러진 특징은 근본적인 변화가 실제로 상대적으로 매우 느리게 일어난다는 점일 것이다. 브리지포트와 산호세처럼 1960년대에 초과 달성하고 있던 도시들은 지금도 부유하고 혁신적인 반면, 브라운즈빌처럼 1960년대에 저성장하고 있던 도시들은 지금도 순위의 바닥 가까이에 있다. 따라서 도시 체계 전체에 걸쳐 인구가 늘어나고 전체 GDP와 생활 수준이 향상되었음에도, 개별 도시의 상대적인 성취도는 그다지 변하지 않았다. 간단히 말하자면, 모든 도시들은 함께 흥망성쇠를 거친다. 거칠게 표현하면 이렇다. 어떤 도시가 1960년에 잘나가고 있었다면 지금도 잘나가고 있을 가능성이 높고, 당시 죽을 쑤고 있었다면 지금도 죽을 쑤고 있을 가능성이 높다.

　일단 도시가 스케일링 기댓값에 비해 우세하거나 불리한 위치에 놓인다면, 그 추세가 수십 년 동안 지속되는 경향이 있다. 이런 의미에서, 좋든 나쁘든 도시는 놀라울 만치 튼튼하고 탄력적이다. 변

그림 50 2003년 미국 도시들의 특허 건수가 스케일링 법칙에 따라 특정 크기의 도시에서 예상되는 값에 얼마나 편차를 보이는지를 도시 순위별로 나타낸 그래프. 왼쪽에는 1위인 코발리스를 비롯한 초과 성과 도시들이 있고, 오른쪽에는 맨 끝의 매캘런을 비롯한 저성과 도시들이 있다.
그림 51 장기간에 걸친 편차(SAMI)의 시간별 변화 양상.

하기가 어렵고 없애기는 불가능하다. 디트로이트와 뉴올리언스를 생각해보라. 그리고 드레스덴, 히로시마, 나가사키라는 더욱 극적인 사례들을 생각해보라. 모두 정도의 차이는 있지만, 도시의 존재 자체를 위협했다고 여겨지는 것에서 살아남았다. 모두 사실상 잘 살아가고 있고, 앞으로도 오랜 세월 그럴 것이다.

우세가 지속되는 흥미로운 사례 중 하나는 산호세다. 모두가 살고 싶어 하는 실리콘밸리가 있는 지역이다. 이곳이 부의 창조와 혁신이라는 관점에서 볼 때 주요한 초과 성과 도시라는 점은 놀랄 일도 아닐 것이다. 하지만 놀라운 점은 그림 51에서 알 수 있듯이, 산호세가 이미 1960년대에 초과 성취를 하고 있었고, 지금도 그 정도가 거의 비슷한 수준이라는 것이다.

또 이 그래프는 이 초과 성과가 40년 넘게 유지되고 심지어 강화되어왔다는 것도 보여준다. 1999~2000년에 단기적으로 기술적·경제적으로 급등과 급락이라는 주기를 겪었어도, 결국은 다시 장기적인 기본 추세로 돌아간다. 좀 다르게 표현해보자. 1990년대 말에 비교적 반짝 호경기를 겪은 것을 제외하고, 산호세는 실리콘밸리가 탄생하기 훨씬 전부터 이미 꾸준히 성공해온 도시다. 따라서 이 자료는 실리콘밸리를 산호세에 성공을 가져온 요소이자 사회경제적 지위를 향상시킨 곳으로 보지 말고, 정반대로 산호세의 문화와 DNA에 든 무형의 무언가가 실리콘밸리가 유별난 성공을 거두는 데 기여했다고 봐야 함을 시사한다.[8]

의미 있는 변화가 실현되기까지는 수십 년이 걸린다. 정치는 기껏해야 몇 년을 염두에 두고서 도시의 미래에 관한 결정을 하고, 대다수의 정치인에게는 2년이란 기간이 거의 무한한 세월이나 다름

스 케 일

없기에, 이 분석 결과는 도시의 정책 및 지도력 측면에서 심오한 의미를 지닌다. 오늘날 정치인의 성공은 정치적 압력과 선거 과정에서 드러나는 요구 조건에 순응하여 신속한 보상과 즉각적인 만족을 주는 데 달려 있다. 20~50년의 기간을 염두에 두고서 진정으로 장기적으로 중요한 성취를 남길 전략을 추진하는 데 주로 노력을 기울일 여유를 부릴 수 있는 시장市長은 거의 없다.

10 지속 가능성의 서문: 물에 관한 짧은 여담

선진국에 사는 이들은 많은 기반시설을 당연히 있는 것으로 여기고, 부엌에서 수도꼭지를 틀 때마다 나오는 깨끗하고 안전한 수돗물 같은 편리한 것들을 제공하는 데 얼마나 많은 규모의 설비와 비용이 들어가는지 거의 알지 못한다.

　깨끗한 물을 마실 수 있다는 것은 엄청난 특권이며, 앞 장에서 말했듯이 19세기 말부터 우리 수명이 비약적으로 늘어난 주된 이유이기도 하다. 전 세계의 모든 이들에게 그런 기본 서비스를 제공한다는 것은 지구를 도시화하고 있는 우리에게 엄청난 도전 과제다. 안전한 물은 점점 늘어나는 사회적 마찰의 원천이 되어가고 있으며, 전 세계에서 기후가 변화하고 예측 불가능한 심각한 가뭄이나 대규모 홍수가 일어나곤 하므로 더욱 그렇다. 둘 다 수돗물의 공급과 수송 체계에 지장을 준다. 이는 많은 개발도상국에서 큰 문제다. 또한 미시건주의 플린트처럼 이미 공급 체계에 심각한 문제가 생긴 곳이 나타나고 서부의 여러 주에서 심각한 물 부족 현상이 일어나는 등 미국에서도 문제가 일어나기 시작했다는 징후가 보인다.

나는 뉴멕시코주 샌타페이라는 작은 도시에 산다. 인구가 약 10만 명이며, 연간 강수량이 약 360밀리미터에 불과한 반건조 사막 기후에 속한다. 그에 걸맞게 수도요금이 아주 비싸며, 많이 쓸수록 더 비싸진다. 미국에서 수도요금이 가장 비싼 도시 중 하나로, 전국 평균보다 약 2배 반 더 비싸고, 그다음으로 비싼 도시인 시애틀보다는 약 50퍼센트 더 비싸다. 그런데 놀랍게도 시애틀은 연간 강수량이 약 1,000밀리미터에 달한다. 마찬가지로 놀라운 점은 수도요금이 가장 싼 도시 중 한 곳인 솔트레이크시티보다는 6배 더 비싼데, 그곳은 연간 강수량이 겨우 420밀리미터라는 것이다. 더욱 기이한 점은 인구가 450만 명인 피닉스와 200만 명에 가까운 라스베이거스라는 두 사막 도시의 수도요금이 솔트레이크시티와 비슷한 수준이라는 것이다. 피닉스의 연간 강수량은 겨우 200밀리미터, 화려한 라스베이거스는 겨우 100밀리미터에 불과한데도 말이다. 정말 이상하다!

이런 유형의 낭비는 어디에서나 흔하다. 예를 들어, 미국인의 대부분은 샌타페이보다 인구가 거의 100배에 달하는 로스앤젤레스와 샌프란시스코 같은 캘리포니아의 거대도시들, 스탠퍼드대학교가 있는 팰로앨토 같은 식생이 무성하고 멋진 푸른 도시, 구글이 있는 마운틴뷰 같은 도시들의 강수량이 샌타페이와 비슷한 수준이라는 것, 즉 연간 약 360밀리미터라는 것을 알지 못한다. 그리고 그 물의 상당 부분은 마치 싱가포르에 있는 것처럼 보이도록 잔디밭과 정원을 가꾸는 데 쓰인다. 싱가포르의 연강수량은 2,340밀리미터다.

깨끗한 물은 우려할 만한 속도로 고갈되고 있는 귀중한 상품이며 당연히 존재하는 것으로 여겨서는 안 된다. 다행스런 점은 미국을 비롯한 전 세계의 도시 공동체 중 대다수가 이런 문제들을 점점 더 의식하고 있다는 것이다. 대부분의 도시는 물 소비량을 대폭 줄이기 위한 정책을 시행하기 시작했지만, 많은 '녹색' 보존 수단들이 그렇듯이, 너무 늦었고 너무 미흡한 수준일 수도 있다.

요지는 이 모든 공동체들이 아주 깊이 대수층을 파고(파거나) 아주 먼 거리까지 대량의 물을 끌어와서 인위적으로 공급하는 공학적 기반시설을 구축하는 데 엄청난 자원을 쏟아부었다는 것이다. 이 자원들이 무궁무진하며 영구히 저렴하리라고 암묵적으로 가정하거나 기껏해야 의구심을 드러내면서 말이다. 도시화와 지속 가능성의 문제들이 점점 더 중요해질수록, 물의 정치와 경제를 둘러싼 다툼은 점점 격해질 것이다. 20세기에 석유 같은 에너지 자원들을 둘러싼 다툼이 그랬던 것처럼 말이다. 그리고 석유의 사례에서처럼, 주된 다툼은 궁극적으로 그 접근권과 소유권을 둘러싸고 벌어지는 것일지 모른다.

그러나 신기하게도 석유와 정반대로 지구에는 물이 남아돈다는 점을 염두에 둘 필요가 있다. 태양 에너지가 본질적으로 인류 전체를 영구히 지탱하고도 남는 것처럼 말이다. 우리의 기술적·사회경제적 전략들을 이 단순한 사실에 적응시키는 것이 우리의 장기 생존에 대단히 중요하다. 재생 가능한 태양 에너지와 탈염 시설을 장려함으로써 오래전에 채택했어야 할 마음 자세다. 근시안적이고 편협한 태도를 취해왔기에, 우리는 새뮤얼 테일러 콜리지Samuel Taylor Coleridge의 유명한 시 〈늙은 수부의 노래The Rime of the Ancient Mariner〉에서 집단적인 갈증의 악몽에 시달리는 선원들과 같은 운명에 처한 것이 아닐까?

물, 물, 어디에나 있지만,
배 위의 물은 모조리 사라졌구나
물, 물, 어디에나 있지만,
한 방울도 마실 수가 없구나.

과학과 도시라는 문제로 돌아가기 전에, 주요 도시 물 체계의 규모와 거기에 수반되는 것들이 얼마나 많은지 한번 떠올려보자. 뉴욕시는 거의 모든 분야에서 유행을 선도하는 곳으로 유명하지만, 그 성취 중에서 제대로 인정받지 못하곤 하는 것 중 하나는 물 체계다. 뉴욕의 수질과 물맛은 다른 도시들의 수돗물뿐 아니라 멋진 병에 담긴 생수보다 낫다고 여겨지곤 하며, 일회용 플라스틱 물병이라는 엄청난 쓰레기를 생성하지 않으면서 생수보다 훨씬 저렴한 비용으로 공급된다. 다음에 뉴욕에 가면, 단순히 수도꼭지에서 나오는 물을 병에 채우는 것만으로도 돈을 절약하는 동시에 더 나은 물을 얻을 수 있다.

물은 뉴욕 북쪽으로 최대 약 160킬로미터 떨어진 수원지들에서 공급되는데, 주로 중력으로 자연스럽게 흐르므로 양수하는 데 드는 엄청난 에너지가 절약된다. 이 상수도 체계는 저장 용량이 약 20억 세제곱미터에 달하며, 매일 900만 명이 넘는 사람들에게 약 450만 세제곱미터의 깨끗한 수돗물을 공급한다. 이는 엄청난 양인데, 1초에 500밀리리터 플라스틱 물병 약 10만 개가 공급되는 것과 같다. 이 놀라운 성취를 이루기 위해, 물은 수원지를 떠나서 거대한 '관'

을 통해 운반된다. 관이라고 말하지만, 사실은 지하에 건설한 거대한 콘크리트 터널이다. 기존의 관 두 개 외에 현재 50억 달러의 예산으로 새로운 관을 증설하는 계획이 진행 중이다. 증설이 완료되면, 최대 깊이 200미터에 이르는 약 100킬로미터 길이의 상수도관이 생길 것이다. 수원지와 연결되는 부위는 관의 지름이 약 7.3미터(고질라의 대동맥보다 큰)에 달하며, 흐르는 동안 망 계층 구조를 따라서 뉴욕 대도시권 전체로 단계적으로 분지되어 관의 지름은 점점 줄어들다가, 이윽고 건물 밀도에 따라 지름이 10~30센티미터(맨해튼 도심의 관이 가장 클 것이다)인 본관으로 이어진다. 물은 이 본관에서부터 지름 약 2.5센티미터의 관을 통해 개별 가정으로 보내지고, 이어서 지름 약 1.3센티미터의 관을 통해 부엌 싱크대와 화장실로 향한다.

이 뉴욕 상수도 체계의 계층적 기하학은 전 세계의 모든 도시 상수도 체계에서 보편적으로 나타난다. 물론 도시의 크기에 따라 전체 규모가 다르긴 하다. 이 주형은 우리 순환계와도 매우 비슷하다. 망이 공간 채움이고 말단 단위가 거의 불변이라는 점까지 그렇다. 샌타페이의 상수도 체계는 뉴욕의 것보다 훨씬 작지만, 우리 집으로 들어오는 지름 2.5센티미터의 관과 화장실로 들어오는 1.3센티미터 관은 뉴욕의 것과 동일하다. 모세혈관의 크기가 생쥐의 것이든 대왕고래의 것이든 거의 같은 것과 거의 비슷하다.

이 프랙털형 행동은 뉴욕 상수도망 체계의 모든 관들을 더한 총길이에 걸쳐 나타난다. 수원지에서부터 거리의 본관까지 이어지는 관들의 총 길이는 약 1만 500킬로미터다. 다시 말해, 상수도 체계의 모든 관을 죽 이어붙이면, 뉴욕에서 로스앤젤레스를 왕복하는 거리가 된다. 꽤 인상적이지만, 우리 순환계를 이루는 혈관의 총 길이와 비교하면 빛이 바랜다. 몸의 혈관들을 죽 이으면 뉴욕에서 로스앤젤레스까지 왕복할 거리가 되면서도, 전체가 다 우리의 몸 안에 들어가니 말이다.

11 도시 사업 활동의 사회경제적 다양성

탄력성 및 혁신과 마찬가지로 다양성은 성공한 도시를 특징짓는데 훨씬 더 남용되는 용어가 되어왔다. 사실 개인, 민족, 문화 활동, 직업, 서비스, 사회적 상호작용의 끊임없이 변하는 혼합체는 도시 생활을 정의하는 한 가지 특징이다. 이의 한 가지 주된 사회경제적 구성 요소는 도시에 있는 수많은 유형의 직업이다. 모든 도시에 반드시 비슷한 핵심 직업들—변호사, 의사, 식당업자, 쓰레기 청소부, 교사, 행정가 등—이 있긴 하지만, 해상 변호사, 열대병 전문의, 대장장이, 체스 전문점 주인, 핵물리학자, 헤지펀드 관리자 같은 특수한 하위 범주에 속한 이들은 극소수다.

사업 유형의 다양성을 정량화하려는 시도는 모든 체계적인 분류 틀이 특정한 범주를 임의로 설정할 여지가 있기 때문에, 문제에 직면할 수 있다. 모든 직업은 명확하게 구분할 수 있는 한 더욱 세분될 수 있다. 예를 들어, 식당은 정식, 패스트푸드뿐 아니라, 요리, 가격, 질 등 다양한 수준으로도 세분할 수 있다. 아시아 식당, 유럽 식당, 미국 식당 같은 폭넓은 범주도 있지만, 아시아 식당은 중국 식당, 인도 식당, 태국 식당, 인도네시아 식당, 베트남 식당 등으로 나눌 수 있고, 중국 식당은 광둥 요리, 사천 요리, 딤섬 등으로 더 세분할 수 있다. 여기서 얻는 교훈은 명확하다. 도시의 다양성은 인지한 해상도에 따른다는 의미에서 규모 의존적이라는 것이다. 이는 처음에 루이스 프라이 리처드슨이 다양한 해안선과 국경의 길이를 측정하려고 했을 때 알아차린 문제나 브누아 망델브로의 프랙털 개념으로 이어진 인식과 그리 다르지 않은 맥락이다.

다행히 적어도 북아메리카에서는 미국의 거의 모든 사업체(2,000만 개가 넘는) 기록을 포함한 경이로울 만치 많은 자료들을 취합하여 직업을 공식적으로 범주화하는 과제가 이루어져왔다. 이는 북아메리카 산업분류체계North American Industry Classification System(NAICS)라고 하는 미국, 캐나다, 멕시코 사이의 인상적인 협력의 산물이다.[9] 한 사업장은 사업을 영위하는 어떤 하나의 물리적 장소를 가리킬 뿐이다. 따라서 월마트 지점이나 맥도날드 지점 같은 전국 체인망에 속한 개별 사업체들은 별개의 사업장으로 집계된다. 사업장은 경제 분석의 기본 단위로 여겨지곤 한다. 혁신, 부의 창조, 기업가 정신, 일자리 창조 모두 그런 작업장의 생성과 성장을 통해 드러나기 때문이다.

NAICS 분류 체계는 가장 세부적인 산업 수준에서 여섯 자리 코드를 쓴다. 처음 두 자리는 가장 큰 산업 부문, 세 번째 자리는 그 하위 부문을 가리키는 식으로 세분되어 있기에, 매우 상세한 수준까지 경제 활동을 포착한다.

내 동료인 루이스, 호세, 데비는 이 자료를 분석했고, 우리의 박사후과정 연구원인 윤혜진이 그 일에 주도적인 역할을 했다. 윤혜진은 한국 카이스트에서 통계물리학 박사 학위를 받고서 샌타페이

연구소에 합류했다. 우리와 합류하기 전에는 언어의 기원과 구조를 연구했다. 윤혜진은 현재 기술 혁신 분야의 전문가로 자리를 잡았다. 옥스퍼드대학교에서 금융가 조지 소로스의 지원으로 설립된 신경제사상연구소Institute of New Economic Thinking(INET) 선임 연구원을 거쳐서 현재 노스웨스턴대학교 경영대학 교수로 있다.

앞서 다른 도시 척도들을 분석한 사례에서 보았듯이, 이 자료도 놀라울 만치 단순한 의외의 규칙성을 드러낸다. 예를 들어, 어떤 사업을 하는지에 상관없이 각 도시의 사업장 총수는 인구 크기에 선형으로 비례하는 것으로 드러난다. 즉, 도시의 크기가 2배라면, 평균적으로 사업체 수도 2배가 된다. 인구와 사업체의 비례 상수는 21.6이다. 즉, 도시 크기에 상관없이, 한 도시에는 약 22명에 하나 꼴로 사업장이 있다는 뜻이다. 좀 달리 표현하자면, 평균적으로 소도시든 대도시든, 도시 인구가 겨우 22명 늘어날 때마다 새로운 사업장이 하나 생겨난다는 뜻이다. 의외로 적은 숫자이며, 이렇게 말하면 대개는 매우 놀라곤 한다. 기업과 상업 분야에 있는 사람들조차도 그렇다. 마찬가지로 이 자료는 이런 사업장에서 일하는 직원의 총수도 인구 규모에 따라 거의 선형으로 증가함을 보여준다. 마찬가지로 평균적으로 도시 규모에 상관없이, 사업장 하나에 약 8명이 일한다. 크기와 성격이 천차만별인 도시들에서 나타나는 평균 직원 수와 평균 사업장 수의 이 놀라운 불변성은 기존 상식과 정반대될 뿐 아니라, 공통의 초선형 집단 효과가 1인당 생산성, 임금, GDP, 특허 건수가 증가하는 것을 비롯한 모든 사회경제적 활동의 토대를 이룬다는 관점에서 보면 좀 의아하기도 하다.[10]

이를 더 깊이 이해하고 도시의 사업체 특성을 드러내려면, 한 도시에 얼마나 많은 종류의 사업체가 있는지 살펴보는 것이 도움이 된다. 이는 한 생태계에 얼마나 많은 종이 있는지 묻는 것과 비슷하다. 한 도시의 경제적 다양성의 결이 거친 척도 중 가장 단순한 것은 그저 사업장 유형의 총수를 세어서 인구 크기의 함수로 나타내서 구한다. 이 자료는 NAICS의 자료에서 잘 드러나는데 모든 해상도 수준에서 인구 크기에 따라 다양성이 체계적으로 증가한다는 것을 확인해준다. 유감스럽게도 이 분류 체계로는 가장 큰 도시들의 경제적 다양성을 온전히 파악할 수가 없다. 북이탈리아 요리 전문점과 남이탈리아 요리 전문점처럼 서로 밀접한 관련이 있는 사업장들은 구별하지 못하기 때문이다. 그러나 이 자료를 확대 추정한 결과는 가능한 한 최대 해상도까지 다양성을 측정할 수 있다면, 도시가 커질 때 다양성이 거듭제곱 법칙에 따라 증가한다는 점을 시사한다.

대다수의 척도가 따르는 통상적인 거듭제곱 법칙 행동에 비해, 이 척도는 인구 증가에 따라 극도로 느리게 증가하는 양상을 보인다. 예를 들어, 인구가 10만 명에서 1,000만 명으로 100배 증가하면, 사업체 수는 마찬가지로 100배 늘어나지만, 업종 다양성은 겨우 2배 증가한다. 조금 달리 표현하면 이렇다. 도시 크기가 2배가 되면 사업장의 총수는 2배로 늘지만, 새로운 유형의 사업체는 겨우 5퍼센트 증가할 뿐이다. 다양성 증가는 거의 다 직원과 고객 양쪽에 관련되는 사람들이 더 늘어나는 것을 포함하여 전문화와 상호 의존도가 더 커지는 형태로 나타난다. 이는 다양성 증가가 전문화 증가와 밀접한 관계가 있음을 보여준다는 점에서, 중요한 관찰 결과다. 이 다양성 증가는 15퍼센트 규칙을 따르는 생산성 증가의 주요 추진력으로 작용한다.

경제적 다양성을 더 상세히 평가하는 한 가지 방법은 개별 도시의 사업 경관을 이루는 사업장 유형을 더 깊고 상세히 조사하는 것이다. 각 도시에 변호사, 의사, 요식업자, 건설업자는 몇 명이나 있으며, 기업 소속 변호사, 정형외과의, 인도네시아 식당 주인, 배관공은 얼마나 될까? 그림 52에 그런 분석 결과 중 하나가 실려 있다. 주요 업종 100가지가 미국의 여러 도시들에서 차지하는 비중을 나타낸 것이다. 한 언어에 속한 단어들과 한 도시 체계에 속한 도시들의 빈도 분포에 관한 지프의 법칙을 논의할 때 쓰인 전형적인 순위-크기 형식에 따라 나타낸 그래프다. 나는 강연을 할 때면, 이 그래프를 보여주기 전에 청중에게 뉴욕시에서 가장 비율이 높은 업종이 무엇이라고 생각하는지 물어본다. 지금까지 정답을 맞힌 사람은 한 명도 없었다. 뉴욕시에서 사업체를 운영하는 기업가와 경영자에게 물어도 마찬가지였다. 원리에 기반한 단순한 분석적 접근법을 취했을 때 어떤 것들을 배울 수 있는지를 알려주는 재미있는 사례다.

뉴욕에서 가장 큰 비율을 차지하는 업종은 의원이다. 나와 같은 노쇠한 사람들이 대규모로 모여 사는 은퇴자 도시인 피닉스에서는 의사가 겨우 5위를 차지한다는 점을 생각하면 기묘하다. 강박적일 만치 조깅과 건강에 관심을 쏟는 젊은 캘리포니아인들이 몰려 있는 산호세에서는 7위라는 점은 그리 놀랍지 않을지라도 말이다. 뉴욕에서 의사에 이어서 2위는 변호사이고, 요식업자가 그다음인데, 그리 놀라운 일은 아니다. 사실 요식업은 모든 도시에서 상위에 놓이며, 시카고, 피닉스, 산호세에서는 1위다. 멋진 고급 식당에서 먹든 패스트푸드점에서 먹든, 외식이 미국인의 사회경제적 활동의 주된 구성 요소임은 명백하다.

더 일반화하여, 이런 종류의 순위가 도시에 관해 무엇을 말해주는지 추정하는 것도 흥미롭다. 예를 들어, 피닉스에서는 요식업자 다음이 부동산 중개업자다. 이 도시가 급격히 성장하고 있다는 점을 생각하면 그리 놀라운 일은 아니다. 반면에 실리콘밸리가 있는 산호세는 예상하겠지만 컴퓨터 프로그래머가 2위다. 뉴욕에서 변호사와 요식업자가 상위를 차지할 만한 이유는 명백하지만, 뉴욕에 의사가 그렇게 많아야 할 이유는 뭘까? 뉴욕에서 살면 스트레스를 받고 건강을 잃는 것일까? 이 점이 흥미롭다면, 웹에 올린 우리 논문에 딸린 자료에서 자신이 좋아하는 도시의 경제 활동을 이런 식으로 분석한 결과도 직접 살펴보기를 권한다. 도시를 운영하거나 도시의 미래를 생각하거나 도시의 발전에 투자하고 있는 사람에게는 사업 경관의 조성을 이렇게 상세히 아는 것이 분명히 대단히 중요하다.

스케일링 법칙으로 표현되는 도시의 본질적인 보편적 특성과 정반대로, 이 업종 순위-크기 분포는 경제 활동의 조성이라는 형태로 개별 도시의 개성과 고유한 특징을 보여준다. 이는 각 도시의 증표이며, 분명히 도시의 역사, 지리, 문화에 의존한다. 이렇게 도시마다 독특한 양상으로 업종들이 혼합되어 있긴 해도, 놀랍게도 그 분포의 모양과 형식은 수학적으로 모든 도시에서 동일한 양상을 띤다. 따라서 이론을 토대로 단순한 규모 조정을 거치고 나면, 도시들의 순위 빈도 분포는 모든 도시에 공통적인 단일한 보편적인 곡선으로 통합된다. 그림 53은 이 점을 잘 보여준다. 미국 전역에 있는

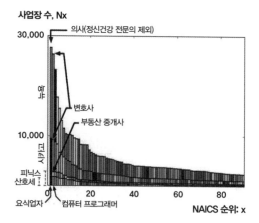

그림 52

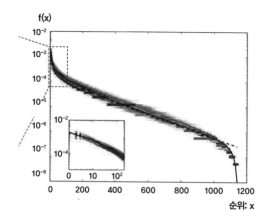

그림 53

그림 52 뉴욕, 시카고, 피닉스, 산호세의 사업장 수를 빈도 순위(높은 것부터)에 따라 나타낸 그 래프. 사업장 유형은 NAICS 분류를 따랐다.
그림 53 미국의 366개 대도시의 전반적인 사업장 유형 순위-비율 곡선. 그림은 뉴욕, 시카 고, 피닉스, 디트로이트, 산호세, 샴페인-어바나, 댄빌의 사례를 나타낸 것이다. 작은 사각형 은 상위 200개 유형을 로그 좌표에 표시한 것인데, 거의 지프형 거듭제곱 법칙을 따른다.

도시들의 천차만별인 개성과 문화는 말할 것도 없고, 소득, 인구 밀도, 인구의 범위가 대단히 넓다는 점을 생각할 때, 이 보편성은 놀랍기 그지없다.

특히 흡족한 점은 이 의외의 보편성뿐 아니라, 보편적인 곡선의 실제 형태와 다양성의 로그 스케일링을 모두 이론으로 유도할 수 있다는 것이다. 이 보편성은 한 도시의 모든 업종의 총합이 업종의 세부 조성이나 도시에 상관없이 인구 크기에 선형으로 비례한다는 제약 조건에서 나온다. 그림 53의 실제 분포 함수의 구부러진 수학적 형태는 단어와 유전자에서 생물 종과 도시에 이르기까지, 다양한 영역에서의 순위-크기 분포를 이해하는 데 성공적으로 쓰여온 매우 일반적인 역동적 메커니즘의 한 변이 형태를 통해서 이해할 수 있다. 여기에는 선호적 연결preferential attachment, 누적 이익cumulative advantage, 부익부rich get richer, 율-사이먼 과정Yule-Simon process 등 다양한 이름이 붙어 있다. 이 양상은 계의 새로운 요소들(여기서는 업종)이 기존 업종들의 분포 비율에 비례하는 확률로 추가되는 양의 되먹임 메커니즘에 토대를 둔다. 기존 비율이 높을수록 그 유형은 더욱더 추가될 것이고, 따라서 빈도가 더 높은 업종은 낮은 업종보다 점점 더 높은 확률로 더욱더 늘어난다.[11]

도움이 될 만한 일상적인 사례를 두 가지 들어보자. 성공한 기업과 대학은 더 영리한 사람들을 끌어들임으로써 더욱 성공을 거두고, 그 결과 더욱더 영리한 사람들을 끌어들이고, 그리하여 더욱 성공을 거두는 과정을 되풀이한다. 마찬가지로 부자는 유익한 투자 기회를 더 많이 접하고, 그리하여 부를 더 쌓고, 그 결과 좋은 투자 기회도 더 늘어나서 더욱 부유해진다.

따라서 부익부라는 말과 거기에 함축되어 있지만 대개는 말없이 넘어가는 대구인 빈익빈도 이 과정의 또 한 가지 특징이다.《신약 성서》의 〈마태복음〉에서 예수가 한 말을 인용할 수도 있다.

가진 사람은 더 받아 넉넉하게 되겠지만 못 가진 사람은 그 가진 것마저 빼앗길 것이다.

일부 근본주의자를 비롯한 기독교인들은 이 놀라운 선언을 자유 방임적 자본주의를 정당화하는 데 써왔다. 가난한 자에게 빼앗아서 부자에게 주자는 개념을 뒷받침하는 일종의 반反 로빈 후드 강령으로 삼은 것이다. 예수의 이 말이 선호적 연결의 좋은 사례라 해도, 놀랄 일도 아니겠지만 그 말은 맥락과 무관하게 인용되었다. 예수가 사실 물질적 부가 아니라 천국의 수수께끼에 관한 지식을 말한 것이라는 사실을 편리하게 잊곤 한다. 예수는 부지런한 공부, 지식 축적, 연구와 교육의 본질을 영적인 형태로 말한 것이었다. 고대 랍비들은 이런 식으로 말했다. 지식을 늘리지 않는 자는 지식을 줄이는 것이다.

선호적 연결을 최초로 수학적으로 진지하게 고찰한 사람은 스코틀랜드의 통계학자 어드니 율Udny Yule이었다. 그는 1925년 꽃식물의 속당 종수가 거듭제곱 분포를 보이는 것을 설명하고자 그 규칙을 썼다. 선호적 연결, 즉 누적 이익의 현대 사회경제적 판본은 허버트 사이먼Herbert Simon이 내놓았고, 그래서 지금은 율-사이먼 과정이라고 불린다. 말이 나온 김에 덧붙이자면, 사이먼은 대단히 박식한 인물로, 20세기의 사회과학자들에게 가장 큰 영향을 미친 사람

중 한 명이다. 그는 인지심리학, 컴퓨터과학, 경제학, 경영학, 과학철학, 사회학, 정치학 등 여러 분야에 걸쳐 연구를 했다. 그는 몇몇 중요한 하위 분야들을 창시했고, 인공지능, 정보 처리, 의사결정, 문제 해결, 조직 이론 그리고 복잡계를 비롯한 분야에서 최근 더욱 위대한 존재로 부각되어왔다. 그는 거의 대부분의 시간을 피츠버그에 있는 카네기멜론대학교에서 보냈고, 경제 조직에서의 의사결정 과정이라는 선구적인 연구로 노벨 경제학상을 받았다.

이러한 업종 다양성의 경험적·이론적 분석은 모든 도시가 성장할 때 사업 생태계의 발달 측면에서 동일한 기본 동역학을 드러낸다는 것을 보여준다. 처음에 경제 활동의 목록이 한정된 소도시들은 새로운 업종과 기능을 빠른 속도로 창안해야 한다. 이런 기본 활동들은 크고 작은 모든 도시의 경제적 핵심을 이룬다. 즉, 모든 도시에는 변호사, 의사, 소매상인, 점원, 행정가, 건축가 등이 필요하다. 도시가 커짐에 따라 이런 기본 핵심 활동은 포화 상태에 이르며, 새로운 기능이 도입되는 속도도 극적으로 느려지지만 결코 완전히 멈추지는 않는다. 일단 개별 구성 단위의 집합이 충분히 커지면, 그에 따른 재능과 기능의 조합은 사업 경관을 확장할 새로운 변이를 충분히 생성하며, 그럼으로써 색다른 식당, 전문 운동팀, 사치품 상점 같은 특화한 사업장을 낳음으로써 경제 생산성이 더 커진다.

비록 그 이론은 각 도시에서 특정한 업종의 순위가 어떻게 될지를 예측하지 못하지만(이를테면 의사가 뉴욕에서는 1위인데 산호세에서는 7위인 이유), 도시가 성장하면서 순위가 어떻게 바뀔지는 예측한다. 일반적인 규칙은 빈도가 인구 크기에 따라 초선형으로 증가하는 업종은 순위가 체계적으로 상승하는 반면, 저선형으로 증가하는 업종은 체계적으로 감소한다는 것이다. 예를 들어, NAICS 분류 체계의 가장 거친 수준에서 보면, 그 이론은 농업, 광업, 공공 공급 시설 같은 전통 부문들에서는 도시가 커질수록 그 순위와 상대적인 빈도가 낮아질 것이라고 예측한다. 반면에 전문적·과학적·기술적 서비스 부문, 기업과 사업체의 경영 같은 정보와 서비스 업종은 초선형으로 증가하며, 그 결과 도시가 커질수록 불균형적으로 더 커지리라고 예측된다. 관찰 결과도 그렇다고 확인해준다. 변호사 사무실의 수가 명백한 사례다. 변호사 사무실의 수는 전형적인 1.15에 가까운 지수에 따라서 초선형적으로 증가하며, 이는 도시가 더 클수록 변호사 수가 체계적으로 더 늘어난다는 의미다. 선호적 연결 모형은 도시가 성장함에 따라 변호사의 순위가 약 0.4라는 지수를 지닌 거듭제곱 법칙에 따라 증가해야 한다고 예측하며, 이는 관찰 결과에 들어맞는다.[12] 그런 예측은 모든 해상도에서 모든 업종에 대해 할 수 있다.

따라서 각 업종 범주의 빈도가 도시 크기에 따라 어떻게 증가하는지와 관련된 스케일링 지수는 다양한 사업 부문들의 불균형적인 성장을 포착하고, 매우 주관적일 때가 많은 부문들의 특성을 이른바 '전문가'의 판단이나 단순한 업종 집계보다 더 체계적인 방식으로 나타낼 수 있다. 이 접근법의 한 가지 중요한 측면은 도시와 사업체가 복잡 적응계이며, 따라서 고립된 개별 행위자가 아니라 통합된 계로 봐야 한다는 것이다. 한 나라의 도시 경제 전체를 이루는 모든 도시와 모든 사업 부문의 집합을 살펴봄으로써, 이 분석은 도시 체계 전체와 각 도시의 경제적 구조를 하나로 엮는다.

12 도시의 성장과 대사

이 책 전체를 관통하는 한 가지 주된 주제는 에너지와 자원의 입력과 전환이 없이는 아무것도 성장하지 않는다는 것이다. 이는 4장에서 개별 생물이든 생물 집단이든 생물학적 계의 성장을 정량적으로 이해하기 위해 제시한 포괄적인 이론의 근본 토대였다. 기본 개념을 떠올려보자. 음식은 먹으면 소화와 대사를 거쳐서 몸이 쓸 수 있는 형태로 전환된다. 이것이 망을 통해 세포로 운반되고, 세포 안에서 일부는 기존 세포의 수선과 유지를 위해 할당되고, 일부는 죽은 세포를 대체할 새 세포를 만드는 데 할당되고, 또 일부는 전체 생물량을 늘릴 새 세포를 만드는 데 쓰인다. 이 순서가 바로 생물이든 집단이든 도시든 기업이든 심지어 경제든, 모든 성장이 이루어지는 기본 틀이다. 대략, 들어오는 대사 에너지와 자원은 세포든 사람이든 기반시설이든 간에 이미 있는 것을 대체하는 것을 포함하여 전반적인 유지 관리와 수선에 쓰이는 쪽과, 추가되어서 계의 크기를 늘리는 새로운 구성 단위를 만드는 쪽에 할당된다. 따라서 성장에 이용될 수 있는 에너지의 양은 에너지가 공급될 수 있는 속도와 유지 관리를 위해 에너지가 쓰이는 속도의 차이와 다르지 않다.

공급 측면에서 보면, 생물의 대사율은 세포 수에 따라 저선형으로 증가하는(망 제약에서 유도한 일반적인 4분의 3제곱 지수에 따라) 반면, 수요는 거의 선형으로 증가한다. 따라서 생물의 크기가 증가함에 따라, 선형 스케일링이 저선형 스케일링보다 더 빨리 증가하기 때문에 결국 수요가 공급을 초월한다. 그 결과 성장에 쓰이는 에너지의 양이 지속적으로 줄어들다가 이윽고 0이 되어서 성장이 멈춘다.

다시 말해, 성장은 크기가 증가함에 따라 유지 관리와 공급의 규모가 증가하는 양상이 맞지 않아서 멈추는 것이다.

따라서 망 수행 능력의 최적화에서 비롯되는 대사율의 저선형 스케일링 및 그와 관련된 규모의 경제는 성장이 멈추는 이유이자 생물학적 계들이 4장의 그림 15~18에 실린 얽매인 S형 성장 곡선을 보이는 이유이기도 하다. 저선형 스케일링, 규모의 경제, 성장 멈춤의 토대를 이루는 바로 그 망 메커니즘은 크기가 커짐에 따라 생물의 삶의 속도가 체계적으로 느려지다가 이윽고 죽음을 맞이하는 이유이기도 하다.

이제 나는 이 기본 틀을 사회 조직의 성장에 적용하고자 한다. 먼저 도시에 적용해보자. 이 틀은 일반성을 띠고 있기 때문에, 기업과 경제 전체에까지 쉽게 확대 적용할 수 있다. 그 이야기는 다음 장에서 하기로 하자. 7장에서 설명했듯이, 도시는 두 일반적인 구성 요소로 이루어진다. 건물, 도로 등으로 대변되는 물리적 기반시설과 착상, 혁신, 부 창조, 사회적 자본으로 대변되는 사회경제적 동역학이다. 둘 다 망으로 이루어진 체계이며, 양쪽의 긴밀한 상호 연결성과 상호 의존성이 각각의 저선형 스케일링과 초선형 스케일링 법칙 사이의 거의 상보적인 특성을 낳는다. 즉, 크기가 2배로 늘 때마다 전자는 15퍼센트 절감되는 반면, 후자는 거의 동일한 비율인 15퍼센트가 증가한다.

도시의 물리적 기반시설은 생물과 매우 비슷한 점이 많아 도시를 생물에 비유하는 근원이 된다. 하지만 지속적으로 강조해왔듯이, 도시는 물리적 특성 이상의 존재다. 따라서 성장을 추진하고 도시를 유지하는 공급 쪽 입력으로서의 대사율 개념은 사회경제적 활동까지 포함하도록 확장되어야 한다. 도시에서 쓰이고 생성되는 전기, 가스, 석유, 물, 재료, 산물, 인공물 등 외에 우리는 부, 정보, 착상, 사회적 자본까지 추가해야 한다. 물리적인 것이든 사회경제적인 것이든, 더 근본적인 수준에서 이것들은 모두 에너지 공급을 통해 추진되고 유지된다. 건물에 난방을 하고, 물질과 사람을 운송하고, 상품을 제조하고, 가스와 물과 전기를 공급하는 것뿐 아니라, 모든 거래, 벌거나 잃는 모든 돈, 모든 대화와 만남, 모든 전화 통화와 문자 메시지, 모든 착상과 생각은 에너지를 통해 추진된다. 게다가 음식이 대사되어 세포에 공급되고 생명을 유지하는 데 유용한 형태로 전환되어야 하는 것처럼, 도시가 소화하는 에너지와 자원도 부 창조, 혁신, 삶의 질 같은 사회경제적 활동들을 공급하고 유지하고 성장시키는 데 쓰일 수 있는 형태로 전환되어야 한다. 위대한 도시학자 루이스 멈퍼드만큼 이 점을 탁월하게 표현한 사람은 없다.[13]

> 도시의 주된 기능은 전력을 형상으로, 에너지를 문화로, 죽은 물질을 살아 있는 예술품으로, 생물학적 번식을 사회적 창의성으로 전환하는 것이다.

도시의 사회적 대사라고 볼 수 있는 이 비범한 과정은 우리가 하루에 음식으로 섭취하는 겨우 2,000칼로리, 즉 100와트의 열량에서 얻는 전형적인 생물학적 대사율을 하루 200만 칼로리의 열량에 해당하는 약 1만 1,000와트로 늘리는 것에 상응한다. 따라서 도시의 에너지 총 수지에서 식품 입력이 차지하는 실제 에너지량은 전체 에너지 소비량 중 미미하며—1퍼센트도 안 된다—그것이 바로 음식 소비가 도시 생활의 중요한 구성 요소임이 분명함에도 내가 위에서 그 부분을 포함시키지 않은 이유다. 앞 절에서 대부분의 도시에서 식당이 때로 변호사 사무실보다 많은 비율을 차지하는 업종이라고 말했다는 점을 생각하면, 이 점이 역설처럼 보일지도 모르겠다. 핵심은 식품과 관련된 에너지 비용이 대부분 식품 자체에 있지 않고(하루에 1인당 2,000칼로리), 농장에서 상점과 집을 거쳐서 당신의 입에 들어오기까지의 공급망 전체에 걸친 생산, 운송, 분배, 판매에 들어간다는 데 있다.

도시의 총 대사에 기여하는 엄청나게 다양한 요인들을 생각하면, 돈으로 따지든 와트로 따지든, 그 값을 결정하는 것이 주요 도전 과제임이 명확해진다. 그런데 내가 아는 한, 그 문제를 상세히 규명하겠다고 달려든 사람은 한 명도 없었다.[14] 도시, 더 나아가 일반적으로 경제가 어떻게 기능하고 성장하는지를 규명하려면 이 문제가 근본적으로 중요하다는 점을 생각하면 정말로 놀라운 일이다. 다양한 활동들의 폭넓은 스펙트럼에 걸쳐서 엄청난 양의 자료를 모으고 분석할 필요가 있을 뿐 아니라, 실제로 도시의 사회적 대사에 무엇을 포함시켜야 할 것인가 하는 문제도 있다. 독립적인 기여 요인들이 뭐가 있을까? 이를테면, 범죄, 치안, 특허, 건축, 투자, 연구의 에너지 비용들을 각각 독립된 기여 요인으로 봐야 할까, 아니면 그것들 사이에 분명히 겹쳐지고 상호 연결되는 측면들이 있어서 이중으로 집계하는 것이 될까?

하지만 성장을 이해한다는 목적에 비추어볼 때, 이 도전 과제는 우리 스케일링 이론의 개념 틀을 이용하는 일과 완벽하게 들어맞을 수 있다. 요점은 부 창조와 혁신을 포함하여 성장의 토대를 이루는 사회적 대사에 기여하는 모든 사회경제적 요인들이 약 1.15라는 공통의 지수를 지닌 전형적인 초선형 거듭제곱 법칙에 따라 거의 동일한 양상으로 규모 증가를 한다는 것이다. 모든 하위 요소들이 이런 식으로 규모 증가를 하기 때문에, 도시의 총 사회적 대사율도 마찬가지로 지수 1.15에 따라 초선형으로 증가해야 한다. 이것이 바로 스케일링 관점의 멋진 점이다. 우리는 도시의 성장 궤도를 파악하려 할 때, 굳이 도시의 대사에 기여하는 개별 요인들을 상세히 알 필요까지는 없다. 그것들은 모두 도시 생활을 구성하는 사회망과 기반시설망의 동일하고 통합된 동역학을 통해 상호 연결되고 상호 관련되어 있기 때문이다.

대사의 초선형 스케일링은 성장에 심오한 결과를 빚어내왔다. 생물학에서의 상황과 정반대로, 도시가 생성하는 대사 에너지의 공급은 도시가 성장함에 따라 유지 관리의 필요와 수요보다 더 빨리 증가한다. 따라서 성장에 쓰일 수 있는 양, 즉 사회적 대사율과 유지 관리에 요구되는 양의 차이는 도시가 커질수록 점점 더 커져간다. 도시는 더 커질수록 더 빨리 성장한다. 열린 지수 성장의 고전적인 징표다. 사실 초선형 스케일링으로 추진되는 성장이 지수 성장보다 더 빠르다는 것을 보여주는 수학 분석 결과가 있다. 실제로는 초지수적superexponential이라는 것이다.

설령 성장 방정식의 개념적·수학적 구조가 생물, 사회성 곤충 군집, 도시에서 동일하다고 해도, 결과는 전혀 다르다. 생물학을 지배하는 저선형 스케일링과 규모의 경제는 안정적인 한계가 있는 성장과 삶의 속도 저하로 이어지는 반면, 사회경제적 활동을 지배하

는 초선형 스케일링과 수확 체증은 한없는 성장과 삶의 속도 가속
으로 이어진다.

사회적 연결성의 상승적 강화와 초선형 스케일링을 일으키는 사
회 관계망에 내재된 지속적인 양의 되먹임 메커니즘은 자연히 열린
초지수 성장과 그에 따른 삶의 속도 증가로 이어진다. 지난 200년
동안 지구에서 도시들이 폭발적으로 성장하면서 일어난 일이 바로
이것이다.

전 세계에 걸친 사례 중 몇 가지를 그림 54부터 그림 59에 실었
다. 구세계 도시(런던), 신세계 도시(뉴욕, 오스틴, 캘리포니아의 몇몇 도시,
멕시코시티), 아시아 도시(뭄바이)다. 여기서 강조하고 싶은 점은 초선
형 스케일링으로 추진되는 성장 방정식이 이런 그래프에 나온 일
반적인 초지수 성장에 부합되는 예측들을 낳는 수학 공식으로 이
어진다는 것이다.

그러나 런던과 뉴욕 양쪽 도시가 위축과 정체기도 겪었음을 보여
준다는 점도 유념하자. 이런 효과들은 10장에서 다룰 것이다. 열린
성장을 더 큰 맥락에서 혁신 주기의 역할 및 삶의 속도 가속과 연관
지어서 살펴보고, 그것이 지속 가능성이라는 대단히 중요한 문제에
어떤 영향을 미치는지를 논의할 것이다.

그림 54~그림 59 열린 초지수 성장이 만연해 있음을 보여주는 전 세계 다양한 도시의 성장
곡선. 차례로 뭄바이, 멕시코시티, 런던, 오스틴, 뉴욕 대도시권, 로스앤젤레스 대도시권이다.
신뢰할 만한 자료는 약 1850년 이후부터 나온다.

그림 54 뭄바이

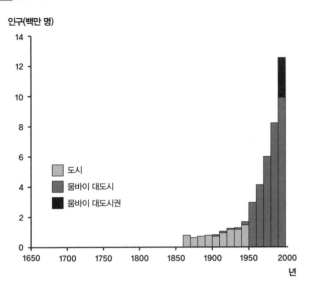

그림 55 멕시코시티

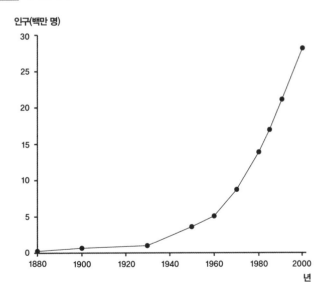

그림 56 런던

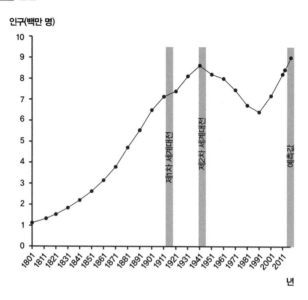

그림 57 텍사스 오스틴

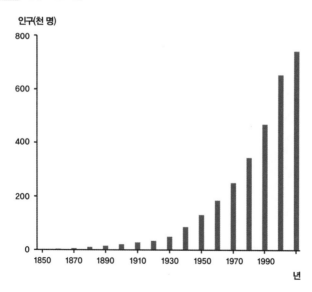

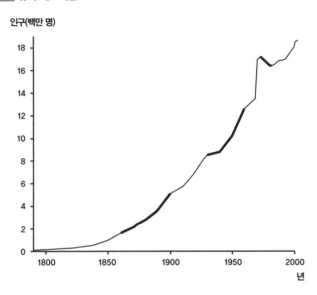

그림 58 뉴욕 대도시권

인구(백만 명)

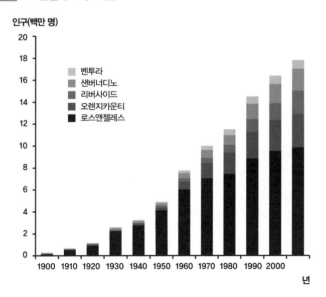

그림 59 로스앤젤레스 대도시권

인구(백만 명)

벤투라
샌버너디노
리버사이드
오렌지카운티
로스앤젤레스

9

기업의 과학을 향하여

사람 및 가정과 마찬가지로 기업도 도시와 국가의 사회경제적 삶의 근본 요소들이다. 혁신, 부 창조, 기업가 정신, 일자리 만들기는 모두 사업체, 회사, 주식회사의 설립과 성장을 통해 드러나며, 이 모두를 나는 기업company이라는 일반 명칭으로 부르고자 한다. 기업은 경제를 지배한다. 예를 들어, 미국 상장 기업들의 총 가치─전문 용어로는 시가총액─는 21조 달러를 넘는다. 미국 GDP보다 15퍼센트 남짓 더 많다. 월마트, 셸, 엑손, 아마존, 구글, 마이크로소프트 같은 거대기업의 가치와 연 매출액은 5,000억 달러에 달한다. 즉, 비교적 소수의 거대기업들이 시가총액 중 많은 몫을 차지한다는 뜻이다.

앞에서 다룬 개인 소득(파레토 법칙)과 도시(지프 법칙)의 순위와 크기 빈도 분포를 떠올리면, 이 치우침이 시가총액이나 연 매출액의 측면에서 기업들의 순위에서도 비슷한 거듭제곱 법칙 분포가 나타남을 반영하는 것이라고 말해도 그리 놀랍지 않을 것이다.[1] 이 점은 8장의 그림 41에서 이미 보여준 바 있다. 따라서 극도로 큰 기업은 극소수인 반면, 아주 작은 기업은 엄청나게 많으며, 그 사이의 기업들은 모두 단순한 체계적인 거듭제곱 법칙 분포를 따라 놓여 있다.

미국에는 거의 3,000만 개의 독립된 기업이 있지만, 그 대다수는 직원이 몇 명 안 되는 자영업체다. 상장 기업은 약 4,000곳에 불과한데, 이 기업들이 경제 활동의 대부분을 차지한다.

이렇게 보면, 도시와 생물이 그러했듯이, 기업도 매출, 자산, 지출, 수익 같은 측정 가능한 척도들에서 규모 증가를 하는가라는 물음이 자연스럽게 떠오른다. 기업들이 크기, 개성, 사업 영역을 초월하는 체계적인 규칙성을 드러낼까? 만일 그렇다면, 앞 장에서 발전시킨 도시의 과학에 비견될 정량적이고 예측 가능한 기업의 과학을 구축하는 것도 가능하지 않을까? 기업들의 생활사, 즉 어떻게 성장하고 성숙하고 이윽고 죽는지를 보여주는 전반적인 정량적 특징들을 이해하는 것이 가능할까?

도시와 마찬가지로 기업에도 애덤 스미스와 현대 경제학의 탄생으로까지 거슬러 올라가는 엄청난 양의 연구 문헌이 있다. 그 문헌들은 대부분 정성적이며, 특정 기업이나 사업 부문의 사례 연구를 통해서 얻은 것이 많다. 대개 기업의 일반적인 역동적이고 조직적인 특징들은 직관을 통해 끌어내곤 했다. 역사적으로 기업은 규모의 경제를 이용하는 쪽으로 협력이 이루어지도록 사람들을 조직하는 데 필요한 행위자라고 여겨져왔다. 그럼으로써 제조자 및 제공자와 소비자 사이의 상품과 용역의 거래 비용을 줄이는 존재라고 말이다. 이익을 최대화하고 시장을 더 많이 차지하기 위해 비용을 최소화하려는 충동은 아주 많은 사람들에게 적절한 가격으로 상품과 용역을 제공함으로써 현대 시장 경제를 창출하는 데 대단한 성공을 거두어왔다. 온갖 함정과 오용과 의도하지 않은 부정적인 결과들이 있음에도, 이 시장 경제 신조는 전 세계에 유례없는 생활 수준을 창조하는 도구가 되었다. 이는 종종 질적인 측면과 더 중요한 측면인, 이익과 보상을 최대화하려는 원초적 충동을 넘어서 기업이 존재하는 이유의 근본적으로 상보적인 요소인 명백한 사회적 책임이라는 역할을 무시하곤 하는 좀 거슬리는 단순한 관점이다.

기업에 관한 문헌들은 대부분 경제, 금융, 법, 조직 관리라는 관점에서 서술되어왔다. 비록 최근에 생태학과 진화생물학에서 나온 개념을 눈에 띄게 도입하기 시작했지만 말이다. 성공한 투자자나 CEO가 자신의 성공 비밀을 밝혀 큰 인기를 끈 책들도 있는데, 그런 책들은 어떤 기업이 성공하고 실패하는지를 설명하고 처방을 내리는 쪽으로 확대 추정하는 경향이 있다. 정도의 차이가 있으나, 이 모든 문헌은 기업의 특성, 동역학, 구조를 파악하는 데 기여하지만, 내가 이 책에서 사용한 의미에서 그 문제에 폭넓은 과학적 관점을 도입한 사례는 전혀 없다.[2]

전통적으로 기업을 이해하기 위해 제시된 메커니즘은 크게 세 범주로 나눌 수 있다. 거래 비용, 조직 구조, 시장에서의 경쟁이다. 이것들은 상호 연관되어 있지만, 종종 별개로 취급되곤 한다. 이전 장들에서 발전시킨 기본 틀의 언어를 쓰자면, 이 범주들은 다음과 같이 표현할 수 있다. (1) 거래 비용 최소화는 이익 최대화 같은 최적화 원리를 통해 추진되는 규모의 경제를 반영한다. (2) 조직 구조는 사업의 지원, 유지, 성장에 쓰일 정보, 자원, 자본을 전달하는 기업 내의 망 체계다. (3) 경쟁은 시장의 생태계에 내재된 진화 압력과 선택 과정이다.

자동차, 컴퓨터, 볼펜, 보험 포트폴리오는 복잡한 조직 구조를 구축하지 않고서는 대규모로 만들 수 없으며, 그런 구조는 경쟁 시장에서 생존하려면 적응성을 지녀야 한다. 도시에서처럼, 여기서도 혁신과 창의성을 추진하려면 에너지, 자원, 자본—기업의 대사— 을 정보의 교환과 통합해야 한다. 이런 의미에서 본다면, 어떤 규모든 기업은 고전적인 복잡 적응계이며, 내가 탐구하고자 하는 것이 스케일링 패러다임에 뿌리를 둔 바로 이 기본 틀이다. 기업을 보는 전통적인 방식에 상보적인, 성장, 수명, 조직을 이해할 정량적이면서 기계론적인 이론을 어느 정도까지 개발할 수 있을까?

경제 활동과 기업 역사의 전체 스펙트럼에 걸친 대규모 자료 집합을 써서 기업의 특성을 연구한 문헌은 놀라울 만치 적다. 그나마 나온 연구는 대부분 복잡계에서 나온 개념에 영감을 얻은 연구자들이 수행해왔다. 기업의 크기 분포가 체계적인 지프형 거듭제곱 법칙을 따른다는 발견이 좋은 사례다(그림 41 참조). 이 발견을 한 사람은 계산사회과학자 로버트 액스텔Robert Axtell이다. 그는 카네기멜론대학교에서 공공정책과 컴퓨터과학을 전공했다. 앞서 말한 박식가인 허버트 사이먼의 지도를 받으면서다.

액스텔은 현재 버지니아의 조지메이슨대학교에 재직하면서 샌타페이연구소의 외래 교수로도 활동하고 있다. 그는 엄청나게 많은 구성 요소로 이루어진 계를 모사하는 데 쓰이는 컴퓨터 활용 계산 기법인 행위자 기반 모델링agent-based modeling[3]의 손꼽히는 전문가다. 기본적으로 이 전략은 구성 요소인 각 행위자—기업이나 도시, 사람일 수도 있다—의 상호작용을 통제하는 단순한 규칙들이 있다고 가정하고서, 그 규칙을 행위자들이 시간의 흐름에 따라 어떻게 진화하는지를 정하는 알고리듬과 결부시켜서 컴퓨터에서 작동시킨 뒤 어떤 계가 나오는지를 살펴보는 것이다. 진화 과정을 더 현실적으로 모사하기 위해, 학습, 적응, 심지어 번식에 관한 규칙들까지 포함시킨 더 정교한 모형들도 나와 있다.

성능 좋은 컴퓨터가 개발됨에 따라, 행위자 기반 모델링은 테러 조직의 구조, 인터넷, 교통 흐름, 주식시장의 행동, 범유행병, 생태계 동역학, 경영 전략의 모델링 같은 생태계와 사회적 계의 여러 문제들을 규명하는 표준 도구가 되어왔다. 지난 몇 년 동안 액스텔은 행위자 기반 모델링을 써서 미국의 기업 생태계 전체를 모사하는 일을 하고 있다. 600만 개가 넘는 기업과 1억 2,000만 명이 넘는 직원으로 이루어진 방대한 생태계다. 이 야심적인 연구 과제는 통계 조사 자료에 깊이 의존하며, 그 자료를 시뮬레이션의 한계를 설정하고 산출 결과를 시험하는 용도로 삼는다.

더 최근 들어서 그는 현재 옥스퍼드대학교 교수로 있는 도인 파머Doyne Farmer 및 예일대학교의 저명한 경제학자 존 진아코플로스 John Geanakoplos를 포함한 샌타페이연구소 공동체의 저명한 구성원들과 함께 이 계획을 더 확장하여 경제 전체를 모사하려고 시도하고 있다. 금융 거래와 산업 생산에서 부동산, 정부 지출, 세금, 기업 투자, 외환 거래와 투자, 심지어 소비자의 행동에 이르기까지, 모든 것에 관한 엄청난 데이터가 입력되는 진정으로 야심 찬 계획이다. 이런 경제 전체의 종합적 시뮬레이션이 감세나 공공 지출 증대처럼 서로 다른 경제 활성화 전략들을 평가하는 현실적인 시험장을 제공할 수 있을 것이고, 아마 더 중요한 점일 텐데, 경기 침체와 더 나아가 경제 공황이 일어날 가능성을 피할 수 있도록 전환점을 예측하거나 임박한 위험을 예보할 수 있을 것이라고 기대하기 때문이다.[6]

경제가 실제로 어떻게 돌아가는지를 말해주는 그런 상세한 모형이 아예 없는 상태에서, 이러저러하게 돌아갈 것이라는 비교적 국지적이고 때로는 직관적인 생각에 따라 대개 정책이 결정된다는 점을 떠올리면 소름이 돋는다. 경제가 계속해서 진화하는 복잡 적응계이며, 그 상호 의존하는 다양한 구성 요소들을 준자율적인 하위 체계들로 점점 더 낱낱이 해체하다가는, 경제 예측의 역사가 잘 보여주듯이 잘못된, 심지어 위험하기까지 한 결론으로 이어질 수 있다는 사실을 공개적으로 인정하는 사례는 거의 찾아볼 수가 없다. 장기 일기예보처럼 이 일도 어렵기로 악명이 높은 과제이며, 공정하게 말해서 경제 체계가 안정한 상태로 있기만 하면 경제학자들이 비교적 단기적인 예측은 꽤 잘한다는 점을 인정해야 한다. 전통적인 경제 이론은 경제가 거의 균형 상태를 유지한다는 가정에 심하게 의존한다. 역사적으로 주로 심각한 불행을 안겨준 일탈 사건, 주요 전환점, 변곡점, 황폐하게 만드는 경제적 태풍과 폭풍을 예측하는 일은 엄청난 도전 과제다.

많은 영향을 끼친 베스트셀러《블랙 스완The Black Swan》을 쓴 나심 탈레브Nassim Taleb는 경영과 금융을 전공했음에도, 아니 아마 그렇기 때문에 경제학자들에게 유독 심하게 비판을 쏟아내왔다.[5] 그는 뉴욕대학교와 옥스퍼드대학교를 비롯한 몇몇 유수의 대학교에서 교수로 지냈고, 예외적인 사건들이 일어난다는 사실을 받아들이고 위험을 더 깊이 이해하는 것이 중요하다는 점을 역설해왔다. 그는 다음과 같은 과장된 말로 고전 경제학의 사고방식을 노골적으로 비판해왔다. "오래전에 나는 경제학에 한 가지 문제가 있음을 알아차렸는데, 바로 경제학자들이 제대로 이해하고 있는 것이 아무것도 없다는 점이다." 그는 경제 이론이 엄청난 피해를 입힐 수 있으므로, 노벨 경제학상도 없애야 한다고까지 주장했다. 나는 탈레브의 몇몇 개념과 논증에는 동의하지 않지만, 정통 견해에 그렇게 노골적으로 도전하는 독불장군이 있는 것은 중요하면서 건강하다. 제대로 규명되지도 않은 주장들이 우리 삶에 지대한 영향을 미칠 때는 더욱더 그렇다.

행위자 기반 모델링의 큰 장점은 계 전체를 이상화된 단편과 조각의 집합이 아니라 하나의 통합된 실체로 다룸으로써 이런 중대한 현안 중 일부를 규명할 대안적인 기본 틀을 제공할 가능성을 지닌다는 것이다. 경제가 대개 균형 상태에 있지 않으며, 다수의 구성 부분들 사이의 근본적인 상호작용에서 비롯되는 창발적 특성을 지닌 진화하는 계라는 점을 공개적으로 인정하기 때문이다.

그러나 몇 가지 심각한 단점도 있다. 무엇보다 행위자들이 어떻게 행동하고 상호작용하고 의사 결정을 하는지를 정하는 규칙 집합을 입력하는 핵심 단계가 있는데, 그런 규칙들을 근본적인 지식이나 원리가 아니라 직관에 토대를 두는 사례들이 많다. 게다가 구체적인 시뮬레이션 결과를 해석하고 계의 개별 구성 요소와 하위단위 사이의 인과관계를 파악하기가 매우 어려울 때가 많다. 따라서 그 특정한 결과가 어떤 중요한 요인의 산물인지, 아니면 그런 모든 계에 공통되는 일반 원리들의 산물인지가 불분명할 수 있다. 행위자 기반 모델링의 근본 철학이 전통적인 과학 틀의 대척점에 서있는 극단적인 형태도 있다. 과학의 주된 도전 과제는 서로 공통점이 없어 보이고 별개인 듯한 엄청나게 많은 관찰 사례들을 몇 가지의 일반 원리나 법칙으로 환원시키는 것이다. 생물학에서 자연선택 원리가 단세포에서 고래에 이르기까지 모든 생물에 적용되고, 물리학에서 뉴턴 법칙이 자동차에서 행성에 이르는 모든 운동에 적용되는 것처럼 말이다. 정반대로 행위자 기반 모델링의 목표는 개별 계들을 거의 1 대 1로 모형화하는 것이다. 각 계의 구조와 동역학을 제약하는 일반 법칙과 원리는 부수적인 역할을 할 뿐이다. 예를 들어, 특정한 기업, 개별 노동자, 행정가, 거래, 판매, 비용 등을 시뮬레이션 하는 것이 사실상 포함되며, 따라서 각 기업은 대개 체계적인 행동이나 더 큰 그림과의 관계를 명시적으로 고려하지 않고 별개의 거의 독특한 실체로 다루어진다.

양쪽 접근법이 다 필요하다는 것은 분명하다. 일반적인 행동을 빚어내는 지배적인 힘들과 큰 그림을 반영하는 체계적인 행동 및 '보편' 법칙의 일반성과 경제성은 각 기업의 개성과 독특함을 반영하는 상세한 모델링과 결부되고 그로부터 정보를 얻어야 한다. 도시를 예로 들면, 스케일링 법칙은 인구를 알기만 하면 측정 가능한 특징들의 80~90퍼센트가 파악된다는 것을 보여주었다. 나머지 10~20퍼센트는 각 도시의 개성과 독특함의 척도로서, 국지적 역사·지리·문화적 특징들을 통합하는 상세한 연구를 통해서만 이해할 수 있다. 이런 맥락에서 나는 현재 이 틀이 기업이 따르는 창발적 법칙들을 드러내는 데 어느 정도까지 유용한지를 탐구하고자 한다.

1 월마트는 구멍가게의 규모 확대판이고
구글은 불곰의 아주 큰 규모 확장판일까?

미국 기업들의 주가 지수인 S&P 500으로 가장 잘 알려진 금융 서비스 회사 스탠더드앤드푸어스Standard & Poor's(S&P)는 1950년 이후의 모든 상장 기업의 금융 상태와 재무제표를 요약한 자료를 비롯하여 가치 있는 데이터베이스를 제공한다. 컴퓨스탯Compustat이 바로 그것이다. 그에 상응하는 생물과 도시의 데이터베이스들과 달리, 이 데이터베이스는 무료가 아니다. S&P의 데이터베이스를 이용하려면 약 5만 달러를 내야 한다. 그 회사가 염두에 둔 고객인 대다수의 투자자, 주식회사, 경영대학에는 껌 값에 불과할지 모르지만, 학자 나부랭이인 우리에게는 엄청난 돈이다. 박사후과정 연구원 한명의 연봉에 해당한다. 불행히도 스케일링 관점에서 기업을 연구할 ISCOM 계획을 세울 당시, 우리는 그런 일에 쓸 예산이 없었다. 그래서 우리는 기업 연구를 뒤로 미루고, 대신 자료를 무료로 얻을 수있는 도시 연구에 초점을 맞추어야 했다.

도시 연구는 내가 예상했던 것보다 훨씬 더 흥미진진하고 생산적임이 드러났고, 그래서 주목을 받아 마땅한 대상인 기업 문제로 돌아가기까지 예상보다 더 오랜 시간이 걸렸다. 국립과학재단의 시범사업 연구비를 받아서 비로소 컴퓨스탯 데이터베이스를 접할 수있게 된 다음이었다. 그런 탓도 어느 정도 있고 해서, 기업에 대한분석과 이론 틀은 도시보다 덜 이루어진 상태다. 그렇긴 해도 상당한 진척이 이루어졌으며, 기업의 결이 거친 과학의 토대를 제공할일관된 그림이 나타났다.

대부분의 기업이 그리 오래 살아남지 못하는 오늘날 우리가 보는 빠른 시장 회전 속도와 기업의 현대적 개념은 기껏해야 지난 200년 전에 출현했다. 도시와 도시 체계가 진화해온 수백 년 또는 수천 년에 비하면 아주 짧은 기간이며, 생물이 번성해온 수십억 년에 비하면 더욱 그렇다. 그 결과 기업이 도시와 생물이 따르는 체계적인 스케일링 법칙 속에서 드러나는 것과 같은 유형의 준안정 배치에 도달하도록 작용하는 시장의 힘이 작용할 시간이 훨씬 적었다.

이전 장들에서 설명했듯이, 스케일링 법칙은 자연선택과 '적자생존'에 내재된 연속적인 되먹임 메커니즘을 통해 나온 다양한 체계들을 유지하는 망 구조가 최적화된 결과다. 따라서 우리는 생물의 것보다 도시의 창발적 스케일링 법칙들이 이상적인 거듭제곱 법칙을 기준으로 할 때 훨씬 더 큰 분산을 보일 것이라고 예상한다. 진화적 힘이 작용해온 기간이 훨씬 더 짧기 때문이다. 동물의 대사율을 나타낸 그림 1과 도시의 특허 건수를 나타낸 그림 3처럼, 두 사례에서 스케일링에 얼마나 들어맞는지를 비교하면 이 예측이 옳음을 확인할 수 있다. 생물보다 도시의 자료가 일관되게 더 폭넓게 퍼져 있다. 이를 '진화적' 기간이 훨씬 더 짧은 기업에 확대 추정하면, 기업이 정말로 규모 증가 양상을 보인다고 한다면, 도시와 생물에서보다 자료들이 이상적인 스케일링 곡선을 중심으로 더욱 폭넓게 분산되어 있어야 한다.

이 분석에 쓰인 컴퓨스탯 자료 집합은 1950년부터 2009년까지 60년 동안 미국 주식시장에서 거래된 총 2만 8,853개 기업으로 이루어진다. 이 데이터베이스에는 직원 수, 총 매출액, 자산, 비용, 부채 같은 표준 회계 항목들이 포함되어 있으며, 각각은 이자 비용,

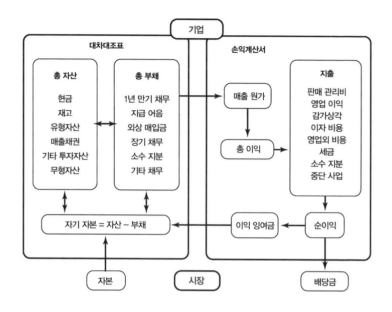

투자금, 재고 목록, 감가상각 같은 하위 범주들로 세분되어 있다. 위의 흐름도는 이 모든 항목이 서로 어떻게 관련되어 있는지를 보여준다.

이 흐름도는 우리가 이 연구 계획에 도움을 얻고자 합류시킨 박사후과정 연구원인 젊은 인류학자 마커스 해밀턴Marcus Hamilton이 구축했다. 마커스는 학생일 때부터 이미 인생의 목표를 세워놓고 있었다. 인류학과 고고학을 더 정량적이고 계산적이고 기계론적인 학문으로 바꿔놓겠다는 것이었다. 나름의 타당한 이유들 때문에 이 분야들은 사회과학 중에서 이 관점을 가장 덜 받아들인 쪽에 속했기에, 마커스는 힘든 길을 걸었다. 하지만 우리에게는 완벽한 인물이었다. 박사학위를 받은 뒤, 그는 제임스 브라운과 함께 생태학 및 인류학의 관점에서 세계 지속 가능성 문제를 연구하다가 샌타페이

연구소로 와서 우리와 합류했다. 그는 우리 스케일링 관점에서 수렵채집인 사회를 이해하려고 시도하는 흥미롭고 새로운 연구 영역을 개척했고, 호세 로보 및 나와 공동으로 수렵채집인 조상들이 어떻게, 왜 궁극적으로 도시를 형성하는 정착 공동체로 중요한 전환을 이루었는가에 관한 이론을 개발했다. 나는 호세 및 마커스와 함께 최근에 저명한 인류학 학술지에 논문을 발표했다. 지금까지 내가 이룬 최고의 성취 중 하나다!

기업의 스케일링을 조사한 우리의 첫 연구 결과와 결론은 매우 압도적이다. 이 연구 결과는 기업의 일반적인 구조와 생활사를 이해하는 일에 강력한 토대를 제공한다. 그림 60~63은 2만 8,853개 기업 전체의 매출, 소득, 자산을 직원 수에 따라 로그 눈금으로 표시한 것이다. 이 항목들은 모든 기업의 주된 금융 특징들이며, 회계 건전성과 동역학의 표준 척도다. 이 그래프들이 명확히 보여주듯이, 기업은 사실 단순한 거듭제곱 법칙에 따라 규모가 증가하며, 예상한 대로 도시나 생물보다 평균 행동을 중심으로 훨씬 더 넓게 퍼져 있는 양상을 보인다. 따라서 이 통계적 의미에서, 기업은 서로의 근사적인 규모 증감, 자기 유사적 판본이다. 월마트는 훨씬 더 작은 크기의 기업의 근사적인 규모 증가 판본이다. 이 더 큰 분산을 고려해도, 이 스케일링 결과는 기업의 크기와 동역학 측면에서 놀라운 규칙성을 드러낸다. 사업 영역, 위치, 설립 연도가 천차만별이라는 점을 생각하면 대단히 놀라운 결과다.

이 문제를 더 깊이 살펴보기 전에, 이 사례들처럼 분산 폭이 큰 빅데이터로부터 어떻게 스케일링 규칙성을 추출하는지를 살펴보는 것이 유용하다. 표준 전략은 빅데이터를 막대그래프와 비슷하게 동일한 구간별로 나눈 다음, 각 구간의 평균을 구하는 것이다. 그러면 사실상 들쑥날쑥한 값들의 평균이 나오고 대량의 자료 점들이 비교적 소수의 자료 값으로 줄어들며, 그 값들의 수는 전체 구간을 나누는 데 쓴 구간의 수와 같다. 기업의 직원 수는 몇 명에 불과한 가장 작은 신생 기업에서부터, 100만 명을 넘는 월마트 같은 거대기업에 이르기까지 범위가 100만 배를 넘는다. 이 과정을 보여주기 위해, 그림 60~63의 자료를 각각 크기 자릿수 1에 해당하는 여덟 개의 동일 구간으로 나누었다. 따라서 첫째 구간에는 직원 10명 미만의 기업들이 다 속하고, 둘째 구간에는 10~100명, 셋째 구간은 100~1,000명인 기업들이 속하며, 마지막 구간은 100만 명이 넘는 기업들이 속한다.

각 구간을 평균하여 얻은 값들은 그래프에 회색 점으로 표시했다. 각각은 자료를 매우 결이 거칠게 환원한 값을 나타내며, 보면 알 수 있듯이, 이 통계 분포의 토대에 이상적인 거듭제곱 법칙이 있다는 개념을 뒷받침하는 꽤 곧은 직선을 이룬다. 사용한 구간의 크기와 수가 임의적이므로, 우리는 전체 구간을 단지 여덟 개가 아니라 얼마든지 10개, 50개, 100개로 나누어서, 자료의 해상도를 점점 더 높일 때 직선이 그대로 유지되는지를 검사할 수 있다. 실제로 유지된다. 비록 구간 나누기가 엄밀한 수학적 절차는 아니지만, 자료들이 해상도를 달리해도 거의 동일한 직선에 자리하는 안정적인 양상을 보인다는 사실은 평균적으로 기업들이 자기 유사성을 띠고 거듭제곱 스케일링을 충족시킨다는 가설을 강력하게 뒷받침한다. 1장에 실은 그림 4의 그래프는 사실 이 구간 나누기 과정의 산물이며, 기업들이 지프의 법칙을 따른다는 것을 보여준 액스텔의 연구

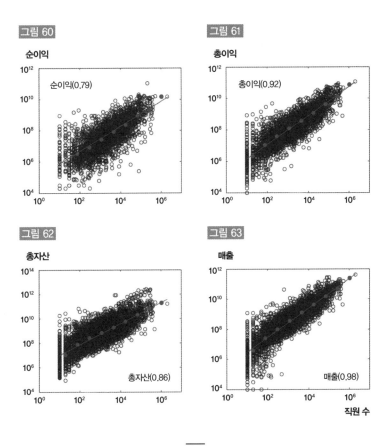

1950~2009년 미국에 상장된 2만 8,853개 기업 전체의 소득, 이익, 자산, 매출을 직원 수별로 로그 눈금에 나타낸 그래프. 상당히 분산 폭이 큰 저선형 스케일링을 보여준다. 회색 점들을 이은 선은 본문에서 설명한 구간 나누기의 결과다.

에서 따온 그림 41의 그래프도 마찬가지다. 이 결과들은 도시나 생물과 마찬가지로 기업도 개성과 독특함을 초월하는 보편적인 동역학을 따르며, 기업의 결이 거친 과학을 상상할 수 있음을 강력하게 시사한다.

이 발견을 지지하는 추가 증거는 의외의 곳에서 나왔다. 바로 중국 주식시장이다. 2012년 베이징 사범대학교 시스템과학대학의 젊은 교수인 장지앙张江이 우리 협력단에 합류했다. 우리는 그를 제이크Jake라고 부른다. 그는 2010년에 샌타페이연구소에 와서 기업 연구 과제에 열정적으로 참여했다. 그는 신생 중국 주식시장에 상장

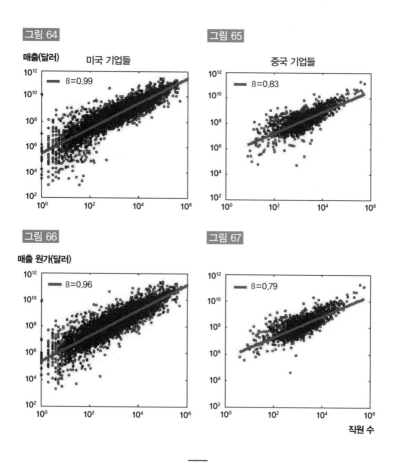

미국 기업과 중국 기업의 비교. 서로 비슷한 행동을 보인다.

된 모든 중국 기업들의 자료를 담은 컴퓨스탯과 비슷한 데이터베이스에 접근했다. 문화혁명이 스러진 뒤 권력을 잡은 덩샤오핑이 추진한 경제 개혁 중에 중국 증권시장을 다시 설립하는 내용도 들어 있었다. 그리고 1991년 말에 상하이 증권거래소가 문을 열었다.

제이크가 자료를 분석하자, 중국 기업도 미국 기업과 비슷한 양상으로 규모 증가 양상을 보인다는 것이 드러났다. 우리는 무척 흡족했다. 그 결과가 그림 64~67에 실려 있다. 중국 주식시장이 문을 연 지가 15년도 채 안 되었다는 점을 생각하면 이 점은 놀랍다. 강력한 추진력을 바탕으로 급속히 설립된 경쟁적인 '자유' 시장의 동역학은 체계적인 추세를 비교적 빠르게 출현시킬 잠재력을 충분히 지니고 있는 것이 분명하다. 이 현상이 중국 주식시장과 중국 경제 전체가 그렇게 단기간에 대단히 급속히 성장한 것과 관련이 있다는 점은 분명하다. 상하이 증권거래소는 규모가 이미 세계 5위이자, 아시아에서 홍콩 거래소 다음이다. 시가총액은 3.5조 달러다. 비교하자면 뉴욕은 21조, 홍콩은 7조 달러다(2017년에는 상하이가 홍콩을 넘어서서 4위에 올라섰고, 시가총액은 약 5조 달러, 홍콩 거래소는 약 4조 달러였다—옮긴이).

2   열린 성장이라는 신화

기업의 스케일링에서 한 가지 중요한 측면은 그 주요 척도 중 상당수가 도시처럼 초선형이 아니라 생물처럼 저선형으로 규모 증가가 이루어진다는 것이다. 이는 기업이 도시보다 생물에 더 가까울 뿐 아니라, 혁신과 수확 체증이 아니라 규모의 경제가 지배함을 시사한다. 이 점은 기업의 생활사, 특히 기업의 성장과 사망률에 심오한 의미를 지닌다. 4장에서 살펴보았듯이, 생물학에서 저선형 스케일링은 한계가 있는 성장과 유한한 수명으로 이어지는 반면, 8장에서 살펴보았듯이, 도시(그리고 경제)의 초선형 스케일링은 열린 성장으로 이어진다.

따라서 기업의 저선형 스케일링은 기업도 결국 성장을 멈추고 궁극적으로 죽는다는 것을 시사한다. CEO들이 소중히 간직할 만한 예측은 아니다. 물론 실제로는 그렇게 단순하지가 않다. 기업의 성장 예측은 생물학에서 단순히 확대 추정한 것보다 더 미묘하기 때문이다. 이 점을 설명하기 위해 기업의 성장과 사망을 결정하는 핵심 특징들에 초점을 맞추어서 그 일반 이론을 단순화한 형태로 기업에 적용해보자.

기업의 지속적인 성장은 궁극적으로 이익(또는 순이익)을 통해 추진되는데, 이익은 매출(또는 총수익)과 총 비용의 차이라고 정의되고, 비용에는 봉급, 경비, 이자 지급 등이 포함된다. 장기적으로 성장을 지속하려면, 기업은 궁극적으로 이익을 내야 하는데, 이익의 일부는 때때로 주주에게 배당금을 지불하는 데 쓰인다. 주주들은 다른 투자자들과 함께 추가 지분과 채권을 사서 기업의 장래 건전성과 성장에 도움을 줄 수도 있다. 하지만 기업의 일반 행동을 이해하기 위해서 더 명시적으로 배당금과 투자금─주로 더 작고 더 젊은 기업에 중요한─을 무시하고, 이익에 집중하기로 하자. 이익은 더 큰 기업으로 성장하기 위한 주된 원동력이다.

앞서 살펴보았듯이, 생물과 도시의 성장은 모두 대사와 유지 관리 사이의 차이를 통해 추진된다. 그 언어를 쓰자면, 기업의 총 수익(또는 매출)은 '대사'라고 생각할 수 있고, 비용은 '유지 관리' 비용이라고 볼 수 있다. 생물학에서 대사율은 크기에 따라 저선형으로 증가하므로, 생물의 몸집이 커질 때 에너지 공급은 세포의 유지 관리 수요를 따라갈 수 없어서 결국 성장이 멈추게 된다. 반면에 도시의 사회적 대사율은 초선형적으로 증가하므로, 도시가 커질 때 사회적 자본의 생성 속도는 유지 관리 수요를 초과함으로써 점점 더 빠르게 열린 성장이 일어난다.

그렇다면 이 동역학이 기업에서는 어떻게 펼쳐질까? 흥미롭게도 기업은 생물과 도시 사이의 중간 지점에 자리한 경로를 따름으로써 이 일반 주제의 또 다른 변주를 드러낸다. 기업들의 유효 대사율은 저선형도 초선형도 아닌 선형이기에 바로 그 중간에 놓인다. 이를 그림 63과 그림 64에 나타냈다. 직원 수에 따라 매출을 로그 눈금에 표시하면, 기울기가 1에 가까운 직선에 잘 들어맞는 분포 양상이 나타난다. 반면에 비용은 좀 더 복잡한 양상을 띤다. 저선형으로 시작했다가, 기업이 더 커질수록 이윽고 전이가 일어나서 거의 선형으로 변한다. 따라서 매출과 비용의 차이, 즉 성장의 원동력도 결국에는 거의 선형으로 규모가 증가한다.

이는 희소식이다. 수학적으로 선형 스케일링은 지수 성장으로 이어지고, 모든 기업이 추구하는 바가 바로 그것이기 때문이다. 게다가 이는 평균적으로 경제가 지수적으로 팽창을 계속하는 이유도 말해준다. 시장의 전반적인 수행 능력이 사실상 참여하는 모든 개별 기업들의 성장 수행 능력의 평균이기 때문이다. 하지만 이것이 경제 전체에는 희소식일지 몰라도, 개별 기업에는 커다란 도전 과제를 안겨준다. 각 기업은 지수적으로 팽창하는 시장에 계속 발을 맞추어야 하기 때문이다. 따라서 어떤 기업이 지수적으로 성장한다고(희소식) 할지라도, 팽창 속도가 적어도 시장의 팽창 속도를 따라가지 못한다면 살아남기에 미흡할 수도 있다(나쁜 소식). 기업의 '적자생존'의 이 원초적인 판본이야말로 자유시장 경제의 본질이다.

좋은 소식은 기업 규모에 비해 많은 대출과 투자를 받을 수 있는 능력에 힘입어서, 더 젊은 기업은 유지 관리 비용의 비선형 스케일링에 따라서 급속하게 성장할 수 있다는 것이다. 그 결과 기업의 이상적인 성장 곡선은 생물학에서 보는 전형적인 S자 성장 곡선과 공통점을 지닌다. 즉, 처음에는 비교적 빠르게 성장하다가 유지 관리 비용의 증가 양상이 선형으로 바뀜에 따라 성장이 느려진다. 하지만 유지 관리 비용이 선형 양상으로 전환되지 않는 생물과 달리, 기업은 비록 속도는 더 느려지긴 하지만 성장을 멈추지 않고 계속 지수적으로 성장한다.

이 시나리오를 자료와 어떻게 비교할지 알아보자. 그림 68은 컴퓨스탯 자료 집합에 든 2만 8,853개 기업 전부의, 인플레이션을 감안한 매출 성장을 실제 연도별로 나타낸 놀라운 그래프다. 이 모두를 하나의 그래프에 담기 위해, 매출을 나타내는 세로축을 로그 눈금으로 했다. 스파게티 면을 늘어놓은 것처럼 보이긴 해도, 이 그래프는 놀라울 만치 이해하기 쉽다. 전반적인 추세가 한눈에 들어온다. 예상한 대로, 많은 젊은 기업들은 처음에 빠르게 성장하다가 서서히 느려지고, 살아남은 더 오래된 성숙한 기업들은 성장을 계속하긴 하지만 속도가 훨씬 느리다. 게다가 이 느리게 성장하는 오래된 기업들의 상향 추세는 모두 기울기가 완만한 직선에 가까운 선을 따른다. 세로축(매출)이 로그 눈금이고 가로축(시간)은 선형 눈금인 이 반半로그 좌표에서, 직선은 수학적으로 매출이 시간이 흐르면서 지수적으로 성장하고 있음을 의미한다. 따라서 평균적으로 살아남은 기업들은 예상한 대로 모두 결국은 꾸준하지만 느린 지수 성장 형태로 귀결된다.

이는 매우 고무적이지만, 자칫하면 잘못 해석할 함정에 빠질 수 있다. 이 함정은 각 기업의 성장을 시장 전체의 성장과 비교했을 때 뚜렷이 드러난다. 그림 70에서 명확히 볼 수 있듯이, 시장의 전반적인 성장을 감안하고서 보면, 모든 성숙한 대기업들은 성장을 멈춘 상태가 된다. 인플레이션과 시장의 팽창을 고려하여 보정하면, 그 기업들의 성장 곡선은 4장의 그림 15~18에서 보듯이, 성숙하면 성장이 멈추는 생물의 전형적인 S자 성장 곡선과 똑같아진다. 이런 식으로 보면 생물의 성장과 매우 비슷하다. 여기서 이 유사성을 사망에까지 확장하여, 우리처럼 모든 기업도 결국에는 죽을 운명에 놓여 있는 것이 아닐까 하는 질문이 자연스럽게 떠오른다.

3 기업 사망의 놀라운 단순성

젊을 때 빠르게 성장한 뒤, 매출이 약 1,000만 달러를 넘게 된 기업들은 거의 다 주식시장의 물결 위에 둥둥 떠다니면서 등락을 거듭한다. 한편으로 수면 위로 코만 쑥 내밀고 있는 기업들도 많다. 이런 기업들은 불확실한 상황에 놓여 있다. 큰 물결이 밀려들면 익사할 수도 있기 때문이다. 손실을 겪고 있을 때만이 아니라 이익이 지

그림 68 인플레이션을 감안한 수익

매출(2009년, 달러, 로그 눈금)

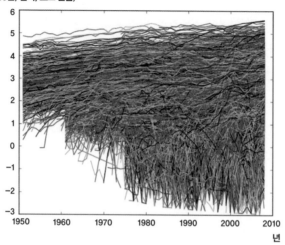

그림 69 미국 주요 기업들의 수익

수익(1억 달러, 로그 눈금)

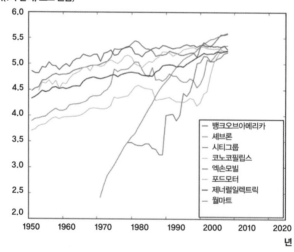

— 뱅크오브아메리카
— 셰브론
— 시티그룹
— 코노코필립스
— 엑손모빌
— 포드모터
— 제너럴일렉트릭
— 월마트

그림 70

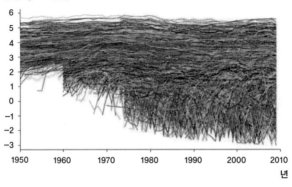

매출(100만 달러, 로그 눈금)

그림 68 미국에 상장된 2만 8,853개 기업 모두의 매출 성장 추세를 인플레이션을 감안하여 실제 연도별로 표시한 '스파게티' 그래프. 작고 젊은 기업은 처음에 급속히 성장하는 '하키스 틱' 모양을 한 반면, 더 크고 성숙한 기업은 비교적 느리게 성장한다.

그림 69 비교적 느리게 성장하는 가장 오래되고 가장 큰 대표적인 기업들의 성장 곡선. 훨씬 더 젊은 기업이지만 급속히 성장한 뒤에 매출 성장률이 비슷한 수준으로 낮아진 월마트도 포함시켰다.

그림 70 미국에 상장된 2만 8,853개 기업 모두의 매출 성장 추세를 시장 전체의 팽창 속도와 인플레이션을 감안하여 실제 연도별로 표시한 '스파게티' 그래프. 시장의 팽창을 감안하여 보정하면, 최대 기업들은 성장을 멈춘 상태가 된다.

수적으로 늘어나고 있을 때에도, 기업은 시장의 성장을 따라가지 못한다면 취약해질 것이다. 기업이 자신의 금융 상태뿐 아니라 시장 자체의 지속적인 등락을 견딜 만큼 튼튼하지 못하다면 상황은 매우 악화된다. 시장의 상당한 요동이나 안 좋은 시기에 어떤 예기치 않은 외부 교란이나 충격을 받으면, 매출과 비용이 미묘한 균형을 이루고 있던 기업은 파탄날 수도 있다. 그럴 때 기업은 위축과 쇠퇴를 맞이하며, 회복될 수도 있지만 심하면 큰 타격을 입어서 사망할 수도 있다.

이런 연쇄적인 사건은 아마 익숙하게 들릴 것이다. 우리 자신의 죽음으로 이어지는 과정과 그리 다르지 않기 때문이다. 우리도 대사와 유지 관리 비용 사이에 미묘한 균형을 이루고 있으며, 생물학자들은 이 상태를 항상성homeostasis이라고 한다. 나이를 먹을수록 생명 과정에 내재된 마모로 생기는 수리되지 않는 손상들이 점점 쌓이면서, 우리는 회복력이 점점 떨어지고 교란과 요동에 점점 더 취약해진다. 젊을 때와 중년 때까지도 견뎌냈을 독감이나 폐렴, 심장마비나 뇌졸중이 '노년'에는 치명적인 것이 되곤 한다. 궁극적으로 우리는 사소한 감기나 심장 떨림 같은 작은 교란에도 죽음으로 이어질 수 있는 단계에 들어선다.

이 이미지가 기업의 사망에 유용한 비유를 제공하긴 하지만, 전체의 일부만을 나타낼 뿐이다. 좀 더 깊이 파고들려면, 먼저 기업의 죽음이 무엇을 의미하는지를 정의해야 한다. 많은 기업은 청산이나 파산보다는 합병이나 인수를 통해서 사라지기 때문이다. 한 가지 유용한 정의는 매출을 기업 생존력의 지표로 삼는 것이다. 대사를 계속한다면 살아 있다는 개념이다. 따라서 출생은 기업이 첫 매출을 기록한 시기이고 죽음은 더 이상 매출이 없는 때라고 정의된다. 이렇게 정의하면, 기업은 다양한 과정을 통해 사망할 수 있다. 기업은 경제적·기술적 상황이 바뀔 때 분할, 합병, 청산이 일어날 수 있다. 청산이 기업의 죽음을 가져올 때도 종종 있지만, 훨씬 더 흔한 원인은 합병과 인수를 통해 사라지는 것이다.

1950년 이래로 미국 주식시장에서 거래된 2만 8,853개 기업 중에서 2009년까지 2만 2,469개(78퍼센트)가 사망했다. 그중 45퍼센

트는 다른 기업에 인수되거나 합병되어 사라졌고, 파산하거나 청산된 것은 약 9퍼센트에 불과하다. 3퍼센트는 개인 소유가 되었고, 0.5퍼센트는 차입 매수를 거쳐 사라졌고, 나머지는 '기타 이유'로 사라졌다.

그림 71~74는 이 자료 집합에 해당하는 기간(1950~ 2009년)에 태어나고 죽은 기업들의 생존과 사망 곡선을 수명의 함수로 나타낸 것이다.[6] 파산과 청산을 겪은 기업들의 곡선, 합병과 인수를 겪은 기업들의 곡선을 따로 나누었고, 각각을 매출 규모에 따라서 세분했다. 명확히 볼 수 있듯이, 자료를 어떻게 나누든 곡선들의 전반적인 구조는 거의 동일하다. 기업들을 개별 사업 부문으로 나누어도 마찬가지다. 이 모든 사례에서 생존 기업의 수는 상장된 직후

에 급감하기 시작하며, 30년이 지난 뒤 남아 있는 기업은 5퍼센트도 안 된다. 마찬가지로, 사망 곡선은 50년 안에 사망하는 기업의 수가 거의 100퍼센트에 다다르고, 그중 거의 절반은 10년도 안 되어 사라졌음을 보여준다. 그러니 기업은 정말로 힘겹게 살아간다! 생존 곡선들은 그림 75에 나타낸 것처럼, 단순한 지수에 꽤 근접한다. 이 그래프는 존속 햇수별로 생존한 기업의 수를 로그 눈금에 나타낸 것이다. 이렇게 표시하면, 지수는 직선이 된다.

이런 결과들이 사망이 파산과 청산을 통해 일어났는지 합병과 인수를 통해 일어났는지에 따라서 민감하게 달라질 것이라고 짐작할 수도 있다. 하지만 그림에서 볼 수 있듯이, 양쪽 다 사망률 값에 조금 차이가 날 뿐, 매우 비슷한 지수 생존 곡선을 따른다. 또 영위하는 사업 부문에 따라서도 결과가 달라질 것이라고 예상할 수 있다. 예를 들어, 에너지 부문은 IT, 교통, 금융 부문에 비해 시장의 동역학과 경쟁하는 힘들이 전혀 다른 듯이 여겨질 수 있다. 그러나 놀랍게도 모든 사업 부문은 비슷한 기간에서 비슷한 특징을 지닌 지수 생존 곡선을 보여준다. 즉, 어느 부문이든, 사업 목적이 무엇이든 간에, 10년 넘게 살아남는 기업은 절반에 불과하다.

이는 사업 분야별로 세분했을 때에도 기업들이 거의 동일한 양상으로 규모 증가를 한다는 것을 보여주는 분석 결과와 들어맞는다. 각 부문 내에서의 거듭제곱 법칙은 그림 75에 나와 있는 기업 전체에서 찾아낸 것에 가까운 지수들을 지닌다. 다시 말해, 기업들의 일반적인 동역학과 전반적인 생활사는 사실상 어느 부문에서 사업을 하는지와 상관없다. 이는 사업 활동에 상관없이, 또 궁극적으로 파산이나 합병을 겪는지 다른 기업에 인수되는지에 상관없이, 기업들

그림 71 파산이나 청산을 통해 사라지는 기업들의 생존 곡선

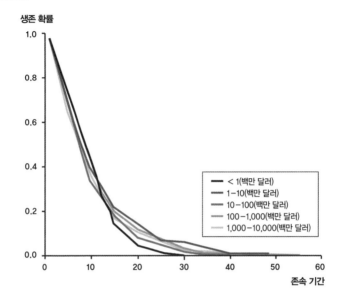

생존 확률

존속 기간

그림 72 파산이나 청산을 통해 사라지는 기업들의 사망 곡선

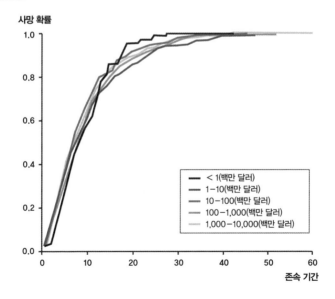

사망 확률

존속 기간

그림 73 인수나 합병을 통해 사라지는 기업들의 생존 곡선

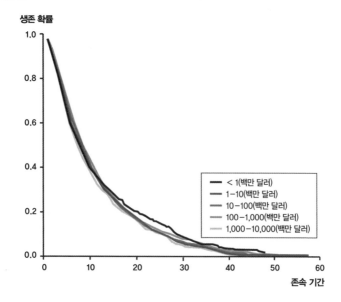

그림 74 인수나 합병을 통해 사라지는 기업들의 사망 곡선

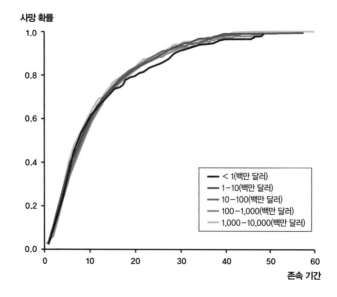

그림 75

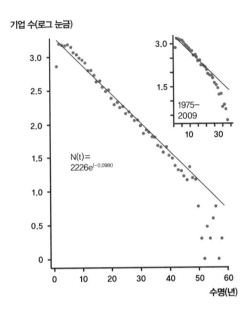

기업 수(로그 눈금)

$$N(t) = 2226e^{(-0.098t)}$$

1975–2009

수명(년)

그림 71~그림 74 1950~2009년에 미국 주식시장에서 거래된 미국 기업들의 생존 곡선과 사망 곡선. 파산과 청산을 겪은 기업들과 인수와 합병을 겪은 기업들을 따로 구분했고, 각각을 매출 규모 등급으로 세분했다. 곡선들이 거의 차이가 없음을 주목하자.
그림 75 존속 기간별로 생존한 기업의 수를 로그 눈금에 표시한 그래프. 사망률이 일정함을 시사하는 고전적인 지수 붕괴율을 보여준다.

의 결이 거친 행동을 결정하는 보편적인 동역학이 실제로 있음을 시사한다. 한마디로, 이는 기업의 정량적인 과학이라는 개념을 강하게 뒷받침한다.

정말로 놀랍기 그지없다. 어쨌든 성공과 실패를 겪다가 결국에는 죽음으로 이어지는 수많은 개별적인 결정과 사건 및 경제 생활의 온갖 변덕스러운 상황, 불확실성, 예측 불가능성에 맞서 싸우는 기업들의 출생, 죽음, 전반적인 생활사를 생각할 때면, 기업들이 단체로 그렇게 단순한 일반 규칙을 따른다고 믿기는 어렵다. 이 연구 결과는 생물, 생태계, 도시가 분명히 저마다 고유한 생활사와 개성을 지니고 있음에도 똑같이 일반적인 제약들을 받고 있다는 놀라운 사실을 연상시킨다.

기업들이 보여주는 것과 비슷한 지수 생존 곡선은 세균 군체, 동식물, 심지어 방사성 물질의 붕괴에 이르기까지, 집단을 이루는 여러 계에서 드러난다. 또 공동체 구조와 사회 조직에서 나오는 혜택을 수확하는 정착한 사회적 존재가 되기 전, 선사시대 인류의 사망률도 이 곡선을 따랐다고 여겨진다. 4장의 그림 25에 나와 있듯이, 비록 최대 수명은 거의 변화가 없었음에도 우리가 현재 수렵채집인 선조들보다 평균적으로 훨씬 더 오래 살게 되면서, 현대의 생존곡선은 고전적인 지수 성장 곡선에서 50년에 걸쳐서 길고 평탄하게 이어지는 형태로 진화해왔다.

그토록 천차만별인 계들의 붕괴를 기술하는 지수는 어떤 특성을 지니고 있는 것일까? 그것은 그저 어느 시점에서든 사망률이 생존자 수에 직접 비례할 때마다 나타나는 현상일 뿐이다. 이는 존속 기간이 얼마나 되든 그 기간을 동일한 구간들로 나누었을 때 각 구간에서의 생존율이 언제나 동일하다는 말과 같다. 이 점을 명확히 보여주는 단순한 사례를 들어보자. 각 구간을 1년으로 잡으면, 5년 된 기업들 중에서 6년이 되기 전에 죽는 비율이 50년이 된 기업들 중에서 51년이 되기 전에 죽는 비율과 같다는 뜻이다. 다시 말해, 기업이 죽을 확률은 존속 기간이나 크기와 무관하다.

아마 여기서 우려될 법한 미진한 부분은 이 자료가 겨우 60년 분량이어서, 그보다 오래된 기업들은 자동적으로 제외된다는 점일 것이다. 사실 그보다 더 안 좋다. 1950~2009년에 태어나고 죽은 기업들만을 분석하므로, 1950년 이전에 태어났거나 2009년에 아직 살아 있는 기업들은 모두 배제되기 때문이다. 이는 분명히 기대여명의 추정값에 체계적인 편향을 일으킬 수 있다. 따라서 이 이른바 중도 절단하여censored 제외한 기업들을 포함시켜 더 완전한 분석을 할 필요가 있다. 그 기업들은 수명이 적어도 이 자료 집합에 해당하는 기간만큼 되며, 그보다 더 길 가능성도 높다. 실제로 상당히 많은 기업이 거기에 속한다. 그 60년만 따져도, 2009년 말에 아직 살아 있는 기업은 6,873개였다. 다행히도, 이 문제를 다루기 위해 정교하게 개발되어온 생존 분석survival analysis이라는 잘 정립된 방법이 있다.

생존 분석은 임상시험에 참가하여 치료제를 투여받은 환자들의 생존 확률을 추정하기 위해서 의학계에서 개발한 것이다. 이런 임상시험은 한정된 기간 안에 수행될 수밖에 없으며, 그래서 여기서 우리가 직면한 문제를 낳는다. 즉, 임상시험이 끝난 뒤에 죽는 사람은 얼마나 될까 하는 문제다. 여기서 캐플런-마이어 추정자Kaplan-Meier estimator라는 기법이 흔히 쓰인다. 전체 자료 집합을 대상으로 각 사망 사건이 다른 모든 사망 사건들과 통계적으로 독립되어 있다고 가정함으로써 확률을 최적화하는 방식이다.[7]

제외시킨 기업들까지 모두 포함하여 컴퓨스탯 자료 집합에 속한 기업들 전체에 이 기법을 써서 상세히 분석하니, 앞서 중도 절단하여 얻은 추정값과 미미한 차이가 있을 뿐인 결과가 나왔다. 미국 상장 기업들의 반감기는 10.5년에 가깝다는 것이 드러났다. 즉, 어느 해에 상장 주식 거래가 시작된 기업들 중 절반은 10.5년 안에 사라진다는 뜻이다.

이 분석에서 힘든 부분은 대부분 대학생 인턴인 매들린 댑Madeleine Daepp이 했다. 댑은 주로 국립과학재단이 지원하는 대학생 연구경험 Research Experience for Undergraduates(REU)이라는 멋진 사업 덕분에 우리 연구진에 합류했다. 과학의 전 분야에 걸쳐서 대학생들이 여름에 연구 기관에서 실제로 연구를 하도록 지원하는 사업이다. 샌타페이연구소의 우리는 대개 약 10명의 명석한 젊은이들을 뽑곤 하는데, 모두 연구원들과 동등하게 대하며 긴밀하게 협력하도록 하고 있다. 우리와 그들 모두에게 아주 멋진 경험이다. 매들린은 우리에게 합류할 당시 세인트루이스에 있는 워싱턴대학교 수학과 3학년이었고, 마커스 해밀턴의 지도를 받으면서 연구를 했다. 겨우 10주 사이에 맨땅에서 출발하여 그런 연구 과제를 끝낸다는 것은 쉽지 않았기에, 매들린은 그 뒤로 3년 동안 몇 번씩 다시 돌아온 끝에야 마침내 연구를 끝냈고 성공적으로 논문을 발표했다. 나는 최근에 그녀가 MIT 도시계획학 박사과정에 들어갔다는 소식을 듣고서 무척 기뻤다. 그곳은 그 분야에서 세계 최고의 연구 기관 중 하나다. 앞으로 더욱 멋진 소식이 들려오기를 기대한다.

우리가 여기에서 다루는 것과 같은 '불완전한 관찰 자료'를 처리하는 데 쓴 생존 분석 기법은 1958년 에드워드 캐플런Edward Kaplan과 폴 마이어Paul Meier라는 두 통계학자가 개발한 것이다. 이 기법은 그 뒤로 의학 외의 영역들로 확대 적용되어왔다. 예를 들어, 직장을 잃은 사람이 얼마나 오래 실업자 신세로 지낼지, 기계 부품이 고장 나기까지 얼마나 오래 걸릴지 등을 추정하는 데 쓰인다. 흥미롭게도 원래 캐플런과 마이어는 권위 있는 〈미국통계학회지Journal of the American Statistical Association〉에 각자 비슷한 논문을 냈는데, 현명한 편집자가 둘을 종합하여 하나의 논문으로 내라고 두 사람을 설득했다. 그 논문은 지금까지 3만 4,000회 이상 다른 논문들에 인용되었다. 학술 논문으로는 엄청나게 많은 횟수다. 한 예로, 스티븐 호킹Stephen Hawking의 가장 유명한 논문인 〈블랙홀의 입자 생성Particle Creation by Black Holes〉도 인용 횟수가 5,000회가 안 된다. 분야에 따라 다르지만, 대부분의 논문은 25회만 인용되어도 운이 좋다고 할 수 있다. 내가 아주 잘 썼다고 여기는 내 논문 중에서도 10회도 인용되지 않은 것이 몇 편 있다. 꽤 실망스럽다. 물론 나는 생태학 분야에서 가장 많이 인용된 논문 중 두 편의 공저자이긴 하다. 그 논문들은 둘 다 3,000회 넘게 인용되었다.

4   편히 잠드소서

비록 중요한 차이들이 있긴 하지만, 스케일링의 렌즈를 통해 들여다보면 기업과 생물의 성장과 죽음이 대단히 비슷하다는 사실에 깊은 인상을 받기 마련이다. 그리고 둘이 도시와 얼마나 다른지도 말이다. 기업은 놀라울 만치 생물학적이고, 진화 관점에서 볼 때 기업의 죽음은 '창조적 파괴'와 '적자생존'으로부터 혁신적인 생명력을 불러일으키는 중요한 요소다. 새롭고 참신한 후손이 번성하려면 모든 생물은 죽어야 하는 것처럼, 새로운 혁신적인 변이가 번성하려면 모든 기업은 사라지거나 변해야 한다. 늙은 IBM이나 제너럴

모터스의 정체 상태보다 구글이나 테슬라의 흥분과 혁신이 더 낫다. 이것이 바로 자유 시장 체제의 토대를 이루는 문화다.

기업들의 빠른 회전률, 특히 합병과 인수라는 지속적인 교란은 시장이 돌아가는 과정의 일부다. 그리고 물론 이는 현재 난공불락처럼 보일지 모를 구글과 테슬라도 결국에는 쇠퇴하여 사라질 것이라는 의미다. 이런 관점에서 볼 때, 우리는 어떤 기업이 몰락했다고 해서 애석해할 필요가 없다. 그것이 경제 생활의 본질적인 요소이기 때문이다. 그저 직원이든 관리자든 소유주든, 그 회사가 사라질 때 고통을 겪곤 하는 사람들의 운명을 슬퍼하고 걱정하기만 하면 된다. 적자생존의 잔혹성과 탐욕을 길들이고 규제, 정부의 간섭, 자유방임적 자본주의 사이의 고전적인 긴장의 균형을 맞출 방법을 알려줄 마법의 알고리듬을 짬으로써 그 지독한 결과 중 일부를 완화할 수 있기만 하면 얼마나 좋을까. 이 갈등은 2008년 금융 위기 때 '대마불사'라고 여겨지던, 설령 사기 행각을 벌인 것까지는 아니라고 해도 무능했던 기업들이 보여준, 아마도 죽어 마땅했을 기업들의 마지막 발악과 직원들의 삶을 보호하고 일자리를 구하려는 우리의 욕구 사이의 갈등을 통해서 고통스럽게 펼쳐진 바 있다.

진부하게 들릴지 모르지만, 그래도 제자리에 머물러 있는 것은 아무것도 없다는 말은 참이다. 스탠더드앤드푸어스와 경제 잡지 〈포천〉은 가장 성공한 500대 기업 목록을 계속 갱신하고 있으며, 이 양쪽 목록에 오른 기업은 어느 정도 신용을 얻는다. 유명한 경영 자문사인 매킨지앤드컴퍼니의 선임 파트너로 22년 동안 일한 바 있는 리처드 포스터Richard Foster는 기업들이 이 목록에 올라가 있는 햇수를 분석했는데, 지난 60년 사이에 일정하게 줄어왔음을 발견했다. 이를테면, 1958년에는 한 기업이 S&P 500에 약 61년 동안 머물러 있을 것이라고 예상할 수 있었던 반면, 지금은 18년에 더 가깝다. 1955년 포천 500에 오른 기업 중에서 2014년까지 남은 것은 겨우 61개에 불과했다. 즉, 생존율이 12퍼센트에 불과하며, 나머지 88퍼센트는 파산하거나 합병되거나 실적이 낮아서 목록에서 탈락했다. 더 통렬한 점은 1955년의 목록에 있던 기업 중 대부분이 지금은 완전히 잊혀서 아무도 모른다는 것이다. 암스트롱러버나 패시픽베지터블오일이라는 기업을 기억하는 사람이 얼마나 될까?

2000년에 포스터는 《창조적 파괴Creative Destruction》라는 이해하기 쉬운 제목의 베스트셀러 경제서를 썼다.[8] 그는 샌타페이연구소에서 발전시키고 있던 복잡성 개념에 많은 영향을 받았고, 그래서 샌타페이에 연구비를 지원하여 금융 교수 자리를 마련하도록 하자고 매킨지 이사회를 설득했다. 그 자리는 도인 파머에게 돌아갔다. 나는 1990년대 말에 샌타페이연구소에 처음 자리를 얻었을 때 포스터를 알게 되었다. 그는 우리가 생물학에서 발전시켜온 스케일링과 망 개념이 기업의 운영을 파악하는 데 주된 깨달음을 안겨줄 수 있다고 확신했다. 그는 기업에는 정량적이고 기계론적인 이론이 아예 없으며, 기업이 종종 생물에 비교되곤 하므로, 우리 접근법이 그런 이론을 개발하는 새로운 방법을 제공할 수도 있다고 지적했다. 관대하게도 그는 내게 매킨지의 기업 관련 데이터베이스에 접근할 권한을 주고 그 연구를 위해 박사후과정 연구원을 고용할 연구비도 지원하겠다고 했다. 당시 나는 아직 로스앨러모스에서 고에너지 물리학 분야를 맡고 있었고, 기업에 관해서는 지금보다 더 아는 것이 없었다. 게다가 생물학 연구도 아직 초기 단계에 있었고, 기업에 까지 쉽게 확장시킬 수 있을지 확신이 서지 않았기에, 그 제안에 혹하긴 했지만 받아들이지 않았다. 돌이켜보면 아마도 당시에는 그 결정이 옳았겠지만, 그 일화는 리처드 포스터가 스케일링 접근법이 기업을 이해하는 데 유용한 토대가 될 수도 있음을 간파할 선견지명을 지니고 있음을 잘 말해준다. 우리는 생물, 생태계, 도시를 대상으로 10년 넘게 다방면으로 연구한 끝에야, 비로소 리처드가 제시한 도전 과제에 달려들 수 있었다.

불행히도, 존속 기간과 사망 여부를 고려한 상세한 분석 없이, 기업들이 S&P 500과 〈포천〉 500 목록에 올라 있는 기간을 조사한 결과를 실제 수명과 곧바로 연관지을 수는 없다. 그렇긴 해도, 이 발견은 강해 보이는 기업들의 허약함을 극적으로 보여주며, 사회경제적 삶의 속도가 가속되고 있음을 보여주는 놀라운 사례이기도 하다.

생존 분석은 아주 오래된 기업이 극소수여야 한다고 말해준다. 이 이론과 자료를 확대 추정하면, 기업이 100년 동안 존속하는 경우는 100만 개 중 약 45개에 불과하고, 200년 동안 존속할 확률은 10억분의 1에 불과하다는 예측이 나온다. 너무 진지하게 받아들일 필요는 없지만, 이런 숫자들은 장기 생존 가능성의 규모가 어떠한지 감을 잡게 해주고, 수백 년 동안 살아남은 기업의 특징이 어떠한가에 관한 한 가지 흥미로운 통찰을 제공한다.

세계에는 적어도 1억 개의 기업이 있으므로, 그들이 모두 비슷한 동역학을 따른다고 하면 100년 동안 생존할 기업은 약 4,500개에 불과하고, 200년 동안 생존할 기업은 전혀 없을 것이라고 예상할 수 있다. 하지만 잘 알다시피, 수백 년 동안 존속해온 기업은 많다. 일본과 유럽에 특히 많다. 불행히도 이 눈에 띄는 일탈 사례들에 관한 포괄적인 자료 집합이나 체계적인 통계 분석 자료는 전혀 없다. 일화들은 많지만 말이다. 그렇긴 해도 우리는 이 매우 장수하는 일탈 사례들의 일반적인 특징들로부터 기업의 노화에 관한 교훈적인 내용을 배울 수 있다.

그들 중 대부분은 오래된 여관, 포도주 양조장, 맥주 양조장, 제과점, 식당 등 고도로 전문적인 틈새시장에서 영업을 하는 비교적 작은 크기의 사업체다. 우리가 컴퓨스탯 자료 집합과 S&P 500과 〈포천〉 500 목록에서 살펴본 유형의 기업들과 전혀 다른 특징을 지닌다. 후자에 속한 대다수 기업들과 정반대로, 이 일탈 사례들은 다양화나 혁신이 아니라, 소규모의 단골손님들을 위해 품질이 좋다고 인식된 제품을 꾸준히 만듦으로써 생존해왔다. 그리고 상당수는 평판과 견실함을 통해서 생존력을 유지했으며, 거의 성장을 하지 않았다. 흥미롭게도 이런 기업들 대다수는 일본에 있다. 한국은행에 따르면, 2008년에 200년이 넘은 기업 5,586개 중에서 절반 이상 (정확히 말하면 3,146개)은 일본 기업이고, 독일이 837개, 네덜란드가 222개, 프랑스가 196개였다. 게다가 100년이 넘는 기업 중 90퍼센트는 직원이 300명 미만이었다.

이 고령의 생존자들 중에서 놀라운 사례를 몇 가지 들어보자. 독일에서 가장 오래된 신발 제조 업체는 에두아르트마이어Eduard Meier로 1596년 뮌헨에서 설립되었다. 이 회사는 바이에른의 귀족에게 신발을 만들어 팔았다. 비록 이제 더는 신발을 만들지 않지만, 고급 신발을 파는 제화점을 아직도 한 곳 갖고 있다.《기네스북》에 따르면, 세계에서 가장 오래된 호텔은 일본 하야카와에 있는 니시야마 온센케이운칸西山溫泉慶雲館으로, 705년에 문을 열었다. 52대째 운영 하고 있으며, 현대식 건물로 바뀌었어도 방이 37개에 불과하다. 이 곳의 매력은 온천인 듯하다. 세계에서 가장 오래된 기업은 578년 에 세워진 일본 오사카에 있는 곤고구미金剛組였다고 한다. 이곳도 한 집안이 대를 이어 운영했지만, 거의 1,500년 동안 영업을 하다 가 2006년에 문을 닫았고, 남은 자산을 다카마츠 기업이 인수했다. 그러면 곤고구미가 1,429년 동안 차지하고 있던 틈새시장은 무엇 이었을까? 아름다운 절을 짓는 일이었다. 하지만 안타깝게도 제2차 세계대전 이후에 일본 문화가 바뀌면서 절을 짓겠다는 사람이 없 어졌고, 곤고구미는 그 빠른 세태 변화에 적응하지 못했다.

5   기업은 죽지만, 도시는 죽지 않는 이유는?

스케일링의 힘은 고도로 복잡한 계의 주된 행동을 결정하는 근본 원리들을 드러낼 수 있다는 데 있다. 생물과 도시에서는 이 힘이 그 것들의 구조와 동역학의 주요 특징들을 정량적으로 이해할 망 기 반 이론으로 이어졌다. 그 이론을 통해 생물과 도시의 두드러진 특 성들 중 상당수를 이해할 수 있었다. 양쪽 사례에서 우리는 순환계 든 도로망이든 사회 체계든, 그것들의 망 구조에 관해 꽤 많은 것을 안다. 그런 한편으로, 기업을 연구한 문헌이 많이 나와 있음에도, 우리는 기업이 대부분 계층 구조를 이루고 있다는 것 외에는 기업 의 망 구조에 관해서는 훨씬 모르고 있다. 기업의 표준 조직도는 대개 하향식이며, 언뜻 보면 고전적인 자기 유사적 프랙털을 시사하는 듯한 나무 형태의 구조를 지니고 있다. 이는 기업이 왜 거듭제곱 법칙 스케일링을 보이는지를 설명해줄 것이다.

하지만 유감스럽게도, 도시와 생물의 조직망에 관해서는 다량의 정량적 자료가 있지만, 기업에는 그에 상응하는 자료가 없다. 예를 들어, 우리는 기업 조직의 각 수준에서 얼마나 많은 사람들이 일하는지, 그들 사이에 기업의 자금과 자원이 얼마만큼 흐르는지, 그들 사이에 얼마나 많은 정보가 교환되는지, 대개 모르고 있다. 그리고 설령 그런 자료가 일부 나와 있다고 할지라도, 기업의 크기 범위 전체에 걸친 자료를 확보해야 한다. 더군다나 기업의 '공식' 조직도가 실제 운영되는 망 구조를 제대로 나타낸 것인지도 결코 명확하지 않다. 실제로 누가 누구와 의사소통을 하고, 얼마나 자주 하며, 얼마나 많은 정보를 교환할까? 정말로 필요한 것은 전화 통화, 전자 우편, 회의 등 우리가 도시의 과학을 구축하는 데 도움을 받았던 휴대전화 자료와 비슷하게 정량화한 기업의 모든 의사소통 통로들에 접근할 권한이다. 그런 폭넓은 자료가 존재할 가능성은 적으며, 우리가 그런 자료를 쉽게 이용할 가능성은 더더욱 적다. 기업은 터무니없을 만치 많은 자문료를 지불하는 때가 아니라면 외부 조사자들에게 스스로를 노출하기를 몹시 꺼린다. 아마 통제력을 유지하기 위함일 것이다. 하지만 기업이 정말로 어떻게 돌아가는지를 이해하고자 한다면, 즉 진정한 기업의 과학을 구축하고자 한다면, 궁극적으로 필요한 것이 바로 그런 자료다.

따라서 우리는 생물과 그보다 덜하긴 하지만 도시의 망 기반 이론에 상응하는, 기업의 동역학과 구조를 분석적으로 이해할 그리고 특히 지수의 값을 계산할 잘 구축된 기계론적 이론 틀을 갖고 있지 않다. 그렇긴 해도, 생물과 기업의 성장 궤도의 이론을 구축할 수 있었던 것과 마찬가지로, 우리는 이미 알아낸 것들로부터 확대 추정함으로써 기업의 죽음에 관한 의문을 규명할 수 있다.

앞서 나는 대다수의 기업이 매출과 비용이 미묘하게 균형을 이루는 임계점 가까이에서 운영되고 있어서 요동과 교란에 취약할 수 있다고 강조했다. 안 좋은 시기에 큰 충격을 받으면 몰락할 수도 있다. 초기에 확보한 자본금 덕분에 이런 충격을 견딜 수 있는 더 젊은 기업은 일단 이 초기 자금을 다 쓸 때까지 상당한 이익을 내지 못한다면 매우 취약해진다. 이를 흔히 청년기의 취약성이라고 한다.

기업이 도시처럼 초선형이 아니라 저선형으로 규모 증가를 한다는 사실은 기업이 혁신과 착상보다 규모의 경제로 승리하는 대표적인 사례임을 시사한다. 기업은 대개 이익을 최대화하도록 생산 효율을 높이고 운영비를 최소화하기 위해 애쓰는 고도로 제약된 하향식 조직으로 운영된다. 이와 달리 도시는 혁신이 규모의 경제를 이기는 대표적인 사례다. 물론 도시는 이익이라는 동기에 따라 움직이는 것이 아니고, 세금을 올림으로써 회계 장부의 균형을 맞출 수 있는 호사를 누린다. 도시는 훨씬 더 분산된 양상으로 돌아가며, 권력이 시장과 시의회에서 기업과 시민 단체에 이르기까지 다수의 조직 구조들에 흩어져 있다. 어느 한 집단이 절대적인 통제권을 갖고 있지 않다. 그렇기에 좋든 나쁘든 추하든, 사회적 상호작용의 혁신적인 혜택을 이용하면서 기업에 비해 거의 자유방임적이고 무간섭적인 분위기를 풍긴다. 이렇게 갈팡질팡하면서 비효율적이긴 해도, 도시는 기업과 달리 활동의 장소이자 변화의 주역이다.

반면에 기업은 젊을 때를 빼고는 대개 정체되어 있다는 인상을 풍긴다.

효율성을 높여서 시장을 더 많이 차지하고 이익을 늘리기 위해, 기업은 으레 조직화의 더 세세한 수준까지 규칙, 규정, 규약, 절차를 추가하며, 그 결과 관리하고 운영하고 실행을 감시하는 데 필요한 관료주의적 통제가 점점 늘어난다. 이 과정은 종종 혁신과 연구개발을 희생시키면서 이루어지곤 한다. 기업의 장기적인 미래와 생존 가능성을 보장하기 위한 정책의 주된 구성 요소들을 말이다. 기업의 '혁신'에 관한 의미 있는 자료는 구하기가 어렵다. 정량화하기가 쉽지 않기 때문이다. 혁신이 반드시 연구개발의 동의어는 아니다. 연구개발비 같은 온갖 명목의 영업외 활동에 상당한 세제 혜택을 주기 때문에 더욱 그렇다. 그렇긴 해도, 컴퓨스탯 자료 집합을 분석하니, 기업의 크기가 커짐에 따라 연구개발에 할당되는 예산의 비율이 체계적으로 줄어드는 것으로 드러났다. 이는 기업이 커짐에 따라 혁신을 지원하는 자금이 관료 체제와 경영 관리에 드는 비용을 따라가지 못함을 시사한다.

규칙과 제약이 점점 쌓여갈 때 소비자와 공급자의 관계도 점점 활기를 잃어가곤 하기 때문에, 기업은 점점 둔해지고 더 경직되어 가고, 그 결과 중요한 변화에 반응하는 능력도 떨어진다. 앞에서 우리는 도시가 성장함에 따라 점점 더 다양해지는 것이 아주 중요하다는 점을 살펴보았다. 새로운 부문들이 발전하고 새로운 기회가 출현함에 따라 사업과 경제 활동의 스펙트럼도 끊임없이 확장된다. 이런 의미에서 도시는 본래 다차원적이고, 초선형 스케일링, 열린 성장, 확장하는 사회 관계망과 강한 상관관계가 있다. 이것들은 도시에 탄력성, 지속 가능성, 불멸성을 부여하는 중요한 구성 요소다.

도시의 차원성은 지속적으로 확장되는 반면, 기업의 차원성은 출생 때부터 청년기까지는 대개 수축되고, 성숙한 뒤 노년으로 향함에 따라 정체되거나 더 수축한다. 아직 젊고 시장에서 한 자리를 차지하기 위해 경쟁하는 동안에는 젊음의 흥분과 열정이 가득한 상태에서 신제품이 개발되고 착상이 샘솟는다. 엉뚱하면서 비현실적인 것도 있고 원대하고 미래를 내다보는 것도 있을 수 있다. 하지만 시장의 힘이 작용하여 그중 일부만 성공함에 따라, 기업은 자리를 잡고 정체성을 획득한다. 기업이 성장함에 따라 시장에 내재된 되먹임 메커니즘은 생산 공간의 범위를 좁히고, 불가피하게 더욱 전문화한다. 기업의 크나큰 도전 과제는 잘 팔린다고 '검증된' 제품을 고수하라고 강력하게 부추기는 시장의 힘에서 나오는 양의 되먹임과, 위험할 수도 있고 즉각적인 보상이 따라오지 않을 새로운 분야와 지역을 개척해야 하는 장기적인 전략적 필요성 사이에서 어떻게 균형을 맞출 것인가 하는 것이다.

기업들은 대부분 현재 잘나가는 크게 성공한 제품이 단기적 보상을 '보장'하므로, 거기에 안주하려는 근시안적이고 보수적인 태도를 취하고, 혁신적이거나 위험성이 있는 착상을 외면하는 경향이 있다. 그래서 점점 더 일차원적으로 되어간다. 이 다양성 감소와 앞서 말한 기업이 거의 임계점 근처에 머물러 있다는 곤란한 상황이 결부되는 것이 탄력성 감소의 고전적인 지표이자 궁극적으로 재앙을 가져오는 원인이다. 기업이 자신의 상태를 깨달을 즈음에는 대부분 이미 너무 늦었다. 재편과 개혁은 점점 어려워지고 비용도 더 많이 든다. 따라서 예기치 않은 강력한 교란이나 요동, 충격이 닥칠 때, 기업은 심각한 위기에 처하며, 인수되거나 매각되거나 그냥 무너질 상태가 되어 있다. 마피아가 쓰는 말을 빌리자면, 죽음의 입맞춤il bacio della morte이 일어난다.[9]

10
지속 가능성의 대통일 이론

이 마지막 장에서는 지금까지 펼쳐온 실들을 엮어서 하나의 태피스트리를 짜려 한다. 그것이 우리가 만들어온 유달리 지수적인 팽창을 거듭하고 있는 사회경제적 우주의 미래에 관한 더 깊은 생각과 추측을 자극하기를 바란다.

21세기에 우리가 직면할 주요 도전 과제 중 하나는, 경제에서 도시에 이르기까지 인간이 만들어낸 겨우 5,000여 년 동안 존속해온 사회적 체계들이 그것들을 낳은 수십억 년 역사의 '자연적인' 생물 세계와 계속 공존할 수 있을까 하는 근본적인 질문이다.

100억 명이 넘는 사람들이 현재의 선진국 사람들이 누리는 삶의 질과 생활 수준에서 생물권과 조화롭게 살아가려면, 이 사회·환경 결합의 근본적인 시스템 동역학과 원리를 깊이 이해해야 할 필요가 있다. 나는 도시와 도시화를 더 깊이 이해하려면 이 점이 매우 중요하다고 역설해왔다. 통일된 기본 틀을 개발하지 않은 채 우리가 직면할 많은 문제들에 한정된 개별적 접근법을 계속 추구하다가는 엄청난 재정적·사회적 자본을 낭비하고, 진정으로 크나큰 의문을 규명하는 데 처참하게 실패함으로써, 끔찍한 결과를 빚어낼 가능성이 높다.

기존 전략들은 대체로 장기 지속 가능성이라는 도전 과제의 본질적인 특징이 복잡 적응계의 패러다임에 구현되어 있다는 점을 받아들이지 못했다. 즉, 환경적·생태적·경제적·사회적·정치적 체계들과 에너지, 자원 사이에 만연해 있는 상호 연결성과 상호 의존성을 말이다. 7장과 8장에서 살펴본 연구로부터 나온 가장 중요한 결과 중 하나는 혁신과 부 창조에서 범죄와 질병에 이르기까지—좋든 나쁘든 추하든—모든 사회경제적 활동이 스케일링 법칙의 보편성에서 드러난 것처럼 정량적으로 상호 연결되어 있다는 것이다. 세계 지속 가능성이라는 도전 과제에 접근하는 기존의 방식은 거의 다 미래의 에너지원, 기후 변화의 경제적 여파, 장래 에너지와 환경의 대안들이 끼칠 사회적 영향 등 비교적 개별적인 현안에 초점을 맞추고 있다. 그런 집중적인 연구도 분명히 중요하며 연구 노력의 대부분이 그쪽으로 향해야 하지만, 그것만으로는 부족하다. 그런 연구들은 주로 나무에 초점을 맞추며, 숲을 보지 못할 위험이 있다.

　이제는 이 현안을 규명하고 정책 수립에 기여한다는 우리의 과학적 의제를 추진하는 데 핵심적인 역할을 할 더 폭넓고 더 종합적이고 통일적인 관점에서 수행하는 다학제적이고 다기관적이고 다국적인 선도 과제가 필요함을 인정할 때가 되었다. 우리에게는 사회적·물리적으로 인간이 만든 계들과 '자연' 환경 사이의 관계를 이해할 정량적이고 예측적이고 기계론적인 이론을 포함하는 폭넓고 통합된 과학적 기본 틀이 필요하다. 나는 이 기본 틀을 지속 가능성의 대통일 이론이라고 부른다. 이제 통합된 계 수준이라는 의미에서 세계의 지속 가능성을 규명할, 맨해튼 계획이나 아폴로 계획과 비슷한 유형의 대규모 국제 계획을 시작할 때가 되었다.[1]

1 가속되는 트레드밀, 혁신 주기, 유한 시간 특이점

생물학에서 규모의 경제와 저선형 스케일링의 토대인 망 원리는 두 가지 심오한 결과를 낳는다. 망 원리는 삶의 속도를 제약하며—큰 동물일수록 더 오래 살고, 더 느리게 진화하고, 심장 박동이 더 느리며, 이 변화들은 동일한 수준으로 일어난다—성장에 한계를 설정한다. 대조적으로 도시와 경제는 사회적 상호작용을 통해 추진되는데, 그 되먹임 메커니즘들은 정반대 행동을 낳는다. 삶의 속도는 인구의 크기에 따라 체계적으로 증가한다. 도시가 클수록 질병은 더 빨리 전파되고, 사업체들은 더 빠르게 생겨나고 사라지며, 사람들은 더 빨리 걷는다. 그리고 이 모든 것은 거의 동일한 15퍼센트 규칙을 따라서 증가한다. 게다가 초선형 스케일링의 토대인 사회 관계망 동역학은 열린 성장을 낳으며, 열린 성장은 현대 사회와 경제의 토대가 되는 주된 가정이다. 평형 상태가 아니라, 지속적인 적응 상태가 표준이라는 것이다.

놀라울 정도로 일관된 그림이다. 동일한 수학 구조를 지닌 근본적인 망의 동역학과 기하학을 토대로 한 동일한 개념 틀이 이 두 가지 전혀 다른 사례에서 전혀 다른 결과를 낳으며, 둘 다 수많은 다양한 자료와 관찰을 통해 강력하게 지지되고 있다는 것이 말이다. 하지만 엄청난 결과를 빚어낼 수 있는 큰 문제점이 하나 있다. 생물, 도시, 경제의 성장이 본질적으로 동일한 수학 방정식을 따른다고 해도, 도출되는 결론들은 저선형 스케일링을 통해 추진되는 것(생물의 규모의 경제)과 초선형 스케일링을 통해 추진되는 것(도시와 경제의 수확 체증) 사이에 미묘하지만 중요한 차이가 있다. 초선형 스케일링에서는 일반해가 전문 용어로 유한 시간 특이점finite time singularity이라고 하는 뜻밖의 신기한 특성을 드러낸다. 이 용어는 불가피한 변화가 일어날 것이고 아마도 문제가 생길 것임을 알려주는 신호다.

쉽게 말하면, 유한 시간 특이점은 인구든 GDP든 특허 건수든, 해당 대상을 통제하는 성장 방정식의 수학적 해가 어떤 유한한 시간 안에 무한히 커진다는 것을 뜻한다. 그림 76에서처럼 말이다. 그런데 그런 일은 명백히 일어날 수가 없으므로, 그것이 바로 무언가가 바뀌어야 하는 이유다.

이 현상의 몇몇 결과를 살펴보기 전에, 두드러진 특징을 몇 가지 소개해보자. 단순한 거듭제곱 법칙과 지수 성장도 결국에는 무한히 커지게 되는 지속적으로 증가하는 함수이긴 하지만, 그렇게 되기까지는 무한한 시간이 걸린다. 달리 말하자면, 이런 사례들에서의 '특이점'은 미래로 무한정 연기되어왔으며, 따라서 유한 시간 특이점이 끼칠 충격에 비하면 '무해하다'는 것이다. 초선형 스케일링으로 추진되는 성장 사례에서는 그림 76에 실선으로 표시한 유한 시간 특이점에 접근하는 속도가 지수 성장에 비해 더 빠르다. 이를 종종 초지수적superexponential이라고 하며, 이 용어는 앞서 도시의 성장을 논의하면서 이미 쓴 바 있다.

이런 유형의 성장 행동은 분명히 지속 불가능하다. 무제한적으로 계속 증가해야 하는데, 미래의 어떤 유한한 시간에 성장을 유지하는 데 필요한 에너지와 자원의 공급이 결국 유한해지기 때문이다. 그 이론은 그냥 방치하면 결국에서는 상전이가 일어나면서 그림 77에 나온 것 같은 침체와 붕괴로 이어진다고 예측한다. 이 시나리

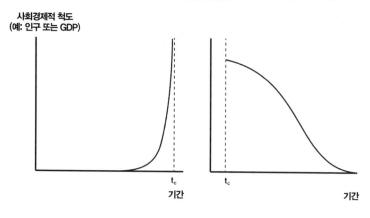

그림 76 초지수 성장과 유한 시간 특이점　**그림 77** 유한 시간 특이점 이후의 붕괴

사회경제적 척도
(예: 인구 또는 GDP)

t_c
기간

t_c

기간

그림 76 유한 시간 특이점을 설명하는 그래프: 측정된 양은 초지수적으로 증가하면서 수직
점선으로 나타낸 유한 시간(t_c)에 무한해진다.
그림 77 특이점 이후의 침체와 붕괴.

오는 여러 세대의 경제학자들이 즉석에서 내치곤 한 표준 맬서스
논리를 고쳐 말한 것에 불과한 듯 들린다. 즉, 우리는 수요를 따라
갈 수 없을 것이고 열린 성장은 궁극적으로 파국으로 이어질 것이
라는 이론 말이다.

바로 그 점이 그 문제의 핵심이다. 초선형 스케일링에서 비롯되
는 유한 시간 특이점의 존재 때문에, 이 시나리오는 맬서스의 시나
리오와 범주가 다르다. 맬서스주의자, 신맬서스주의자, 그 추종자,
비판자가 가정하듯이 성장이 순수하게 지수적이라면, 에너지, 자
원, 식량의 생산은 적어도 원리상 지수 성장을 따라갈 수 있다. 설
령 크기가 계속 증가하여 아주 커진다고 해도, 경제나 도시의 관련
특징들이 모두 유한한 상태로 남아 있기 때문이다.

성장이 초지수적으로 일어나서 유한 시간 특이점에 접근한다면, 그렇게 할 수가 없다. 그 시나리오에서는 수요가 점점 더 커져서 결국에는 유한 시간 안에 무한해진다. 유한한 시간에 무한한 양의 에너지, 자원, 식량을 공급한다는 것은 불가능하다. 따라서 무언가가 변하지 않는 한, 그림 77에 나온 것처럼 결국은 불가피하게 정체와 붕괴로 이어진다. 2001년 당시 UCLA에 있던 디디에 소네트Didier Sornette와 앤더스 조핸슨Anders Johansen은 포괄적인 분석을 통해서 인구 성장 및 금융과 경제 지표들의 성장에 관한 자료들이 우리가 초지수적으로 성장해왔다는 이론적 예측을 강하게 뒷받침하며, 정말로 그런 특이점을 향해 나아가고 있다는 것을 보여주었다.[2]

여기서 나는 이 상황이 고전적인 맬서스 동역학과 질적으로 전혀 다르다는 점을 강조하고자 한다. 맬서스 동역학에는 그런 특이점이 아예 없다. 특이점의 존재는 수증기가 응축되어 물이 되고 얼어서 얼음이 되는 방식이 한 계의 서로 전혀 다른 물리적 특성을 지닌 각기 다른 위상들 사이의 전이를 대변하는 것과 비슷하게, 계의 한 위상에서 전혀 다른 특징을 지닌 다른 위상으로의 전이가 틀림없이 일어난다는 것을 의미한다. 그리고 사실 그런 친숙한 상전이의 바탕이 되는 것은 그 계(물)를 특징짓는 열역학적 변수들에 있는 특이점들이다. 여기서는 시간이 아니라 온도이지만(얼 때는 섭씨 0도, 끓을 때는 100도). 불행히도 도시와 사회경제적 계에서는 유한 시간 특이점에 자극을 받은 상전이가 초지수 성장에서 정체와 붕괴로 향하며, 이는 파국으로 이어질 수 있다.

그렇다면 어떻게 해야 그런 붕괴를 피할 수 있을까? 그리고 어떻게 하면 열린 성장을 계속하면서도 그런 붕괴를 피할 수 있을까?

여기서 첫째로 이해해야 할 점은 이런 예측이 성장 방정식의 매개 변수들이 변하지 않는다고 가정한다는 것이다. 따라서 파국을 막는 한 가지 확실한 전략은 특이점에 도달하기 전에 매개 변수들을 '재설정'함으로써 개입하는 것이다. 게다가 이 새롭게 설정한 상태에서 열린 성장을 계속하려면, 그 방정식에서 추진을 담당하는 항— 사회적 대사—이 초선형 성장을 유지해야 한다. 즉, 새로운 동역학도 여전히 혁신, 부와 지식의 창조를 일으키는 사회적 상호작용의 양의 되먹임이라는 힘들을 통해 추진되어야 한다는 뜻이다. 흔히 혁신이라고 부르는 것이 바로 그런 '개입'이다. 주요 혁신은 지금까지 계가 작동하고 성장해온 조건들을 바꿈으로써 시계를 사실상 다시 맞춘다. 따라서 붕괴를 피하려면 새로운 혁신은 시계를 다시 맞춤으로써 성장이 계속 이루어지고 임박한 특이점을 피할 수 있게 해야 한다.

따라서 주요 혁신은 유한 시간 특이점이라는 블랙홀에 내재된 재앙을 일으킬 불연속성을 우회함으로써 새 단계로 부드럽게 넘어갈 수 있게 해줄 메커니즘이라고 볼 수 있다. 이 전이를 이루고 '시계를 다시 맞춤'으로써 정체와 붕괴를 회피하고 나면, 전체 과정이 다시 시작되어 초지수적 성장이 이어지고, 궁극적으로 다시금 우회해야 할 새로운 유한 시간 특이점에 다가간다. 이 전체 과정은 계속 되풀이되고, 그럼으로써 인간의 창의성, 독창성, 발명 능력이 허용하는 한 붕괴는 점점 더 먼 미래로 미루어진다. 이를 일종의 '정리'로 고쳐 쓸 수 있다. 자원의 한계 아래서 열린 성장을 유지하려면, 패러다임을 전환하는 혁신의 주기가 지속적으로 되풀이되어야 한다는 것이다. 이것이 그림 78에 잘 나와 있다.

사실 연속되는 위상들 사이의 분기는 그림에서처럼 예리하게 불연속적으로 일어나는 것이 아니라, 전이가 이루어지는 비교적 짧은 기간에 걸쳐서 늘어져 있다. 아무튼 산업혁명은 어느 특정한 날이나 어느 특정한 해에 시작된 것이 아니라, 1800년경의 몇 년에 걸쳐서 일어났다. 물론 그것이 영향을 끼친 세월에 비하면 아주 짧은 기간이긴 하다.[3]

　이 결과가 아주 놀라운 것이라고 볼 필요는 없다. 그것이 바로 인구와 사회경제적 활동 양쪽으로 지속적인 열린 성장이 유지되는 방식이기 때문이다. 큰 규모에서 보면, 철, 증기, 석탄, 컴퓨터, 가장 최근의 디지털 정보 기술의 발견은 지속적인 성장과 팽창을 추진한 주요 혁신의 사례다. 사실 그런 발견들의 목록은 우리가 놀라운 창의력을 지니고 있음을 증언한다.

　이는 맬서스의 원래 논증에서만이 아니라 1970년대의 폴 에를리히와 로마클럽을 시작으로 한 더 최근의 계승자들이 내놓은 대부분의 논리에서도 빠져 있는 핵심 특징이기도 하다. 대다수의 경제학자는 그들의 훈계를 내쳤는데, 주된 이유는 그들이 혁신의 중요한 역할을 무시했다는 것이다. 경기와 경제의 순환이라는 개념과 거기에 함축된 혁신의 주기라는 개념은 오래전부터 있었으며, 지금은 경제학과 경영학 분야에서 으레 쓰이는 용어가 되어 있다. 비록 근본 이론이나 기계론적 이해가 거의 없이 뭉뚱그린 현상론적 추론에 주로 토대를 두고 있지만 말이다. 그 개념은 인류가 계속 창의적이기만 하다면 지속적이고 더욱 독창적인 혁신들을 통해서 임박한 모든 위협을 뒤로 미룰 수 있음을 암묵적으로 당연시하고 있으며, 때로 논란의 여지가 없는 교리로까지 받아들여지고 있다.

그림 78 혁신 또는 패러다임 전환의 가속되는 주기

사회경제적 척도

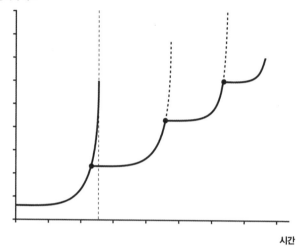

시간

연속적인 초지수 성장 궤적들을 보여주는 그래프. 유한 시간 특이점(수직 점선)에 다다르기 전(검은 점으로 표시한 지점)에 혁신이 이루어지지 않는다면, 그림 77에 나온 것처럼 각 성장 궤도는 특이점에 다다랐다가 붕괴로 이어질 수 있다. 혁신은 시계를 다시 맞춤으로써, 전체 주기를 새롭게 개시한다. 각 성장 곡선 뒤쪽의 점선은 검은 점으로 나타낸 혁신이 없다면 유한 시간 특이점으로 이어진다는 것을 시사한다. 왼쪽 그림은 시시포스 신화를 나타낸 것이다.

불행히도 상황은 그렇게 단순하지 않다. 또 다른 주된 문제가 있다. 중대한 문제다. 그 이론은 지속적인 성장이 유지되려면 이어지는 혁신들 사이의 시간 간격이 점점 더 짧아져야 한다고 말한다. 따라서 패러다임을 전환하는 발견, 적응, 혁신이 일어나는 속도는 점점 더 빨라져야 한다. 전반적인 삶의 속도가 더 빨라질 뿐 아니라,

우리는 점점 더 빠른 속도로 혁신을 이루어야 한다!

이 점은 그림 78에 실려 있다. 각각의 새로운 혁신 주기가 시작됨을 알리는 검은 점들은 시간이 흐를수록 서로 점점 더 가까워진다. 각 성장 곡선을 따라 올라갈수록 삶의 속도가 가속되는 것 말고도, 우리는 점점 더 빨라지는 속도로 주요 혁신을 이루고 새로운 상태로 옮겨 가야 한다. 앞서 1장과 8장에서 사회경제적 시간의 축소와 삶의 속도 증가를 설명하면서 썼던 트레드밀이라는 비유는 전체 이야기의 일부에 불과하며, 여기서 더욱 확장할 가치가 있다. 우리는 늘 점점 더 빨라지고 있는 한 대의 가속되는 트레드밀 위에서 살고 있을 뿐 아니라, 어느 시기가 되면 더욱 빠른 속도로 가속되고 있는 다른 트레드밀로 뛰어넘어야 하고, 그 뒤에 다시 더욱 빨리 움직이는 또 다른 트레드밀로 더 짧은 기간에 옮겨 가야 한다. 그리고 이 전체 과정은 점점 더 빠른 속도로 계속 되풀이되어야 한다.

이는 놀랍고도 약간은 기이한 정신병적 행동인 양 들린다. 그렇게 하려다가는 집단 심장마비가 일어날 것 같다! 시시포스의 과제가 시시하게 느껴질 정도다. 신들이 시시포스에게 거대한 바위를 산꼭대기까지 밀어 올리라는 형벌을 내렸다는 이야기를 기억할 것이다. 바위는 산꼭대기에 도달하자마자 다시 굴러 떨어지고, 시시포스는 맨 밑에서부터 다시 바위를 밀어 올려야 한다. 시시포스가 왜 이런 심한 형벌을 받았는지를 두고서 여러 이유가 제시되었지만, 우리 스스로 창조한 시시포스의 과제에 가장 잘 들어맞는다고 내가 생각하는 것은 두 가지다. 그가 신들의 비밀을 훔쳤다는 것과 죽음이 다가오지 못하게 족쇄를 채웠다는 것이다. 우리의 과제가 사실상 시시포스의 과제보다 훨씬 더 어렵다는 것은 두말할 나위가 없다. 우리는 매번 점점 더 빠른 속도로 바위를 산꼭대기로 밀어 올려야 하기 때문이다.

이론이 예측한 이 지수 성장보다 연쇄적으로 점점 더 가속되는 주기는 도시, 기술 변화의 물결, 세계 인구(소네트와 조핸슨의 연구를 이미 언급했다)를 관찰한 자료와 들어맞는다. 1790년부터 현재까지 뉴욕시의 성장 곡선을 예로 들어보자. 8장의 그림 58에 나와 있다. 성장의 연속적인 단계들은 굵은 실선으로 강조되어 있다. '순수한' 초지수 성장이라는 매끄러운 배경에 비추어서 각 성장 단계들이 상

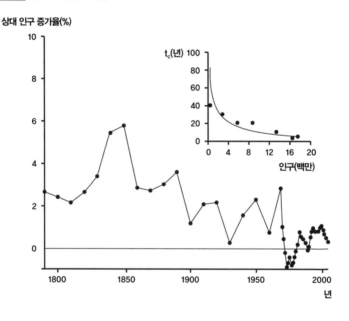

그림 79 뉴욕시의 상대 성장

이론상의 예측(작은 그래프의 곡선)과 정량적으로 들어맞는 체계적인 빈도 증가 양상의 연속적인 주기들을 보이는 매끄러운 초지수 성장에 상대적인 뉴욕시 인구 증가율(1790년부터).

스 케 일

대적으로 얼마나 편차를 보이는지를 살펴보면, 도시 규모의 주기적 동역학을 반영하는 변화 순서가 잘 드러난다. 그림 79에서 볼수 있듯이, 그 자료는 시간이 흐를수록 빈도가 체계적으로 증가하는 주기라는 개념을 뒷받침한다. 작은 그래프는 이 연속적인 '혁신들' 사이의 시간이 이론에서 정량적으로 예측한 것에 부합되게 점점 더 짧아진다는 것을 보여준다.

더 큰 규모에서 보면, 주요 혁신들의 주기가 짧아진다는 예측은 자료를 통해서도 강하게 뒷받침된다. 여기서 현안 중 하나는 가능한 엄청난 수의 혁신들 중에서 어느 것이 주요 패러다임 전환을 이루었는지 파악하는 것이다. 이는 어느 정도는 사람들의 주관적 판단에 따라 달라지지만, 인쇄술, 석탄, 전화, 컴퓨터 같은 발견과 혁신이 주요 '패러다임 전환'을 이루었다는 데는 대다수가 동의할 가능성이 높고, 철도와 휴대전화는 좀 더 논쟁의 여지가 있을지 모른다. 불행히도 잘 정립된 정량적인 '혁신의 과학' 같은 것이 아예 없기 때문에, 유한 시간 특이점은커녕 주요 혁신 및 패러다임 전환과 직접 관련된 보편적으로 합의된 기준이나 자료도 전혀 없다. 따라서 이론을 자료와 대조하려면 비공식적 연구에, 그리고 어느 정도 직관에 의존할 수밖에 없다. 혁신이 점점 더 활발하게 연구가 이루어지는 분야가 되면 이런 상황은 바뀔 것이다. 현재 연구자들은 혁신이 무엇이고, 그것을 어떻게 측정하며, 혁신이 어떻게 일어나며, 어떻게 하면 혁신을 촉진할 수 있을지 하는 문제들을 연구하기 시작했다.[4]

저명한 투자자이자 미래학자인 레이 커즈와일Ray Kurzweil은 우리 예측값과 비교하기 아주 적합한 형식으로 주요 혁신들의 후보 목록을 작성하고 분석했다.[5] 그의 조사 결과가 그림 80과 81에 실려 있다. 여기서는 연속되는 혁신들 사이의 기간을 각 혁신이 얼마나 오래전에 일어났는가에 따라 나타냈다. 자료는 두 가지 형태로 제시되어 있다. 하나는 반로그이고(세로축은 로그 눈금이고 가로축은 선형 눈금이라는 뜻), 다른 하나는 두 축이 모두 로그 눈금이다. 두 그래프의 왼쪽 위에 있는 첫 번째 자료 점은 생명이 약 40억(4×10^9) 년 전에 시작되었고—가로축에 표시—그다음의 주요 혁신이 일어나기까지 거의 20억 년이 걸렸다는—세로축에 표시—것을 보여준다. 선형 시간(그림 80) 그래프를 보면, 흥미롭게도 거의 모든 혁신이 약 100만 년 전에 우리의 최초 조상이 출현한 뒤에 동시에 일어난 듯하다. 이 곡선은 가파르게 떨어지면서 시간의 가속을 극적으로 보여준다. 또 그런 자료를 로그 눈금에 표시하면(그림 81) 그런 방대한 기간에 걸쳐 일어난 사건들이 훨씬 더 두드러지는 이유도 말해준다. 예를 들어, 이런 식으로 나타내면, 겨우 100년 전에 일어난 전화기의 발명을 1만 년 전에 일어난 농경의 발명과 시간적으로 구분할 수 있다.

그 이론은 혁신 사이의 기간이 점점 짧아지는 것과 혁신이 얼마나 오래전에 일어났는지 사이의 이 반비례 관계를 설명하고 예측하며, 그 예측값들은 두 그래프에 그려진 선들과 정량적으로 들어맞는다. 하지만 예측값들은 이 그래프에서 인간의 창의성을 낳는 사회경제적 동역학 때문에 혁신이 일어나는 영역에서만 들어맞는다는 점을 지적해두자. 그 이론은 생물학적 혁신의 속도에 관해서는 아무런 예측도 내놓지 못한다. 그래서 비슷한 특이점 동역학이 생물학적 혁신을 추진하는 비슷한 역할을 해왔는지, 아니면 그 일

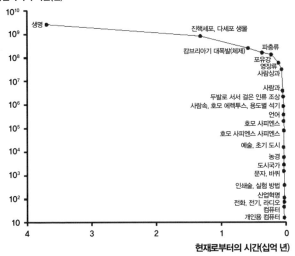

그림 80 주요 패러다임 전환들의 가속되는 속도

다음 사건까지의 시간(년)

생명
진핵세포, 다세포 생물
파충류
캄브리아기 대폭발(체제)
포유강
영장류
사람상과
사람과
두발로 서서 걸은 인류 조상
사람속, 호모 에렉투스, 용도별 석기
언어
호모 사피엔스
호모 사피엔스 사피엔스
예술, 초기 도시
농경
도시국가
문자, 바퀴
인쇄술, 실험 방법
산업혁명
전화, 전기, 라디오
컴퓨터
개인용 컴퓨터

현재로부터의 시간(십억 년)

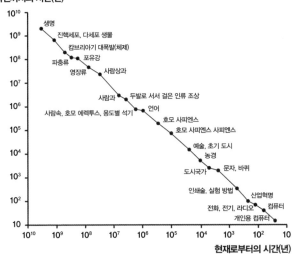

그림 81

다음 사건까지의 시간(년)

생명
진핵세포, 다세포 생물
캄브리아기 대폭발(체제)
파충류
포유강
영장류
사람상과
사람과
두발로 서서 걸은 인류 조상
사람속, 호모 에렉투스, 용도별 석기
언어
호모 사피엔스
호모 사피엔스 사피엔스
예술, 초기 도시
농경
문자, 바퀴
도시국가
인쇄술, 실험 방법
산업혁명
전화, 전기, 라디오
컴퓨터
개인용 컴퓨터

현재로부터의 시간(년)

주요 혁신들 사이의 기간을 혁신이 일어난 시기에 따라 나타낸 그래프. 각각 반로그(그림 80)와 로그(그림 81) 좌표다.

치와 이 초기 선사시대까지 이어지는 단순한 거듭제곱 법칙이 그 저 우연의 산물이거나 커즈와일이 패러다임 전환의 사례를 세심하 게 고른 결과인지에 관한 흥미로운 질문은 그대로 남는다. 아무튼 이론이 적용되는 영역에서는 압도적으로 잘 들어맞으며, 지난 수백 년에 한정하여 더 상세히 분석한 결과도 그렇다고 말한다.

특이점이라는 일반 개념은 수학과 이론물리학에서 중요한 역할 을 한다. 특이점은 내가 논의한 방식으로 무한해지는 것처럼, 수학 함수가 어떤 특정한 방식으로 더 이상 '잘 행동하지' 않게 되는 지 점이다. 그런 특이점을 길들이는 방법을 정의하려는 노력에 힘입어 서 19세기 수학은 엄청난 발전을 이루었고, 그 결과 이론물리학에 엄청난 영향을 미쳤다. 대중에게 가장 장 알려진 유명한 결과는 블 랙홀 개념이었다. 블랙홀은 아인슈타인의 일반 상대성 이론의 특이 점 구조를 이해하려고 애쓰다가 나온 개념이다.

커즈와일이 2005년에 《특이점이 온다The Singularity is Near》라는 책 을 써서 널리 알리기 전까지, '특이점singularity'은 일상 언어에서는 거의 쓰이지 않는 용어였다. 앞서 1993년 과학소설가이자 컴퓨터 과학자 버너 빈지Vernor Vinge가 만든 '기술 특이점technological singularity' 이라는 개념을 토대로, 커즈와일은 우리가 몸과 뇌를 유전자 변형, 나노기술, 인공지능을 통해 보강하여 더 이상 생물학의 제약에 얽 매이지 않는 잡종 사이보그가 되는 특이점에 다가가고 있다고 주 장했다. 그런 몸과 뇌가 하나로 연결되어 현재의 모든 사람들의 지 능을 합친 것보다 엄청나게 강력한 집단 지능을 구축할 것이라고 도 했다. 빈지는 간결하게 표현했다. "30년 안에 우리는 초인 지능 을 창조할 기술을 지니게 될 것이다. 그 직후에 인류의 시대는 종말을 고할 것이다."[6] 이 글이 1993년에 쓰였으므로, 2023년이면 그런 일이 실현될 것이라고 예측한 셈이다. 앞으로 고작 6년 남았다. 나는 그 예측이 맞지 않을 것이라고 본다.

이런 흥미로운 추측들이 궁극적으로 실현될 수도 있겠지만, 아직은 과학소설의 영역에 속한다. 이런 낙관적인 미래 전망은 신맬서스주의자들의 비관적인 예측과 거의 정반대다. 역설적이게도 양쪽의 결론이 지수 성장이 그 자체로는 지속 가능하지 않으며 무언가 극적인 일이 일어나야 한다는 동일한 전제를 토대로 하고 있음에도 말이다. 맬서스주의자들이 혁신의 중요한 역할을 무시한 것처럼, 특이점 열광자들은 지구 전체의 사회경제적 동역학의 중요한 역할을 무시한다. 그 동역학은 사실 특이점을 임박하게 만드는 주된 추진력이다. 그런데 양쪽 다 정량적·기계론적 이론을 수용하는 더 폭넓은 틀을 토대로 하고 있지 않다. 따라서 그들의 예측이 어떻든 간에, 과학적으로 평가하기가 무척 어렵다. 아마 개념상의 가장 큰 역설─특이점주의자 쪽이 더 그러한데─은 그들의 결론과 추측이 지수 성장에 토대를 두고 있는데, 지수 성장은 사실상 특이점으로 이어지지 않는다는 점이다. 적어도 유한한 시간에는 아니다.

그렇긴 해도, 지수 성장은 원래 맬서스가 전개한 유형의 구체적인 이유들 때문에 지속 불가능할 가능성이 높다. 즉, 우리는 식량이나 에너지를 충분히 생산할 수 없게 되거나, 인, 석유, 티타늄 같은 핵심 자원이 고갈되거나, 그와 동시에 그런 문제들을 해결할 적절한 기술을 개발하지 못할 것이다. 게다가 우리는 엔트로피를 너무나 많이 생산하며, 그에 따른 오염, 환경 피해, 특히 기후에 일어나는 변화가 유례없고 의도하지 않은 감당 못할 정도의 황폐한 결과를 불러올 수도 있다. 여기서 이것이 지수 성장의 결과라면, 원리상 혁신이 모든 문제와 위협을 극복하여 성장을 계속하고, 낙관론자들이 주장하는 것을 이루지 못하게 막을 것은 아무것도 없다는 점을 상기하자. 하지만 현실은 전혀 다를 수 있으며, 그래서 나는 혁신이 그런 일을 해낼 수 있을지를 그다지 낙관적으로 보지 않는다.

실제로 그렇다. 현실은 질적으로 전혀 다르다. 앞서 강조했다시피, 우리는 '단지' 지수적으로가 아니라 초지수적으로 팽창해왔으며, 이는 우리 사회의 동역학에 내재된 상승 강화의 결과로 나타난 사회경제적 활동의 초선형 스케일링을 통해 추진되어왔다. 이 핵심적인 현대 인류 동역학은 삶의 속도와 유한 시간 특이점이 예고하는 임박한 위협에 맞서기 위해 주요 혁신을 이루어야 하는 속도를 더욱 당겨왔다. 우리 눈앞에는 가속되는 시시포스의 모습이 어른거리고 있다.

'컴퓨터 시대'와 '정보와 디지털 시대'의 시간 간격은 약 30년에 불과하다. 그에 비해 석기, 청동기, 철기 시대 사이의 간격은 수천 년이다. 우리가 시계와 디지털 기기로 측정하는 시간은 오해를 불러일으키기 쉽다. 그 시간은 매일 자전축을 도는 지구의 자전과 태양 주위를 도는 공전을 통해 정해진다. 이 천문학적 시간은 선형이며 규칙적이다. 하지만 우리가 사회경제적 삶을 살아가는 실제 시간은 사회적 상호작용의 집단적인 힘을 통해 결정되는 창발적 현상이다. 그 시간은 객관적인 천문학적 시간에 비례하여 계속해서 체계적으로 가속되고 있다. 우리는 비유하자면 가속되는 사회경제적 트레드밀 위에서 살아가고 있다. 1,000년쯤 전이었다면 진화하는 데 수백 년이 걸렸을 주요 혁신이 지금은 30년밖에 안 걸릴 수도 있다. 머지않아 25년, 이어서 20년, 그다음에는 17년으로 계속 줄어들 것이 분명하며, 우리가 지속적으로 성장하고 팽창하기를 고집한다면 시시포스처럼 그렇게 혁신을 계속할 것이다. 그 결과 각각 정체와 붕괴의 위협을 가하는 특이점들은 순차적으로 계속 쌓일 것이고, 그리하여 수학자들이 진성 특이점essential singularity이라고 부르는 것으로 이어진다. 이것은 모든 특이점들의 어머니에 해당한다.

우리의 삶에 엄청난 영향을 끼친 여러 개념과 업적을 남긴 수학자이자 물리학자이자 컴퓨터과학자이자 박식가인 위대한 요한 폰 노이만John von Neumann은 70여 년 전에 다음과 같이 놀라울 만치 간결한 관찰을 했다. "점점 가속되는 기술 발전과 생활양식의 변화는 …… 우리가 지금 알고 있는 형태의 인간 활동이 더 이상 지속될 수 없는 인류 역사의 어떤 진성 특이점에 다가가고 있는 듯한 인상을 심어준다."[7] 1957년 53세라는 비교적 젊은 나이에 눈을 감기 전에 그는 초기 양자역학의 발전, 경제 모델링의 주요 도구인 게임 이론의 창안, 폰노이만 구조라고 부르는 현대 컴퓨터의 개념적 설계에 선구적인 역할을 한 것을 비롯하여 많은 업적을 남겼다.

그렇다면 앞으로 15년, 10년, 심지어 5년 안에 인터넷의 발명만큼 강력하면서 영향력 있는 혁신이 일어날 것이라고 상상할 수 있지 않을까? 이는 우리가 얼마나 독창적인가, 얼마나 경이로운 장치와 기기를 발명하는가에 상관없이, 지금처럼 계속 살아간다면 그 궁극적 특이점의 위협을 극복할 수 없을 것임을 보여주는 고전적인 귀류법이다.

이 이론으로부터 도출된 추정값들은 앞으로 20~30년 안에 또한 번 패러다임 전환이 일어날 것임을 시사한다. 조핸슨과 소네트가 자료에 맞추어서 내놓은 추정값보다 좀 짧다. 그들이 제시한 기간은 35년에 더 가깝다. 물론 그 이론은 그 변화의 특성을 말해주지 않으므로, 우리는 그 특성에 관해 엉성한 추측만 할 수 있을 뿐이다. 자율주행차 및 그와 관련된 스마트 기기 같은 비교적 평범한 것일 수도 있고, 커즈와일과 특이점 열광자들이 꿈꾸는 과학소설에 나올 법한 극적인 것일 수도 있다. 패러다임 전환을 이룰 수 있다고 한다면, 그것은 위에 말한 것들이 아니라 전혀 의외의 무엇일 가능성이 가장 높다. 그리고 아마 그보다는 그 전환을 이루지 못할 가능성이 더 높고, 그러면 우리는 열린 성장이라는 개념 전체를 받아들이고 '진보'를 정의할 어떤 새로운 방식을 찾아내야 하거나, 지금까지 이룬 것에 만족하고 지구 전체의 생활 수준을 높여서 그에 상응하는 높은 삶의 질을 누리게 하는 쪽으로 에너지를 쏟아야 할 것이다. 지금으로서는 오히려 그쪽이 진정으로 주요 패러다임 전환일 것이다!

지속적인 성장과 그에 따라 점점 가속되는 삶의 속도는 지구 전체와 특히 도시, 사회경제적 삶, 세계의 도시화 과정에 지대한 영향을 미쳐왔다. 최근까지 주요 혁신들 사이의 시간 간격은 인간의 생산 수명을 훨씬 초과했다. 내가 살아온 시대에도 사람이 평생을 동일한 전문 지식을 이용하여 한 가지 직종에서 계속 일할 것이라고 무의식적으로 가정했다. 이제는 그렇지 않다. 현재 사람은 평균적으로 주요 혁신들이 일어나는 시간 간격보다 상당히 더 오래 산다. 개발도상국과 선진국에서는 더욱 그렇다. 현재 노동 시장에 들어가는 젊은이들은 생애 동안에 자기 직업의 연속성을 교란할 가능성이 매우 높은 주요 변화를 몇 차례 겪을 것이라고 예상할 수 있다.

이 점점 빨라지는 변화 속도는 도시 생활의 모든 측면에 심각한 스트레스를 준다. 이런 상황이 지속 가능하지 않다는 것은 분명하며, 아무것도 바뀌지 않는 한 우리는 사회경제적 체제 전체의 심각한 파괴와 붕괴를 향해 갈 것이다. 우리 앞에 놓인 도전 과제는 명백하다. 우리는 자신이 진화해 나온 더 '생태적인' 단계에 상응하는 지점으로 돌아가서 어떤 저선형 스케일링 판본과 그에 따른 자연적인 한계가 있거나 성장이 전혀 없는 안정한 형태에 만족할 수 있을까?

아니, 더 나아가서 우리 세계의 도시들과 사회 조직들 중 가장 뛰어난 것에서 드러나는 것과 같은 착상과 부의 창조를 통해 추진되는 유형의 활기차고 혁신적이고 창의적인 사회를 지닐 수 있을까? 아니면 코맥 매카시Cormac McCarthy가 소설《로드The Road》에서 보여준 황폐하기 그지없는 세상에 빈민굴로 가득한 행성에서 살아갈 운명일까?[8] 우리가 현재 지닌 문제들 중 상당수를 빚어낸 도시의 특이하면서 독특한 역할과 잠재적인 재앙을 향해 나아가는 초지수적 추진자로서의 지속적인 역할을 생각할 때, 과학적으로 예측 가능한, 정량적인 틀 속에서 도시의 동역학, 성장, 진화를 이해하는 것이 지구에서의 장기적인 지속 가능성을 이루는 데 대단히 중요하다.

아마 가까운 미래에 더욱 중요한 것은 지구 온난화, 환경, 금융 시장, 위험, 경제, 보건, 사회 갈등, 환경과 상호작용하는 사회적 존재로서의 인간이 지닌 다른 수많은 특징들에 관한 다양한 연구, 시뮬레이션, 데이터베이스, 모형, 이론, 추정을 하나로 엮음으로써, 지속 가능성의 대통일 이론이라는 맥락 내에서 그런 이론을 개발하는 것이 아닐까?

1 21세기의 과학

나는 처음부터 이 책에서 제시한 논증 대부분의 지침이 된 근본적인 철학적 틀이 물리학적 관점에서 영감을 얻은 패러다임에 토대를 두고 있음을 역설해왔다. 그 결과 어느 특정한 계의 세세한 사항들을 초월하는 근본적인 일반 원리에 토대를 둔 정량적이고 예측적인 이해를 도모할 수 있을 정도까지 주요 주제를 탐사했다. 과학의 한 가지 근본적인 교리는 우리 주변 세계가 궁극적으로 보편 원리에 지배된다는 것이며, 생물, 도시, 기업 같은 고도로 복잡한 계의 스케일링 법칙을 살펴봐야 하는 것은 이 맥락에서다. 내가 설명하려고 시도했듯이, 스케일링 법칙은 근본적인 기하학적·동역학적 행동을 드러내는 체계적인 규칙성을 반영하며, 그런 계의 정량적인 과학을 구축하는 것이 가능할 수 있음을 시사한다. 적어도 그런 패러다임을 얼마나 멀리까지 밀어붙일 수 있을지 탐구할 수 있게 해준다.

특정한 문제나 분야라는 협소한 한계를 초월하는 공통점, 규칙성, 관점, 개념을 추구하고 원대한 종합을 추구하는 것은 과학과 과학자에 큰 영감을 주는 원동력 중 하나다. 그것이 호모 사피엔스를 정의하는 특징이기도 하다고 주장할 수도 있다. 그 점은 우주의 경이로운 수수께끼들을 받아들이는 데 도움이 되는 다양한 신조, 종교, 신화에서도 드러난다. 이 종합과 통일의 추구는 초기 그리스 사상에서 과학이 기원한 이래로 과학의 주된 주제였다. 초기 그리스 사상은 다른 모든 것을 구축하는 근본 구성 단위로 원자와 원소 같은 개념을 도입했다.

현대 과학에서의 고전적이고 원대한 종합 중에는 천체의 법칙이 지구에 적용되는 법칙과 결코 다르지 않다고 가르친 뉴턴 법칙, 덧없는 에테르를 우리 삶에 들여와서 우리에게 전자기파를 선사한 맥스웰의 전기와 자기 통합 이론, 우리도 그저 무수한 동식물 중 하나일 뿐임을 상기시킨 다윈의 자연선택 이론, 우리가 영원할 수 없다고 시사하는 열역학 법칙이 있다.

이 하나하나는 우리가 세계를 보는 방식을 바꾸었을 뿐 아니라, 우리 중 많은 이들이 즐길 특권적인 생활 수준을 낳은 기술 발전의 토대를 이룸으로써 심오한 영향을 끼쳐왔다. 그렇긴 해도, 많든 적든 간에 그것들은 모두 불완전한 측면이 있다. 사실, 그것들의 응용 가능성의 한계와 예측력의 한계를 이해하고 예외와 위배와 실패 사례들을 지속적으로 조사하는 일은 더욱 심오한 질문들과 도전 과제들을 불러냄으로써 과학의 지속적인 발전과 새로운 착상, 기술과 개념의 전개를 자극해왔다.

현대 물리학을 주도해왔으며, 현재도 진행되고 있는 원대한 과학적 도전 과제 중 하나는 소립자들과 그 상호작용을 포괄하는 대통일 이론의 추구다. 여기에는 그 이론을 우주를 이해하고 더 나아가 시공간 자체의 기원을 이해하는 데까지 확장시키는 것도 포함된다. 그런 야심찬 이론은 개념적으로 뉴턴 법칙, 양자역학, 아인슈타인의 일반 상대성 이론을 통합하고, 중력과 전자기력에서 약한 핵력과 강한 핵력에 이르기까지 자연의 모든 기본 힘들을 통합하고 설명하는, 수학적으로 표현할 수 있는 소수의 근본적인 보편 원리들의 집합에 토대를 둘 것이다. 빛의 속도, 시공간의 사차원, 모든 소립자의 질량 같은 근본적인 양들은 모두 설명될 것이고, 은하의 형성에서 생명 자체를 포함하는 행성 수준에 이르기까지 우주의 기원과 진화를 통제하는 방정식도 유도될 것이다. 수십억 달러를 들여서 거의 100년 동안 수천 명의 연구자들이 달라붙어서 매진해온 진정으로 놀라우면서 엄청나게 야심적인 탐구다. 비록 아직 궁극적인 목표에서 멀리 떨어져 있긴 하지만, 이 진행 중인 탐구는 거의 그 어떤 척도로 재든 엄청난 성공을 거두어왔다. 예를 들어, 물질의 근본 구성 단위인 쿼크, 우주 질량의 근원인 힉스 입자, 블랙홀과 빅뱅 등의 발견을 낳았고, 많은 노벨상을 안겨주었다.[1]

이 엄청난 성공에 힘입어서, 물리학자들은 이 환상적인 전망에 '만물의 이론Theory of Everything'이라는 원대한 이름을 붙였다. 양자역학과 일반 상대성 사이에 수학적으로 모순이 없어야 한다는 점에 비추어 보면, 이 보편 이론의 기본 구성 단위는 뉴턴과 그 뒤의 모든 이론들이 전제로 삼고 있는 전통적인 기본 점 입자가 아니라 진동하는 아주 작은 끈일 수도 있다. 그래서 이 전망에는 '끈 이론string theory'이라는 더 밋밋한 부제목이 붙었다. 신이라는 개념처럼, 만물의 이론이라는 개념도 소수의 규칙 집합에 우주 전체를 담고 이해할 수 있다는 모든 전망 중에서 가장 위대한 것, 영감 중의 영감을 함축한다. 여기서는 말 그대로 모든 것이 따라나오는 수학 방정식의 간결한 집합을 가리킨다. 그러나 신이라는 개념처럼, 이 개념도 오해를 일으킬 수 있고 지적으로 위험해질 수도 있다.

어떤 연구 분야를 다소 과장법을 써서 만물의 이론이라고 부르는 데에는 어느 정도 지적 오만이 담겨 있다. 우주의 모든 것을 담은 하나의 원형 방정식이 있는 것이 정말로 가능할까? 모든 것이라고? 생명은 어디에 들어 있으며, 동물과 세포는, 뇌와 의식은, 도시와 기업은, 사랑과 미움은, 주택 대출금은, 올해의 대통령 선거는 어디에 들어 있는 걸까? 우리 모두가 지금 당장 이 지구에서 겪고 있는 온갖 다양성, 복잡성, 어수선함은 어디에 들어 있다는 것일까? 가장 단순한 답은 이런 것들이 이 장엄한 만물의 이론에 요약된 상호작용과 동역학의 필연적인 산물이라는 것이다. 시간 자체도 이 진동하는 끈의 기하학과 동역학에서 나온다고 가정된다. 빅뱅 이후에 우주가 팽창하면서 식고, 그럼으로써 쿼크에서 핵자에 이르기까지 계층 구조가 형성되고, 거기에서부터 원자와 분자, 궁극적으로 세포, 뇌, 감정을 비롯하여 생명과 우주의 온갖 복잡성이 튀어나온다고 보기 때문이다. 일종의 데우스 엑스 마키나deus ex machina다. 이 모든 것은, 비유하자면 점점 더 복잡한 방정식의 크랭크를 돌린 결과이며, 적어도 원리상으로는 충분히 정확한 수준까지 계산하여 풀수 있다고 가정된다. 정량적으로 보면, 환원주의의 이 극단적인 형태는 사실 어느 정도 타당할지 모른다. 비록 실제로 누군가가 그것을 어느 정도까지 믿을지는 잘 모르겠지만 말이다. 하지만 아무튼 거기에는 무언가가 빠져 있다.

그 '무언가'에는 이 책에서 살펴본 많은 문제와 질문에 함축된 많은 개념과 관점이 포함된다. 정보, 창발성, 우연, 역사적 우연, 적응, 선택 같은 개념들, 생물이든 사회든 생태계든 경제든 간에 복잡 적응계의 모든 특징이 그렇다. 설령 상호작용의 동역학이 알려져 있다고 해도, 일반적으로 기본 구성 요소로부터 세세한 사항들을 예측할 수 없는 집단적 특징을 보이는 수많은 개별 구성 요소나 행위자로 이루어진 것들이다. 만물의 이론이 토대를 둔 뉴턴 패러다임과 달리, 복잡 적응계의 완전한 동역학과 구조는 소수의 방정식에 담을 수가 없다. 무한한 수의 방정식으로도 담을 수 없는 사례가 대부분일 것이다. 게다가 어느 정도 정확한 예측을 내놓는 것조차 불가능하다. 원론 수준에서조차도 그렇다.

반면에 이 책 전체에서 보여주려고 시도했듯이, 스케일링 이론은 그런 체계의 많은 폭넓은 측면에서 결이 거친 행동을 이해하고 예측하기 위한 정량적 틀을 개발할 수 있는 중간 토대를 구축할 강력한 도구를 제공한다.

따라서 우리가 꿈꾸는 만물의 이론의 가장 놀라운 결과는 아마 원대한 규모에서 보면 그 기원과 진화까지 포함하여 우주가 비록 극도로 복합적이긴 하지만 사실은 복잡한 것이 아니라 놀라울 만치 단순하다고 시사한다는 점일 것이다. 우주가 한정된 수의 방정식에 담길 수 있으며, 심지어 단 하나의 원형 방정식에 담길 수 있다고도 상상할 수 있기 때문이다. 이는 이곳 지구의 상황과 정반대다. 우리는 우주에서 일어나는 가장 다양하고 복잡하고 뒤죽박죽인 현상들 중 일부이며, 그 현상들을 이해하려면 추가적인, 아마도 수학으로 나타낼 수 없는 개념들이 필요할 것이다. 따라서 자연의 모든 기본 힘들의 대통일 이론을 탐구하는 일에 찬탄하고 박수를 치는 한편으로, 우리는 그것이 말 그대로 모든 것을 설명하고 예측할 수는 없다는 것도 인정해야 한다.

따라서 만물의 이론을 탐구하는 한편으로, 우리는 복잡성의 대통일 이론을 탐구하는 비슷한 계획을 시작해야 한다. 복잡 적응계를 이해하기 위한 정량적이고 분석적이고 원칙적이고 예측적인 틀을 개발한다는 도전 과제는 분명히 21세기 과학의 원대한 도전 과제 중 하나다. 이와 짝을 이루는 더욱 시급한 과제는 우리가 현재 직면한 특수한 위협에 대처하기 위해 지속 가능성의 대통일 이론을 개발할 필요가 있다는 것이다.

모든 원대한 종합이 그렇듯이, 이런 종합들도 불완전할 것이 거의 확실하고, 달성할 수 없을 가능성도 매우 높지만, 그럼에도 우리가 앞으로 어떻게 헤쳐나갈 것인지 그리고 지금까지 이룩한 것들이 살아남을 수 있을지와 관련된 중요하면서 아마도 혁신적일 새로운 착상, 개념, 기법에 영감을 줄 것이다.

2 초학제성, 복잡계, 샌타페이연구소

비록 그런 전망을 그렇게 장엄한 용어로 노골적으로 표현하고 있지 않을지라도, 샌타페이연구소의 설립 목적에도 그 전망이 천명되어 있다. 샌타페이연구소는 놀라운 곳이다. 아마 모두의 마음에 들지는 않겠지만, 아직도 '진리와 아름다움'을 함께 탐구하는 학자이고 싶다는 소박하면서도 아마도 낭만적일 꿈을 품고 있으면서 전형적인 대학교 환경이 그렇지 못하다는 것을 알고 실망한 경험이 있는 우리 같은 많은 이들에게 샌타페이연구소는 그 꿈을 실현시킬 가능성이 가장 높은 곳이라고 여겨지고 있다. 나는 그런 경이로운 공간에서 모든 가능한 학문 분야에서 온 마음이 맞는 동료들에게 자극을 받으며 매우 생산적으로 여러 해를 보낼 수 있었다. 이 사실을 생각하면, 너무나 운이 좋았고 특권을 누려왔다고 느낀다.

아마 2007년 영국 과학저술가 존 휫필드John Whitfield가 쓴 글이 샌타페이연구소의 분위기와 특징을 가장 잘 포착했다고 할 수 있을 것이다.

연구소는 진정으로 다학제간 연구를 지향하고 있었다. 학과는 전혀 없고, 연구자들만이 있을 뿐이다. …… 샌타페이와 복잡성 이론은 거의 동의어가 되었다. …… 현재 그 도시 외곽의 언덕에 자리한 연구소는 과학자가 되려는 이들에게 가장 신나는 곳 중 하나임이 분명하다. 연구실에서 그리고 연구자들이 점심을 먹으러 나와서 즉석 세미나를 열곤 하는 공용 공간에서는 창 너머로 아름다운 산과 사막이 한눈에 펼쳐진다. 주차장을 빠져나오면 곧바로 등산로로 이어진다. 연구소 식당에서는 고생물학자, 양자컴퓨팅 전문가, 금융 시장을 연구하는 물리학자 사이의 대화를 들을 수 있다. 전혀 어울리지 않을 듯한 사람들이 복도와 연구실을 한가로이 오가면서 토론을 한다. **영국 케임브리지대학교의 교수 휴게실과 대서양 건너편에 있는 구글이나 픽사 같은 첨단 기술 산업의 성지를 뒤섞어 놓은 것 같은 분위기를 풍긴다.**

마지막 문장은 내가 강조한 것이다. 휫필드가 이 특징들의 독특한 조합을 정말로 제대로 포착한 대목이라고 보았기 때문이다. 샌타페이연구소는 한편으로는 길이 어디로 이어지는지 개의치 않고 '오로지' 지식과 이해 자체를 추구하는 데 헌신하는 학자들의 공동체라는 점에서 옥스퍼드나 케임브리지의 상아탑 분위기를 풍긴다. 다른 한편으로는 생명의 복잡성을 다룰 새로운 방법과 혁신적인 해결책을 추구하면서, '현실' 세계의 문제들을 붙들고 씨름하는 실리콘밸리의 첨단 이미지를 풍긴다. 비록 샌타페이연구소가 실용적이거나 응용적인 연구 과제에 휘둘리지 않는 고전적인 기초 연구소이긴 하지만, 연구소가 다루는 문제들의 성격 자체 때문에 우리 중 상당수는 주요 사회적 현안들과 맞닥뜨리게 된다. 그 결과 연구소는 학자들의 학계 인맥 외에, 다양한 기업을 포함하는 매우 활발한 기업 연결망도 갖고 있다. 이를 응용 복잡성 네트워크Applied Complexity Network라고 한다. 갓 출발한 작은 기업도 있지만, 각각의 사업 영역에서 잘 알려진 대기업들도 많다.

샌타페이연구소는 학계에서 독특한 위치를 차지한다. 정량적이고 분석적이고 수학적이고 계산적인 사고방식 위주로 과학의 첨단 영역에서 모든 규모에 걸쳐서 근본적인 문제들과 원대한 질문들을 규명하는 것을 목표로 삼고 있다. 학과도 공식 연구진도 없는 대신 수학, 물리학, 생명의학에서 사회과학과 경제학에 이르기까지, 모든 분야에 걸쳐서 장기적이고 창의적이고 초학제적인 연구를 장려하는 문화를 지니고 있다. 소규모의 전임 교수진(종신 재직권 제도는 없다)이 있고, 다른 기관에 재직 중인 100여 명의 외래 교수들이 있다. 외래 교수들은 하루나 이틀에서 몇 주에 이르기까지 체류한다. 여기에 박사후과정 연구원, 학생, 언론인, 심지어 작가도 와 있곤 한다. 많은 연구진과 워크숍, 세미나와 토론회를 지원하며, 연간 수백 명에 이르는 방문객이 와서 머물곤 한다. 얼마나 환상적인 용광로인가. 위계질서 같은 것은 거의 없으며, 모두가 다른 모든 이들을 즉각 알아볼 수 있을 만큼 규모가 작다. 고고학자, 경제학자, 사회과학자, 생태학자, 물리학자 모두 매일 자유롭게 어울리면서 크고 작은 온갖 문제를 놓고 대화, 추측, 허풍, 진지한 협력을 주고받는다.

연구소의 철학은 명석한 사람들을 그들을 지원하고 촉진하는 역동적인 환경으로 끌어모아서 자유롭게 상호작용하도록 한다면 필연적으로 좋은 결과들이 나올 것이라는 근본적인 가정에서 생겨났다. 샌타페이연구소의 문화는 대학교의 전통적인 학과 구조 내에서는 도모하기 어려운 상호작용과 협력을 강하게 부추기는 열린 촉매의 분위기를 조성하도록 고안되어 있다. 고도로 복잡한 현상들속에서 기본 원리, 공통점, 단순성, 질서를 탐구하는 일에 실질적이고 심도 있는 협력을 할 준비가 되어 있는 매우 다양한 사람을 한자리에 모으는 것이 바로 샌타페이연구소 과학의 증표다. 연구소는한 가지 신기한 의미에서 자신이 연구하는 것의 실증 사례다. 바로복잡 적응계다.

연구소는 '복잡계의 학제간 연구 공식 탄생지'로 국제적으로 인식되어왔으며, 과학과 사회가 직면한 가장 도전적이고 흥분되고 심오한 질문들 중 상당수가 전통 학문 분야 사이의 경계에 놓여 있다는 점을 인식시키는 데 중추적인 역할을 해왔다. 생명의 기원도 그런 문제 중 하나다. 생물이든 생태계든 범유행병이든 사회든 혁신, 성장, 진화, 탄력성의 일반 원리든 마찬가지며, 자연과 사회의 망동역학도 그렇다. 생물에게서 영감을 얻은 의학과 컴퓨터 분야의 패러다임, 생물과 사회에서 정보 처리와 에너지와 동역학 사이의 상호관계, 사회 조직의 지속 가능성과 운명, 금융 시장과 정치적 갈등의 동역학도 그러하다.

몇 년 동안 샌타페이연구소의 소장으로 일하는 엄청난 특권을 누린 탓에, 나는 연구소의 철학, 입장, 성공에 관해 분명히 다소 편향된 견해를 갖고 있다. 그래서 이런 말이 내 입장에서 하는 과장된 견해려니 생각하지 않도록, 연구소의 특징에 관한 다른 두 사람의 말과 견해도 들려주고자 한다. 로저스 홀링스워스Rogers Hollingsworth는 연구진을 성공하게 만드는 핵심 요소가 무엇인지를 심도 있게 조사한 연구로 잘 알려진, 위스콘신대학교의 저명한 사회과학자이자 역사가다. '세상을 변혁시킬' 과학을 검토하는 일을 하는 국립과학이사회(국립과학재단을 감독한다)의 한 소위원회에서 그는 이렇게 말했다.

동료들과 나는 대서양 양편에 있는 약 175개의 연구 기관들을 연구해왔는데, 여러 면에서 샌타페이연구소가 창의적 사고를 촉진하는 이상적인 기관입니다.

그리고 〈와이어드Wired〉에 이렇게 쓰기도 했다.

1984년 설립된 이래로, 이 비영리 연구소는 우리 삶의 토대를 이루는 세포생물학, 컴퓨터 네트워크, 기타 체계들을 연구하기 위해 다양한 분야의 최고의 인물들을 하나로 모아왔다. 그들이 발견한 패턴은 우리 시대의 가장 중요한 현안 중 일부를 설명해왔으며, 그 과정에서 현재 복잡성 과학이라고 불리는 것의 토대 역할을 해왔다.

연구소는 원래 몇몇 노벨상 수상자를 포함한 소수의 저명한 과학자들이 구상한 것이다. 대부분 로스앨러모스 국립연구소와 얼마간 관계가 있는 사람들이었다. 그들은 분야를 가르는 칸막이와 전문화가 학술 경관을 너무나 가득 채우는 바람에 많은 커다란 의문들, 특히 분야를 초월하거나 사회적 특성을 띠는 문제들이 무시되어왔다고 우려했다. 학계에서 자리를 얻고, 승진하거나 종신 재직권을 따고, 정부 기관이나 민간 재단으로부터 연구비를 따내고, 심지어 학술원 회원으로 선출되는 것까지, 학계의 보상 체계는 당신이 어떤 협소한 하위 분야의 어느 작은 구석에서 전문가임을 보여주는 일과 점점 더 긴밀하게 얽혀왔다. 더 큰 질문과 더 폭넓은 현안을 생각하고 추측하고, 위험을 무릅쓰거나 독불장군이 될 자유는 많은 이들이 누릴 수 있는 사치품이 아니었다. 논문을 '발표하거나 사라지거나'의 문제가 아니라, 점점 더 '많은 연구비를 따오거나 사라지거나'의 문제가 되어왔다. 대학의 기업화 과정은 이미 시작되었다. 토머스 영이나 다시 톰프슨 같은 박식가와 사고의 폭이 넓은 사상가의 전성기는 지난 지 오래다. 사실 지금은 자기 분야를 넘어서서 다른 분야들에까지 뻗어갈 수 있는 생각과 개념을 편안하게 심사숙고하는 학제간 사상가는커녕, 사고의 폭이 넓은 학제내 사상가조차 거의 없는 지경이다. 샌타페이연구소가 설립된 것은 이 추세에 맞서기 위해서였다.

연구소의 실제 과학적 의제라고 할 만한 초기 논의는 컴퓨터과학, 전산학, 비선형 동역학이라는 새로운 분야들을 중심으로 이루어졌다. 로스앨러모스가 선구적인 역할을 한 분야들이었다. 이론 물리학자 머리 겔만Murray Gell-Mann이 떠오른다. 그는 이 모든 제안이 사상과 개념보다는 기술을 중심으로 이루어지고 있으며, 연구소가 과학의 발전에 큰 영향을 끼치려면, 더 폭넓고 대담해져야 하며 원대한 질문을 다루어야 한다는 점을 깨달았다. 그리하여 복잡성과 복잡 적응계라는 개념이 주제로 대두되었다. 복잡 적응계는 오늘날 과학과 사회가 직면한 주된 도전 과제와 원대한 질문을 거의 다 포괄하는 개념이다. 더군다나 전통적인 분야 간 경계들을 넘어설 수밖에 없다.

한 가지 흥미로운 징후이자 내가 샌타페이연구소가 끼친 영향의 중요한 지표라고 주장하곤 하는 것은, 오늘날 많은 기관들이 다학제간, 초학제간, 학제간 기관이라고 스스로를 광고한다는 점이다. 비록 그런 호칭은 어느 정도는 분야들 사이의 드넓은 분열을 가로지르는 대담한 도약을 가리키기보다는 전통 분야에 속한 하위 분야 사이의 협력적 상호작용을 묘사하는 현학적인 용어라고 봐야 하겠지만, 그래도 인상과 태도에 상당한 변화가 일어났음을 나타낸다. 이런 태도는 학계의 모든 분야를 감염시키고 있으며, 대학교들이 실제로는 예전의 칸막이를 많든 적든 고수하고 있다 해도, 지금은 거의 당연시되고 있다. 다음은 자신의 이미지를 이런 식으로 바꾸고 있는 스탠퍼드대학교의 웹페이지에 실린 글이다. 늘 이런 식으로 운영되어왔다고까지 주장하고 있다.

스탠퍼드대학교는 설립된 이래로 모든 분야에서 혁신적인 기초 연구와 응용 연구를 도모하는 …… 학제간 협력의 선도자였다. …… 이는 자연히 다학제간 협력을 촉진한다.

겨우 지난 20년 동안 인식에 얼마나 놀라운 변화가 일어났는지 감을 잡도록, 샌타페이연구소 초창기의 일화 하나를 소개하자.

설립에 기여한 사람들 중에 20세기 학계의 주요 인물이 두 명 더 있었다. 둘 다 노벨상 수상자였다. 프린스턴대학교의 응집물질물리학자인 필립 앤더슨Philip Anderson은 초전도성을 연구했고, 발명가이기도 했다. 그는 힉스 입자 예측의 토대가 되는 대칭성 파괴 메커니즘을 비롯하여 많은 업적을 남겼다. 그리고 스탠퍼드대학교의 케네스 애로Kenneth Arrow가 있었다. 그는 사회적 선택에서 내생적 성장 이론에 이르기까지, 경제학의 토대를 규명하는 데 많은 공헌을 함으로써 엄청난 영향을 미쳤다. 그는 역대 최연소 노벨 경제학상 수상자였고, 그의 제자 중에서도 그 상을 받은 사람이 다섯 명에 달한다. 앤더슨과 애로는 마찬가지로 저명한 응집물질물리학자이자 샌타페이연구소의 설립자인 데이비드 파인스David Pines와 함께, 샌타페이연구소를 세상에 선보인 최초의 주요 사업 계획에 착수했다. 비선형 동역학, 통계물리학, 카오스 이론에서 나온 새로운 개념들이 경제학 이론에 어떻게 새로운 깨달음을 안겨줄 수 있는지를 물음으로써, 이 새로운 복잡계 관점에서 경제학의 근본적인 문제들을 살펴본다는 계획이었다. 1989년 초기 워크숍이 열린 뒤, 〈사이언스〉는 '기이한 동료들Strange Bedfellows'이라는 제목으로 그 회의를 다룬 기사를 실었다.[2]

그들, 이 두 노벨상 수상자는 별난 짝을 이룬다. …… 지난 2년 동안, 앤더슨과 애로는 과학 역사상 가장 기이한 결합 중 하나인 모험적인 연구를 함께해왔다. 경제학과 물리학 사이의 혼인, 아니 적어도 진지한 연애다. …… 이 경천동지할 모험은 샌타페이연구소의 후원하에 이루어지고 있다.

그 뒤로 많은 것이 변했다! 오늘날 물리학자와 경제학자 사이의 협력은 드물지 않다. 월스트리트로 수없이 많은 물리학자와 수학자가 유입되고 있으며, 그들 중에는 엄청난 부를 거머쥔 이들도 많다. 하지만 겨우 25년 전만 해도, 그런 일은 거의 들어볼 수 없었다. 저명한 사상가들 사이에서는 더욱 그러했다. 그런 일이 '과학 역사상 가장 기이한 결합 중 하나'라고 불릴 만큼 희귀하고도 기묘한 것으로 여겨졌다는 사실이 거의 믿어지지 않는다. 아마 지평선은 정말로 확장되고 있는 듯하다.

샌타페이연구소 소장이 되었을 때, 나는 그보다 50여 년 전에 대단히 성공한 연구소를 설립하고 운영하는 데 기여한 사람의, 내게 강한 울림을 안겨주는 지혜로운 말을 접했다. 그는 헤모글로빈 구조를 발견한 공로로 노벨상을 공동 수상한 결정학자 맥스 퍼루츠 Max Perutz였다. 퍼루츠가 쓴 기법인 엑스선결정학은 20세기 초에 윌리엄 브래그William Bragg와 로런스 브래그Lawrence Bragg라는 부자가 협력하여 개척했고, 그들은 1915년 노벨 물리학상을 공동 수상했다. 당시 아들인 로런스는 겨우 25세였다. 그는 지금까지도 최연소 노벨상 수상자로 남아 있다.

로런스 브래그는 자신이 보통 물질의 결정 구조를 탐구할 수 있게 개발하는 데 기여한 이 기법이 헤모글로빈과 DNA 같은 생명의

스 케 일

기본 구성 단위인 복잡한 분자의 구조를 파악하는 강력한 도구임이 증명될 수 있을 것이라고 내다본 탁월한 선견지명을 보였다. 그는 자신의 학생이었던 퍼루츠에게 그 방향으로 생명의 구조적 수수께끼를 푸는 연구만을 하는 연구 프로그램을 시작하라고 강하게 권했다. 그래서 1947년 케임브리지에 있는 유명한 캐번디시연구소 안에 모든 과학 분야에서 가장 성공한 기관 중 하나인 의학연구위원회Medical Research Council Unit(MRCU)가 설립되었다. 로런스 브래그가 소장을 맡았다. MRCU는 퍼루츠의 지도 아래 겨우 몇 년 사이에 노벨상 수상자를 아홉 명이나 배출했다. 여기에는 유명한 DNA의 이중나선 구조를 발견한 제임스 왓슨과 프랜시스 크릭도 포함된다.

퍼루츠의 놀라운 성공의 비밀은 무엇이었을까? 연구가 수행되는 방식을 최적화하는 어떤 마법의 공식을 발견했던 것일까? 만일 그렇다면, 그것을 어떻게 이용하여 샌타페이연구소의 성공을 담보할 수 있을까? 샌타페이연구소 운영을 맡기로 할 때 자연스럽게 이런 질문들이 떠올랐다. 나는 퍼루츠가 자신의 연구 사업을 운영할 때 연구자들에게 독립성을 부여하고 모두를 평등하게 대했고, 젊은 연구자들과 거리감을 부추길 것이라고 생각해서 기사 작위를 거절했다는 것을 알았다. 그는 모든 연구자가 하는 일에 정통했고 늘 동료들과 커피, 점심, 차를 함께했다. 언제나 실천할 수 있는 것은 아닐지 몰라도, 적어도 정신적으로 이런 것들이 내가 하고자 열망한 것들이었다. 기사 작위 제안을 받았다면, 거절할 가능성이 매우 낮으리라는 것만 빼고 말이다.

하지만 퍼루츠로부터 내가 정말로 영감을 얻은 부분은 〈가디언〉에 실린 그의 부고 기사[3] 내용이었다.

연구를 고도로 창의적으로 이끄는 단순한 지침이 있냐는 질문을 받을 때마다, 그는 개구쟁이처럼 이렇게 말하곤 했다. "그 어떤 정치도, 위원회도, 보고서도, 심사도, 인터뷰도 없어요. 판단력이 뛰어난 몇몇 사람들이 그저 재능 있고 의욕이 넘치는 사람들을 뽑도록 하는 겁니다." 우리의 흐릿한 민주주의 사회에서 대개 이루어지는 연구 방식은 분명 아니지만, 재능이 대단히 뛰어나고 판단력이 극도로 뛰어난 사람에게서 나온 그런 답변은 엘리트주의적인 것이 아니다. 충분히 예상할 수 있는 바다. 맥스는 그렇게 해왔고 이 방법이 과학 분야에서 세계 최고가 됨으로써 유명해지기를 원하는 이들에게는 딱 맞는다는 것을 보여주었기 때문이다.

따라서 그는 공식을 지니고 있었으며, 그 공식은 탁월하게 작용했다. 오늘날에는 실제로 그러했을 것이라고 믿기가 쉽지 않다. 정치도, 위원회도, 보고서도, 심사도, 인터뷰도 없이, '그저' 탁월함에만 초점을 맞추고 극도로 뛰어난 판단력을 사용하라니. 적어도 원칙적으로는 그것이 우리가 샌타페이연구소에서 시도하고 있던 것이었고, 사실 지금도 그렇다. 최고의 인물을 찾아내고, 그들을 믿고, 그들에게 지원을 아끼지 않고, 헛짓거리로 그들을 방해하지 말라. …… 그러면 좋은 결과가 나올 것이다. 바로 이것이 샌타페이연구소의 창립 정신이었고, 선각자인 조지 코완George Cowan부터 훌륭한 현재 소장인 데이비드 크라카워David Krakauer까지 역대 소장 모두가 열정적으로 옹호한 원칙이었다. 이 원칙은 너무나 단순해 보인다. 그렇다면 왜 모든 이들이 맥스의 마법 공식을 따르지 않았을까? 미국국립과학재단NSF, 미국에너지부DOE, 미국국립보건원NIH 같은 연구비를 지원하는 정부 기관에, 민간 재단에, 대학의 총장이나 사무국장에게, 자치단체의 의원에게 이 방식을 제안해보면, 금방 답을 알게 될 것이다. 물론 그 공식은 단순하며, 다소 비현실적이고, 말은 쉽지만 실천하기는 어려우며, 실제로는 그런 소박한 형태로 결코 존재한 적이 없었을 방식으로 과학과 장학금의 지원이 이루어졌을 것이라는 인상을 심어준다. 하지만 아마 그 방식의 힘은 바로 거기에 있을 것이다. 그런 고상한 이상을 열망하면서, 분기 보고서, 끊임없이 써야 하는 연구비 신청서, 위원회의 감독, 정치적 계략, 까다롭게 트집 잡는 관료주의의 위세에 생각의 발전과 지식의 탐구가 방해를 받지 않는 정신과 문화를 조성하려는 시도가 다른 모든 고려 사항들을 대체해야 한다. 한 예로, 퍼루츠는 이것이 성공의 핵심 요소임을 보여주었다. 그래서 나는 해마다 이사회에 제출하는 연간 보고서의 결론 부분에서, 성공 사례를 자랑하고 재정 상황과 연구 활동에 필요한 기금을 모으기 어렵다는 점을 한탄한 뒤, 그 마법의 공식을 주문이나 염원으로 삼아 소리내어 읽어서 우리의 우선순위를 계속 지키자고 다짐하곤 했다.

3   빅데이터: 패러다임 4.0인가, 고작 3.1인가

16세기에 덴마크의 천문학자 티코 브라헤Tycho Brahe가 행성 운동을 정량적으로 관찰한 것을 시작으로, 측정은 우리를 둘러싼 우주 전체를 이해하는 데 핵심적인 역할을 해왔다. 데이터는 우주의 기원, 진화 과정의 특성, 경제의 성장 등 무엇을 설명하고자 하든 우리의 이론과 모형을 구축하고 검사하고 다듬는 토대를 제공한다.

데이터는 과학, 기술, 공학의 생명줄이며, 더 최근 들어서 경제, 금융, 정치, 경영에서 점점 더 중추적인 역할을 하기 시작했다. 이 책에서 내가 다룬 문제들 중에 엄청난 양의 데이터에 의지하지 않은 채 분석할 수 있는 것은 거의 없다. 게다가 우리는 앞의 장들에서 내가 기대온 종류의 데이터들에 접근하지 않고서는 도시, 기업, 지속 가능성의 과학이나 복잡 적응계의 이론에 접근하는 무언가를 개발하겠다고 진지하게 생각할 수조차 없었을 것이다. 도시에서 사람들의 이동과 사회 관계망의 역할에 관한 예측들을 검증하는 연구에 쓴 수십만 건의 휴대전화 통화 자료가 좋은 사례다.

이런 더 최근의 발전들에서는 IT 혁명이 핵심적인 역할을 해왔다. 단지 자료를 수집하는 차원에서만이 아니라, 그 엄청난 양의 자료를 분석하고 정리하여 관리할 수 있는 형태로 만들고, 그로부터 새로운 깨달음을 얻거나 규칙성을 추론하거나 예측을 하고 검증을 하는 데에도 쓰여왔다. 내가 이 원고를 입력하고 있는 이 13인치 맥북 에어는 속도와 용량도 경이로울 뿐 아니라, 자료를 분석하고 검색하고, 정보를 저장하고, 복잡한 계산을 하는 능력도 진정으로 놀랍다. 내 작은 아이패드는 겨우 25년 전 세계에서 가장 성능 좋은 슈퍼컴퓨터였던 크레이-2보다 더 뛰어나다. 그 슈퍼컴퓨터를 구입하려면 약 1,500만 달러가 들었을 것이다. 또 지금은 우리 몸, 사회적 상호작용, 이동, 선호도에서부터 날씨와 교통 상황에 이르기까지 우리 주변의 거의 모든 것을 지켜보는 많은 장치들을 통해서 믿어지지 않을 만큼 엄청난 양의 데이터가 계속 쌓이고 있다.

네트워크에 연결된 전 세계 장치의 수는 현재 세계 인구의 2배를 넘으며, 그런 장치들의 화면 면적을 다 더하면 1인당 0.1제곱미터를 넘는다. 우리는 진정으로 빅데이터의 시대에 진입했다. 현재 저장되고 교환되는 정보의 양은 계속해서 지수적으로 증가하고 있다. 그리고 이 모든 일은 겨우 대략 지난 10년 사이에 일어났다. 삶의 속도가 가속되고 있음을 보여주는 또 하나의 인상적인 사례다. 빅데이터는 약속과 과장의 축포를 울리면서, 즉 보건에서 도시화에 이르기까지 임박한 수많은 도전 과제들을 해결하는 동시에 삶의 질을 더욱 높이는 만병통치약을 제공할 것이라고 시사하면서 등장했다. 모든 것을 측정하고 감시하면서 데이터를 거대한 컴퓨터에 쓸어 넣기만 하면 모든 답과 해결책이 마법처럼 튀어나올 것이고, 우리가 직면한 모든 문제와 도전 과제는 극복될 것이고 모두가 영원히 행복할 것이라고 약속하면서다. 이 진화하는 패러다임은 우리 삶을 점점 더 지배해가는 '스마트' 기기들과 방법론들의 흐름으로 요약되곤 한다. '스마트'는 스마트 도시, 스마트 헬스 케어, 스마트 온도계, 스마트폰, 스마트 카드, 심지어 스마트 택배에 이르기까지 거의 모든 새로운 상품에 필수적으로 붙는 용어가 되었다.

자료는 좋은 것이고, 많을수록 더욱 좋다. 이것은 우리 대다수가 당연시하는 신조이며, 과학자인 우리는 더욱 그렇다. 하지만 이 믿음은 자료가 많을수록 근본적인 메커니즘과 원리를 더 깊이 이해할 수 있다는 개념을 암묵적으로 토대로 하고 있다. 그리하여 확고한 토대 위에서 모형과 이론을 지속적으로 검증하고 다듬을 수 있게 되어 더욱 발전되고 신뢰할 수 있는 예측이 이루어질 수 있다고 본다. 정리하거나 이해할 개념 틀이 없는 상태에서 무작정 빅데이

터를 모으거나, 그저 자료를 위한 자료를 모으는 것은 사실 나쁘거
나 심지어 위험할 수도 있다. 근본 메커니즘을 더 깊이 이해하지 못
한 채, 단지 자료에만 의존하거나 심지어 자료에 수학을 끼워 맞추
는 것은 속이는 것이 될 수도 있고 잘못된 결론과 의도하지 않은 결
과로 이어질 수도 있다.

이 충고는 "상관관계는 인과관계를 의미하지 않는다"는 고전적
인 경고와 밀접한 관련이 있다. 두 자료 집합이 밀접한 상관관계가
있다고 해서 반드시 한쪽이 다른 한쪽의 원인임을 뜻하는 것은 아
니다. 이 점을 보여주는 별난 사례들은 많다.[4] 예를 들어, 1999년부
터 2010년까지 11년 동안 미국에서 과학, 우주, 기술에 쓴 예산의
변동은 목을 매거나 조이거나 숨을 막아서 자살한 사람의 수 변동
과 거의 정확히 일치한다. 이 두 현상 사이에 어떤 인과적 관계가
있을 가능성은 극도로 낮다. 과학에 쓰는 예산의 감소가 목을 매어
죽는 사람의 수가 줄어든 원인일 리는 분명히 없다. 하지만 많은 상
황에서는 그렇게 딱 부러지게 결론을 내리기가 쉽지 않다. 더 일반
적으로 말해서, 상관관계는 사실 인과관계를 시사하는 중요한 징후
이지만, 대개 더 조사를 하고 기계론적 모형이 개발된 뒤라야만 확
정될 수 있다.

이 점은 의학에서 특히 중요하다. 예를 들어, '좋은' 콜레스테롤
이라고 흔히 말하곤 하는 고밀도 지질단백질HDL의 혈액 농도는 심
장마비 발병률과 음의 상관관계가 있으며, 그것은 HDL의 혈액 농
도를 높이는 약을 먹으면 심장마비에 걸릴 확률이 줄어듦을 시사
한다. 하지만 이 전략을 뒷받침하는 증거는 확정적이지 않다. 심혈
관 건강은 HDL 농도를 인위적으로 높인다고 해서 나아지는 것이

아닌 듯하다. 이는 유전자, 식단, 운동 같은 그 외의 요인들이 HDL 농도와 심장마비 발병률 양쪽에 동시에 영향을 미치긴 하지만, 둘 사이에는 직접적인 인과관계가 전혀 없기 때문일지 모른다. 심지어 인과관계가 정반대여서 좋은 심혈관 건강이 더 높은 HDL 농도를 유도할 가능성도 있다. 심장마비의 주된 원인이 무엇인지를 명확히 파악하려면, 엄청난 양의 자료를 모으는 일과 각 요소—유전적이든 생화학적이든 식단이든 환경이든—가 어떻게 기여하는가에 관한 기계론적 모형의 개발을 결부시키는 폭넓은 연구 계획이 필요하다. 그리고 사실 이 전략을 수행하기 위해 그 분야에 엄청난 자원이 집중되고 있다.

빅데이터는 주로 이 맥락에서 봐야 한다. 예측을 검증하고 새로운 치료법이나 전략을 고안하는 데 쓸 수 있는 모형과 개념을 개발하고 고역스러운 분석을 수반하는 고전적인 과학적 방법을 이제는 엄청난 양의 관련 자료를 모으는 '스마트' 기기의 놀라운 능력을 통해 보강할 수 있다는 식으로다. 꾸준한 수정과 갱신을 통해서 측정할 가장 중요한 자료가 무엇인지, 자료가 얼마나 많이 필요한지, 정확도가 얼마나 높아야 하는지를 알게 된다는 것이 이 패러다임의 핵심이다. 다시 말해 자료를 얻기 위해 우리가 초점을 맞추고 측정하기로 선택한 변수들은 임의적이지 않다. 진화하는 개념 틀이라는 맥락에서 이전의 성공과 실패를 지침으로 삼아 얻은 것이다. 과학을 한다는 것은 낚시 여행보다 훨씬 더 큰 모험이다.

그런데 빅데이터의 등장과 함께, 이 고전적인 견해는 도전을 받아왔다. 2008년 〈와이어드〉에 당시 편집장인 크리스 앤더슨Chris Anderson은 〈이론의 종말: 데이터의 쇄도로 과학적 방법은 낡은 것이 된다The End of Theory: The Data Deluge Makes the Scientific Method Obsolete)라는 매우 도발적인 기사를 썼다.

엄청난 양의 데이터와 함께 그 데이터를 분석할 통계 도구를 새로 이용할 수 있게 되면, 세계를 이해할 완전히 새로운 방식이 출현한다. 상관관계가 인과관계를 대신하고, 일관된 모형이나 통일된 이론, 아니 사실상 그 어떤 기계론적 설명이 없이도 과학은 발전할 수 있다. …… 대규모 자료 앞에서, 이 과학 접근법—가설, 모형, 검증—은 낡은 것이 되고 있다. …… 언어학에서 사회학에 이르기까지, 인간 행동의 모든 이론도 마찬가지다. 분류학, 존재론, 심리학은 잊어버려라. 우리는 사람들이 왜 그런 행동을 하는지를 알지 못한다. 요점은 그런 행동을 한다는 것이고, 우리는 유례없는 수준의 신뢰도로 그것을 추적하고 측정할 수 있다. 데이터가 충분히 많아지면, 데이터 자체가 말을 한다. …… 엄청나게 풍부한 데이터의 시대에 성장해온 구글 같은 현재의 기업들은 잘못된 모형에 안주할 필요가 없다. 사실 그들은 애초에 모형에 안주할 필요가 없다. …… 우리는 낡은 방식에 집착할 이유가 전혀 없다. 이제 이렇게 물을 때가 되었다. 과학은 구글로부터 무엇을 배울 수 있을까?

이 질문에 대해서는, 이 급진적인 견해가 실리콘밸리와 IT 산업에 꽤 널리 퍼져 있으며, 재계 전체로 점점 더 확산되고 있다는 말만 하고 넘어가기로 하자. 그 견해는 좀 덜 극단적인 형태로 학계에서도 점점 더 인기를 얻고 있다. 지난 몇 년 사이에, 거의 모든 대학교는 학제간이라는 유행어에 적절한 경의를 표하는 한편으로, 풍족하게 자금 지원을 받아서 빅데이터만을 연구하는 센터나 연구소를 세워왔다. 예를 들어, 옥스퍼드대학교는 새로 지은 멋진 '최신 건물'에 빅데이터연구소Big Data Institute(BDI)를 출범시켰다. 대학 당국은 이 연구소를 이렇게 소개한다. "이 학제간 연구 센터는 질병의 원인과 결과, 예방과 치료를 연구하는 데 쓰일 복잡하고 이질적인 대규모 자료 집합을 분석하는 데 집중한다." 분명히 대단히 가치 있는 목표다. 이론이나 개념의 발전은 언급도 하지 않았지만 말이다.

이 추세의 정반대 견해는 노벨상을 받은 유전학자 시드니 브레너가 강력하게 표현했다. 나는 3장에서 그를 인용한 바 있는데, 공교롭게도 그는 앞서 언급한 맥스 퍼루츠가 설립한 케임브리지의 그 유명한 연구소의 소장을 맡기도 했다. "생물학 연구는 위기에 처해 있다. …… 기술에 힘입어서 모든 규모에서 생물을 분석할 도구들이 나오고 있지만, 우리는 데이터의 바다에 익사하고 있고, 데이터를 이해할 어떤 이론적 틀을 갈망하고 있다. 비록 '많을수록 더 좋다'라고 많은 이들이 믿고 있지만, 역사는 '최소가 최선이다'라고 말해준다. 우리는 나머지를 예측하려면 연구하는 대상의 특성을 확실하게 이해하고 이론을 구축해야 한다."

크리스 앤더슨의 기사가 실리고 얼마 뒤, 마이크로소프트는 흥미로운 글들을 모은 《제4차 패러다임: 데이터 중심의 과학적 발견The Fourth Paradigm: Data-Intensive Scientific Discovery》이라는 책을 발간했다. 안타깝게도 2007년 바다에서 행방불명된 마이크로소프트의 컴퓨터과학자 짐 그레이Jim Gray의 구상에서 비롯된 책이다. 그는 데이터 혁명이 21세기에 과학이 발전하는 방식에 주된 패러다임 전환을 일으킬 것이라고 내다보았고, 그것을 제4차 패러다임이라고 했다. 그는 이전의 세 패러다임이 (1) 경험적 관찰(갈릴레오 이전), (2) 모형과 수학을 토대로 한 이론(뉴턴 이후), (3) 전산과 시뮬레이션이라고 보았다. 나는 그레이가 크리스 앤더슨과 정반대로 이 제4차 패러다임을 이전의 세 패러다임의 통합이라고 보았다는 인상을 받았다. 즉, 이론, 실험, 시뮬레이션의 통합에 데이터 수집과 분석을 강조하면서 추가한 것이라고 말이다. 그런 의미에서 보면, 그의 견해에 반대하기 어렵다. 지난 200년 동안 과학이 발전해온 방식이 거의 그러했기 때문이다. 정량적 측면이 주도한다는 점이 다를 뿐이다. '데이터 혁명'은 우리가 아주 오랜 세월 이용해온 전략을 이용할 가능성을 훨씬 더 높인다. 이런 의미에서 보면, 이 혁명은 패러다임 4.0보다는 패러다임 3.1에 더 가깝다.

하지만 많은 이들이 더 유망하다고 느끼고, 앤더슨처럼 전통적인 과학적 방법의 필요성을 없앨지도 모른다고 느끼는 새로운 접근법이 있다. 이것은 기계 학습, 인공 지능, 데이터 분석학 같은 이름으로 불리는 기법과 전략에 기댄다. 이것은 여러 형태가 있지만, 모두 우리가 데이터 입력을 토대로 진화하고 적응하면서 문제를 풀고 통찰력을 보여주고 예측을 하는 컴퓨터와 알고리듬을 설계하고 짤 수 있다는 개념에 토대를 둔다. 그런 관계가 왜 존재하는지에 개의치 않고 '상관관계가 인과관계를 대신한다'고 암묵적으로 가정하면서 반복 절차를 통해 데이터에 든 상관관계를 토대로 발견하고 구축하려는 방식이다. 이 접근법은 엄청난 관심을 끌어왔으며, 이미 우리 삶에 지대한 영향을 미쳐왔다. 예를 들어, 그것은 구글 같은 검색 엔진을 작동시키고, 투자와 조직 운영 전략을 설계하는 데 핵심이 되며, 자율주행 차의 토대가 된다.

지켜보고 있자면, 이런 기계가 어느 정도까지 '생각'을 하는지에 관한 고전적인 철학적 질문도 떠오른다. 실제로, 우리는 생각이라는 말을 어떤 의미로 쓰는 것일까? 기계는 우리보다 이미 더 영리한 것이 아닐까? 초지능 로봇은 궁극적으로 우리를 대체할까? 그런 과학소설 같은 환상의 망령이 빠르게 우리를 향해 다가오는 듯이 보인다. 사실, 우리는 레이 커즈와일 같은 사람들이 다음번 패러다임 전환이 인간과 기계의 통합을 수반하거나 궁극적으로 지적 로봇이 세계를 지배할 것이라고 믿는 이유를 쉽게 이해할 수 있다. 앞서 설명했듯이, 나는 그런 미래주의 사고방식에 꽤 편견 어린 견해를 지니고 있다. 제기된 의문들이 흥미로우면서 매우 도전적이고 규명할 필요가 있긴 하지만 말이다. 하지만 그 논의를 하려면 삶의 속도 가속과 관련된 임박한 유한 시간 특이점이 가져올 수 있는 또 한 번의 패러다임 전환도 고려하고, 세계의 지속 가능성과 곧 이 행성에서 우리에게 합류할 새로운 40억~50억 명의 인구라는 도전 과제도 염두에 두어야 한다.

빅데이터가 우리 삶의 모든 측면에 큰 영향을 미칠 것이고, 과학에도 큰 기여를 하리라는 데는 의문의 여지가 없다. 하지만 우리가 세계를 보는 새로운 방식들과 주요 발견들이라는 측면에서 빅데이터가 얼마나 성공을 거둘지는 더 심도 있는 이해 및 전통적인 이론 발전 방식과 어느 정도까지 통합되느냐에 달려 있다. 앤더슨이 제시한, 그리고 그보다 덜하지만 그레이가 제시한 전망은 만물의 이론의 컴퓨터과학자 판과 통계학자 판이라고 할 수 있다. 거기에는 이것이 만물을 이해할 유일한 방식이라는 비슷한 오만과 자기애까지도 수반된다. 그것이 진정으로 새로운 과학이 될지는 아직 모른다. 하지만 전통적인 과학적 방법과 결합한다면, 확실히 그렇게 될 것이다.

힉스 입자의 발견은 빅데이터가 전통적인 과학 방법론과 통합될 때 어떻게 중요한 과학적 발견으로 이어질 수 있는지를 보여주는 흥미로운 사례다. 우선 힉스 입자가 물리학의 기본 법칙에서 핵심 고정핀에 해당한다는 점을 말해두자. 이 입자는 우주에 충만해 있으며, 전자에서 쿼크에 이르기까지 물질의 모든 소립자들에 질량을 부여한다. 이 입자의 존재가 예측된 것은 60여 년 전이었다. 여섯 명의 뛰어난 이론물리학자 연구진이 예측했다. 그 예측은 난데없이 불쑥 튀어나온 것이 아니라 여러 해에 걸쳐 거듭 이루어진 수천 건의 실험을 분석하고, 그런 관찰 결과들을 경제적으로 설명할 수학 이론 및 개념을 제시하고, 그 이론이 내놓은 예측에 자극을 받아서 검증할 또 다른 실험을 하는 식의 전통적인 과학적 과정이 이루어진 끝에 나온 결과물이었다.

자연의 근본 힘들에 관한 통일된 이론의 핵심 요소이지만 포착하기 어려운 이 입자를 본격적으로 조사할 수 있을 만큼 기술이 발전한 것은 그로부터 50여 년이 흐른 뒤였다. 이 탐사에서 핵심이 되는 것은 거대한 입자 가속기의 건설이었다. 양성자들을 고도로 통제하면서 거의 빛의 속도로 서로 반대 방향으로 빙빙 돌도록 하다가 한 지점에서 충돌시키는 장치다. LHC라는 이 장치는 스위스 제네바의 CERN에 설치되었는데, 60억 달러가 넘게 들어갔다. 엄청난 규모의 과학 기구다. 원둘레가 무려 약 27킬로미터에 달하고, 실제로 충돌을 관찰하고 측정하는 검출기는 두 대가 있는데, 각각 길이가 약 3.8미터, 높이와 폭은 약 1.9미터다.

이 건설 계획 전체는 모든 빅데이터의 어머니라고 할 결과물을 내놓는 유례없는 공학적 성취다. 그 어떤 빅데이터도 여기에 비하면 새 발의 피다. 각 검출기에는 약 1억 5,000만 개의 감지기가 들어 있고, 검출기는 1초에 약 6억 번의 충돌을 관측한다. 1년에 약 1억 5,000만 페타바이트_petabyte, 즉 하루에 500엑사바이트의 데이터가 생산된다(바이트는 정보의 기본 단위다).

이 숫자가 어느 정도의 규모인지 쉽게 감을 잡도록 예를 들어보자. 삽화까지 다 포함하여 이 책의 원고 전체는 워드 파일로 20메가바이트(20MB, 2,000만 바이트)가 안 된다. 내 맥북 에어는 데이터 저장 용량이 8기가바이트(8GB, 80억 바이트)다. 넷플릭스가 저장한 영화는 총 4페타바이트가 안 된다. 4페타바이트는 400만 기가바이트, 즉 내 노트북 용량의 약 50만 배다. 이제 좀 큰 규모로 가보자. 전 세계의 모든 컴퓨터와 IT 기기에서 하루에 생산되는 데이터의 총량은 약 2.5엑사바이트다. 1엑사바이트는 10^{18}바이트, 즉 10억 기가바이트다.

이 양은 경이로우며, 그래서 빅데이터 혁명의 척도로서 종종 찬탄을 자아내곤 한다. 하지만 진정으로 경이로운 수준은 따로 있다. LHC가 생산하는 데이터의 양에 비하면 빛이 바래기 때문이다. 매 초에 일어나는 6억 번의 충돌을 하나하나 기록한다면 하루에 약 500엑사바이트가 나올 것이고, 그 양은 전 세계의 모든 컴퓨터 기기가 생산하는 데이터의 총량보다 약 200배 더 많다. 상관관계를 탐색하는 기계 학습 알고리듬을 짜서 우직하게 데이터가 스스로 말하게끔 하면 결국 힉스 메커니즘을 발견하게 될 것이라는 전략이 헛수고라는 의미다. 설령 그 장치가 데이터를 이보다 100만 배 덜 생산한다고 해도, 이 전략이 성공할 가능성은 극도로 낮다. 그렇다면 물리학자들은 이른바 거대한 건초 더미에서 어떻게 바늘을 찾아낸 것일까?

요점은 어디를 보라고 안내하는 잘 개발되고 잘 이해되고 잘 검증된 개념 틀과 수학 이론을 우리가 지니고 있다는 것이다. 그 이론은 거의 모든 충돌로부터 나오는 잔해들이 거의 다 힉스 입자를 탐색하는 목표에 비추어볼 때 사실상 하찮거나 무관한 것이라고 알려준다. 사실 매 초 일어나는 약 6억 건의 충돌 가운데 약 100건만이 관심 대상이라고 말해준다. 전체 데이터 중 겨우 약 0.00001퍼센트에 해당한다. 마침내 힉스 입자가 발견된 것은 전체 데이터 중이 매우 특수한 극도로 적은 부분집합에만 초점을 맞추는 정교한 알고리듬을 고안한 덕분이었다.

이 일화가 주는 교훈은 명확하다. 과학도 데이터도 민주적이지 않다는 것이다. 과학은 능력주의적이고 데이터는 평등하지 않다. 찾거나 조사하는 것이 무엇인지에 따라서, 소립자물리학의 사례처럼 고도로 개발된 정량적인 것이든, 상당수의 사회과학에서처럼 비교적 덜 발달해 있고 정성적인 것이든, 과학적 탐구의 전통적인 방법론에서 나온 이론은 핵심 안내자가 된다. 그것은 탐색 공간을 한정하고, 질문을 다듬고, 답을 이해하는 데 대단히 강력한 제약을 가한다.

빅데이터가 더 큰 그림을 보는 개념 틀, 특히 상관관계를 파악하고 그것이 기계론적 인과관계와 어떤 관련이 있는지를 판단하는 데 쓸 수 있는 개념 틀에 속박되기만 한다면, 과학에 빅데이터를 더 많이 끌어들일수록 더 낫다. '데이터의 바다에 익사'당하지 않고 "나머지를 예측하려면 연구하는 대상의 특성을 확실하게 이해하고 이론을 구축해야 한다".

마지막으로 한 가지만 더 이야기하자. IT 혁명은 가장 최근의 주된 패러다임 전환이며, 이전의 모든 패러다임 전환 사례들처럼, 이 전환도 '유한 시간 특이점'으로 우리를 이끈다. 그 특이점의 특성은 9장에서 추정한 바 있다. 이는 엄청난 양의 데이터를 생산하는 온갖 대단히 '영리한' 장치들이 발명됨으로써 가능해졌다. 그리고 이전의 주요 패러다임 전환들처럼, 이 전환도 예상대로 삶의 속도를 증가시켜왔다. 게다가 비유적으로 말해서 전 세계의 언제 어디에서든 즉시 통신을 할 수 있도록 세계를 더 가깝게 만들어왔다. 또 이 혁명은 초선형 스케일링과 열린 성장의 근원 자체인 도시 사회 관계망과 집합체의 동역학에 참여하고 그 열매를 따 먹기 위해 도시 환경에 살아갈 필요가 더 이상 없어질 가능성도 열어왔다. 우리는 더 작은, 심지어 시골 공동체에서도 대도시의 심장부에서 살아가는 것과 똑같이 생활할 수 있다. 이것이 계속해서 가속되는 삶의 속도, 유한 시간 특이점, 붕괴 가능성으로 이어지는 함정을 피할 수 있다는 의미일까? 지난 200년 동안의 엄청난 사회경제적 팽창을 낳은 바로 그 체계가 궁극적으로 우리를 몰락으로 이끌지 모른다는 역설적인 상황을 피할 방법을 어떻게든 직면함으로써, 양쪽 문제를 한꺼번에 해결할 수 있게 된 것일까?

분명히 이 질문의 답은 아직 나와 있지 않다. 실제로 그런 동역학이 펼쳐지기 시작한 징후가 실제로 있긴 하지만, 아직까지는 극도로 미미한 수준이다. 사실, 원칙적으로 탈도시화가 가능한 사람들의 대다수는 도시를 떠나지 않은 채 여전히 도시의 중심부와 연결되어 살아가는 쪽을 택하고 있다. 주로 교외 지역인 실리콘밸리도 샌프란시스코 도심으로 진출하면서, 전통적인 상업과 지나친 첨단 기술 생활양식 사이에 긴장을 불러일으켰다. 내가 아는 첨단 기술 분야의 전문가 중에 캘리포니아 시에라 산맥의 높은 곳에서 일하는 사람은 한 명도 없다. 그들 대다수는 전통적인 도시 생활을 더 선호하는 듯하다. 인구 집중이 완화되기는커녕 도시는 재생되고 성장하는 듯하다. 이는 어느 정도는 실시간 접촉의 사회적 매력 때문이다.

게다가 우리는 아이폰, 전자우편, 문자 메시지, 페이스북, 트위터 등을 수반하는 IT 혁명이 가져온 변화에 비견할 만한 것이 전혀 없다고 생각하는 경향이 있다. 하지만 19세기의 철도와 20세기 초의 전화가 무엇을 가져왔는지 생각해보라. 철도가 등장하기 전, 대부분의 사람들은 평생 동안 집에서 약 50킬로미터 이상 가본 적이 없었다. 철도가 등장하면서 갑자기 브라이턴은 런던에서 쉽게 갈 수 있는 곳이 되었고, 시카고도 뉴욕에서 쉽게 갈 수 있게 되었다. 전화가 발명되기 전에는 전할 말을 주고받는 데 며칠, 몇 주, 심지어 몇 달이 걸리곤 했지만, 그 뒤로는 즉시 의사소통을 할 수 있게 되었다. 그런 변화들은 환상적이었다. 상대적으로 보면, 그 발명들은 현재의 IT 혁명보다 우리 삶에 더 큰 영향을 미쳤고, 삶의 속도 가속과 시간과 공간에 대한 우리의 직감적 인식 변화라는 측면에서는 더욱더 그러했다. 하지만 이런 발명들은 탈도시화 현상이나 도시의 축소를 가져오지 않았다. 정반대로 도시의 지수 팽창과 도시 생활의 통합된 일부로서 교외 지역의 개발을 낳았다. 지금의 패러다임이 이 추세를 계속 이어갈지 여부는 아직 알 수 없다. 비록 나는 삶의 속도 가속과 도시화가 여전히 지배적인 힘을 발휘하면서

스케일

우리가 임박한 특이점으로 향할 것이라고 추측하긴 하지만. 이 양
상이 어떻게 펼쳐지는가에 우리 행성의 지속 가능성이 크게 좌우
될 것이다.

이 책은 대단히 폭넓고 다양한 분야들을 다루고 있다. 때문에 집필하면서 몇 개의 핵심 단어나 짧은 문장에 주된 메시지를 담을 적절한 제목을 놓고 고심을 거듭했다. '크기는 정말로 중요하다Size Really Matter', '생명 나무 스케일링Scaling of Tree of Life', '만물의 척도The Measure of All Thing' 같은 몇 가지 아쉬운 제목들을 놓고 고민하다가, 나는 결국 '스케일'이라는 다소 난해한 제목으로 정했다. 이 책의 통일된 주제가 바로 그것이기 때문이다. 하지만 'scale'이라는 영어 단어는 여러 가지 의미를 지니기 때문에 사람에 따라 다르게 받아들일 수 있다. 누군가는 지도와 해도를, 누군가는 음계를, 누군가는 야채와 고기의 무게를 재는 저울을, 또 누군가는 까끌까끌한 표면을 떠올릴 것이다. 그런 것들이 이 책의 주제가 아니라는 것은 분명했기에, '스케일'이라고 제목을 붙이는 것은 그저 이 책의 의도를 훨씬 더 명백히 드러내는 매력적인 부제목을 찾는 것으로 일을 미루는 것에 불과했다.

'우주의 스케일' 같은 더 장엄한 이미지에 착안해서, 나는 좀 장엄한 부제목을 생각해냈다. '세포에서 도시, 기업에서 생태계, 밀리초에서 밀레니엄에 이르기까지 생명의 복잡성에 담긴 단순성과 통일성 탐구'였다. 최소한 이 책의 기본 정신 중 일부, 특히 원대한 '우주적' 관점과 내가 규명해온 '현실 세계'의 더 구체적인 문제들 사이의 중요한 상호작용을 포착한 제목이었다. 읽기에 좀 길다 싶은 부제목인데도, 거기에는 펭귄출판사의 담당 편집자 스콧 모이어스가 강조할 필요가 있다고 느끼는 이 책의 여러 핵심 측면들이 빠져 있었다. 결국 스콧과 영국 와이던펠드출판사의 담당 편집자 폴 머피, 내 아내인 재클린, 저작권 대리인인 존 브록만이 제안한 몇 가지 부제목과 그것들을 변형한 부제목들을 살펴본 끝에, 나는 결국 이 부제목을 골랐다. '생물, 도시, 경제, 기업 모두에 적용되는 성장, 혁신, 지속 가능성, 삶의 속도에 관한 보편 법칙'(한국어판에서는 이것을 조금 줄였다—편집자). 로스앤젤레스 서든캘리포니아대학교 지구과학 교수로 있는 내 아들 조슈아가 제시한 부제목이 훨씬 더 창의적이긴 했다. 그는 스케일을 약어로 삼자고 했다. '스케일: 크기가 생명의 모든 것을 지배한다SCALE: Size Controls All of Life's Existence'였다.

매우 매력적이고 교묘하면서 기가 막히게 과장된 제목이었기에, 나는 뻔뻔스럽게도 실제로 그 제목을 쓰고 싶은 욕망을 느꼈다. 하지만 그랬다면 스콧과 폴이 둘 다 거부했을 것이 확실하며, 당연히 거부하는 것이 옳았다.

나는 이 책에서 다룬 모든 문제를 수학이라는 언어를 쓰는 이론 물리학자의 관점에서 주로 접근했다. 그 결과 사회과학, 생물학, 의학, 경영학 분야의 문헌들을 지배하는 경향을 보이는 전통적이고 더 정성적인, 말로 서술하는 형태의 논증에 상보적인, 근본 원리에 토대를 둔 더 정량적이고 계산적이고 예측적인 이해를 발전시키는 것이 중요함을 강조하는 태도가 이 책 전체를 관통하는 근본적인 줄기 중 하나가 되었다. 그렇긴 해도, 이 책에는 방정식이 단 하나도 실려 있지 않다. 원자핵을 발견함으로써 '원자핵 시대의 아버지'로 여겨지는 저명한 어니스트 러더퍼드의 권고를 진지하게 받아들였다. "바텐더가 알아듣게 설명할 수 없다면, 결코 좋은 이론이 아닐 것이다." 나는 그가 옳다고 전적으로 확신하지는 않지만, 그가 그 말을 한 취지를 유념했다. 그랬으므로 논증과 설명을 이른바 '교양 있는 일반인'이 따라가기가 그리 어렵지 않도록 적절히 전문적이지 않은 수준에서 유지하기 위해 애썼는데, 얼마간이라도 성공했기를 바란다. 그러다보니 복잡한 전문적 또는 수학적 논증의 핵심을 단순하게 말로 설명하겠다고 시인 같은 분위기도 좀 풍기게 되었는데, 동료 과학자들은 그 결과로 혹시 생겼을지 모를 지나친 단순화나 잘못된 해석, 엉성함이 눈에 띈다고 해도 용서하기를 바란다.

이 책에 제시된 문제, 질문, 설명은 뻔뻔스럽게도 내 개인적 관점에서 추린 것들이다. 그런 탓에 이 책은 다루고 있는 여러 주제와 문제에 관한 엄청나게 많은 문헌을 백과사전식으로 또는 포괄적으로 검토하지 않고 있다. 이 책의 주된 의도는 우리가 사는 세계가 놀라울 만치 복잡하고 다양하고 혼란스러워 보이지만, 규모라는 렌즈를 통해 들여다보면 그 밑에 놀라운 통일성과 단순성이 있음을 보여주려는 것이다. 이 책에서 살펴본 거의 모든 주제에 관해 깊이 있는 사상가들이 쓴 탁월한 문헌들이 많이 있는데, 나는 이미 이해와 분석이 잘 되어 있는 많은 내용들은 굳이 출처를 언급하지 않고서 넘어갔다. 적절한 곳에서 공헌한 인물을 인용하려고 애쓰긴 했지만, 범위가 워낙 넓어서 내가 탐구하는 견해와 개념을 발전시키는 데 기여한 인물들을 일일이 다 인용할 수가 없었다. 그 때문에

너무 많은 분들의 심기를 건드리지 않았기를 바란다.

이 책에 실린 논증의 상당수와 사례의 거의 대부분은 내가 지난 20년 동안 대단히 뛰어난 동료들과 함께 집중적으로 연구해온 것들이다. 안타깝게도 그 원대한 주제들과 개별 문제들 중에는 이 책에서 적절한 대접을 못 받은 것들도 있다. 나는 취사선택을 해야 했고, 아예 외면하거나 수박 겉핥기식으로 넘어간 것들도 있다. 최종적으로 선택된 주제들과 다루어진 깊이는 개념의 중요성, 즉 일반 대중이 관심을 가질 만한 중요한 주제라는 판단과 어느 정도는 나 자신의 사적인 견해를 토대로 이루어졌다. 이 책에서 내내 나는 더 큰 그림을 보는 개념 틀을 강조하면서, 세세한 사항을 따지기보다는 기본 개념을 설명하는 쪽을 택했다. 물론 필요하다고 생각되면 세부적인 내용도 다루면서 깊이 살펴보는 일을 주저하지 않았다. 그 결과 과학 탐구 자체처럼, 마무리가 미진하거나 대답이 제시되지 않은 질문들도 많다. 하지만 충분히 소개를 했으니, 탐구심이 많은 독자라면 후주에 실은 참고문헌을 통해 관심 있는 분야를 더 탐사하기가 그리 어렵지 않을 것이다.

나는 이 책에서 중요한 역할을 한 다양한 핵심 개념들의 발전에 주된 기여를 한 인물들의 일화도 군데군데 섞어 넣었다. 우리가 세계를 보는 방식을 바꾸었지만 받아 마땅한 인정을 심지어 과학계에서조차도 제대로 받지 못한, 해박한 지식을 갖춘 몇몇 놀라운 인물들에게 주로 초점을 맞추었다. 아돌프 케틀레, 토머스 영, 윌리엄 프루드처럼 들어보지 못했을 법한 인물들이다. 또 내가 어떻게 이런 문제들에 관심을 갖게 되었는지, 특히 소립자, 끈, 암흑물질, 우주의 진화 연구에 집중하다가 세포와 고래, 삶과 죽음, 도시와 세계의 지속 가능성, 기업이 죽는 이유를 이해하고자 애쓰는 쪽으로 돌아서게 되었는지를 보여주기 위해 몇몇 일화도 소개했다.

이 전환의 중요한 계기 중 하나는 저명한 생태학자이자 놀라운 과학자인 제임스 브라운과의 만남이었다. 3장에서 나는 이 우연한 만남이 어떻게 이루어졌고 그 뒤에 샌타페이연구소와 내가 어떻게 오랜 기간 관계를 맺게 되었으며, 그럼으로써 내 인생을 바꾼 비범한 협력 관계를 맺게 되었는지를 이야기했다. 나는 그의 인생도 바뀌었을 것이라고 믿는다. 나는 당시 그의 학생이었고 지금은 저명한 생태학자가 된 브라이언 엔퀴스트가 핵심적인 역할을 했다는 것도 자세히 설명했다. 브라이언을 필두로 그 뒤의 장들에서 다룬 문제들 중 상당수를 연구한 우리의 소규모 '스케일링 연구진'에 뛰어난 젊은이들이 하나둘 합류했다. 생태학자인 제이미 질룰리, 드루 앨런, 웬윤 주오, 물리학자 밴 새비지, 첸 호, 알렉스 허먼, 크리스 켐퍼스, 컴퓨터과학자 멜라니 모지스가 그랬다. 나중에 저명한 생화학자 우디 우드러프도 참여하여 중요한 역할을 맡았다. 그는 현재 은퇴하여 고향인 테네시의 언덕에서 즐겁게 지내고 있다.

7장에서는 '도시 연구진'이 스케일링 연구진에서 자연스럽게 파생되어 나온 이야기를 했다. 도시 연구는 실제로는 ISCOM(복잡계로서의 정보 사회)라는 훨씬 더 큰 사회과학 연구 과제의 일부로 시작되었다. 이 연구 과제는 유럽연합이 지원했다. ISCOM은 이탈리아의 통계학자이자 경제학자인 데이비드 레인, 네덜란드의 인류학자 샌더 밴 더 리우, 프랑스의 도시지리학자 드니즈 퓌맹이 협력했다. 이들은 모두 자기 분야를 이끄는 인물들이다. 초기에 그들의 자극, 열정, 지원이 없었다면, 나는 이런 일들이 아예 일어나지 않았을 것이라고 추측한다. 7장과 8장에서 설명한 도시 연구에 관한 분석은 거의 다 젊은 연구자들인 물리학자 루이스 베텐코트, 윤혜진, 디르크 헬빙, 도시경제학자인 호세 로보, 데비 스트럼스키, 인류학자 마커스 해밀턴, 수학자 매들린 댑, 공학자 마르쿠스 슐래퍼가 맡았다. 그 외에 이따금 참여했지만 그럼에도 중요한 기여를 했고 내 사고에 영향을 끼친 동료들이 있다. 생태학자 릭 샤노프, 시스템생물학자 아비브 버그만, 물리학자 헨리크 옌센, 미첼 거번, 크리스티안 쿠네르트, 투자분석가 에두아르도 비에가스, 건축가 카를로 라티가 8장에서 내게 도움을 준 인물들이다.

이들과 공동 연구를 한 것은 내게는 진정한 축복이었고, 난 그들 모두에게 많은 빚을 졌다. 이 책을 이루는 다양한 주제들과 문제들을 진지하게 고찰하는 데 분야를 초월한 폭넓은 협력이 필요했음을 강조하기 위해서 나는 일부러 이들의 배경인 전공 분야들을 뚜렷이 밝혔다. 그들이 중요한 문제들을 공략하고 개념적으로 이해하는 데 개인적으로 또 공동으로 헌신적이고 열정적으로 매달렸기에 우리는 지속적으로 모임을 갖고 상호작용을 할 수 있었다. 그들의 문제 제기와 통찰, 학술적·개념적 공헌, 집중적인 토의에 기꺼이 참여하려는 열의는 우리가 성공을 거두는 데 중요한 요소였다. 나는 그들 중에는 내가 과연 우리 연구의 결과를 어떻게 제시할지 염려한 분들도 있을 것이라고 확신하며, 혹시나 불러일으켰을지 모를 당혹감이나 걱정에 대해 미리 사과하고 싶다. 이 책에 실수나 오해가 있다면 전적으로 내 책임이다.

이 모든 젊은 연구자들이 우수한 대학교에 자리를 잡아서 성공가도를 달리고 있다는 말을 할 수 있어서 무척 기쁘다. 무엇보다도 그들은 각자 이 과학 분야에서 나름의 명성을 얻었다. 나와 상호작용한다는 측면에서 특히 중요한 두 명은 밴 새비지와 루이스 베텐코르트였다. 둘 다 이론물리학을 전공해서, 나와 동일한 언어를 썼기 때문에 그랬을 것이다. 루이스는 현재 샌타페이연구소에 있으며, 7장에서 좀 상세히 설명했듯이, 도시에 관한 연구를 발전시키는 데 중요한 역할을 했다. 원래 박사후과정 연구원으로 샌타페이연구소에 온 밴은 나중에 하버드대학교로 갔다가 UCLA로 자리를 옮겼다. 그곳에서 손꼽히는 이론생태학자로 자리를 잡았다. 함께 일하면서 무척 즐거웠던 여러 문제들 가운데, 나는 두 가지를 언급하고 싶다. 흥미롭고 도전 의욕을 부추기며 대단히 중요함에도, 이 책에서 제대로 다루지 못했기 때문이다. 하나는 고래는 왜 잠을 겨우 2시간만 자고, 생쥐는 15시간, 우리는 약 8시간을 자는지를 보여준 수면에 관한 정량적 이론의 개발이다. 밴의 명석한 젊은 학생 준유 카오와 함께 우리는 최근에 아기와 어린이의 수면 패턴을 이해하는 쪽으로 연구를 확장하여, 이 기본 틀이 초기 뇌 발달에 관한 중요한 통찰을 제공한다는 것을 보여주었다. 알렉스 허먼과 함께 연구한 또 다른 문제는 종양의 성장, 대사율, 혈관 구조를 이해할 최초의 정량적 이론을 개발하는 것이었는데, 우리는 이 이론이 암을 공략할 새로운 치료 전략을 자극하기를 희망한다.

여기서 3장과 4장에서 다룬 생물학 연구 중 일부에 비판이 제기되었다는 점을 언급하지 않았다는 점에서 좀 부주의했지도 모르겠다. 그 연구가 문헌에 많이 인용되고 과학계에서만이 아니라 〈파이낸셜 타임스〉에서 〈뉴욕 타임스〉에 이르기까지 대중 언론에서도 폭넓게 주목을 받았다는 점에서 명백히 드러나듯이, 그 연구가 상당한 영향을 끼쳤음에도, 아니 아마도 그렇기 때문에 비판이 나왔을 것이다. 내셔널지오그래픽에서 BBC에 이르기까지 여러 텔레비전 채널을 포함하여 전 세계 유수의 매체들에서도 특집 방송을 내보내기도 했다. 〈네이처〉에는 '만물의 생물학 이론'이나 '물리학에 기여한 뉴턴의 업적만큼 생물학에 중요한 것일 수 있는' 성과라고 과장되어 실리기도 했다. 매우 기쁘긴 했지만, 지나치게 과장한 것임이 분명하다. 〈네이처〉의 또 다른 기사에는 이렇게 적혀 있었다. "이 이론은 아주 적은 것으로 아주 많은 것을 설명한다. 야심과 범위가 경이로울 정도다. 그토록 전지해 보이는 새 이론에는 찬탄만큼 많은 의심이 제기될 것이다. …… 이와 맞설 만한 개념은 아직 나온 적이 없다. 나와도 한계가 있을 것이 뻔하지만."

이 책을 쓸 때 나는 '의심'에 직접 대응하기보다는 포괄적인 메시지를 전달하는 데 집중하기로 전략적 결정을 내렸다. 이렇게 한 주된 이유는 우리의 편향된 관점에서 볼 때, 비판 중에 설득력 있는 것이 전혀 없었기 때문이다. 단순히 부정확한 것도 있었고, 적어도 동등하게 적용할 수 있는 대안 설명들이 있는 몇몇 특정한 계에서의 한 가지 전문적인 쟁점에만 기댄 것들이 많았다. 게다가 거의 모든 우려는 오로지 포유동물의 대사율에만 초점을 맞추었다. 그 틀의 적용 범위가 아주 넓다는 점과, 엄청나게 다양한 경험적 스케일링 관계에 대하여 생물학, 물리학, 기하학의 기본 원리들에 뿌리를 둔 단일한 경제적 설명을 제시한다는 점을 이해하지 못한 채 말이다. 말할 필요도 없지만, 그런 비판은 과학 문헌들에 실려 있고, 참고문헌을 통해 찾을 수 있다.

그 밖에 이런 책을 완성하는 데 필요한 의욕을 부추기고 지적인 지원과 격려를 해줌으로써 내게 대단히 중요한 도움을 준 동료들과 친구들도 많다. 특히 내 열정이 수그러들 시기에는 더욱 그러했다. 샌타페이연구소는 이 책에서 자세히 설명한 개념들의 대부분을 개발하는 데 필요한 바로 그런 분위기와 문화를 제공했다. 이 책에는 샌타페이연구소에 관한 일화가 몇 건 실려 있고, 맺는말에서 나는 그곳의 가치에 찬사를 보내고 내가 그곳의 목표가 21세기 과학의 중요한 전조임을 대변한다고 믿는 이유를 설명한 바 있다. 특히 내게 연구소에 합류하라고 설득한 샌타페이연구소의 전 소장 엘렌 골드버그의 경이로운 활력에 큰 빚을 졌다. 이곳으로 옮김으로써 내 지적 시계는 다시 맞추어졌고 나는 새로운 삶을 살게 되었다. 끊임없이 밀려드는 학생에서부터 노벨상 수상자에 이르기까지 놀라울 만치 폭넓은 지적·문화적 배경을 지닌, 학자 경력의 다양한 단계에 있는 뛰어난 사람들을 접하는 것은 아이를 사탕 가게에 풀어놓는 것과 같았다.

그런 맥락에서 나는 개인적으로든 집단적으로든 내 과학적 지평을 넓히고 복잡 적응계 연구에 내재된 미묘함과 도전 과제를 이해하는 일을 시작하도록 도와준 샌타페이 공동체 전체에도 감사하고 싶다. 특히 파블로 마르케트, 존 밀러, 머리 겔만, 후안 페레즈메르카데르, 데이비드 크라카워, 코맥 매카시, 샌타페이연구소 이사회의 전직 및 현직 의장인 빌 밀러와 마이클 모보신에게 고맙다는 말을 전한다. 모두 여러 해에 걸쳐서 흔들림 없이 나를 열정적으로 지지하고 격려한 분들이다. 그들 모두에게 큰 빚을 졌다. 깊이 감사한다. 특히 원고 전체를 꼼꼼히 읽고 교정을 하고, 무수히 견해를 제시함으로써 대폭 개선된 최종 결과물이 나올 수 있게 해준 코맥에게 무척 감사한다. 비록 문법과 문장 구성에 관한 그의 조언은 대부분 받아들였지만, 나는 세미콜론과 느낌표를 다 빼라고 우기고, 옥스퍼드식 쉼표를 고집하는 그의 견해를 놓고서는 계속 논쟁을 벌이고 있다.

가까운 동료들 외에도 일반 대중을 위해 책을 쓰라고 내게 열심히 권하고 격려할 만큼 관심의 폭이 넓다는 인상을 심어준, 과학자가 아닌 많은 분들에게도 감사를 드려야 하겠다. 그들의 반응에 설득되어 나는 방향을 바꾸어서 과학자 동료들을 겨냥한 책이 아니라 전문가가 아닌 '대중을 위한' 책을 쓰기로 했다. 역사가 니얼 퍼거슨, 미술평론가이자 큐레이터인 한스 울리히 오브리스트, 작가이자 배우인 샘 셰퍼드, 아마존 설립자 제프 베조스, 세일즈포스 설립자 마크 베니오프가 그렇다. 나는 마크가 매일 보고 명상을 하라면서 대형 세피로트(생명의 영적 통일성을 나타내는 유대교 카발라의 전통 이미지) 그림을 보냈을 때 진심으로 감동했다. 종교적으로 그의 조언을 따랐다고는 말할 수 없지만, 일이 안 풀릴 때면 나도 그 큰 그림의 일부라고 생각하면서 분발했다. 이런 맥락에서 나는 TED의 창시자인 리처드 워먼에게 특히 감사한다. 그는 한결같이 내 연구를 열정적으로 지지했다.

이론 연구가 종이와 연필만 있으면 된다고 하지만—적어도 비유적으로—이제는 상당한 재정 지원이 없이는 그 일도 할 수가 없다. 나는 이 책의 토대가 된 연구 중 많은 부분을 수행하기 위해 다양한 공공기관 및 민간기관에서 연구비를 지원받았다는 점에서 매우 운이 좋았다. 로스앨러모스 국립연구소의 고에너지 물리학 분야를 아직 맡고 있을 때 생물학 쪽으로 시험 삼아 진출할 수 있도록 지원을 해준 동 연구소와 에너지부에도 깊이 감사한다. 그 중요한 초기 단계에서 국립과학재단 물리학 분과는 생물학에서의 스케일링 연구를 할 수 있도록 연구비를 지원했다. 별 인기가 없던 이 계통의 연구에 계속 지원을 해주자고 모험을 한, 당시 그 분과를 맡고 있던 밥 아이젠슈타인과 담당관인 롤프 싱클레어에게 큰 빚을 졌다. 국립과학재단은 여러 해에 걸쳐서 그 생물학 연구를 계속 지원했고, 우리의 초기 도시 연구까지도 일부 지원을 했다. 거기에는 불굴의 의지를 지닌 크래스턴 블래고브의 선견지명이 큰 기여를 했다. 그는 나중에 '살아 있는 계의 물리학'이라는 연구 사업의 수립을 주도했고, 지금도 운영하고 있다. 이 사업은 전통적인 학문 분야들 사이의 경계에 놓인 중요한 문제들을 규명하는 것을 목표로 삼고 있다.

또 나는 휴렛재단, 록펠러재단, 브라이언앤드준즈완재단, 특히 유진앤드클레어소Eugene and Clare Thaw공익신탁을 비롯한 여러 비정부 기관으로부터도 후한 지원을 받았다. 유진소신탁은 매우 관대하게도 연구뿐 아니라 이 책을 집필하는 데에도 마찬가지로 중요한 지원을 해주었다. 선견지명이 있던 수전 허터에서 셰리 톰프슨을 거쳐 케이티 플래니건에 이르기까지 그 신탁 기관의 역대 이사장들은 매우 특별한 도움을 주었다. 유진은 훌륭한 인물이다. 늘 넥타이와 트위드 재킷 차림을 한 전통적인 신사이자, 세상에 진심으로 관심을 가진 교양이 넘치는 인물이다. 그는 미술품 수집가이자 평론가이자 중개인으로 오랜 세월 활동하면서 미술을 적극적으로 후원해왔다. 그는 곧 90세를 맞이할 것이고(2018년 1월에 영면했다—옮긴이), 생전에 수집한 피라네시와 렘브란트에서 세잔과 피카소에 이르기까지 여러 화가들의 드로잉을 모은 놀라운 수집품들을 뉴욕의 모건 도서관 및 미술관에 기증했으며, 그가 모은 마찬가지로 귀중한 아메리카 원주민 예술품들은 메트로폴리탄미술관에 전시될 예정이다. 유진은 오페라와 미술에 열정을 보이는 것 못지않게 환경과 지구의 지속 가능성 위기 문제에도 열의를 보였으며, 그가 우리 연구를 지원하겠다고 자청해서 나선 것도 이 맥락에서였다. 내가 아는 한 그는 전통적인 후원자에 가장 가까운 사람이다. 그는 내가 이 책을 쓰기 시작했을 때 지원을 하면서, 내가 상상과 호기심이 가는 대로 마음껏 자유롭게 탐사할 수 있게 해주었다. 그의 관용과 인내심에 감사를 표할 수 있다는 것이 내게는 큰 기쁨이다.

소신탁의 지속적인 지원 외에도 저작권 대리인인 존 브록만이 불굴의 의지로 계속 나를 어르고 달래지 않았더라면 이 책을 쓸 수 없었다는 것도 사실이다. 나는 내가 책을 쓸 것이라고 그가 확신한 이유를 지금도 잘 모르겠다. 존을 이어서 지금은 그의 아들 맥스가 오랫동안 나를 이끌어왔으며, 나는 그들의 지원에 대단히 감사한다. 존은 처음에 이 책의 집필 제안서를 쓰라고 나를 부드럽게 들볶았는데, 결국은 이탈리아 벨라지오에 있는 록펠러재단의 멋진 휴양소에서 완성했다. 너무나 완벽한 환경이었고, 우리 부부가 한 달 동안 머물 수 있게 배려해준 재단에 너무나 감사한다. 너무나 생산적인 환경이었다. 록펠러재단은 대개 기초 연구에는 지원을 하지 않는데, 관대하게도 우리의 도시 연구에도 연구비를 지원했다. 재단 회장인 주디스 로딘뿐 아니라, 당시 우리를 위해 열심히 싸워준 담당관 벤저민 데라페냐에게도 고맙다는 말을 전한다.

펭귄출판사의 뛰어난 담당 편집자 스콧 모이어스가 없었다면, 이 책은 완성되지 못했을 것이고, 설령 완성되었다고 해도 일관성이 훨씬 떨어졌을 것이 확실하다. 그는 늘 나를 격려했고 사려 깊은 모습이었으며, 비판적일 때조차 늘 부드럽게 대했고…… 언제나 놀라울 만치 인내심과 이해심을 보이면서 나를 위해 열심히 일했다. 그는 원래 적당한 분량으로 계획했던 이 책이 예상보다 부피가 2배로 늘어난 두꺼운 책이 되는 것을 보고서 어처구니없어 했을 것이 분명하다. 그는 원고를 꼼꼼하게 편집하고, 날카로운 질문을 던지고, 이루 가치를 따질 수 없는 조언을 했다. 아무리 감사를 표해도 부족할 것이다. 스콧뿐 아니라, 펭귄출판사의 담당자들 모두가 훌륭했다. 크리스토퍼 리처즈와 키아라 배로는 〈뉴요커〉의 시아 트래프의 도움을 받아서 내가 여기저기서 그러모은 뒤죽박죽인 삽화들을 제대로 편집하는 중요한 일을 했다.

마지막으로 이 기나긴 과정 내내 인내하면서 든든하게 지지해준 우리 식구들에게 고맙다고 말하려니 대단히 기쁘다. 내 멋진 아이들인 조슈아와 데보라는 내가 실수할 때마다 격려하고 이따금 뭔가를 해낼 때마다 마구 축하하면서 옆에서 내 기운을 북돋아주었다. 이 책을 끝낸 지금 아이들이 무척 안도하고 있을 것이라고 장담한다. 가장 깊이 감사할 사람은 내 비범한 아내 재클린이다. 이 책을 쓰는 동안뿐 아니라 지난 55년 동안 정서적·정신적·지적으로 내 동료가 되어주었다. 그리고 얼마나 멋진 해로였는지! 아내의 성실함, 지성, 깊은 사랑은 우리의 해로에 든든한 버팀목이 되어주었고, 평생토록 이해하기 위해 애써야 채워질 수 있는 삶의 의미에 깊이를 부여했다.

1 큰 그림

1 추정하기 어렵기로 악명이 높다. 약 500만 종에서 1조 종까지로 추정된다. 최신 추정값은 870만 종이다. Camilo Mora, et al., "How Many Species Are There on Earth and in the Ocean?" *PLOS Biology* 9 (8)(Aug. 23, 2011): e1001127.

2 와트_{watt(W)}라는 단위는 누구나 익히 들어보았겠지만, 그 의미를 놓고서는 상당한 혼란이 있다. 불행히도 종종 에너지의 단위로 인식되곤 하는데, 사실 와트는 단위 시간에 에너지를 사용하거나 생산하는 속도를 나타내는 단위다. 에너지의 단위는 줄_{joule(J)}이다. 1와트는 1초당 1줄이다. 1시간은 3,600초이므로, 100와트 전구는 1시간에 36만 줄을 쓴다. 전기요금에는 대개 지난달에 쓴 전기 에너지가 킬로와트시_{kWh}로 표시되어 있다(1킬로와트는 1,000와트다). 따라서 100와트 전구를 1시간 동안 켜두면, 0.1킬로와트시의 에너지가 소비된다.

3 대사율의 스케일링을 처음 제시한 사람은 막스 클라이버다. M. Kleiber "Body Size and Metabolism.," *Hilgardia*(1932); 6: 315-51. 그림의 그래프는 다음 문헌을 토대로 했다. F. G. Benedict, *Vital Energetics: A Study in Comparative Basal Metabolism*(Washington, DC: Carnegie Institute of Washington, 1938).

4 H. J. Levine "Rest Heart Rate and Life Expectancy." *Journal of the American College of Cardiology* 30(4) (1997): 1104-6.

5 L. M. A. Bettencourt, J. Lobo and D. Strumsky, "Invention in the City: Increasing Returns to Patenting as a Scaling Function of Metropolitan Size," *Research Policy* 36(2007): 107-120.

6 L. M. A. Bettencourt and G. B. West. 스위스 취리히에 있는 스위스 연방공과대학의 F. 슈바이처_{F. Schweizer} 교수가 제공한 자료를 토대로 했다. 각 점은 크기가 거의 비슷한 기업들의 수를 평균한 값이다. 이 그래프의 더 상세한 판본은 미국에 상장된 약 3만 개의 기업을 분석한 것이며, 9장의 그림 60~63에 실려 있다.

7 3장에서 논의하겠지만, 인류는 비교적 최근까지 이 거의 일반적인 법칙을 따랐다. 선진국 시민의 수명은 지난 150년 사이에 거의 2배 증가했으므로, 평생에 걸쳐 심

장이 약 30억 번 뛴다고 예상할 수 있다.

8 국제연합 보고서는 도시와 도시화를 상세히 분석하기에 좋은 통계 자료다. 예: "World Urbanization Prospects," https://esa.un.org/unpd/wup/Publications/Files/WUP2014-Highlights.pdf.

9 말이 나온 김에 덧붙이자면, 노벨상도 몇 번 받았다.

10 스티븐 호킹의 인터뷰에서 따왔다. "Unified Theory Is Getting Closer, Hawking Predicts," *San Jose Mercury News*, Jan. 23, 2000; www.mercurycenter.com/resources/search.

11 새로운 복잡성 과학을 상세히 설명한 좋은 교양서들이 많이 있다. 그중 몇 권을 꼽자면, M. Mitchell, *Complexity: A Guided Tour*(New York: Oxford University Press, 2008); Mitchell Waldrop, *Complexity: The Emerging Science at the Edge of Order and Chaos*(New York: Simon & Schuster, 1993)[김기식 · 박형규 옮김, 《카오스에서 인공생명으로》, 범양사, 2006]; James Gleick, *Chaos: Making a New Science*(New York: Viking Penguin, 1987)[박래선 옮김, 《카오스》, 동아시아, 2013]; S. A. Kauffman, *At Home in the Universe: The Search for the Laws of Self-Organization and Complexity*(Oxford, UK: Oxford University Press, 1995); John H. Miller, *A Crude Look at the Whole: The Science of Complex Systems in Business, Life, and Society*(New York: Basic Books, 2016)[정형채 · 최화정 옮김, 《전체를 보는 방법》, 에이도스, 2017].

12 거듭제곱 법칙의 수학에 친숙한 사람들은 4분의 3제곱 스케일링이 엄밀히 말해서 크기가 2배가 되면 대사율이 $2^{3/4}$배, 즉 1.68배 증가한다는 뜻임을 알아차릴 것이다. 즉 68퍼센트가 더 불어나며, 따라서 앞서 인용한 75퍼센트보다는 좀 적다. 이 책에서 이런 교육적인 사례를 제시할 때면 나는 쉽게 표현하기 위해, 이 차이를 무시할 것이다.

13 생물학에서의 다양한 상대 성장 스케일링 법칙을 요약한 좋은 책이 몇 권 있다. W. A. Calder, Size, *Function and Life History*(Cambridge, MA: Harvard University Press, 1984); E. L. Charnov, *Life History Invariants*(Oxford, UK: Oxford University Press, 1993); T. A. McMahon and J. T. Bonner, *On Size and Life*(New York: Scientific American Library, 1983); R. H. Peters, *The Ecological Implications of Body Size*(Cambridge, UK: Cambridge University Press, 1986); K. Schmidt-Nielsen, *Why Is Animal Size So Important?*(Cambridge, UK: Cambridge University Press, 1984).

14 이런 개념을 처음 제시한 문헌. G. B. West, J. H. Brown, and B. J. Enquist, "A General Model for the Origin of Allometric Scaling Laws in Biology," *Science* 276(1997): 122-26. 일반 이론과 그 함축된 의미를 어려운 수학적 내용을 빼고서

요약한 문헌. G. B. West and J. H. Brown, "The Origin of Allometric Scaling Laws in Biology from Genomes to Ecosystems: Towards a Quantitative Unifying Theory of Biological Structure and Organization," *Journal of Experimental Biology* 208(2005): 1575-92; G. B. West and J. H. Brown, "Life's Universal Scaling Laws," *Physics Today* 57(2004): 36-42. 이 기본 틀을 개별 사례에 맞게 다듬고 변형시킨 논문들도 많으며, 필요할 때 인용할 것이다.

15 이 결과들을 상세히 다룬 선구적인 논문. L. M. A. Bettencourt, et al., "Growth, Innovation, Scaling, and the Pace of Life in Cities," *Proceedings of the National Academy of Science USA* 104(2007): 7301-6. 개별 하위 주제들을 다룬 논문들은 필요할 때 인용할 것이다. 짧게 개괄한 내용은 다음 문헌 참조. L. M. A. Bettencourt and G. B. West, "A Unified Theory of Urban Living," *Nature* 467(2010): 912-13, "Bigger Cities Do More with Less," *Scientific American*(September 2011): 52-53.

16 M. I. G. Daepp, et al., "The Mortality of Companies," *Journal of the Royal Society Interface* 12(2015): 20150120.

2 만물의 척도

1 이 책의 제목을 《두 새로운 과학의 대화》라고 줄이기도 한다.

2 아인슈타인의 말은 과학의 핵심 교리를 강조하고 있기 때문에 전체를 다 인용할 가치가 있다. "순수하게 논리적 형식으로 제시된 명제는 현실과 완전히 무관하다. 갈릴레오는 이 점을 간파했고, 특히 그 개념을 과학계에 주입했기 때문에, 현대 물리학, 아니 사실상 현대 과학의 아버지다." Einstein, "On the Method of Theoretical Physics," in *Essays in Science*(New York: Dover, 2009), 12-21.

3 J. Shuster and J. Siegel, *Superman*, Action Comics 1(1938).

4 수학을 좋아하는 사람을 위해 덧붙이자면, $(10^1)^{3/2}=31.6$, $(10^2)^{3/2}=1,000$이기 때문이다.

5 M. H. Lietzke, "Relation Between Weightlifting Totals and Body Weight," *Science* 124 (1956): 486.

6 L. J. West, C. M. Pierce, and W. D. Thomas, "Lysergic Acid Diethylamide: Its Effects on a Male Asiatic Elephant," *Science* 138(1962): 1100-1102.

7 타이레놀의 아동 복용량 지침, www.tylenol.com/children-infants/safety /

dosage-charts(확인 날짜: 2016, 9, 25). 유아 기준. www.babycenter.com/0_
acetamin ophen-dosage-chart_11886.bc(확인 날짜: 동일).

8 Alex Pentland, *Social Physics: How Good Ideas Spread? The Lessons from a
New Science*(New York: Penguin Press, 2014)[박세연 옮김, 《창조적인 사람들
은 어떻게 행동하는가》, 와이즈베리, 2015].

9 웹에는 BMI를 쉽게 계산할 수 있는 사이트가 많다. NIH: www.nhlbi.nih.gov/
health/educational/lose_wt/BMI/bmi calc.htm.

10 T. Samaras, *Human Body Size and the Laws of Scaling*(New York: Nova
Science Publishers, 2007).

11 G. B. West, "The Importance of Quantitative Systemic Thinking in
Medicine," *Lancet* 379, no. 9825(2012): 1551-59.

12 브루넬의 선구적인 역할을 포함하여 19세기 증기선의 발달 과정을 개괄한 매혹적
인 책. Stephen Fox, *The Ocean Railway*(New York: HarperCollins, 2004).

13 Barry Pickthall, *A History of Sailing in 100 Objects*(London: Bloomsburg
Press, 2016).

14 바사호의 구상부터 재앙이 된 진수식을 거쳐 기적적으로 복원되기까지의 이야기는
배가 가라앉은 지점 근처인 스톡홀름 중심가에 특별하게 세워진 박물관에 잘 설명
되어 있다. 이 배는 청소와 수리를 거쳐서 원래의 장엄한 모습으로 복원되어 있다.
이 박물관은 스톡홀름을 들르는 사람이라면 누구나 가봐야 할 곳으로 꼽히고 있으
며, 스웨덴 최고의 관광명소가 되고 있다.

15 R. Feynman, R. B. Leighton, and M. Sands, *The Feynman Lectures on
Physics*(Boston: Addison-Wesley, 1964)[박병철 옮김, 《파인만의 물리학 강의》,
승산, 2004]. 이 책에는 나비에-스토크스 방정식이 탁월하게 설명되어 있다.

16 Lord Rayleigh, "The Principle of Similitude," *Nature* 95(1915): 66-68.

3 생명의 단순성, 통일성, 복잡성

1 John Hogan, *The End of Science: Facing the Limits of Science in the Twilight
of the Scientific Age*(New York: Broadway Books, 1996)[김동광 옮김, 《과학의
종말》, 까치, 1997].

2 Erwin Schrödinger, *What Is Life?*(Cambridge, UK: Cambridge University
Press, 1944)[전대호 옮김, 《생명이란 무엇인가?》, 궁리, 2007].

3 2005년 6월 12일 스탠퍼드대학교 졸업식 때 스티븐 잡스가 한 축하 연설.

4 축약본이 주로 인용된다. D'A. W. Thompson, *On Growth and Form* (Cambridge, UK: Cambridge University Press, 1961).

5 M. Kleiber, "Body Size and Metabolism," *Hilgardia* 6(1932): 315-51.

6 앞서 인용한 문헌들 외에 다음 문헌들도 참조. G. B. West, J. H. Brown, and W. H. Woodruff, "Allometric Scaling of Metabolism from Molecules and Mitochondria to Cells and Mammal," *Proceedings of the National Academy of Science* 99(2002): 2473; V. M. Savage, et al., "The Predominance of Quarter Power Scaling in Biology," *Functional Ecology* 18(2004): 257-82.

7 헉슬리의 책은 원래 1932년에 출판되었고, 그 뒤에 다시 인쇄되었다. Julian Huxley, *Problems of Relative Growth*(New York: Dover, 1972). 〈하퍼스 매거진〉 1926년 3월호에 실린 J. B. S. 홀데인의 유명한 글은 온라인에서 찾아볼 수 있다. "On Being the Right Size", http://irl.cs.ucla.edu/papers/right-size.html.

8 위의 문헌들 참조.

9 J. H. Brown, *Macroecology*(Chicago: University of Chicago Press, 1995).

10 S. Brenner, "Life's Code Script," *Nature* 482(2012): 461.

11 생물학과 생태학에 더 이론적인 접근법이 도입되어야 한다고 주장한 최근의 논문들. P. A. Marquet, et al., "On Theory in Ecology," *Bioscience* 64(2014): 701; D. C. Krakauer, et al., "The Challenges and Scope of Theoretical Biology," *Journal of Theoretical Biology* 276(2011): 269-76.

12 이 접근법을 최초로 상세히 다룬 문헌. G. B. West, J. H. Brown, and B. J. Enquist, "A General Model for the Origin of Allometric Scaling Laws in Biology," *Science* 276(1997): 122. 비교적 이해하기 쉽게 개괄한 문헌들. G. B. West and J. H. Brown, "The Origin of Allometric Scaling Laws in Biology from Genomes to Ecosystems: Towards a Quantitative Unifying Theory of Biological Structure and Organization," *Journal of Experimental Biology* 208(2005): 1575-92; G. B. West and J. H. Brown, "Life's Universal Scaling Laws," *Physics Today* 57(2004): 36-42; J. H. Brown, et al., "Toward a Metabolic Theory of Ecology," *Ecology* 85(2004): 1771-89.

13 생리학자들은 대동맥을 오름대동맥, 대동맥활, 가슴동맥 등으로 세분한다.

14 G. B. West, J. H. Brown, and B. J. Enquist, "A General Model for the Structure and Allometry of Plant Vascular Systems," *Nature* 400(1999): 664-67.

15 순환계의 생리학을 개괄한 학술서. C. G. Caro, et al., *The Mechanics of Circulation*(Oxford, UK: Oxford University Press, 1978); Y. C. Fung,

Biodynamics: Circulation(New York: Springer-Verlag, 1984).

16 하지만 미묘한 점은 나무의 죽은 목질부가 가지로 이어지는 유체 흐름의 수력학에는 참여하지 않는 반면, 생물역학적 측면에서는 중요한 역할을 한다는 것이다. 이 이론은 그렇다고 해서 나무의 총 무게에 따라서 활동하는 망의 부피가 선형으로 증가한다는 결과에는 영향을 미치지 않는다는 것을 보여준다.

17 B. B. Mandelbrot, *The Fractal Geometry of Nature*(San Francisco: W. H. Freeman, 1982).

18 리처드슨의 노력을 적절한 참고문헌을 곁들여서 잘 요약한 문헌. Anatol Rapaport, *Lewis F. Richardson's Mathematical Theory of War*, University of Michigan Library; https://deepblue.lib.umich.edu/bitstream/handle/2027.42/67679/10.1177_002200275700100301.pdf?sequence=2.

19 L. F. Richardson, *Statistics of Deadly Quarrels*, ed. Q. Wright and C. C. Lienau(Pittsburgh: Boxwood Press, 1960).

20 A. Clauset, M. Young, and K. S. Cleditsch, "On the Frequency of Severe Terrorist Events," *Journal of Conflict Resolution* 51(1)(2007): 58-87.

21 L. F. Richardson, in *General Systems Yearbook* 6(1961): 139.

22 Benoit Mandelbrot, "How Long Is the Coast of Britain? Statistical Self-Similarity and Fractional Dimension," *Science* 156(1967): 636-38.

23 Rosario N. Mantegna and H. Eugene Stanley, *An Introduction to Econophysics: Correlations and Complexity in Finance*(Cambridge, UK: Cambridge University Press, 1999).

24 J. B. Bassingthwaighte, L. S. Liebovitch, and B. J. West, *Fractal Physiology*(New York: Oxford University Press, 1994).

25 Mandelbrot, *The Fractal Geometry of Nature*.

26 Manfred Schroeder, *Fractals, Chaos, Power Laws: Minutes from an Infinite Paradise*(New York: W.H. Freeman, 1991).

4 생명의 네 번째 차원

1 G. B. West, J. H. Brown, and B. J. Enquist, "The Fourth Dimension of Life: Fractal Geometry and Allometric Scaling of Organisms," *Science* 284(1999):

1677-79.

2 M. A. F. Gomes, "Fractal Geometry in Crumpled Paper Balls," *American Journal of Physics* 55(1987): 649-50.

3 G. B. West, W. H. Woodruff, and J. H. Brown, "Allometric Scaling of Metabolic Rate from Molecules and Mitochondria to Cells and Mammals," *Proceedings of the National Academy of Science* 99(2002): 2473-78.

4 G. B. West, J. H. Brown, and B. J. Enquist, "A General Model for Ontogenetic Growth," *Nature* 413(2001): 628-31.

5 G. B. West, J. H. Brown, and B. J. Enquist, "A General Quantitative Theory of Forest Structure and Dynamics," *Proceedings of the National Academy of Science* 106(2009): 7040; B. J. Enquist, G. B. West, and J. H. Brown, "Extensions and Evaluations of a General Quantitative Theory of Forest Structure and Dynamics," *Proceedings of the National Academy of Science* 106(2009): 7040.

6 C. Hou, et al., "Energetic Basis of Colonial Living in Social Insects," *Proceedings of the National Academy of Science* 107(8)(2010): 3634-38.

7 A. B. Herman, V. M. Savage, and G. B. West, "A Quantitative Theory of Solid Tumor Growth, Metabolic Rate and Vascularization," *PLOS ONE* 6(2011): e22973.

8 Van M. Savage, Alexander B. Herman, Geoffrey B. West, and Kevin Leu, "Using Fractal Geometry and Universal Growth Curves as Diagnostics for Comparing Tumor Vasculature and Metabolic Rate with Healthy Tissue and for Predicting Responses to Drug Therapies, Discrete Continuous," *Dynamical Systems Series* B 18(4)(2013).

9 G. B. West, J. H. Brown, and B. J. Enquist, "A General Model for the Structure and Allometry of Plant Vascular Systems," *Nature* 400(1999): 664-67; B. J. Enquist, et al., "Allometric Scaling of Production and Life-History Variation in Vascular Plants," *Nature* 401(1999): 907-11.

10 Max Jammer, *Einstein and Religion*(Princeton, NJ: Princeton University Press, 1999).

11 J. F. Gillooly, et al., "Effects of Size and Temperature on Metabolic Rate," *Science* 293(2001): 2248-51; J. F. Gillooly, et al., "Effects of Size and Temperature on Developmental Time," *Nature* 417(2002): 70-73.

12 잉마르 베리만의 1968년 영화 〈늑대의 시간The Hour of the Wolf〉.

13 Claudia Dreifus, "A Conversation with Nir Barzilai: It's Not the Yogurt; Looking for Longevity Genes," *New York Times*, February 24, 2004.

14 T. B. Kirkwood, "A Systematic Look at an Old Problem," *Nature* 451(2008): 644–47; Geoffrey B. West and Aviv Bergman, "Toward a Systems Biology Framework for Understanding Aging and Health Span," *Journal of Gerontology* 64(2009): 2.

15 H. Bafitis and F. Sargent, "Human Physiological Adaptability Through the Life Sequence," *Journal of Gerontology* 32(4)(1977): 210, 402.

16 H. J. Levine, "Rest Heart Rate and Life Expectancy," *Journal of American College of Cardiology* 30(4)(Oct. 1997): 1104–6. See also M. Y. Azbel, "Universal Biological Scaling and Mortality," *Proceedings of the National Academy of science* 91(1994): 12453–57.

17 A. T. Atanasov, "The Linear Allometric Relationship Between Total Metabolic Energy per Life Span and Body Mass of Mammals," *Bulgarian Journal of Veterinary Medicine* 9(3)(2006): 159–74.

18 T. McMahon and J. T. Bonner, *On Size and Life* (New York: Scientific American Books–W. H. Freeman & Co., 1983).

19 J. F. Gillooly, et al., "Effects of Size and Temperature on Metabolic Rate," *Science* 293(2001): 2248– 51; J. F. Gillooly, et al., "Effects of Size and Temperature on Developmental Time," *Nature* 417(2002): 70–73.

20 R. L. Walford, *Maximum Life Span* (New York: W. W. Norton, 1983); R. L. Walford, *The 120-Year Diet* (New York: Simon & Schuster, 1986).

5 인류세에서 도시세로

1 Edward Glaeser, *The Triumph of the City* (New York: Penguin Books, 2012) [이진원 옮김,《도시의 승리》, 해냄, 2011].

2 L. M. A. Bettencourt and G. B. West, "A Unified Theory of Urban Living," *Nature* 467(2010): 21, 912.

3 배경을 상세히 설명한 훌륭한 책이 두 권 있다. Gregory, Clark, *A Farewell to Alms: A Brief Economic History of the World* (Princeton, NJ: Princeton University Press, 2008)[이은주 옮김,《맬서스, 산업혁명 그리고 이해할 수 없는 신

세계》, 한즈미디어, 2009]; I. Morris, *The Measure of Civilization: How Social Development Decides the Fate of Nations*(Princeton, NJ: Princeton University Press, 2013). 둘 다 도발적이면서 다소 논쟁적이다.

4 P. Ehrlich, *The Population Bomb*(New York: Ballantine Books, 1968).

5 Donella Meadows, et al., *The Limits to Growth*(New York: Universe Books, 1972)[김병순 옮김,《성장의 한계》, 갈라파고스, 2012].

6 J. Simon, *The Ultimate Resource*(Princeton, NJ: Princeton University Press, 1981).

7 P. M. Romer, "The Origins of Endogenous Growth," *Journal of Economic Perspectives* 8(1) (1994): 3-22.

6 도시의 과학에 붙인 서문

1 J. Moore, "Predators and Prey: A New Ecology of Competition," *Harvard Business Review* 71(3)(1993): 75.

2 이 연구 계획의 결과물은 다음 책에 요약되어 있다. Lane, et al., *Complexity Perspectives in Innovation and Social Change*(Berlin: Springer-Verlag, 2009).

3 Jane Jacobs, *The Death and Life of Great American Cities*(New York: Random House, 1961)[유강은 옮김,《미국 대도시의 죽음과 삶》, 그린비, 2010].

4 〈리즌Reason〉 2001년 6월호에 실린 빌 스타이거월드가 한 인터뷰.

5 Benjamin R. Barber, *If Mayors Ruled the World: Dysfunctional Nations, Rising Cities*(New Haven, CT: Yale University Press, 2013)[조은경 · 최은정 옮김,《뜨는 도시, 지는 국가》, 21세기북스, 2014].

6 Bill Bryson, *Down Under*(New York: Doubleday, 2000)[이미숙 옮김,《빌 브라이슨의 대단한 호주 여행기》, 랜덤하우스코리아, 2012].

7 Lewis Mumford, *The City in History: Its Origins, Its Transformations, and Its Prospects*(New York: Harcourt, Brace & World, 1961)[김영기 옮김,《역사 속의 도시 1, 2》, 지만지, 2016].

1 C. Kuhnert, D. Helbing, and G. B. West, "Scaling Laws in Urban Supply Networks," *Physica A* 363(1) 2006: 96-103.

2 도시에 관한 모든 논의를 성가시게 만드는 중요한 문제가 하나 있다. 도시가 실제로 무엇을 가리키는가 하는 정의에 관한 문제다. 도시가 무엇인지는 누구나 직관적으로 이해하고 있지만, 정량적인 이해를 도모하려면 좀 더 정확하게 정의할 필요가 있다. 일반적으로 보면, 내가 이 책에서 쓰는 의미의 도시는 정치적·행정적 정의와 들어맞지 않는다. 한 예로, 샌프란시스코 인구를 찾아보면 약 85만 명에 불과하다고 나오지만, 이어져 있는 대도시권까지 더하면 약 460만 명이 된다. 도시의 동역학, 성장, 사회경제적 구조라는 측면에서 보면, 대도시권을 이루는 집합체가 '샌프란시스코'나 다른 어떤 도시를 정의하는 것이 분명하다. 대개 거기에는 교외 지역과 나름의 이름이 붙어 있지만 기능적으로는 더 큰 도시 네트워크의 일부인 위성 도시들이 포함된다. 대개 도시학자, 행정가, 자치단체는 더 현실에 맞는 이 '도시' 개념을 받아들이기 위해서 더 폭넓은 범주들을 도입해왔다. 이 기능적 집합체를 미국은 MSA(metropolitan statistical areas), 일본은 대도시권, 유럽은 LUZ(large urban zones)라고 한다. 불행히도 널리 통용되는 공통된 정의는 전혀 없으므로, 각국의 도시들을 비교할 때는 주의를 기울일 필요가 있다. 스케일링 그래프를 그리는 데 쓴 자료들은 거의 다 도시의 이런 조작적 정의에 토대를 두고 있다.

3 L. M. A. Bettencourt, et al., "Growth, Innovation, Scaling, and the Pace of Life in Cities," *Proceedings of the National Academy of Science* 104(2007): 7301-6.

4 L. M. A. Bettencourt, J. Lobo, and D. Strumsky, "Invention in the City: Increasing Returns to Patenting as a Scaling Function of Metropolitan Size," *Research Policy* 36(2007): 107-20.

5 B. Wellman and S. D. Berkowitz, *Social Structures: A Network Approach Sciences*(Cambridge, UK: Cambridge University Press, 1988); M. Granovetter, "The Strength of Weak Ties: A Network Theory Revisited," *Sociological Theory* 1(1983): 201-33, in P. V. Marsden and N. Lin, eds., *Social Structure and Network Analysis*(Thousand Oaks, CA: Sage, 1982); Claude Fischer, *To Dwell Among Friends: Personal Networks in Town and City*(Chicago: University of Chicago Press, 1982); R. Sampson, "Local Friendship Ties and Community Attachment in Mass Society: A Multilevel Systemic Model," *American Sociological Review*(1988).

6 M. Batty and P. Longley, *Fractal Cities: A Geometry of Form and*

Function(Cambridge, MA: Academic Press, 1994); M. Batty, *Cities and Complexity*(Cambridge, MA: MIT Press, 2005).

7 M. Batty, *The New Science of Cities*(Cambridge, MA: MIT Press, 2014).

8 일테면 다음 책을 보라. A. L. Barabási, *Linked: The New Science of Networks* (New York: Perseus Books Group, 2002)[강병남·김기훈 옮김, 《링크》, 동아시아, 2002]; M. E. J. Newman, *Networks: An Introduction*(Oxford, UK: Oxford University Press, 2010).

9 Stanley Milgram, *The Individual in a Social World: Essays and Experiments* (London: Pinter & Martin, 1997).

10 D. J. Watts, *Six Degrees: The Science of a Connected Age*(New York: W. W. Norton, 2004)[강수정 옮김, 《Small World - 여섯 다리만 건너면 누구와도 연결된다》, 세종연구원, 2004].

11 S. H. Strogatz, et al., "Theoretical Mechanics: Crowd Synchrony on the Millennium Bridge," *Nature* 438(2005): 43-44.

12 매우 재미있는 책이다. Steven Strogatz, *The Joy of X: A Guided Tour of Mathematics, from One to Infinity*(New York: Houghton Mifflin Harcourt, 2013)[이충호 옮김, 《X의 즐거움》, 웅진지식하우스, 2014].

13 Philip G. Zimbardo, *The Lucifer Effect: Understanding How Good People Turn Evil*(New York: Random House, 2007)[이충호·임지원 옮김, 《루시퍼 이펙트》, 웅진지식하우스, 2007].

14 S. Milgram, "The Experience of Living in Cities," *Science* 167(1970): 1461-68.

15 Robin Dunbar, *How Many Friends Does One Person Need?: Dunbar's Number and Other Evolutionary Quirks*(London: Faber & Faber, 2010)[김정희 옮김, 《던바의 수》, 아르테, 2018].

16 R. I. M. Dunbar and S. Shultz, "Evolution in the Social Brain," *Science* 317(5843) (2007): 1344-47.

17 G. K. Zipf, *Human Behavior and the Principle of Least Effort*(Boston: Addison-Wesley, 1949).

18 이 논증들을 4장에서 다룬 생물학의 4분의 1제곱 스케일링의 토대를 이루는 생명의 사차원에 내재된 개념들과 결합하여, 루이스 베텐코르트는 도시 현상들에서 관찰된 지수 0.15가 사실은 6분의 1의 근삿값이라고 주장했다. L. M. A. Bettencourt, "The Origins of Scaling in Cities," Science 340(2013): 1438-41.

1 괴테와 작곡가 카를 프리드리히 첼터 사이에 오간 서간에서 인용한 것이다. A. D. Coleridge, trans., *Goethe's Letters to Zelter* (London: George Bell & Sons, 1887). 첼터는 당시에는 유명한 작곡가였지만, 지금은 주로 괴테와 편지를 주고받은 인물로 기억되고 있다. 이 인용문을 알게 된 것은 내 친구인 괴테 연구자 데이비드 르바인 덕분이다.

2 J. G. Bartholomew, *An Atlas of Economic Geography* (London: Forgotten Books, 2015). 초판은 1914년에 나왔다.

3 C. Marchetti, "Anthropological Invariants in Travel Behavior," *Technological Forecasting and Social Change* 47(1)(1994): 88.

4 G. B. West, "Big Data Needs a Big Theory to Go with It," *Scientific American* 308(2013): 14; originally published as "Wisdom in Numbers."

5 M. Schläpfer, et al., "The Scaling of Human Interactions with City Size," *Journal of the Royal Society Interface* 11(2014): 20130789.

6 이런 순위의 사례들. *The Economist*, www.economist.com/blogs/graphicdetail/2016/08/daily-chart-14, Forbes, www.forbes.com/sites /iese/2016/07/06/the-worlds-smartest-cities/#7f9bee254899.

7 L. M. A. Bettencourt, et al., "Urban Scaling and Its Deviations: Revealing the Structure of Wealth, Innovation and Crime Across Cities," *PLOS ONE* 5(11) 2010: e13541.

8 산호세는 초기에 1956년 미국 서부 해안에 최초로 설립된 IBM 연구 시설로부터 혜택을 입었다.

9 미국 인구조사국의 NAICS, www.census.gov/eos/www/naics/.

10 H. Youn, et al., "Scaling and Universality in Urban Economic Diversification," *Journal of the Royal Society Interface* 13(2016): 20150937.

11 G. U. Yule, "A Mathematical Theory of Evolution, Based on the Conclusions of Dr. J. C. Willis, F.R.S.," *Philosophical Transactions of the Royal Society B* 213(402-10)(1925): 21-87; H. A. Simon, "On a Class of Skew Distribution Functions," *Biometrika* 42(3-4)(1955): 425-40. 선호적 연결의 현대 네트워크 맥락에서 널리 알린 문헌. A.-L. Barabasi and R. Albert, "Emergence of Scaling in Random Networks," *Science* 286(5439)(1999): 509-12.

12 실제 숫자 0.4는 도시 크기에 따른 변호사 수 증가의 스케일링 지수(약 1.15)와 그림

52와 그림 53에 나타낸 기업 다양성의 지프 스케일링 사이의 미묘한 상호작용에서
나온다.

13 Lewis Mumford, *The City in History: Its Origins, Its Transformations, and Its Prospects*(New York: Harcourt, Brace & World, 1961)[김영기 옮김,《역사 속의 도시 1, 2》, 지만지, 2016].

14 훨씬 더 제한된 공학적인 열역학적 의미에서 도시 대사율을 추정한 문헌. A. Wolman, "The Metabolism of Cities," *Scientific American* 213(3)(1965): 179-90. 더 최근 자료도 있다. C. Kennedy, S. Pincetl, and P. Bunje, "The Study of Urban Metabolism and Its Applications to Urban Planning and Design," *Environmental Pollution* 159(2011): 1965-73.

9 기업의 과학을 향하여

1 R. L. Axtell, "Zipf Distribution of U.S. Firm Sizes," *Science* 293(5536)(2001): 1818-20.

2 전통적인 기업관을 잘 개괄한 책. G. R. Carroll and M. T. Hannan, *The Demography of Corporations and Industries*(Princeton, NJ: Princeton University Press, 2000); R. H. Coase, *The Firm, the Market, and the Law*(Chicago: University of Chicago Press, 1988).

3 J. H. Miller and S. E. Page, *Complex Adaptive Systems: An Introduction to Computational Models of Social Life*(Princeton, NJ: Princeton University Press, 2007).

4 J. D. Farmer and D. Foley, "The Economy Needs Agent-Based Modeling," *Nature* 460(2009): 685-86.

5 Nassim Nicholas Taleb, *The Black Swan: The Impact of the Highly Improbable*(New York: Random House, 2007)[차익종 옮김,《블랙스완》, 동녘사이언스, 2008].

6 M. I. G. Daepp, et al., "The Mortality of Companies," *Journal of the Royal Society Interface*, 12:20150120.

7 E. L. Kaplan and P. Meier, "Nonparametric Estimation from Incomplete Observations," *Journal of American Statistical Association* 53(1958): 457-81; R. Elandt-Johnson and N. Johnson, *Survival Models and Data Analysis*(New

York: John Wiley & Sons, 1999).

8 Richard Foster and Sarah Kaplan, *Creative Destruction: Why Companies That Are Built to Last Underperform the Market? and How to Successfully Transform Them*(New York: Doubleday, 2001)[정성묵 옮김,《창조적 파괴》, 21세기북스, 2003].

9 인수 합병과 그것을 기업의 유전이라는 틀에서 이해하는 방안을 논의한 문헌. E. Viegas, et al., "The Dynamics of Mergers and Acquisitions: Ancestry as the Seminal Determinant," *Proceedings of the Royal Society A* 470(2014): 20140370.

10 지속 가능성의 대통일 이론

1 다음 문헌에서 처음 제시되었다. G. B. West, "Integrated Sustainability and the Underlying Threat of Urbanization," in *Global Sustainability: A Nobel Cause*, ed. H. J. Schellnhuber(Cambridge, UK: Cambridge University Press, 2010).

2 A. Johansen and D. Sornette, "Finite-Time Singularity in the Dynamics of the World Population, Economic and Financial Indices," *Physica A* 294(3-4) (2001): 465-502.

3 물론 주요 혁신들 사이에 놓인 상황도 정해진 것이 아니다. 하지만 이런 변화들은 주요 혁신이 일어날 때의 극적이면서 거의 불연속적인 전이 또는 전환점에 비하면 작고 매끄럽다.

4 W. B. Arthur, *The Nature of Technology: What It Is and How It Evolves*(New York: Free Press, 2009); H. Youn, et al., "Invention as a Combinatorial Process: Evidence from U.S. Patents," *Journal of the Royal Society Interface* 12(2015): 20150272.

5 Ray Kurzweil, *The Singularity Is Near: When Humans Transcend Biology*(New York: Viking, 2005)[장시형 · 김명남 옮김,《특이점이 온다》, 김영사, 2007].

6 V. Vinge, "The Coming Technological Singularity: How to Survive in the Post-Human Era," *Whole Earth Review*(1993).

7 위대한 수학자 스타니슬라프 울람이 1957년 폰노이만에게 바친 조사에서 인용. "Tribute to John von Neumann," *Bulletin of the American Mathematical*

Society 5(3), part 2(1958): 64.

8 Cormac McCarthy, *The Road*(New York: Alfred A. Knopf, 2006)[정영목 옮김, 《로드》, 문학동네, 2008].

맺는말

1 물질의 기본 구성 요소와 우주의 진화 및 시공간 자체의 기원까지 포함한 그들 사이의 상호작용이라는 대단히 흥미진진한 탐구를 폭넓게 개괄한 교양서가 두 권 있다. S. Carroll, *The Particle at the End of the Universe*(New York: Dutton, 2012); Lisa Randall, *Warped Passages*(New York: Harper Perennial, 2006)[이민재 · 김영중 옮김, 《숨겨진 우주》, 사이언스북스, 2008].

2 "Strange Bedfellows," *Science* 245(1989): 700-703.

3 A. Tucker, "Max Perutz," *Guardian*, Feb. 7, 2002; www.theguardian.com/news/2002/feb/07/guardi anobituaries.obituaries.

4 Www.fastcodesign.com/3030529/infographic-of-the-day/hilarious-graphs-prove-that-correlation-isnt-causation.

옮기고 나서

———

사람은 겨우 자신의 몸무게만큼만 들어 올릴 수 있는 반면 개미는 자기 몸무게의 수백 배를 들어 올릴 수 있다거나, 사람은 잘해야 자기 키 정도 높이만큼 뛸 수 있는 반면 벼룩은 자기 키의 수백 배를 뛸 수 있다는 식의 이야기를 들을 때마다, 은연중에 그런 생각을 하기는 했다. 그런 근력과 능력 증가는 몸집이 작아졌을 때 나타나는 자연스러운 현상이 아닐까 하고 말이다.

이 책은 그런 생각이 그저 불확실한 직관이나 추측에 불과한 것이 아니라고 말한다. 누구나 한 번쯤 떠올렸을 법한 그런 생각이 사실은 확고한 과학적 법칙 위에 서 있다고 이야기한다. 그리고 그 법칙이 단지 생물에만 적용되는 것이 아니라, 우주의 모든 것에 적용되는 것일 수도 있다고 말한다.

물리학자인 저자는 사람의 최대 수명이 왜 120여 세에서 머물러 있을까를 생각하다가, 그런 엄청난 이야기를 하는 쪽으로 나아갔다. 우리가 때가 되면 성장이 멈추는 것도, 키가 더 이상 자라지 않는 것도, 때가 되면 피부를 비롯하여 몸이 늙기 시작하는 것도, 특정한 나이가 되면 죽음을 맞이하는 것도, 생쥐가 일찍 죽는 것도, 고래가 수백 년을 사는 것도, 생쥐의 심장이 빠르게 뛰는 반면 고래의 심장은 아주 느리게 뛰는 것도, 그럼에도 모든 동물의 혈압이 거의 동일한 것도, 동물의 혈관계와 식물의 관다발계가 비슷한 모양을 하는 것도 다 이유가 있어서다. 그리고 그 이유란 이 모든 것들

스 케 일

이 동일한 원리와 법칙을 따르기 때문이라는 것이다.

이 책에서 저자는 갈릴레오와 고질라라는 언뜻 생각할 때 전혀 어울릴 것 같지 않은 조합에서 시작하여, 전혀 무관할 것 같은 온갖 현상들이 공통의 물리적 원리를 따른다는 것을 보여준다. 그리고 그 원리를 점점 확장하여 인류가 만든 경이로운 창작물인 기업과 도시에까지 적용하려고 시도한다. 깊이 있는 연구를 통해서 확실한 증거를 찾아내기까지는 장담을 하지 않는 과학자답게, 때로 아직은 좀 확실하지 않다고 짐짓 너스레를 떨기도 하지만, 읽다보면 저자가 무슨 말을 하는지 충분히 짐작하고 남는다. 우리는 사회, 경제, 기업, 도시 같은 것들이 오로지 인간의 창작물이고, 거기에 자연법칙 따위는 적용되지 않는다고 여기지만, 저자는 고개를 젓는다. 그모든 것들도 기본 연결망과 복잡성이라는 물리 법칙의 토대 위에서 있으며, 그 법칙은 간단한 수학 공식으로 나타낼 수 있음을 설득력 있게 보여준다.

읽으면서 전혀 상관없어 보이는 현상들이 한 줄기로 엮이는 양상을 보면, 경이롭기까지 하다. 어떻게 이런 생각을 다 했을까 하는 감탄이 절로 나오기도 하고, 저자의 말마따나 왜 이런 생각을 하지 못했을까 하는 안타까움도 문득 들곤 한다. 게다가 저자의 연구가 과연 어디까지 이어지고, 어디까지 영향을 미칠까 하는 생각도 절로 든다. 또 이미 발견될 만한 법칙은 다 발견되었을 성싶은 오늘날에도 이렇게 놀라운 발견이 이루어질 수 있구나 하는 깨달음도 읽는 재미를 더한다.

복잡성 과학, 프랙털, 연결망의 기본 원리, 거듭제곱 법칙 등 저자가 이야기하는 주제들을 하나하나 접하다보면, 세상의 모든 것들이

옮기고 나서

정말로 하나로 연결되어 있다는 깨달음을 절로 얻게 된다. 복잡성이라는 개념이 우리 주변의 모든 것들과 엮이면서 너무나도 생생하게 와닿는다. 나무만 보고 숲을 못 본다거나, 달이 아니라 가리키는 손가락만 보고 있다는 말이 무슨 뜻인지를 실감하게 된다고나 할까.

이한음

스 케 일

스 케 일